U0243122

编审委员会

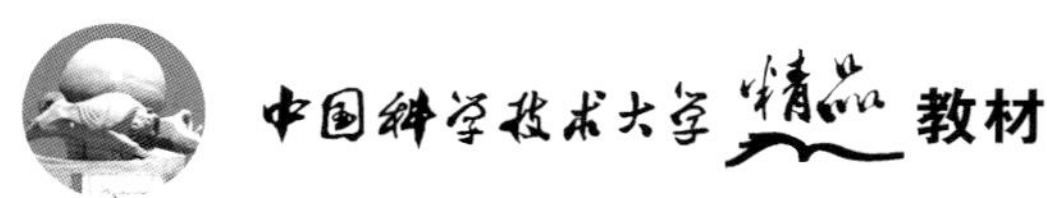

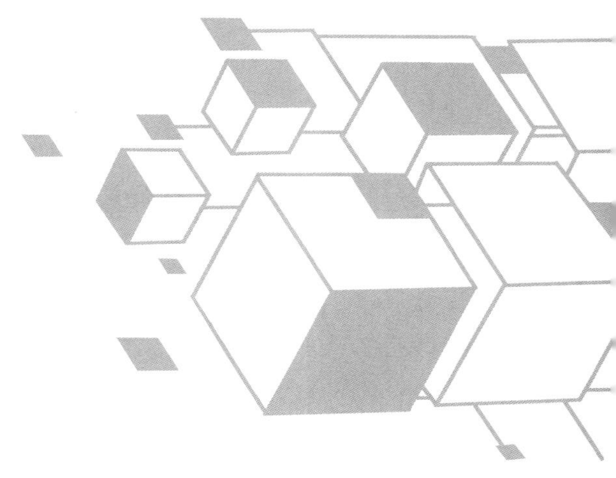

王礼立　胡时胜　杨黎明　董新龙／编著

CAILIAO DONGLIXUE

材料动力学

中国科学技术大学出版社

内 容 简 介

材料动力学是研究材料在爆炸/冲击载荷下的高速流动/变形和动态破坏之基本规律的新兴跨学科分支，是爆炸力学/冲击动力学的重要基础之一，与应力波基础互为姐妹篇，也是材料科学研究中的重要发展新方向之一。描述材料流动/变形规律的本构关系通常可分解为球量部分和偏量部分，前者描述容积变化规律（容变律），而后者描述形状变化规律（畸变律）。相对应地，本书包括三方面内容：第1篇讨论材料的容变律。当载荷应力 σ_L 幅值远高于材料抗剪强度 σ_S 时，材料畸变律可以忽略不计而可近似按流体处理，容变律也相应地常被称为固体高压状态方程。第2篇讨论材料的动态畸变律，依次讨论以计及应变率效应为特征的材料宏观率型畸变律、以位错动力学为核心的微观物理机制以及基于应力波理论的动态实验研究。最后一篇讨论材料基于动态损伤演化所导致的动态破坏，包括无裂纹体以层裂为代表的卸载破坏，裂纹体以单裂纹失稳为主导的裂纹动力学，基于多源裂纹动态演化的动态碎裂以及以绝热剪切作为典型的微损伤形式之一为中心，进而讨论一般形式微损伤的动态演化规律。本书力图采用宏观连续介质力学与热力学相结合、材料动态力学性能的宏观力学表述与微观物理机理相结合以及理论与实验相结合的观点和途径来加以探索，对于涉及爆炸、冲击和地震等动载荷条件下的军事技术、科学研究以及工农业生产等，都有着广泛的应用价值。

本书读者对象是高等院校和科研单位有关科研人员、大学教师、工程技术人员、研究生和高年级本科生。

图书在版编目(CIP)数据

材料动力学/王礼立，胡时胜，杨黎明，董新龙编著. —合肥：中国科学技术大学出版社，2017.2（2020.7 重印）

（中国科学技术大学精品教材）

ISBN 978-7-312-04099-3

Ⅰ.材… Ⅱ.①王… ②胡… ③杨… ④董… Ⅲ.材料力学—动力学—研究 Ⅳ.TB301.2

中国版本图书馆 CIP 数据核字(2016)第 284893 号

中国科学技术大学出版社出版发行
安徽省合肥市金寨路 96 号，230026
http://press.ustc.edu.cn
https://zgkxjsdxcbs.tmall.com
合肥市宏基印刷有限公司印刷
全国新华书店经销

开本：787 mm×1092 mm 1/16 印张：23.75 插页：2 字数：639 千
2017 年 2 月第 1 版 2020 年 7 月第 2 次印刷
定价：49.00 元

总　　序

2008年，为庆祝中国科学技术大学建校五十周年，反映建校以来的办学理念和特色，集中展示教材建设的成果，学校决定组织编写出版代表中国科学技术大学教学水平的精品教材系列。在各方的共同努力下，共组织选题281种，经过多轮、严格的评审，最后确定50种入选精品教材系列。

五十周年校庆精品教材系列于2008年9月纪念建校五十周年之际陆续出版，共出书50种，在学生、教师、校友以及高校同行中引起了很好的反响，并整体进入国家新闻出版总署的"十一五"国家重点图书出版规划。为继续鼓励教师积极开展教学研究与教学建设，结合自己的教学与科研积累编写高水平的教材，学校决定，将精品教材出版作为常规工作，以《中国科学技术大学精品教材》系列的形式长期出版，并设立专项基金给予支持。国家新闻出版总署也将该精品教材系列继续列入"十二五"国家重点图书出版规划。

1958年学校成立之时，教员大部分来自中国科学院的各个研究所。作为各个研究所的科研人员，他们到学校后保持了教学的同时又作研究的传统。同时，根据"全院办校，所系结合"的原则，科学院各个研究所在科研第一线工作的杰出科学家也参与学校的教学，为本科生授课，将最新的科研成果融入到教学中。虽然现在外界环境和内在条件都发生了很大变化，但学校以教学为主、教学与科研相结合的方针没有变。正因为坚持了科学与技术相结合、理论与实践相结合、教学与科研相结合的方针，并形成了优良的传统，才培养出了一批又一批高质量的人才。

学校非常重视基础课和专业基础课教学的传统，也是她特别成功的原因之一。当今社会，科技发展突飞猛进、科技成果日新月异，没有扎实的基础知识，很难在科学技术研究中作出重大贡献。建校之初，华罗庚、吴有训、严济慈等老一辈科学家、教育家就身体力行，亲自为本科生讲授基础课。他们以渊博的学识、精湛的讲课艺术、高尚的师德，带出一批又一批杰出的年轻教员，培养了一届又一届优秀学生。入选精品教材系列的绝大部分是基础课或专业基础课的教材，其作者大多直接或间接受到过这些老一辈科学家、教育家的教诲和影响，因此在教材中也贯穿着这些先辈的教育教学理念与科学探索精神。

改革开放之初，学校最先选派青年骨干教师赴西方国家交流、学习，他们在带回先进科学技术的同时，也把西方先进的教育理念、教学方法、教学内容等带回到中国科学技术大学，并以极大的热情进行教学实践，使"科学与技术相结合、理论与实践相结合、教学与科研相结合"的方针得到进一步深化，取得了非常好的效果，培养的学生得到全社会的认可。这些教学改革影响深远，直到今天仍然受到学生的欢迎，并辐射到其他高校。在入选的精品教材中，这种理念与尝试也都有充分的体现。

中国科学技术大学自建校以来就形成的又一传统是根据学生的特点，用创新的精神编写教材。进入我校学习的都是基础扎实、学业优秀、求知欲强、勇于探索和追求的学生，针对他们的具体情况编写教材，才能更加有利于培养他们的创新精神。教师们坚持教学与科研的结合，根据自己的科研体会，借鉴目前国外相关专业有关课程的经验，注意理论与实际应用的结合，基础知识与最新发展的结合，课堂教学与课外实践的结合，精心组织材料、认真编写教材，使学生在掌握扎实的理论基础的同时，了解最新的研究方法，掌握实际应用的技术。

入选的这些精品教材，既是教学一线教师长期教学积累的成果，也是学校教学传统的体现，反映了中国科学技术大学的教学理念、教学特色和教学改革成果。希望该精品教材系列的出版，能对我们继续探索科教紧密结合培养拔尖创新人才，进一步提高教育教学质量有所帮助，为高等教育事业作出我们的贡献。

侯建国

中国科学院院士

第三世界科学院院士

前　言

《材料动力学》一书终于定稿了，我内心里其实感慨万千，算是偿还了多年来深深内疚的一个欠账。

与准静载荷下的力学问题相比较，强动载荷下的力学问题以计及两种动态效应——即惯性效应和应变率效应——为特征。结构微元体的惯性效应导致了有关应力波传播的研究，材料应变率效应则导致了有关材料动态力学性能的研究。前者是“应力波基础”的研究主旨，而后者是“材料动力学”的研究主旨。两者既相区别又有联系。可以说，“应力波基础”和“材料动力学”互为姐妹课程。

在中国科学技术大学讲授有关材料动态力学性能的课程，最早可以追溯到1962年。是年，郑哲敏先生安排我为近代力学系首届爆炸力学专业学生讲授冲击载荷下金属材料的力学性质，边讲边编写了相应的讲义，由郑先生过目审定后付印（代号07-58-B18）。与传统的金属材料的力学性质的课程不同，这门课以材料力学性能与应力波知识相结合为特点，实际上从第2章起就开始讲授应力波的知识。两年后，又改为以应力波理论为主干，配以相应的材料动态本构关系内容，计划开设塑性动力学课程，并编写了塑性动力学讲义（代号07-60-E08）。然而，讲义还没有编写完，我就调离了力学研究所。幸而在朱兆祥先生鼓励下，我在调离后仍坚持完成了讲义的编写。

有耕耘就会播下缘分，有缘分就会重新相会。1978年，我从大西北“归队”回到中国科学技术大学，又恰逢国家恢复研究生招生制度。朱兆祥先生十分重视研究生的课程设置和教材建设，他安排我为爆炸力学研究生分别开设应力波和材料动力学两门相互关联的课，他自己带头并要求青年教师们都来听这两门新课。重担催我奋进，对我来说，备课是一个深入查阅新文献、重新钻研学习的过程，讲课则是一个我作汇报然后请大家展开讨论的过程。与其说是讲课，不如说是开讨论班。那种孜孜不倦集体学习、热烈讨论求真探索的气氛至今难忘。中国科学技术大学倡导的这种学风，大大有助于培养出一代新人。

在中国科学技术大学重新讲授应力波课程的时候，已经有老讲义，并在补充整理后于1985年以《应力波基础》为名由国防工业出版社正式出版。但讲授材料动力学课程时，开始只拟了一个教学大纲，来不及编写讲义。本想讲上几遍，等待讲授的内容较为成熟后再编写讲义。不巧，1985年我奉命参加宁波大学的筹建。真所谓万事开头难，我一头扎进去，就再也抽不出时间编写材料动力学讲义了。这里我要感谢当年为中国科学技术大学爆炸力学专业78级研究生新开这两门课时的辅导教师胡时胜，他勇敢地挑起了在中国科学技术大学继续讲授这两门课的重任，而且他根据在听我讲授"材料动力学"课程时记录的听课笔记，再参考有关材料，整理出了该课程的讲义(1985年获中国科技大学优秀教材二等奖)。我曾经答应他抽时间审核校订讲义，但这一晃竟然就是30年过去了，真不知道时间去哪里啦。

除中国科学技术大学设有这两门课外，在中国科学技术大学获得博士学位的杨黎明和董新龙两位教授也在宁波大学推广讲授了"应力波基础"和"材料动力学"这两门课程。现在我已经八十有余，胡时胜教授也已过了"从心所欲，不逾矩"的古稀之年，杨黎明和董新龙则是"知天命"(50余岁)的中年干将。当2013年中国科学技术大学出版社把《材料动力学》列为精品教材将予以正式出版的消息传来时，我们四人约定共同努力、高质量地完成编写任务。其中，第1篇"材料动态本构关系之容变律"由胡时胜和王礼立负责编写，第2篇"材料动态本构关系之畸变律"由杨黎明和王礼立负责编写，第3篇"材料的动态破坏"由董新龙和王礼立负责编写。然后，在对这三篇进行交叉复审的基础上，组织了一次历时三天的集体会审，由胡时胜负责汇总交付出版社。但好事多磨，这期间我突然住院施行外科手术，耽搁了交稿时间。借此机会，要感谢我妻子卢维娴的尽心呵护和理解支持，我不仅恢复了健康，而且在康复期间共同完成了书稿的编写工作。本书的编写工作前后历时将近三年。

我们对这份书稿进行编写时，虽然确定以讲授基本原理、基本概念和基础知识为主，但也希望能够反映出这一跨学科领域的新进展，还希望能够反映出我国学者在这一领域辛勤耕耘的若干成果特色。虽尽力而为，但仍难免有不足之处，恳请各方面专家和广大读者指正，以便今后进行修改。百炼钢才能化为绕指柔！

诚望这本积累了40余年教学科研经验、凝结了多人心血的教材，能为后来的青年学者们铺出一条路，祝愿他们在攀登新的科学高峰中有更美好的未来！

王礼立谨记

2016年12月

目　　录

第2篇 材料动态本构关系之畸变律

第3篇 材料的动态破坏

第1章 绪　论

材料动力学是研究材料在爆炸/冲击载荷下的高速流变和动态破坏的基本规律的新兴分支,它是爆炸力学/冲击动力学的重要基础之一,也是材料科学研究中的重要发展方向之一。

对于初次接触材料动力学的人来说,上面那句简明扼要的"定义"式回答是不够的,人们会提出一系列具体问题:材料与力学有什么关系?材料动力学与材料力学、固体力学等经典课程有什么关系?材料动力学的"动"体现了什么特征?等等。下面就来对这些问题作进一步的讨论。

人类生活在物质世界。**物质第一性**和**物质运动观**是我们赖以认识世界和改造世界的基本哲理观。为了认识和改造世界,首先要认识和研究构成物质世界的**物质**(**matter**)。被研究、被使用的这部分物质被称为**材料**(**materials**)。例如,岩石是我们周围的一种自然物质,当我们把它作为混凝土的骨料使用时,或者把它作为钻地弹的攻击对象研究时,它就成为岩石材料了。

同任何科学都与物质密切相关一样,力学以研究物质的机械(力学)运动为主旨,因而物质/材料的力学性能在力学研究中有着不可替代的重要意义。我们都知道,连续介质力学的基本方程组由以下几方面组成:一组是联系位移、应变和质点速度等的几何学方程(运动学方程),它体现了连续介质的位移连续性或**质量守恒**;另一组是联系应力和质点加速度的动力学方程,它体现了**动量守恒**;再一组是联系各种形式能量之间的关系,它体现了**能量守恒**;最后一组是联系应力、应变及其速率之间的关系,它体现了材料本身内禀的力学性能,其数学表达式统称为**材料本构方程/关系**。如果说连续介质力学基本控制方程组中的质量守恒、动量守恒和能量守恒方程反映了各分支力学学科的普遍共性的话,那么材料本构关系则反映了这些基本分支学科各自不同的特性。回顾一下力学学科各基本分支学科的形成和分类,如一般力学(刚体力学)、流体力学、固体力学等,实质上不正是以材料本构关系的不同而相区分的吗?可以不夸张地说,材料本构关系在连续介质力学发展中的重要性怎么强调也不会过分。

其实,研究材料力学性能的意义还不仅仅在于:一切以确定物体中的力学场(应力、应变、位移、质点速度分布等)为目的的力学分析都是基于各种材料本构关系的,这对于解决实际问题还只是完成了一半任务,而且关键在于:要进一步回答这样的应力、应变、位移和质点速度等是否超过了允许限度,会不会引起材料或结构物的破坏失效,这是个广义的强度问题。任何一个可供定量分析的广义强度准则可以归纳为如下简单形式:

$$\Sigma \geqslant \Sigma_c \tag{1.1}$$

一旦式(1.1)满足,就判定为破坏/失效了。上述不等式中左边的 Σ 是一个可以通过前述基本控制方程组计算的力学特征量,依靠力学家们来解决,例如,对于固体结构而言,这正是"固体力学"所面临的任务。右边的 Σ_c 则是一个可以通过实验测量到的表征材料强度特征的临界参量,依靠材料学家们来解决。不等式(1.1)把力学特征量和材料强度临界参量相联系,意味着强度分析是同时建立在力学和材料学的基础上的,两者不可缺一。如果我们缺乏对材料力学性能的全面了解,就谈不上建立上述强度准则,因而也无法进行强度分析了。

对于计算 Σ 所需的各种材料本构关系以及对建立广义强度准则所需的各种材料强度特征参量 Σ_c 的研究，已经构成了一门新的学科分支，这是真正意义上的**"材料力学"**（**Mechanics of Materials**），它与传统的大学课程"材料力学"毫无共同之处。后者的英文原课程名为 **Strength of Materials**，实际上它研究的侧重点并非材料本身的强度，而是结构基本元件（如杆、轴、梁等）在拉伸、压缩、扭转、弯曲以及复合载荷下的受力-变形分析问题。早期的传统"材料力学"课程没有区分**结构力学响应**和**材料力学响应**两个不同的概念，那时候的学者常常对于结构与材料不加区分。回到不等式(1.1)，我们不难理解，不等式左边的 Σ 所涉及的是结构力学响应，而不等式右边的 Σ_c 以及计算 Σ 所需的本构关系所涉及的则是材料力学响应。

顺便指出，在文献上除了**"材料力学性能"**（mechanical property）外，人们还会遇到**"材料力学行为"**（mechanical behavior）和**"材料力学响应"**（mechanical response）等术语。它们互相关联，又有不同的含义。可以这样理解：如同人的内在思想决定了人的外在行为那样，材料内在的**力学性能**决定了材料外在表现的**力学行为**，而材料力学行为则描述了材料对于载荷的**力学响应**。

材料力学性能的研究还由于各种新型的工程材料不断涌现、应用领域日益广泛以及使用条件更加极端化（高温、高压、高应变率、强磁场、高腐蚀及辐射）等，因而变得更加重要。其中本课程研究的领域——材料在爆炸/冲击载荷下的动态力学性能——又是当前力学性能研究领域中最为活跃的方向之一。

材料动力学中，"动"主要表现为材料在爆炸/冲击下的动态力学行为。这类强动载荷以短历时、高幅值以及变化剧烈为特征，因此我们在这儿所讨论的问题中具备以下几个特点：

1．短历时（short duration）

爆炸/冲击载荷作用时间或变化过程的特征时间 T_L 通常以微秒乃至毫微秒量级计。引入一个无量纲时间 $\bar{T}$，有

$$\bar{T} = \frac{T_L}{T_W}$$

这里，$T_W(=L_s/C_w)$ 是结构动态响应的特征时间，可以用应力波特征波速 C_w 在结构特征尺度 L_s 中传播所需历时（L_s/C_w）来表征。显然，当 $\bar{T}<1$ 时，载荷历时短于应力波在结构特征长度中的传播时间，因而不能按准静态应力平衡条件来处理，而必须计及结构中应力波的传播。例如，设 L_s 以米计，C_w 以 10^3 m/s 计，则 T_W 为毫秒量级，当爆炸/冲击载荷的特征时间 T_L 为微秒量级甚至毫微秒时，必须考虑应力波的传播。

2．强载荷（intensive loading）

载荷应力 σ_L 幅值高、变化范围广。引入一个无量纲应力 $\bar{\sigma}$，有

$$\bar{\sigma} = \frac{\sigma_L}{\sigma_s}$$

这里，σ_s 是表征材料抗剪强度的特征量。例如，核爆中心的 σ_L 可在几微秒内升高到 $10^3\sim10^4$ GPa 量级，而金属的抗剪强度按 10^{-1} GPa 计的话，则无量纲应力 $\bar{\sigma}$ 为 $10^4\sim10^5$ 量级，材料在这么高的强载荷下其剪切强度可忽略不计，所以如同流体一般，可按流体动力学模型处理。然而，当 $\bar{\sigma}$ 降低到 $10^1\sim10^0$ 量级时，材料剪切效应就必须考虑，这时就需要按流体弹塑性模型或流体黏弹塑性模型处理。

与强载荷相对应，材料将经历大应变（几何非线性），应变和应力之间关系也相应呈明显的非线性（本构/物理非线性），这些**非线性**大大增加了问题处理的复杂性。

3. 高应变率(high strain rate)

在短历时过程中发生高幅值强载荷的显著变化必定意味着**高加载率**或**高应变率**。一般准静态载荷下的应变率为 $10^{-5} \sim 10^{-1}\ s^{-1}$ 量级,而在爆炸/冲击载荷下的应变率则高达 $10^{2}\ s^{-1}$ 至 $10^{7}\ s^{-1}$ 量级,即比准静态载荷下的高数个量级。大量实验表明,在不同应变率下,材料的力学行为往往是不同的。从材料变形机理来说,除了理想弹性变形可看做瞬态响应外,各种类型的非弹性变形和破坏都是以有限速率发展的非瞬态响应(如位错的运动过程、应力引起的扩散过程、损伤的演化过程、裂纹的扩展和传播过程等等),因而材料的力学性能本质上是与应变率相关的。因此,我们在讨论材料动态性能时,必须考虑应变率效应的影响。

相应地,在热力学意义上,材料在高应变率下的流变更接近于绝热过程。由于绝热温升而引起的热软化必将影响材料的力学性能,这是一个**热-力学相互耦合**的问题。一个典型例子是材料在高应变率下的绝热剪切失稳。

而且材料在高幅值强载荷下常常伴随着相变的发生,而相变会引起材料力学性能的突变,这是一个**形变-相变相互耦合**的问题,也是我们将讨论的内容之一。

综上所述,与准静载荷下的力学问题相比较,强动载荷下的力学问题必须考虑两个主要的动态效应:**惯性效应**和**应变率效应**。结构微元体的惯性效应导致了有关应力波传播的研究;材料的应变率效应则导致了有关材料动态力学性能的研究。两者既有区别又有密切联系。回顾一下准静态下的广义强度准则,式(1.1)现在应该改写为

$$\Sigma(t) \geqslant \Sigma_c(\dot{\varepsilon}) \tag{1.2}$$

式中,左边的 $\Sigma(t)$ 是计及应力波传播的非定常动态力学场特征量,它是时间 t 的函数;右边的 $\Sigma_c(\dot{\varepsilon})$ 则是计及应变率效应的表征材料动态强度特征的临界参量,它是应变率 $\dot{\varepsilon}$ 的函数。

对于结构的应力波效应的研究是"应力波基础"的主旨,而对于材料的应变率效应的研究则是"材料动力学"的主旨,两者互为姐妹课程。

材料动力学的研究是一门涉及材料学、力学和热力学的跨学科分支研究。本书将力图采用连续介质力学与热力学相结合、材料力学性能的宏观力学表述与微观物理机理相结合以及理论与实验相结合的途径和观点来加以探索。

全书内容可以归结为材料的动态本构关系和材料的动态破坏/失效。如同我们在学习"弹性力学"和"塑性力学"时已经熟悉的,材料本构关系通常可分解为球量部分和偏量部分。前者描述容积变化规律(简称**容变律**),而后者描述形状变化规律(简称**畸变律**)。当无量纲应力 $\bar{\sigma} = \frac{\sigma_L}{\sigma_s} \gg 1$ 从而材料剪切强度可忽略不计时,畸变律可以相应地忽略不计,本构关系就简化为单一的容变律。通常假定在球应力(等轴应力)作用下不发生塑性体积变形,也不存在应变率效应(无体积黏性),这样的容变律就化为可逆的非线性弹性律,相当于无黏可压缩流体的状态方程。固体在无量纲应力 $\bar{\sigma} \gg 1$ 情况下忽略塑性和黏性的容变律,常常被称为固体高压状态方程,它实际上是固体本构关系的组成部分(容变律)的特定形式。即使在材料剪切强度不可忽略的情况下,固体高压状态方程作为完整的本构关系组成部分之一——容变律,也是必不可少的,但这时通常假定容变律和畸变律解耦。

这样,本书共分为三个部分:第 1 篇讨论材料的容变律;第 2 篇讨论材料的计及应变率效应的畸变律;最后一篇讨论材料的动态破坏。

参 考 文 献

[1.1] CHOU P C，HOPKINS A K. Dynamic response of materials to intense impulsive loading[M]. Ohio ：U. S. Air Force Materials Laboratory，Wright-Patterson，AFB，1972.

[1.2] ZUKAS J A，NICHOLAS T，SWIFT H F，et al. Impact dynamics[M]. New York：J. Wiley & Sons，1982.

[1.3] WANG L L. Foundations of stress waves[M]. Amsterdam：Elsevier，2007.

[1.4] 王礼立，余同希，李永池. 冲击动力学进展[M]. 合肥：中国科学技术大学出版社，1992.

[1.5] MEYERS M A. Dynamic behavior of materials[EB/OL]. Wiley-Interscience ：1994.

[1.6] 王礼立. 爆炸力学数值模拟中本构建模问题的讨论[J]. 爆炸与冲击，2003，23(2)：97-104.

第 1 篇 材料动态本构关系之容变律

材料本构关系是材料力学行为的数学表述。应变率相关的材料动态本构关系通常表示为应力张量 σ_{ij}、应变张量 ε_{ij}、应变率张量 $\dot{\varepsilon}_{ij}$ 及温度 T 之间的泛函关系。

众所周知，应力张量 σ_{ij} 可分解为应力球量 σ_{m} 和应力偏量 S_{ij} 之和，应变张量 ε_{ij} 可分解为应变球量 e_{m} 和应变偏量 e_{ij} 之和，应变率张量 $\dot{\varepsilon}_{ij}$ 可分解为应变率球量 $\dot{e}_{\mathrm{m}}$ 和应变率偏量 $\dot{e}_{ij}$ 之和：

$$\sigma_{ij} = \sigma_{\mathrm{m}}\delta_{ij} + S_{ij}, \quad \varepsilon_{ij} = e_{\mathrm{m}}\delta_{ij} + e_{ij}, \quad \dot{\varepsilon}_{ij} = \dot{e}_{\mathrm{m}}\delta_{ij} + \dot{e}_{ij} \tag{Ⅰ.1}$$

则应变率相关本构关系通常也可表现为由两部分组成，即描述容积变化的球量部分(标量形式的容变律)和描述形状变化的偏量部分(泛函形式的畸变律)。

容变律为

$$\sigma_{\mathrm{m}} = f_v(e_{\mathrm{m}}, \dot{e}_{\mathrm{m}}, T) \tag{Ⅰ.2}$$

畸变律为

$$S_{ij} = \overline{\Phi}(e_{ij}, \dot{e}_{ij}, T) \tag{Ⅰ.3}$$

这里已经假定容变律和畸变律解耦，互不相关。

在允许忽略畸变的高压下，固体可近似按流体处理，本构关系就退化为容变律。再进一步假定在球应力(等轴应力)作用下不发生塑性容积变形，也不存在容积变形的应变率效应(无体积黏性)，相当于把固体近似为理想可压缩流体，容变律就简化为非线性弹性容变关系。从热力学角度说，这时各力学量间的关系与“路径”无关而只是“状态”的函数，这时也常常称为“固体高压状态方程”。

本篇着重讨论上述假定前提下的材料本构容变律，共 3 章，其中第 2 章讨论其宏观力学——热力学基础，第 3 章讨论其微观物理基础，第 4 章在激波理论基础上讨论其动态实验研究。

第 2 章　固体高压状态方程及其热力学基础

2.1　非线性弹性容变律

忽略体积塑性和体积黏性的固体高压状态方程，从连续介质力学本构理论的角度看，相当于非线性弹性容变关系。

下面我们先从大家熟知的线弹性广义 Hooke 定律出发，进而讨论非线性弹性的情况。

由经典弹性力学可知，均匀各向同性弹性材料的线性本构关系可用广义 Hooke 定律表示，即

$$\sigma_{ij} = \lambda\delta_{ij}\varepsilon_{kk} + 2\mu\varepsilon_{ij}$$

式中，应力和应变均以拉为正，δ_{ij}是单位张量，λ 和 μ 是 Lame 系数：

$$\lambda = \frac{E\nu}{(1+\nu)(1-2\nu)} \tag{2.1}$$

$$\mu = G = \frac{E}{2(1+\nu)} \tag{2.2}$$

式中，E，G 和 ν 分别为材料的杨氏弹性模量、剪切模量和泊松比。

如果引入 Lagrange 表述的体积应变 Δ 及各向等轴压力 P：

$$\begin{aligned} \Delta &= \frac{V-V_0}{V_0} = (1+\varepsilon_X)(1+\varepsilon_Y)(1+\varepsilon_Z) - 1 \\ &\approx \varepsilon_X + \varepsilon_Y + \varepsilon_Z = \varepsilon_{KK} \\ P &= -\frac{1}{3}(\sigma_X + \sigma_Y + \sigma_Z) = -\frac{1}{3}\sigma_{KK} \end{aligned} \tag{2.3}$$

式中，V 和 V_0是体积及其初始值，再引入代表畸变（形状变化）的应变偏量 e_{ij}和对应的应力偏量S_{ij}：

$$\begin{aligned} e_{ij} &= \varepsilon_{ij} - \frac{1}{3}\Delta\delta_{ij} \\ S_{ij} &= \sigma_{ij} + P\delta_{ij} \end{aligned} \tag{2.4}$$

则广义 Hooke 定律可写成由容变律和畸变律这两部分所组成的形式：

$$-P = K\Delta \tag{2.5a}$$

$$S_{ij} = 2Ge_{ij} \tag{2.5b}$$

式中，K 为体积模量，它与其他弹性常数之间存在如下关系：

$$K = \lambda + \frac{2}{3}G = \frac{E}{3(1-2\nu)} \tag{2.6}$$

式(2.5a)描述的是小变形下的线性弹性容变律,其中体积模量 K 为常数。在应力远大于屈服限 $Y(\sigma \gg Y)$,因而变形量很大的高压条件下,体积模量 K 不再是材料常数,而是各向等轴压力 P 的函数(或体积应变 Δ 的函数),这时的材料非线性弹性容变律以微分形式可表示为

$$-\mathrm{d}P = K(P)\mathrm{d}\Delta \tag{2.7}$$

注意,式(2.7)是非线性弹性容变律的 Lagrange 表述,式中的 $K(P)$ 称为 Lagrange 体积模量

$$K(P) = -\frac{\mathrm{d}P}{\mathrm{d}\Delta} = -V_0\frac{\mathrm{d}P}{\mathrm{d}V} \tag{2.8}$$

如果以 Euler 观点来描述,体积应变按对数应变(真应变)来定义,记作 $\tilde{\Delta}$:

$$\begin{aligned}\tilde{\Delta} &= \int_{V_0}^{V}\frac{\mathrm{d}V}{V} = \ln\frac{V}{V_0} = \ln(1+\varepsilon_X) + \ln(1+\varepsilon_Y) + \ln(1+\varepsilon_Z) \\ &= \tilde{\varepsilon}_x + \tilde{\varepsilon}_y + \tilde{\varepsilon}_z\end{aligned} \tag{2.9}$$

则相应的体积模量:

$$\tilde{k}(p) = -\frac{\mathrm{d}p}{\mathrm{d}\tilde{\Delta}} = -V\frac{\mathrm{d}p}{\mathrm{d}V} \tag{2.10}$$

称为 Euler 体积模量,式中 p 是 Euler 表述的等轴压力。

下一步的关键在于,非线性体积压缩模量是以什么形式定量地依赖于各向等轴压力(静水压力)的。

1. Bridgman 方程

人们首先从静高压条件下对材料体积模量随静水压力的变化规律开始进行实验研究。Bridgman(1945～1949)曾在高达 10^4～10^5巴(bar,1 bar = 100 kPa)即 1 GPa～10 GPa 的等温静高压条件下,研究了数十种元素和化合物的体积压缩随静压力变化的情况。根据实验测定结果,提出了如下的经验公式:

$$\frac{V_0 - V}{V_0} = -\Delta = aP - bP^2 \tag{2.11}$$

式中,a 和 b 为材料常数。此式称为 **Bridgman 方程**[2.1],或因它是在等温静压条件下得出的而称为**固体等温状态方程**。对于大部分实验材料,当 P 以 bar 为单位时,a 为 10^{-6}～10^{-7} bar^{-1} 量级,b 为 10^{-12} bar^{-2} 量级。例如,对于铁,根据 400 次以上的测量结果,在 24 ℃时有

$$\frac{V_0 - V}{V_0} = 5.826 \times 10^{-7}P - 0.80 \times 10^{-12}P^2 \tag{2.12}$$

由式(2.11)可求得体积模量 K 作为静水压力 P 的函数关系为

$$K(P) = \frac{1}{a - 2bP} = \frac{1}{a\left(1 - \frac{2b}{a}P\right)} \tag{2.13}$$

可见 K 随 P 之增加而增大,即 P-V 曲线呈图 2.1 所示的上凹形曲线。这反映了固体材料对体积压缩的抗力随压缩变形程度的增大而增大,从而愈来愈难压缩这一物理现象。

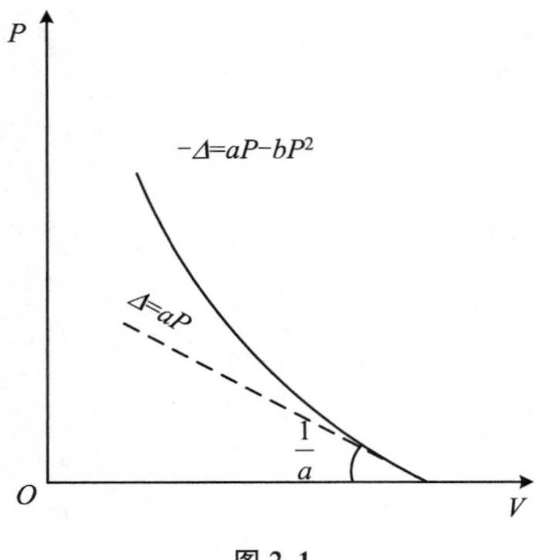

图 2.1

由于 b/a 为 $10^{-5} \sim 10^{-6}\ \mathrm{bar}^{-1}$ 量级，式(2.13)表明至少需要 $10^3 \sim 10^4\ \mathrm{bar}$ 量级的压力，K 才变化约1%。这说明了为什么通常只在高压下才计及弹性容变律的非线性特征。当 $2bP/a \ll 1$ 时，把式(2.13)展开为幂级数并忽略高阶小量后可得

$$K(P) \approx \frac{1}{a}\left(1 + \frac{2b}{a}P\right) \tag{2.14}$$

可见 $\frac{1}{a}$ 相当于低压时线弹性容变律的体积模量 K_0，而 $2b/a^2$ 是当 K 近似作为 P 的线性函数时表征 K 随 P 的变化率的系数。

2. Murnagham 方程

在Bridgman方程中 $K(P)$ 是Lagrange意义上的体积模量。如果从式(2.10)定义的Euler体积模量 $\tilde{k}$ 出发，并类似于式(2.14)来考虑 $\tilde{k}$ 随 p 线性变化的状态，即设

$$\tilde{k} = k_0(1 + \eta p) \tag{2.15}$$

式中，k_0 和 η 均为材料常数，则 p-V 关系归纳为解常微分方程

$$-V\frac{\mathrm{d}p}{\mathrm{d}V} = k_0 + n_k p \tag{2.16}$$

这里 $n_k = k_0\eta$，是 $\tilde{k}$ 对压力 p 的一阶导数的系数。根据初始条件 $V|_{P=0} = V_0$，可解得

$$\left(p + \frac{1}{\eta}\right)\left(\frac{V}{V_0}\right)^{n_k} = \frac{1}{\eta} = \mathrm{const} \tag{2.17a}$$

或改写成

$$p = \frac{k_0}{n_k}\left[\left(\frac{V_0}{V}\right)^{n_k} - 1\right] \tag{2.17b}$$

在一维应变条件 $[V = (1 + \varepsilon_X)V_0]$ 下，则可化为

$$p = \frac{k_0}{n_k}[(1 + \varepsilon_X)^{-n_k} - 1] = \frac{K_0}{n_k}[\exp(-n_k\tilde{\varepsilon}_X) - 1] \tag{2.18}$$

注意，式(2.17a)在形式上类似于理想气体在绝热条件下的等熵状态方程

$$p\left(\frac{V}{V_0}\right)^{\gamma} = \mathrm{const} \tag{2.19}$$

类似地，n_k 则处于和气体绝热指数 γ 相类似的地位。对于金属，n_k 的典型值为4。式(2.17)或式(2.18)通常称为**Murnagham方程**或**固体等熵状态方程**，式中的材料常数 k_0 和 n_k 常由等熵条件下的波传播实验测试来确定。Murnagham方程有时也采用Lagrange表述的形式，并对Lagrange表述的大 P 和Euler表述的小 p 不加区分。

Murnagham方程最早是在研究有限变形弹性理论的基础上通过较复杂的演算导出的。不过如前面讨论所表明的，它实际上等价于Euler体积模量 $\tilde{k}$ 正比于 p 的假定[式(2.15)]。显然，式(2.16)所代表的 p-V 曲线也类似于图2.1所示的凹曲线，体现了固体材料对体积压缩的抗力随压缩变形程度的增大而增大从而愈来愈难压缩这一物理现象。

2.2 热力学状态方程

在本篇一开始已经指出，在允许忽略畸变的高压下，固体可近似按流体处理，这时非线性弹

性容变律就等价于热力学意义上的“固体高压状态方程”。

读者们最早接触的“**状态方程**”(**equation of state**,缩写为 EOS)大概是**理想气体状态方程**(**equation of state of ideal gas**):

$$P = nR\frac{T}{V} \tag{2.20}$$

式中,$R[=8.314\ \mathrm{J/(mol\cdot K)}]$为气体常数,$n$ 为气体的物质的量,以 mol 为单位。上式之所以被称为状态方程是因为 P,V,T 三者之间的关系只取决于它们的状态,而与状态变化的路径无关。在几何意义上,式(2.20)可以看成 P,V,T 三维空间的曲面,属于更一般的所谓**温度型状态方程**:

$$P = f_T(V,T) \quad 或 \quad f_T(P,V,T) = 0 \tag{2.21}$$

注意:此处及以下均已约定采用 Lagrange 表述。

回顾 Bridgman 方程和 Murnaghan 方程,它们形式上是**纯力学型**的(只包含力学状态量),实际上分别描述了 Lagrange 表述的等温过程的 p-V 关系和 Euler 表述的等熵过程的 p-V 关系,都是特定的热力学条件下的固体状态方程。

与式(2.21)所描述的温度型状态方程类似,式(2.22)给出 Lagrange 表述的**熵型状态方程**:

$$P = f_S(V,S) \quad 或 \quad f_S(P,V,S) = 0 \tag{2.22}$$

显而易见,Bridgman 方程只不过是式(2.21)曲面与等温平面的截线,而式(2.22)曲面与等熵平面的截线则给出 Lagrange 表述的等熵过程的 P-V 关系。这些截线的斜率则分别确定了等温体积模量 K_T,

$$K_T = -V_0\left(\frac{\partial P}{\partial V}\right)_T$$

和等熵体积模量,其中等熵体积模量有两种常用形式——K_S 和 k_S[注意 k_S 与式(2.10)所定义的 Euler 表述的体积模量 $\tilde{k}$ 之间的不同]:

$$K_S = -V_0\left(\frac{\partial P}{\partial V}\right)_S$$

$$k_S = -V\left(\frac{\partial P}{\partial V}\right)_S = (1+\Delta)K_S$$

过去在线性弹性力学的讨论中,因问题限于小变形范畴,通常忽略了 Lagrange 描述的 P 与 Euler 描述的 p 之间的区别,也不大强调等温模量 K_T 和等熵模量 K_S 两者间的差别,但从热力学角度讲是应该加以区分的,下文将会进一步讨论这一问题。

式(2.21)和式(2.22)建立了力学量 P,V 与热学量 T,S 四者之间的关系,体现了热弹性材料的力学性质与热学性质内在相互耦合的特性。其中,力学量中的 P 是**强度**性质的而 V 是**广度**性质的,热学量中 T 是**强度**性质的而 S 是**广度**性质的。

然而,式(2.21)和式(2.22)只是部分地确定了材料的热力学性能,还不能利用它们来确定热力学平衡态中所有热力学状态变量,这样的方程只能算是**不完全状态方程**(**incomplete equation of state**)。

在热力学中,当以 P,V,T,S 为状态变量时,有 4 个可构成**完全状态方程**(**complete equation of state**)的热力学势函数,它们分别以力学量 P,V 之一和热学量 T,S 之一相搭配作为独立状态变量,总共可构成基于如下的 4 个**热力学特性函数或势函数**的**完全状态方程**:

$$E = E(S,V) \tag{2.23a}$$

$$A = A(T,V) \tag{2.23b}$$

$$H = H(P, S) \tag{2.23c}$$

$$G = G(P, T) \tag{2.23d}$$

式中，E 为内能(internal energy)，A 为 Helmholtz 自由能(Helmholtz free energy)，H 为焓(enthalpy)，G 为 Gibbs 自由能(Gibbs free energy)，如图 2.2 所示。

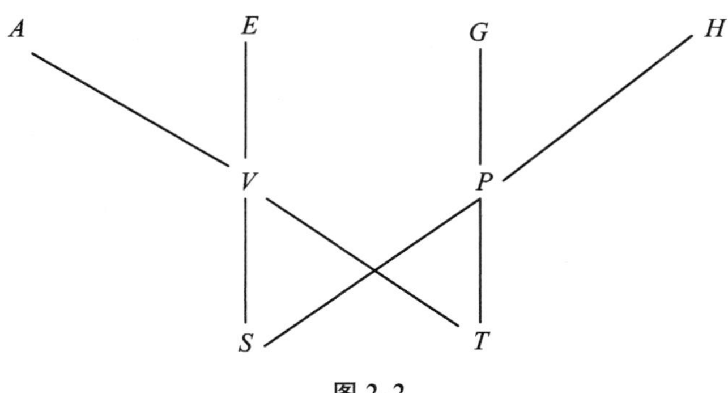

图 2.2

它们之间有式(2.24a)～式(2.24d)及如图 2.3 所示的相互关系：

$$A = E - TS \tag{2.24a}$$

$$E = A + TS \tag{2.24b}$$

$$G = H - TS \tag{2.24c}$$

$$H = E + PV \tag{2.24d}$$

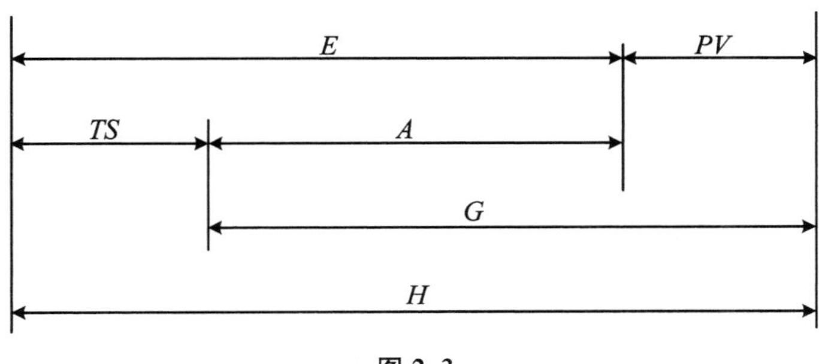

图 2.3

我们先以热力学特性函数中的内能 $E(S, V)$ 为例进行讨论。

由热力学第一定律(能量守恒定律)知道：系统的内能的微量变化 $\mathrm{d}E$ 等于外界对系统的微量供热 δQ 扣除系统对外做的微量功 δW：

$$\mathrm{d}E = \delta Q - \delta W \tag{2.25}$$

这里内能 E 是状态参量，而热量 Q 和功 W 一般是依赖于路径的过程参量。

对于可逆平衡过程，一方面可逆功表示为 $\mathrm{d}W = P\mathrm{d}V$，另一方面由热力学第二定律知，表征系统混乱程度的状态参量熵 S，乃是可逆过程中热能除以温度所得之商，即 $\mathrm{d}S = \mathrm{d}Q/T$，因而有

$$\mathrm{d}E = T\mathrm{d}s - P\mathrm{d}V \tag{2.26}$$

如果直接对 $E(S, V)$ 取全微分[参看式(2.23a)]，可得

$$dE = \left(\frac{\partial E}{\partial S}\right)_V dS + \left(\frac{\partial E}{\partial V}\right)_S dV$$

比较以上两式,可得

$$T(S,V) = \left[\frac{\partial E(S,V)}{\partial S}\right]_V \tag{2.27}$$

$$P(S,V) = -\left[\frac{\partial E(S,V)}{\partial V}\right]_S \tag{2.28}$$

注意到式(2.28)也就是前面的式(2.22)所表示的熵型状态方程,可见只需对内能特性函数 $E(S, V)$进行一阶偏导数运算,就可以得出熵型状态方程。不仅如此,一旦 $E(S, V)$确定了,其他一些热力学参量也可依次确定,例如通过二阶偏导数运算,可以确定:

定容比热为

$$C_V \equiv T\left(\frac{\partial S}{\partial T}\right)_V = \frac{T}{\left(\frac{\partial T}{\partial S}\right)_V} = \frac{\left(\frac{\partial E}{\partial S}\right)_V}{\left(\frac{\partial^2 E}{\partial S^2}\right)_V} \tag{2.29}$$

等熵体积模量为

$$k_S \equiv -V\left(\frac{\partial P}{\partial V}\right)_S = V\left(\frac{\partial^2 E}{\partial V^2}\right)_S \tag{2.30}$$

熵应力函数为

$$\phi_S \equiv \left(\frac{\partial P}{\partial S}\right)_V = -\frac{\partial^2 E}{\partial S \partial V} = -\left(\frac{\partial T}{\partial V}\right)_S \tag{2.31}$$

因此内能 $E(S, V)$给出的方程(2.23a)是个完全状态方程。

再以热力学特性函数中的 Helmholtz 自由能 $A(T, V)$为例进行讨论。利用公式(2.24a),可得

$$dA = dE - SdT - TdS$$

再利用式(2.26),可将上式化简为

$$dA = -SdT - PdV \tag{2.32}$$

与式(2.26)对比可知,与等熵过程中系统对外做功等于内能减少相对应,在等温过程中系统对外做功等于 Helmholtz 自由能减少。另一方面,直接对方程(2.23b)取全微分,可得

$$dA = \frac{\partial A}{\partial T}dT + \frac{\partial A}{\partial V}dV$$

比较以上两式可知,S 和 P 可以由 A 通过一阶偏导数运算导出:

$$S(T,V) = -\left(\frac{\partial A}{\partial T}\right)_V \tag{2.33}$$

$$P(T,V) = -\left(\frac{\partial A}{\partial V}\right)_T \tag{2.34}$$

相应地,内能如果转换成为以(T, V)之函数形式表现的 $E(T, V)$,可以由上式导出

$$E(T,V) = A + TS = A - T\left(\frac{\partial A}{\partial T}\right)_V \tag{2.35}$$

注意到式(2.34)也就是前面的式(2.21)所表示的温度型状态方程,可见只需对 Helmholtz 自由能特性函数 $A(T, V)$进行一阶偏导数运算,就可以得出温度型状态方程。

类似于前面的例子,其他一些热力学量也可以由 A 通过二阶偏导数运算确定。例如:

定容比热为

$$C_V \equiv T\left(\frac{\partial S}{\partial T}\right)_V = -T\left(\frac{\partial^2 A}{\partial T^2}\right)_V \tag{2.36}$$

等温体积模量为

$$K_T \equiv -V\left(\frac{\partial P}{\partial V}\right)_T = V\left(\frac{\partial^2 A}{\partial V^2}\right)_T \tag{2.37}$$

温度应力函数为

$$\phi_T \equiv \left(\frac{\partial P}{\partial T}\right)_V = -\left(\frac{\partial^2 A}{\partial T \partial V}\right) = \left(\frac{\partial S}{\partial V}\right)_T \tag{2.38}$$

因此由 Helmholtz 自由能 $A(T, V)$给出的方程(2.23b)也是个完全状态方程。

采用类似方法可以证明：由焓 $H(S, P)$给出的方程(2.23c)和由 Gibbs 自由能 $G(T, P)$给出的方程(2.23d)也都是完全状态方程，并相应地有以下关系(略去推导过程，建议读者作为习题加以证明)。

1．焓：$H(S,P)$

$$\mathrm{d}H = T\mathrm{d}S + V\mathrm{d}P \tag{2.39}$$

$$T = \left(\frac{\partial H}{\partial S}\right)_P \tag{2.40}$$

$$V = \left(\frac{\partial H}{\partial P}\right)_S \tag{2.41}$$

定压比热：

$$C_P \equiv T\left(\frac{\partial S}{\partial T}\right)_P = \frac{T}{\left(\frac{\partial^2 H}{\partial S^2}\right)_P} \tag{2.42}$$

等熵体积模量：

$$k_S \equiv -V\left(\frac{\partial P}{\partial V}\right)_S = -\frac{V}{\left(\frac{\partial^2 H}{\partial P^2}\right)_S} \tag{2.43}$$

熵膨胀系数：

$$\alpha_S = \frac{1}{V}\left(\frac{\partial V}{\partial S}\right)_P = \frac{1}{V}\left(\frac{\partial^2 H}{\partial P \partial S}\right) \tag{2.44}$$

2．Gibbs 自由能：$G(T,P)$

$$\mathrm{d}G = -S\mathrm{d}T + V\mathrm{d}P \tag{2.45}$$

$$S = -\left(\frac{\partial G}{\partial T}\right)_P \tag{2.46}$$

$$V = \left(\frac{\partial G}{\partial P}\right)_T \tag{2.47}$$

定压比热：

$$C_P \equiv T\left(\frac{\partial S}{\partial T}\right)_P = -T\left(\frac{\partial^2 G}{\partial T^2}\right)_P \tag{2.48}$$

等温体积模量：

$$K_T \equiv -V\left(\frac{\partial P}{\partial V}\right)_T = -\frac{V}{\left(\frac{\partial^2 G}{\partial P^2}\right)_T} \tag{2.49}$$

热膨胀系数：

$$\alpha_T = \frac{1}{V}\left(\frac{\partial V}{\partial T}\right)_P = \frac{1}{V}\left(\frac{\partial^2 G}{\partial P \partial T}\right) \tag{2.50}$$

应该指出，上述这些热力学参量并不是相互独立的。如同大家在学习弹性力学时所知道的，应变分量 $\varepsilon_{ij}(i,j=1,2,3)$是从 3 个位移分量 $u_k(k=1,2,3)$的一阶偏导数导出的，因而它们之间应该存在某种协调关系以满足位移的连续性。类似地，上述这些热力学参量是与式(2.24)表述的 4 个热力学特性函数相联系，并通过一阶、二阶偏导数导出的，因而它们之间也不是完全独立的，必定存在某种满足协调性要求的内在相容关系。

下面具体讨论一下上述通过热力学特性函数的二阶偏导数运算导出的 8 个热力学参量之间存在的相容关系。这些关系一方面在研究材料状态方程时常常会用到，另一方面也有助于我们加深对这些热力学参量的认识。

首先指出：温度应力函数 ϕ_T[式(2.38)]与等温体积模量 K_T[式(2.37)]以及热膨胀系数 α_T[式(2.50)]之间是互有联系的。事实上，对温度型状态方程 $P(T, V)$进行全微分，有

$$\mathrm{d}P(T,V) = \left(\frac{\partial P}{\partial T}\right)_V \mathrm{d}T + \left(\frac{\partial P}{\partial V}\right)_T \mathrm{d}V \tag{2.51}$$

对于等压过程($\mathrm{d}P=0$)，上式给出

$$0 = \left(\frac{\partial P}{\partial T}\right)_V + \left(\frac{\partial P}{\partial V}\right)_T \left(\frac{\partial V}{\partial T}\right)_P$$

按式(2.37)、式(2.38)和式(2.50)，有

$$\phi_T \equiv \left(\frac{\partial P}{\partial T}\right)_V = -\left(\frac{\partial P}{\partial V}\right)_T \left(\frac{\partial V}{\partial T}\right)_P = -V\left(\frac{\partial P}{\partial V}\right)_T \frac{1}{V}\left(\frac{\partial V}{\partial T}\right)_P = K_T\alpha_T \tag{2.52}$$

即温度应力函数 ϕ_T 等于等温体积模量 K_T 和热膨胀系数 α_T 之积。

如果进而将上式对 T 积分，有

$$P(T,V) = P_K(V) + \int_0^T K_T\alpha_T \mathrm{d}T = P_K(V) + P_T(T,V) \tag{2.53}$$

式中，$P_K(V)$只与比容 V 相关而与温度 T 无关，称为**冷压**；$P_T(V,T)$称为**热压**，它由($K_T\alpha_P$)对 T 的积分决定。由此可见，温度型状态方程式(2.21)的压力 P 由两部分组成：与温度无关的冷压 $P_K(V)$和与温度有关的热压 $P_T(V,T)$，它实际上可由 K_T，α_P 和 $P_K(V)$决定。

另一方面，在等容条件下求式(2.35)所示 $E(T, V)$对 T 的偏导数，并计及[式(2.36)]所示定容比热的定义，有

$$\left(\frac{\partial E}{\partial T}\right)_V = \left(\frac{\partial A}{\partial T}\right)_V - \left(\frac{\partial A}{\partial T}\right)_V - T\left(\frac{\partial^2 A}{\partial T^2}\right)_V = -T\left(\frac{\partial^2 A}{\partial T^2}\right)_V = C_V \tag{2.54}$$

将上式对 T 积分，则有

$$E(T,V) = E_K(V) + \int_0^T C_V \mathrm{d}T = E_K(V) + E_T(T,V) \tag{2.55}$$

式中，$E_K(V)$只与比容 V 相关而与温度 T 无关，称为**冷能**，$E_T(V,T)$则称为**热能**。由此可见，内能 $E(T, V)$也由两部分组成：与温度无关的冷能 $E_K(V)$和与温度有关的热能 $E_T(V,T)$，它实际上可由 C_V和$E_K(V)$决定。

又，式(2.51)在等熵条件下可以写成

$$\left(\frac{\partial P}{\partial V}\right)_S = \left(\frac{\partial P}{\partial V}\right)_T + \left(\frac{\partial P}{\partial T}\right)_V \left(\frac{\partial T}{\partial V}\right)_S$$

按式(2.30)、式(2.31)、式(2.37)和式(2.38)，有

$$K_S = K_T + \phi_T\phi_S \tag{2.56}$$

由于 $\phi_T \cdot \phi_S > 0$,因而等熵体积模量 K_S 一定大于等温体积模量 K_T。

类似于对温度型状态方程进行全微分得出式(2.51),现在对熵型状态方程 $P(S, V)$进行全微分,有

$$dP(S,V) = \left(\frac{\partial P}{\partial S}\right)_V dS + \left(\frac{\partial P}{\partial V}\right)_S dV \tag{2.57}$$

对于等压过程($dP = 0$),上式给出

$$0 = \left(\frac{\partial P}{\partial S}\right)_V + \left(\frac{\partial P}{\partial V}\right)_S \left(\frac{\partial V}{\partial S}\right)_P$$

按式(2.31)、式(2.30)和式(2.44),有

$$\phi_S \equiv \left(\frac{\partial P}{\partial S}\right)_V = -\left(\frac{\partial P}{\partial V}\right)_S \left(\frac{\partial V}{\partial S}\right)_P = -V\left(\frac{\partial P}{\partial V}\right)_S \cdot \frac{1}{V}\left(\frac{\partial V}{\partial S}\right)_P = k_S \alpha_S \tag{2.58}$$

即熵应力函数 ϕ_S 等于等熵体积模量 k_S 和熵膨胀系数 α_S 之积。

如果利用复合微分法则,注意到

$$\left(\frac{\partial P}{\partial T}\right)_V = \left(\frac{\partial P}{\partial S}\right)_V \left(\frac{\partial S}{\partial T}\right)_V$$

再通过式(2.29)、式(2.31)和式(2.38)就可得到温度应力函数 ϕ_T 与熵应力函数 ϕ_S 之比为

$$\frac{\phi_T}{\phi_S} = \frac{C_V}{T} \tag{2.59}$$

类似地,利用复合微分法则,注意到

$$\left(\frac{\partial V}{\partial T}\right)_P = \left(\frac{\partial V}{\partial S}\right)_P \left(\frac{\partial S}{\partial T}\right)_P$$

从而通过式(2.44)、式(2.48)和式(2.50),可得到热膨胀系数与熵膨胀系数之比为

$$\frac{\alpha_T}{\alpha_S} = \frac{C_P}{T} \tag{2.60}$$

将式(2.60)除以式(2.59),有

$$\frac{\phi_T}{\alpha_T} = \frac{\phi_S}{\alpha_S}\frac{C_V}{C_P} \tag{2.61}$$

再把式(2.52)和式(2.58)代入,最后可得

$$\frac{K_T}{k_S} = \frac{C_V}{C_P} = \frac{\dfrac{\phi_T}{\alpha_T}}{\dfrac{\phi_S}{\alpha_S}} \tag{2.62a}$$

可见等温体积模量与等熵体积模量之比恰好等于定容比热与定压比热之比,还等于$\left(\dfrac{\phi_T}{\alpha_T}\right)$与$\left(\dfrac{\phi_S}{\alpha_S}\right)$之比。另一方面,由式(2.52)、式(2.56)和式(2.59),还可见等温体积模量与等熵体积模量之间有如下关系:

$$\frac{k_S}{K_T} = 1 + \frac{K_T \alpha_T^2 T V}{C_V} \tag{2.62b}$$

由上述讨论可以看到力学量与热学量之间存在相互耦合的密切关系。这些关系将在下面进一步研究材料状态方程时经常用到。

2.3 Gruneisen 状态方程

我们已经讨论了基于 4 个热力学特性函数所构成的式(2.23)是完全状态方程，如果我们能找到其中任一个，那么即可求得可逆热力学平衡态中所有的热力学量。但是，这样的完全状态方程是难以求解的，因为这些特性函数的具体形式是很难通过实验确定的。因此，能够用来描述固体高压状态方程的仍是一些不完全状态方程。例如，前面已经介绍过的可以从静态等温实验得出的温度型状态方程或从动态等熵实验(如波动实验)得出的熵型状态方程。

但是，对于材料动力学研究的冲击绝热过程来说，温度型状态方程(2.21)和熵型状态方程(2.22)两种形式都不适用。因为由冲击波波阵面上质量守恒、动量守恒和能量守恒所涉及的状态参量在忽略材料畸变的情况下，只包含静水压力 P、比容 V 和内能 E，而并未直接涉及温度 T 或熵 S。所以比较方便的是采用把 P,V,E 三者联系起来的所谓**内能型状态方程**：

$$f_E(P,V,E) = 0 \tag{2.63a}$$

尽管我们还不能利用它来确定热力学平衡态中所有的热力学状态参量。这样的方程也仍然是不完全状态方程。

原则上，由内能 E 的完全状态方程 $E=E(S,V)$ 反解出熵作为内能 E 和比容 V 的函数 $S=S(E,V)$，再代入熵型状态方程 $P=P(S,V)$，就可得出内能型状态方程：

$$P = P(S(E,V),V) = P(E,V) \tag{2.63b}$$

现在的问题在于这一内能型状态方程应具有什么样的函数形式，方程中的材料参数应该如何确定。

式(2.63b)的全微分为

$$\mathrm{d}P(E,V) = \left(\frac{\partial P}{\partial E}\right)_V \mathrm{d}E + \left(\frac{\partial P}{\partial V}\right)_E \mathrm{d}V$$

上式右侧的第一个偏导数 $\left(\frac{\partial P}{\partial E}\right)_V$，即等容条件下每单位内能引起的压力增加量，在内能型状态方程的研究中具有重要意义。按式(2.27)、式(2.29)和式(2.38)，它可以表现为温度应力函数 ϕ_T 与等容比热 C_V 之商：

$$\left(\frac{\partial P}{\partial E}\right)_V = \frac{\left(\frac{\partial P}{\partial T}\right)_V}{\left(\frac{\partial E}{\partial T}\right)_V} = \frac{\left(\frac{\partial P}{\partial T}\right)_V}{\left(\frac{\partial E}{\partial S}\right)_V\left(\frac{\partial S}{\partial T}\right)_V} = \frac{\phi_T}{C_V} = \frac{K_T\alpha_T}{C_V} \tag{2.64}$$

上式的最后一个等号是计及了式(2.52)的。由此，我们引入了一个新的热力学参数：

$$\Gamma = V\left(\frac{\partial P}{\partial E}\right)_V = V\cdot\frac{\phi_T}{C_V} = \frac{K_T\alpha_T V}{C_V} \tag{2.65}$$

它代表着等容条件下压力对单位体积内能的变化率，称之为 **Gruneisen 系数**。式(2.65)的最后一个等号给出了由常态下易于实验测定的几个热力学参数 K_T,α_T,V 和 C_V 来确定 Gruneisen 系数的基本关系，是一个很重要的公式，称为 **Gruneisen 第二定律**。利用这一基本关系得到的 Γ 值是由实验间接测定的 Gruneisen 系数，通常称为热力学 Γ，并记为 Γ_{th}。

由于温度应力函数 ϕ_T 与等容比热 C_V 都是 V,T 的函数，所以 Gruneisen 系数一般也是

V,T 的函数 $\Gamma[=\Gamma(V,T)]$。不过实验表明，Γ 是个对温度极不敏感的量，故可假设它只是比容 V 的函数，记作 γ：

$$\gamma = \gamma(V) \tag{2.66}$$

此即所谓 **Gruneisen 假定**，这是一个十分重要的假定。将这一假定用于式(2.65)并积分，可得

$$P(E,V) = \frac{\gamma(V)}{V}E + \Pi(V) \tag{2.67a}$$

或计及式(2.53)和式(2.55)后可改写为

$$P = P_K(V) + \frac{\gamma(V)}{V}[E - E_K(V)] \tag{2.67b}$$

$$P_T(T,V) = \frac{\gamma(V)}{V}E_T(T,V) \tag{2.67c}$$

为方便起见，在实际应用中，式(2.67a)中两个只依赖于 V 的项常常展开为多项式，即具有如下形式：

$$P = A_0 + A_1\mu + A_2\mu^2 + A_3\mu^3 + (B_0 + B_1\mu + B_2\mu^2)E \tag{2.67d}$$

式中，$\mu = \dfrac{\rho - \rho_0}{\rho_0}$，$\rho = \dfrac{1}{V}$，初始密度 $\rho_0 = \dfrac{1}{V_0}$。式(2.67)就是著名的 **Mie-Gruneisen 状态方程**[2.2]。式中的 $P_K(V)$ 和 $P_T(T,V)$ 正是式(2.53)所给出的冷压和热压，而 $E_K(V)$ 和 $E_T(T,V)$ 正是式(2.55)所给出的冷能和热能。

物理意义上，与温度无关的冷能 $E_K(V)$ 为 0 K 时的内能，又称晶格势能，它包括分子(离子、原子……)间相互作用能(晶格结合能)、零点振动能和价电子气压缩能等与温度无关部分的内能；而与温度相关的热能 $E_T(T,V)$ 又称为晶格动能，它包括晶格热振动和电子热激活能等与温度有关部分的内能。

冷压 $P_K(V)$ 和热压 $P_T(T,V)$ 分别与冷能 $E_K(V)$ 和热能 $E_T(V,T)$ 相对应。事实上，由式(2.26)：

$$\mathrm{d}E = T\mathrm{d}s - P\mathrm{d}V$$

出发，并注意到在 0 K 时熵为零(Nernst 定理)，即有

$$P_K(V) = -\frac{\mathrm{d}E_K(V)}{\mathrm{d}V} \tag{2.68}$$

而式(2.53)已给出了热压 $P_T(T,V)$ 的形式，再计及式(2.64)后，有

$$P_T(V,T) = \int_0^T k_T\alpha_T\mathrm{d}T = \int_0^T \frac{\Gamma C_V}{V}\mathrm{d}T \tag{2.69}$$

利用 Gruneisen 假定，再计及式(2.55)后，上式就化为式(2.67c)形式的 Mie-Gruneisen 方程。这表明虽然热压 $P_T(T,V)$ 和热能 $E_T(V,T)$ 本身都是温度 T 和比容 V 的函数，但两者之比与温度无关，而只是比容的函数。这是 Gruneisen 假定的物理含义的另一种表现。在晶体热振动理论中，这相当于晶格简谐振动假定，即假定晶格的振动频率只是原子间距(比容)的函数。

对 Gruneisen 方程更深入的了解还必须借助于物质的微观结构。只有这样我们才能进一步求出方程中冷能 $E_K(V)$、冷压 $P_K(V)$ 和 Gruneisen 系数 $\gamma(V)$ 的函数表达式，才能更仔细地了解它们所代表的物理意义。这些将在下一章作更详细的讨论。

在研究高压下固体中冲击波传播时，Gruneisen 方程是最常用的状态方程。这首先是因为它是个内能型的，因而可以与冲击波控制方程组中的三个守恒方程发生直接的联系；第二个原因是方程中的有关参数均可通过实验确定。

对于任一形式的 Gruneisen 方程，最关键的问题是如何确定 Gruneisen 系数。尽管它通常假设为仅仅是比容 V 的函数，但目前最不确定、最难求的恰恰正是 $\gamma(V)$。幸而人们发现，由 $\gamma(V)$ 的不确定性给冲击波分析所带来的误差不大，在工程实际应用中通常可近似取

$$\frac{\gamma(V)}{V} = \frac{\Gamma_0}{V_0} = \text{const} \tag{2.70}$$

或在更粗糙的分析中甚至近似取

$$\gamma = \Gamma_0 = \text{const}$$

而常数 Γ_0 则可由其他已知的热力学参量按式(2.65)来确定。一些典型材料的 Γ_0 列在表 2.1 和表 2.2 中。

表 2.1　几种元素的热力学 Gruneisen 参数计算值

元　素	原子量	密　度 (g/cm³)	摩尔体积 (cm³/mol)	α ($\times 10^6$℃$^{-1}$)	K_T^{-1} ($\times 10^{12}$ cm²/dyn)	C_V [$\times 10^{-7}$ erg/(mol·℃)]	Γ_0
Li	6.94	0.546	12.7	180	8.9	22.0	1.17
Na	23.0	0.971	23.7	216	15.8	26.0	1.25
K	39.10	0.862	45.5	250	33	25.8	1.34
Rb	85.50	1.530	56.0	270	40	25.6	1.48
Cs	132.8	1.87	71.0	290	61	26.2	1.29
Cu	63.57	8.92	7.1	49.2	0.75	23.7	1.96
Ag	107.88	10.49	10.27	57	1.01	24.2	2.40
Au	197.2	19.2	10.3	43.2	0.59	24.9	3.03
Al	26.97	2.70	10.0	67.8	1.37	22.8	2.17
C (菱形)	12.00	3.51	3.42	2.91	0.16	5.66	1.10
Pb	207.2	11.35	18.2	86.4	2.30	25.0	2.73
P (白磷)	31.04	1.83	17.0	370	20.5	24.0	1.28
Ta	181.5	16.7	10.9	19.2	0.49	24.4	1.75
Mo	96.0	10.2	9.5	15.0	0.36	25.2	1.57
W	184.0	19.2	9.6	13.0	0.30	25.8	1.62
Mn	54.93	7.37	7.7	63	0.84	23.8	2.42
Fe	55.84	7.85	7.1	33.6	0.60	24.8	1.60
Co	58.97	8.8	6.7	37.2	0.55	24.2	1.87
Ni	58.68	8.7	6.7	38.1	0.54	25.2	1.88
Pd	106.7	12.0	8.9	34.5	0.54	25.6	2.23
Pt	195.2	21.3	9.2	26.7	0.38	25.5	2.54

注：本表根据式(2.65)[2.2]求得。

1 erg = 10^{-7} J，1 dyn = 10^{-5} N。

表 2.2　几种离子晶体的热力学 Gruneisen 参数计算值

晶　体	分子量	密　度 (g/cm³)	摩尔体积 (cm³/mol)	α ($\times 10^6$ ℃$^{-1}$)	K_T^{-1} ($\times 10^{12}$ cm²/dyn)	C_V [$\times 10^{-7}$ erg/(mol·℃)]	Γ_0
NaCl	58.46	2.16	27.1	121	4.2	47.6	1.63
NaBr	102.9	3.20	32.1	(120)	51	48.4	(1.56)
KCl	74.6	1.99	37.5	114	5.6	47.4	1.60
KBr	119.0	2.75	43.3	126	6.7	48.4	1.68
KI	166.0	3.12	53.2	128	8.6	48.7	1.63
RbBr	165.4	3.35	49.4	(107)	7.9	48.9	(1.37)
RbI	212.4	3.55	59.8	(102)	9.6	49.5	(1.41)
AgCl	143.3	5.55	25.8	99	2.4	50.2	2.12
AgBr	187.8	6.32	29.7	104	2.7	50.1	2.28
CaF_2	78.1	3.18	24.6	56.4	1.24	65.8	1.70
FeS_2	120.0	4.98	24.1	26.2	0.71	59.9	1.47
PbS	239.3	7.55	31.7	60	1.96	50	1.94

注：本表根据式(2.65)[2.2]求得。

Gruneisen 系数只依赖于 V 的近似假定[式(2.66)]，通常只在一定压力范围内适用。在延伸到更大范围的高压时，Gruneisen 假定不再成立。这时，在爆炸/冲击动力学中常用如下的内能型状态方程：

$$P = \left(a + \frac{b}{1 + \dfrac{E}{E_0 \eta^2}}\right) \rho_0 \eta E + A\mu + B\mu^2 \tag{2.71}$$

该式称为 **Tillotson 方程**[2.3]，式中 $\eta = \mu + 1 = \dfrac{\rho}{\rho_0} = \dfrac{V_0}{V}$，$\rho_0$ 和 ρ 分别为初始密度和密度；E 为**比内能**(单位质量物质的内能)；E_0 为**材料常数**；参数 a, b, A, B 根据冲击波实验数据及最大压缩的高压(单原子气体状态)下的 Thomas-Fermi-Dirac 数据进行拟合确定(表 2.3)。对比式(2.67a)和式(2.71)可见，如果把 Gruneisen 系数作为 (V, E) 的函数 $\Gamma(V, E)$，并取式(2.67a)中的 $\Gamma(V, E)$ 和 $\Pi(V)$，分别具有如下形式：

$$\Gamma(V, E) = \left[a + \frac{b}{1 + \dfrac{EV^2}{E_0 V_0^2}}\right] \tag{2.72a}$$

$$\Pi(V) = A\mu + B\mu^2 \tag{2.72b}$$

则式(2.67a)就化为 Tillotson 方程(2.71)。由此可见，Tillotson 方程是 Gruneisen 状态方程在 $\Gamma = \Gamma(V, E)$ 情况下的一个具体形式。

表 2.3 某些材料的 Tillotson 方程参量[2.4]

	钢	铝	铍
ρ_0(g/cm^3)	7.8	2.79	1.845
E_0(erg/g)	9.5×10^{10}	5.0×10^{10}	17.5×10^{10}
a	0.5	0.5	0.55
b	1.5	1.63	0.62
A (dyn/cm^2)	1.28×10^{12}	0.75×10^{12}	1.17×10^{12}
B(dyn/cm)	1.05×10^{12}	0.65×10^{12}	0.55×10^{12}

参考文献

[2.1] BRIDGMAN P W. The physics of high pressure[M]. London: Bell and Sons, 1949.

[2.2] 钱学森. 物理力学讲义[M]. 北京:科学出版社,1962.

[2.3] TILLOTSON J H. Metallic equations of state for hypervelocity impact[J]. San Diego: General Atomic, GA-3216, CA, 1962.

[2.4] 中国大百科全书总编辑委员会. 中国大百科全书:力学[M]. 北京:中国大百科全书出版社,1993.

第 3 章　固体高压状态方程的固体物理基础

3.1 引　　言

第 2 章的“固体高压状态方程及其热力学基础”是作为一个宏观力学问题来讨论的，这种唯象的研究虽能适合工程应用，但尚未对其内在机理进行深入探索。固体高压状态方程，究其物理实质而言，是和固体内在的微观结构特征分不开的。随着近代科学的发展，采用宏观力学与微观物理相结合的途径来研究物质结构的力学特性，已经成为力学和材料学研究者们的共识，这也正是钱学森先生在 20 世纪 50 年代倡导的“物理力学”的时代背景。

在一般条件下，物质有三种状态：气态、液态和固态。我们要讨论的是固态物质，即具有一定宏观尺度和相对固定形状的物质状态。固体可粗略分为**晶体**(**crystalline**)和**非晶体**(**amorphous**)，两者以其微观粒子排列的远程有序性程度不同来区分。晶体具有远程有序性，即组成晶体的微粒(原子、离子、分子)是以规则的几何次序、周期性地排列的；而非晶体中的微粒是无序排列的，或只有近邻的微粒才有规则地排列(近程有序性)，所以又叫做**无定形体**(**amorphous**)、**玻璃体**(**glassy state**)或**过冷液体**(**supercooled liquid**)。人们通常说的固体物理实际上是晶体物理。本章将简单介绍晶体结构、晶体微粒(原子、离子、分子)间结合及其热振动等固体物理基础，并进而从固体物理角度导出与固体高压状态方程相关的热-力学参数以及 Gruneisen 状态方程。

3.2 晶 体 结 构

晶体在微观结构上的远程有序性决定了晶体具有以下区别于非晶体相的主要特征：宏观上具有规则的几何外形、由固态转变为液态时具有确定的融化温度、物理性质的各向异性以及在受力时沿一定方位晶面劈裂的解理性。

晶体在宏观上具有规则的几何外形，正是晶体微粒(离子、原子或分子)在内部规则排列的反映。晶体微观结构排列规律性的基本特征之一是**周期性**，即晶体中微粒的排列按照一定的方式不断地作周期性重复的。晶体中微粒质心作周期性排列所组成的骨架称为**晶格**或**点阵**(**lattice**)，微粒质心的位置称为晶格的**格点**或**结点**(**lattice site**)，如图 3.1 所示。

整个晶体的结构可看做是由格点沿空间三个不同方向、各按一定的距离周期性地平移而构成的。每一平移的距离称为周期，在一定的方向上有着一定的周期，不同方向上有着不同的周期。

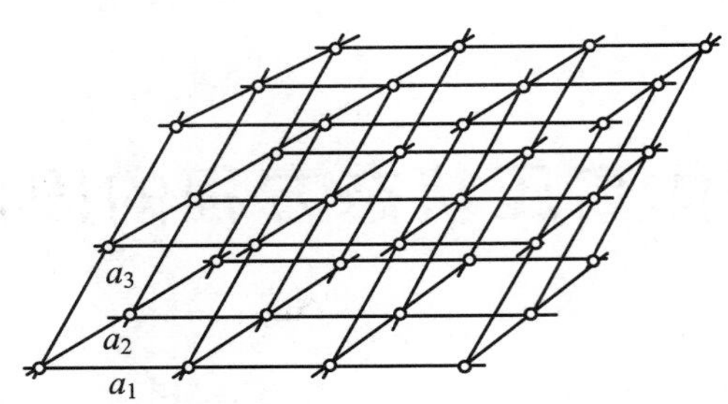

图 3.1　晶体格点的点阵

由于晶体的周期性，我们可以在其中选取一定的单元，其三个方向各以单元棱边长 a,b,c 不断重复地平移，就可以得出整个晶格。代表单元三个棱边长度与取向的矢量 $\boldsymbol{a},\boldsymbol{b},\boldsymbol{c}$ 称为平移矢量。这样的单元称为**晶胞**(**crystal cell**)。晶胞和平移矢量可以有多种选法，它们都可得出完全相同的晶格，其中体积最小的晶胞称为**原胞**(**unit cell**)。构成原胞棱边的三个平移矢量称为基本平移矢量(或称基矢)。晶胞的大小和形状常以晶胞在 $\boldsymbol{a},\boldsymbol{b},\boldsymbol{c}$ 轴上的棱边长度 a,b,c 及棱边之间夹角 α,β,γ 表示，晶胞的棱边长度称为晶格常数(或点阵常数)，其度量单位为埃(Å)。

如果晶体完全由相同的微粒构成，微粒与晶格的格点重合，而且每个格点周围的情况都一样，这样的格子称为单式格子，又称**布拉菲格子**(**Bravais lattice**)。布拉菲格子是单式晶格的一种数学抽象。若晶体是由两种或两种以上的微粒构成的，或者虽由一种微粒构成，但每个格子周围的情况并不一样，则这样的格子称为复式格子或非布拉菲格子，它可以看成是由两个或两个以上的布拉菲格子套构而成的。根据边长及其夹角的不同，布拉菲格子有 7 个晶系 14 种类型，其形状与名称列在图 3.2 中，其中**面心立方**(**face centered cubic**，简称 fcc)、**体心立方**(**body centered cubic**，简称 bcc)及**密排六方**(**hexagonal close packing**，简称 hcc)是三种最简单最典型的晶体结构。这 7 个晶系晶胞的特征及其对称性，列在表 3.1 中。

表 3.1　晶系的特征[3.1]

晶　族	晶　系	晶胞的特征	基本的对称元素
高级	立方	$a=b=c,\alpha=\beta=\gamma=90^\circ$	具有 4 个 3 次对称轴
中级	六方	$a=b\neq c,\alpha=\beta=90^\circ,\gamma=120^\circ$	具有 1 个 6 次对称轴
	四方	$a=b\neq c,\alpha=\beta=\gamma=90^\circ$	具有 1 个 4 次对称轴
	三方	$a=b=c,\alpha=\beta=\gamma\neq 90^\circ$	具有 1 个 3 次对称轴
低级	正交	$a\neq b\neq c,\alpha=\beta=\gamma=90^\circ$	具有 3 个互相垂直的 2 次对称轴，或 2 个互相垂直的对称面
	单斜	$a\neq b\neq c,\alpha=\gamma=90^\circ,\beta>90^\circ$	具有 1 个 2 次对称轴，1 个对称面
	三斜	$a\neq b\neq c,\alpha\neq\beta\neq\gamma$	既无对称轴，也无对称面

晶体微观结构的另一个基本特征是**对称性**，即晶体经过某些对称操作后仍能回复原状的特征，而对称的最基本操作为旋转与反映。

晶格的格点可以分列在一系列相互平行的直线上，这些直线族称为晶列，如图 3.3 所示。同一种晶格的格点可以形成各种不同取向的晶列，晶列的取向称为晶向。晶格的格点还可以分处在一系列相互平行的平面上，这些平面称为晶面，图 3.4 中用粗实线表示了几组不同的晶面，晶面一经确定，晶格的所有格点都应该包含在平行等距离的晶面族之中。

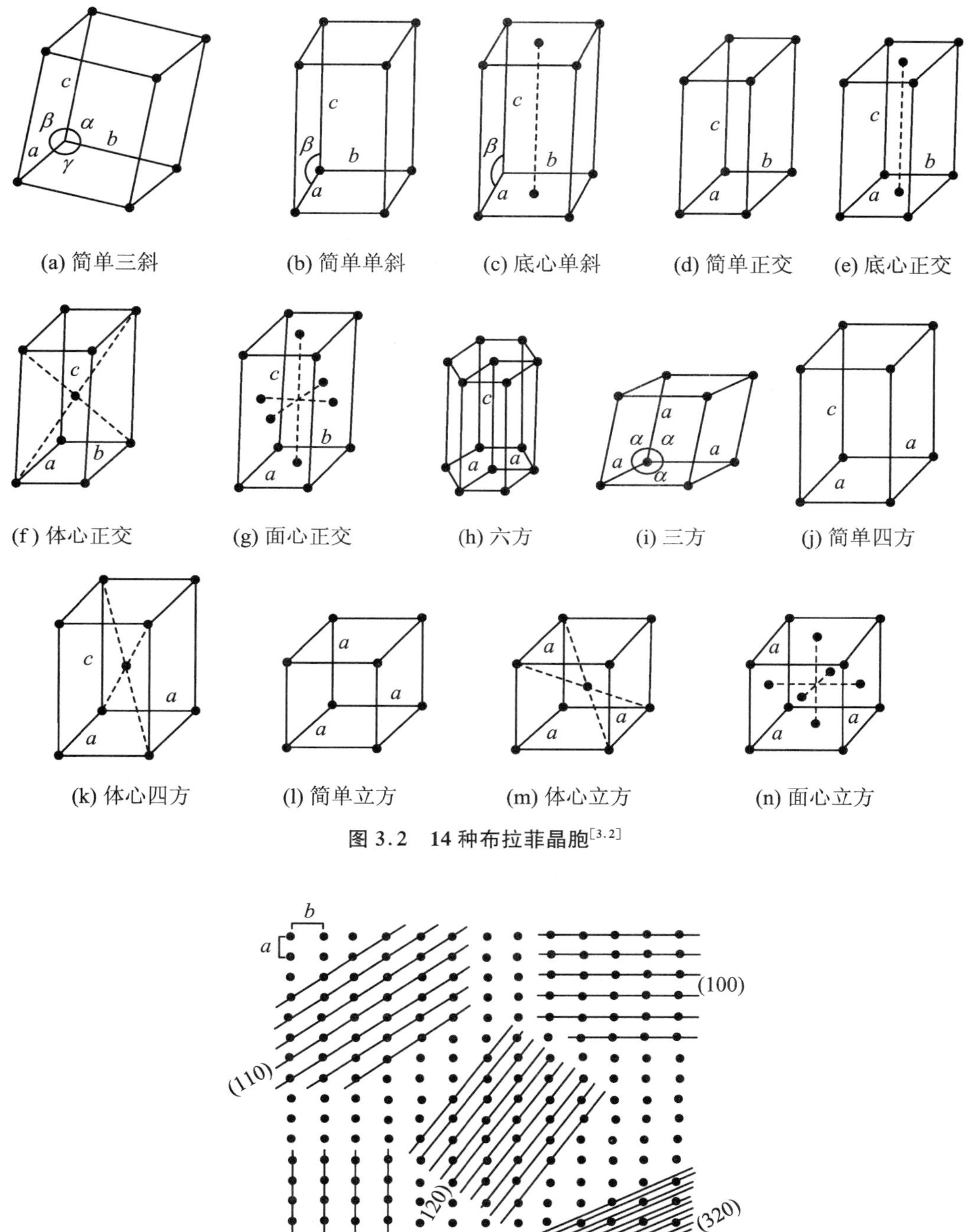

(a) 简单三斜　(b) 简单单斜　(c) 底心单斜　(d) 简单正交　(e) 底心正交

(f) 体心正交　(g) 面心正交　(h) 六方　(i) 三方　(j) 简单四方

(k) 体心四方　(l) 简单立方　(m) 体心立方　(n) 面心立方

图 3.2　14 种布拉菲晶胞[3.2]

图 3.3　晶列

为了描述晶面的方向,常用**米勒指数**(Miller indices)(h,k,l)来标记,如图3.5所示。选择一组平移矢量 $\boldsymbol{a},\boldsymbol{b},\boldsymbol{c}$ 为3个坐标轴,假定有一个晶面与这3个坐标轴分别交于 M_1,M_2,M_3 3点,各段截距分别等于 $h'a,k'b,l'c$,于是我们可以用(h',k',l')来表示这一晶面的方向。然而,若晶面与某一轴平行,例如与 $\boldsymbol{a}$ 轴平行,则 $h'\to\infty$。为了避免出现∞,密勒用(h',k',l')的倒数的互质数(h,k,l)来表示晶面的方向。我们称(h,k,l)为晶面的米勒指数。例如,图3.5中所示的晶面的米勒指数为(2,3,6),即由下式确定:

$$\frac{1}{3}:\frac{1}{2}:1=2:3:6$$

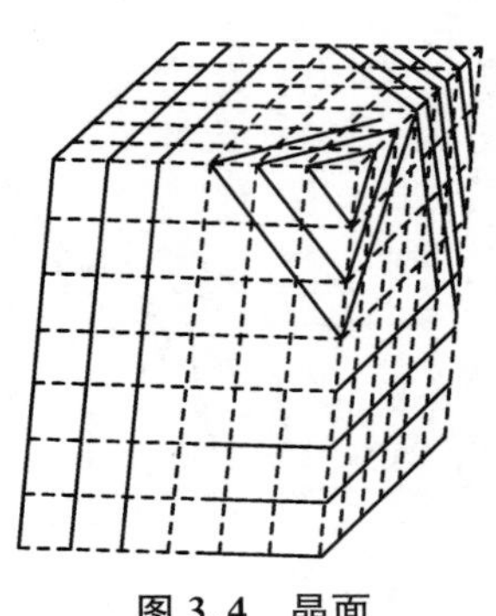

图3.4 晶面

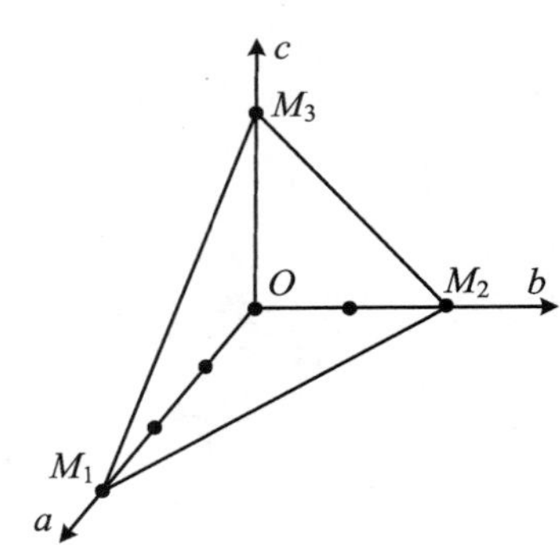

图3.5 晶面指数

在晶体中,所有相互平行的晶面均具有同一个密勒指数。由于晶体中单位体积的原子数是一定的,因此某一方向晶面的原子聚集密度愈大,该方向上的晶面间距也愈大,它们之间的结合力就愈弱。在外力作用下,晶体沿着结合力最弱的晶面脆裂的性质称为**解理**(cleavage),所形成的光滑平整的裂面称为**解理面**(cleavage plane),我们因而也称原子聚集密度最大的晶面为解理面。

微粒在晶体中的平衡位置对应于结合能最低值,因此它们尽可能地采取最紧密的排列方式。为了表示晶体中微粒排列的紧密程度,我们可用微粒周围最邻近的微粒数——**配位数**来描述。有时还将次邻近的微粒数也计算在内,但此时要分别标明。例如,金属钠的配位数为8,金属镁的配位数为6+6,等等。

3.3 晶体的结合类型

晶体结构之所以呈现有规则的、周期性的排列,能够结合成具有一定几何结构的稳定晶体,是由于晶体微粒间存在着相互作用力——**结合力**(binding forces)。而这种结合力又与微粒的结合类型有关。晶体的微观几何结构和物理化学性质与结合类型密切相关。前面在讨论固体高压状态方程时提到的冷压和相应的冷能,其主体就是我们下面将要讨论的晶体结合力和相应的**结合能**(binding energy)。

晶体结合的类型主要取决于原子束缚价电子能力的强弱,取决于相互作用的原子间电子重新配置的结果。电子的重新配置有4种基本形式:① 价电子在相互作用的原子间转移,形成**离子键**(ionic bond);② 价电子为相互作用的一对原子共有(电子对),形成**共价键**(covalent bond)；③ 价电子为全体原子共有(自由电子云)，形成**金属键**(**metallic bond**)；④ 电子配置无变化，形成**分子键**(**molecular bond**)。因此，晶体的结合类型相应地有 4 种基本类型：离子型、原子(共价)型、金属型和分子型。

晶体原子束缚电子的能力取决于构成晶体的原子的**负电性**或**电负性**(**electronegativity**)。原子的负电性包括两部分：电离能和亲和能。

所谓电离能是使中性原子失去一个电子成为正离子所必需的能量，即

$$\text{中性原子} + \text{电离能} \longrightarrow \text{正离子} + \text{电子}$$

它表征了原子对自身价电子的控制能力。

所谓亲和能是使中性原子获得一个电子成为负离子所释放的能量，即

$$\text{中性原子} + \text{电子} \longrightarrow \text{负离子} + \text{亲和能}$$

它表征着原子对价电子的捕获能力。

无论是对自身价电子的控制能力(即电离能)，还是对其他原子价电子的捕获能力(即亲和能)，它们都表征着原子对价电子的束缚能力，这就是所谓的原子负电性。其数学定义式为

$$\text{负电性} = 0.18 \times (\text{电离能} + \text{亲和能})$$

系数选择 0.18 只是为了使金属 Li 的负电性为 1，并没有实质上的意义。表 3.2 给出了元素周期表中 3 个周期中的元素的电离能、亲和能和负电性。对比表中的所有数据，可以看出以下两个趋势：

(1) 同一周期内的元素

从左到右，其电离能、亲和能及负电性不断增大的基本趋势十分显著。

(2) 不同周期内的元素

从上到下其电离能、亲和能及负电性逐渐减少的基本趋势十分显著。

表 3.2　元素周期表三个周期中的元素的电离能和负电性[3.3]

第二周期	锂(Li)	铍(Be)	硼(B)	碳(C)	氮(N)	氧(O)	氟(F)	氖(Ne)
电离能	5.392	9.322	8.298	11.260	14.534	13.618	17.422	21.564
负电性	1.0	1.5	2.0	2.60	3.05	3.50	4.00	
第三周期	钠(Na)	镁(Mg)	铝(Al)	硅(Si)	磷(P)	硫(S)	氯(Cl)	氩(Ar)
电离能	5.139	7.646	5.986	8.151	10.486	10.360	12.167	15.759
负电性	0.90	1.2	1.5	1.90	2.15	2.60	3.15	
第四周期	钾(K)	钙(Ca)	镓(Ga)	锗(Ge)	砷(As)	硒(Se)	溴(Br)	氪(Kr)
电离能	4.341	5.115	5.999	7.899	9.81	9.752	11.814	13.99
负电性	0.8	1.0	1.6	1.90	2.00	2.45	2.35	

1. 离子型结合(ionic binding)

当负电性弱(因而电离能较小)的金属原子与负电性强(因而亲和能较大)的非金属原子相互靠近时，前者很容易地放出最外层的价电子而成了正离子，后者则很快地吸收前者所放出的电子而变成了负离子。正负离子在库仑力的作用下相互靠拢到一定程度时，根据**泡利**(**Pauli**)不相容原理，正负离子外壳的电子云因重叠而产生排斥力，当吸收力和排斥力相等时，就可以形成稳定的离子型结合，即离子键。依靠这种离子键结合起来的晶体称为离子晶体。一切负电性相差很大的两种元素多半结合成离子晶体。氯化钠是典型的离子晶体，它的晶体结构如图 3.6

所示，这是由两个相互套构的面心立方晶体构成的复式晶格。

离子晶体的形成主要是库仑力的作用，其结合力强，因此其宏观性质表现为比较硬、熔点高，如氯化钠的熔点是 801 ℃。另外，在离子晶体中无自由电子存在，故其导电性能差。

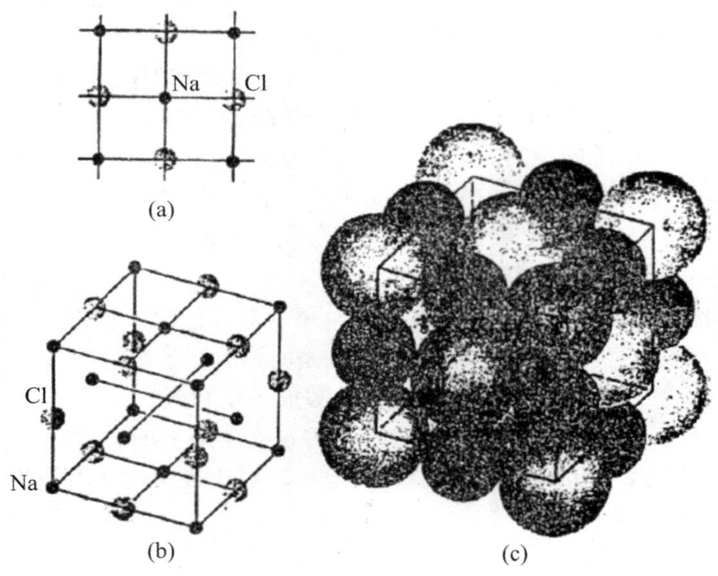

图 3.6　氯化钠离子晶体结构

2．共价型结合(covalent binding)

又称原子型结合，组成原子晶体的两个原子都具有较强的负电性，即它们既不会轻易地失去自身的价电子，又有较强的捕获对方价电子的能力。当这两个原子相互靠近时，它们各贡献一个电子，并为这两个原子所共有，从而形成原子型结合，即共价键。靠这种共价键结合起来的晶体称为原子(共价)晶体。由碳原子构成的金刚石是典型的原子晶体，它的晶体结构如图 3.7 所示。由于金刚石中的碳原子有 4 个价电子，它与邻近的 4 个别的碳原子形成 4 个共价键，各个共价键之间的夹角为 $109^\circ 28'$。许多重要的半导体材料，如锗、硅等也具有类似金刚石的结构。原子晶体中的原子结合主要也是库仑力的作用，因此其宏观性质也表现为熔点高，如金刚石熔点高达 3 000 ℃以上。又由于原子(共价)键在晶体结构中具有确定的方向，不易改变，因此其宏观性质又表现出既硬又脆、不能明显地弯曲等。此外，原子晶体的导电性也是很差的，因为其结构中无自由电子。然而当在晶体中掺入一些杂质后，其导电性能大有改善。上面提到的锗、硅等半导体材料就是因这一特性而得到广泛应用。

3．金属型结合(metallic binding)

金属型结合的基本特点是电子的“共有化”。金属原子的负电性小，它既容易失掉自身的价电子，又很难捕获到其他原子中的价电子，因此在形成晶体时，原来属于各个原子的价电子，已不受束缚而转变为在整个晶体内运动的自由电子。这种自由电子与离子晶体或原子晶体中的价电子不同，后两者中的电子是被它们的原子紧紧束缚着的。上述这种基本差异使得金属晶体的形成不同于离子晶体和原子晶体的形成。在金属晶体中，库仑力的作用是使失去电子的金属正离子彼此排斥的，不利于系统的稳定。然而这种库仑力的作用基本是无效的，因为自由电子对金属正离子的屏蔽作用很强，使得它们成为基本上被中和的无相互作用的微粒，很像自由原

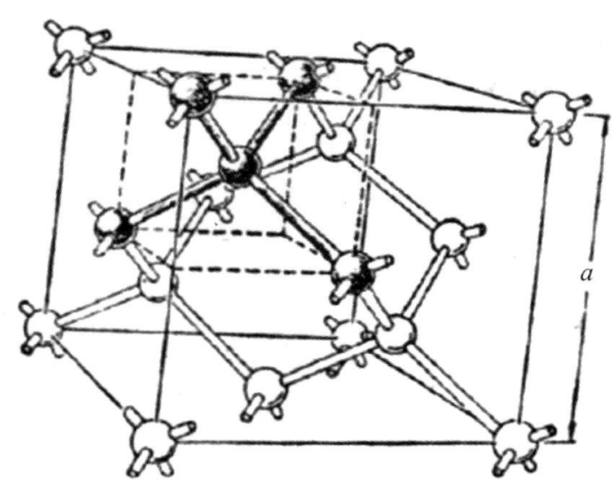

图 3.7　金刚石原子晶体结构

子的情况。金属晶体的形成必须用量子力学的理论予以解释。由量子力学可知，自由电子等粒子的动能随着被限制的空间体积增大而减少，该能量与 $V^{-2/3}$ 成正比，式中 V 为空间体积。当金属原子呈游离态(气体状态)时，价电子的运动被限制在很小的原子体积内，所以其动能很大。但是在晶体状态时，价电子可在整个晶体体积内自由运动，这就使它的动能大大降低。因此，金属呈晶体状态时的总能量比呈气体状态时的总能量小得多，这就是金属型结合即金属键形成的原因。这时带有负电的自由电子就像一种胶液，把金属正离子粘在一起。

金属键比离子键或原子(共价)键弱些，其强弱通常与金属离子半径逆相关，与金属内部自由电子密度成正相关。金属的熔点一般随金属键的强度增强而升高，因此一些纯金属键的简单金属熔点较低，例如，钠的熔点仅 97.8 ℃。又由于金属晶体中的自由电子极易受电场影响而移动，因此金属具有极高的导电性。金属有良好的导热性也可以作类似的解释。另外总能量最小原理也促使金属正离子尽可能紧密地堆积在一起，因此金属有较高的密度。金属键没有方向性，因此金属又有很好的延展性。

4．分子型结合(molecular binding)

原子或分子具有稳固的电子结构。原子的负电性很强，即束缚电子的能力很强，它们都不会失去电子变成离子，晶体靠分子间存在着的一种较弱的吸引力来结合。它们一般由三部分组成：① 极性分子之间靠固有偶极作用产生的分子间作用力结合，称为取向力或 Keesen 力；② 非极性分子在极性分子的固有偶极的作用下，发生极化，产生诱导偶极，从而产生的分子间作用力，称为诱导力或 Debye 力；③ 非极性分子之间由于瞬时偶极的相互作用，从而产生的分子间作用力，称为色散力(以其作用能表达式与光的色散公式相似而得名)或 London 力，三者统称范德华力(van der Waals force)。相应地，这种结合称为分子型结合或 van der Waals 型结合，由此而形成的晶体称为分子晶体。由于分子键的结合作用很弱，因此其宏观性质表现为熔点极低，例如，氖晶体的熔点为 −248.7 ℃，其硬度很低，导电性也很差。所有惰性气体在低温下形成的固体都是分子晶体。

上面讨论的是 4 种最基本的晶体结合类型，实际的晶体可以是某两种或某三种类型的综合。例如，在石墨晶体中，碳原子有 4 个价电子，其中的 3 个价电子与周围的 3 个碳原子构成共价键，几乎处于同一个平面上；另一个价电子以游离态出现，成了自由电子，构成金属键；而层与层之间又构成了分子键。上述类型的综合决定了石墨晶体呈片状、层与层之间易剥离、润滑性能好，另外因晶体中有自由电子，故其导电性也好。一些较复杂的金属（例如，过渡元素铁、镍等），它们的结合类型除金属键外，还可形成共价键，因此这些金属的熔点、强度等远比如钠一类的简单金属高（铁的熔点是 1 535 ℃，镍的熔点是 1 455 ℃）。

3.4 晶体的结合力和结合能

尽管晶体具有几种不同的基本结合类型，但不同类型晶体的结合能及结合力有一共同的特性，即两微粒之间的相互作用能 $u(r)$ 及相互作用力 $f(r)$ 均随微粒的间距 r 而变化，而 $f(r)$ 可由作为其势函数的结合能 $u(r)$ 对 r 求导得出，如图 3.8 和式(3.1)所示。

图 3.8(a)给出了微粒之间的相互作用力 $f(r)$ 随距离 r 的变化规律的示意图。当两个粒子相距很远时，相互作用力为零；随着两个粒子靠近，粒子间产生了吸引力，并随距离的缩短而增大；在 $r = r_m$ 处结合力达到最大。当距离进一步缩短时，粒子间的结合力又逐渐减少；在 $r = r_0$ 处，相互作用力为零，粒子处于平衡状态。当距离小于平衡距离 r_0 时，粒子间产生排斥力，并随距离的缩短而迅速地增大。在 $r = r_m$ 处结合力出现极值意味着，粒子间的相互作用力包括引力和斥力两部分。当 $r < r_0$ 时，斥力大于引力；当 $r > r_0$ 时引力大于斥力；而当 $r = r_0$ 时，引力和斥力抵消，粒子处于平衡状态。

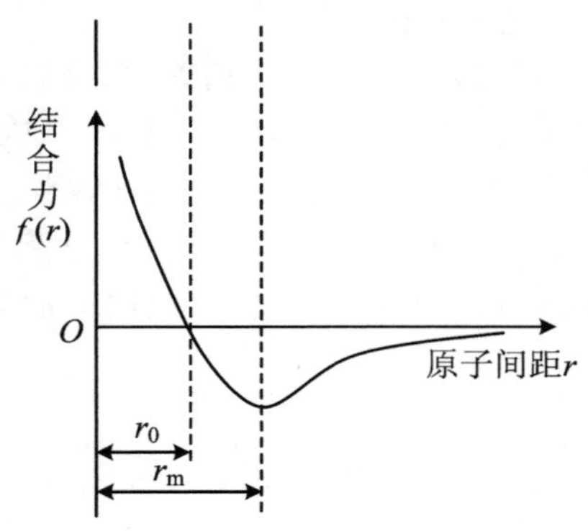

(a) 相互作用力随微粒间距的变化关系

(b) 相互作用能随微粒间距的变化关系

图 3.8 晶体微粒间的相互作用

图 3.8(b)表现了两微粒之间的相互作用能 $u(r)$ 随距离 r 变化的规律，它是两微粒之间的相互作用力 $f(r)$ 的势函数，两者之间的关系为

$$f(r) = -\frac{\mathrm{d}u(r)}{\mathrm{d}r} \tag{3.1}$$

当 $r = r_0$ 时，$f(r_0) = 0$，

$$f(r_0) = -\frac{\mathrm{d}u(r)}{\mathrm{d}r}\Big|_{r=r_0} = 0 \tag{3.2}$$

表示相互作用能 $u(r)$ 的极小值，它对应于晶体的稳定状态。

当 $r = r_m$ 时，微粒间的有效引力最大，即

$$\frac{\mathrm{d}f(r)}{\mathrm{d}r}\bigg|_{r=r_m}=\frac{\mathrm{d}^2u(r)}{\mathrm{d}r^2}\bigg|_{r=r_m}=0 \tag{3.3}$$

它对应于能量曲线的转折点。

下面以离子晶体为例作具体讨论。离子晶体由带正电荷的正离子与带负电荷的负离子构成。设每个离子的电荷分布都是球对称的，则离子间的相互吸引力主要是异性电荷的库仑静电引力，而离子间的排斥力主要是由于闭合壳层电子云的重叠而产生的泡利不相容斥力和同性电荷的库仑静电斥力。

先来考虑一对正负离子之间的相互吸引力，根据库仑定律有

$$f_1(r)=\frac{z_1z_2e^2}{r^2} \tag{3.4}$$

相应的相互吸引作用能为

$$u_1(r)=-\frac{z_1z_2e^2}{r} \tag{3.5}$$

式中，e 是一个电子的电量（1.602×10^{-19}库仑），z_1，z_2分别为正负离子的价数，r 为两个离子之间的距离。

当两个离子很靠近时，斥力的影响明显增加，因此 Born 假定相互排斥的作用能为

$$u_2(r)=\frac{b}{r^n} \tag{3.6}$$

式中，b 与 n 为大于零的常数，可由实验确定。与之相应的排斥力为

$$f_2(r)=-\frac{nb}{r^{n+1}} \tag{3.7}$$

把上述两种相互作用加起来，则可得两个离子之间的相互作用力和相互作用能，即

$$f(r)=\frac{z_1z_2e^2}{r^2}-\frac{nb}{r^{n+1}} \tag{3.8}$$

$$u(r)=-\frac{z_1z_2e^2}{r}+\frac{b}{r^n} \tag{3.9}$$

需要说明的是，上述推导中没考虑离子热振动对作用力和作用能的影响。

离子晶体的结合能 U 应该包括晶体中所有离子之间的相互作用能，它可写成

$$U=\frac{1}{2}\sum_{i=1}^{N}\sum_{j=1}^{N}u(r_{ij})\qquad(i\neq j) \tag{3.10}$$

式中，N 为离子晶体中的离子数，1/2 是由于相互作用是在一对离子之间发生的，但在求和时出现了两次。由于晶体中所包含的离子数很大，可以忽略表面效应，故每个离子与晶体中所有其他离子的相互作用能是相同的，因此上式可写成

$$\begin{aligned}U&=\frac{1}{2}N\sum_{j\neq1}^{N}u(r_{1j})\\&=-\frac{1}{2}N\sum_{j\neq1}^{N}\left(\pm\frac{z_1z_je^2}{r_{1j}}-\frac{b}{r_{1j}^n}\right)\end{aligned} \tag{3.11}$$

括号中第一项的正负号，由离子的电荷符号确定。如果两离子的电荷符号相同，取负号；如果两离子的电荷符号不同，取正号。单位质量（1 mol）的晶体结合能称为**晶格能（lattice energy）**，它等于在 0 K 和无外压条件下，1 mol 的正、负离子从相互分离的气态结合成离子晶体时所放出的能量。

设 r 为离子间的最短距离，则上式中的 r_{1j} 可以表示为

$$r_{1j} = a_j r \tag{3.12}$$

式中,a_j 由晶体的几何结构决定,它表示从第 1 个离子到第 j 个离子的距离为 r 的倍数。用这种办法就可以把式(3.11)改写为

$$U = -\frac{1}{2}N\left[\frac{z_1 e^2}{r}\sum_{j\neq 1}^{N}\left(\frac{\pm z_j}{a_j}\right) - \frac{1}{r^n}\sum_{j\neq 1}^{N}\left(\frac{b}{a_j^n}\right)\right] \tag{3.13}$$

令

$$\sum_{j\neq 1}^{N}\frac{b}{a_j^n} = B \tag{3.14}$$

对于只有两种离子的情况,我们再令

$$\sum_{j\neq 1}^{N}\left(\frac{\pm z_j}{a_j}\right) = \alpha z_2 \tag{3.15}$$

代入式(3.13),可得两离子晶体结合能为

$$U = -\frac{1}{2}N\left(\frac{\alpha z_1 z_2 e^2}{r} - \frac{B}{r^n}\right) \tag{3.16}$$

这与一对离子的相互作用能[式(3.9)]在形式上一致,式中 α 称为 Madelung 常数,可由晶体结构决定。例如,对 NaCl 离子晶体,z_1 与 z_2 均等于 1,故由式(3.15)可知

$$\alpha = \sum_{j\neq 1}^{N}\left(\pm\frac{1}{a_j}\right) \tag{3.17}$$

经过具体计算,可得 $\alpha = 1.747\,565$。

式(3.16)表明,若参数 B 和 n 为已知,结合能 U 便可以具体算出。实际上 B 和 n 不是相互独立的,两者之间的关系可由平衡条件来确定,即 $r = r_0$ 时有

$$\left.\frac{\mathrm{d}U}{\mathrm{d}r}\right|_{r=r_0} = -\frac{N}{2}\left(-\frac{\alpha z_1 z_2 e^2}{r^2} + \frac{nB}{r^{n+1}}\right)_{r=r_0} = 0 \tag{3.18}$$

由此可得

$$B = \frac{\alpha z_1 z_2 e^2}{n} r_0^{n-1} \tag{3.19}$$

把上式代入式(3.16),可得平衡时的结合能

$$U(r_0) = U_0 = -\frac{1}{2}N\frac{\alpha z_1 z_2 e^2}{r_0}\left(1 - \frac{1}{n}\right) \tag{3.20}$$

式中,n 与离子之间的斥力有关,这种斥力在宏观上表现为固体材料的抗压缩性能,因此可以建立 n 与弹性体积模量 K 之间的关系。参照第 2 章的式(2.8)可知,平衡时的 Lagrange 体积模量 K 定义为

$$K = -V_0\left.\frac{\partial P}{\partial V}\right|_{V=V_0} = V_0\left.\frac{\partial^2 U}{\partial V^2}\right|_{V=V_0} \tag{3.21}$$

式中,V_0 为平衡时的晶体体积,它可表示为

$$V_0 = \beta N r_0^3 \tag{3.22}$$

其中,β 为与晶体结构有关的常数。将式(3.16)代入式(3.21),并应用式(3.19)、式(3.22)后,可得

$$K = \frac{\alpha z_1 z_2 e^2}{18\beta r_0^4}(n-1) \tag{3.23a}$$

或

$$n = 1 + \frac{18\beta r_0^4}{\alpha z_1 z_2 e^2} K \tag{3.23b}$$

式中，α 与 β 可由晶体的几何结构算出，r_0 可由 X 射线实验测定，K 可由等熵条件下的弹性波传播实验测定，因此 n 可利用式(3.23b)直接求得。对多数离子晶体，n 在 5～9 之间，表 3.3 列出了几种离子晶体的 K 和 n 的数值。

表 3.3　几种离子晶体的 K 和 n[3.4]

晶　体	NaCl	NaBr	NaI	KCl	ZnS
K(GPa)	24.0	19.9	15.1	17.4	77.6
n	7.90	8.41	8.33	9.62	5.4

指数项 n 远大于 1，这反映了离子间距小于平衡位置 r_0 后排斥力急剧增加的特性。公式(3.23)表明，体积模量的大小主要取决于排斥力，斥力变化愈陡（n 愈大），晶体就愈难压缩（K 愈大）。公式(3.20)表明，晶体结合能主要由库仑力提供，排斥力所提供的能量只占库仑力的 $1/n$。

将算得的 n 代入式(3.20)，可精确地算得平衡时的晶体结合能 U_0，它与实测的结果十分接近。表 3.4 给出了几种离子晶体平衡时的晶体结合能 U_0 的计算值和实验值。

表 3.4　几种离子晶体的结合能 U_0[3.5]

晶　体	NaCl	NaBr	KCl	KBr
计算值(kcal/mol)	182	172	165	159
实验值(kcal/mol)	185	176	168	161

以上有关离子晶体的讨论不难推广到其他类型的晶体。与式(3.9)相类似，其他类型晶体两微粒的结合能可看成吸引项和排斥项之和：

$$u(r) = -\frac{a}{r^m} + \frac{b}{r^n} \qquad (m < n) \tag{3.24}$$

式(3.24)称为 Mie 势能式，适用于温度和压力不高（$\rho \leqslant 2\rho_0$，ρ 为压缩后的密度，ρ_0 为原始密度）的情况下。式中，r 为相邻微粒之间的距离，与晶格常数有关；第一项代表吸引能，来自异性电荷间的库仑吸引力，表现远程作用；第二项代表排斥能，来自同性电荷间的库仑斥力及泡利原理所引起的排斥力，总体表现短程作用；a，b，m，n 都是取决于晶体类型的正的常数，而 $n>m$ 表示排斥项随距离改变之变化比吸引项快。相应地，两微粒间的相互作用力为

$$f(r) = \frac{-\mathrm{d}u(r)}{\mathrm{d}r} = \frac{ma}{r^{m+1}} - \frac{nb}{r^{n+1}} \tag{3.25}$$

与离子晶体结合能[式(3.11)]类似，其他类型晶体的结合能可写成

$$\begin{aligned} U &= -\frac{N}{2}\left[\sum_{j\neq 1}^{N}\left(\frac{a}{r_{1j}^m} - \frac{b}{r_{1j}^n}\right)\right] \\ &= -\frac{N}{2}\left[\frac{a}{r^m}\sum_{j\neq 1}^{N}\left(\frac{r}{r_{1j}}\right)^m - \frac{b}{r^n}\sum_{j\neq 1}^{N}\left(\frac{r}{r_{1j}}\right)^n\right] \\ &= -\frac{Na}{r^m}\sigma_m + \frac{Nb}{r^n}\sigma_n \end{aligned} \tag{3.26}$$

式中，σ_m和σ_n分别为

$$\sigma_m = \frac{1}{2}\sum_{j\neq 1}^{N}\left(\frac{r}{r_{1j}}\right)^m \tag{3.27a}$$

和

$$\sigma_n = \frac{1}{2}\sum_{j\neq 1}^{N}\left(\frac{r}{r_{1j}}\right)^n \tag{3.27b}$$

需要强调的是，σ_m和σ_n仅仅是晶体结构即晶体结合类型和指数m，n 的函数，而与晶体的体积无关。在这种分析中也已忽略了表面微粒的作用，当晶体体积不太小时，这种忽略是完全允许的。

利用公式(3.22)，可得单个粒子的体积为

$$v = \frac{V}{N} = \beta r^3$$

再假定

$$A = a\beta^{m/3}\sigma_m, \quad B = b\beta^{n/3}\sigma_n$$

代入式(3.26)后，可得

$$U = -\frac{NA}{v^{m/3}} + \frac{NB}{v^{n/3}} \tag{3.28}$$

这样，如何确定晶体结合能的问题，就可归结为如何确定 A，B，m 和 n。

设 v_0为每个微粒在 0 K 和外压 $P=0$ 下处于平衡位置的体积，这时应满足

$$\left.\frac{\mathrm{d}U}{\mathrm{d}v}\right|_{v=v_0} = -\frac{N}{3v_0}\left(-\frac{Am}{v_0^{m/3}} + \frac{Bn}{v_0^{n/3}}\right) = 0 \tag{3.29}$$

于是有

$$\frac{Am}{v_0^{m/3}} = \frac{Bn}{v_0^{n/3}} \tag{3.30}$$

由于 v_0可以通过实验推定，所以上式提供了联系 A，B，m 和 n 的一个关系式。

将式(3.30)代入式(3.28)，可得平衡位置的结合能 U_0

$$U_0 = -\frac{NA}{v_0^{m/3}}\left(1 - \frac{m}{n}\right) \tag{3.31}$$

由于 U_0也就是 0 K 和 $P=0$ 时的升华热 Q_0，可以通过实验推定，式(3.31)提供了联系 A，m 和 n 的又一个关系式。

与离子晶体的式(3.21)类似，其他结合类型晶体在平衡时的体积模量 K 为

$$K = -V_0\left.\frac{\partial P}{\partial V}\right|_{V=V_0} = V_0\left.\left(\frac{\partial^2 U}{\partial V^2}\right)\right|_{V=V_0} = \frac{v_0}{N}\left.\left(\frac{\partial^2 U}{\partial v^2}\right)\right|_{v=v_0} \tag{3.32a}$$

式中，$V_0 = Nv_0$，将式(3.28)代入上式，

$$K = v_0\left[\left(\frac{m}{3}\right)\left(\frac{m}{3}+1\right)\frac{A}{v_0^{\frac{m}{3}+2}} - \left(\frac{n}{3}\right)\left(\frac{n}{3}+1\right)\frac{B}{v_0^{\frac{n}{3}+2}}\right] \tag{3.32b}$$

计及式(3.30)，整理后可得

$$K = \frac{A}{9v_0}\cdot\frac{m(n-m)}{v_0^{m/3}} \tag{3.32c}$$

代入式(3.31)后，可得

$$U_0 = -K\frac{9Nv_0}{mn} = -K\frac{9V_0}{mn} \tag{3.33}$$

称为 **Gruneisen 第一定则**。

由于 K 也可以通过实验推定，式(3.30)、式(3.31)和式(3.32)提供了联系 A,B,m 和 n 的 3 个关系式，只要再有一个关系式，四者就可以全部确定了。这第四个关系式，可以在下面讨论晶格热振动后，通过建立 Gruneisen 系数 γ 与 n 的关系式来提供；也可以通过其他可实验测定的关系式来提供。例如，我们来考察一下体积模量 K 对于压力 P 的变化率：由式(3.32b)可得出

$$\left(\frac{\partial K}{\partial V}\right)_T=\frac{v_0}{N}\left[\left(\frac{m}{3}\right)\left(\frac{m}{3}+1\right)\left(\frac{m}{3}+2\right)\frac{A}{v_0^{\frac{m}{3}+3}}-\left(\frac{n}{3}\right)\left(\frac{n}{3}+1\right)\left(\frac{n}{3}+2\right)\frac{B}{v_0^{\frac{n}{3}+3}}\right] \tag{3.34a}$$

由于

$$\begin{aligned}\left(\frac{\partial K}{\partial P}\right)_T&=\left(\frac{\partial K}{\partial V}\right)_T\left(\frac{\partial V}{\partial P}\right)_T\\&=\frac{v_0}{N}\left[\left(\frac{m}{3}\right)\left(\frac{m}{3}+1\right)\left(\frac{m}{3}+2\right)\frac{A}{v_0^{\frac{m}{3}+3}}-\left(\frac{n}{3}\right)\left(\frac{n}{3}+1\right)\left(\frac{n}{3}+2\right)\frac{B}{v_0^{\frac{n}{3}+3}}\right]\\&\quad\cdot\left(-\frac{V_0}{K}\right)\end{aligned} \tag{3.34b}$$

把式(3.32b)代入式(3.34b)中的 K，再计及式(3.30)，整理后有

$$\left(\frac{\partial K}{\partial P}\right)_T=\frac{\left(\frac{m}{3}+1\right)\left(\frac{m}{3}+2\right)-\left(\frac{n}{3}+1\right)\left(\frac{n}{3}+2\right)}{\left(\frac{m}{3}+1\right)-\left(\frac{n}{3}+1\right)}=\frac{9+m+n}{3} \tag{3.34c}$$

既然 $\left(\frac{\partial K}{\partial P}\right)$ 也可以通过实验推定，则式(3.34)与式(3.30)、式(3.31)、式(3.32)一起，提供了联系 A,B,m 和 n 的 4 个关系式。换句话说，一旦通过实验已知 v_0,U_0,K 和 $\left(\frac{\partial K}{\partial P}\right)$，就可以确定 A,B,m 和 n，从而可以确定式(3.28)所表示的晶体结合能了。

3.5 晶格热振动

在上一节我们讨论晶体结合力和结合能时，都假定微粒处于静止不动的平衡状态。实际上，即使在绝对零度时，晶体中的微粒也会在平衡位置附近做微振动，即所谓**零点振动**(**zero-point oscillation**)。在常温情况下，这些粒子则以不同的频率在各自的平衡位置附近做热振动。

一般地说，晶体的能量可归结为**势能**(**potential energy**)与**动能**(**kinetic energy**)之和。势能也就是第 2 章中讨论过的与冷压对应的冷能，包括晶体结合能、零点振动能以及金属中价电子气的压缩能，以上一节讨论的以晶体结合能为主。动能则主要是扣除了零点振动能的**晶格振动能**(**energy of lattice vibration**)以及在足够高温度下的电子热激活能；也就是第 2 章中讨论过的与热压对应的热能。

晶体微粒的热振动随着温度升高而日益剧烈。一旦达到熔点温度，则整个晶体的微粒做不规则的热运动，晶格结构瓦解，对应于固体向液体相变的熔化。然而在不太高的温度下，受到晶格微粒间较强结合力[式(3.25)]的约束，微粒只能在平衡位置附件做热振动，即所谓**晶格热振动**。晶体的很多物理性质，特别是与温度有关的力学特性和热学特性，实际上是这种微观上的

晶格热振动的宏观表现。这正是我们下面所要讨论的。

晶体各微粒的热振动特性取决于微粒间的结合力或结合能特性。参看图 3.8 可知,结合能曲线相对于平衡点 r_0是非对称的,因此微粒在平衡点附近的振动实际上是非线性的**非谐振动**(**anharmonic vibration**)。讨论这样一个问题是相当复杂困难的,因此,我们通常假定:振动频率是微粒间距(即密度)的函数,但振幅足够小(微弱振动),从而在每一密度下可按谐振近似处理,称为**准谐近似**(**quasi harmonic approximation**)。

按照式(3.24),两微粒间的结合能 $u(r)$是微粒间距 r 的非对称函数。把 $u(r)$在平衡点 r_0附近展开级数,有

$$u(r) = u(r_0) + \left(\frac{\mathrm{d}u}{\mathrm{d}r}\right)_{r_0} X + \frac{1}{2!}\left(\frac{\mathrm{d}^2 u}{\mathrm{d}r^2}\right)_{r_0} X^2 + \frac{1}{3!}\left(\frac{\mathrm{d}^3 u}{\mathrm{d}r^3}\right)_{r_0} X^3 + \cdots$$

公式中,X 为粒子离开平衡位置的位移,即 $X = r - r_0$。其中,第一项 $u(r_0) = u_0$为常数,第二项按照式(3.2)应为零,故上式可写成

$$u(r) = u(r_0) + \frac{1}{2}\alpha X^2 + \frac{1}{3}\beta X^3 + \cdots \tag{3.35a}$$

其中

$$\alpha = \left(\frac{\mathrm{d}^2 u}{\mathrm{d}r^2}\right)_{r_0}$$

$$\beta = -\frac{1}{2}\left(\frac{\mathrm{d}^3 u}{\mathrm{d}r^3}\right)_{r_0}$$

如果略去上式中的 X^3项及更高次项,则相互作用势能化为

$$u(r) = u(r_0) + \frac{1}{2}\alpha X^2 \tag{3.35b}$$

在几何描述上它对应于对平衡点 r_0对称的抛物线。相应的相互作用力则简化为线性虎克弹性力:

$$f(r) = -\frac{\mathrm{d}u(r)}{\mathrm{d}r} = -\alpha X \tag{3.35c}$$

其中,α 为虎克常数。由此可见,**准谐近似**相当于以对平衡点 r_0对称的抛物线来近似非对称的能量曲线,如图 3.9 所示。

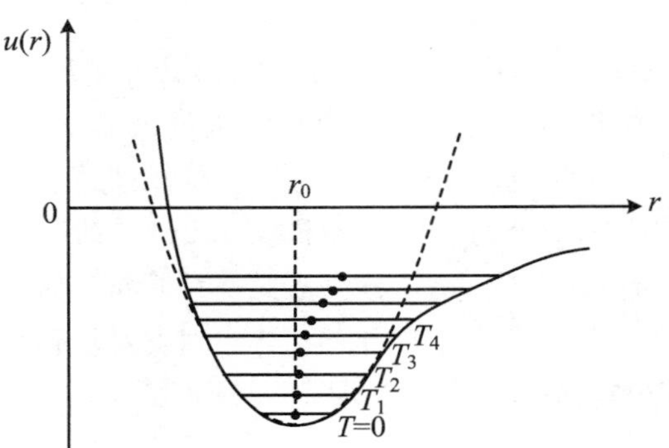

图 3.9　平衡点 r_0附近的能量曲线

当然,晶体的有些特性(如热膨胀、热传导等)与非谐振动密切相关,这时就要计及式(3.35a)中的 X^3项等高阶项。但是,晶体的准揩振动分析已足以解释晶体的许多基本特性,

因而以下我们主要讨论晶体的准谐振动，除非有必要才对非谐振动效应略加讨论。

1. 一维简单晶格的准谐振动

首先，我们讨论由 N 个相同原子组成的简单立方晶体的一维纵向晶格热振动。对于一维纵向运动，横向结合力没有影响，问题就简化为一维无限长原子链的振动问题（$N \to \infty$），如图 3.10 所示。设原子的质量为 m，平衡时的原子间距为 a（对于简单立方晶体即晶格常数），以 X_n 表示第 n 个原子由于热振动而偏离平衡位置的位移，则第 n 个和第 $n+1$ 个原子之间的相对位移为 $X_n - X_{n+1}$。在准谐近似下，按照式(3.35c)，原子间作用力简化为线性虎克弹性力，则第 n 个原子受第 $n+1$ 个原子的作用力为

$$F_{n,n+1} = -\alpha(X_n - X_{n+1})$$

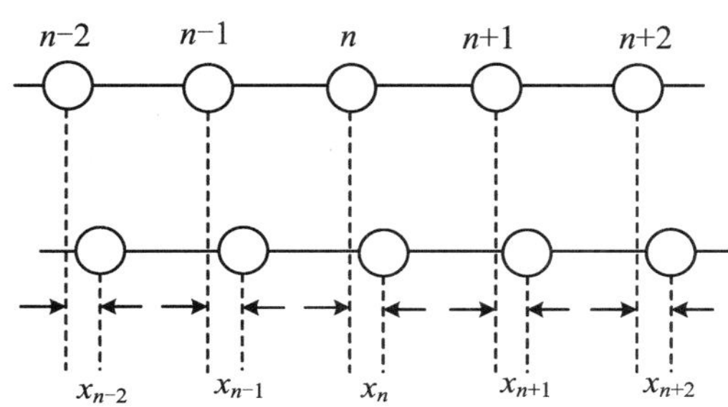

图 3.10　一维无限长原子链的振动

而第 n 个原子受第 $n-1$ 个原子的作用力为

$$F_{n,n-1} = -\alpha(X_n - X_{n-1})$$

由于在本节讨论的是温度不太高时的微弱振动。微粒的热振动主要受相邻微粒的影响，其他微粒的影响可忽略不计。于是第 n 个原子所受的总力近似等于 $F_{n,n+1}$ 与 $F_{n,n-1}$ 之和，则第 n 个原子的运动方程为

$$m\ddot{X}_n = \alpha(X_{n+1} + X_{n-1} - 2X_n) \qquad (n = 1,2,3,\cdots,N) \tag{3.36}$$

此式对于所有原子成立，其解具有简谐波的形式

$$X_n = A\mathrm{e}^{\mathrm{i}(\omega t - 2\pi nak)} \tag{3.37}$$

式中，A 为振幅，ω 为角频率，na 为第 n 个原子相对于原点的平衡位置，$k(=1/\lambda)$是波数，λ 是波长。公式(3.37)表明，各原子在平衡位置作热振动时，以简谐波的形式在晶格中传播，称为**格波(lattice wave)**。注意到晶体密度 ρ、杨氏模量 E 和一维应力弹性波速 C_0 分别与 m, a, α 之间有如下关系，

$$\left.\begin{aligned} \rho &= \frac{m}{a^3} \\ E &= \frac{\alpha}{a} \\ C_0 &= \sqrt{\frac{E}{\rho}} = a\sqrt{\frac{\alpha}{m}} \end{aligned}\right\} \tag{3.38}$$

则式(3.36)与连续介质力学一维弹性波运动方程离散化后的差分格式一致。

将谐波解(3.37)代入方程(3.36)中，得

$$\omega^2 = \frac{4\alpha}{m}\sin^2(\pi ak) = \omega_{\max}^2 \sin^2(\pi ak) \tag{3.39a}$$

公式(3.39a)给出了角频率 ω 与波数 k(或波长 λ)之间的对应关系,如图 3.11 所示,它描述了格波传播依赖于频率的弥散现象,类似于光学中的色散现象,因而被称为**色散或弥散关系**(**dispersion relation**)。当 k 由 0 变到 $\pm 1/(2a)$ 时,ω 由 0 变到 $\omega_{\max}$,当 $|k| \geqslant 1/2a$ 时,则产生周期性重复。因此,为了使 ω 是 k 的单值函数,要将 k 限制在下列范围:

$$-\frac{1}{2a} < k \leqslant \frac{1}{2a} \tag{3.39b}$$

正的 k 对应于正向传播的格波,而负的 k 则对应于负向传播的格波。

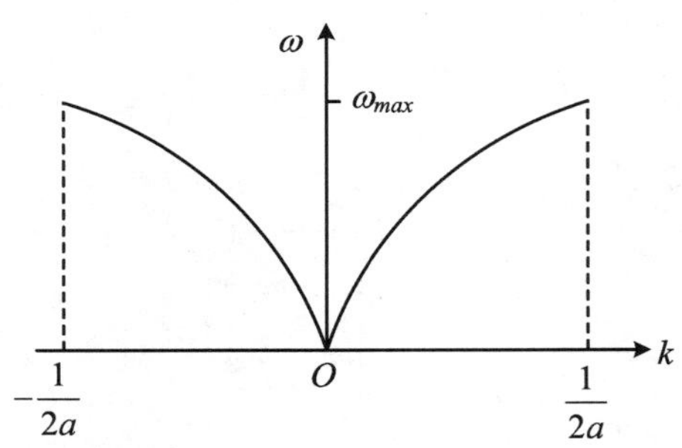

图 3.11 角频率 ω 与波数 k 之间的对应关系

公式(3.39)中不包含 n,表明对于所有的微粒都有相同的 $\omega - k$ 关系,每一个 k 有一个确定的频率 ω,称为一个**振型**或**振动模**(**vibration mode**)。不同的振型对应着不同波长的格波。公式(3.39a)还表明格波中的各个振型是互相独立的,称为**简正振型**(**normal mode**)。这里值得强调的是:式(3.36)原本表示 N 个耦合的谐振子的运动方程,而其解[式(3.39a)]则是解耦的简正方式的振动。这说明通过简谐近似处理,把 N 个原子相互作用下的振动问题化为了对 N 个独立的简正方式的讨论。这对于下面关于晶格振动能量的量子化分析具有重要意义。

公式还表明,格波的角频率存在极大值 $\omega_{\max}$,即

$$\omega_{\max} = \sqrt{\frac{4\alpha}{m}} \tag{3.40}$$

与此对应的是格波的波长存在极小值 $\lambda_{\min}$

$$\lambda_{\min} = 2a \tag{3.41}$$

这一结论在考虑介质的微观结构时是必然的,而在连续介质力学中平面波的角频率不受限制,波长也可宏观地任意小,这是因为在连续介质力学中已经把微观结构尺度(如晶格常数 a)在宏观尺度中连续化了。

另外,利用式(3.38)、式(3.39)和式(3.40)可求得格波的波速

$$C = \frac{1}{k} \cdot \frac{\omega}{2\pi} = a\sqrt{\frac{\alpha}{m}} \cdot \frac{\sin(\pi ak)}{\pi ak} = C_0 \frac{\sin(\pi ak)}{\pi ak} \tag{3.42}$$

这表明格波是一个波速依赖于 $ak(=a/\lambda)$ 即依赖于晶格特征尺寸(晶格常数 a)与波长 λ 之比的弥散波。这类似于连续介质力学的杆中弹性应力波波速 C 依赖于杆的特征尺寸(杆径 d)与波长 λ 之比。

在 $ka \ll 1$ 或 $\lambda \gg a$ 时,即在长波情况下

$$\sin(\pi ak) \approx \pi ak$$

于是有

$$\omega \approx \omega_{\max} \pi ak \tag{3.43}$$

对应的波速化为

$$C = \frac{1}{k} \cdot \frac{\omega}{2\pi} \approx a\sqrt{\frac{\alpha}{m}} = \sqrt{\frac{E}{\rho}} = C_0 \tag{3.44}$$

这时格波的波速是一个与波数无关而只与材料特性有关的常数。这一结论和连续介质力学一维细长杆中弹性长波的结果一致。当波长远大于晶格常数时,晶体可以看做连续介质。

以上的讨论适用于一维无限长链($N \to \infty$)的振动问题,因为对于有限长链(N 有限),两端微粒与内部微粒不同,只受一个相邻微粒的作用,式(3.36)不再成立。不过可以设想:如果 N 个足够多的微粒所组成的有限链首尾相接、形成环状链,那么所有微粒仍然处于完全相同的条件下,于是避免了端部效应的考虑。这一模型是由 Born 和 Karman(1912)提出来的。这时,式(3.36)仍然成立,但需添加有限长环状链头尾连接的**周期性条件**(或称 **Born-Karman 条件**):

$$X_i = X_{i+N}$$

作了以上假定后,我们可将有限长晶格近似看做周期性重复的无限长晶格。把谐波解(3.37)代入到附加的周期性条件后,可得

$$e^{-i2\pi Nak} = 1$$

由此可得

$$Nak = S$$

式中,S 为一个整数。考虑到式(3.39b),整数 S 必定被限制在如下范围:

$$-\frac{N}{2} < S \leqslant \frac{N}{2}$$

于是 S 可能有的数值为

$$S = -\left(\frac{N}{2} - 1\right), \cdots, -2, -1, 0, 1, 2, \cdots, \frac{N}{2}$$

共有 N 个不同的整数值,因此 $k = \dfrac{S}{Na}$ 也只能有 N 个不同的值。每一个 k 的值对应于一个独立振动型,因此 N 个原子的有限长晶格可有 N 个独立振动型。在一维晶格中,每个原子的振动自由度为 1,因此我们也可以说,晶格的独立振动型数等于晶体的自由度数。这意味着,晶格的振动是量子化的。这一结论也适用于三维晶格。

2. 一维复式晶格的准谐振动

上面讨论的是由 N 个相同原子组成的一维简单晶格的热振动。下面进一步讨论由两种不同的原子组成的一维复式晶格的热振动。

假定在一无限长的直线上,周期性地相间排列着 P_1 和 P_2 两种不同的原子,相邻同种原子之间的距离为 $2a$,如图 3.12 所示。质量为 m_1 的 P_1 原子位于 $2n-1$, $2n+1$, $2n+3$, $\cdots$,质量为 m_2 的 P_2 原子位于 $2n-2$, $2n$, $2n+2$, $\cdots$。这样,与 P_1 原子相邻的是 P_2 原子,而与 P_2 原子相邻的是 P_1 原子,两者是互相耦合的。

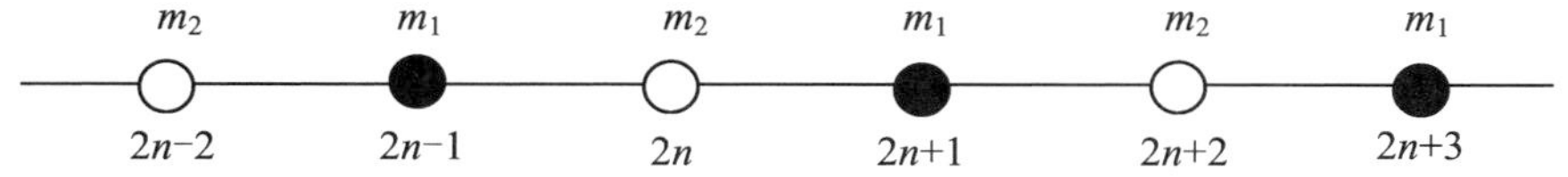

图 3.12　一维双原子无限长链的振动

类似于式(3.36),可得运动方程组

$$m_1\ddot{X}_{2n+1} = \alpha(X_{2n+2} + X_{2n} - 2X_{2n+1})$$
$$m_2\ddot{X}_{2n} = \alpha(X_{2n+1} + X_{2n-1} - 2X_{2n}) \tag{3.45}$$

为讨论方便起见,假定 $m_2 > m_1$。

设方程组(3.45)的试探解为如下谐波解:

$$X_{2n+1} = Ae^{i[\omega t - 2\pi k(2n+1)a]}$$
$$X_{2n} = Be^{i[\omega t - 2\pi k(2n)a]} \tag{3.46}$$

式中,A 与 B 分别是质量为 m_1 与 m_2 的原子振幅,ω 为角频率,$k(=1/\lambda)$为波数,λ 为波长。将试探解代入式(3.45)中,可得

$$-m_1\omega^2 A = \alpha[(e^{-i2\pi ka} + e^{i2\pi ka})B - 2A]$$
$$-m_2\omega^2 B = \alpha[(e^{-i2\pi ka} + e^{i2\pi ka})A - 2B] \tag{3.47}$$

式(3.47)可以整理成

$$(m_1\omega^2 - 2\alpha)A + (2\alpha\cos 2\pi ka)B = 0$$
$$(2\alpha\cos 2\pi ka)A + (m_2\omega^2 - 2\alpha)B = 0 \tag{3.48}$$

若要 A 与 B 有非零解,则其系数行列式必须等于零,即

$$\begin{vmatrix} m_1\omega^2 - 2\alpha & 2\alpha\cos 2\pi ka \\ 2\alpha\cos 2\pi ka & m_2\omega^2 - 2\alpha \end{vmatrix} = 0 \tag{3.49}$$

由此可以解出两个解

$$\omega^2 = \frac{\alpha}{m_1 m_2}[(m_1 + m_2) \pm (m_1^2 + m_2^2 + 2m_1 m_2\cos 4\pi ka)^{\frac{1}{2}}]$$
$$= \frac{\alpha(m_1 + m_2)}{m_1 m_2}\left\{1 \pm \left[1 - \frac{4m_1 m_2}{(m_1 + m_2)^2}\sin^2(2\pi ka)\right]^{\frac{1}{2}}\right\} \tag{3.50a}$$

以 ω_+ 表示式中取 + 号的解,而以 ω_- 表示式中取 − 号的解。代回到式(3.48)后,得到相应的两种微粒的振幅比$\left(\frac{A}{B}\right)$:

$$\left(\frac{A}{B}\right)_+ = \frac{2\alpha - m_2\omega_+^2}{2\alpha\cos 2\pi ka} \tag{3.50b}$$

$$\left(\frac{A}{B}\right)_- = \frac{2\alpha\cos 2\pi ka}{2\alpha - m_1\omega_-^2} \tag{3.50c}$$

由此可见,对于每一个 k 值,有频率为 ω_+ 与 ω_- 的两类独立的振动。ω 与 k 之间的关系曲线分为两支,如图 3.13 所示。与 ω_+ 对应的一支称为**光学支(optical branch)**,而与 ω_- 对应的一支称为**声学支(acoustic branch)**。此一命名来源于它们的长波极限的性质分别与光波和声波相关(下详)。由式(3.50a)与图 3.13 我们可以看出,ω 是 k 的周期函数,周期为 $1/(2a)$,当 k 增加或减少 $1/(2a)$时,ω 的值不变,因此,我们可选择 k 的变化范围为

$$-\frac{1}{4a} < k \leqslant \frac{1}{4a}$$

下面对光学支和声学支分别作进一步讨论。

对于光学支,当 $k=0$ 时(长波极限),由式(3.50)可以算出

$$\omega_+ = \left[2\alpha\left(\frac{1}{m_1} + \frac{1}{m_2}\right)\right]^{\frac{1}{2}}, \quad \left(\frac{A}{B}\right)_+ = -\frac{m_2}{m_1} \tag{3.51a}$$

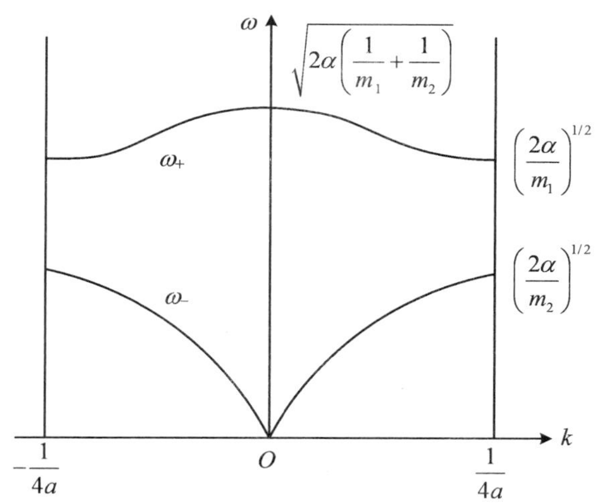

图 3.13　双原子角频率 ω 与波数 k 之间的对应关系

这时 ω_+ 具有极大值(图 3.13)，而 $\left(\frac{A}{B}\right)_+$ 为负则意味着两种微粒的振动具有完全相反的位相[图 3.14(a)]，相当于质量 m_1 微粒形成的布拉菲格子与质量 m_2 微粒形成的布拉菲格子做整体的相对振动，但质心保持不动($m_1A+m_2B=0$)。对于离子晶体而言，这时正离子与负离子的振动方向相反，会使正负离子发生极化，产生一定的电偶极矩，所以长光学波又称**极化波**(**polarization wave**)。实际晶体极化波的角频率范围为 $10^{13}\sim10^{14}\ \mathrm{s}^{-1}$(远红外光波)。极化波可以和光波相互作用，当波数和频率相同时会发生共振，即可用光来激发这种振动。离子晶体中的这种光学波激发的共振能引起远红外光的强烈吸收，是红外光谱学中的一个重要效应，ω_+ 格波被称为光学支也因此而得名。

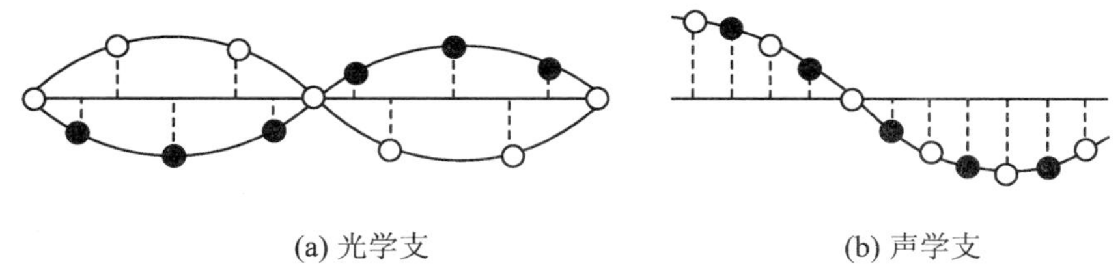

(a) 光学支　　　(b) 声学支

图 3.14　光学支与声学支的振动特点(纵坐标代表振动位相)

对于光学支，当 $k=\pm\frac{1}{4a}$时，可由式(3.50)算出

$$\omega_+=\left(\frac{2\alpha}{m_1}\right)^{\frac{1}{2}},\quad \left(\frac{B}{A}\right)_+=0 \tag{3.51b}$$

这时光学支的角频率 ω_+ 最小，而 $\left(\frac{B}{A}\right)_+$ 等于零则表示质量 $m_2(>m_1)$的微粒不动，只有质量 m_1 的微粒振动。

对于声学支，当 $k=0$ 时(长波极限)，由式(3.50)可以算出

$$\omega_-=0,\quad \left(\frac{A}{B}\right)_-=1 \tag{3.52a}$$

这时 ω_- 具有极小值(图 3.13),而 $\left(\frac{A}{B}\right)_-$ 为 1 则意味着两种微粒的振动具有完全相同的振幅和位相,代表原胞质心的振动(图 3.14b)。

对于声学支,当 $k=\pm\frac{1}{4a}$ 时,由式(3.50)可以算出

$$\omega_-=\left(\frac{2\alpha}{m_2}\right)^{\frac{1}{2}},\quad \left(\frac{A}{B}\right)_-=0 \tag{3.52b}$$

这时声学支的角频率 ω_- 达到最大,而 $\left(\frac{A}{B}\right)_-$ 等于零则表示质量 $m_1(<m_2)$ 的微粒不动,只有质量 m_2 的微粒振动。

当 $ka\ll 1$ 或 $\lambda\gg a$ 时,即在长波情况下

$$\sin(2\pi ak)\approx 2\pi ak$$

于是由式(3.50a)有

$$\omega_-\approx\left(\frac{2\alpha}{m_1+m_2}\right)^{\frac{1}{2}}2\pi ak \tag{3.52c}$$

对应的波速化为

$$C=\frac{1}{k}\cdot\frac{\omega}{2\pi}\approx a\sqrt{\frac{2\alpha}{m_1+m_2}}=C_0$$

与式(3.44)一致,上式最后的等号是根据式(3.38)并把 m 代之以$\frac{m_1+m_2}{2}$而得出的。可见在 $ka\ll 1$ 的长波情况下,ω_- 长波即弹性声波,这时的波速是一个与波数无关而只与材料特性有关的常数。ω_- 格波被称为声学支也因此而得名。

声学支的其他振动性质与前面讨论过的一维简单晶格的准谐热振动类似,在此不再重复叙述。

作为上述讨论在三维晶格的推广,若晶体由 N 个原胞组成,而每个原胞又包含有 S 个微粒,则共有 SN 个微粒。现讨论其在三维空间的振动,每个微粒可沿 3 个方向振动,共有 $3SN$ 个自由度。类似于前面已经得到的结论,可以证明对于准谐微振动,这 SN 个微粒的三维晶格振动可以化为 $3SN$ 个独立的简振方式的叠加(相当于 $3SN$ 个独立的谐振子)。还可以证明,$3SN$ 个独立振动可以分为 $3S$ 支不同类型的振动,每支振型则有 N 个不同频率的谐振。所有这些振型支,只有 3 支为声学支,这时原胞中 S 个微粒的振动方向是一致的,是一种原胞质心之间的振动;在长波极限,3 支声学波与连续介质的弹性波相合。其余的 $3(S-1)$ 支为光学支,光学支的原胞中 S 个微粒的振动方向是不一致的,是一种原胞内微粒之间的振动。

到目前为止,我们在经典力学的范畴内讨论了晶格振动,结果表明:只要是微幅线性振动(谐振),则由 N 个微粒组成的晶体的任意复杂的微振动,都可以看做 $3N$ 个简正振动的叠加。换而言之,由 N 个相互作用的微粒所组成的系统,和 $3N$ 个独立的谐振子是等效的。这样,我们就容易过渡到晶格振动的量子力学理论上来。只需研究 $3N$ 个独立的谐振子组成的系统,就不难求出系统的振动能量。

根据量子理论,在温度 T 下,基本频率为 ν_i 的谐振子的振动能级 ε_{ni} 为

$$\varepsilon_{ni}=\left(\frac{1}{2}+n\right)h\nu_i\qquad(n=0,1,2,\cdots) \tag{3.53}$$

式中,h 为 Planck 常数(6.62×10^{-27} erg · s),n_i 为量子能级序数或称主量子数,表示谐振子的

能量具有均匀间隔的分立值(量子化)；$\frac{1}{2}h\nu_i$ 是零点能，表示即使在最低能态时运动也不停止。内能为振动能 ε_{ni} 与势能(第 i 个振子与体系中其他振子之间的相互作用能)u_i之和，即第 i 个振子的内能级E_{ni}为

$$E_{ni} = u_i + \varepsilon_{ni} = u_i + \left(\frac{1}{2} + n\right)h\nu_i \qquad (n = 0,1,2,\cdots) \tag{3.54}$$

对于任意的微粒组成的处于热平衡态的宏观体系，只要构成体系的微粒遵从经典力学的规律，同时微粒之间是完全统计独立的，那么粒子在能级间的统计分布满足**玻耳兹曼分布律**(**Boltzman distribution law**)。按此，第 i 个振子的平均内能$\bar{E}_{ni}$，也即第 i 个振子的热力学内能E_i，为

$$\bar{E}_{ni} = E_i = \sum_{n=0}^{\infty} P_n E_{ni} \tag{3.55a}$$

式中，P_n是振子在E_{ni}能级的最概然分布率：

$$P_n = \frac{\exp\left(-\dfrac{E_{ni}}{k_B T}\right)}{\sum\limits_{n=0}^{\infty}\exp\left(-\dfrac{E_{ni}}{k_B T}\right)} \tag{3.55b}$$

式中，k_B是 Boltzmann 常数(1.38×10^{-23} J/K)，等号右边的分子项代表代表微粒在 E_{ni}能级上的有效状态数，分母项代表微粒在各个能级的有效状态数的总和，称为配分函数(partition function)，为方便起见记为

$$Z_i = \sum_{n=0}^{\infty}\exp\left(-\frac{E_{ni}}{k_B T}\right) \tag{3.55c}$$

于是第 i 个振子的内能可写成

$$E_i = \sum_{n=0}^{\infty} P_n E_{ni} = \frac{\sum\limits_{n=0}^{\infty} E_{ni}\exp\left(-\dfrac{E_{ni}}{k_B T}\right)}{\sum\limits_{n=0}^{\infty}\exp\left(-\dfrac{E_{ni}}{k_B T}\right)} = \frac{\sum\limits_{n=0}^{\infty} E_{ni}\exp\left(-\dfrac{E_{ni}}{k_B T}\right)}{Z_i} \tag{3.55d}$$

如果处于相同能级 E_{ni}的微粒可能有几个不同的微观状态，称为该能级的**简并度**(**degeneracy**)，用 g_i表示，则上式等号右边的分子和分母(配分函数)的指数函数前还需乘以 g_i。例如，同一能级状态下有两种不同自旋量子数的状态，则简并度 $g_i=2$，等等。不过，为简便起见，此处及下面均设 $g_i=1$，这不会影响所讨论内容的基本实质。

令 $x=\frac{1}{k_B T}$，$dx=-\frac{dT}{k_B T^2}$，则式(3.55d)可表现为如下形式：

$$E_i = \frac{\sum\limits_{n=0}^{\infty} E_{ni}\exp(-E_{ni}x)}{\sum\limits_{n=0}^{\infty}\exp(-E_{ni}x)} = -\frac{\dfrac{\partial Z_i}{\partial x}}{Z_i} = -\frac{\partial \ln Z_i}{Z_i} = k_B T^2\frac{\partial \ln Z_i}{\partial T} = k_B T\frac{\partial \ln Z_i}{\partial \ln T} \tag{3.55e}$$

在确定内能 E_i后，不难由第 2 章提供的热力学关系来确定其他相关的热力学特性参数。如由式(2.54)可求出与热能密切相关的定容比热 C_{Vi}：

$$C_{Vi} = \left(\frac{\partial E_i}{\partial T}\right)_V = k_B T\left[\frac{\partial}{\partial T}\left(\ln Z_i + \frac{\partial \ln Z_i}{\partial \ln T}\right)\right] \tag{3.56}$$

再利用关系式 $C_V \equiv T\left(\frac{\partial S}{\partial T}\right)_V$[式(2.36)],先由上式的 C_{Vi} 求出 $\left(\frac{\partial S_i}{\partial T}\right)_V$,则可进一步求出熵 S_i:

$$S_i = k_B\left(\ln Z_i + \frac{\partial \ln Z_i}{\partial \ln T}\right) \tag{3.57}$$

类似地,由式(2.24)可写出 Helmholtz 自由能 A_i 以及相应地由式(2.34)写出压力 P_i:

$$A_i = E_i - TS_i = -k_B T \ln Z_i \tag{3.58}$$

$$P_i = -\left(\frac{\partial A_i}{\partial V}\right)_T = k_B T\left(\frac{\partial \ln Z_i}{\partial \ln V}\right)_T \tag{3.59}$$

进而,由式(2.24)还可写出焓 H_i:

$$H_i = E_i + P_i V = k_B T\left(\frac{\partial \ln Z_i}{\partial \ln T} + \frac{\partial \ln Z_i}{\partial \ln V}\right) \tag{3.60}$$

由此可见,**问题的关键是如何确定振子的配分函数** Z_i。

为此,我们将第 i 个振子内能能级表达式(3.54)代入配分函数式(3.55c),并利用等比级数求和的关系式

$$\sum_{n=1}^{\infty} a_1 q^{n-1} = \frac{a_1}{1-q}$$

可得

$$\begin{aligned} Z_i &= \sum_{n=0}^{\infty} \exp\left[-\frac{u_i + \left(\frac{1}{2}+n\right)h\nu_i}{k_B T}\right] \\ &= \exp\left(-\frac{u_i + \frac{1}{2}h\nu_i}{k_B T}\right)\sum_{n=0}^{\infty}\exp\left(-\frac{nh\nu_i}{k_B T}\right) \\ &= \exp\left(-\frac{u_i + \frac{1}{2}h\nu_i}{k_B T}\right)\cdot\frac{1}{1-\exp\left(-\frac{h\nu_i}{k_B T}\right)} \end{aligned} \tag{3.61}$$

或

$$\ln Z_i = -\frac{u_i + \frac{1}{2}h\nu_i}{k_B T} - \ln\left[1-\exp\left(-\frac{h\nu_i}{k_B T}\right)\right] \tag{3.62}$$

将上式结果代入各热力学状态量并整理,可得

$$\begin{aligned} E_i &= u_i + \frac{1}{2}h\nu_i + \frac{h\nu_i}{\exp\left(\frac{h\nu_i}{k_B T}\right)-1} \\ &= E_{Ki}(V) + E_{Ti}(V,T) \end{aligned} \tag{3.63}$$

$$A_i = u_i + \frac{1}{2}h\nu_i + k_B T\ln\left[1-\exp\left(-\frac{h\nu_i}{k_B T}\right)\right] \tag{3.64}$$

等等,其中式(3.63)等号右边的第一项和第二项分别对应于**冷能和热能**。由 E_i 和 A_i 的偏微分就不难进一步求出等容比热 C_{Vi}、熵 S_i 和压力 P_i 等(建议读者作为习题推导一下)。

由 N 个微粒组成的晶体,每个微粒有 3 个自由度,在准谐近似下等价于 $3N$ 个谐振子,其内能可由式(3.54)求和得出:

$$E_n = \sum_{i=1}^{3N} E_{ni} = \sum_{i=1}^{3N}\left[u_i + \left(\frac{1}{2}+n\right)h\nu_i\right]$$

于是类似于式(3.55c),整个晶体体系的配分函数 Z 可写成:

$$\begin{aligned}
Z &= \sum_{n=0}^{\infty}\exp\left(-\frac{E_n}{k_B T}\right)\\
&= \sum_{n=0}^{\infty}\exp\left\{-\frac{\sum_{i=1}^{3N}\left[u_i+\left(\frac{1}{2}+n\right)h\nu_i\right]}{k_B T}\right\} = \sum_{n=0}^{\infty}\prod_{i=1}^{3N}\exp\left[-\frac{u_i+\left(\frac{1}{2}+n\right)h\nu_i}{k_B T}\right]\\
&= \prod_{i=1}^{3N}\sum_{n=0}^{\infty}\exp\left[-\frac{u_i+\left(\frac{1}{2}+n\right)h\nu_i}{k_B T}\right] = \prod_{i=1}^{3N} Z_i
\end{aligned} \tag{3.65a}$$

或改写成

$$\ln Z = \sum_{i=1}^{3N}\ln Z_i \tag{3.65b}$$

有了体系的配分函数 Z 的表达式,对照式(3.55e)至式(3.59),体系的各有关热力学状态量具体形式均可分别写出为

$$\begin{aligned}
E &= k_B T\frac{\partial \ln Z}{\partial \ln T} = k_B T\sum_{i=1}^{3N}\frac{\partial \ln Z_i}{\partial \ln T}\\
&= U + \frac{1}{2}\sum_{i=1}^{3N}h\nu_i + k_B T\sum_{i=1}^{3N}\frac{\frac{h\nu_i}{k_B T}}{\exp\left(\frac{h\nu_i}{k_B T}\right)-1}\\
&= E_K(V) + E_T(V,T)
\end{aligned} \tag{3.66}$$

$E_K(V)$和 $E_T(V,\ T)$分别为冷能和热能。

$$\begin{aligned}
A &= -k_B T\ln Z = -k_B T\sum_{i=1}^{3N}\ln Z_i\\
&= U + \frac{1}{2}\sum_{i=1}^{3N}h\nu_i + k_B T\sum_{i=1}^{3N}\ln\left[1-\exp\left(-\frac{h\nu_i}{k_B T}\right)\right]
\end{aligned} \tag{3.67}$$

$$\begin{aligned}
C_V &= k_B T\left[\frac{\partial}{\partial T}\left(\ln Z + \frac{\partial \ln Z}{\partial \ln T}\right)\right]\\
&= k_B\sum_{i=1}^{3N}\left[\frac{\frac{h\nu_i}{k_B T}}{\exp\left(\frac{h\nu_i}{k_B T}\right)-1}\right]^2\exp\left(\frac{h\nu_i}{k_B T}\right)
\end{aligned} \tag{3.68}$$

$$\begin{aligned}
S &= k_B\left(\ln Z + \frac{\partial \ln Z}{\partial \ln T}\right)\\
&= -k_B\sum_{i=1}^{3N}\ln\left[1-\exp\left(-\frac{h\nu_i}{k_B T}\right)\right] + k_B\sum_{i=1}^{3N}\left[\frac{\frac{h\nu_i}{k_B T}}{\exp\left(\frac{h\nu_i}{k_B T}\right)-1}\right]
\end{aligned} \tag{3.69}$$

关于定容比热 C_V[式(3.68)],值得与经典理论,即杜隆-珀替定律作一比较。按照经典理论,能量按自由度均分,每个自由度的平均能量为 $k_B T$(动能和势能各一半)。对于有 N 个微粒

的晶体，有 $3N$ 个自由度，则总的平均振动能量为 $3Nk_BT$，由此可得

$$C_V = \left(\frac{\partial E}{\partial T}\right)_V = 3Nk_B \tag{3.70}$$

称为**杜隆-珀替定律(Dulong-Petit law)**。

由式(3.68)可知：当温度很高时，$\frac{h\nu_i}{k_BT} \ll 1$，将$\frac{h\nu_i}{k_BT}$展开级数得

$$C_V = 3Nk_B\left[1 - \frac{1}{36N}\sum_{i=1}^{3N}\left(\frac{h\nu_i}{k_BT}\right)^2 + \cdots\right] \doteq 3Nk_B \tag{3.71a}$$

这时式(3.68)化为杜隆—珀替定律，也与实验结果一致。

当温度很低时，$\frac{h\nu_i}{k_BT} \gg 1$，则式(3.68)可简化为

$$C_V = k_B\sum_{i=1}^{3N}\left(\frac{h\nu_i}{k_BT}\right)^2 \exp\left(-\frac{h\nu_i}{k_BT}\right) \tag{3.71b}$$

表明 C_V 随温度 T 下降而迅速减少，而且当 $T \to 0$ 时，$C_V \to 0$，这也与实验结果一致，而杜隆—珀替定律无法解释这一现象。

以上我们应用量子理论，利用配分函数，推导出有关热力学状态量的具体形式，下一步的关键则是如何确定能级分布，亦即**关键在于如何确定 $3N$ 个简正频率** ν_i。对于实际晶体，这是一个困难复杂的问题，通常采用简化的模型进行近似处理，常用的有**爱因斯坦(Einstein)模型**和**德拜(Debye)模型**，分别讨论如下。

(1) 爱因斯坦(Einstein)模型

爱因斯坦(1906)假定晶体中所有微粒都以相同的频率 ν_0 振动，即

$$\nu_1 = \nu_2 = \cdots = \nu_i = \cdots = \nu_0$$

这相当于在热平衡时忽略了微粒间的相互作用。于是内能 E[式(3.66)]和定容比热 C_V[式(3.68)]分别化成：

$$E = U + 3Nk_BT\left[\frac{1}{2}\cdot\frac{h\nu_0}{k_BT} + \frac{\frac{h\nu_0}{k_BT}}{\exp\left(\frac{h\nu_0}{k_BT}\right) - 1}\right]$$

$$C_V = 3Nk_BT\left(\frac{h\nu_0}{k_BT}\right)^2 \frac{\exp\left(\frac{h\nu_0}{k_BT}\right)}{\left[\exp\left(\frac{h\nu_0}{k_BT}\right) - 1\right]^2}$$

令 $\theta_E = h\nu_0/k_B$，称为爱因斯坦特征温度，则

$$E = U + 3Nk_BT\left[\frac{1}{2}\cdot\frac{\theta_E}{T} + \frac{\frac{\theta_E}{T}}{\exp\left(\frac{\theta_E}{T}\right) - 1}\right] \tag{3.72}$$

$$C_V = 3Nk_B\left(\frac{\theta_E}{T}\right)^2 \frac{\exp\left(\frac{\theta_E}{T}\right)}{\left[\exp\left(\frac{\theta_E}{T}\right) - 1\right]^2} = 3Nk_Bf_E\left(\frac{\theta_E}{T}\right) \tag{3.73a}$$

式中，

$$f_{\mathrm{E}}\left(\frac{\theta_{\mathrm{E}}}{T}\right)=\left(\frac{\theta_{\mathrm{E}}}{T}\right)^2\frac{\exp\left(\frac{\theta_{\mathrm{E}}}{T}\right)}{\left[\exp\left(\frac{\theta_{\mathrm{E}}}{T}\right)-1\right]^2} \tag{3.73b}$$

称为**爱因斯坦比热函数**。

我们在这里特别对定容比热的关系式作进一步讨论，是因为它与热能有密切的关系[式(2.57)]，更何况它既有相应的经典理论模型，又比较容易进行实验测定，且已有大量的实验结果，便于相互比较分析。今后在确定 Gruneisen 参数 γ 时也还要用到它。

由基于爱因斯坦模型的定容比热公式(3.73a)可知，当温度很高时，即当$\frac{\theta_{\mathrm{E}}}{T}\ll 1$ 时可得

$$C_V=3Nk_{\mathrm{B}}\qquad\left(\frac{\theta_{\mathrm{E}}}{T}\ll 1\right) \tag{3.73c}$$

这与杜隆-珀替定律和式(3.70)一致，也和实验结果一致。

当温度很低时，即当$\frac{\theta_{\mathrm{E}}}{T}\gg 1$ 时，由式(3.73a)可得

$$C_V=3Nk_{\mathrm{B}}\left(\frac{\theta_{\mathrm{E}}}{T}\right)^2\exp\left(-\frac{\theta_{\mathrm{E}}}{T}\right)\qquad\left(\frac{\theta_{\mathrm{E}}}{T}\gg 1\right) \tag{3.73d}$$

由式(3.73d)可以看出，当 $T\to 0$ 时，$C_V\to 0$，与实验符合。可是在低温时，实验指出 C_V 与 T^3 成正比，而由上式(含指数衰减项)算出的 C_V 则以更快速度趋于零，即温度趋于零时，C_V 减少的速度快于实验值。产生这种偏离的原因正是由于爱因斯坦模型假设了晶体中所有微粒振动频率都一样而忽略了实际格波其他频率的作用。

采用爱因斯坦模型时，频率 ν_0 或 θ_{E} 一般由实验测定，使得在较大的温度范围内，式(3.73a)给出的理论曲线与实验曲线尽可能一致。根据这样的原则，大多数固体的爱因斯坦特征温度 θ_{E} 在 100～300 K 的范围，与此对应的频率 ν_0 约为 10^{13} Hz，属于红外光高频范围。这相当于用频率 ν_0(一条水平虚线)取代了光学支振型(图 3.15)。由于光学支属高频分支，它的频率变化又较为平缓，因此爱因斯坦模型基本上反映了光学支的特征。它在较低温度下的误差主要是由忽略了低频部分(声学支)的作用引起的。在较高温度下，即当$\frac{\theta_{\mathrm{E}}}{T}\ll 1$ 时，低频部分影响不大[参见式(3.73c)]，可近似按爱因斯坦模型处理。

(2) 德拜(Debye)模型

德拜(1912)认为在低温下低频振动对比热和热能的贡献很大，不能忽略。如在“3.5 晶格热振动”中所述，低频格波是长声学波，具有弹性波的性质。因此他把晶体看成是各向同性的连续介质，把晶体振动产生的长格波看成是在连续介质中传播的弹性波。

格波的频率 ν_i 本来都是离散的，如果频率取值十分密集，可把 ν 看着连续的，则在 ν 和 $\nu+\mathrm{d}\nu$ 之间的振动模数为 $g(\nu)\mathrm{d}\nu$，$g(\nu)$ 称为频率分布函数。因为独立振子的总数 $3N$，故有

$$\int_0^{\nu_{\mathrm{m}}}g(\nu)\mathrm{d}\nu=3N \tag{3.74}$$

式中，ν_{m} 为最大频率。相应地，原来以离散项求和形式表述的公式均可改用积分形式来代替。例如，式(3.66)和式(3.68)可分别改写成

$$E=U+k_{\mathrm{B}}T\int_0^{\nu_{\mathrm{m}}}\left[\frac{1}{2}+\frac{1}{\exp\left(\frac{h\nu}{k_{\mathrm{B}}T}\right)-1}\right]\left(\frac{h\nu}{k_{\mathrm{B}}T}\right)g(\nu)\mathrm{d}\nu \tag{3.75}$$

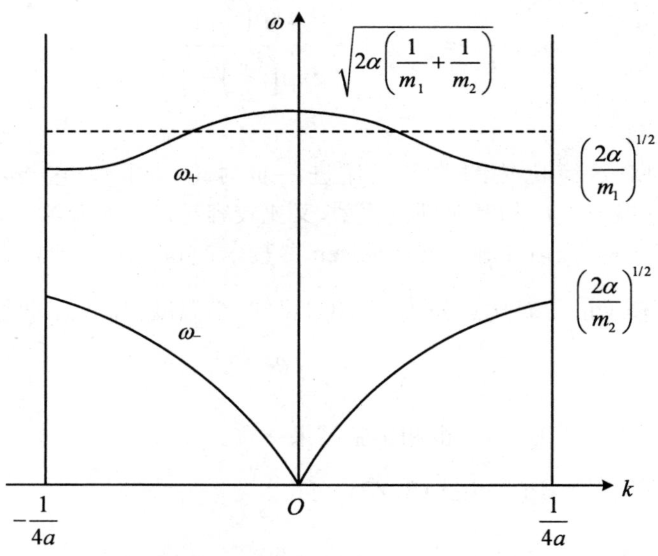

图 3.15　爱因斯坦模型的 ω 与 k 的关系图

$$C_V = k_B \int_0^{\nu_m} \left(\frac{h\nu}{k_B T}\right)^2 \frac{\exp\left(\frac{h\nu}{k_B T}\right)}{\left[\exp\left(\frac{h\nu}{k_B T}\right) - 1\right]^2} \cdot g(\nu) d\nu \tag{3.76}$$

于是德拜模型的**关键就在于如何计算频率分布函数** $g(\nu)$。

我们研究一个每边长为 L 的立方晶体。根据德拜模型，可以把它看成是各向同性的弹性连续介质。由经典弹性波理论，任一弹性波均有一个以纵波速 C_l 传播的纵波成分和两个以横波速 C_t 传播的横波成分。波速 C、频率 ν 与波数 k 或波长 λ 之间有如下关系：

$$\nu = \frac{C}{\lambda} = Ck \tag{3.77}$$

式中，C 可以是 C_l 或 C_t。受到 $X=0, X=L, Y=0, Y=L$ 以及 $Z=0, Z=L$ 处自由边界条件的约束，沿 3 个坐标轴传播的波之半波长 $\frac{\lambda_x}{2}, \frac{\lambda_y}{2}, \frac{\lambda_z}{2}$ 必定是边长的整约数

$$\frac{\lambda_x}{2} = \frac{L}{n_x}, \quad \frac{\lambda_y}{2} = \frac{L}{n_y}, \quad \frac{\lambda_z}{2} = \frac{L}{n_z} \tag{3.78}$$

式中，n_x, n_y, n_z 为正整数，即 $n_x, n_y, n_z = 0, 1, 2, \cdots$。对于沿任意方向 $\boldsymbol{n}$ 传播的波，为满足自由边界条件，其波长必须满足：

$$\lambda = \lambda_x \cos\theta_x, \quad \lambda = \lambda_y \cos\theta_y, \quad \lambda = \lambda_z \cos\theta_z \tag{3.79}$$

式中，$\cos\theta_x, \cos\theta_y, \cos\theta_z$ 为 $\boldsymbol{n}$ 的方向余弦。由于

$$\cos^2\theta_x + \cos^2\theta_y + \cos^2\theta_z = 1$$

则我们由式(3.78)和式(3.79)可得 n_x, n_y 与 n_z 所满足的关系式：

$$\begin{aligned} n_x^2 + n_y^2 + n_z^2 &= \frac{4L^2\nu_l^2}{C_l^2} \\ n_x^2 + n_y^2 + n_z^2 &= \frac{4L^2\nu_t^2}{C_t^2} \end{aligned} \tag{3.80}$$

对一给定的 ν_l 与 ν_t，式(3.80)右边的数值已确定，左端 n_x, n_y, n_z 可能取的整数值的套数就是对应于给定的频率所能有的独立振子数，而 n_x, n_y, n_z 的套数则可由如下几何关系求出。

以(n_x, n_y, n_z)为坐标，则式(3.80)中的每一个方程都代表一半径为 $R = 2L\nu/C$ 的球面，满足方程的任一组正整数(n_x, n_y, n_z)相当于1/8球面上的一点。这些点的数目是频率为 ν 所可能具有的独立振子数。由此我们可以认为，频率在 ν 与 $\nu + \mathrm{d}\nu$ 之间的振子数应等于半径在 $R = \dfrac{2L\nu}{C}$ 与 $R + \mathrm{d}R = \dfrac{2L(\nu + \mathrm{d}\nu)}{C}$ 之间的球壳内所含点数的1/8，或者说等于这一球壳体积的1/8。这是因为在我们选择的坐标中，平均每单位体积中包含有一个点。因此，频率在 ν 与 $\nu + \mathrm{d}\nu$ 之间的独立振子数为

$$g(\nu)\mathrm{d}\nu = \frac{1}{8}\cdot 4\pi R^2 \mathrm{d}R = 4\pi \frac{V}{C^3}\nu^2 \mathrm{d}\nu$$

式中，$V = L^3$ 为晶体的体积。考虑到每一振动频率 ν 有一纵波、两横波，把上述结果分别用于纵波和横波后相加，就可以得出频率在 ν 与 $\nu + \mathrm{d}\nu$ 之间的独立振子数为

$$g(\nu)\mathrm{d}\nu = 4\pi V\left(\frac{1}{C_l^3} + \frac{2}{C_t^3}\right)\nu^2 \mathrm{d}\nu = \frac{12\pi V}{C^{*3}}\nu^2 \mathrm{d}\nu = B\nu^2 \mathrm{d}\nu \tag{3.81}$$

式中

$$\begin{aligned} \frac{3}{C^{*3}} &= \frac{1}{C_l^3} + \frac{2}{C_t^3} \\ B &= 4\pi V\left(\frac{1}{C_l^3} + \frac{2}{C_t^3}\right) = \frac{12\pi V}{C^{*3}} \end{aligned} \tag{3.82}$$

是常数，由弹性波的纵波波速 C_l 与横波波速 C_t 的数值决定的。

为了使振子数和晶体的自由度相等，德拜引入一个频率上限 ν_D，使得

$$\int_0^{\nu_D} g(\nu)\mathrm{d}\nu = 3N$$

将式(3.81)代入，可得

$$\int_0^{\nu_D} B\nu^2 \mathrm{d}\nu = 3N$$

由此可得

$$B = \frac{9N}{\nu_D^3} \tag{3.83a}$$

或

$$\nu_D = \left(\frac{9N}{B}\right)^{1/3} \tag{3.83b}$$

注意：ν_D 只是 V 的函数，与温度无关。频率上限 ν_D 的引入意味着在德拜模型中，大于 ν_D 的短波不存在，而 ν_D 以下的振动则可用弹性波近似。

有了频率分布函数 $g(\nu)$ 和积分上限 ν_D，就可以确定相应的热力学状态函数。例如，以式(3.81)代入式(3.75)和式(3.76,)可分别确定内能 E 和定容比热 C_V 为

$$E = U + 9Nk_B T\left(\frac{T}{\theta_D}\right)^3 \int_0^{\theta_D/T}\left(\frac{1}{2} + \frac{1}{e^x - 1}\right)x^3 \mathrm{d}x \tag{3.84a}$$

或

$$E = U + \frac{9}{8}Nk_B\theta_D + 3Nk_B TD\left(\frac{\theta_D}{T}\right) \tag{3.84b}$$

以及

$$C_V = 9Nk_B\left(\frac{T}{\theta_D}\right)^3\int_0^{\theta_D/T}\frac{e^x}{(e^x-1)^2}x^4dx \tag{3.85a}$$

或

$$C_V = 3Nk_Bf_D\left(\frac{\theta_D}{T}\right) \tag{3.85b}$$

式中

$$\begin{aligned}
\theta_D &= \frac{h\nu_D}{k_B} = \left(\frac{h}{k_B}\right)\left(\frac{3N}{4\pi V}\right)^{1/3}c^* = \left(\frac{h}{k_B}\right)\left(\frac{3N}{4\pi V}\right)^{1/3}\left[\frac{3}{\frac{1}{c_l^3}+\frac{1}{c_t^3}}\right]^{1/3} \\
x &= \frac{h\nu}{k_BT} \\
x_D &= \frac{h\nu_D}{k_BT} = \frac{\theta_D}{T} \\
f_D\left(\frac{\theta_D}{T}\right) &= 3\left(\frac{\theta_D}{T}\right)^3\int_0^{\theta_D/T}\frac{e^x}{e^x-1}x^4dx \\
D(x_D) &= \frac{3}{x_D^3}\int_0^{x_D}\frac{x^3}{e^x-1}dx
\end{aligned} \tag{3.86}$$

其中，θ_D 称为**德拜特征温度**，$D(x_D)$称为**德拜函数**，$f_D\left(\frac{\theta_D}{T}\right)$称为**德拜比热函数**。

类似地，还可以写出 Helmholtz 自由能 A、熵 S 和压力 P 等的表达式(建议读者作为习题加以推导)。由此可见，在德拜模型中，与热振动有关的热力学量决定性地取决于参数 ν_D 或者德拜温度 θ_D，换句话说，晶体的热能、热压、熵和比热等特征完全由 ν_D 或 θ_D 决定。

关于定容比热[式(3.85)]，当温度很高时，即当 $x\ll 1$ 时，e^x 可以展开为 $e^x\approx 1+x$，代入式(3.86)可得

$$f_D\left(\frac{\theta_D}{T}\right) = 1$$

因此有

$$C_V = 3Nk_B$$

这与杜隆-珀替定律一致。

当温度很低时，即当 $x\gg 1$ 时，式(3.85a)中的积分上限可以看成∞，因而可改写成

$$C_V = 9Nk_B\left(\frac{T}{\theta_D}\right)^3\int_0^{\infty}\frac{e^x}{(e^x-1)^2}x^4dx \tag{3.87a}$$

式中的被积函数可展开成

$$\begin{aligned}
\frac{e^x}{(e^x-1)^2}x^4 &= x^4e^{-x}(1-e^{-x})^{-2} \\
&= x^4e^{-x}(1+2e^{-x}+3e^{-2x}+\cdots) \\
&= x^4\sum_{n=1}^{\infty}ne^{-nx}
\end{aligned}$$

代入式(3.87a)，积分时计及黎曼 Zeta 函数的运算后，可得

$$C_V = \frac{12}{5}\pi^4Nk_B\left(\frac{T}{\theta_D}\right)^3 \tag{3.87b}$$

即在低温时，比热与温度的三次方成正比，称作**德拜定律(Debye law)**，这与实验结果符合。

对于原子晶体及一部分较简单的离子晶体而言，在较宽温度范围内，德拜理论对 C_V 的理论估计值都与实验结果符合得很好。因此德拜理论比经典理论和爱因斯坦理论更进了一步。德拜理论的局限性主要为：① 不适用于化合物。因为化合物不仅有较低频率的振动，也有较高频率的振动，而德拜模型恰恰忽略了高于 ν_D 的那部分光学支的贡献。② 按定义 θ_D 是一个与温度无关的常数，但实验结果发现它是与温度有关的。③ 根据这个模型，波速为常数，即

$$C = \frac{\nu}{k} = \text{const}$$

这相当于用频率 ν(或角频率 $\omega = 2\pi\nu$)与波数 k 成正比的虚线取代了声学支振型(参见图3.16)。这种近似在 ν 较低，波长比晶格常数大得多的情况下是可行的，但对于接近于最大频率 ν_D 那部分的频率分布，相应的波长仅比晶格常数大一个量级，连续介质近似就会带来误差。

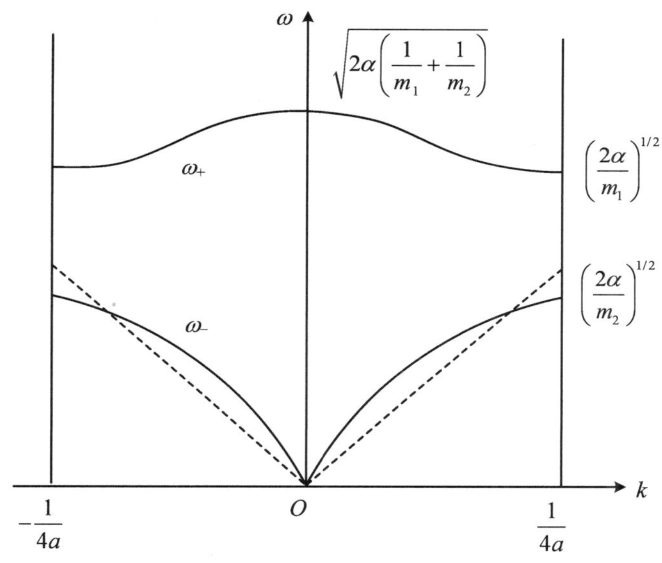

图3.16　德拜模型的 ω 与 k 的关系图

实验确定德拜特征温度 θ_D 可以有两种方法。第一种方法为**比热法**，类似于对爱因斯坦特征温度 θ_E 的确定，即选择的 θ_D 能在较大温度范围内使定容比热 C_V 的理论曲线与实验结果尽可能一致。第二种方法为**弹性波法**，是测出晶体的纵波波速 C_l 和横波波速 C_t，随后再利用公式(3.82)、式(3.83)和式(3.86)算出 θ_D。表3.5给出了两种方法所确定的 θ_D，其结果还是令人满意的。

表3.5　两种方法所确定的 θ_D

材　料		Pb*	Ag*	Cu*	Al*	KCl**	NaCl**
θ_D	比热法	88	215	315	398	230	308
	弹性波法	73	214	332	402	246	320

注：*引自参考文献[3.6]的第158页，**引自参考文献[3.7]的第110页。

综上所述，在准谐近似下，由 N 个微粒组成的晶体的任意复杂的微振动，都可以看做是 $3N$ 个简正振动的叠加。这时，与晶格热振动有关的各热力学状态量的确定问题，可归结为如何确定振子的配分函数 Z；而配分函数 Z 的确定，又进一步归结为如何确定 $3N$ 个简正频率 ν_i。为解决这样一个困难复杂的问题，通常采用简化的爱因斯坦模型或德拜模型进行近似处理。前者适用于较高温度下 $\frac{\theta_E}{T} \ll 1$，反映了晶格振动的光学支。这时，与热振动有关的热力学状态量取决于爱因斯坦特征温度 θ_E。后者适用于较低温度下 $\frac{\theta_D}{T} \gg 1$，反映了晶格振动的声学支。这时，与热振动有关的热力学状态量取决于德拜特征温度 θ_D 或者上限频率 ν_D。

其实，就本章的核心内容而言，我们最关心的是固体高压状态方程。上述分析为我们进一步从固体物理角度来认识和研究固体高压状态方程，特别是 Gruneisen 状态方程，提供了基础条件。而 Gruneisen 状态方程将是我们在下一节重点讨论的问题。

3.6 Gruneisen 状态方程的固体物理基础

在本节中，我们将采取与上一节同样的方法来讨论晶体热振动对压力的贡献，导出晶体的 Gruneisen 状态方程，并对方程及 Gruneisen 系数作深入的讨论。

由上一节式(3.55e)、式(3.59)可知，第 i 个振子的热振动对内能 E_i 和压力 P_i 的贡献分别为

$$E_i = k_B T \frac{\partial \ln Z_i}{\partial \ln T}$$

$$P_i = k_B T \left(\frac{\partial \ln Z_i}{\partial \ln V}\right)_T$$

式中，第 i 个振子的配分函数 Z_i 由式(3.55c)和式(3.61)可知为

$$\begin{aligned} Z_i &= \sum_{n=0}^{\infty} \exp\left(-\frac{E_{ni}}{k_B T}\right) \\ &= \sum_{n=0}^{\infty} \exp\left[-\frac{u_i + \left(\frac{1}{2}+n\right)h\nu_i}{k_B T}\right] \\ &= \exp\left(-\frac{u_i + \frac{1}{2}h\nu_i}{k_B T}\right) \sum_{n=0}^{\infty} \exp\left(-\frac{nh\nu_i}{k_B T}\right) \\ &= \exp\left(-\frac{u_i + \frac{1}{2}h\nu_i}{k_B T}\right) \cdot \frac{1}{1-\exp\left(-\frac{h\nu_i}{k_B T}\right)} \end{aligned}$$

或按照式(3.62)，可表现为如下对数形式

$$\ln Z_i = -\frac{u_i + \frac{1}{2}h\nu_i}{k_B T} - \ln\left[1-\exp\left(-\frac{h\nu_i}{k_B T}\right)\right]$$

将上式代入前面第一式并整理后，可得第3.6节所给出的式(3.63)

$$E_i = u_i + \frac{1}{2}h\nu_i + \frac{h\nu_i}{\exp\left(\frac{h\nu_i}{k_B T}\right) - 1}$$

$$= E_{Ki}(V) + E_{Ti}(V,T)$$

将上式代入前面第二式并整理后，即可得下面的公式

$$P_i = k_B T \left(\frac{\partial \ln Z_i}{\partial V}\right)_T$$

$$= -\frac{\mathrm{d}\left(u_i + \frac{1}{2}h\nu_i\right)}{\mathrm{d}V} - \frac{\frac{\partial \ln \nu_i}{\partial \ln V}}{V} \cdot \frac{h\nu_i}{\exp\left(\frac{h\nu_i}{k_B T}\right) - 1}$$

$$= -\frac{\mathrm{d}E_{Ki}(V)}{\mathrm{d}V} + \frac{\gamma_i}{V} \cdot E_{Ti}$$

$$= P_{Ki}(V) + \frac{\gamma_i}{V}[E_i - E_{Ki}(V)] \tag{3.88}$$

此即第 i 个振子的 Gruneisen 方程，式中

$$\gamma_i = -\left(\frac{\partial \ln \nu_i}{\partial \ln V}\right)_T \tag{3.89}$$

称为第 i 个振子的 Gruneisen 系数。

三维晶体的压力 P 应是 $3N$ 个振子对压力贡献的叠加，即

$$P = \sum_{i=1}^{3N} P_i$$

$$= -\sum_{i=1}^{3N} \frac{\mathrm{d}E_{Ki}(V)}{\mathrm{d}V} - \sum_{i=1}^{3N} \frac{\frac{\partial \ln \nu_i}{\partial \ln V}}{V} \cdot \frac{h\nu_i}{\exp\left(\frac{h\nu_i}{k_B T}\right) - 1}$$

$$= -\frac{\mathrm{d}E_K}{\mathrm{d}V} + \sum_{i=1}^{3N} \frac{\gamma_i(V)}{V} E_{Ti}$$

$$= P_K(V) + \sum_{i=1}^{3N} \frac{\gamma_i(V)}{V} E_{Ti} \tag{3.90}$$

在准谐振动假定下，$\gamma_i = \gamma(V)$，上式可进一步化为

$$P = P_K(V) + \sum_{i=1}^{3N} \frac{\gamma_i(V)}{V} E_{Ti}$$

$$= P_K(V) + \frac{\gamma(V)}{V} E_T$$

$$= P_K(V) + \frac{\gamma(V)}{V}[E - E_K(V)] \tag{3.91}$$

也可直接利用体系的配分函数[式(3.65)]

$$Z = \prod_{i=1}^{3N} Z_i$$

$$\ln Z = \sum_{i=1}^{3N} \ln Z_i$$

代入关系式

$$P = k_B T \left(\frac{\partial \ln Z}{\partial V}\right)_T$$

设 $\gamma_i = \gamma(V)$，整理后同样可求得式(3.91)，此即**晶体的 Gruneisen 方程**。在第 2 章中我们曾经从热力学的角度导出此方程，现在又在晶体微观结构的基础上导出了同一方程。

应该强调一下，式(3.91)是基于**准谐振动**近似假定而导出的，即假定简正频率 ν_i 是微粒间距 a（也即密度 ρ 或体积 V）的函数。对于严格的简谐振动，简正频率 ν_i 不随体积 V 改变，由式(3.89)知 $\gamma_i = 0$，就不存在 Gruneisen 状态方程了。可见 Gruneisen 假定 $\gamma_i(T, V) = \gamma(V)$ 正是近似计及晶格非线性振动效应的体现。如果直接从式(3.90)出发，要想表达成类似的 Gruneisen 状态方程形式，就需要引入一个按式(3.92a)定义的系数 $\Gamma(V, T)$，它与 Gruneisen 系数不同，一般是 V 和 T 的函数：

$$\Gamma = \Gamma(V, T) = \frac{\sum_{i=1}^{3N} \gamma_i E_{Ti}(V, T)}{\sum_{i=1}^{3N} E_{Ti}(V, T)} = \frac{\sum_{i=1}^{3N} \gamma_i E_{Ti}(V, T)}{E_T(V, T)} \tag{3.92a}$$

于是式(3.90)可以改写为

$$P = P_K + \frac{\Gamma(V, T)}{V} E_T \tag{3.92b}$$

注意，$\Gamma(V, T)$ 与 Gruneisen 系数 $\gamma(V)$ 不同，一般是 V 和 T 的函数。不过，在高温和低温等特殊情况，不必依靠 Gruneisen 假定，$\Gamma(V, T)$ 会化为仅仅是 V 的函数。事实上，在高温时，即 $\frac{h\nu_i}{k_B T} \ll 1$ 时，第 i 个振子上的热能

$$E_{Ti} = \frac{h\nu_i}{\exp\left(\frac{h\nu_i}{k_B T}\right) - 1} \approx \frac{h\nu_i}{\left[1 + \frac{h\nu_i}{k_B T} + \frac{1}{2}\left(\frac{h\nu_i}{k_B T}\right)^2 + \cdots\right] - 1} \approx k_B T$$

这意味着晶体内各个振子的热能都为 $k_B T$，相当于能量均分于各个振型，与 ν_i 无关。将结果代入式(3.92a)，可得

$$\Gamma(V, T) = \frac{\sum_{1}^{3N} \gamma_i}{3N} = \gamma(V) \tag{3.93}$$

这表明，在高温时，我们无需借助 Gruneisen 假定，也可得出 Gruneisen 方程。

低温时，即当 $\frac{h\nu_i}{k_B T} \gg 1$ 时，第 i 个振子上的热能

$$E_{Ti} = \frac{h\nu_i}{\exp\left(\frac{h\nu_i}{k_B T}\right) - 1} \approx 0(\nu_i)$$

即是 ν_i 的小量。将该结果代入式(3.92a)，可得

$$\Gamma(V, T) = \frac{\sum_{i=1}^{3N} \gamma_i \left[\frac{h\nu_i}{\exp\left(\frac{h\nu_i}{k_B T}\right) - 1}\right]}{\sum_{i=1}^{3N} \frac{h\nu_i}{\exp\left(\frac{h\nu_i}{k_B T}\right) - 1}} \approx \frac{\sum_{i=1}^{3N} \gamma_i \cdot 0(\nu_i)}{\sum_{i=1}^{3N} 0(\nu_i)} = \gamma(V) \tag{3.94}$$

因此在低温时，无需 Gruneisen 假定，也可直接导出 Gruneisen 方程。

Gruneisen 状态方程建立了冷压 P_K、冷能 E_K 和 Gruneisen 系数 $\gamma(V)$ 三者的关系。本章的**“晶体的结合力和结合能”**和**“晶格热振动”**两节已经分别讨论了晶体的冷能 E_K、热能 E_T 以及冷压 P_K 与冷能 E_K 的关系等。例如，式(3.66)已经给出了冷能 E_K：

$$E_K = U + \sum_{i=1}^{3N} \frac{1}{2} h\nu_i \cong U$$

当零点能 $\sum_{i=1}^{3N} \frac{1}{2} h\nu_i$ 相对于晶体结合能 U 是可忽略不计的小量时，冷能就等于晶体结合能，按式(3.28)有

$$U = -\frac{NA}{v^{m/3}} + \frac{NB}{v^{n/3}}$$

进一步由冷压与冷能的微分关系 $\left(P_K = -\frac{\mathrm{d}E_K}{\mathrm{d}V}\right)$，可确定冷压 P_K：

$$P_K = -\frac{\mathrm{d}E_K}{\mathrm{d}V} \approx -\frac{\mathrm{d}U}{\mathrm{d}V} = -\frac{\mathrm{d}U}{N\mathrm{d}v} = -\frac{m}{3} \cdot \frac{A}{v^{\frac{m+3}{3}}} + \frac{n}{3} \cdot \frac{B}{v^{\frac{n+3}{3}}}$$

这样，剩下来的关键就在于如何确定作为 V 的函数的 Gruneisen 系数 $\gamma(V)$ 了。

下面我们分别讨论一下在爱因斯坦模型和德拜模型这两种近似处理下的 Gruneisen 系数。

若按爱因斯坦模型处理，晶体中所有振子的振动频率 ν_i 都相同，即 $\nu_i = \nu_0$，由此可得爱因斯坦近似下的 Gruneisen 系数 γ_E：

$$\gamma_E = -\frac{\mathrm{dln}\nu_0}{\mathrm{dln}V} = -\frac{\mathrm{dln}\theta_E}{\mathrm{dln}V} \tag{3.95}$$

显然，如果 ν_0 为常数，或即 $\theta_E\left(=\frac{h\nu_0}{k_B}\right)$ 为常数，必导致 Gruneisen 系数为零。这样，只有假定 $\nu_0 = \nu_0(V)$ 或 $\theta_E = \theta_E(V)$，才可以导出相应的 Gruneisen 方程。这和 Gruneisen 假定是等价的。

若按德拜模型处理，晶体中所有振子的振动频率 ν_i 分布在 $0 \sim \nu_D$（频率上限）之间，其频率分布函数 $g(\nu)$ 按照式(3.81)和式(3.83)为

$$g(\nu) = 4\pi V\left(\frac{1}{C_l^3} + \frac{2}{C_t^3}\right)\nu^2 = \frac{12\pi V}{C^{*3}}\nu^2 = B\nu^2 = \frac{9N}{\nu_D^3}\nu^2 \tag{3.96}$$

由此可确定内能的表达式，参照式(3.84)可得

$$\begin{aligned} E &= k_B T \left(\frac{\partial \ln Z}{\partial \ln T}\right)_V \\ &= E_K(V) + 3Nk_B TD\left(\frac{\theta_D}{T}\right) \end{aligned} \tag{3.97}$$

式中，$\theta_D\left(=\frac{h\nu_D}{k_B}\right)$ 为德拜特征温度，$D\left(\frac{\theta_D}{T}\right)$ 为德拜函数，由式(3.86)为

$$D\left(\frac{\theta_D}{T}\right) = 3\left(\frac{\theta_D}{T}\right)^{-3} \int_0^{\theta_D/T} \frac{x^3}{e^x - 1}\mathrm{d}x$$

类似地可确定压力的表达式，参照式(3.59)，可得

$$\begin{aligned} P &= P_K - \frac{1}{V} \cdot \frac{\mathrm{dln}\theta_D}{\mathrm{dln}V} \cdot 3Nk_B TD\left(\frac{\theta_D}{T}\right) \\ &= P_K + \frac{\gamma_D(V)}{V}[E - E_K(V)] \end{aligned} \tag{3.98}$$

式中，德拜理论的 Gruneisen 系数 γ_D，当计及德拜特征温度 θ_D的不同表达形式[式(3.86)]

$$\theta_D = \frac{h\nu_D}{k_B} = \left(\frac{h}{k_B}\right)\left(\frac{3N}{4\pi V}\right)^{1/3}$$

$$C^* = \left(\frac{h}{k_B}\right)\left(\frac{3N}{4\pi V}\right)^{1/3}\left(\frac{3}{\frac{1}{C_l^3}+\frac{1}{C_t^3}}\right)^{1/3}$$

后，有如下不同表达形式的德拜近似下的 Gruneisen 系数 γ_D：

$$\gamma_D(V) = -\frac{d\ln\theta_D}{d\ln V} = -\frac{d\ln\nu_D}{d\ln V} = \frac{1}{3} - \frac{d\ln C^*}{d\ln V} \tag{3.99}$$

因此，按德拜模型处理也可导出 Gruneisen 方程。这里已经隐含着这样的假定，即 $\gamma_D = \gamma_D(V)$。如果注意到式(3.96)的第二个等号式，即 $g(\nu) = \frac{12\pi V}{C^{*3}}\nu^2$，其相当于把格波看做具有平均波速 C^* 的弹性波，因而德拜近似下的 Gruneisen 系数 γ_D，按照式(3.99)，由德拜温度 θ_D 随 V 的变化也即由平均波速 C^* 随 V 的变化确定。波速 C^* 是弹性纵波速 C_l 和横波速 C_t 按如下定义的平均波速(式 3.82)：

$$\frac{3}{C^{*3}} = \frac{1}{C_l^3} + \frac{2}{C_t^3}$$

Pastine[3.8]曾经指出，德拜理论的一个逻辑上更加坚实的表达式就是将纵向振动型和横向振动型分开考虑，从而得到两个不同的德拜温度及两个相应的 Gruneisen 系数 γ_l 和 γ_t。Royce[3.9]还进一步提出了与体积膨胀的振动(体波)相对应的第三个 Gruneisen 系数 γ_v。与这三个 γ 值对应的波速 C_l，C_t 和 C_v 分别为

$$\begin{aligned} C_l &= \sqrt{\frac{K_l}{\rho}} = \sqrt{\frac{K+\frac{4}{3}G}{\rho}} = \sqrt{\frac{(1-\mu)}{(1-2\mu)(1+\mu)}\cdot\frac{E}{\rho}} \\ C_t &= \sqrt{\frac{K_t}{\rho}} = \sqrt{\frac{G}{\rho}} = \sqrt{\frac{1}{2(1+\mu)}\cdot\frac{E}{\rho}} \\ C_v &= \sqrt{\frac{K_v}{\rho}} = \sqrt{\frac{K}{\rho}} = \sqrt{\frac{1}{3(1-2\mu)}\cdot\frac{E}{\rho}} \end{aligned} \tag{3.100}$$

将以上结果代入式(3.99)，得

$$\gamma_v = -\frac{1}{6} - \frac{1}{2}\cdot\frac{d\ln K}{d\ln V} = -\frac{1}{6} - \frac{V}{2}\cdot\frac{K'}{K} \tag{3.101a}$$

$$\gamma_l = \gamma_v + \frac{V\mu'}{1-\mu^2} \tag{3.101b}$$

$$\gamma_t = \gamma_v + \frac{3V\mu'}{2(1-2\mu)(1+\mu)} \tag{3.101c}$$

式中，K 为体积模量，G 为剪切模量，E 为杨氏模量，μ 为泊松比，$\mu' = \frac{d\mu}{dV}$。

在 $T \geqslant \theta_D$ 时，应用能量均分定理，纵向和横向振型的能量相等，则同时考虑纵向振动型和横向振动型的 Gruneisen 系数 γ_T 为

$$\gamma_T = \frac{\gamma_l + 2\gamma_t}{3} = \gamma_v + \frac{V(4-5\mu)\mu'}{3(1-\mu^2)(1-2\mu)} \tag{3.101d}$$

应用此式的困难在于 μ'是未知的。

如果泊松比随比容的变化可忽略，$\mu'=0$，则有 $\gamma_l=\gamma_t=\gamma_T=\gamma_v$。这相当于假设所有振型有相同的 γ 值，都等于 γ_v；也即平均波速为 $C_v=(VK)^{1/2}$。这对应于固体剪切强度可忽略的高压下的流体模型，只有纯体积压缩/膨胀的体波。

由于 K 是在冷压曲线 $P_K(V)$ 上定义的体积压缩模量

$$K=-V\frac{dP_K}{dV}=-VP'_K$$

代入式(3.101a)后可得

$$\gamma_S=-\frac{2}{3}-\frac{V}{2}\cdot\frac{P''_K}{P'_K} \tag{3.102}$$

这一结果最早由 Slater(1939)[3.10]导出，称为 **Slater 关系**，记为 γ_S。显然，公式是以德拜模型为基础的，并假定了介质的泊松比 μ 为常数。Slater 公式首次建立了 $\gamma(V)$ 与冷压曲线 $P_K(V)$ 曲率之间的联系，具有重要意义。一旦冷能 $E_K(V)$ 已知，便可确定冷压 $P_K(V)=-\dfrac{dE_K(V)}{dV}$，就可进而确定 γ_S 了。但 Slater 公式也存在着缺陷，即在谐振时 γ_S 没有趋于零。

Dugdale 和 MacDonald(1953)[3.11]指出，按晶格振动理论，在纯谐振时 γ 应等于零，而这时 $\gamma_S\neq0$，出现了反常的热膨胀。为此，他们提出了新的公式：

$$\gamma_{DM}=-\frac{1}{3}-\frac{V}{2}\cdot\frac{[P_K(V)V^{2/3}]''}{[P_K(V)V^{2/3}]'} \tag{3.103}$$

式(3.103)称为 **Dugdale-MacDonald 关系**，记为 γ_{DM}。公式可以保证谐振时 γ_{DM}趋于零。

Ващенко 和 Зубарев(1963)[3.12]根据自由体积理论，假设$\dfrac{1-\mu}{1+\mu}$与$\dfrac{P_K}{K}$成正比，提出如下公式：

$$\gamma_f=-\frac{V}{2}\cdot\frac{[P_K(V)V^{4/3}]''}{[P_K(V)V^{4/3}]'} \tag{3.104}$$

式(3.104)称为**自由体积关系**，记为 γ_f。

以上 3 个 γ 的公式可合写为

$$\gamma=-\frac{(2-n)}{3}-\frac{V}{2}\frac{[P_K(V)V^{2n/3}]''}{[P_K(V)V^{2n/3}]'} \tag{3.105}$$

式中，n 分别为 0,1,2，并有

$$\gamma=\begin{cases}\gamma_S & (n=0)\\ \gamma_{DM} & (n=1)\\ \gamma_f & (n=2)\end{cases}$$

3 个公式分别从属于 3 种理论模型：Slater 模型、D-M 模型和自由体积理论模型。

然而，在自然界中，实际存在的固体是多种多样的，上面的 3 种简单模型并不能对每一种固体都可作出很好的描述。从大量固体材料物态方程的研究中知道，γ_S，γ_{DM}和 γ_f 只是分别适用于不同的固体模型。例如，Royce[3.13]指出，在常态下，γ_{DM}与普通金属的热力学 Γ_{th}符合得最好，而 γ_f 则对于碱金属及其卤化物更为合适。然而，对于不少固体，无论选用哪一种公式，都不能得出与实验很好符合的结果。

针对上述情况，Migault[3.14]建议在未证明式(3.105)普遍成立的情况下，公式可以推广使用，即假定 n 是材料的一个特性参量，不受上述 3 种 γ 的限制，可以连续变化，对具体材料，n 的数值可由使实验 Hugoniot 曲线和理论计算 Hugoniot 曲线相一致来确定。例如，文献[3.15]在研究镁合金时，利用公式(3.105)得出了 $n=0.55$。由此而得到的理论计算与实验数据相当一致，利用公式给出的常态 γ 与热力学 γ_{th} 十分接近。

参考文献

[3.1] 苟清泉. 固体物理学简明教程[M]. 北京:人民教育出版社,1978:13.

[3.2] 苟清泉. 固体物理学简明教程[M]. 北京:人民教育出版社,1978:12.

[3.3] 黄昆. 固体物理学[M]. 北京:人民教育出版社,1966:35.

[3.4] 谢希德,方俊鑫. 固体物理学(上册)[M]. 上海:上海科学技术出版社,1961:75.

[3.5] 黄昆. 固体物理学[M]. 北京:人民教育出版社,1966:43.

[3.6] 钱学森. 物理力学讲义[M]. 北京:科学出版社,1962:158.

[3.7] 谢希德,方俊鑫. 固体物理学(上册)[M]. 上海:上海科学技术出版社,1961:110.

[3.8] PASTINED J. Formulation of the Gruneisen parameter on monoatomic cubic crystals[J]. Phys. Rev, 1965, A767: 138.

[3.9] ROYCE E B. High pressure eq. of state from shock wave data[C]//ENRICO FERMI VARENNA. Course XWII, Physics of High Energy Density. School of Physics: Academic Press, 1971:80-95.

[3.10] SLATER J C. Introduction to chemical physics[M]. New York: McGraw-Hill Book Co, 1939.

[3.11] DUGDALE J S, MACDONALD D K C. The thermal expansion of solids[J]. Phys. Rev., 1953, 89 (4): 832.

[3.12] УБАРЕВ В Н, ВАЩЕНКО В Я. О коэффициенте грюнайзена[J]. Физ. тв. тела, 1963, 5: 886.

[3.13] ROYCE E. Lawrence livermore laboratory report[J]. UCRL-51121, 1971.

[3.14] MIGAULT A. Détermination semi-analytique de l′équation d′état des métaux. modèle a deux coefficients de Gruneisen[J]. Journal de Physique, 1972, 33(7): 707-713.

[3.15] URTIEW P A, GROVER R. The melting temperature of magnesium under shock loading[J]. Journal of Applied Physics, 1977, 48(3): 1122-1126.

第 4 章　固体高压状态方程的动力学实验研究

在固体剪切强度可以忽略的高压下，如前所述，固体可当做无黏可压缩流体来处理。这时，气体动力学中有关等熵波和冲击波的许多研究结果，都可直接推广应用到高压下固体中应力波传播以及固体高压状态方程的研究中来，只需计及固体高压状态方程及气体状态方程的区别。这种近似处理方法通常称为流体动力学近似。

这种足以忽略固体剪切强度的高压通常是在爆炸/冲击的强动载荷下形成的，是一种由强冲击波传递的动高压，所以对固体高压状态方程的研究离不开冲击波，其是以冲击波的理论和实验技术为基础的。进一步说，冲击波的传播特性隐含着材料高压状态方程的特性，所以人们可以通过研究冲击波的传播特性来定量地反演材料的高压状态方程(在数学上属于解第二类反问题)。因此，可以不夸张地说，固体高压状态方程的动力学实验研究是以冲击波理论为基础的。

下面就有必要先来介绍一下冲击波的基础理论。

4.1　冲击波的基础理论

绝大多数固体材料，在高压下一般都表现为随体积被压缩而变得愈来愈难压缩，即以压力-比容曲线(P-V)之切线所定义的切线体积模量 K_t 随压力的增加而增大，在定性上如第 2 章的图 2.1 所示。既然容变波扰动的传播速度 C_B 依赖于体积模量 K_t

$$C_B = \sqrt{\frac{K_t}{\rho_0}}$$

因此在动高压载荷作用下，扰动的传播速度也是随压力的增加而增大的。这意味着，在加载过程中，高幅值扰动的传播速度大于其前方低幅值扰动的传播速度。于是，这些扰动在传播过程中其波剖面前缘变得愈来愈陡，最终形成冲击波(图 4.1)。当然，膨胀扰动的传播将形成弱间断的稀疏波。

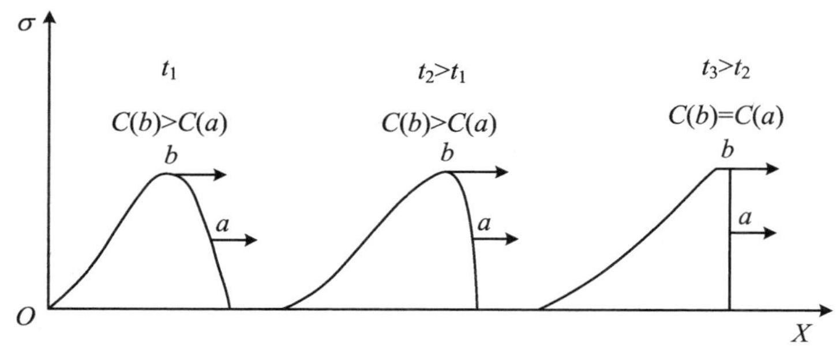

图 4.1　固体在高压中形成的冲击波

类似于气体动力学理论，固体中的冲击波波阵面上也必须满足如下质量守恒、动量守恒和能量守恒，即所谓的**冲击突跃条件**，或称为 **Rankine-Hugoniot 关系**(简称为 R-H 关系)。

在物质坐标(Lagrange 坐标)中考虑以物质波速 $\mathscr{D}=\dfrac{\mathrm{d}X}{\mathrm{d}t}$沿 X 轴方向传播的一维冲击波，这里 X 指波阵面在 t 时刻在物质坐标上的位置。站在波阵面上观察任一物理量 $\psi(X,t)$对时间的总变化率的话，即按随波微商有

$$\frac{\mathrm{d}\psi}{\mathrm{d}t}=\frac{\partial\psi}{\partial t}+\mathscr{D}\frac{\partial\psi}{\partial X} \tag{4.1}$$

把 ψ 在波阵面前方和后方的值分别记作 ψ^{+} 和 ψ^{-}，而把两者之差记作$[\psi]$

$$[\psi]=\psi^{-}-\psi^{+} \tag{4.2}$$

显然 ψ 在波阵面上连续时，$[\psi]=0$；间断时，$[\psi]\neq 0$，$[\psi]$即表示间断突跃值，对 ψ^{-} 和 ψ^{+} 分别应用式(4.1)，然后相减，得到

$$\frac{\mathrm{d}}{\mathrm{d}t}[\psi]=\left[\frac{\partial\psi}{\partial t}\right]+\mathscr{D}\left[\frac{\partial\psi}{\partial X}\right] \tag{4.3}$$

这就是著名的 **Maxwell 定理**。

现把 ψ 具体化为质点位移 $u(X,t)$。根据位移连续条件，波阵面两侧的位移必须相等，即必定有$[u]=0$，而它的一阶导数$\dfrac{\partial u}{\partial t}(=v)$和$\dfrac{\partial u}{\partial X}(=\varepsilon)$在冲击波波阵面两侧是不相等的，则由式(4.3)得

$$[v]=-\mathscr{D}[\varepsilon] \tag{4.4}$$

此即**冲击波波阵面上的质量守恒条件**。

再从动力学方面来考虑波阵面上各有关量之间所应满足的相容条件。

假设冲击波波阵面在 t 时刻位于 AB 位置(图 4.2)，经过 $\mathrm{d}t$ 时间后到达 $A'B'$位置，传播的距离 $\mathrm{d}X=\mathscr{D}\mathrm{d}t$，由 AB，$A'B'$间质点的动量守恒，得

$$(\sigma^{+}-\sigma^{-})A_0\mathrm{d}t=\rho_0A_0\mathrm{d}X(v^{-}-v^{+})$$

经简化后可得

$$[\sigma]=-\rho_0\mathscr{D}[v] \tag{4.5}$$

此即**冲击波波阵面上的动量守恒条件**。

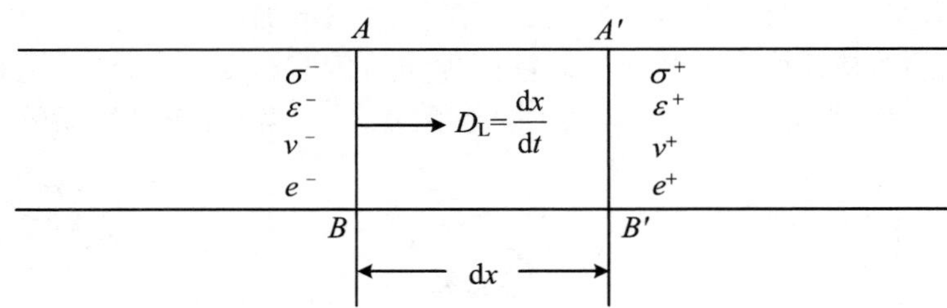

图 4.2　冲击过程微元体的状态变化

现在再来讨论一下冲击波波阵面上的能量守恒条件。考虑图 4.2 中 $ABA'B'$微元在 $\mathrm{d}t$ 时间内的能量变化，设 e 为单位质量中的内能，则有

$$(\sigma^{+}v^{+}-\sigma^{-}v^{-})A_0\mathrm{d}t=(e^{-}-e^{+})\rho_0A_0\mathrm{d}X+\frac{1}{2}[(v^{-})^2-(v^{+})^2]\rho_0A_0\mathrm{d}X$$

经简化后可得

$$[\sigma v] = -\rho_0 \mathscr{D}[e] - \frac{1}{2}\rho_0 \mathscr{D}[v^2] \tag{4.6}$$

此即**冲击波波阵面上的能量守恒条件**。

在以上及以后的讨论中，规定应力和应变均以拉为正，而质点速度以 X 轴向为正。

对于高压下的固体，按流体力学模型处理，在一维应变下习惯上把以上三式的 σ 改为 $-P$（压力），质点速度 v 改用 u 表示，比内能表示为 $E = \rho_0 e$，而将 ε 改为 $-\dfrac{V - V_0}{V_0}$，V_0 为初始比容，于是可得

$$[u] = -\rho_0 \mathscr{D}[V] \tag{4.7}$$

$$[P] = \rho_0 \mathscr{D}[u] \tag{4.8}$$

$$[E] = \frac{[Pu]}{\rho_0 \mathscr{D}} - \frac{1}{2}[u^2] = -\frac{1}{2}(P^- + P^+)[V] \tag{4.9}$$

此即高压下固体中一维应变冲击波的 **Lagrange 形式的冲击突跃条件**。

类似地，也可在空间坐标（Euler 坐标）中讨论同一问题，设平面冲击波以空间波速 D 沿空间坐标 x 轴方向传播（参见图 4.3）。注意到相对于波阵面而言的质点速度为 $(u - D)$，则按质量守恒条件，有

$$\rho^-(u^- - D) = \rho^+(u^+ - D)$$

或即

$$[\rho u] = D[\rho] \tag{4.10}$$

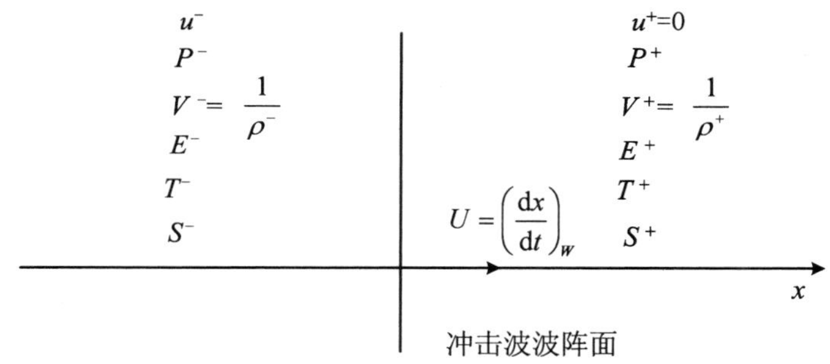

图 4.3　空间坐标中的冲击波波阵面

按动量守恒条件，有

$$\rho^- u^-(u^- - D) - \rho^+ u^+(u^+ - D) = P^+ - P^-$$

利用上述的质量守恒条件，并经简化后可得

$$[P] = \rho^+(D - u^+)[u] \tag{4.11}$$

按能量守恒条件，应有

$$\rho^-\left[\frac{1}{2}(u^-)^2 + E^-\right](u^- - D) - \rho^+\left[\frac{1}{2}(u^+)^2 + E^+\right](u^+ - D) = \rho^+ u^+ - \rho^- u^-$$

利用上述的质量守恒条件和动量守恒条件，并简化后可得

$$[E] = -\frac{1}{2}(P^- + P^+)[V] \tag{4.12}$$

式(4.10)、式(4.11)和式(4.12)就是一维应变平面冲击波的 **Euler 形式的冲击突跃条件**。

应该说明，以上两种形式的冲击突跃条件都是按右行波传播来推导的，对于左行波，则需要

将波速变号。

如果参考坐标系选为随冲击波前方的质点一起运动，则常常引入冲击波相对于其前方质点的**相对空间波速** U；设冲击波前方的质点速度为 u^+，U 与 Euler 波速 D 及 Lagrange 波速 $\mathscr{D}$ 之间的关系为

$$D = U + u^+ = \frac{V^+}{V_0}\mathscr{D} + u^+ \tag{4.13a}$$

此处 $V^+\left(=\frac{1}{\rho_0}\right)$是冲击波前方的比容。显然，由式(4.7)～式(4.12)不难推出，冲击波的物质波速 $\mathscr{D}$，相对空间波速 U 和绝对空间波速 D 分别可表示为

$$\mathscr{D} = V_0\sqrt{-\frac{[P]}{[V]}} \tag{4.13b}$$

$$U = V^+\sqrt{-\frac{[P]}{[V]}} \tag{4.13c}$$

$$D = u^+ + V^+\sqrt{-\frac{[P]}{[V]}} \tag{4.13d}$$

如果冲击波前方是未压缩的自然状态，即 $V^+ = V_0$，则 $U=\mathscr{D}$；如果再加上还是静止状态，即 $u^+=0$，则 $D=U=\mathscr{D}$。在这种情况下，这 3 种波速一致。

这样，由冲击突跃条件所包含的 3 个守恒条件，连同表征材料特性的一个内能型状态方程(2.63)，总共有 4 个方程。在给定的初始条件，即给定的冲击初态下，这 4 个方程中共包含 5 个未知量：表征冲击终态的 P，V(或 ρ)，u，E 和冲击波波速 $\mathscr{D}$(Lagrange 表述时)或 D(Euler 表述时)。一旦由边界条件给定其中的任一参量，就可由这 4 个方程确定其余 4 个参量了。因此，对于一定的材料(即内能型固体高压状态方程已知)，在给定的初始条件和边界条件下，平面冲击波传播问题是定解的。

如果不具体给出边界条件，则对于一定的平衡初态，冲击突跃条件连同内能型状态方程一起给出了它们所包含的 5 个未知参量中任意两参量间的关系，可以有 10 种形式，其中常用的有 P-V，P-u 和 $\mathscr{D}$-u 这 3 种形式。所有这 10 对冲击波参量间的关系式，均称为**冲击绝热关系**，当作图进行几何描述时又称为**冲击绝热线**，或称为 **Hugoniot 线**。

由于在冲击波波阵面上所发生的冲击突跃过程是一个非平衡的不可逆过程，因此冲击绝热线实际上只代表对于一定的平衡初态(称为 Hugoniot 线的心点)通过冲击突跃所可能达到的平衡终点的连线，而并不表示材料在这一冲击突跃过程中所经历的相继的状态点。它与等温过程中状态参量间的关系(等温线)以及等熵绝热过程中状态参量间的关系(等熵线)不同，后两种都是过程线。此外，既然 Hugoniot 线是对一定的平衡初态(心点)而言的，Hugoniot 线上的所有点都是相对于该心点的终态点，因此当初始态不同时，Hugoniot 线也是不同的。

1. 讨论 P-V 形式的 Hugoniot 线

图 4.4 给出了 P-V 形式的 Hugoniot 线。线上连接终态点与初态点的弦线 AB 具有特殊意义，称为 Rayleigh 线(弦)。由式(4.13b)知冲击波的物质波速 $\mathscr{D}$ 完全可由 Rayleigh 线的斜率$\left(=-\frac{[P]}{[V]}\right)$所确定。而对于稳定的冲击波，波阵面上的每一部分均以相同的波速传播，这就意味着冲击突跃所经历的各状态点的轨迹正是 Rayleigh 线，也就是说，Rayleigh 线才是冲击突跃的过程线。当然，在 Rayleigh 线上除了初始点和终态点是热力学平衡态外，其他各点都是非平衡态。

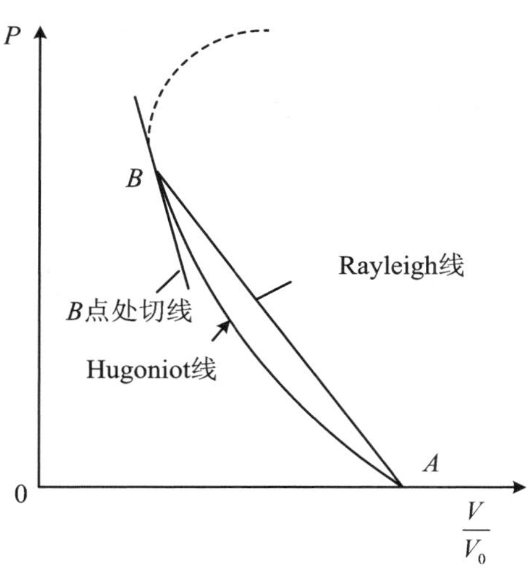

图 4.4　*P-V* 形式的 Hugoniot 线和 Rayleigh 线

冲击突跃是一个具有不可逆熵增的过程。可以证明，沿 P-V 形式的 Hugoniot 线，熵 S 是随压力 P 的增高而增加的。事实上，对式(4.9)微分，并以下标 0 表示初态，不带下标的表示终态，可得

$$\mathrm{d}E = \frac{1}{2}(V_0 - V)\mathrm{d}P - \frac{1}{2}(P + P_0)\mathrm{d}V$$

这表示 P-V 形式的 Hugoniot 线上相邻的两个可能终态之间应满足的微分关系。另一方面，由于终态是热力学平衡态，还应满足热力学第一、第二定律，即

$$\mathrm{d}E = T\mathrm{d}S - P\mathrm{d}V \tag{4.14}$$

从这两个式子中消去 $\mathrm{d}E$ 后可得

$$\begin{aligned} T\mathrm{d}S &= \frac{1}{2}(V_0 - V)\mathrm{d}P + \frac{1}{2}(P - P_0)\mathrm{d}V \\ &= \frac{1}{2}\left(1 - \frac{\dfrac{P - P_0}{V_0 - V}}{-\dfrac{\mathrm{d}P}{\mathrm{d}V}}\right)(V_0 - V)\mathrm{d}P \end{aligned} \tag{4.15}$$

参照图 4.4 可知，$\frac{P - P_0}{V_0 - V}$是 Rayleigh 线的斜率，而$-\frac{\mathrm{d}P}{\mathrm{d}V}$是$P$-$V$ 形式的 Hugoniot 线在终态点 B 处的斜率值。既然对于正常材料，其 P-V 形式的 Hugoniot 线凹向上，意味着

$$\frac{\dfrac{p - p_0}{V_0 - V}}{-\dfrac{\mathrm{d}p}{\mathrm{d}V}} < 1$$

因此式(4.15)表明，沿着 Hugoniot 线，熵随压力的增高而增加，即有

$$\frac{\mathrm{d}S}{\mathrm{d}P} > 0 \tag{4.16}$$

我们再来考察一下 P-V 形式的 Hugoniot 线与 P-V 等熵线以及 P-V 等温线间的某些关系，以了解它们之间的差异和相互关系。如果沿着 Hugoniot 线取导数，则可建立 P-V 形式 Hugoniot 线上的斜率$\frac{\mathrm{d}P}{\mathrm{d}V}$和$P$-$V$ 等熵线上的斜率$\left(\frac{\partial P}{\partial V}\right)_S$ 之间的关系

$$\frac{\mathrm{d}P}{\mathrm{d}V}=\left(\frac{\partial P}{\partial V}\right)_S+\left(\frac{\partial P}{\partial S}\right)_V\frac{\mathrm{d}S}{\mathrm{d}V} \tag{4.17}$$

其中,右式第二项中$\left(\frac{\partial P}{\partial S}\right)_V$为熵应力函数$\varphi_S$,由公式(2.60)、公式(2.59)和公式(2.54)可知

$$\varphi_S=\left(\frac{\partial P}{\partial S}\right)_V=K_S\alpha_S=\frac{K_T\alpha_T T}{C_V}>0$$

再注意到沿 Hugoniot 线的$\frac{\mathrm{d}S}{\mathrm{d}P}>0$[式(4.16)],这说明$\frac{\mathrm{d}S}{\mathrm{d}V}$与$\frac{\mathrm{d}P}{\mathrm{d}V}$同号并均为负值,因此有

$$\frac{\mathrm{d}P}{\mathrm{d}V}<\left(\frac{\partial P}{\partial V}\right)_S$$

或改写成

$$-\left(\frac{\mathrm{d}P}{\mathrm{d}V}\right)>-\left(\frac{\partial P}{\partial V}\right)_S$$

这意味着在 P-V 图上(参见图 4.5),Hugoniot 线 AB 在经过初态点 A 的等熵线 AS_1 的上方,而在经过终态点 B 的等熵线 BS_2 的下方。在图中由于 P-V 等熵线下的面积代表等熵过程中可恢复的内能变化(参见式 4.15),因此 Rayleigh 线 AB 与膨胀等熵线 BS_2 之间所包围的面积(图 4.5 中阴影线部分)正代表着冲击突跃过程中不可逆的能量耗散,它与式(4.16)所给出的不可逆熵增相对应。

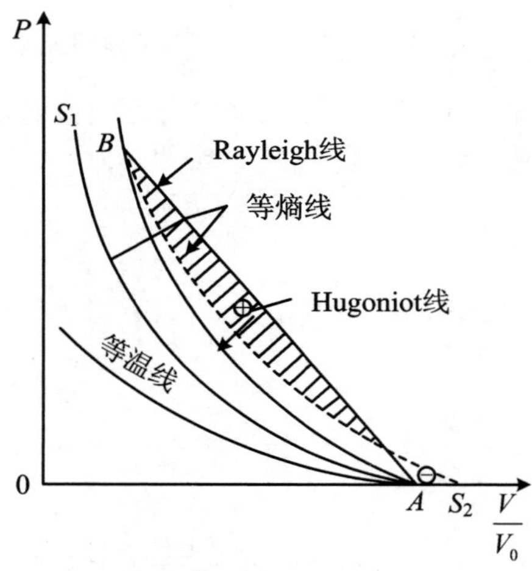

图 4.5 等熵线、等温线和 Hugoniot 线

至于 P-V 等熵线斜率$\left(\frac{\partial P}{\partial V}\right)_S$与 P-V 等温线斜率$\left(\frac{\partial P}{\partial V}\right)_T$之间,由 $P=P(V,T)$在等熵条件下对 V 求微商,可得

$$\left(\frac{\partial P}{\partial V}\right)_S=\left(\frac{\partial P}{\partial V}\right)_T+\left(\frac{\partial P}{\partial T}\right)_V\left(\frac{\partial T}{\partial V}\right)_S$$

其中,右式第二项中$\left(\frac{\partial P}{\partial T}\right)_V$为温度应力函数$\varphi_T$[式(2.38)],$\left(\frac{\partial T}{\partial V}\right)_S$为熵应力函数负值($-\varphi_S$)[式(2.31)],于是有

$$\left(\frac{\partial P}{\partial T}\right)_V\left(\frac{\partial T}{\partial V}\right)_S=-\varphi_T\varphi_S=-\frac{(K_T\alpha_T)^2T}{C_V}<0$$

由此可得

$$\left(\frac{\partial P}{\partial V}\right)_S < \left(\frac{\partial P}{\partial V}\right)_T$$

或改写成

$$-\left(\frac{\partial P}{\partial V}\right)_S > -\left(\frac{\partial P}{\partial V}\right)_T$$

这意味着在 P-V 图上(参见图 4.5),等熵线在等温线的上方。

在初态点 A 处($V=V_0$),由式(4.15)可知$\left.\frac{\mathrm{d}S}{\mathrm{d}V}\right|_A=0$,代入式(4.17)后可得

$$\left.\frac{\mathrm{d}P}{\mathrm{d}V}\right|_A = \left.\left(\frac{\partial P}{\partial V}\right)_S\right|_A \tag{4.18}$$

即在初态点 A 处 Hugoniot 线和等熵线的斜率相等。不仅如此,如果对式(4.17)进一步求导,经过演算后,不难证明

$$\left.\frac{\mathrm{d}^2 P}{\mathrm{d}V^2}\right|_A = \left.\left(\frac{\partial^2 P}{\partial V^2}\right)_S\right|_A \tag{4.19a}$$

$$\left.\frac{\mathrm{d}^3 P}{\mathrm{d}V^3}\right|_A \neq \left.\left(\frac{\partial^3 P}{\partial V^3}\right)_S\right|_A \tag{4.19b}$$

即在初态点 A 处,P-V 的 Hugoniot 线和 P-V 等熵线具有相同的斜率和曲率,直到考察它们的三阶导数时才有差别。这说明 P-V 等熵线十分靠近 P-V 的 Hugoniot 线。因此在压力 P 不太大时,我们可以用 P-V 等熵线近似代替 P-V 的 Hugoniot 线。

2. 讨论 P-u 形式的 Hugoniot 线

这条线反映了压力 P 和质点速度 u 之间的关系。由于在冲击波相互作用的界面上要求满足压力 P 和质点速度 u 都保持连续的条件,这种形式的 Hugoniot 线在处理两个冲击波的相互作用以及冲击波在不同介质中的反射和透射等问题时最为方便,在后面的讨论中将会进一步体会到这一点。

3. 讨论 D-u 形式的 Hugoniot 线

从冲击波的实验研究和测试技术的角度出发,速度量纲的参量如质点速度 u 和冲击波波速 D 等一般较容易直接测定,因为它们都可归结为对距离和相应的时间间隔的测量,是以目前的测试技术比较容易实现的,而动态条件下的压力、比容和温度等,则相对较难直接测量。因此,在 Hugoniot 线的实验测定以及通过 Hugoniot 线的测定对材料的高压状态方程所作的大量研究中,D-u 形式的 Hugoniot 线是最常用的。

通过对众多材料所进行的大量实验表明,在没有发生冲击相变的相当宽的实验压力范围内,U-u 形式的 Hugoniot 线常呈现出如图 4.6 所示的简单线性关系

$$U = a_0 + su \tag{4.20}$$

式中,a_0和 s 是材料常数。对于有些材料,例如铁,其实验测定的 U-u 形式的 Hugoniot 线偏离线性关系,则需要再添加一项 u 的二次项,即有

$$U = a_0 + su + qu^2 \tag{4.21}$$

式中,q 也是材料常数。

我们也可从 P-V 形式的 Hugoniot 线来讨论 D-u 之间的关系。

对 P-V 形式的 Hugoniot 线 $P_H(V)$在 V_0附近进行 Taylor 级数展开,有

$$P_H(V) = P_H(V_0) + \left.\frac{\mathrm{d}P_H}{\mathrm{d}V}\right|_{V_0}(V-V_0) + \frac{1}{2}\left.\frac{\mathrm{d}^2 P_H}{\mathrm{d}V^2}\right|_{V_0}(V-V_0)^2$$

$$+\frac{1}{6}\left.\frac{\mathrm{d}^3P_H}{\mathrm{d}V^3}\right|_{V_0}(V-V_0)^3+O(V-V_0)^4 \tag{4.22}$$

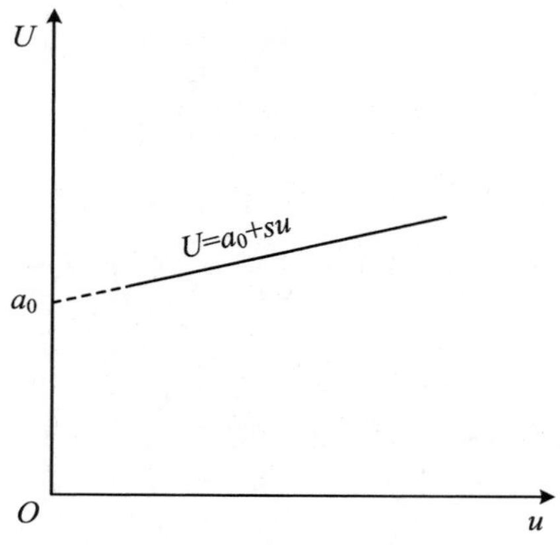

图 4.6　U-u 形式的 Hugoniot 线

式中，下标 H 代表 Hugoniot 线上的某一终态点。上式可改写为如下形式：

$$V_0^2\frac{P_H(V)-P_H(V_0)}{V_0-V}$$

$$=V_0^2\left(\frac{\mathrm{d}P_H}{\mathrm{d}V}\right)_{V_0}\left[1-\frac{1}{2}\left(\frac{\frac{\mathrm{d}^2P_H}{\mathrm{d}V^2}}{\frac{\mathrm{d}P_H}{\mathrm{d}V}}\right)_{V_0}(V_0-V)+\frac{1}{6}\left(\frac{\frac{\mathrm{d}^3P_H}{\mathrm{d}V^3}}{\frac{\mathrm{d}P_H}{\mathrm{d}V}}\right)_{V_0}(V_0-V)^2\right] \tag{4.23}$$

式中已略去了 $V-V_0$ 的四阶以上小量，另一方面由式(4.10)和式(4.11)可得

$$D-u_0=V_0\sqrt{\frac{P-P_0}{V_0-V}} \tag{4.24}$$

$$u-u_0=(V_0-V)\sqrt{\frac{P-P_0}{V_0-V}} \tag{4.25}$$

式中，P，P_0分别对应于 $P_H(V)$和 $P_H(V_0)$。式(4.24)其实就是式(4.13d)应用于 Hugoniot 线的结果。利用初态点 V_0处 Hugoniot 线斜率和等熵线斜率相等[式(4.18)]，可知初态点声速 c_0可由式(4.26)确定：

$$c_0^2=\left(\frac{\partial P}{\partial\rho}\right)_{V_0}=\left[V^2\left(-\frac{\partial P}{\partial V}\right)_S\right]_{V_0}=V_0^2\left(-\frac{\mathrm{d}P_H}{\mathrm{d}V}\right)_{V_0} \tag{4.26}$$

将以上结果(式 4.24～式 4.26)代入式(4.23)可得

$$(D-u_0)^2=c_0^2\left[1-\frac{V_0}{2}\left(\frac{\frac{\mathrm{d}^2P_H}{\mathrm{d}V^2}}{\frac{\mathrm{d}P_H}{\mathrm{d}V}}\right)_{V_0}\left(\frac{u-u_0}{D-u_0}\right)+\frac{V_0^2}{6}\left(\frac{\frac{\mathrm{d}^3P_H}{\mathrm{d}V^3}}{\frac{\mathrm{d}P_H}{\mathrm{d}V}}\right)_{V_0}\left(\frac{u-u_0}{D-u_0}\right)^2\right]$$

或

$$D-u_0=c_0(1+A)^{1/2} \tag{4.27a}$$

式中

$$A=-\frac{V_0}{2}\left(\frac{\frac{\mathrm{d}^2P_H}{\mathrm{d}V^2}}{\frac{\mathrm{d}P_H}{\mathrm{d}V}}\right)_{V_0}\left(\frac{u-u_0}{D-u_0}\right)+\frac{V_0^2}{6}\left(\frac{\frac{\mathrm{d}^3P_H}{\mathrm{d}V^3}}{\frac{\mathrm{d}P_H}{\mathrm{d}V}}\right)_{V_0}\left(\frac{u-u_0}{D-u_0}\right)^2 \tag{4.27b}$$

对式(4.27)作二项式展开,得

$$D - u_0 \approx c_0\left(1 + \frac{A}{2} - \frac{A^2}{8}\right)$$

把式(4.27b)的 A 代入上式,并保留到$\dfrac{u-u_0}{D-u_0}$的二次方项,可得

$$D - u_0 = c_0 + \left[-\frac{V_0}{4}\left(\frac{\dfrac{d^2P_H}{dV^2}}{\dfrac{dP_H}{dV}}\right)_{V_0}\frac{c_0}{D-u_0}\right](u-u_0) +$$

$$+\left\{\frac{1}{2c_0}\left[\frac{V_0^2}{6}\left(\frac{\dfrac{d^3P_H}{dV^3}}{\dfrac{dP_H}{dV}}\right)_{V_0} - \frac{V_0^2}{16}\left(\frac{\dfrac{d^2P_H}{dV^2}}{\dfrac{dP_H}{dV}}\right)_{V_0}^2\right]\left(\frac{c_0}{D-u_0}\right)^2\right\}(u-u_0)^2 \tag{4.28}$$

从式(4.28)可以看出,直接求解 $D-u_0=f(u-u_0)$的显函数形式很困难,它需要解一个($D-u_0$)的三次代数方程。下面采用的是迭代求解法。取一级近似值

$$D - u_0 \approx c_0$$

代入式(4.28)的右边,可得二级近似值

$$D - u_0 \approx c_0 + \lambda_0(u-u_0) + \lambda'_0(u-u_0)^2 \tag{4.29}$$

式中

$$\lambda_0 = -\frac{V_0}{4}\left(\frac{\dfrac{d^2P_H}{dv^2}}{\dfrac{dP_H}{dv}}\right)_{V_0}$$

$$\lambda'_0 = \frac{1}{2c_0}\left[\frac{V_0^2}{6}\left(\frac{\dfrac{d^3P_H}{dv^3}}{\dfrac{dP_H}{dv}}\right)_{V_0} - \lambda_0^2\right]$$

鉴于式(4.29)仍较复杂,故只取右边的前两项,即

$$D - u_0 \approx c_0 + \lambda_0(u-u_0)$$

作为二级近似值代入式(3.28)的右边,可得三级近似值

$$D - u_0 = c_0 + \lambda(u-u_0) + \lambda'(u-u_0)^2 \tag{4.30}$$

式中

$$\lambda = \lambda_0$$

$$\lambda' = \lambda'_0 - \frac{\lambda_0^2}{c_0} = \frac{1}{2c_0}\left[\left(\frac{\dfrac{d^3P_H}{dv^3}}{\dfrac{dP_H}{dv}}\right)_{V_0} - 3\lambda_0^2\right]$$

式(4.30)是个很有用的公式,它建立了冲击波波速 D 和波阵面后质点速度 u 之间的关系,并为实验结果所证实。

实验表明,$(u-u_0)$二次方项的系数 λ'的数值一般很小,因而在相当宽的压力范围内可以直接引用线性关系式

$$D - u_0 = c_0 + \lambda(u-u_0) \tag{4.31}$$

如果冲击波前方是静止($u_0=0$)且未压缩的($V^+=V_0$)的自然状态,则按照式(4.13a),则

式(4.31)又可进一步简化为

$$D = \mathscr{D} = U = c_0 + \lambda u \tag{4.32}$$

对于一些固体材料，线性关系式(4.31)可以适用到1～2 Mbar(1 Mbar= 0.1 TPa)，甚至更高的压力。F. E. Prieto 和 C. Renero(1970)提出，上述线性关系适用的压力上限大致为：纯元素 4 Mbar，合金 2 Mbar，无机化合物 0.4 Mbar，有机化合物 0.2 Mbar[4.1]。

按照式(4.13a)，式(4.31)左面即**相对空间波速** U，因而直接化为线性关系式(4.20)。由此可见式(4.20)中 a_0 的物理意义就是声速 c_0。另外，这一线性关系中斜率 λ，或即式(4.20)中的 s，与 Gruneisen 系数 γ_S 有直接的联系。如果冲击始态温度 T_0 为绝对零点，即可将 λ 的表达式直接和 γ_s 的公式比较，并有如下关系

$$\lambda = \frac{1}{2}(\gamma_s)_{0\mathrm{K}} + \frac{2}{3} \tag{4.33}$$

表 4.1 列出了一些材料的 c_0，λ 以及用热力学 γ_{th} 计算的 λ 值。结果表明，两者的一致程度是令人比较满意的。

当压力 P 更高时，线性关系式与实际情况会有明显差别的，这时必须采用式(4.30)。如果 $u_0 = 0$，该式可简化为

$$U = D = c_0 + \lambda u + \lambda' u^2 \tag{4.34}$$

此即式(4.21)。

表 4.1　一些材料的 c_0，λ 以及采用声波公式及热力学 γ_{th} 计算的 λ 值[4.2]

材料 \ 参数 \ 类别	密度 (g/cm³)	压力范围 (kbar)	实验数据*		计算数据**	
			声速 c_0 (cm/μs)	λ	声速 c_0 (cm/μs)	λ
钼	10.20	254～1 633	0.516	1.24	0.522	1.12
钽	16.46	272～547	0.337	1.16	0.350	1.21
钨	19.17	394～2 074	0.400	1.27	0.417	1.14
铝	2.79	20～4 930	0.525	1.39	0.520	1.42
钴	8.82	244～1 603	0.475	1.33	0.455	1.27
镍	8.86	235～9 560	0.465	1.45	0.461	1.27
铜	8.90	216～9 550	0.396	1.50	0.387	1.31
钯	11.95	263～372	0.379	1.92	0.393	1.45
银	10.49	216～4 010	0.324	1.59	0.307	1.53
铂	21.4	295～586	0.367	1.41	0.351	1.60
金	19.24	590～5 130	0.308	1.56	0.297	1.85
铅	11.34	390～7 300	0.203	1.58	0.196	1.70

注：* 表中的 c_0 和 λ 值是采用实验数据拟合式(4.32)得到的；

** 有关计算数据取自本书中表 2.1，声速计算公式 $c_0 = \sqrt{\dfrac{K_{\mathrm{T}}}{\rho_0}}$；$\lambda$ 值采用式(4.33)求得。

4.2　高压固体中冲击波的相互作用、反射和透射

在对固体高压状态方程进行动力学实验研究时，不可避免地要处理冲击波的入射、反射、透射以及冲击波的相互作用等问题，必须事先掌握这方面的基本原理。

处理冲击波相互作用问题的总原则是满足在波的相互作用界面处满足压力 P 和质点速度 u 均连续的要求。除此之外，还要注意以下两点（设入射冲击波为压缩波）：

① 反射波是进一步压缩加载的冲击波时，反射冲击波的终态点应该在以反射冲击波前方状态为初态点即新的心点的 Hugoniot 线上，而不是落在以入射冲击波的初态为心点的 Hugoniot 线上。

② 当反射波是膨胀卸载的稀疏波时，则其状态由卸载等熵线所确定，即稀疏波通过时，介质所经历的各个状态都落在以入射冲击波终态点为起点的等熵膨胀线上。

当然，只要状态方程已知，经任一点的 Hugoniot 线和等熵线都是确定的。实际上，只要知道材料的 Gruneisen 系数 $\gamma(V)$，就不难由一条已知的 Hugoniot 线来确定以该 Hugoniot 线上任一点为新的心点的 Hugoniot 线或等熵线（参见图 4.7）。确定方法如下：

设点 0 是入射冲击波的初态点，点 1 是入射冲击波的终态点，同时也是反射冲击波的初始点[图 4.7(a)]。对于反射冲击波 Hugoniot 线上任一点 2 应满足冲击波波阵面上的能量守恒条件式(4.9)，即有

$$E_2 = E_1 + \frac{1}{2}(P_2 + P_1)(V_1 - V_2) \tag{4.35a}$$

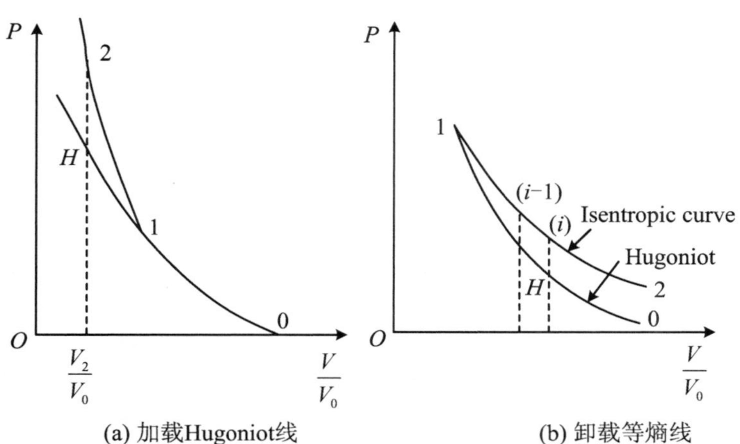

(a) 加载Hugoniot线　　(b) 卸载等熵线

图 4.7　加载 Hugoniot 线和卸载等熵线的确定

同时，点 2 以及原 Hugoniot 线上的点 H 都应满足 Gruneisen 方程(2.67b)，因而有

$$E_2 = E_H + \frac{P_2 - P_H}{\left(\frac{\gamma}{V}\right)_2} \tag{4.35b}$$

式中下标 2 和 H 表示相应点 2 和 H 上的值。由以上两式消去 E_2后可得

$$E_1 - E_H = \frac{P_2 - P_u}{\left(\frac{\gamma}{V}\right)_i} - \frac{1}{2}(P_2 + P_1)(V_1 - V_2) \tag{4.36}$$

另一方面,点 1 和 H 都是以 0 为心点的原 Hugoniot 线上的点,按式(4.9)应分别满足:

$$E_1 - E_0 = \frac{1}{2}(P_1 + P_0)(V_0 - V_1)$$

$$E_H - E_0 = \frac{1}{2}(P_H + P_0)(V_0 - V_2)$$

由以上两式消去 E_0后可得

$$E_1 - E_H = \frac{1}{2}(P_1 + P_0)(V_0 - V_1) - \frac{1}{2}(P_H + P_0)(V_0 - V_2) \tag{4.37}$$

然后由式(4.36)和式(4.37)消去$(E_1 - E_H)$,并设 $P_0 = 0$,则可得

$$P_2 = \frac{P_H - \left(\frac{\gamma}{V}\right)_2 \frac{(P_H - P_1)(V_0 - V_2)}{2}}{1 - \left(\frac{\gamma}{V}\right)_2 \frac{V_1 - V_2}{2}} \tag{4.38}$$

这就是处理反射冲击波时所需的以点 1 为心点的 P-V 形式的 Hugoniot 线。

经点 1 的等熵线则可这样来确定(图 4.7b):由于沿等熵线 $\mathrm{d}S = 0$,因而由热力学定律式(4.14)知应有

$$\mathrm{d}E = -P\mathrm{d}V$$

或者写成差分形式,有

$$E_i = E_{i-1} - \frac{1}{2}(P_i - P_{i-1})\Delta V \tag{4.39}$$

另一方面,由于点 1 以及原 Hugoniot 线上具有相同比容 V_i 的 H 点都应满足 Gruneisen 方程(2.67b),因而有

$$E_i = E_H + \frac{P_i - P_H}{\left(\frac{\gamma}{V}\right)_i} \tag{3.40}$$

由以上两式消去 E_i 后可得

$$P_i = \frac{P_H - \left(\frac{\gamma}{V}\right)_i\left(P_{i-1} \cdot \frac{\Delta V}{2} + E_H - E_{i-1}\right)}{1 + \left(\frac{\gamma}{V}\right)_i \cdot \frac{\Delta V}{2}} \tag{4.41}$$

这样就可用数值解法由$(i-1)$点求出 i 点,并逐点地确定整条等熵膨胀线 1-2。

在掌握了如何确定反射冲击波的 Hugoniot 线和反射卸载波的等熵膨胀线后,就不难处理冲击波的相互作用以及反射和透射等问题。如前述及,这类问题在 P-u 平面上处理较为方便。下面我们以冲击波在两不同介质的界面上的反射和透射为例加以说明。

先讨论压力幅值为 P_1的平面冲击波 $\mathscr{D}_\mathrm{i}$由较低冲击波波阻抗材料 A 中右行传播并正入射到较高冲击波阻抗材料 B 中去的情况[参见图 4.8(a)]。设两材料原来都处于未扰动状态,对应于(P,u)图中 0 点。由冲击波波阵面上的动量守恒条件式(4.8)知,材料 A 的 P-u 形式的 Hugoniot 线上连接初态点 0 和终态点 1 的 Rayleigh 线之斜率恰好等于材料 A 的冲击波波阻抗$(\rho_0\mathscr{D})_\mathrm{A}$。入射冲击波到达两材料的界面时由于冲击波波阻抗的不同将发生反射和透射。既然材料 B 的冲击波波阻抗$(\rho_0\mathscr{D})_\mathrm{B}$ 高于材料 A 的冲击波波阻抗$(\rho_0\mathscr{D})_\mathrm{A}$,故反射波 $\mathscr{D}_\mathrm{r}$ 应是使材

料 A 从状态 1 进一步压缩加载到状态 2 的冲击波，而透射波 S_t 则是使材料 B 从未扰动状态 0 压缩加载到状态 2 的冲击波。根据在界面上 P 和 u 均应分别保持连续的要求，并注意到 R-H 关系用于左行波时 $\mathscr{D}$ 应变号，则点 2 应是 B 材料以 0 为心点的正向 Hugoniot 线与材料 A 以 1 为心点的负向 Hugoniot 线的交点。显然，透射冲击波 $\mathscr{D}_t$ 的强度高于入射冲击波 $\mathscr{D}_i$ 的强度。例如，当压力幅值为 24 GPa 的冲击波从冲击波波阻抗较低的铝中传入到冲击波波阻抗较高的铁中去时，透射冲击波的压力幅值将达到约 34 GPa。

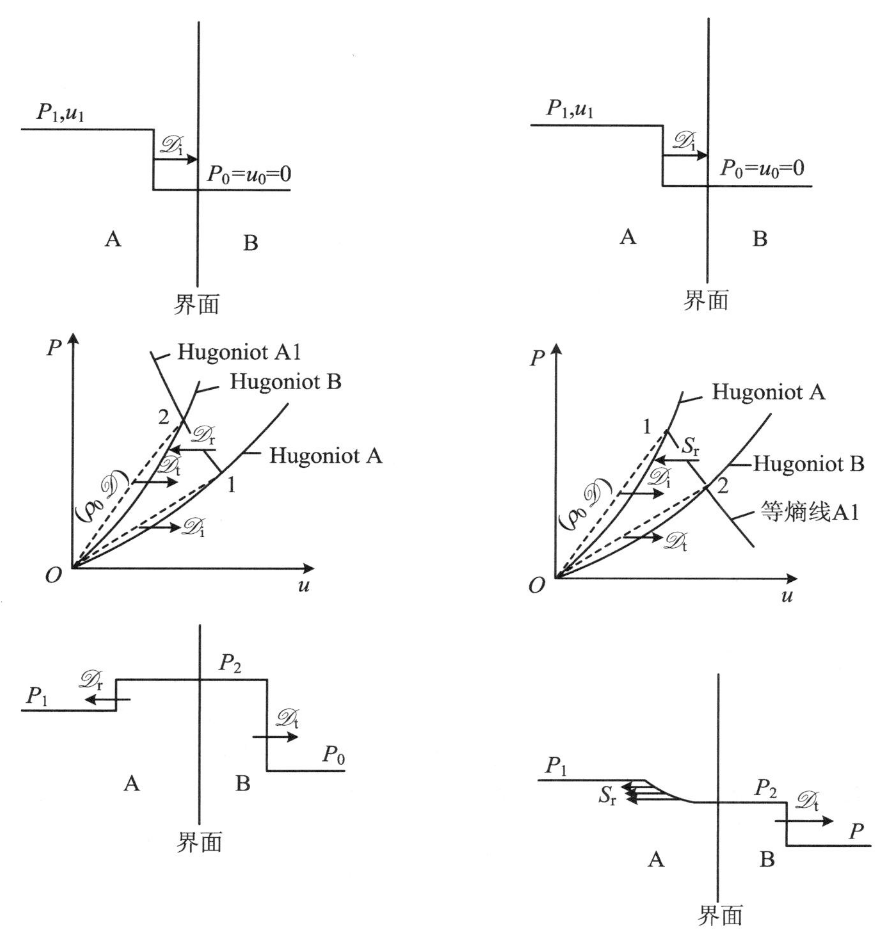

(a) 由低阻抗入射到高阻抗　　(b) 由高阻抗入射到低阻抗

图 4.8　冲击波的反射和透射

现在再来讨论压力幅值为 P_1 的平面冲击波 S_i 由较高冲击波波阻抗材料 A 右行传播并正入射到较低冲击波波阻抗材料 B 中去的情况[参见图 4.8(b)]。类似于前面的讨论，不难得出结论，这时在两材料的界面上将发生卸载反射，即反射波 S_r 是使材料 A 从状态 1 卸载到状态 2 的稀疏膨胀波，而透射波 S_t 则是使材料 B 从未扰动状态 0 加载到状态 2 的冲击波。点 2 应是材料经点 1 的负向等熵线与 B 材料以 0 为心点的正向 Hugoniot 线的交点。显然透射波 S_t 的强度低于入射波 S_i 的强度。例如，当压力幅值为 24 GPa 的冲击波由从较高冲击波波阻抗的铝中传入到较低冲击波阻抗的聚乙烯中去时，透射冲击波的压力幅值约 9.5 GPa。

图 4.9 给出了几种常用材料的正向 Hugoniot 线以及 3 种炸药的 3 条负向曲线。这 3 条负

向曲线上各有一个黑点,它是这3种炸药材料的C-J(Chapman-Jouget)爆轰状态点。该黑点既是该炸药材料Hugoniot线(曲线的上升部分)的初态点,又是该炸药材料等熵线(曲线的下降部分)的初态点。这正、负两族曲线的交点确定了对应的炸药爆轰波正入射到相关材料中去时所产生的冲击波强度。交点如果在C-J点的上方,反射到爆轰产物中去的是冲击波;反之,交点如在C-J点的下方,反射的则是稀疏波。

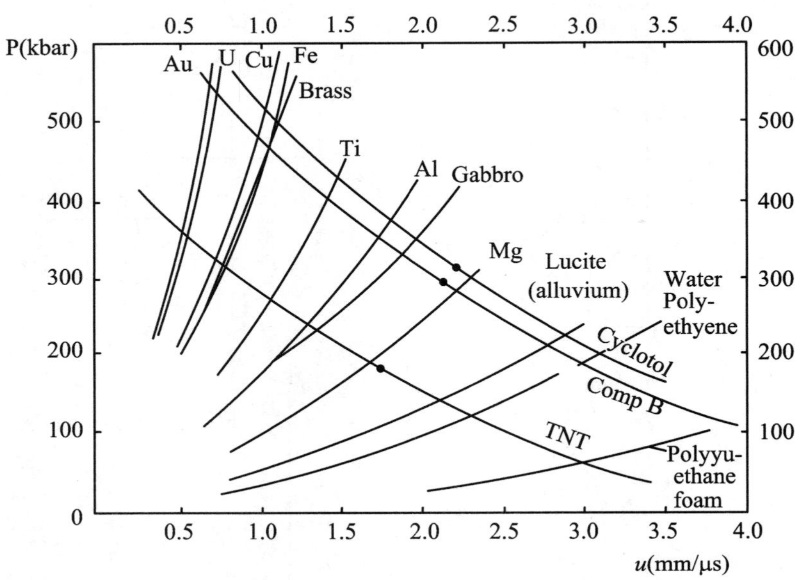

图4.9 几种常用材料的正向Hugoniot线和炸药的负向Hugoniot线和负向等熵线[4.3]

冲击波在刚壁处的加载反射和在自由表面处的卸载反射可以看做透射介质的冲击波阻抗分别为∞和0时的特例。由于Hugoniot线和等熵线不相同,不同初态点的Hugoniot线也各不相同,因此与弹性波中的情况不同。冲击波在刚壁反射时,反射后的压力波幅不再是入射波幅的两倍;在自由面反射时,反射后的质点速度也不再是入射波的两倍。

对于非多孔性固体材料,特别是金属材料,在压力不太高时(例如对于金属在10 GPa量级的压力下),Hugoniot线和等熵线的差别常常可以忽略不计,这相当于冲击突跃引起的熵增可以忽略不计的所谓弱冲击波的情况。这时反射冲击波的Hugoniot线和反射稀疏波的等熵线都可近似取入射冲击波Hugoniot线对于经入射波终态点(点1)所作垂线 ab 的镜像(图4.10)。于是整个问题的处理就较简单,而冲击波在刚壁或自由表面反射时的结果就和弹性波中所得的结果一致。

应该注意,对于弹性波,声阻抗 $\rho_0 c_0$ 是恒值,而对于冲击波,波阻抗 $\rho_0 \mathscr{D}$ 则是随压力变化而变化的,因此两材料的冲击波波阻抗的相对高低也是随压力变化而变化的。甚至可能出现这样的情况:在某个临界压力 P_K 以下,A材料的冲击波波阻抗高于B材料的,而当 $P>P_K$ 时,则反过来A材料的冲击波波阻抗又低于B材料(图4.11),P_K 是两种材料同向Hugoniot线的交点。

作为一个实例,最后我们用平面冲击波近似地代替球面波来分析一下散布液体的爆炸装置(例如云爆弹)的爆炸膨胀过程(Duvall, 1971)[4.4]。图4.12给出了爆炸装置的示意图,其中心部分是炸药E,在炸药与要散布的液体B之间用内壳A隔开,然后一起封装在外层C之中。

设已知 $(\rho_0\mathscr{D})_E>(\rho_0\mathscr{D})_A>(\rho_0\mathscr{D})_B$,$(\rho_0\mathscr{D})_B<(\rho_0\mathscr{D})_C$,爆炸过程中,首先如图4.13所示,当

以状态点 1 表示的爆轰波传播到壳体 A 时，将发生卸载反射，其状态对应于点 2。接着，A 中的透射冲击波在到达 A 和 B 的界面时，又将发生卸载反射，其状态对应于点 3。但当反射波回到 E 和 A 的界面时，则将发生加载反射，其状态对应于点 4。依次类推，在内壳 A 中将来回反射左行稀疏波和右行冲击波，分别对应于负向等熵线 2-3，4-5 等和正向 Hugoniot 线 3-4，5-6 等；而在液体中则透射一系列右行冲击波，对应于正向 Hugoniot 线 0-3，3-5，5-7。

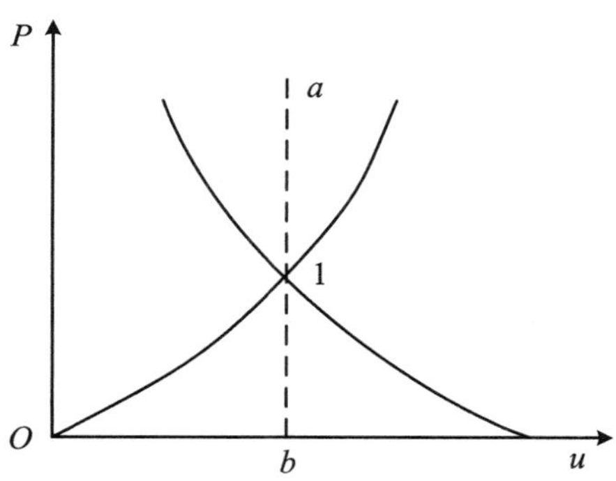

图 4.10　弱冲击波反射的近似处理

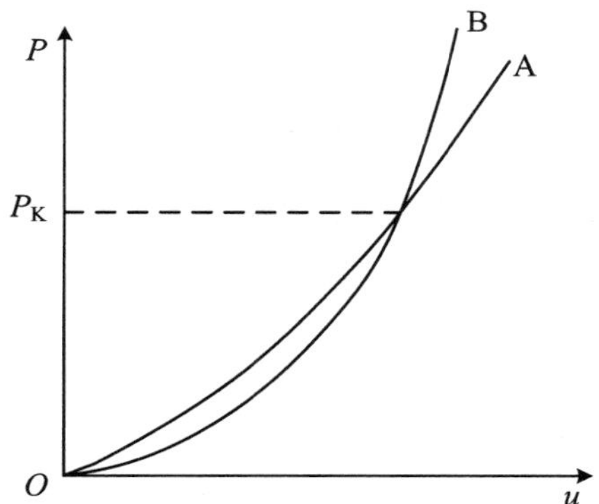

图 4.11　冲击波的波阻抗变化

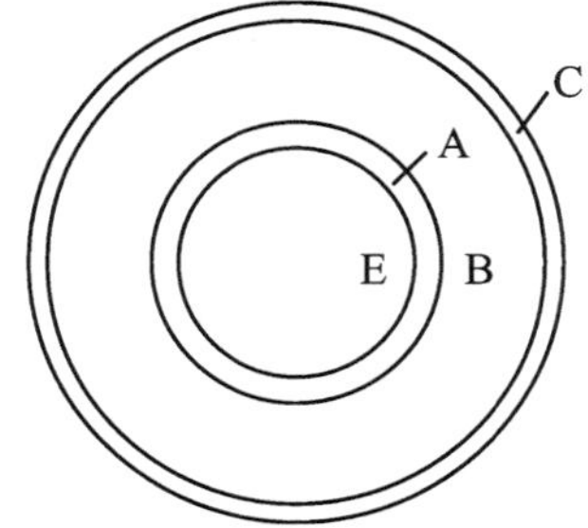

图 4.12　云爆弹爆炸装置示意图

其次，如图 4.14 所示，当 B 中的透射冲击波传到外壳 C 时，由于 $(\rho_0\mathscr{D})_B<(\rho_0\mathscr{D})_C$，将发生加载反射，对应于负向 Hugoniot 线 1-2。接着，C 中的透射冲击波在到达自由面时将发生卸载反射，对应于负向等熵线 2-3，意味着外壳向外膨胀的质点速度增大。但当反射波回到 B 和 C 的界面时，将反射右行冲击波，对应于正向 Hugoniot 线 3-4。于是在外壳 C 中也将来回反射左

行稀疏波和右行冲击波,分别对应于负向等熵线4-5,6-7等和正向Hugoniot线5-6,7-8等;并且每在自由表面反射一次,外壳向外膨胀速度就增加一次,对应于状态点3,5,7…。结果,外壳不断向外加速膨胀,直至破坏,而液体B则被散布成雾滴,其散布体积可达原来液体体积的千倍数量级。

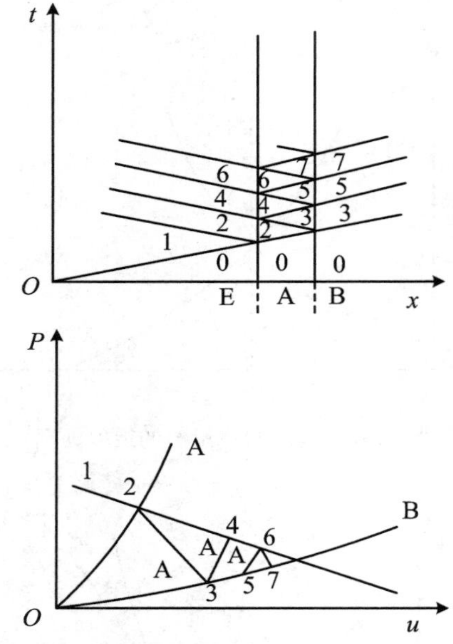

图4.13 云爆弹爆炸波在内壳A与液体B间的传播

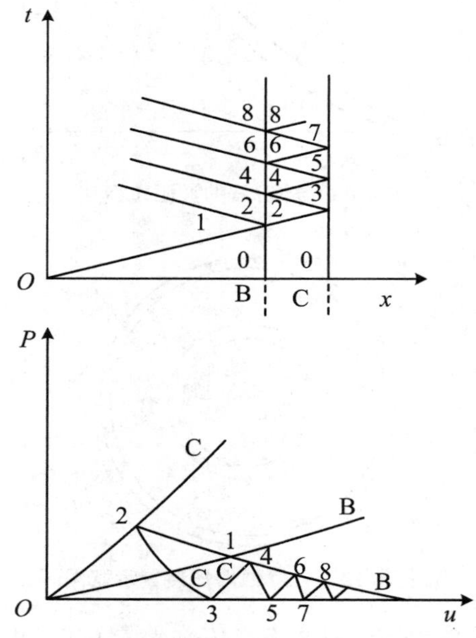

图4.14 云爆弹爆炸波在液体B与外壳C间的传播

4.3 冲击波高压技术

为了开展固体高压状态方程的实验研究，必须要具备能够产生不同高压范围的实验装置和动态测试实验技术。动态测试实验技术在其他课程中另有详细阐述，本节主要介绍高压实验技术。

在实验室内产生高压的技术可以分为两类：静高压技术和动高压技术。用静高压技术实现高压的难度大，而且目前所能够达到的最高压力仅为 10^2 GPa。动高压技术则可以比较容易地获得各种档次的高压(图 4.15)，因此这一技术获得了广泛的应用。

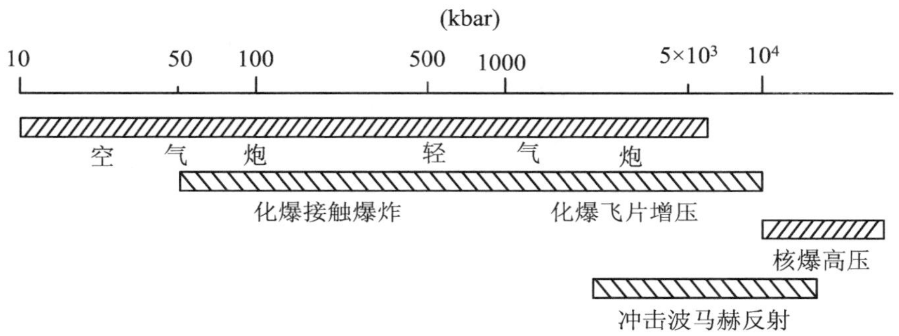

图 4.15 各种冲击波高压方法覆盖的压力范围[4.5]

在用动高压技术或者说用冲击压缩技术研究固体高压状态方程时，对所用的高压装置有两个基本要求：第一，压力是可调的，有比较宽的压力范围，以便进行由低压到高压的冲击绝热线的实验测量；第二，所产生的冲击波要有一定的平面度，因为分析一维压缩数据在理论上比较简单，因此我们这儿讨论的动高压技术还有其特殊的要求。

目前，技术上成熟并被广泛采用的动高压技术主要有化爆高压技术和压气炮高压技术，对于更高压力区的工作，目前主要依靠核爆高压技术解决；同时，激光产生高压[4.6]、电炮[4.7]、轨道炮[4.8]和离子束打靶[4.9]等非核爆高压技术，近年来也取得了很大的进展。下面主要讨论广泛采用的化爆高压技术和压气炮高压技术。

化学炸药具有很高的化学反应释放能和很快的反应速度，因而成为一种最常用的高压冲击波能源。利用化爆技术可产生几个 GPa 到几十个 GPa 的高压。在物态方程测量研究中，所采用的化爆高压装置主要是平面波发生器，它的作用是把点起爆的散心爆轰波调整成平面爆轰波，以便对被测样品进行一维应变的冲击压缩。平面波发生器的外形及内部结构如图 4.16[4.10] 所示。按照它的设计原理，可称它为平面波透镜，或称为一种爆轰波波形的调整控制器。常用的平面波发生器的底径为 Ø100 mm 及 Ø200 mm，个别情况下可以为 Ø300 mm。利用平面波发生器获得的平面冲击波的波形质量还是很高的，实测表明，底径为 Ø200 mm 的平面波发生器产生的波形不平度不超过 1 mm。

化爆高压技术中的一种最简单的方法是把样品与炸药直接接触，具体结构如图 4.17[4.11] 所示。由平面波发生器产生的稳定爆轰波(处于 C-J 爆轰状态)在炸药和样品(基板)界面处将发

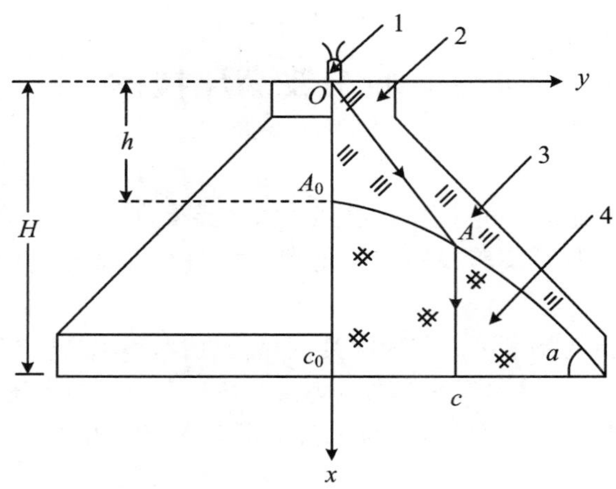

图 4.16 炸药平面波透镜示意图

生反射和透射。根据上一节中的讨论,视样品(基板)材料的不同,反射波可以是冲击波(当样品的冲击波波阻抗大于炸药时),也可以是稀疏波(当样品的冲击波波阻抗小于炸药时);相应地,透射冲击波的强度可以是进一步增强,也可以是有所削弱。一般说来,致密材料或高密度材料有较高的冲击波波阻抗,多孔材料或低密度材料的冲击波波阻抗则较低。铝、铁、钨 3 种材料分别代表了金属中典型的低冲击波波阻抗材料、中等冲击波波阻抗材料和高冲击波波阻抗材料。它们与 4 种常用炸药接触爆炸时所产生的冲击压力分别如表 4.2[4.12] 所示。可以看出,用接触爆炸方法产生的最高冲击压力不超过 80 GPa。

表 4.2 接触爆炸时几种典型材料中的冲击压力(kbar/0.1 GPa)

样品材料	TNT	RDX（黑索金）	$\frac{\text{RDX}}{\text{TNT}}\left(\frac{60}{40}\right)$	HMX（奥克托金）
铝	260	380	330	420
铁	310	490	430	550
钨	380	670	570	760

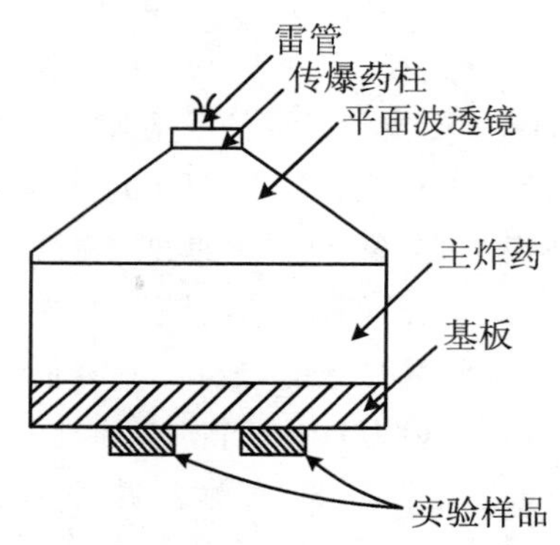

图 4.17 接触爆炸装置示意图

为了获得更高的冲击压力,可采用飞片增压技术,这种装置的结构如图 4.18[4.13] 所示。它的基本原理是:用一个平面波发生器加速一块薄的飞片,该飞片在爆轰产物推动下,经过适当长的飞行距离,充分吸收了由爆轰产物提供的能量,并以很高的速度撞击静止靶(样品),从而在靶体中产生一个很高的压缩冲击波,对靶样品进行冲击压缩。靶体中的冲击波波形(幅值、宽度等)主要决定于飞片厚度、飞片速度以及飞片和靶材料的物理性质。

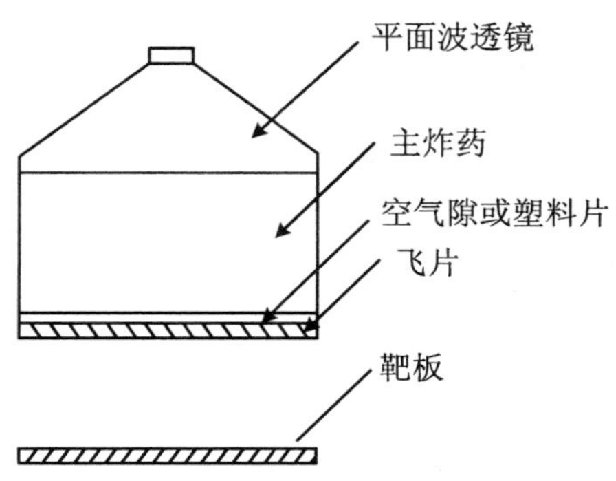

图 4.18　飞片增压装置示意图

飞片在飞行过程中不断被加速的机理如图 4.19 所示。当爆轰波冲击飞片时,使飞片达到冲击状态 1,飞片中冲击波在自由面上被反射成稀疏波,使飞片自由面达到状态 2;这个稀疏波到达飞片后界面时,将反射压缩波,使飞片达到状态 3;这个压缩波到达飞片自由面时又要反射稀疏波,使飞片进一步加速,达到状态 4,以此类推,直到飞片达到其极限速度 u_{max} 为止,这时飞片内部的压力降为零。

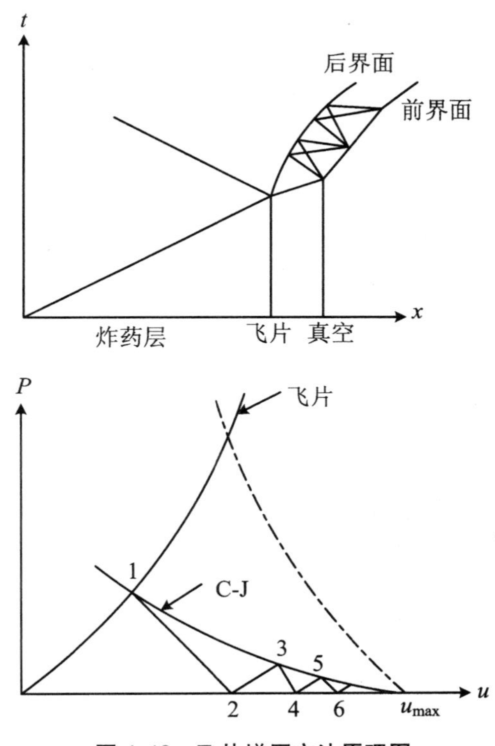

图 4.19　飞片增压方法原理图

图 4.19 表示的是一种理想情况，它是针对无限薄片而言的。实际情况是，飞片具有一定厚度，波在飞片中的往返传播需要一定时间，因此飞片的前、后界面的速度是不同的。但是值得指出的是，当飞片接近它的极限速度时，飞片内的压力已接近于零，飞片的密度也已接近于初始密度，飞片的能量已主要是动能了，因而此时我们可以把飞片材料当做不可压缩模型（刚体）来处理。于是，按牛顿第二定律，飞片的速度 $u\left(=\frac{\mathrm{d}x}{\mathrm{d}t}\right)$满足如下的运动方程

$$M\frac{\mathrm{d}u}{\mathrm{d}t}=SP \tag{4.42a}$$

式中，M 为飞片质量，S 为飞片横截面积，P 为飞片后界面上作用的爆轰压力。

由爆轰理论知爆轰压力依赖于爆轰波波速 D_Z、声速 C_Z 和装药初始密度 ρ_0，即有

$$P=\frac{16}{27}\cdot\rho_0\frac{C_Z^3}{D_Z} \tag{4.42b}$$

把上式代入式(4.42a)后得到

$$\frac{\mathrm{d}u}{\mathrm{d}t}=\frac{\eta_Z C_Z^3}{lD_Z} \tag{4.42c}$$

式中，l 为装药长度，$\eta_Z=\frac{16m}{27M}$，m 为装药质量。进一步假设：

① 爆轰波自飞片后界面反射的冲击波是弱击波；

② 爆轰产物物态方程的绝热指数 γ 的数值近似地取为 3。

则空间坐标中描述爆轰产物波传播的特征线方程可表述为如下线性方程：

$$x=(u+C_Z)t \tag{4.42d}$$

对上式微分后可得

$$\frac{\mathrm{d}x}{\mathrm{d}t}=u+C_Z+t\frac{\mathrm{d}u}{\mathrm{d}t}+t\frac{\mathrm{d}C_Z}{\mathrm{d}t} \tag{4.42e}$$

此式同时满足特征线和边界条件。利用在边界上$\frac{\mathrm{d}x}{\mathrm{d}t}=u$，代入式(4.42e)，再与式(4.42c)消去$\frac{\mathrm{d}u}{\mathrm{d}t}$，可得

$$\frac{\mathrm{d}C_Z}{\mathrm{d}t}+\frac{C_Z}{t}+\frac{\eta_Z C_Z^3}{lD_Z}=0 \tag{4.42f}$$

由此可以解得

$$C_Z=\frac{l}{t}\theta \tag{4.42g}$$

$$\theta=\left[1-2\eta_Z\left(1-\frac{l}{D_Z t}\right)^{-1/2}\right] \tag{4.42h}$$

另一方面，把边界方程$\frac{\mathrm{d}x}{\mathrm{d}t}=u$ 与特征线方程(4.42d)联立，得

$$\frac{\mathrm{d}x}{\mathrm{d}t}=u=\frac{x-C_Z}{t}$$

把式(4.42g)代入上式，积分后可得

$$x=D_Z t\left(1+\frac{\theta-1}{\eta_Z\theta}\right) \tag{4.42i}$$

上式描述了飞片运动距离随时间变化的规律。再由 $u=\frac{\mathrm{d}x}{\mathrm{d}t}$，最后可得飞片速度 u 随时间 t 的

变化关系为

$$u = D_Z\left(1 + \frac{\theta - 1}{\eta_Z \theta} - \frac{l\theta}{D_Z t}\right) \tag{4.42j}$$

利用不可压缩模型计算的飞片速度变化曲线在图 4.20 中用虚线表示。由图可见，这一模型得到的结果在近处与实际情况（可压缩模型）有较大差别，但在远处，这种差别不大。因此，我们可以用不可压缩模型来估算飞片在接近其极限速度时的运动规律。

在式(4.42j)中取 $t \to \infty$，就得到飞片的极限速度 $u_{\max}$：

$$u_{\max} = D_Z\left(1 + \frac{1}{\eta_Z} - \sqrt{\frac{2}{\eta_Z} + \frac{1}{\eta_Z^2}}\right) \tag{4.43}$$

这时，飞片单位体积的能量密度为 $\rho_0 u_{\max}^2$。

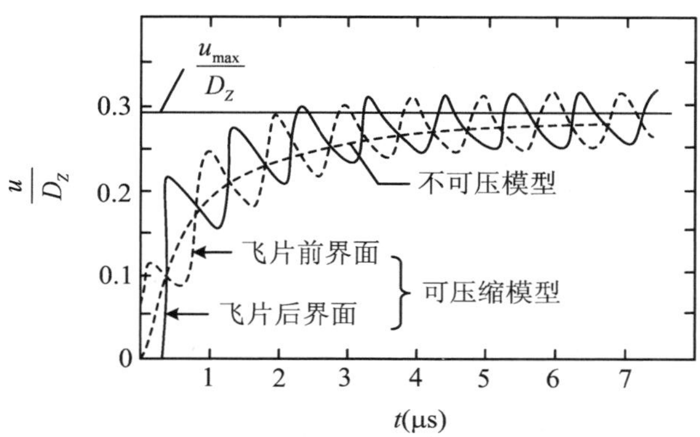

图 4.20　飞片速度-时间曲线

当飞片击靶时，靶中压力 P 大致为

$$P \propto \rho_0 u_{\max}^2 \tag{4.44}$$

由此可见，要提高靶中冲击压力，必须增高飞片速度，或者选用较高密度的飞片材料。一般说来，在同种炸药的情况下，对于中等冲击波波阻抗的材料，用飞片技术在靶中产生的冲击压力与接触爆炸相比，可以提高 3 倍左右。

化爆高压装置也有其自身固有的缺陷：第一，压力幅值难以精确控制；第二，压力范围不够宽广，特别是低压部分，通常能获得的低压在 20 GPa 左右，即使采取一些补充措施，也只能降低到 5 GPa 左右；第三，炸药爆炸自身固有的弊病。

为了克服上述弊病，从 20 世纪 60 年代开始，人们广泛地利用压气炮驱动飞片，并获得满意结果。与化爆高压装置相比，压气炮具有弹丸（飞片）速度可以控制、飞行平稳、数据重复性好以及测量结果精度高等优点。在压气炮中，单级气炮可将冲击压力延伸到化爆装置达不到的低压区，二级轻气炮则可将冲击压力提高到可与化爆装置相比拟的高压区。

单级气炮根据开启方式不同分为活塞式的和膜片式的，具体结构分别如图 4.21[4.14]、图 4.22[4.15]所示。单级气炮的口径通常为 2.5～6 英寸（63.5～152.4 mm），口径大些，则样品也可大些、厚些，观察时间也可长些。弹丸由弹托及飞片组成，为提高弹丸速度应尽量减轻弹托重量，此外也可以提高工作气体的压力、加长炮管长度以及改用低密度的工作气体。为了消除空气对弹丸加速以及飞片与靶板碰撞的影响，炮管和靶室内必须抽成真空。单级气炮能够达到的最高速度约为 1 500 m/s。

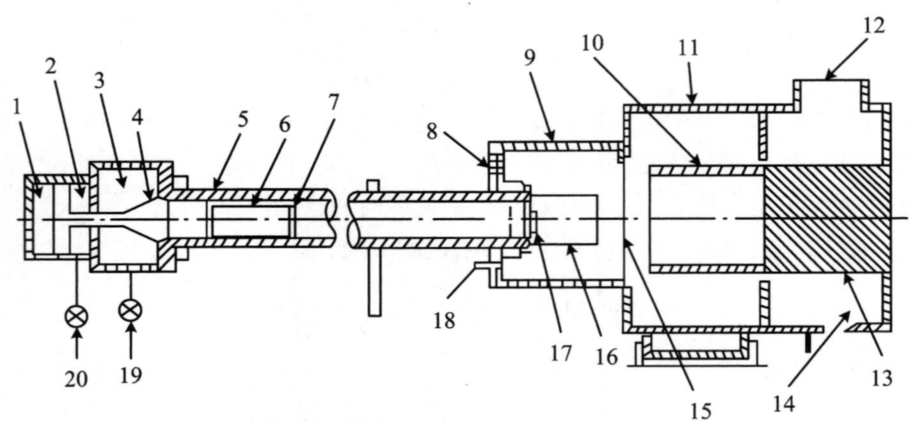

图 4.21 活塞式压缩气体炮装置示意图

1-炮后室;2-点火室;3-高压室;4-活塞头;5-铝膜;6-弹托;7-飞片;8-电缆孔;9-靶室;10-样品回收箱;11-外罩;12-清洗排污孔;13-重块;14-膨胀室;15-迈勒膜;16-光学观察孔;17-样品;18-抽真空管;19-高压进气管;20-点火高压排气孔

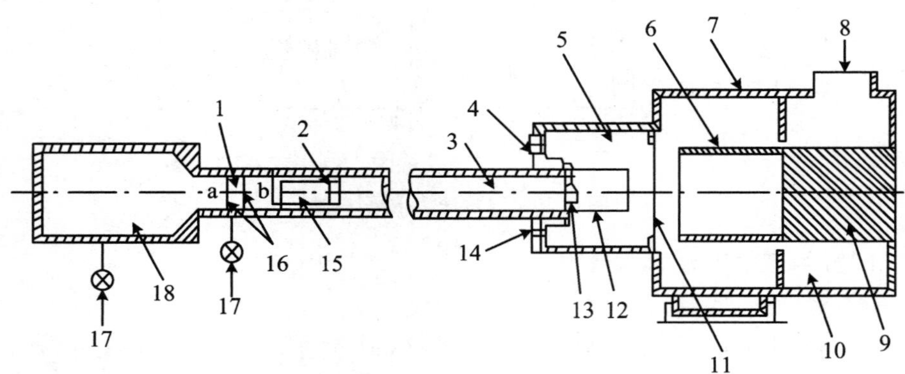

图 4.22 夹膜式压缩气体炮装置示意图

1-双膜段;2-密封圈;3-发射管;4-电缆孔;5-靶室;6-样品回收箱;7-外罩;8-清洗排污孔;9-重块;10-膨胀室;11-迈勒膜;12-光学观察孔;13-样品;14-抽真空管;15-弹丸;16-双膜片 a,b;17-高压进气管;18-高压室

二级轻气炮(图 4.23)[4.16]和单级气炮之间并无本质的差别,它们都是通过压缩气体推动弹丸运动的,所不同的是前者由火药室和泵管组成了一个高压耦合器,以代替单级气炮的高压容器。由于泵管压力比高压容器的压力高 1~2 个数量级,因此所得的弹丸速度也远大于单级气炮的速度。表 4.3 给出了几种典型的高压气体炮及其弹丸速度。

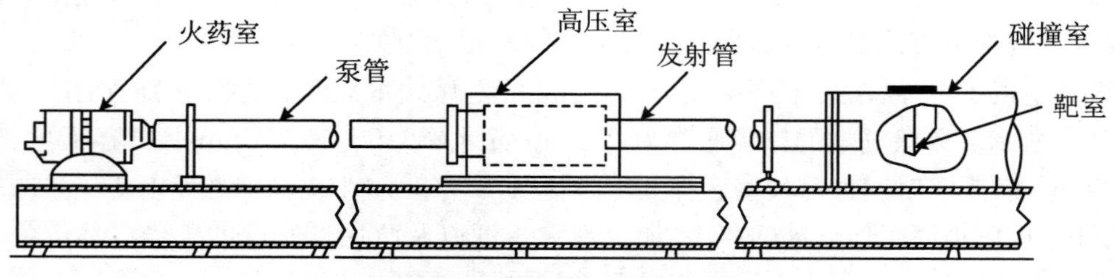

图 4.23 二级轻气炮示意图

压气炮在靶内产生的压力脉冲波阵面的不平度和倾斜度，分别取决于弹丸和靶板表面的平面度和弹丸击靶的倾斜度。为了获得比较满意的平面冲击波，碰撞表面要求精密抛光，其平面度为 0.5 μm 左右，碰撞倾斜角一般不能大于 0.03°。

表 4.3　几种典型的高压气体炮及其弹丸速度[4.17]

炮　型	炮　径(mm)	弹丸速度(m/s)	
		最　小	最　大
一级气体炮	62.5	~100	1 500
	101	~100	~1 500
	152	~100	~600
二级轻气炮	30	2 000	8 200
	50.8	1 400	6 500
	69	1 000	4 000

4.4　冲击绝热线的测量原理

冲击突跃条件连同内能型状态方程一起总共 4 个方程，包含 5 个未知参量 P，V，E，u，和 D，任意两参量间的关系，称为冲击绝热线。其中最常用的有 3 种：P-V（或 P-ρ）线、P-u 线和 D-u 线。应该强调一下：由于各种形式的冲击绝热线都应该满足冲击波波阵面上的 3 个守恒关系及内能型状态方程，因而不同形式的冲击绝热线不是各自独立无关的，而是可以互相换算的。

冲击绝热线的实测目前主要采用化爆平面波发生器或压气炮驱动的飞片技术。从实验测量技术的角度来说，时间差 Δt 和距离差 ΔS 比较容易实现高精度测量，因而对两者之商的速度型量，如冲击波波速 D（或 $\mathscr{D}$）和粒子速度 u 等的测量技术较为成熟，精度也较高。我们就先来讨论 D-u 形式的冲击绝热线。

4.4.1　D-u 形式的冲击绝热线

式(4.30)给出 D-u 的 Hugoniot 线一般满足如下二次关系式：

$$D - u_0 = c_0 + \lambda(u - u_0) + \lambda'(u - u_0)^2$$

当 $\lambda' \approx 0$ 时（适用到 0.1～0.2 TPa 的压力），上式简化为如下线性关系式(4.31)：

$$D - u_0 = c_0 + \lambda(u - u_0)$$

由此可见，问题归结为由实验确定材料参数 c_0，λ 和 λ'。显然，通过实测一系列 D 和 u 一一对应的实验值，将这些数据按式(4.30)进行拟合，原则上就不难确定 c_0，λ 和 λ'。

在 D，u 测量中，D 通常是直接测量的。但 u 则不然，它通常在飞片撞击试样时，通过冲击波传播的相互作用关系以间接的方法得到的。按照测定 u 值的方法的不同，可以把目前的测量方法分为 3 类：**阻滞法（飞片撞击法）**、**对比法（阻抗匹配法）**和**自由面速度法**。它们都离不开 P-u 形式的 Hugoniot 线，通过在 P-u 平面上对冲击波的入射、反射和透射进行分析来确定 u 值，因而实际上测得的是 P-u 形式的冲击绝热线。

4.4.2 P-u 形式冲击绝热线

下面分别来讨论基于 P-u 形式的 Hugoniot 线测量 u 的阻滞法（飞片撞击法）、对比法（阻抗匹配法）和自由面速度法。

1. 飞片撞击法

其测速度的原理如图 4.24 所示。图中 K_1 是测量飞片击靶速度 W 所用的一对探针，其间距 ΔS_W 已知；K_2 是测量靶（试样）中冲击波物质波速 $\mathscr{D}$ 所用的一对探针，其间距 ΔS_d 已知。随着飞片运动以及靶内冲击波的传播，将相继接通各测点位置上的探针，并由与该探针相连的信号源发出一时间信号给记录系统。如果由一对 K_1 探针测量的飞片扫过间距 ΔS_W 之时间差为 Δt_W，则飞片速度 W 为

$$W = \frac{\Delta S_W}{\Delta t_W}$$

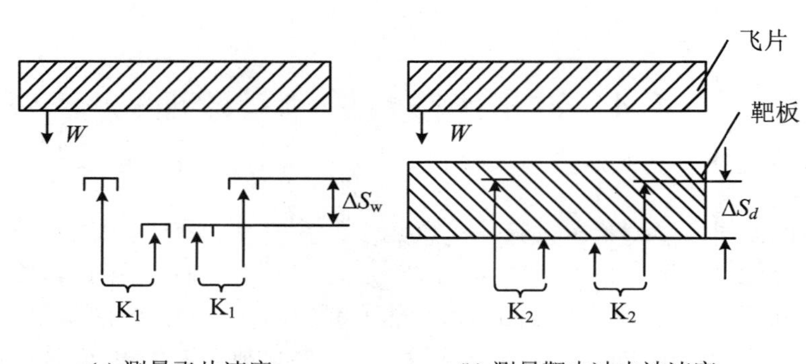

(a) 测量飞片速度　　(b) 测量靶中冲击波速度

图 4.24　阻滞法测量装置示意图

如果由一对 K_2 探针测得到的靶中冲击波扫过间距 ΔS_d 之时间差是 Δt_d，则冲击波波速为

$$\mathscr{D} = \frac{\Delta S_d}{\Delta t_d}$$

如何由飞片速度 W 来确定靶板（试样）中冲击波后方的质点速度，则取决于飞片材料与靶板材料的冲击波阻抗 $\rho_0\mathscr{D}$ 的匹配情况，离不开对基于 P-u 形式的冲击绝热线的分析。

当飞片与靶板由同种材料制成时，参照 4.2 节有关冲击波相互作用的分析可知，靶板中冲击波后方的 u_T 落在以（$P=0$，$u=0$）为心点的正向 P-u 的 Hugoniot 线上，而飞片中冲击波后方的 u_F 落在以（$P=0$，$u=W$）为心点的负向 P-u 的 Hugoniot 线上。既然飞片与靶板材料相同，此两 Hugoniot 线形成镜面对称，即所谓“对称碰撞”，而冲击波阵面后的质点速度 $u=u_T=u_F$ 由此两 Hugoniot 线的交点决定，等于飞片击靶速度的一半，即

$$u = \frac{W}{2}$$

当同时用一对 K_1 探针和一对 K_2 探针测得飞片以一系列不同的速度撞击靶板时，既可得到一系列（$\mathscr{D}_i$，u_i）（$i=1,2,\cdots$）数据，也可得到一系列（P_i，u_i）（$i=1,2,\cdots$）数据，由此即可确定靶材料的 $\mathscr{D}$-u 形式冲击绝热线和 P-u 形式冲击绝热线。

当飞片与靶板由不同材料制成时，除去测量 W 及 $\mathscr{D}$ 外，还必须预知飞片材料的 P-u 冲击绝热线。这时基于 4.2 节有关冲击波相互作用的分析，可以方便地用图解法来确定靶材料的

u，如图4.25所示。图中曲线1为预先测定的飞片材料的正向冲击绝热线，曲线1′为以W速度飞行的飞片材料P-u冲击绝热线。与靶板碰撞后，飞片中形成与原飞片方向相反的冲击波，因此这时相关的冲击绝热线应是曲线1′的镜像——负向P-u冲击绝热线2。另一方面，靶材料可能达到的冲击压缩终态必定落在以冲击波波阻抗$(\rho_0\mathscr{D})_T$为斜率的Rayleigh线OB上，又由飞片—靶板界面上压力和质点速度均应保持连续的条件可知，它和曲线2的交点(P_i, u_i)即为碰撞之后靶板冲击波后方的冲击压力和质点速度。由一系列不同速度的碰撞，则可得到一系列数据$\mathscr{D}_i$，并进而得到一系列相应的(P_i, u_i) $(i=1,2,3,\cdots)$，由此即可确定靶材料的$\mathscr{D}$-u形式的冲击绝热线和P-u形式的冲击绝热线。

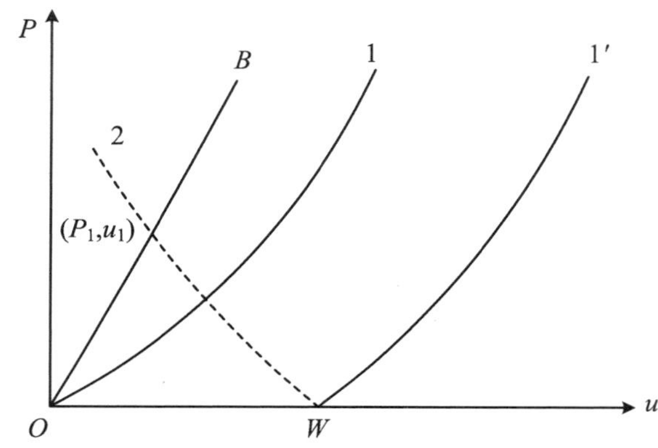

图4.25 阻滞法确定靶材的质点速度

2. 阻抗匹配法(对比法)

其测量装置如图4.26所示，图中探针K_1是用来测量标准材料A中的冲击波波速$\mathscr{D}_A$的，此即为从标准材料A向被测材料B传播的入射波波速。探针K_2是用来测量被测材料B中的冲击波波速$\mathscr{D}_B$的，此即为透射波波速。反射波的类型则视A,B两种材料的冲击波波阻抗大小而定，或为冲击波，或为稀疏波。

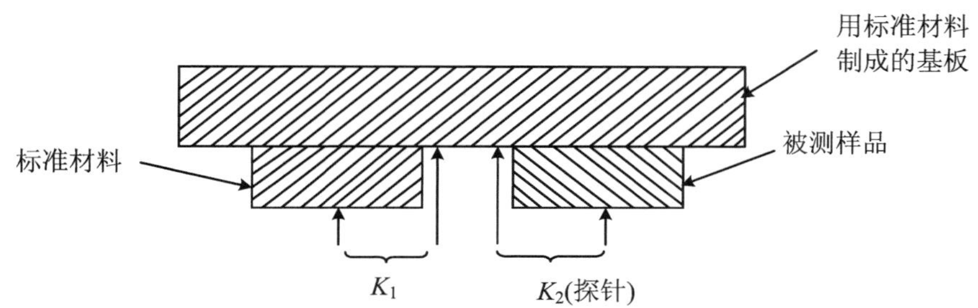

图4.26 对比法测量装置示意图

从对比法测量结果计算被测材料冲击波阵面后方的质点速度u也可采用图解法，其求解过程如图4.27所示(设被测材料密度已知)。图中曲线$P(u)$为已知的标准材料A的P-u冲击绝热线(H_{A_0})，根据测得的入射波波速$\mathscr{D}_A$可确定入射波波后状态点1。根据测得的透射波波速$\mathscr{D}_B$可确定被测材料冲击绝热线上的Rayleigh线R_B，显然透射波波后状态点2应落在这条Rayleigh线R_B上。若被测材料的冲击波波阻抗$(\rho_0\mathscr{D})_B$大于标准材料的冲击波波阻抗$(\rho_0\mathscr{D})_A$，则Rayleigh线R_B在H_{A_0}线的上方(图4.27上的B线)，这时反射的是冲击波。其波后的状态应落在以状态点 1 为心点的反向冲击绝热线 H_{A_1}（图 4.27 上的 1-2S）上。又由界面压力和质点速度均应连续条件可知，它与 Rayleigh 线 R_B的交点（P_2，u_2）即为碰撞之后靶板上的冲击压力和质点速度。若被测材料的冲击波波阻抗$(\rho_0\mathscr{D})_B$小于标准材料的冲击波波阻抗$(\rho_0\mathscr{D})_A$，则 Rayleigh 线 R_B（图 4.27 上的虚线）在 H_{A_0} 线下方，这时反射的是稀疏波。其波后的状态点应落在以状态点 1 为起点的等熵线 S_{A_1}（图 4.27 上的 1－2R）上。同样的，它与 Rayleigh 线 R_B的交点即为碰撞之后靶板上的冲击压力和质点速度。由一系列不同速度的碰撞，则可得到一系列数据 $\mathscr{D}_{Bi}$，并进而得到一系列相应的$(P_i,\ u_i)_B$$(i=1,2,3,\cdots)$，由此即可确定被测材料 B 的 $\mathscr{D}$-u 形式冲击绝热线和 P-u 形式冲击绝热线。

在图解过程中，冲击绝热线 H_{A_1} 或等熵线 S_{A_1} 的近似作图如下：通过点 1 作一垂线，再以此垂线为对称轴作 H_{A_0} 线的镜像反演线，该镜像反演线即为 H_{A_1} 线或 S_{A_1} 线。1,2 两点的距离越近，上述作图法的精度越高。

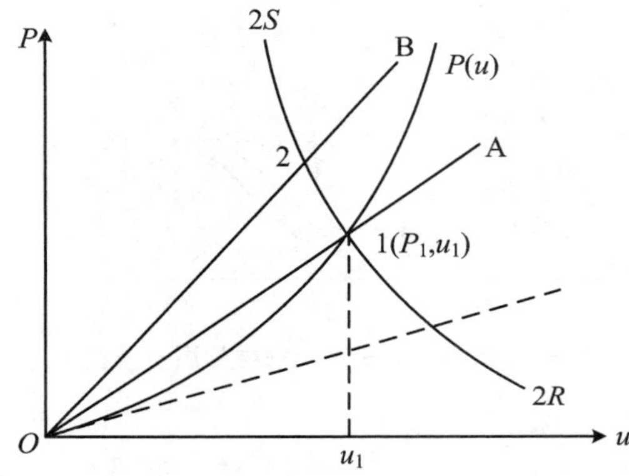

图 4.27　对比法确定被测材料的质点速度

3. 自由面速度法

其测量装置如图 4.28 所示，图中探针 K_1用于测量样品中的冲击波波速 $\mathscr{D}$，K_2用于测量样品自由面的飞行速度 u_{fs}，然后再由 u_{fs}推算出质点速度 u，自由面速度法也由此得名。

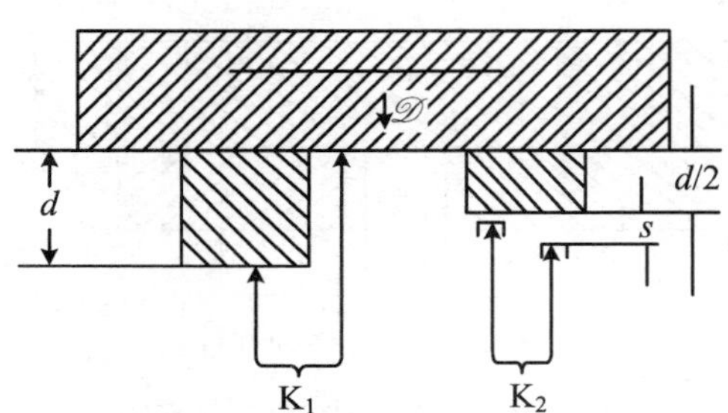

图 4.28　自由面速度法测量装置示意图

由自由面质点速度 u_{fs}推算入射冲击波后方质点速度 u 时，要利用反射稀疏波的波阵面上守恒关系。这些关系可以方便地从本章一开始给出的冲击波波阵面上守恒关系得出，只需将原式中的强间断用弱间断代替。例如，式(4.7)、式(4.8)和式(4.13b)这时分别化为

$$\mathrm{d}u = -\rho_0 C_S \mathrm{d}V \tag{4.7'}$$

$$\mathrm{d}u = \frac{\mathrm{d}P}{\rho_0 C_S} \tag{4.8'}$$

$$C_S = \sqrt{-\left(\frac{\partial P}{\partial V}\right)_S} \tag{4.13b'}$$

式中，C_S为由稀疏波P-V等熵线的斜率决定的等熵声波波速。由此可知，冲击波阵面后方的质点速度 u 和自由面速度u_{fs}之间的关系如下[图 4.29(a)]：

$$\begin{aligned} u_{fs} &= u + \int_{P_1 = p_H}^{P_2 = 0} \frac{dP}{\rho_0 C_S} \\ &= u - \int_{V_1(P_1 = P_H)}^{V_2(P_2 = 0)} \rho_0 C_S dV \\ &= u + u_r \end{aligned} \tag{4.45}$$

式中，u_r为由中心稀疏波引起的附加质点速度。由 u_{fs}换算为 u 的主要问题就在于如何求出 u_r，而这又归结为如何确定靶板材料的 P-V 等熵线。

如果入射冲击波强度较弱，即可近似地按忽略熵增的弱击波入射处理，这时冲击绝热线可近似用等熵线 S_1代替[图 4.29(b)]，而自由面的稀疏过程则可用经过状态点 1 的为 S_1镜像反演的等熵线 S_2表示。显然，类似于弹性波在自由面的反射，这时近似地有

$$u_r \approx u$$

或

$$u \approx \frac{1}{2} u_{fs}$$

这就是说，在弱冲击波情况下，质点速度近似等于自由面速度的一半。一般称这一结果为弱冲击波的自由面速度倍增定律。

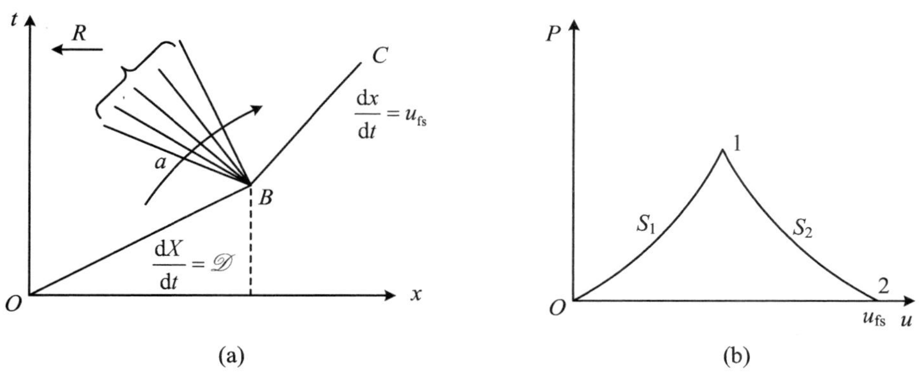

图 4.29　自由面速度法确定被测材料的质点速度

如果入射冲击波强度较高，自由面速度倍增定律就不再适用。定性地看[图 4.29(a)]，这时的 u_r要大于 u，或质点速度 u 小于自由面速度的一半。在这种情况下，可用迭代法从 u_{fs}算出 u。具体步骤是：先用自由面速度倍增定律计算出 u 的一级近似值$u^{(1)} = \frac{u_{fs}}{2}$，并由 $u_i^{(1)}$ 和 $\mathscr{D}_i$求出相应的冲击绝热线，然后求出等熵线，并用式(4.45)计算出相应的自由面速度 $u_{fs}^{(1)}$，再用$\frac{u_{fs}^{(1)}}{2}$作为质点速度的二级近似值 $u^{(2)}$。重复上述步骤，直到与 u_{fs}实测值之差小于测量误差为止。最后与 $u_{fs}^{(n)}$对应的 $u^{(n)}$就是欲求的质点速度值。经验表明，迭代过程的收敛速度很快，一般经过三四次就够了。

由于迭代过程相对地繁琐，在入射冲击波较强时，应当尽量采用阻滞法或对比法，自由面速

度法大多用在弱击波情况。

4.4.3 P-V 形式的冲击绝热线的解析表达式

由 D-u 形式的冲击绝热线可以导出 P-V 形式的冲击绝热线。

引入如下定义的体积压缩应变 η：

$$\eta = 1 - \frac{V}{V_0} = 1 - \frac{\rho_0}{\rho} \tag{4.46}$$

空间坐标中冲击突跃的质量守恒条件，公式(4.10)可以改写为如下简单形式：

$$\eta = \frac{u - u_0}{D - u_0}$$

我们可以在 D-u 冲击绝热线的线性关系式(4.31)的基础上建立 P-V 冲击绝热线的一种解析表达式。事实上，由式(4.31)与上式联立，可解得

$$u - u_0 = \frac{C_0 \eta}{1 - \lambda\eta} \tag{4.47a}$$

$$D - u_0 = \frac{C_0}{1 - \lambda\eta} \tag{4.47b}$$

把以上两式代入空间坐标中冲击突跃的动量守恒条件公式 (4.11)，并设 $P_0 = 0$，就得到P-V 形式的冲击绝热线的一种解析表达式：

$$p_H = \rho_0 C_0^2 \frac{\eta}{(1 - \lambda\eta)^2} \tag{4.48a}$$

前已指出，线性关系式(4.31)一般只适用于 1～2 Mbar(0.1～0.2 TPa)，在更高压力下应该采用包含二次项的公式(4.30)。这时，由式(4.10)、式(4.11)和式(4.30)联立，经过类似于得出式(4.47a)的但更为复杂的运算后，可进一步得到 P-V 形式的 Hugoniot 线的更一般的解析表达式：

$$P_H = \rho_0 C_0^2 \frac{\eta}{(1 - \lambda\eta)^2 - 2C_0\lambda'\eta^2} \cdot \left[1 + \frac{C_0^2\lambda'^2\eta}{(1 + \lambda\eta)^2 - 2(C_0\lambda'\eta^2)} + \cdots\right] \tag{4.48b}$$

显然，当 $\lambda' = 0$ 时，上式就简化为式(4.48a)。于是问题同样归结为如何确定式中 C_0，λ 和λ'这 3 个表征材料性质的特性常数。换句话说，实验确定 P-V 形式 Hugoniot 线的问题这时转化为实验确定 D-u 形式 Hugoniot 线的问题。一旦由实验确定了式(4.30)或式(4.31)表述的 D-u 形式的 Hugoniot 线的有关材料参数，则式(4.48) 表述的 P-V 形式的 Hugoniot 线也就确定了。

关于弱冲击波，回顾我们在证明式(4.19)时曾经指出的，由于 P-V 冲击绝热线和P-V 等熵线在初态点具有相同的斜率和曲率，因此在压力 P 不太大时，我们可以用 P-V 等熵线近似代替 P-V 冲击绝热线。换句话说，在可以忽略熵增的弱冲击波的较低压力下，P-V 形式的 Hugoniot 线可用 P-V 等熵线近似，此即第 2 章给出的 Murnagham 方程式(2.17b)。进一步将式中的 n_k 写成n，则方程简化成

$$P = \frac{k_0}{n}\left[\left(\frac{V_0}{V}\right)^n - 1\right]$$

式中，k_0 为零压等熵体积模量，而 n 为等熵体积模量k 对压力的一阶导数的系数。

P-V 冲击绝热关系式中的材料参数C_0 和 λ，或 Murnagham 方程中的材料参数 k_0 和 n，除

了通过上述冲击实验直接实测外，也还可以通过其他实验测定的相关参数来间接推算或粗估。可以利用的相关参数有：① 材料在常态下的相关热力学参数，如 γ_0 等；② 静压测量数据；③ 超声测量数据。

我们先从相关的热力学参数出发来讨论。

第 2 章的式(2.65)曾给出 Gruneisen 系数与其他热力学参数 α_T，V，C_V之间有关系：

$$\gamma = V\left(\frac{\partial P}{\partial E}\right)_V = V\frac{\phi_T}{C_V} = \frac{k_T\alpha_T V}{C_V}$$

上式表明，利用一般实验测得的等温体积模量 k_T、等压热膨胀系数 α_T、定容比热 C_V以及比容 V，就可得到常态下的 Gruneisen 参数 $\gamma(V_0)$的值。

另一方面，第 3 章的式(3.105) 曾给出 Gruneisen 系数 $\gamma(V)$与冷压$P_K(V)$的一般关系式为

$$\gamma(V) = -\frac{(2-\alpha)}{3} - \frac{V}{2}\cdot\frac{\dfrac{d^2[P_K(V)V^{2\alpha/3}]}{dV^2}}{\dfrac{d[P_K(V)V^{2\alpha/3}]}{dV}}$$

式中，$\alpha=0,1,2$ 时分别对应于 Slate 公式、Dugdale-MacDonald 公式和自由体积公式。将基于 D-u 线性关系的 P-V 解析式(4.48a)和 Murnagham 方程式(2.17b)分别代入上式，并利用 P-V 冲击绝热线和 P-V 等熵线在心点($V=V_0$)处两阶相切的特性，在 $V=V_0$ 处得到以下两个关系式：

$$\lambda = \frac{1}{2}\gamma(V_0) + \frac{\alpha}{4} + \frac{1}{3} \tag{4.49}$$

$$n = 2\gamma(V_0) + \alpha + \frac{1}{3} \tag{4.50a}$$

如果把式(4.49)代入上式，有

$$n = 4\lambda - 1 \tag{4.50b}$$

以上公式给出了 $\gamma(V_0)$与 λ 和 n 的关系。一旦用常态下的热力学参数计算出 $\gamma(V_0)$之后，就可估计出 λ 和 n 的值。但是 λ 和 n 的值与 α 的取值有很大关系，一般倾向于取 Dugdale-MacDonald 公式的值，即 $\alpha=1$。

关于 C_0和 k_0，有以下关系：

直接根据初态点声速 C_0 的定义(4.26)和等熵体积模量 k_S的定义(2.43)，我们有

$$C_0 = \sqrt{\left(\frac{\partial P}{\partial\rho}\right)_{V_0}} = \sqrt{\left[V^2\left(-\frac{\partial P}{\partial V}\right)_S\right]_{V_0}} = \sqrt{\frac{k_S(V_0)}{\rho}} \tag{4.51}$$

这里的 $k_S(V_0)$就是 Murnagham 方程(2.17b)中的 k_0。另一方面，由第 2 章的式(2.62b)和式(2.65)

$$\frac{k_S}{k_T} = 1 + \frac{k_T\alpha_T^2 TV}{C_V}$$

$$\gamma = V\cdot\frac{\phi_T}{C_V} = \frac{k_T\alpha_T V}{C_V}$$

可得出等熵体积模量 k_S与等温体积模量k_T之间的如下关系式：

$$k_S = k_T\left(1 + \frac{k_T\alpha_T V}{C_V}\alpha_T T\right) = k_T(1 + \alpha_T\gamma T) \tag{4.52a}$$

由此可知，利用热力学参数 α_T 和 γ，可以由等温体积模量 k_T 来推算等熵体积模量 k_S，从而确定 C_0。在低压和常温下，如果有 $\alpha_T\gamma T\ll 1$，则可以近似取

$$k_S(V_0)\approx k_T(V_0) \tag{4.52b}$$

以上表明，我们可以利用热力学实验数据分别确定或预估 C_0，λ，k_0 和 n。

我们再来看看相关的静压测量数据与 Murnagham 方程材料参数间的关系。

假定已经给出了静压测量数据，并按 Bridgman 提出的经验公式(2.11)确定了相关的材料参数 a 和 b，即

$$\frac{V_0-V}{V_0}=-\Delta=aP-bP^2$$

则相对应的体积模量 $K_T(P)$ 如式(2.13)和式(2.14)所示，为

$$K_T(P)=\frac{1}{a-2bP}=\frac{1}{a\left(1-\dfrac{2b}{a}P\right)}\approx\frac{1}{a}\left(1+\frac{2b}{a}P\right)$$

这里特别加上下标 T 注明是等温模量，以区别于 Murnagham 方程的等熵体积模量。上式中近似号右侧是当$\dfrac{2bP}{a}\ll 1$ 时，展开为幂级数并忽略高阶小量后得出的近似表达式。

还应该注意，式(2.13)中的 K_T 是在 Lagrange 坐标中定义的物质等温体积模量，而 Murnagham 方程的等熵体积模量 k_S 则是在 Eular 坐标中定义的空间等熵体积模量。

因此，如果要关联两者的材料参数，首先要把 K_T 转换成在 Eular 坐标中定义的空间等温体积模量 k_T，即

$$k_T=\frac{V}{V_0}K_T=\frac{\rho_0}{\rho}K_T=(1+\Delta)K_T \tag{4.53}$$

把式(2.11)和式(2.13)代入上式，可得

$$k_T(P)=\frac{1-aP+bP^2}{a-2bP} \tag{4.54a}$$

经整理并忽略二阶以上小量后有

$$k_T(P)\approx\frac{1}{a}\left(1+\frac{2b}{a}P\right) \tag{4.54b}$$

把上式代入(4.52a)，得

$$k_0=\frac{(1+\alpha_T\gamma T)}{a},\quad n=\left(\frac{2b}{a^2}-1\right)(1+\alpha_T\gamma T) \tag{4.55a}$$

由此可见，由 Bridgman 等温方程的材料参数 a 和 b 直接求 Murnagham 等熵方程的材料参数 k_0 和 n 时，还需要得知其他的热力学参数 α_T 和 γ。只有当 $\alpha_T\gamma T\ll 1$ 而可以忽略时，才有

$$k_0\approx\frac{1}{a},\quad n\approx\left(\frac{2b}{a^2}-1\right) \tag{4.55b}$$

这相当于可以近似忽略等温体积模量 k_T 与等熵体积模量 k_S 之间的差别。

最后我们来讨论一下如何利用超声波测量结果来确定上面这 4 个参数 C_0，λ，k_0 和 n。利用超声波技术测得的数据通常为常态下的纵波声速 C_{l0} 和横波声速 C_{t0} 以及高压下(几千巴以下)的纵波声速 C_l 和横波声速 C_t，其中高压下的 C_l 和 C_t 与压力呈线性关系

$$\begin{aligned}C_l&=C_{l0}+AP\\C_t&=C_{t0}+BP\end{aligned} \tag{4.56}$$

式中，A，B 为由实验数据拟合得到的常数。另外，由空间声速的定义知

$$C^2 = \frac{k_S}{\rho} \tag{4.57a}$$

$$C_l^2 = \frac{k_S + \frac{4}{3}g_S}{\rho} \tag{4.57b}$$

$$C_t^2 = \frac{g_S}{\rho}, \tag{4.57c}$$

式中，k_S和g_S分别是 Euler 空间的等熵体积压缩模量和等熵剪切模量。于是可得

$$C^2 = C_l^2 - \frac{4}{3}C_t^2 \tag{4.58}$$

由此出发，可得

$$C_0 = C_{l0}^2 - \frac{4}{3}C_{t0}^2 \tag{4.59a}$$

$$k_0 = k_{S0} = \rho_0\left(C_{l0}^2 - \frac{4}{3}C_{t0}^2\right) \tag{4.59b}$$

$$n = \left(\frac{\mathrm{d}k_S}{\mathrm{d}P}\right)_0 = 2\rho_0\left(AC_{l0} - \frac{4}{3}BC_{t0}\right) + 1 \tag{4.59c}$$

再利用式(4.50b)，则可得

$$\lambda = \frac{1}{2}\rho_0\left(AC_{l0} - \frac{4}{3}BC_{t0}\right) + \frac{1}{2} \tag{4.60}$$

应该指出，式(4.56)～式(4.60)中的波速都是指 Eular 坐标中的空间波速。如果实测的是 Lagrange 坐标中的物质波速，则可类似于上述推导得出相应的物质体积模量 K_S等等，然后可以按式(4.53)转换成空间体积模量 k_S等。

上述 3 种预估 C_0，λ，k_0 或 n 的方法中，第一种方法，即利用常态下热力学 γ_{th}估算的结果与冲击波实验测量数据符合得最好。

4.5　固体高压状态方程的确定

首先要再次强调，不要把冲击绝热线混淆为固体高压状态方程！冲击绝热线只代表对于一定的平衡初态（即 Hugoniot 线的心点）通过冲击突跃所可能达到的平衡终态点的轨迹，而非固体高压状态方程本身。就冲击绝热线与固体高压状态方程的关系而言，实际上涉及两类不同的问题：一类是给定状态方程求冲击绝热线；另一类则是给定冲击绝热线求状态方程。此前所讨论的大量内容属于第一类问题，这是一个完全确定的问题。第二类问题则是一个不确定的问题，通常只有对状态方程的具体形式作某些假定，才能根据有限的实验结果来求解。本节讨论如何利用冲击波实验来确定固体高压状态方程，属于第二类问题。

考虑到 Gruneisen 状态方程这一模型对一般实验室条件下测得的冲击绝热线是较为合适的，所以本节将以此为模型确定高压状态方程的出发点。

式(2.67b)给出了 Gruneisen 状态方程的普遍形式：

$$P = P_K(V) + \frac{\gamma(V)}{V}[E - E_K(V)]$$

对于不同的材料，方程中的冷压 $P_K(V)$、冷能 $E_K(V)$和 Gruneisen 系数 $\gamma(V)$具有不同的具体形式。为了确定这三者，需要找出 3 个联系这三者而不包含其他未知量的独立方程。

第一个方程为将 Gruneisen 状态方程[式(2.67b)]应用于冲击绝热线，有

$$P_H = P_K(V) + \frac{\gamma(V)}{V}[E_H - E_K(V)] \tag{4.61}$$

式中，P_H，E_H分别为已测得的冲击绝热线上的值。利用冲击压缩实验测得的 D-u 冲击绝热线对于大多材料呈式(4.31)所示的线性关系，与此对应的 P_H[式(4.48a)]和 E_H分别为

$$\begin{aligned} P_H &= \frac{\rho_0 C_0^2 \eta}{(1-\lambda\eta)^2} = \frac{C_0^2 \eta}{V_0(1-\lambda\eta)^2} \\ E_H &= \frac{1}{2}P_H(V_0 - V) = \frac{1}{2}\frac{C_0^2\eta^2}{(1-\lambda\eta)^2} \end{aligned} \tag{4.62}$$

式中的 η 由式(4.46)知为

$$\eta = 1 - \frac{V}{V_0}$$

另一方面，由第 3 章式(3.105)的 Gruneisen 系数 $\gamma(V)$与冷压$P_K(V)$的一般关系式为

$$\gamma(V) = -\frac{(2-\alpha)}{3} - \frac{V}{2}\cdot\frac{\dfrac{\mathrm{d}^2[P_K(V)V^{2\alpha/3}]}{\mathrm{d}V^2}}{\dfrac{\mathrm{d}[P_K(V)V^{2\alpha/3}]}{\mathrm{d}V}}$$

式中，当 $\alpha=0,1,2$ 时分别对应于 Slate 方程 $\gamma_S(V)$、Dugdale-MacDonald 方程 $\gamma_{DM}(V)$和自由体积方程 $\gamma_f(V)$，上式提供了所需的第二个方程。

第三个方程，按式(2.68)有

$$P_K(V) = -\frac{\mathrm{d}E_K(V)}{\mathrm{d}V}$$

沿 $T=0$ 的等温过程对上式求积，可得

$$E_K(V) = -\int_{V_{0K}}^{V} P_K(V)\mathrm{d}V - E_0 \tag{4.63}$$

式中，V_{0K}表示材料在零温、零压时的比容，E_0 为积分常数。为计算该积分常数，我们取常态下的内能为零，即

$$E(T,V)\big|_{V_0(P_0=0,T=T_0)}^{T_0=293\text{ K}} = 0 \tag{4.64}$$

另外，由式(2.55)，根据定容比热 C_V 的定义，积分后可得

$$E(T,V) = \int_0^T C_V(T,V)\mathrm{d}T + E_K(V)$$

将式(4.63)和式(4.64)代入上式，可得

$$E_0 = \int_0^{T_0} C_V(T,V_0)\mathrm{d}T - \int_{V_{0K}}^{V_0} P_K(V)\mathrm{d}V \tag{4.65}$$

再将其代回式(4.63)后可得

$$\begin{aligned} E_K &= -\int_0^{T_0} C_V(T,V_0)\mathrm{d}T - \int_{V_0}^{V} P_K(V)\mathrm{d}V \\ &= E_0^* - \int_{V_0}^{V} P_K(V)\mathrm{d}V \end{aligned} \tag{4.66}$$

式中，$E_0^* = \int_0^{T_0} C_V(T,V_0)\mathrm{d}T$。又由第3章式(3.85b)给出了 C_V 与Debye比热函数 $f_D\left(\frac{\theta_D}{T}\right)$之

间的关系，再利用 Debye 比热函数与 Debye 函数 $D\left(\frac{\theta_D}{T}\right)$之间的关系，可直接利用下面的公式计算

$$E_0^* = 3NK_B\int_0^{T_0}\left[D\left(\frac{\theta_D}{T}\right)-\frac{\theta_D}{T}D'\left(\frac{\theta_D}{T}\right)\right]dT \tag{4.67}$$

式中，K_B为 Boltzman 常数，N 为单位质量的原子个数，Debye 函数 $D\left(\frac{\theta_D}{T}\right)$的具体形式按照式(3.86)为

$$D\left(\frac{\theta_D}{T}\right)=\frac{3}{\left(\frac{\theta_D}{T}\right)^3}\int_0^{\theta_D/T}\frac{x^3}{e^x-1}dx$$

它的一阶导数 $D'\left(\frac{\theta_D}{T}\right)$为

$$D'\left(\frac{\theta_D}{T}\right)=\frac{3}{e^{\left(\frac{\theta_D}{T}\right)}-1}-\frac{3}{\frac{\theta_D}{T}}D\left(\frac{\theta_D}{T}\right) \tag{4.68}$$

将式(3. 86)、式(4.68)代入式(4.67)，积分整理后可得

$$E_0^* = 3NK_BT_0D\left(\frac{\theta_D}{T}\right) \tag{4.69}$$

上面给出的 3 个方程式(4.61)、式(3.105)和式(4.66)已构成了确定 $P_K(V)$、$E_K(V)$和 $\gamma(V)$三者的封闭方程组。

若将式(4.61)和式(4.66)代入式(3.105)，可得到一个关于 $P_K(V)$的二阶积分微分方程：

$$\frac{V[P_H-P_K(V)]}{E_H+E_0^*+\int_{V_0}^{V}P_K(V)dV}=-\left(\frac{2-n}{3}\right)-\frac{V}{2}\cdot\frac{[P_K(V)V^{2n/3}]''}{[P_K(V)^{2n/3}]'} \tag{4.70}$$

式中，$n=0,1,2$ 分别对应于 Slate 公式、Dugdale-MacDonald 公式和自由体积公式。由于方程是非线性的，很难找到解析解，故通常采用数值计算方法求解。为解方程(4.70)，尚需确定初值 $P_K(V_0)$和 $P'_K(V_0)$。为此，将式(4.66)代入式(4.61)，可得

$$P_K(V) = P_H-\frac{\gamma(V)}{V}\left[E_H+E_0^*+\int_{V_0}^{V}P_K(V)dV\right] \tag{4.71}$$

利用 $P_H(V_0)=0$，$E_H(V_0)=0$，由上式可得

$$P_K(V_0) = -\frac{\gamma(V_0)}{V_0}E_0^* \tag{4.72}$$

$$P'_K(V_0) = P'_H(V_0)+\frac{\gamma(V_0)}{V_0^2}E_0^*[1+\gamma(V_0)]-\frac{E_0^*}{V_0}\gamma'(V_0) \tag{4.73}$$

显然，为了确定 $P_K(V_0)$和 $P'_K(V_0)$的值，需要知道 $\gamma(V_0)$和 $\gamma'(V_0)$的值。

为了求出 $\gamma(V_0)$和 $\gamma'(V_0)$，我们近似地认为公式(3.105)沿过心点($V=V_0$，$P=0$)的等熵线也成立，即 $\gamma(V)$近似等于

$$\gamma(V) = -\left(\frac{2-n}{3}\right)-\frac{V}{2}\cdot\frac{[P_S(V)V^{2n/3}]''}{[P_S(V)V^{2n/3}]'} \tag{4.74}$$

由此可得

$$\gamma(V_0) = -\left(\frac{2+n}{3}\right)-\frac{V_0}{2}\cdot\frac{P''_S(V_0)}{P'_S(V_0)} \tag{4.75}$$

$$\gamma'(V_0) = -\frac{V_0}{2}\cdot\frac{P''_S(V_0) + (2n+1)V_0^{-1}P''_S(V_0) + \frac{2}{3}n(2n-1)V_0^{-2}P''_S(V_0)}{P'_S(V_0)} + \frac{V_0}{2}\left[\frac{P''_S(V_0)}{P'_S(V_0)} + \frac{4n}{3V_0}\right]^2 \tag{4.76}$$

当采用 Dugdale-MacDonald 公式时，$n=1$，可得

$$\gamma_{DM}(V_0) = -1 - \frac{V_0}{2}\cdot\frac{P''_S(V_0)}{P'_S(V_0)} \tag{4.77}$$

$$\gamma'_{DM}(V_0) = -\frac{V_0}{2}\cdot\frac{P''_S(V_0)}{P'_S(V_0)} + \left[\frac{V_0}{2}\cdot\frac{P''_S(V_0)}{P'_S(V_0)}\right]^2 - \frac{1}{6}\frac{P''_S(V_0)}{P'_S(V_0)} + \frac{5}{9V_0} \tag{4.78}$$

当采用 Slate 公式时，$n=0$，可得

$$\gamma_S(V_0) = -\frac{2}{3} - \frac{V_0}{2}\frac{P''_S(V_0)}{P'_S(V_0)} \tag{4.79}$$

$$\gamma'_S(V_0) = -\frac{1}{2}\cdot\frac{V_0P''_S(V_0) + P''_S(V_0)}{P'_S(V_0)} + \frac{V_0}{2}\left(\frac{P''_S(V_0)}{P'_S(V_0)}\right]^2 \tag{4.80}$$

而等熵线在心点处的各阶导数和冲击绝热线在心点处的各阶导数之间，如式(4.18)和式(4.19)所示，有如下关系

$$\begin{aligned} P'_S(V_0) &= P'_H(V_0) \\ P''_S(V_0) &= P''_H(V_0) \\ P'''_S(V_0) &= P'''_H(V_0) + \frac{\gamma(V_0)}{2V_0}P''_H(V_0) \end{aligned} \tag{4.81}$$

而 $P'_H(V_0)$，$P''_H(V_0)$和 $P'''_H(V_0)$值可直接由实验曲线给出。若给定的 *D-u* 冲击绝热线的实验曲线呈线性关系式(4.32)，则有

$$\begin{aligned} P'_H(V_0) &= -\left(\frac{c_0}{V_0}\right)^2 \\ P''_H(V_0) &= 4\left(\frac{c_0^2\lambda}{V_0^3}\right) \\ P'''_H(V_0) &= -18\left(\frac{c_0^2\lambda^2}{V_0^4}\right) \end{aligned} \tag{4.82}$$

将式(4.81)和式(4.82)代入式(4.77)、式(4.78)、式(4.79)和式(4.80)后可得

$$\gamma_{DM}(V_0) = 2\lambda - 1 \tag{4.83}$$

$$\gamma'_{DM}(V_0) = \frac{1}{V_0}\left(\lambda^2 - \frac{\lambda}{3} + \frac{5}{9}\right) \tag{4.84}$$

$$\gamma_S(V_0) = 2\lambda - \frac{2}{3} \tag{4.85}$$

$$\gamma'_S(V_0) = \frac{1}{V_0}\left(\lambda^2 + \frac{4}{3}\lambda\right) \tag{4.86}$$

一旦求出了 $\gamma(V_0)$和 $\gamma'(V_0)$，如上所述，就可求得相应的 Gruneisen 状态方程了。

4.6 冲击相变

前面几节的讨论均未涉及材料相变对冲击绝热线的影响。

物质在不同压力和温度下具有不同的聚集态，如固态、液态、气态等，人们用“相”来表示物质的固、液、气不同形态的“相貌”。从广义上来说，相是指物质系统中具有相同物理、化学性质的均匀物质部分，它和其他部分之间用一定的分界面隔离开来。固体随外界压力和温度等条件的变化，也会相应发生晶体内部微观结构和性质改变的相变。

由于固体中的冲击波通常是在高压下产生的，冲击突跃过程中不可逆熵增又会造成温度的急剧上升，在这样的高温高压条件下，一些材料有可能发生相变。这种由冲击波引发相变的可能性，最早是由 H. Schardin[4.18]在 1941 年提出的。1956 年 Bancroft 等[4.19]首次在冲击波实验中发现了铁在 13 GPa 压力处由相变而引起的异常现象，对应于由 α 相(体心立方晶体)向 ε 相(密排六方晶体)的转变。此后，用冲击波实验研究相变得到了广泛的应用。

相变是一个与温度 T 和压力 P 相关的不连续的量变过程，作为 T 和 P 的函数的 Gibbs 自由能 $G(T,P)$是相变热力学研究中最广泛采用的热力学势函数，并定义单位质量的 Gibbs 自由能为化学势 $\mu(P, T)$。相变过程中，两个相之间的化学势 $\mu(P, T)$、温度 T 以及压力 P 一直保持相等，即

$$T_1 = T_2 = T$$
$$P_1 = P_2 = P$$
$$\mu_1 = \mu_2$$

参照第 2 章关于热力学势函数的关系式(2.26)，式中的化学势 $\mu(P, T)$可以表示为

$$\mu_1 = e_1 - s_1 T + v_1 P$$
$$\mu_2 = e_2 - s_2 T + v_2 P$$

式中，e,s,v 分别是单位质量的内能、熵和比容。在(μ,T,P)三维空间中，化学势 $\mu_1=\mu_1(P, T)$和 $\mu_2=\mu_2(P,T)$分别代表着两个曲面，相变过程中 μ,T,P 相等意味着相变过程或发生在两个曲面的交线上，或发生在两个曲面的切线上。通常把第一种情况定义为一级相变，把第二种情况定义为二级相变。相变过程都是向着化学势减小的方向发展的。

一级相变中，相之间的化学势相等，但它们的一阶偏导数不相等(突跃)，这类相变的热力学表达式为

$$\mu_1 = \mu_2$$
$$\frac{\partial \mu_1}{\partial P} \neq \frac{\partial \mu_2}{\partial P} \qquad (\text{即 } v_1 \neq v_2)$$
$$\frac{\partial \mu_1}{\partial T} \neq \frac{\partial \mu_2}{\partial T} \qquad (\text{即 } s_1 \neq s_2)$$

即在一级相变中，相变前后要发生体积跃变和熵跃变。由于这一过程中伴随有体积跃变，因而较易在冲击波实验中观察到。

由 $\Delta\mu=\mu_1-\mu_2=0$，可得

$$\frac{\partial(\Delta\mu)}{\partial T}\mathrm{d}T + \frac{\partial(\Delta\mu)}{\partial P}\mathrm{d}P = 0$$

整理后可得一级相变中 P-T 相线的斜率：

$$\frac{dP}{dT} = \frac{s_2 - s_1}{v_2 - v_1} \tag{4.87a}$$

这就是著名的 Clausius-Clapeyron 方程。由于相变是在等压条件下进行的，按照第 2 章关于热力学势函数焓 H 的定义[式(2.39)]，上式中的熵跃变可以改写为焓跃变

$$\frac{dP}{dT} = \frac{s_2 - s_1}{v_2 - v_1} = \frac{H_2 - H_1}{T(v_2 - v_1)} \tag{4.87b}$$

式中的焓跃变 $\Delta H = H_2 - H_1$ 是相变过程所吸收(或释放)的热量，称为相变潜热。

二级相变中，相之间不仅化学势相等，它们的一阶偏导数也相等，但其二阶偏导数不等。这类相变的热力学表达式为

$$\mu_1 = \mu_2$$

$$v_1 = v_2$$

$$s_1 = s_2$$

并参照第 2 章关于热力学势函数 Gibbs 自由能 $G(T,P)$ 的有关公式[式(2.48)～式(2.50)]，有

$$\frac{\partial^2 \mu_1}{\partial P^2} \neq \frac{\partial^2 \mu_2}{\partial P^2}$$

即 $\beta_1 \neq \beta_2$；

$$\frac{\partial^2 \mu_1}{\partial P \partial T} \neq \frac{\partial^2 \mu_2}{\partial P \partial T}$$

即 $(\alpha_T)_1 \neq (\alpha_T)_2$；

$$\frac{\partial^2 \mu_1}{\partial T^2} \neq \frac{\partial^2 \mu_2}{\partial T^2}$$

即 $(C_P)_1 \neq (C_P)_2$。式中，压缩系数 β 是等温体积模量 k_T 的倒数，$\beta = \frac{1}{k_T}$。由此可见，在二级相变中无体积跃变和熵跃变，但压缩系数 β、热膨胀系数 α_T 以及定压比热 C_P 等热力学参量发生跃变。其中压缩系数的跃变也可在冲击波实验中直接观察到。

由无体积跃变和无熵跃变

$$\Delta v = v_2 - v_1 = \frac{\partial \mu_2}{\partial P} - \frac{\partial \mu_1}{\partial P} = 0$$

$$\Delta s = s_2 - s_1 = \frac{\partial \mu_2}{\partial T} - \frac{\partial \mu_1}{\partial T} = 0$$

可得

$$\frac{\partial(\Delta v)}{\partial T} dT + \frac{\partial(\Delta v)}{\partial P} dP = 0$$

$$\frac{\partial(\Delta s)}{\partial T} dT + \frac{\partial(\Delta s)}{\partial P} dP = 0$$

整理后可得

$$\frac{dP}{dT} = \frac{(\alpha_T)_2 - (\alpha_T)_1}{\beta_2 - \beta_1}$$

$$\frac{dP}{dT} = \frac{(c_p)_2 - (c_p)_1}{[(\alpha_T)_2 - (\alpha_T)_1] T v}$$

这两个式子叫做 Ehrenfest 方程。

R. G. McQueen 等人[4.20]曾对冲击波作用下发生的一级相变特征作过比较详细的分析，其特征可用 P-T 相线的斜率说明。

如果相线的斜率$\dfrac{\mathrm{d}P}{\mathrm{d}T}>0$，即$\dfrac{\Delta H}{\Delta v}>0$，且沿冲击绝热线上的$\left(\dfrac{\mathrm{d}P}{\mathrm{d}T}\right)_H$小于相线的斜率，则相变一定是从高密度相(即低温相)转变到低密度相(即高温相)。冲击熔化和冲击汽化是这类相变的典型例子。这类相变对冲击绝热线的影响如图 4.30(a)所示，图中相线以实线表示，而冲击绝热线以虚线表示，冲击绝热线的初始相(Ⅰ区)是高密度相(低温相)。由于相变前后冲击绝热线在 P-V 图 D-u 图上两个相区的线段呈比较圆滑的过渡，因而这种相变一般不易在冲击波实验中观察到，难以判断出是否发生了这种冲击相变。

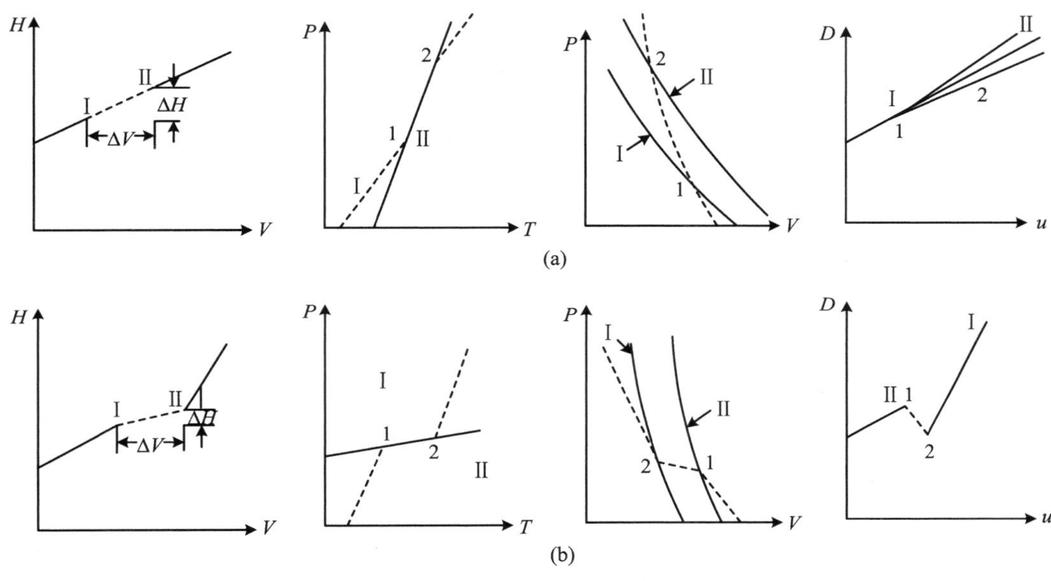

图 4.30 $\dfrac{\mathrm{d}P}{\mathrm{d}T}>0$ 时相变对冲击绝热线的影响

在图 4.30 以及图 4.31 中，H-V 线是在不变压力下绘制的，P-T 图上画出了相线轨迹及冲击绝热线(虚线)，P-V 图上画出了相边界线及冲击绝热线(虚线)，D-u 冲击绝热线(实线)则是由实验测定的线。

如果$\dfrac{\mathrm{d}P}{\mathrm{d}T}>0$，但沿冲击绝热线的$\left(\dfrac{\mathrm{d}P}{\mathrm{d}T}\right)_H$大于相线的斜率，则相变一定是从低密度相(即高温区)转变到高密度相(即低温区)。它通常对应于固-固相变。这类相变对冲击绝热线的影响如图 4.30(b)所示。由于相变前后冲击绝热线在 P-V 图及 D-u 图上两个相区的线段有明显折拐，因而这种相变易在冲击波实验中观察到。

另一种一级相变对应于 P-T 相线的斜率$\dfrac{\mathrm{d}P}{\mathrm{d}T}<0$，即$\dfrac{\Delta H}{\Delta V}<0$，这时沿冲击绝热线上的$\left(\dfrac{\mathrm{d}P}{\mathrm{d}T}\right)_H$是个正值，必定大于相线的斜率。因此相变只能是从低温相(因而也是低密度相)转变到高温相(因而也是高密度相)。属于这类情况的有反常熔化(例如锗和硅)和晶型相变(例如铁和锆)。这类相变对冲击绝热线的影响如图 4.31 所示。显然，这种相变在冲击波实验中也是较容易观察到的。

原则上也可对二级相变作类似的讨论，在此不一一赘述了。

最后需要说明的是，冲击相变是个很快的过程，它能够在微秒甚至毫微秒量级时间内完成。

实验表明,冲击相变与静压相变具有完全一致的结果。

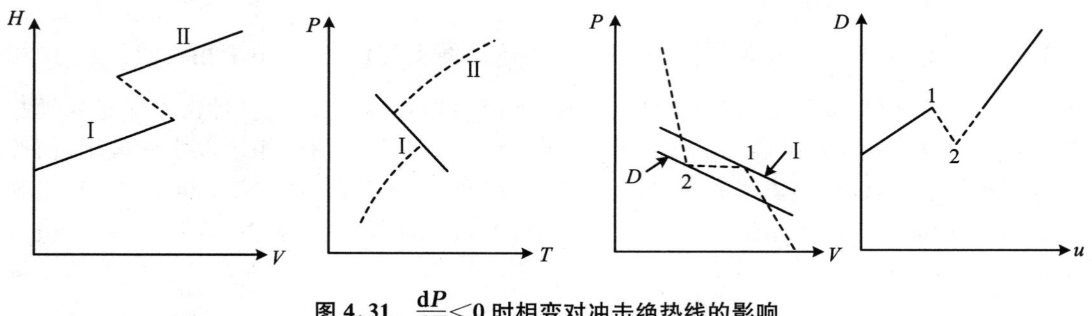

图 4.31 $\frac{dP}{dT}<0$ 时相变对冲击绝热线的影响

参考文献

[4.1] PRIETO F E,RENERO C. Equation for the shock adiabat[J]. J. Appl. Phys., 1970,41:3876.

[4.2] 经福谦. 实验物态方程导引[M].2 版. 北京:科学出版社,1999:91.

[4.3] JONES O E. Metal response under explosive loading behavior and utilization of explosives in engineering design[M]. New Mexico: Sec. ASME, 1972:125.

[4.4] DUVALL G E. Shock waves in condensed media[C]//CALDIROLA P, KNOEPFEL H. Physics of High Energy Density. New York:Academic Press, 1971: 7.

[4.5] 经福谦. 实验物态方程导引[M]. 2 版.北京:科学出版社,1999: 126.

[4.6] TRAINOR R J, GRABOSKE H G. Lawrence livermore lab[J]. Preprint UCRL-52562, 1978.

[4.7] STEINBERG C J, CHAU H H, DITTBENNER G, et al. The electric gun: a new method for generating shock pressures in excess of 1 TPa[R]. Livermore, CA: LLNL Report UCID-17943, 1978.

[4.8] HAWKE R S, BROOKS A C, MITCHELL A C, et al. Railguns for equation-of-state research[R]. Lawrence Livermore Laboratory, UCRL-85298, 1981,6,18.

[4.9] SWEENEY M A, PERRY F C, ASAY J R, et al. Shock effects in particle-beam fusion targets[R]. Sandia National Labs., Albuquerque, NM (USA), 1981.

[4.10] 经福谦. 实验物态方程导引[M]. 2 版.北京:科学出版社,1999: 135.

[4.11] 经福谦. 实验物态方程导引[M]. 2 版.北京:科学出版社,1999: 138.

[4.12] 经福谦. 实验物态方程导引[M]. 2 版.北京:科学出版社,1999: 141.

[4.13] 经福谦. 实验物态方程导引[M]. 2 版.北京:科学出版社,1999: 141.

[4.14] 经福谦. 实验物态方程导引[M]. 2 版.北京:科学出版社,1999: 165.

[4.15] 经福谦. 实验物态方程导引[M]. 2 版.北京:科学出版社,1999: 165.

[4.16] 经福谦. 实验物态方程导引[M]. 2 版.北京:科学出版社,1999: 170.

[4.17] 经福谦. 实验物态方程导引[M]. 2 版.北京:科学出版社,1999: 166.

[4.18] SCHARDIN H. Jahrbuch der deutsche akademie der luftfahrtforschung[M]. 1941: 314.

[4.19] BANCROFT D. PETERSON E L, MINSHALL S. Polymorphism of iron at high pressure[J]. J. Appl. Phys., 1956,27:291-298.

[4.20] MCQUEEN R G, MARSH S P, FRITZ J N J. Hugoniot equation of state of twelve rocks[J]. Geophys. Res., 1967,72:4999-5036.

第2篇 材料动态本构关系之畸变律

正如第1篇开篇所述，材料本构关系是材料力学行为的数学表述。应变率相关的材料动态本构关系通常表现为应力张量 σ_{ij}、应变张量 ε_{ij}、应变率张量 $\dot{\varepsilon}_{ij}$ 及温度 T 之间的泛函关系。

既然应力张量 σ_{ij} 可分解为应力球量 σ_{m} 和应力偏量 S_{ij} 之和，应变张量 ε_{ij} 可分解为应变球量 e_{m} 和应变偏量 e_{ij} 之和，应变率张量 $\dot{\varepsilon}_{ij}$ 可分解为应变率球量 $\dot{e}_{\mathrm{m}}$ 和应变率偏量 $\dot{e}_{ij}$ 之和：

$$\begin{cases}\sigma_{ij} = \sigma_{\mathrm{m}}\delta_{ij} + S_{ij} \\ \varepsilon_{ij} = e_{\mathrm{m}}\delta_{ij} + e_{ij} \\ \dot{\varepsilon}_{ij} = \dot{e}_{\mathrm{m}}\delta_{ij} + \dot{e}_{ij}\end{cases} \tag{Ⅱ.1}$$

则应变率相关本构关系通常也可表为两部分组成，即描述容积变化的球量部分（标量形式的容变律）和描述形状变化的偏量部分（泛函形式的畸变律）：

容变律为

$$\sigma_{\mathrm{m}} = f_v(e_{\mathrm{m}}, \dot{e}_{\mathrm{m}}, T) \tag{Ⅱ.2}$$

畸变律为

$$S_{ij} = \overline{\Phi}(e_{ij}, \dot{e}_{ij}, T) \tag{Ⅱ.3}$$

这里已经假定容变律和畸变律解耦，互不相关。

在允许忽略畸变的高压下，并假定在球应力（等轴应力）作用下不发生塑性容积变形，也不存在容积变形的应变率效应（无体积黏性），则固体可近似为理想可压缩流体，容变律就简化为非线性弹性容变关系。从热力学角度说，这时各力学量间的关系与“路径”无关而只是“状态”的函数，这时也常常称之为“固体高压状态方程”。这是第1篇已讨论过的内容。

本篇则着重讨论材料的动态本构畸变律，它与准静态本构畸变律相区别的核心在于**应变率效应**。这一领域的研究能在近几十年来取得了长足进展，既反映了广泛实际问题的迫切需求与驱动，也离不开不同领域的研究者们从宏观角度、微观角度和实验研究角度分别而又综合地进行了持久深入的研究。因此本篇相应地共包含3章,其中第5章从宏观力学角度讨论其基本问题,第6章从位错动力学角度讨论其微观物理基础,第7章则在应力波理论基础上讨论其动态实验研究。

本篇采用物质坐标法(Lagrange 法)研究材料的变形与运动,并以 x,y,z(或 x_1,x_2,x_3)表示 Lagrange 坐标。

第 5 章　材料的动态畸变律——宏观表征

5.1　高速变形下表征材料力学行为的若干实验现象

当表征材料的形状变化的流变应力与表征体积变化的等轴压力相比不可忽略时，已不宜用前面提到的流体动力学模型来描述，而必须同时考察材料的动态畸变律。人们通过大量实验观察到，这种动态变形主要涉及应变率效应以及与之相互关联的温度效应。

5.1.1　应变率效应

先来观察几个有关材料高速变形时力学特性的代表性实验现象。

以最具历史意义的 J. Hopkinson(1872)[5.1]和 B. Hopkinson(1905)[5.2]父子有关钢丝在落重冲击下的冲击实验为例(图 5.1)，他们的实验给出了 3 个令人意外的重要结果：① 控制冲击拉断的主要因素是落重的高度 H，即主要取决于冲击速度，而与落重的质量基本无关；② 冲击拉断的位置不是在冲击端 A 处，而是在悬挂固结端 B 处；③ 测得的动态屈服强度约为静态屈服强度的两倍，钢丝曾经经受了比静态屈服强度大 50% 的应力长达 100 μs 仍无明显的屈服(屈服滞后)。上述的前两个结果主要是由钢丝的惯性效应即应力波传播所造成的，第三个结果则完全是因为材料力学特性的应变率效应所致。

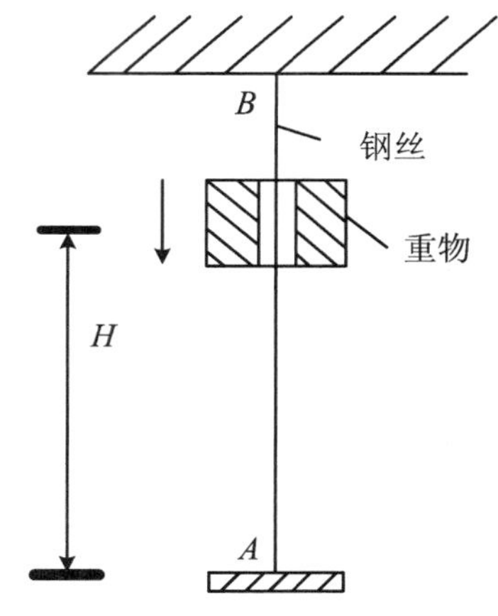

图 5.1　Hopkinson 父子实验

Hopkinson 父子实验以及之后的一系列实验现象表明，材料的力学性能与应变率有关。与此同时，分析材料在冲击条件下的力学性能即材料动态力学性能时，还应考虑实验系统的惯性效应，即应该用应力波理论来解释分析实验现象。在冲击实验中，应力波效应(惯性效应)和材料应变率效应常常是互相耦合的，要注意区分惯性效应和材料本身的应变率效应。

材料的应变率效应首先表现为材料的屈服强度随应变率增大而提高以及屈服滞后等，如上述 Hopkinson 父子实验已经观察到这一点。Devise 和 Hunter(1963)[5.3]采用分离式 Hopkinson 压杆技术(详见第 7 章)对多种金属和高分子材料的系列实验进一步证明了这一点。如表 5.1 所示，低碳钢、软铁和高纯钼的动态屈服强度(分别为 750 MPa，560 MPa 和 1 120 MPa)分别为各自静态屈服强度的 2.6 倍、3.6 倍和 3.3 倍。

表 5.1　几种金属材料的动态和静态屈服强度[5.3]

材　料	静态屈服强度 Y_s (MPa)	动态屈服强度 Y_d (MPa)	比　值 Y_d/Y_s
低碳钢	290	750	2.6
软铁	155	560	3.6
高纯钼	340	>1 120	>3.3

类似地，材料的流动应力也随应变率的提高而提高，即动态应力/应变曲线随应变率增大而上移。对于不同结晶结构的金属材料，例如，软钢（体心立方晶格）、工业纯铝（面心立方晶格）和钛合金 Ti-6Al-4V（密排六方 + 体心立方晶格）等，各自的典型实验结果分别如图 5.2～图 5.4 所示。这种现象类似于塑性力学中讨论的应变硬化，称为应变率硬化。当然也可能有反常现象出现，此即所谓材料的应变率不敏感甚至于应变率负敏感性（参阅第 6 章）。

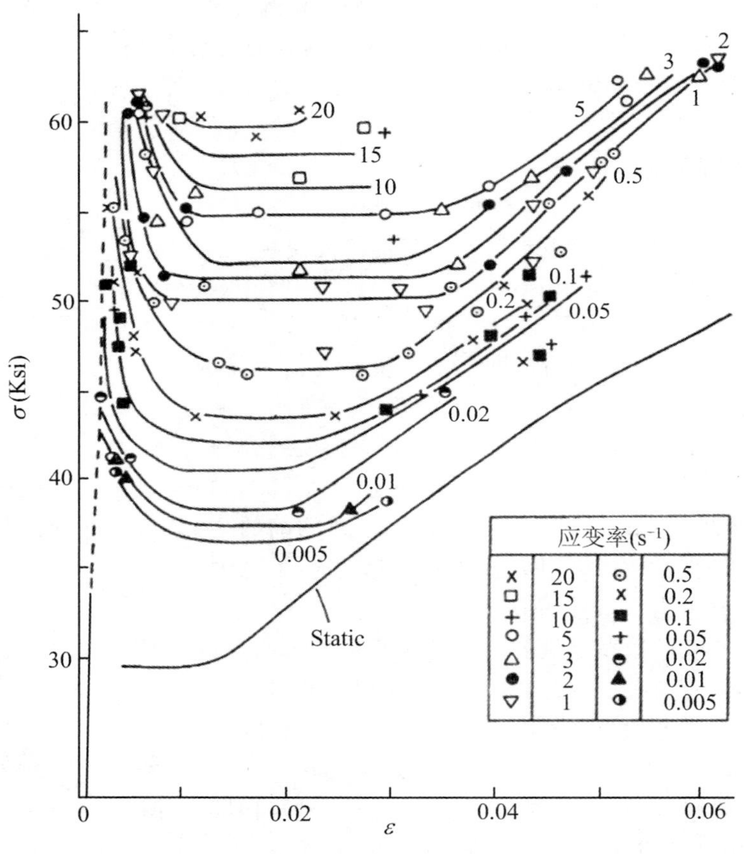

图 5.2　软钢在不同单向压缩应变率下的应力/应变曲线[5.4]

一般而言，对于不同的微观晶体结构的材料，其应变率敏感程度是不同的。例如，密排六方(hcp)型的金属或合金（图 5.4）的应变率敏感程度不像面心立方(fcc)型的（图 5.3）明显，但是体心立方(bcc)型的（图 5.2）应变率效应表现得十分敏感。

然而也有“反常”现象。例如，虽然纯铝显示高度的应变率敏感（图 5.3），但合金化增强后的铝合金 6061－T6 则显示对应变率不敏感[5.6]，如图 5.5 所示。这种表观上对应变率的不敏感，常常是多种因素的综合后果，将在下一章基于位错动力学等机理作进一步讨论。

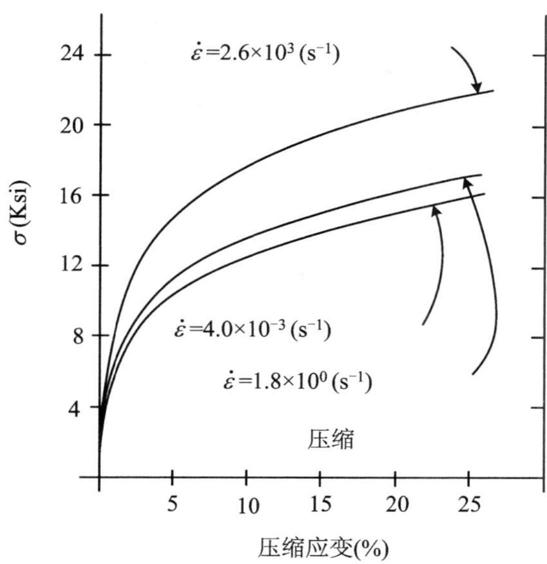

图 5.3　工业纯铝(1100-0 Al)在不同单向压缩应变率下的应力/应变曲线[5.5]

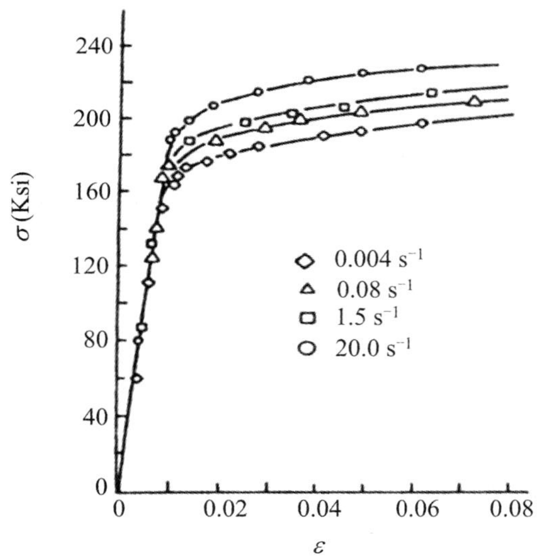

图 5.4　钛合金 Ti-6Al-4V 在不同单向压缩应变率下的应力/应变曲线[5.6]

历史上，通过分析金属材料一维应力下的大量实验研究数据，人们把流动应力对于应变率的依赖性主要归结为两种类型，即如下的幂函数律：

$$\frac{\sigma}{\sigma_0} = \left(\frac{\dot{\varepsilon}}{\dot{\varepsilon}_0}\right)^n \tag{5.1a}$$

或

$$\frac{\sigma}{\sigma_0} = 1 + \left(\frac{\dot{\varepsilon}}{\dot{\varepsilon}_0}\right)^n \tag{5.1b}$$

和对数律：

$$\frac{\sigma}{\sigma_0} = 1 + \lambda \ln \frac{\dot{\varepsilon}}{\dot{\varepsilon}_0} \tag{5.2}$$

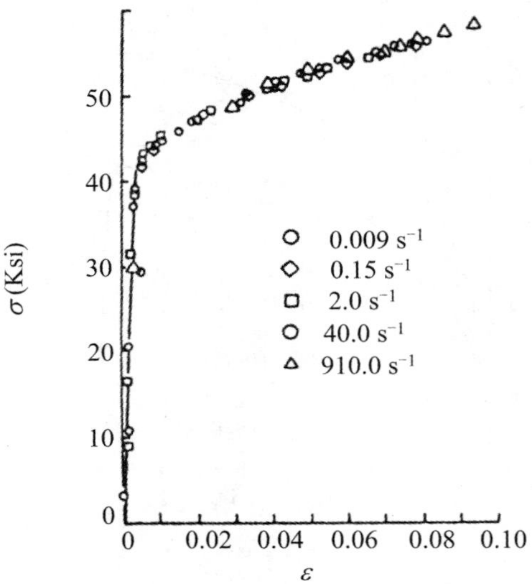

图 5.5　铝合金 6061-T6 在不同单向压缩应变率下的应力/应变曲线[5.6]

式中，σ_0是准静态实验($\dot{\varepsilon}=\dot{\varepsilon}_0$)下的流动应力。显然，$n$ 和λ 有

$$n = \frac{\partial \ln \sigma}{\partial \ln \dot{\varepsilon}} \tag{5.3}$$

$$\lambda = \frac{\partial \sigma}{\partial \ln \dot{\varepsilon}} \tag{5.4}$$

分别是幂函数律和对数律下的应变率敏感性系数。式(5.1a)和式(5.2)分别在双对数坐标和半对数坐标中呈直线(图 5.6)。后者意味着只有当应变率发生量级性的变化时，流动应力才有显著的变化。

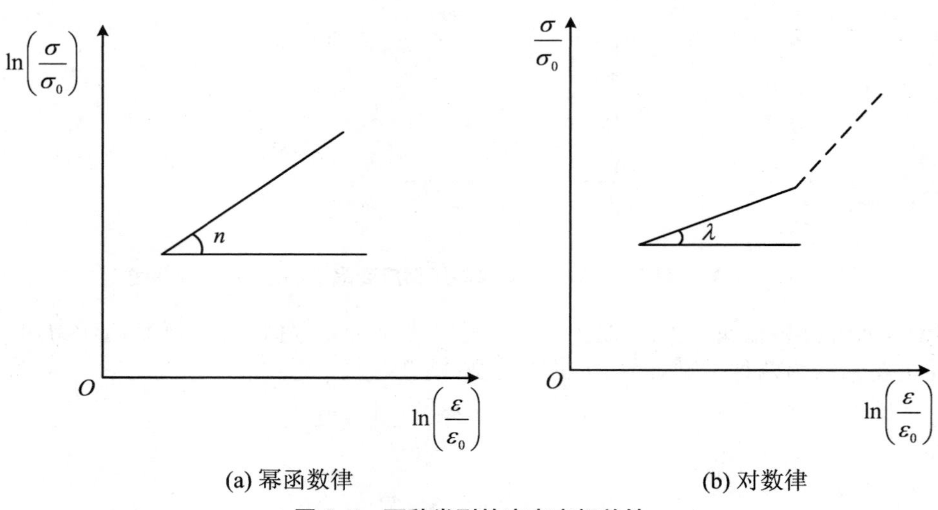

(a) 幂函数律　　(b) 对数律

图 5.6　两种类型的应变率相关性

注意到($\sigma-\sigma_0$)是动态应力与静态应力之差，常称为**超应力**(**overstress**)或**过应力**(**extra** stress)，$\frac{\sigma-\sigma_0}{\sigma_0}$则是无量纲化的超应力。于是式(5.1b)和式(5.2)表示超应力是应变率的函数。这一实验研究结果最早可追溯到 Lüdwik(1909)的研究工作[5.7]。

实际上，式(5.1)和式(5.2)分别适用于不同的材料以及不同的应变率范围。

例如，当 Lindholm 和 Yeakley(1968)对工业纯铝(1100-0 Al)在不同单向压缩应变率下的应力/应变曲线数据(图 5.3)，取不同恒定应变值在 σ-$\lg\dot{\varepsilon}$ 坐标中作图时，发现其呈现为在不同应变率范围内的不同斜率的两条直线(图 5.7)[5.5]。这意味着在冲击高应变率范围($10^2\sim10^3\ \mathrm{s}^{-1}$)比准静态低应变率范围($10^{-3}\sim10^1\ \mathrm{s}^{-1}$)具有更高的应变率敏感系数 λ。

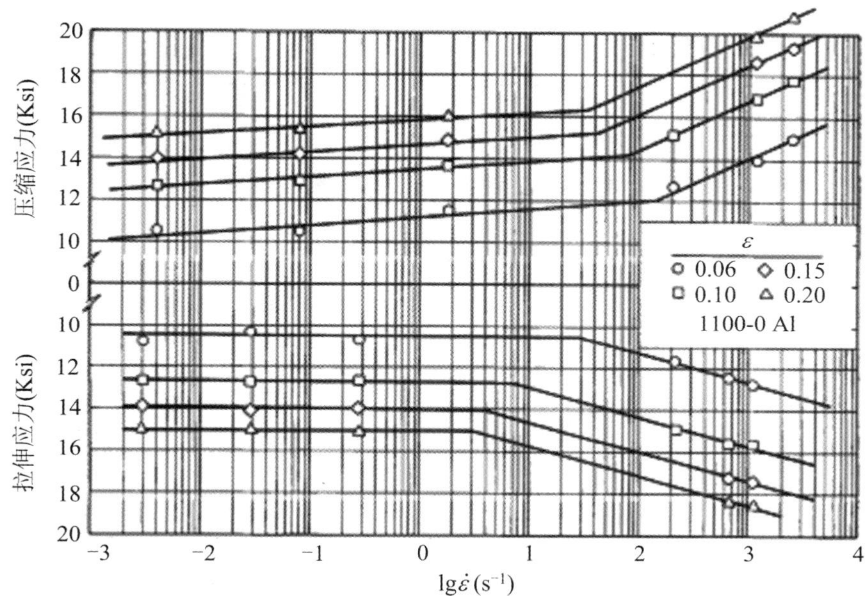

图 5.7　工业纯铝(1100-0 Al)在不同给定的应变时的 σ-$\lg\dot{\varepsilon}$ 曲线[5.5]

Follansbee 和 Kocks(1988)对于高纯无氧铜 OFHC 的实验研究则表明[5.8]，应变 $\varepsilon=0.15$ 时的流动应力与应变率对数的关系如图 5.8 所示，在应变率为 $10^{-4}\sim10^3\ \mathrm{s}^{-1}$ 的宽广范围，均满足半对数坐标中的线性关系式(5.2)。

然而，绝大多数金属材料如图 5.8 所示那样，当应变率 $\dot{\varepsilon}\geqslant10^4\ \mathrm{s}^{-1}$ 时的 σ-$\lg\dot{\varepsilon}$ 曲线发生急剧变化，流动应力猛增。这种曲线的拐折表明材料的塑性流动机理发生了本质变化。通常认为，控制塑性流动的物理机制已由位错运动的热激活机制让位于一种新的线性黏性机制(将在下一章进一步讨论)，这时如图 5.9 所示[5.9]，σ 与 $\dot{\varepsilon}$ 本身呈线性关系：

$$\frac{\partial\sigma}{\partial\dot{\varepsilon}}=\eta \tag{5.5}$$

式中，常数 η 为黏性系数。几种金属材料的实测 η 值(单位为 $\mathrm{kN\cdot s/m^2}$)见表 5.2[5.10]。

表 5.2　几种金属材料的实测 η 值[5.10]　　(单位：$\mathrm{kN\cdot s/m^2}$)

材　料	铝	铜	锌	黄铜	软钢
多晶体	2.1[5.11] 1.4	3.6[5.11]	−	5.5[5.11]	2.1[5.9] 2.8[5.11]
单晶体	1.2[5.12]	10.8[5.14]	0.5[5.13]		

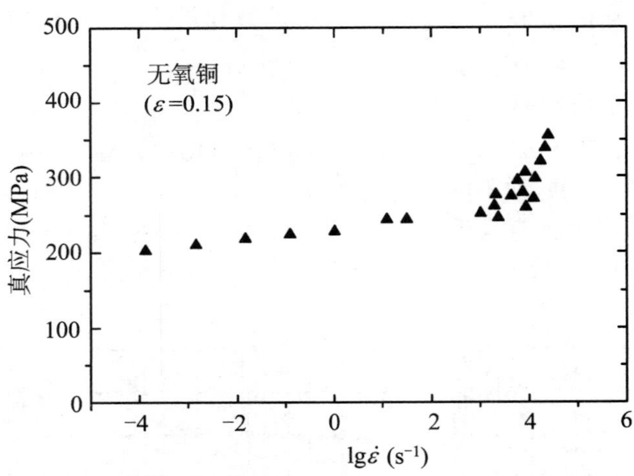

图 5.8　无氧铜(OFHC)在 $\varepsilon=0.15$ 时的 σ-$\lg\dot{\varepsilon}$ 曲线[5.8]

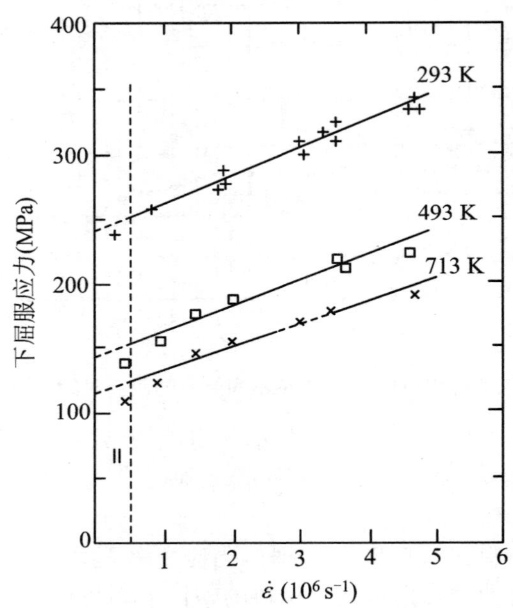

图 5.9　软钢在超高应变率下的应变率敏感性[5.9]

应变率对于强度极限 σ_b 的影响基本上类似于应变率对流动应力的影响，即作为流动应力的临界点的强度极限随应变率增大而提高，并呈延迟断裂现象。与此同时，材料的破坏形式则发生变化，多数材料会发生“**冲击脆化**”(impact embrittlement)，也有反常的“**冲击韧化**”(**impact toughening**)。前者指材料由韧性断裂向脆性断裂转化，如表现为拉伸延伸率 δ 随应变率的增加而降低。以钼为例，在静态拉伸实验中其延伸率 $\delta=40\%$，而在应变率等于 2 s^{-1}时，其延伸率 δ 已趋于零(图 5.10)[5.10]。相反，对于钼与稀土元素铼的合金 50Mo-50Re，在其强度极限随应变率增加而提高的同时，其伸延伸率 δ 也增加(图 5.11)[5.15]。

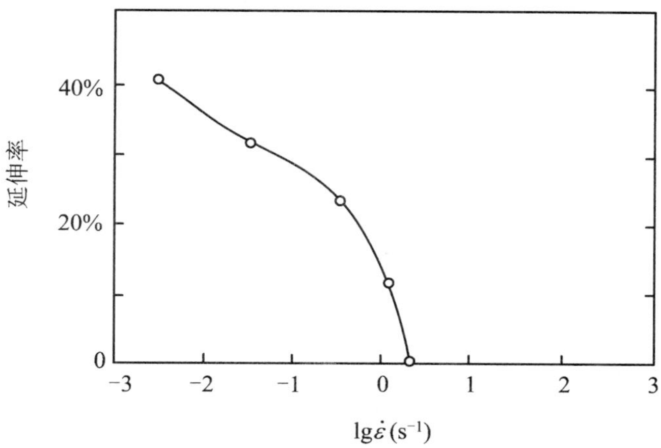

图 5.10　钼的拉伸延伸率与应变率的关系[5.10]

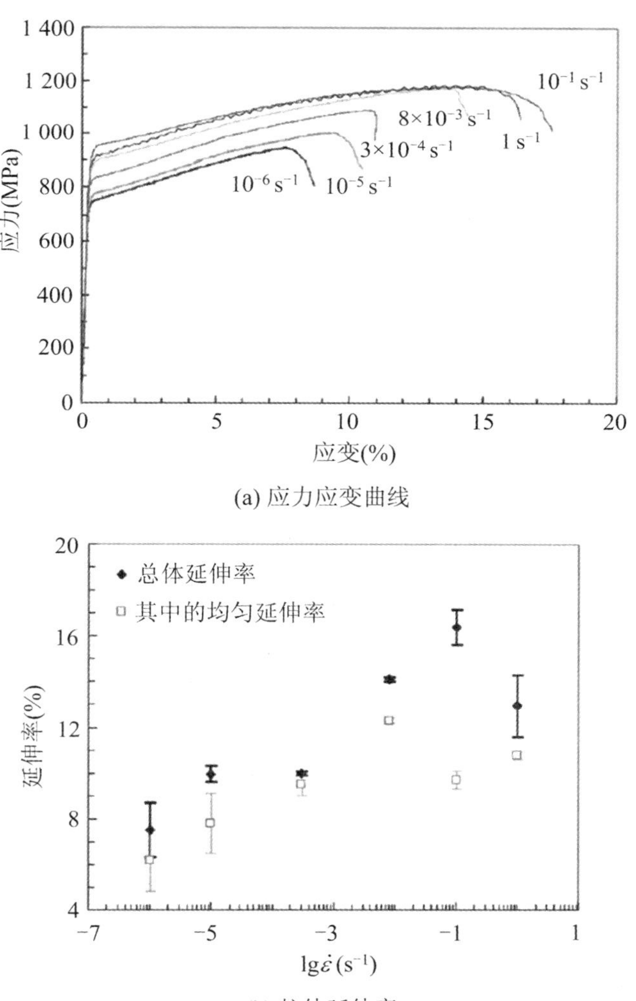

图 5.11　50Mo-50Re 钼铼合金在室温不同应变率下的应力/应变曲线和拉伸延伸率[5.15]

有关材料动态破坏的更深入讨论，请参阅第3篇，在此就不一一赘述了。

5.1.2 应变率与温度的联合效应和率-温等效

材料的流动应力随温度升高而降低的温度软化效应，是早于应变率效应而为人们所熟知的。例如，铁的准静态屈服应力随温度变化的实验结果如图5.12所示[5.16]，其拟合曲线可用下式表示：

$$\sigma = \sigma_r\left[1 - \left(\frac{T - T_r}{T_m - T_r}\right)^m\right] \tag{5.6}$$

式中，T_m为熔点温度，T_r为参考温度，σ_r为参考温度下的屈服应力，m 表征温度软化特性。

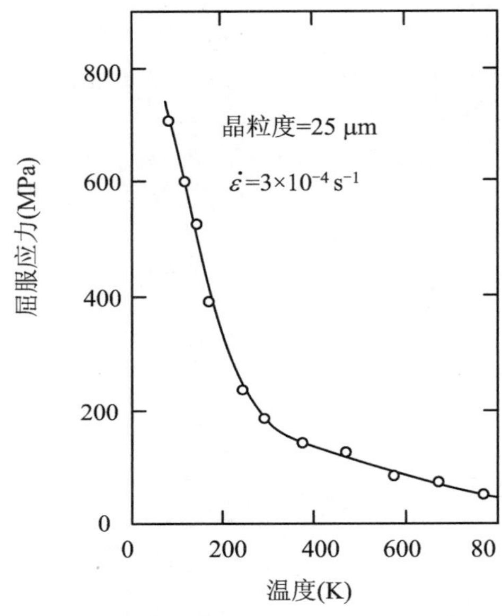

图 5.12 纯铁(C:0.03%-wt)的准静态屈服应力随温度的变化[5.16]

在冲击载荷下，人们更关心的是应变率与温度的联合效应。Lindholm(1968)对于铝在不同应变率和温度下的实验结果如图5.13所示[5.17]，显示在不同给定温度下其都较好地满足了σ-lg$\dot{\varepsilon}$ 坐标中的线性关系(式5.2)。

Campbell 和 Ferguson(1970)对于软钢在不同应变率和温度下的屈服应力的实验结果如图5.14所示[5.18]。他们发现：在不同的应变率-温度联合作用下，可按不同的应变率敏感性(不同的黏塑性机理)进行分区。图中：Ⅰ区是低应变率-高温区，对应变率不太敏感；Ⅱ区是高应变率-低温区，在σ-lg$\dot{\varepsilon}$ 坐标中其应变率敏感系数 λ 服从线性关系式(5.2)；Ⅳ区是应变率敏感性快速上升的更高应变率区，其应变率敏感系数 λ 在σ-$\dot{\varepsilon}$ 坐标中服从线性关系式(5.5)。

大量实验观察表明，一般而言，应变率效应与温度效应对材料的力学性能的影响在总体上有极其相似的或密切相关的内在联系，表现为降低环境温度所带来的后果(低温硬化/脆化)往往与提高应变率所带来的效果(应变率硬化/脆化)相当。这种等效现象称为**应变率-温度等效**，或简称**率-温等效**(**rate-temperature equivalence**)；或由于应变率与时间 t 互为倒数因而也表现为**时间-温度等效**(**time-temperature equivalence**)，并且常常可以引入一个应变率 $\dot{\varepsilon}$ 和温度 T 的组合参量来描述这种等效性，例如，由 Lindholm(1974)[5.10]建议的 T^*：

$$T^* = T\ln\frac{\dot{\varepsilon}_0}{\dot{\varepsilon}_p} \approx T\ln\frac{\dot{\varepsilon}_0}{\dot{\varepsilon}} \tag{5.7}$$

式中，$\dot{\varepsilon}_p$ 是塑性应变率（当弹性小变形可忽略时就简化为总应变率 $\dot{\varepsilon}$），$\dot{\varepsilon}_0$ 是参考应变率。

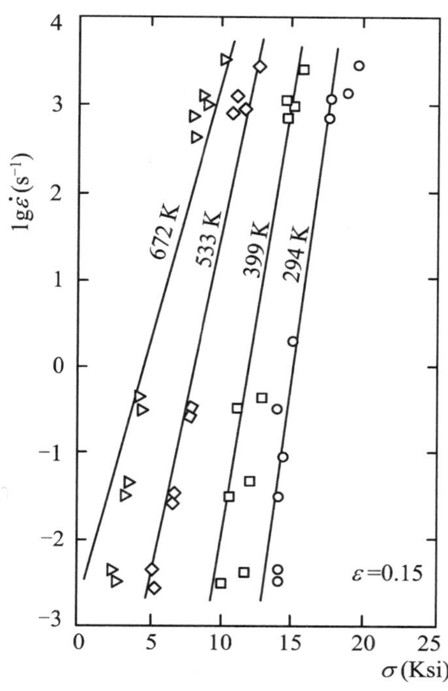

图 5.13　铝的流动应力（$\varepsilon = 0.15$）随应变率和温度不同发生的变化[5.17]

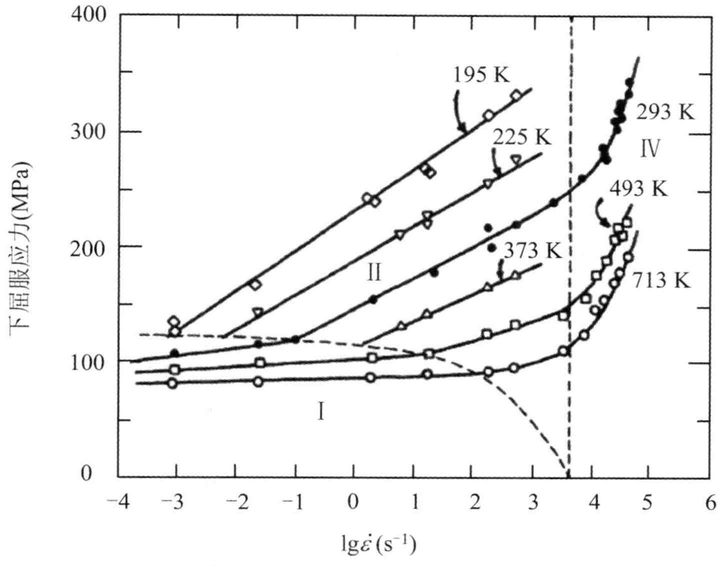

图 5.14　软钢的下屈服应力随应变率和温度不同发生的变化[5.18]

其他的研究者还提出过其他形式的类似参数，例如 MacGregor 和 Fisher（1946）[5.19] 提出的所谓“**速度修正温度（velocity modified temperature）**”：

$$T_V = T\left(1 - A\ln\frac{\dot{\varepsilon}_p}{\dot{\varepsilon}_0}\right)$$

这类率-温等效参数相互等价，最早则可追溯到由 Zener 和 Hollomon(1944)[5.20]基于位错动力学提出的所谓 Zener-Holloman 参数：

$$Z = \dot{\varepsilon}\exp\left(\frac{U}{kT}\right)$$

该参数将在下一章讨论。可以通称为 Zener-Holloman 型率-温等效参数。

引入式(5.7)所示率-温等效参数 T^* 后，同时计及应变率效应和温度效应的畸变律可以归一化地用图 5.15 来示意[5.10]，即随着 T^* 之降低(意味着温度降低或应变率增高)，应力/应变曲线向应力增大方向移动(体现硬化效应)，并由韧性(塑性)破坏向脆性破坏转化。

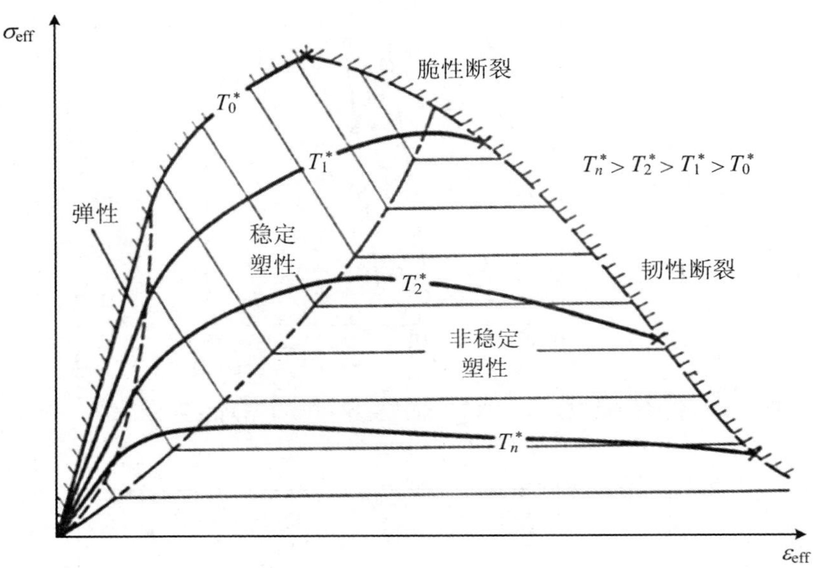

图 5.15　计及率-温等效的金属材料热黏塑性本构行为的示意图[5.10]

图 5.15 把材料的率-温相关的本构畸变特性分为 3 个区域：

① 塑性屈服前的**弹性/黏弹性区**(E)。此区内的弹性响应虽然一般是应变率相关的(黏弹性)，但也常常假设为应变率无关的理想弹性，而其左侧以应变率趋向无穷大的瞬态响应极限为界。

② 表征应变硬化$\left(\frac{d\sigma}{d\varepsilon}>0\right)$的**稳定塑性区**(**SP**)。

③ 表征应变软化$\left(\frac{d\sigma}{d\varepsilon}<0\right)$的**不稳定塑性区**(**UP**)，其右侧以破坏极限为界。

分隔这 3 个区域的边界由对应的临界条件所确定，即屈服准则、本构失稳准则$\left(\frac{d\sigma}{d\varepsilon}=0\right)$和破坏准则。图 5.15 表示，这些准则一般都是应变率和温度的函数。换句话说，在计及率-温效应时，动态屈服准则、动态本构失稳准则和动态破坏准则都不能沿用静力学中常用的临界应力准则型或临界应变准则型这一类"单变量准则"来描述，而必须代之以相应的"多变量准则"。

在动态断裂方面，图 5.15 反映的是“冲击脆化”和“低温脆化”现象，即随着应变率的增高或温度的降低，破坏方式将由韧性断裂(泛指经历塑性变形后的断裂)向脆性断裂(泛指不经塑性变形的断裂)转化。可见，与“韧脆转化温度”概念相对应，也存在等效的“韧脆转化应变率”，其对应于图中右侧破坏极限线上韧性断裂与脆性断裂的分界点。

还应该注意，为了把一维应力下的率-温相关的动态畸变关系推广到一般的三维应力状态，类似于经典塑性力学中的 von Mises 屈服条件，图 5.15 已引入了基于应力偏量第二不变量 $J_2\left(=\dfrac{S_{ij}S_{ij}}{2}\right)$ 的所谓“等效应力” σ_{eff} 以及相对应的基于应变偏量第二不变量 $K_2\left(=\dfrac{e_{ij}e_{ij}}{2}\right)$ 的所谓“等效应变” $\varepsilon_{\mathrm{eff}}$ 和基于应变率偏量第二不变量 $D_2\left(=\dfrac{\dot{e}_{ij}\dot{e}_{ij}}{2}\right)$ 的所谓“等效应变率” $\dot{\varepsilon}_{\mathrm{eff}}$：

$$\sigma_{\mathrm{eff}}=\frac{\sqrt{2}}{2}\left[(\sigma_1-\sigma_2)^2+(\sigma_2-\sigma_3)^2+(\sigma_3-\sigma_1)^2\right]^{1/2} \tag{5.8a}$$

$$\varepsilon_{\mathrm{eff}}=\frac{\sqrt{2}}{3}\left[(\varepsilon_1-\varepsilon_2)^2+(\varepsilon_2-\varepsilon_3)^2+(\varepsilon_3-\varepsilon_1)^2\right]^{1/2} \tag{5.8b}$$

$$\dot{\varepsilon}_{\mathrm{eff}}=\frac{\sqrt{2}}{3}\left[(\dot{\varepsilon}_1-\dot{\varepsilon}_2)^2+(\dot{\varepsilon}_2-\dot{\varepsilon}_3)^2+(\dot{\varepsilon}_3-\dot{\varepsilon}_1)^2\right]^{1/2} \tag{5.8c}$$

这时率-温等效参数 T^*(式 5.7)中的 $\dot{\varepsilon}_{\mathrm{p}}$ 或 $\dot{\varepsilon}$ 应该理解为式(5.8c)定义的等效应变率。

准静态经典塑性力学中的 von Mises 屈服条件所引入的“等效应力” σ_{eff} 和“等效应变” $\varepsilon_{\mathrm{eff}}$ 能否推广应用到高应变率条件下，是人们普遍关注而有待深入研究的问题。对于均匀各向同性材料，这一假定已得到有关实验结果的支持。例如，Randall 和 Campbell(1972)对 EN2E 钢(相当于中国 15 号碳素钢)用薄壁管试件在 3 种应变率的拉-扭复合载荷下进行实验，其下屈服应力的结果如图 5.16 所示，显示 Mises 准则随应变率提高继续成立[5.21]。

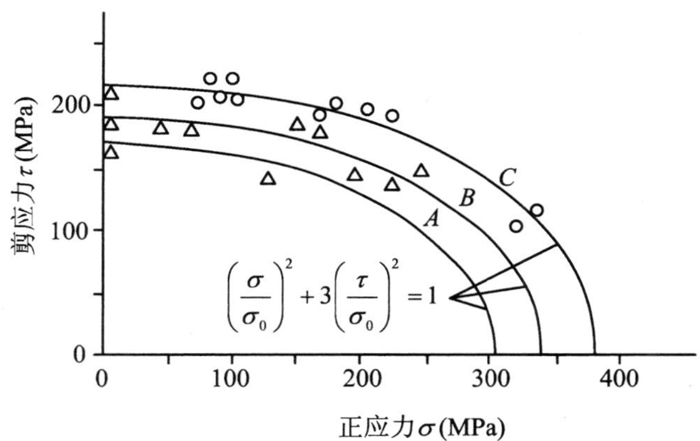

图 5.16 应变率对 EN2E 钢下屈服应力的影响[5.21]

曲线 A：$\dot{\varepsilon}=1\ \mathrm{s}^{-1}$，$\sigma_0=304$ MPa；曲线 B：$\dot{\varepsilon}=6\ \mathrm{s}^{-1}$，$\sigma_0=341$ MPa；曲线 C：$\dot{\varepsilon}=35\ \mathrm{s}^{-1}$，$\sigma_0=387$ MPa。

又如，对德国模具钢 40CrMnMo7 采用拉-扭复合 Hopkinson 杆在更宽应变率范围下的屈服应力 $\sigma_{1\%}$ 的实验结果如图 5.17 所示[5.22]，也显示 Mises 准则随应变率提高继续成立，这里 $\sigma_{1\%}$ 是按照残余塑性应变为 1%定义的屈服应力。

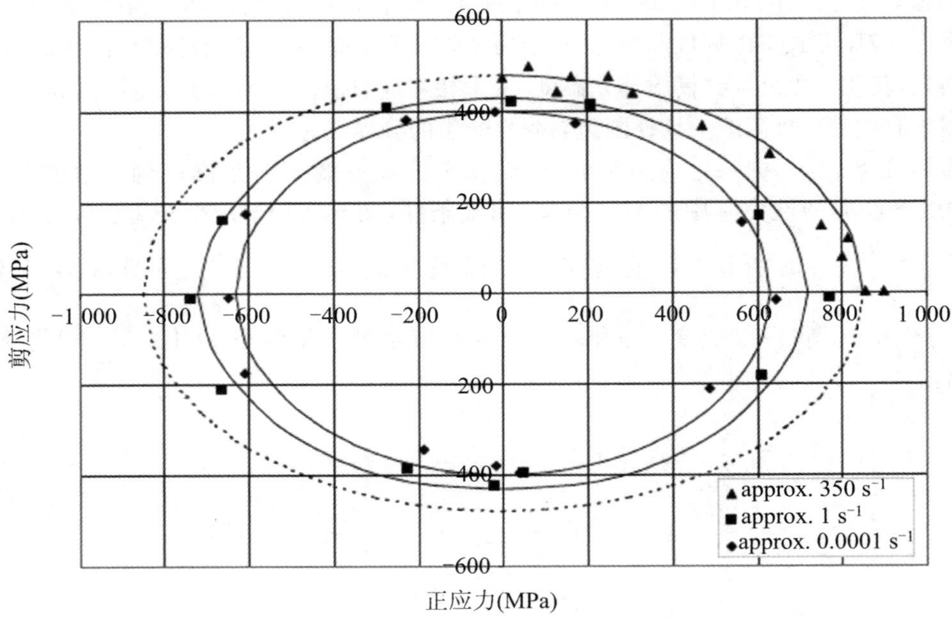

图 5.17　应变率对 40CrMnMo7 钢屈服应力 $\sigma_{1\%}$ 的影响[5.22]

5.1.3　应变率历史效应

除了应变率效应之外，研究者们还发现材料动态力学响应一般还依赖于应变率的历史，称为应变率历史效应。这可以通过图 5.18 来加以说明，图中 AD 和 BC 曲线分别对应于低应变率 $\dot{\varepsilon}_1$ 和高应变率 $\dot{\varepsilon}_2$($\dot{\varepsilon}_2 > \dot{\varepsilon}_1$)的应力/应变曲线。

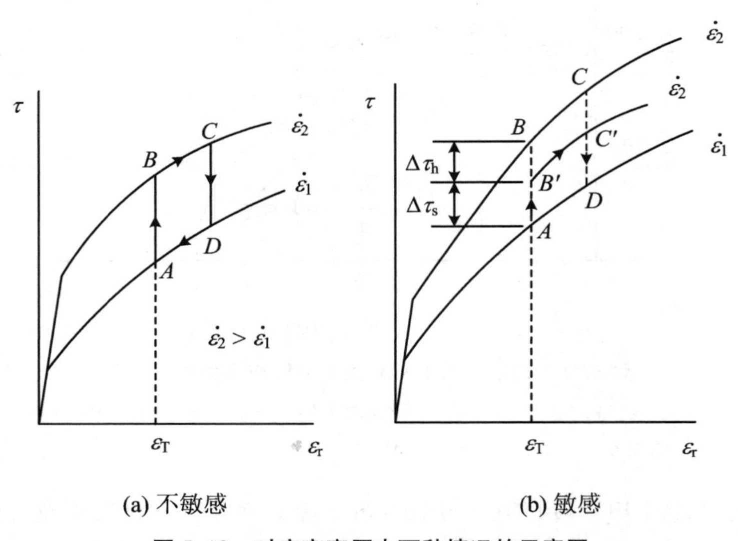

图 5.18　对应变率历史两种情况的示意图

如图 5.18(a)所示，若材料对应变率历史不敏感，仅仅有应变率效应，那么当材料在给定应

变 ε_T 下从应变率 $\dot{\varepsilon}_1$ 状态的 A 点转变为应变率 $\dot{\varepsilon}_2$（$\dot{\varepsilon}_2>\dot{\varepsilon}_1$）时，材料的应力/应变关系将立即转移到新的 $\dot{\varepsilon}_2$ 曲线上去，即从 A 点跳到B 点，相应的应力增量为 $\Delta\sigma=\sigma_B-\sigma_A$。然而若材料对应变率历史是敏感的，则如图 5.18(b)所示，则原来的应变率 $\dot{\varepsilon}_1$ 仍遗留有历史影响，材料的应力/应变关系将是逐渐趋近新的应变率 $\dot{\varepsilon}_2$ 下的应力/应变曲线，即从 A 点跳到B'点，相应的应力增量为 $\Delta\sigma_s=\sigma_{B'}-\sigma_A$。另一部分的应力增量 $\Delta\sigma_h=\sigma_B-\sigma_{B'}$是在这之后逐渐获得的。$\Delta\sigma_h$ 常常被视为衡量应变率历史效应的度量，表征应变硬化（对应于微观上的结构状态）的应变率敏感性[5.23]。材料的这种对原来的应变率历史尚有的“记忆”，是随时间推移而逐渐衰退的，称为**减退记忆效应**（**fading memory effect**）。图 5.19 所示的铝的实验结果[5.24]就很形象地反映了这一过程，其中图 5.19(a)所示的是在低应变率下变形后转到高应变率下实验的结果，而图 5.19(b)所示的是在高应变率下变形后转到低应变率下实验的结果。

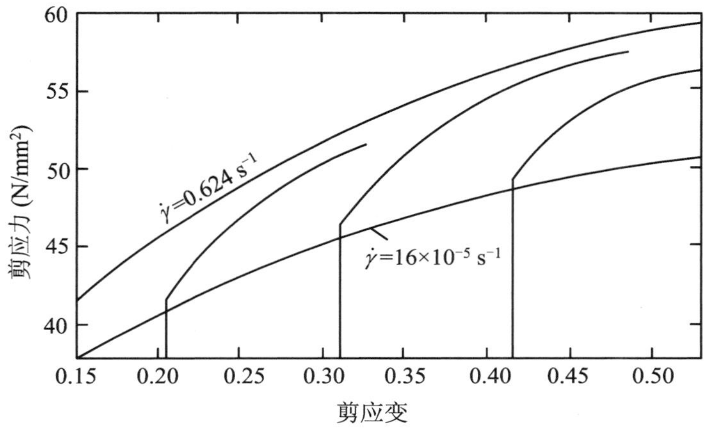

(a) 低应变率下变形后转到高应变率下的实验

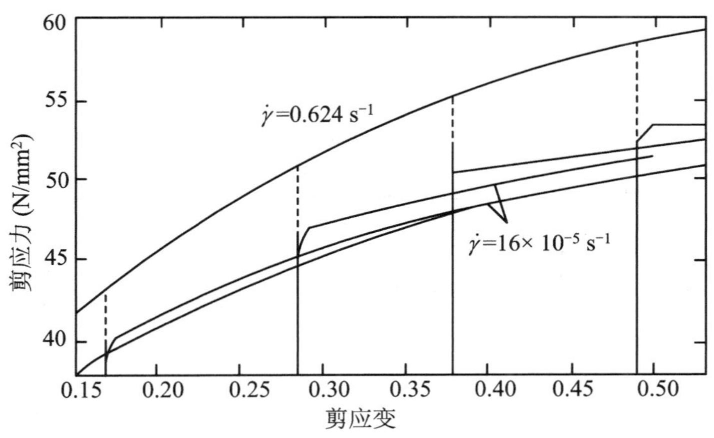

(b) 高应变率下变形后转到低应变率下的实验

图 5.19　铝对应变率历史敏感的实验结果[5.24]

在分离式 Hopkinson 扭杆上进行的应变率“跳跃”实验的一些典型结果进一步表明，应变率历史效应是随材料不同而异的[5.25]，铜对应变率历史是敏感的，如图 5.20(a)所示；而钛尽管对应变率是非常敏感的但对应变率历史不敏感，如图 5.20(b)所示；软钢则呈现出很特殊的现象，从低应变率曲线跳跃到高应变率时出现“过冲”现象，即如图 5.20(c)所示，随应变率从低应变率跳跃到高应变率时，应力过冲到高于高应变率曲线所对应的应力，然后才逐渐趋近于高应变率曲线。

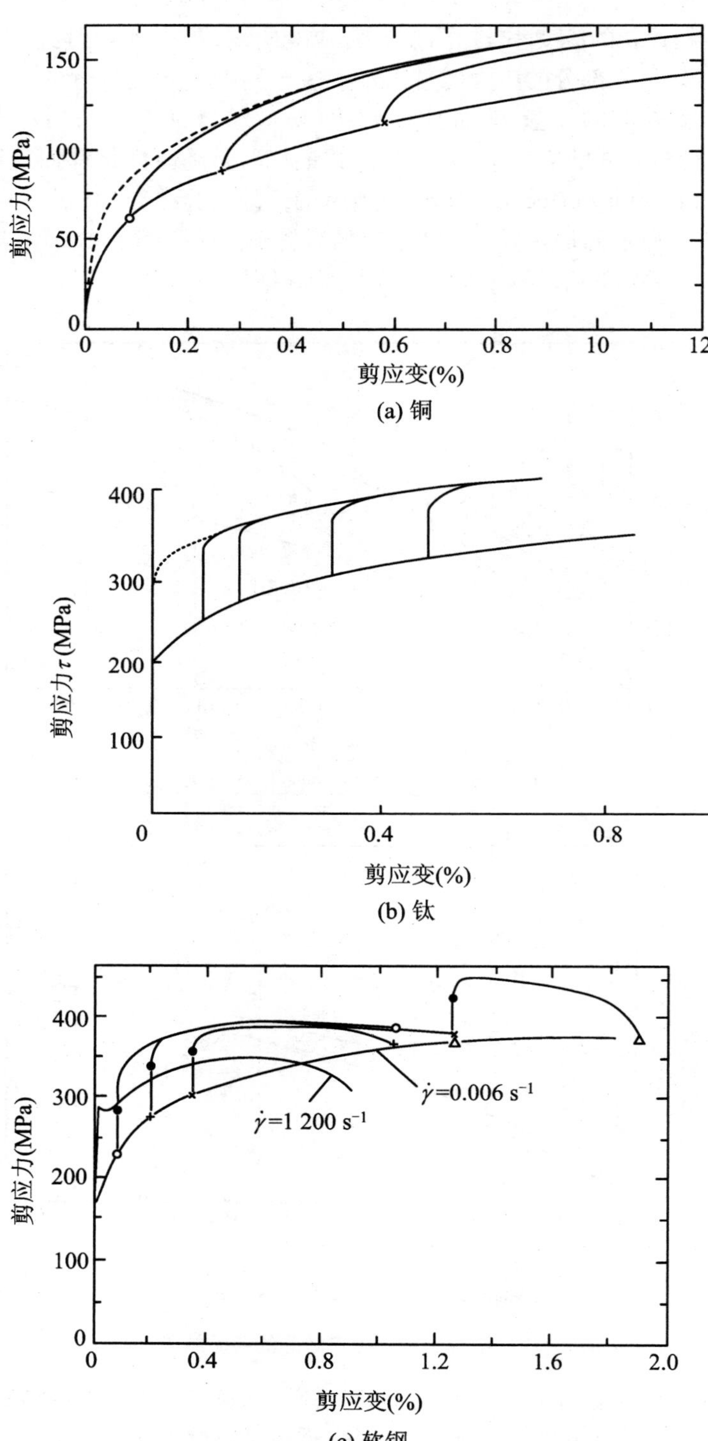

图 5.20　不同材料对应变率历史敏感性的实验结果[5.25]

一旦考虑到应变率历史效应，则将使对材料动态本构畸变律的描述变得更复杂，这是一个有待进一步深入研究的问题[参看第 6 章的式(6.49)及有关讨论]。目前，大多数实际工程采用的材料动态本构畸变律(如下节将要介绍的黏塑性本构方程)尚未计及应变率历史效应。

5.2　黏塑性本构方程(唯象模型)

在准静态固体力学中通常是不考虑应变率效应的，因此本构方程的形式以一维形式为例，一般可以表现为

$$f(\sigma,\varepsilon) = 0 \tag{5.9}$$

在材料动力学中，考虑到应变率效应时，式(5.9)应该改写为

$$f(\sigma,\varepsilon,\dot{\varepsilon}) = 0 \tag{5.10a}$$

由于从宏观力学角度看，应变率在率相关塑性流变行为中表现出类似于黏性流体的黏性，故这类方程通称为材料的黏塑性本构方程。如果再考虑到温度效应，则有

$$f(\sigma,\varepsilon,\dot{\varepsilon},T) = 0 \tag{5.10b}$$

常常通称为热黏塑性本构方程。或者引入率-温等效参数，例如，式(5.7)定义的 T^*，则有

$$f(\sigma,\varepsilon,T^*) = 0 \tag{5.10c}$$

接下来的问题归结为如何确定其具体的函数形式。本节主要从宏观力学的角度来加以讨论，包括 Cowper-Symonds 方程和 Johnson-Cook 方程等所谓经验型公式、基于初始屈服面和超应力概念的 Sokolovsky-Malvern-Perzyna 模型以及基于无屈服面概念的 Bodner-Parton 模型等，这些统一归之为唯象的(Phenomenological)黏塑性本构方程。此外，还有基于材料微观结构，从位错动力学的角度导出的一些本构方程，将在下一章中叙述。

5.2.1　Cowper-Symonds(C-S)方程

Cowper 和 Symonds(1957)根据金属材料在不同应变率下的屈服应力的大量实验数据，提出了如下形式的率相关本构方程[5.26]

$$\dot{\varepsilon} = D\left(\frac{\sigma'_0}{\sigma_0} - 1\right)^q \tag{5.11a}$$

式(5.11a)显然也可以改写为如下形式：

$$\frac{\sigma'_0}{\sigma_0} = 1 + \left(\frac{\dot{\varepsilon}}{D}\right)^{1/q} \tag{5.11b}$$

式中，σ_0 是准静态流动应力，σ'_0 是应变率 $\dot{\varepsilon}$ 时的流动应力，D 和 q 是材料常数。与前一节式(5.1b)相对照可知，D 和 q 分别对应于式(5.1b)中的 $\dot{\varepsilon}_0$ 和 $\dfrac{1}{n}$，而 n 的物理意义是式(5.3)所定义的应变率敏感系数。表 5.3 列出了几种金属材料的 D 和 q 实验测定值。

表 5.3　几种金属材料的 D 和 q 值

材　料	$D(s^{-1})$	q
软钢[5.26]	40.4	5
铝合金[5.27]	6500	4
a-钛[5.28]	120	9
304 不锈钢[5.29]	100	10

对于软钢，当取 $D=40.4$，$q=5$ 时，式(5.11)与 Symonds 历时 30 年所收集的实验数据之对比如图 5.21 所示[5.30]。考虑到不同实验室所研究的软钢之微观晶粒尺寸和热处理不尽相同，测试系统也有差别，图中的数据难免相当分散，而 Cowper-Symonds 公式在总体上仍获得众多实验数据支持，这是它迄今为止仍在工程上获得广泛应用的重要原因之一。

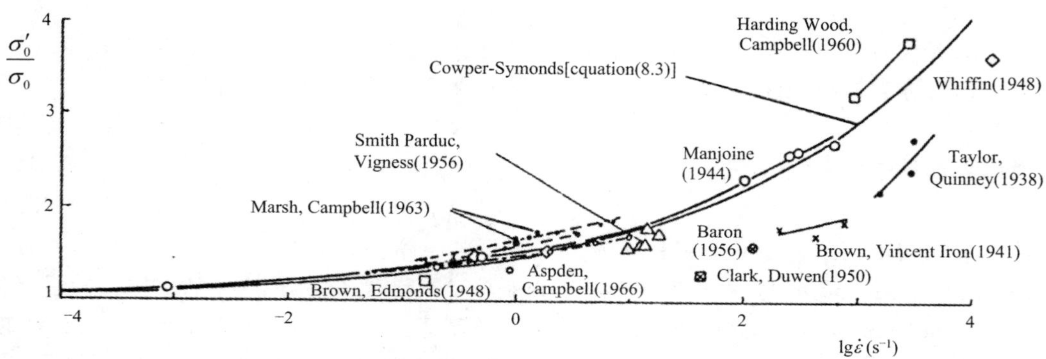

图 5.21　Cowper-Symonds 公式与软钢在不同应变率下的屈服应力实验结果的比较[5.30]

如果取 $\dot{\varepsilon}=D(=\dot{\varepsilon}_0)$，有 $\sigma_0'=2\sigma_0$，而与 q 值无关，也与应变大小无关，这相当于动态刚塑性模型。事实上，在 Cowper-Symonds 公式的原先形式[式(5.11)]中，没有反映材料的应变硬化效应。为了包含应变硬化效应，可把式(5.11)改写为下式[5.31]：

$$\dot{\varepsilon}=D\left[\frac{\sigma_0'-\sigma(\varepsilon)}{\sigma_0}\right]^q \tag{5.11c}$$

或改写为[5.32]

$$\dot{\varepsilon}=D\left[\frac{\sigma_0'}{\sigma(\varepsilon)}-1\right]^q \tag{5.11d}$$

式中，$\sigma(\varepsilon)$是准静态计及应变硬化的单轴应力/应变曲线。$[\sigma_0'-\sigma(\varepsilon)]$正是在上一节讨论式(5.1b)和式(5.2)时指出过的超应力。可见 Cowper-Symonds 公式可以归为基于超应力的经验公式。

Cowper-Symonds 公式的原始形式[式(5.11)]是基于一维应力状态的实验结果，为了推广到一般的三维应力状态，只需把式中的一维应力、应变和应变率等代之以式(5.8)定义的等效应力、等效应变和等效应变率即可。

在式(5.11)的基础上，不难写出相应的张量形式黏塑性本构方程。事实上，由经典塑性力学[5.33]中的 Levy-Mises 增量理论，塑性应变偏量的增量 de_{ij}^p 正比于应力偏量 S_{ij}：

$$de_{ij}^p=d\lambda S_{ij} \tag{5.12a}$$

式中，$d\lambda$ 是非负标量比例因子。把上式等号两侧平方，演算后注意到等效应力 σ_{eff} 定义[式(5.8a)]和等效塑性应变偏量 de_{eff}^{p} 定义[把式(5.8c)中的 $\dot{\varepsilon}$ 改为 de^{p}]，即可确定 $d\lambda$ 为

$$d\lambda = \frac{3}{2}\frac{de_{\mathrm{eff}}^{p}}{\sigma_{\mathrm{eff}}}$$

把上式代入式(5.12a)可得

$$de_{ij}^{p} = \frac{3}{2}\frac{de_{\mathrm{eff}}^{p}S_{ij}}{\sigma_{\mathrm{eff}}} \tag{5.12b}$$

在塑性体积变形可忽略时，无需区分塑性应变率偏量 e_{ij}^{p} 与塑性应变率全量 ε_{ij}^{p}，于是以增量形式表述的上式可改写为以率形式表述的下式：

$$\begin{cases} \dot{\varepsilon}_{ij}^{p} = \left(\dfrac{D_2^{p}}{J_2}\right)^{1/2} S_{ij} = \dfrac{3}{2}\dfrac{\dot{\varepsilon}_{\mathrm{eff}}^{p}}{\sigma_{\mathrm{eff}}}S_{ij} \\ D_2^{p} = \dfrac{1}{2}\dot{\varepsilon}_{ij}^{p}\dot{\varepsilon}_{ij}^{p} = \dfrac{3}{4}(\dot{\varepsilon}_{\mathrm{eff}}^{p})^2 = \dfrac{1}{6}[(\dot{\varepsilon}_1^{p}-\dot{\varepsilon}_2^{p})^2+(\dot{\varepsilon}_2^{p}-\dot{\varepsilon}_3^{p})^2+(\dot{\varepsilon}_3^{p}-\dot{\varepsilon}_1^{p})^2] \\ J_2 = \dfrac{1}{2}S_{ij}S_{ij} = \dfrac{1}{3}(\sigma_{\mathrm{eff}})^2 = \dfrac{1}{6}[(\sigma_1-\sigma_2)^2+(\sigma_2-\sigma_3)^2+(\sigma_3-\sigma_1)^2] \end{cases} \tag{5.12c}$$

把以等效应变率形式表示的 Cowper-Symonds 公式(式 5.11a)代入上式，并忽略弹性应变率，最后可得

$$\dot{\varepsilon}_{ij} = \frac{3}{2}\frac{D}{\sigma_{\mathrm{eff}}}\left(\frac{\sigma_{\mathrm{eff}}}{\sigma_0}-1\right)^{q}S_{ij} \tag{5.12d}$$

这就是张量形式的基于 Cowper-Symonds 公式的应变率相关的黏塑性本构方程。注意，式(5.12a)至式(5.12c)并不依赖于屈服面或静态应力/应变曲线的存在与否，但引入了 Cowper-Symonds 公式的式(5.12d)则是以存在屈服面或静态应力/应变曲线为前提的，即所谓超应力类型的黏塑性本构方程。

Cowper-Symonds 公式在金属结构的结构冲击力学[5.34]，包括汽车碰撞、船舶碰撞和船撞桥[5.35, 5.36]等实际工程中获得了广泛应用。

5.2.2　Johnson-Cook(J-C)方程

考虑到材料在准静态下计及应变硬化的应力/应变关系常常遵循如下的抛物线硬化式：

$$\sigma = \sigma_0 + B\varepsilon^{n} \tag{5.13}$$

式中，σ_0 是屈服应力，指数前系数 B 和应变硬化系数 n 表征应变硬化特性；再考虑到流动应力对温度 T 的依赖性如前所述可用式(5.6)描述；而流动应力对应变率 $\dot{\varepsilon}$ 的依赖性当应变率不是十分高时可用式(5.2)描述，综合考虑上述条件，Johnson 和 Cook 提出用下述方程(被称为 Johnson-Cook 方程)来描述材料的动态本构关系[5.37, 5.38]：

$$\sigma = (\sigma_0 + B\varepsilon^{n})\left(1 + C\ln\frac{\dot{\varepsilon}}{\dot{\varepsilon}_0}\right)(1 - T^{*m}) \qquad \left(T^{*} = \frac{T - T_{\mathrm{r}}}{T_{\mathrm{m}} - T_{\mathrm{r}}}\right) \tag{5.14}$$

式中，参考应变率 $\dot{\varepsilon}_0$(通常取为 1 s^{-1} 或取准静态应变率)、参考温度 T_{r}(通常取屈服应力 σ_0 测定时的温度)和熔点温度 T_{m} 均可事先确定，因而共包含 5 个实验待定本构常数：σ_0，B，n，C(即式 5.2 中的应变率敏感系数)和温度软化系数 m。Johnson 和 Cook 根据一系列实验结果，给出了 12 种金属材料的相关数据[5.37, 5.38](如表 5.4 所示)，大大方便了工程应用。

表 5.4　不同材料的 Johnson-Cook 本构常数($\dot{\varepsilon}_0 = 1\ s^{-1}$)[5.36]

材料	类型				$\sigma = (\sigma_0 + B\varepsilon^n)(1 + C\ln\varepsilon^*)(1 - T^{*m})$ 的本构常数				
	硬度	密度 (kg/m^3)	比热 [J/(kg·K)]	熔点 (K)	σ_0 (MPa)	B (MPa)	n	C	m
OFHC 铜	F-30	8 960	383	1 356	90	292	0.31	0.025	1.09
弹壳体黄铜	F-67	8 520	385	1 189	112	505	0.42	0.009	1.68
200 镍	F-79	8 900	446	1 726	163	648	0.33	0.006	1.44
Armco 铁	F-72	7 890	452	1 811	175	380	0.32	0.060	0.55
CarTech 电铁	F-83	7 890	452	1 811	290	339	0.40	0.055	0.55
1006 钢	F-94	7 890	452	1 811	350	275	0.36	0.022	1.00
2024-T351 铝	B-75	2 770	875	775	265	426	0.34	0.015	1.00
7039 铝	B-76	2 770	875	877	337	343	0.41	0.010	1.00
4340 钢	C-30	7 830	477	1793	792	510	0.26	0.014	1.03
S-7 工具钢	C-50	7 750	477	1 763	1 539	477	0.18	0.012	1.00
钨合金(.07Ni,.03Fe)	C-47	17 000	134	1 723	1 506	177	0.12	0.016	1.00
贫化铀-0.75% Ti	C-45	18 600	117	1 473	1 079	1 120	0.25	0.007	1.00

Johnson-Cook 方程是基于一维应力实验数据提出的经验公式。当推广到一般的三维应力状态时，通常假定 Mises 准则在应变率下继续成立，即只需把式中的一维应力、应变和应变率等代之以式(5.8)定义的等效应力、等效应变和等效应变率。

由于 Johnson-Cook 方程是根据实验数据拟合的经验公式，因此不难理解根据材料的不同，相应的拟合经验式将有所变化。因此，自 Johnson-Cook 方程提出以来，人们对式(5.14)提出过不同的修正或改进形式，例如，可以采用其他函数形式来描述式中的应变硬化项，也可以采用其他函数形式来描述式中的应变率硬化项，等等。这些变化形式都可以归属于 Johnson-Cook 型方程。

其中，特别值得一提的是脆性材料如陶瓷、岩石和混凝土等，考虑到这类材料的动态力学行为对静水压力 P(三轴等压力球量)和损伤 D 十分敏感，而对温度则不太敏感，Holmquist，Johnson 和 Cook(1993)建议了如下的 **Holmquist-Johnson-Cook 方程**(简称 HJC 方程)[5.39]：

$$\sigma^* = [A(1-D) + BP^{*N}](1 + C\ln\dot{\varepsilon}^*) \tag{5.15a}$$

式中各量都进行了归一化(normalization)，以使公式无量纲化，即 $\sigma^* = \dfrac{\sigma_{eff}}{f_c}$ 为归一化等效应力($\leqslant S_{max}$)；f_c 为准静态下单轴抗压强度；S_{max} 为材料所能达到的最大归一化等效应力；$P^* = \dfrac{P}{f_c}$ 为归一化等轴压力；$\varepsilon^* = \dfrac{\dot{\varepsilon}_{eff}}{\dot{\varepsilon}_0}$ 为归一化等效应变率，而参考应变率 $\dot{\varepsilon}_0$ 常取为 $1\ s^{-1}$；A 为归一化的无损伤的内聚强度；B 为压力硬化系数；N 为压力硬化指数；C 为应变率敏感系数；D($0 \leqslant D \leqslant 1.0$)为描述损伤的宏观标量，$D = 0$ 对应于无损伤，$D = 1$ 对应于破坏。在 HJC 模型中损伤 D

的演化 $\mathrm{d}D$ 由总塑性应变增量(等效塑性应变增量 $\mathrm{d}\varepsilon_p$ 与体积塑性应变增量 $\mathrm{d}\mu_p$ 之和)与总破坏应变(等效塑性破坏应变 ε_f 与体积塑性破坏应变 μ_f 之和)两者之比来描述,即有如下的损伤演化方程:

$$\frac{\mathrm{d}D}{\mathrm{d}t} = \frac{1}{(\varepsilon_f + \mu_f)} \frac{\mathrm{d}(\varepsilon_p + \mu_p)}{\mathrm{d}t} \tag{5.15b}$$

而总破坏应变($\varepsilon_f + \mu_f$)则如下式所示,是归一化等轴压力 P^* 与归一化最大拉伸应力 $T^*\left(=\dfrac{T}{f_c}, T\right.$ 为材料拉伸强度$\left.\right)$的函数

$$\varepsilon_f + \mu_f = D_1 (P^* + T^*)^{D_2} \geqslant \varepsilon_{\mathrm{fmin}} \tag{5.15c}$$

式中,D_1 和 D_2 是表征损伤演化的材料常数,而 $\varepsilon_{\mathrm{fmin}}$是材料断裂时的最小塑性应变,用来控制拉伸应力波导致的脆性开裂(有关动态损伤演化将在第 3 篇作进一步讨论)。

式(5.15)的意义不仅在于把源于金属材料的 Johnson-Cook 方程推广到脆性材料,增加了静水压力 P(三轴等压力球量)和损伤 D 的影响,而且在于突破了"材料容变律与畸变律解耦"假定的局限,即在材料动态畸变关系中考虑了三轴等压力球量 P 的影响,并且体积变形也不再局限于可逆热力学范畴的弹性变形,而考虑了不可逆塑性体积变形的存在。

类似于式(5.12d),把 Johnson-Cook 方程改写为 $\dot{\varepsilon}^p_{\mathrm{eff}}$的函数,代入式(5.12c)中的 $\dot{\varepsilon}^p_{\mathrm{eff}}$,也可以导出张量形式的基于 Johnson-Cook 型方程的黏塑性本构方程。

Johnson-Cook 型方程由于同时计及了材料的应变硬化效应、应变率硬化效应和温度软化效应等,又具有便于工程应用的简便形式,还基于大量实验提供了公式应用所需的材料常数,因而获得广泛应用。但是,取这些效应的相关项之相乘的形式来描述材料动态畸变行为则缺乏理论支持,例如,这与下一章将讨论的位错动力学机理,包括前述的率-温等效等相矛盾;又如当应变率高于 $10^4\ \mathrm{s}^{-1}$时,以式(5.2)描述的 σ-$\lg\dot{\varepsilon}$ 线性应变率敏感性不再成立,因而基于式(5.2)建立的 Johnson-Cook 型方程也就会引入较大误差。可见,人们在选用这类经验型公式时,一定要掌握其适用条件和局限性。

5.2.3　Sokolovsky-Malvern-Perzyna(S-M-P)方程

在拟合大量实验研究数据的基础上得出的式(5.1b)和式(5.2)虽然表现为不同函数形式,但有一个基本共同点,即应变率是所谓超应力,即动态流动应力 σ 与准静态流动应力 σ_0 之差($\sigma - \sigma_0$)的函数,或即无量纲超应力$\left(\dfrac{\sigma - \sigma_0}{\sigma_0}\right)$的函数。严格地讲,这里的应变率应指忽略了弹性应变率的与塑性流动应力相对应的塑性应变率 $\dot{\varepsilon}_p$。

在一维形式下,假设总应变率 $\dot{\varepsilon}$ 由弹性部分(设为率无关的瞬态响应)$\dot{\varepsilon}^e$ 和非弹性部分(率相关的非瞬态响应,即黏塑性响应)$\dot{\varepsilon}^p$ 相加组成:

$$\dot{\varepsilon} = \dot{\varepsilon}^e + \dot{\varepsilon}^p \tag{5.16}$$

其中的弹性部分 $\dot{\varepsilon}^e$ 常设为率无关的瞬态响应;非弹性部分 $\dot{\varepsilon}^p$ 取作超应力的函数,代表塑性和黏性相耦合的响应。在上述基本假设的基础上,发展出了 Sokolovsky-Malvern-Perzyna 弹黏塑性模型。

Sokolovsky(Соколовский,1948)[5.40]首先在理想塑性体的基础上提出了如下的弹黏塑性本构关系:

$$\dot{\varepsilon} = \frac{\dot{\sigma}}{E} + \text{Sign}\sigma \cdot g\left(\frac{|\sigma|}{Y_0} - 1\right) \tag{5.17}$$

即认为 $\dot{\varepsilon}^p$ 是由动态应力 σ 与理想塑性体静态屈服限 Y_0 之差所定义的超应力的函数 $g\left(\frac{|\sigma|}{Y_0} - 1\right)$。式(5.17)表示，在不同的恒应变率下，黏塑性变形部分的应力/应变曲线在 σ-ε 平面中为一簇互相平行的直线[图 5.22(a)]。函数 g 一般是非线性函数。

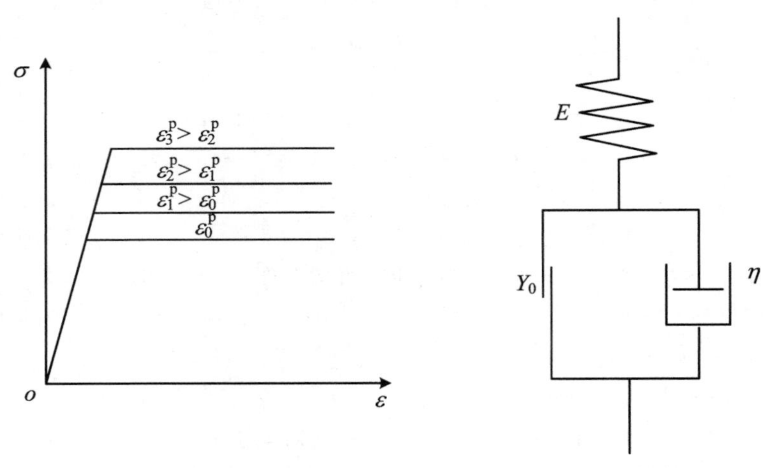

(a) 弹黏塑性应力应变曲线　　(b) 相应的流变学模型

图 5.22　式(5.17)所表示的弹黏塑性应力/应变曲线及相应的流变学模型

当 g 是超应力的线性函数时，式(5.17)可写成如下形式：

$$\dot{\varepsilon} = \frac{\dot{\sigma}}{E} + \frac{|\sigma| - Y_0}{\eta} = \frac{\dot{\sigma}}{E} + \text{Sign}\,\sigma \cdot \gamma^* \frac{|\sigma| - Y_0}{Y_0} \tag{5.18}$$

其中，表征 $\dot{\varepsilon}^p$ 的 $\frac{|\sigma| - Y_0}{\eta}$ 项类似于黏性流体中的牛顿黏性律，只是把牛顿黏性律中的应力换成了超应力。如果采用无量纲超应力来表征 $\dot{\varepsilon}^p$，则如上式的第二个等号所示，$\gamma^*\left(=\frac{Y_0}{\eta}\right)$ 成为材料黏性常数的表征。用流变学模型来示意的话，如果以具有恒定摩擦力 Y_0 的滑动板来描述理想塑性体，则式(5.17)可表示为由黏壶和滑动板并联组成的黏塑性元件(Bingham 模型)与弹簧串联所组成的三单元弹黏塑性模型，如图 5.22(b)所示。

L. E. Malvern(1951)[5.31]提出，以准静态计及应变硬化的应力/应变曲线 $\sigma_0(\varepsilon)$ 代替式(5.17)中的 Y_0 来计及应变硬化，给出如下的弹黏塑性本构方程：

$$\dot{\varepsilon} = \frac{\dot{\sigma}}{E} + \text{Sign}\,\sigma \cdot g\left[\frac{\sigma}{\sigma_0(\varepsilon)} - 1\right] \tag{5.19}$$

这相当于在图 5.22(b)所示模型中，设摩擦力 Y 是塑性应变 ε^p 的函数，$Y = Y(\varepsilon^p)$。在不同的恒应变率下，式(5.19)是 σ-ε 平面中一簇进入黏塑性变形后与静态应力/应变曲线 $\sigma[=\sigma_0(\varepsilon)]$ 各自保持等距离的应力/应变曲线(图 5.23)。

按照 Sokolovsky-Malvern 模型，只有在超应力大于零时才发生黏塑性变形，在超应力小于或等于零时，只发生弹性变形，这可以统一表示为如下形式的本构方程：

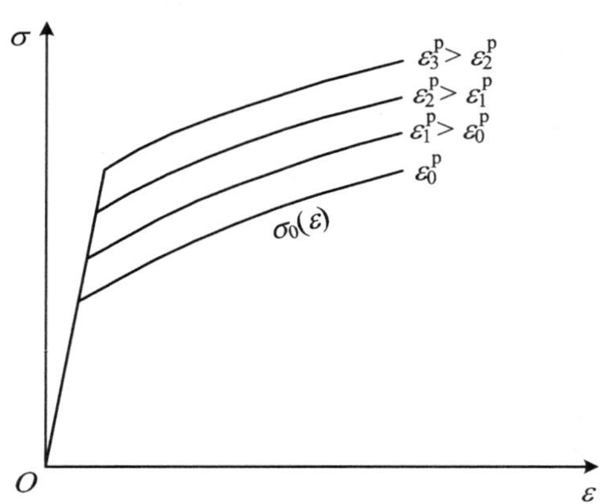

图 5.23 式(5.19)所表示的弹黏塑性本构模型

$$\left.\begin{aligned}&\dot{\varepsilon}=\frac{\dot{\sigma}}{E}+\left\langle g\left[\frac{\sigma}{\sigma_0(\varepsilon)}-1\right]\right\rangle\\&\langle g\rangle=\begin{cases}0 & \left[\dfrac{\sigma}{\sigma_0(\varepsilon)}-1\leqslant 0\right]\\ g & \left[\dfrac{\sigma}{\sigma_0(\varepsilon)}-1>0\right]\end{cases}\end{aligned}\right\}\tag{5.20a}$$

或者类似于式(5.18)引入黏性系数 γ^*,即令

$$g(\xi)=\gamma^*\phi(\xi)$$

则式(5.20a)可写成另一种形式:

$$\left.\begin{aligned}&\dot{\varepsilon}=\frac{\dot{\sigma}}{E}+\gamma^*\langle\phi(F)\rangle\\&\langle\phi(F)\rangle=\begin{cases}0 & (F\leqslant 0)\\ \phi(F) & (F>0)\end{cases}\\&F=\frac{\sigma}{\sigma_0(\varepsilon)}-1\end{aligned}\right\}\tag{5.20b}$$

注意,对于 Sokolovsky-Malvern 弹黏塑性体,到底是由弹性区加载进入黏塑性区还是由黏塑性区卸载回到弹性区,完全由超应力是否大于零来决定。只要超应力大于零,则不论应力是随时间增大$\left(\dfrac{\partial\sigma}{\partial t}>0\right)$还是减少$\left(\dfrac{\partial\sigma}{\partial t}<0\right)$,都遵循同一本构关系;即使应力下降了,黏塑性变形仍可能继续发展。例如,如图 5.24(a) 所示,在应力随时间先线性增加(OAB)再线性减少(BCD)的情况下,按式(5.20)计算所得的 σ-ε 曲线如图 5.24(b)所示。由图可见,应力从 B 点开始下降后,由于超应力仍大于零,黏塑性变形还继续发展。只有应力卸到 C 点时,超应力为零,才由黏塑性状态转入弹性卸载状态,C 点既不对应于应力开始下降点,也不对应于应变下降点。在这些方面,弹黏塑性材料与弹塑性材料完全不同。

以上给出的式(5.20)尚限于一维应力问题,Perzyna(1966)进一步将此超应力模型推广到三维应力状态,给出如下以张量形式表示的一般式,称为 Sokolovsky-Malvern-Perzyna 弹黏塑性本构方程[5.41]:

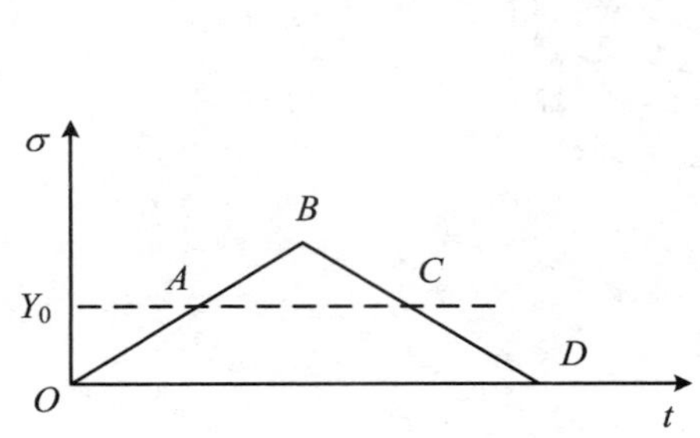

(a) 应力随时间线性加载-线性卸载时

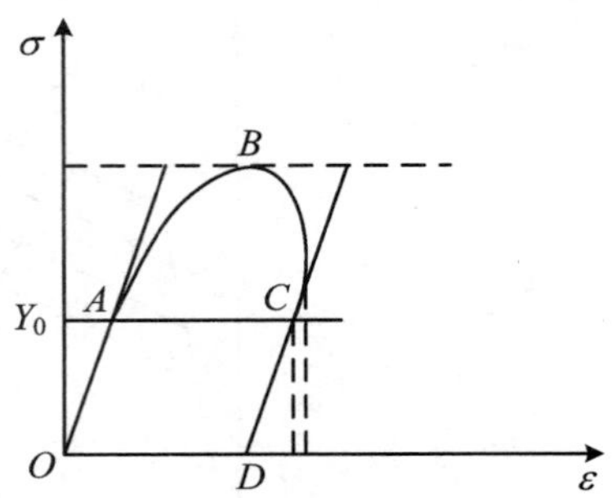

(b) 按式(5.20)的弹黏塑性材料的应力/应变曲线

图 5.24

$$\left.\begin{aligned}\dot{\varepsilon}_{ij} &= \dot{\varepsilon}_{ij}^{e} + \dot{\varepsilon}_{ij}^{p}\\ &= \frac{1}{2\mu}\dot{S}_{ij} + \frac{1}{3K}\dot{\sigma}_{ij}\delta_{ij} + \gamma\langle\phi(F)\rangle\frac{\partial f}{\partial\sigma_{ij}}\\ \langle\phi(F)\rangle &= \begin{cases}0 & (F\leqslant 0)\\ \phi(F) & (F>0)\end{cases}\\ F &= \frac{f(\sigma_{ij},\dot{\varepsilon}_{ij}^{p})}{k(w_p)} - 1\end{aligned}\right\} \tag{5.21}$$

式中,F 是度量瞬时应力状态与计及硬化的静态流动应力 $k(w_p)$之差(超应力)的塑性流动函数,此处 w_p 是塑性功。事实上,F 等于 0 对应于静态加载过程($\dot{\varepsilon}_{ij}^{p}=0$),此时的加载函数 $f(\sigma_{ij},\dot{\varepsilon}_{ij}^{p})=f_s=k(w_p)$;$F$ 大于 0 则对应于动态加载过程,此时的加载函数 $f(\sigma_{ij},\dot{\varepsilon}_{ij}^{p})$则可写成 f_d。将结果代入式(5.21),即可得

$$F = \frac{f_d - f_s}{f_s}$$

其实,Sokolovsky-Malvern-Perzyna 方程[式(5.21)]隐含着两个基本假定:其一,总应变率张量是弹性应变率张量与塑性应变率张量之和(而不是张量积);其二,率无关应变率张量(瞬时应变率张量)只包含弹性应变率张量。然而,如 Cristescu(1967)所指出[5.41],事实上材料的瞬时变形不仅有瞬时弹性,还有瞬时塑性,参见图 5.25。因此他提出了以下更为一般的拟线性本构方程:

$$\frac{\partial\varepsilon}{\partial t} = \left[\frac{1}{E} + \phi(\sigma,\varepsilon)\right]\frac{\partial\sigma}{\partial t} + \psi(\sigma,\varepsilon) \tag{5.22}$$

积分后可得

$$\begin{aligned}\varepsilon &= \frac{\sigma}{E} + \int_0^{\sigma}\phi(\sigma,\varepsilon)\mathrm{d}\sigma + \int_0^{t}\psi(\sigma,\varepsilon)\mathrm{d}t\\ &= \varepsilon^{E} + \varepsilon^{IP} + \varepsilon^{VP}\end{aligned} \tag{5.23}$$

式中,ε^{E},ε^{Ip}和 ε^{Vp}分别表示总应变中的瞬时弹性应变、瞬时塑性应变和黏塑性应变,如图 5.25 所示。ε^{E} 和 ε^{Ip}共同组成瞬时曲线(instantaneous curve)。这样,以弹性线 $\sigma=E\varepsilon$、瞬时曲线(instantannous curve)、动态曲线(dynamic curve)和静态曲线(或称松弛边界曲线 relaxation boundary)$\sigma=f(\varepsilon)$为界,在 σ-ε 坐标中可划分 4 个区:静态曲线 $\sigma=f(\varepsilon)$以下的为表征静态响应的 D_1区;静态曲线与瞬时曲线之间的是表征超应力黏塑性响应的 D_2区;瞬时曲线与弹性线之间的是表征瞬时塑性响应的 D_3区;而弹性线以左的是表征瞬时弹性响应的 D_4区。

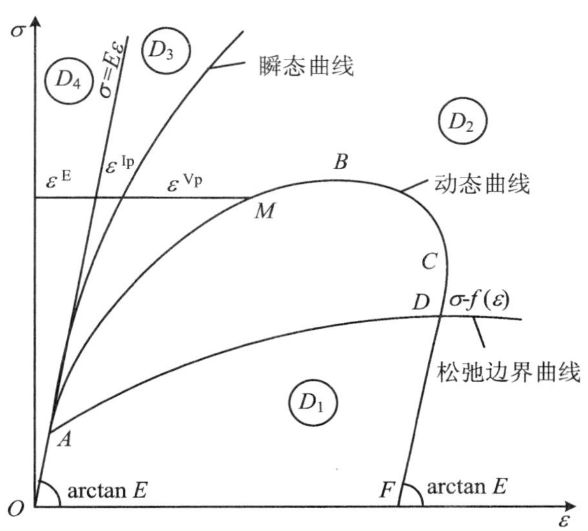

图 5.25　计及瞬时塑性响应的超应力黏塑性应力/应变曲线示意图

若材料不具备任何瞬时塑性，即 $\phi(\sigma,\varepsilon)=0$，则式(5.22)就简化为 Sokolovsky-Malvern 方程。

5.2.4　Bodner-Parton(B-P)方程

以上讨论的都是基于"超应力"的黏塑性方程，而超应力是由动态应力/应变曲线 $\sigma=\sigma_{\mathrm{d}}(\varepsilon)$ 与静态应力/应变曲线 $\sigma=\sigma_0(\varepsilon)$ 之差决定的。如果追问一下，静态应力/应变曲 $\sigma=\sigma_0(\varepsilon)$ 是什么应变率下的应力/应变曲线呢？至少有以下两种可能的理解：

其一，从实际应用角度来讲，常常理解为准静态材料实验条件下(例如应变率为 $10^{-4}\mathrm{s}^{-1}$)测定的应力/应变曲线。如果按这种理解，那么对于应变率小于准静态实验条件($10^{-4}\mathrm{s}^{-1}$)下测得的应力/应变曲线(例如，蠕变应变率为 $10^{-8}\mathrm{s}^{-1}$)，其超应力将为负值，那又该怎么办呢？当然，人们可以限定超应力理论只适用于准静态以上的应变率范围(这正是目前工程界实际所采取的观点)，但在理论框架上总有不足之处。

其二，从理论逻辑上讲，可以把 $\sigma=\sigma_0(\varepsilon)$ 理解为某种极限曲线，例如，松弛边界曲线，这将对应于应变率趋于零的极限。换句话说，只要应变率大于零，都会有黏塑性流变。无形中这意味着把 $\sigma=\sigma_0(\varepsilon)$ 趋向于一条零曲线，从而所谓的超应力在实质上已没有存在价值。

从下一章将要讨论的位错动力学的角度看，只要应变率不为零，就有黏塑性流变。Bodner 和 Partom(1975) 正是基于此观点提出了一个无屈服面而计及应变硬化的弹黏塑性本构方程[5.43-5.45]。

与前述的式(5.16)一样，他们假定物体的应变可分为可逆弹性和不可逆非弹性两部分：

$$\dot{\varepsilon}_{ij}=\dot{\varepsilon}_{ij}^{\mathrm{e}}+\dot{\varepsilon}_{ij}^{\mathrm{p}} \tag{5.24a}$$

式中的弹性应变率与应力率之间应服从虎克定律，即

$$\dot{\varepsilon}_{ij}^{\mathrm{e}}=\frac{\dot{\sigma}_{ij}}{2\mu_{\mathrm{e}}}-\frac{\lambda_{\mathrm{e}}\dot{\sigma}_{\mathrm{kk}}\delta_{ij}}{2\mu_{\mathrm{e}}(3\lambda_{\mathrm{e}}+2\mu_{\mathrm{e}})} \tag{5.24b}$$

其中，λ_{e} 和 μ_{e} 分别为 Leme 弹性常数；非弹性应变率应服从经典的 Levy-Mises 流动法则[式(5.12a)]，或直接从式(5.12c)所示的形式出发来讨论，即

$$\left.\begin{aligned}
\dot{\varepsilon}_{ij}^{\mathrm{p}} &= \left(\frac{D_2^{\mathrm{p}}}{J_2}\right)^{1/2} \cdot S_{ij} = \frac{3}{2}\frac{\dot{\varepsilon}_{\mathrm{eff}}^{\mathrm{p}}}{\sigma_{\mathrm{eff}}} S_{ij} \\
D_2^{\mathrm{p}} &= \frac{1}{2}\dot{\varepsilon}_{ij}^{\mathrm{p}}\dot{\varepsilon}_{ij}^{\mathrm{p}} = \frac{3}{4}(\dot{\varepsilon}_{\mathrm{eff}}^{\mathrm{p}})^2 = \frac{1}{6}\left[(\dot{\varepsilon}_1^{\mathrm{p}} - \dot{\varepsilon}_2^{\mathrm{p}})^2 + (\dot{\varepsilon}_2^{\mathrm{p}} - \dot{\varepsilon}_3^{\mathrm{p}})^2 + (\dot{\varepsilon}_3^{\mathrm{p}} - \dot{\varepsilon}_1^{\mathrm{p}})^2\right] \\
J_2 &= \frac{1}{2}S_{ij}S_{ij} = \frac{1}{3}(\sigma_{\mathrm{eff}})^2 = \frac{1}{6}\left[(\sigma_1 - \sigma_2)^2 + (\sigma_2 - \sigma_3)^2 + (\sigma_3 - \sigma_1)^2\right]
\end{aligned}\right\} \tag{5.24c}$$

Bodner-Partom 放弃了"存在屈服条件或静态应力/应变曲线 $\sigma = \sigma_0(\varepsilon)$"的传统观点，假定 D_2^{p} 是 J_2 的函数$[D_2^{\mathrm{p}} = f(J_2)]$，也即假定 $\dot{\varepsilon}_{\mathrm{eff}}^{\mathrm{p}}$ 是 σ_{eff} 的函数$[\dot{\varepsilon}_{\mathrm{eff}}^{\mathrm{p}} = f(\sigma_{\mathrm{eff}})]$，这相当于在应力空间不必假定存在屈服面（包括计及应变硬化的后继屈服面）和相关的加载和卸载条件。因此，对于任何给定的应力偏量 S_{ij}，就有相应的非弹性应变率 $\dot{\varepsilon}_{ij}^{\mathrm{p}}$，无所谓屈服限和超应力。由于不受超应力观点的限制，B-P 方程可以应用于从蠕变（例如应变率为 $10^{-8}\ \mathrm{s}^{-1}$）直到高速流变（例如，应变率为 $10^6\ \mathrm{s}^{-1}$）的宽广的应变率范围。

注意，式(5.24)同时适用于加载和卸载，而在以屈服面存在为前提的理论中，当超应力为零时只有弹性卸载。

显然，材料黏塑性流变的具体特征将由 $D_2^{\mathrm{p}}[= f(J_2)]$或 $\dot{\varepsilon}_{\mathrm{eff}}^{\mathrm{p}}[= f(\sigma_{\mathrm{eff}})]$的具体函数形式决定。Bodner-Partom 建议了如下的通用函数：

$$D_2^{\mathrm{p}} = D_0^2 \exp\left[-\left(\frac{Z^2}{\sigma_{\mathrm{eff}}^2}\right)^n\right] \tag{5.25a}$$

式中，D_0 是表征 D_2^{p} 在高应力下的极限值的标量因子，Z 是表征硬化特性的依赖于载荷历史的标量参数（具有应力量纲），n 是表征应变率敏感特性的标量参数。

把式(5.25a)代入式(5.24c)可得

$$\dot{\varepsilon}_{ij}^{\mathrm{p}} = D_0 \exp\left[-\frac{1}{2}\left(\frac{Z^2}{\sigma_{\mathrm{eff}}^2}\right)^n\right]\frac{\sqrt{3}S_{ij}}{\sigma_{\mathrm{eff}}} \tag{5.25b}$$

在一维单轴应力 σ_{11} 和简单剪切 τ_{12} 条件下，上式分别简化为

$$\dot{\varepsilon}_{11}^{\mathrm{p}} = \frac{2}{\sqrt{3}}\left(\frac{\sigma_{11}}{|\sigma_{11}|}\right) D_0 \exp\left[-\frac{1}{2}\left(\frac{Z}{\sigma_{11}}\right)^{2n}\right] \tag{5.25c}$$

和

$$\dot{\varepsilon}_{12}^{\mathrm{p}} = \dot{\gamma}_{12}^{\mathrm{p}} = D_0\left(\frac{\tau_{12}}{|\tau_{12}|}\right)\exp\left[-\frac{1}{2}\left(\frac{Z}{\sqrt{3}\tau_{12}}\right)^{2n}\right] \tag{5.25d}$$

式中，$\dot{\gamma}_{12}^{\mathrm{p}}$ 和 τ_{12} 分别是工程剪应变率和工程剪应力。

对于一维单轴应力条件下的式(5.25a)，以无量纲应力$\dfrac{\sigma_{11}}{Z}$对无量纲塑性应变率$\dfrac{\sqrt{3}}{2}\cdot\dfrac{\dot{\varepsilon}_{11}^{\mathrm{p}}}{D_0}$作图，如图 5.26 所示；而以无量纲应力$\dfrac{\sigma_{11}}{Z}$对无量纲塑性应变率的对数 $\lg\left(\dfrac{\sqrt{3}}{2}\cdot\dfrac{\dot{\varepsilon}_{11}^{\mathrm{p}}}{D_0}\right)$作图，则如图 5.27 所示。由图 5.26 可见，如式(5.25)形式的函数具有描述包括培育-快速成长-饱和(incubation-rapid growth-saturation)不同范围的黏塑性流动的能力。由图 5.26 和图 5.27 都可见，n 能够很好地反映和控制应变率敏感性，而且还能影响应力水平。在半对数坐标的图 5.27 中还可以看到，式(5.25)既可以反映 σ-$\lg\dot{\varepsilon}$ 坐标中的线性应变率敏感性，也可以反映更高应变率下的应变率敏感性的快速增加。式(5.25)中虽然没有显式的温度项，但 Z 和 n 都隐含着对温度的依赖性。这些正是 Bodner-Partom 建议选用式(5.25)的主要原因。

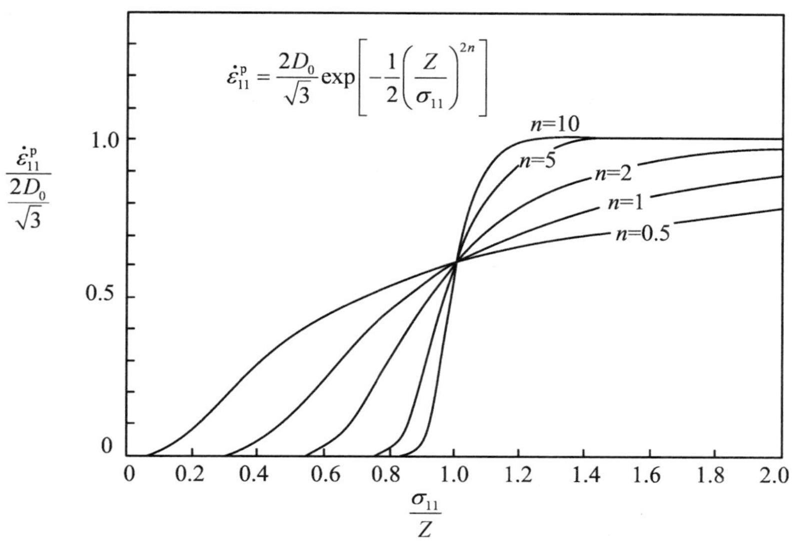

图 5.26　按式(5.25c),不同 n 值下的 $\frac{\sigma_{11}}{Z}$ 对 $\frac{\sqrt{3}}{2}\cdot\frac{\dot{\varepsilon}_{11}^{p}}{D_0}$ 关系

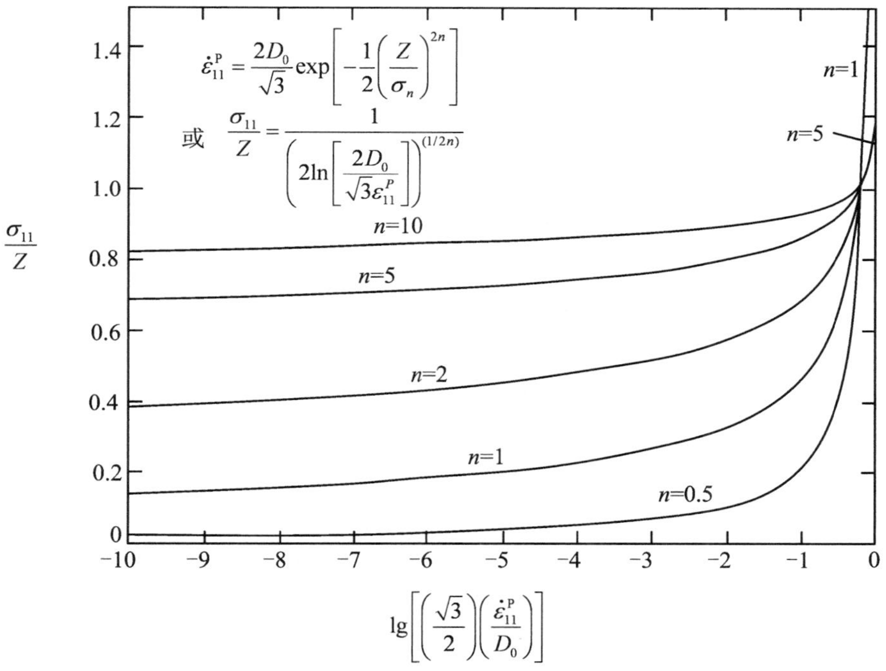

图 5.27　按式(5.25c),不同 n 值下的 $\frac{\sigma_{11}}{Z}$ 对 $\lg\left(\frac{\sqrt{3}}{2}\frac{\dot{\varepsilon}_{11}^{p}}{D_0}\right)$ 关系

值得关注的是,B-P 模型不仅有能力反映 σ-$\lg\dot{\varepsilon}$ 坐标中的线性应变率敏感性,而且有能力反映更高应变率下的应变率敏感性的转折。童玮、Clifton 和黄士辉(1992)通过压-剪平板撞击实验曾得到剪应变率 $\dot{\gamma}$ 高达 $10^6\ s^{-1}$ 的实验结果,$\gamma=0.20$ 时在 τ-$\lg\dot{\gamma}$ 坐标中的实验点分布如图 5.28 所示[5.46]。Bodner 和 Rubin(1994)采用计及应变硬化率的应变率效应的 B-P 模型,其数值模拟结果(图 5.28 中的虚线)与这些实验点很好相符[5.47],成功反映了 τ-lg$\dot{\gamma}$ 曲线从应变率 $10^4\ \mathrm{s}^{-1}$开始的直线式上升。

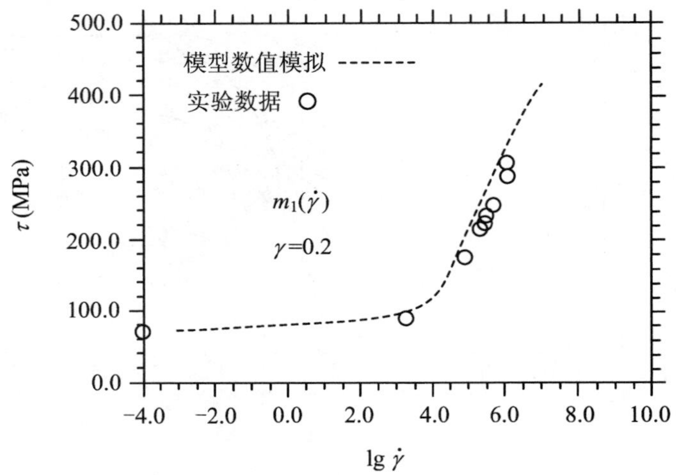

图 5.28 B-P 模型数值模拟与实验数据的比较

Bodner-Partom 方程的"无屈服面"观点源于位错动力学的研究。其实,基于位错动力学的理论和实验,研究者们还提出了一些其他类型的黏塑性本构方程,将在下一章讨论。

5.3 高应变率下非线性黏弹性本构方程

至此所讨论的内容主要是以金属材料为研究对象的。其弹性变形的应变率敏感性如果与塑性变形的应变率敏感性相比,往往是可以忽略的。因此常常如式(5.16)或式(5.24b)那样,假设弹性变形部分遵循不计应变率效应的 Hooke 定律。实际上,即使对于金属材料,弹性变形阶段的内耗现象、弹性波传播中实际存在的物理耗散以及弹性疲劳载荷下的发热及断裂等等,无不说明真实金属材料实际上是具有黏弹性性质的。

黏弹性本构关系研究之所以引起人们重视,更主要的还是因为橡胶和塑料等高分子材料即使在室温和准静态载荷下,也表现出明显的应变率效应。全世界高分子材料的总产量就其体积而言已与钢铁相当,与金属、陶瓷材料并列为当前世界的三大工程材料,更促进了对黏弹性本构关系的研究。

但是,对于高分子材料黏弹性本构关系的研究,过去大量集中在准静态、低应变率下的线性黏弹性行为[5.48]。对非线性黏弹性行为的研究是近几十年来发展的重要研究方向[5.49]。冲击载荷高应变率下动态非线性黏弹性行为的研究则是自分离式 Hopkinson 压杆实验技术发展起来之后才兴起的。本节主要集中讨论高分子材料在高应变率下的非线性黏弹性本构关系。

研究者们曾经大量地沿用金属材料动态本构关系的研究途径来对高分子材料进行实验研究。把高分子材料在高应变率下的动态行为纳入到前述的黏塑性范畴的原因之一是把实验观察停留在材料的加载特性上,而忽略了对卸载特性的研究。事实上,只凭加载应力/应变曲线,如图 5.29 所示,是难以确切地区分材料的本构特性的。图 5.29 中(a)、(b)、(c)3 个图的加载应力/应变曲线相同(都有一段初始线性段,接着是非线性段),但如果不考察其卸载特性,不足以确定其本构类型。事实上,如果卸载曲线与加载曲线重合[图5.29(a)],则是非线性弹性;如果按照与加载初始线性段相同斜率进行弹性卸载[图5.29(c)],则是非线性弹塑性;如果卸载曲线与加载曲线形成迟滞曲线[图5.29(b)],则是非线性黏弹性。这说明只有全面研究加载-卸载全过程,才有助于区别这些不同本构类型。

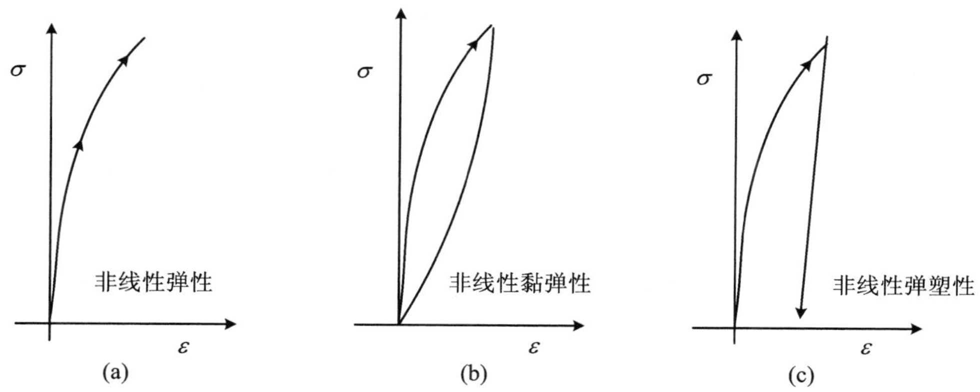

图5.29 不同材料加载应力的应变曲线可以相同,但可由卸载曲线之不同予以区别

5.3.1 非线性黏弹性本构方程(ZWT Equation)

正是从同时重视加载和卸载特性的观点出发,朱兆祥、王礼立和他们的合作者自20世纪80年代以来对一些典型工程塑料(如环氧树脂、有机玻璃PMMA、聚碳酸酯PC、尼龙、ABS、PBT、PP/PA共混高聚物以及纤维增强高聚物基复合材料等)进行了一系列实验研究[5.50-5.52],典型结果如图5.30(热固性塑料)[5.53]和图5.31(热塑性塑料)[5.54]所示。

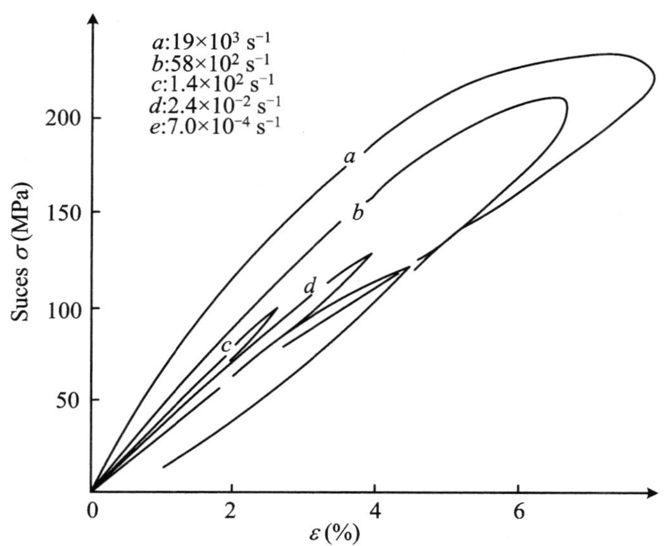

图5.30 环氧树脂在应变率 $10^{-4}\sim10^{3}\ s^{-1}$ 范围的实验结果[5.53]

这些实验结果表明,直到约7%的大应变范围,实验材料表现为具有滞迴曲线的非线性黏

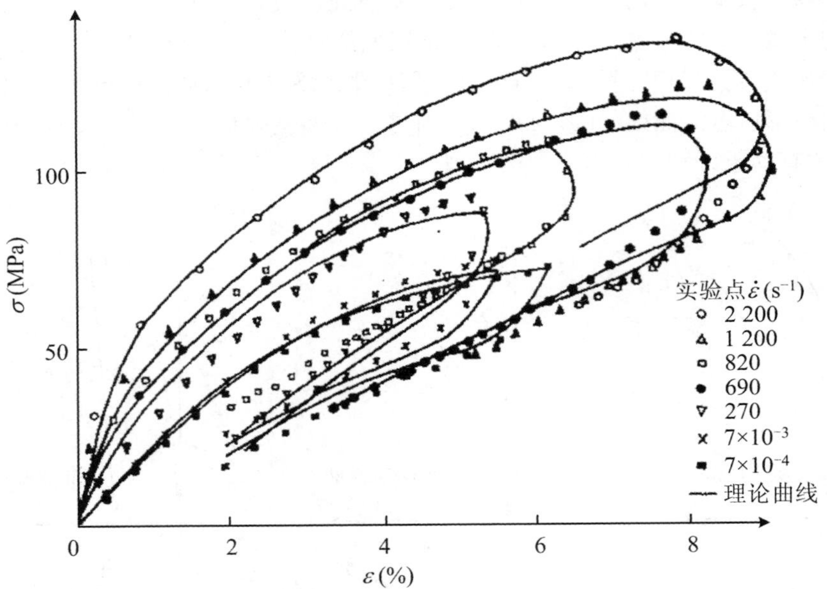

图 5.31 聚碳酸酯 PC 在应变率 10^{-4}～10^{3} s^{-1} 范围的实验结果[5.54]

弹性响应。如果取给定应变值的实验数据在 σ-$\lg\dot{\varepsilon}$ 坐标中作图，例如，由图 5.31 的数据可得出图 5.32，表现为半对数坐标中由不同直线斜率组成的一族折线，意味着实验材料在准静态应变率和冲击高应变率具有不同的应变率敏感性，在高应变率下更敏感。

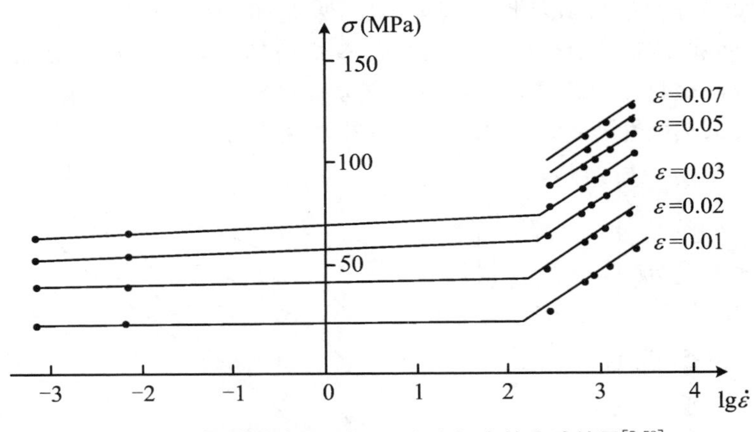

图 5.32 聚碳酸酯 PC 在 σ-$\lg\dot{\varepsilon}$ 坐标中的实验结果[5.52]

由黏弹性理论知[5.48, 5.50]，黏弹性材料的应变率敏感性主要取决于黏性系数 η 或与其对应的松弛时间 θ，$\theta = \eta/E$（此处 E 为弹性常数）。图 5.32 给我们的启示是：从准静态应变率到冲击动态的高应变率，存在着两个支配性的松弛时间 θ_1 和 θ_2，其分别表征黏弹性材料的低应变率响应和高应变率响应。由此，首先由朱兆祥、王礼立和唐志平建议[5.53]，提出了如下的非线性黏弹性本构关系（称为朱-王-唐方程或 ZWT 方程）：

$$\begin{aligned}\sigma &= f_e(\varepsilon) + \sigma_1(\varepsilon,\dot{\varepsilon}) + \sigma_2(\varepsilon,\dot{\varepsilon}) \\ &= f_e(\varepsilon) + E_1\int_0^t \dot{\varepsilon}\exp\left(-\frac{t-\tau}{\theta_1}\right)\mathrm{d}\tau + E_2\int_0^t \dot{\varepsilon}\exp\left(-\frac{t-\tau}{\theta_2}\right)\mathrm{d}\tau \end{aligned} \tag{5.26a}$$

$$f_e(\varepsilon) = E_0\varepsilon + \alpha\varepsilon^2 + \beta\varepsilon^3 \tag{5.26b}$$

或者为避免式(5.26b)随应变增加有可能导致虚假的“弹性应变软化”，$f_e(\varepsilon)$还可表现为如下的指数函数形式[5.53]：

$$f_e(\varepsilon) = \sigma_m\left[1 - \exp\left(-\sum_{i=1}^{n}\frac{(m\varepsilon)^i}{i}\right)\right] \tag{5.26c}$$

式(5.26a)也可等价地表为如下的微分形式：

$$\frac{\partial\sigma}{\partial t} = \frac{\mathrm{d}f_e(\varepsilon)}{\mathrm{d}\varepsilon}\cdot\frac{\partial\varepsilon}{\partial t} + \frac{\partial\sigma_1}{\partial t} + \frac{\partial\sigma_2}{\partial t} = \left[\frac{\mathrm{d}f_e(\varepsilon)}{\mathrm{d}\varepsilon} + E_1 + E_2\right]\frac{\partial\varepsilon}{\partial t} - \frac{\sigma_1}{\theta_1} - \frac{\sigma_2}{\theta_2} \tag{5.26d}$$

式(5.26)的流变学模型如图 5.33 所示，即由非线性弹簧、表征低应变率响应的 Maxwell 单元Ⅰ和表征高应变率响应的 Maxwell 单元Ⅱ并联组成[对应于式(5.26a)中总应力为 $f_e(\varepsilon)$，σ_1，σ_2 三者之和]。式中的 $f_e(\varepsilon)$描述非线性弹性平衡响应(对应于图 5.32 所示的非线性弹簧)，E_0，a 和β 是对应的弹性常数；或按式(5.26c)，σ_m，m 和正整数n 均为材料参量，其物理意义分别为：σ_m是 $\varepsilon\to\infty$时 $f_e(\varepsilon)$的渐近最大值，m 是E_0和 σ_m 的比值，正整数 n 是表征$f_e(\varepsilon)$初始线性度的材料参数；式(5.26a)等号左边的第一个积分项描述低应变率下的黏弹性响应(对应于图 5.33 的 Maxwell 单元Ⅰ)，E_1和 θ_1分别是所对应的 Maxwell 单元的弹性常数和松弛时间；而后一个积分项描述高应变率下的黏弹性响应(对应于图 5.33 的 Maxwell 单元Ⅱ)，E_2和 θ_2则分别是所对应的 Maxwell 单元的弹性常数和松弛时间。

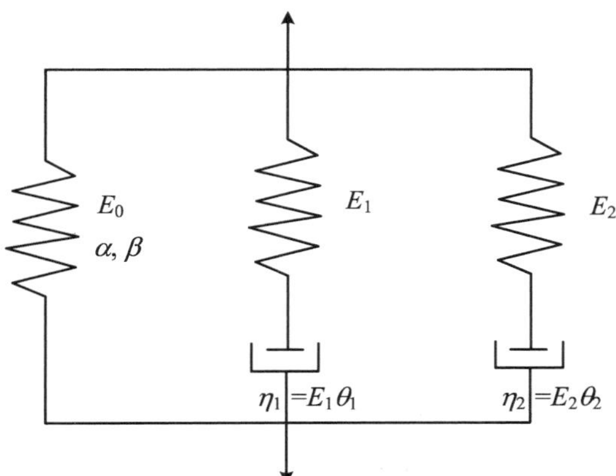

图 5.33　与 ZWT 模型[式(5.26)]对应的流变学模型

对几个典型工程塑料，实验测定的上述材料参数如表 5.5 所示[5.50-5.52]

表 5.5　环氧树脂、有机玻璃 PMMA、聚碳酸酯 PC 的 ZWT 参数

	Epoxy	PMMA-1	PMMA-2	PMMA-3	PC
ρ_o(kg/m^3)	1.20×10^3	1.19×10^3	1.19×10^3	1.19×10^3	1.20×10^3
E_o(GPa)	1.96	2.04	2.19	2.95	2.20
α(GPa)	4.12	4.17	4.55	10.9	23
β(GPa)	−181	−233	−199	−96.4	−52
E_1(GPa)	1.47	0.897	0.949	0.832	0.10
θ_1(s)	157	15.3	13.8	7.33	470
E_2(GPa)	3.43	3.07	3.98	5.24	0.73
θ_2(μs)	8.57	95.4	67.4	40.5	140

图 5.31 中的 ZWT 方程理论拟合曲线(实线),在横跨 7 个量级的应变率范围内,能够与实验点相符,不仅对于加载曲线而且对于卸载曲线都能与实验点相符。说明用 ZWT 方程来表征高聚物从准静态到冲击高应变率下的非线性黏弹性行为是合适的。

为了解松弛时间 θ_j如何表征黏弹性材料的应变率依赖性(黏性特性),我们来考察一个任意的 Maxwell 单元,其微分形式的本构方程为

$$\dot{\varepsilon} = \frac{\dot{\sigma}_j}{E_j} + \frac{\sigma_j}{\eta_j} = \frac{\dot{\sigma}_j}{E_j} + \frac{\sigma_j}{E_j\theta_j}$$

在恒应变率($\dot{\varepsilon} = \text{const}, \varepsilon = \dot{\varepsilon} t$)下,有

$$\sigma_j = E_j\theta_j\dot{\varepsilon}\left[1 - \exp\left(-\frac{\varepsilon}{\theta_j\dot{\varepsilon}}\right)\right]$$

显然,当 $\dot{\varepsilon}$ 趋于无穷大时 σ_j趋于其最大值,即瞬态响应 $\sigma_{\mathrm{I}} = E_j\varepsilon$,而当 $\dot{\varepsilon}$ 趋于零时 σ_j趋于其最小值,即平衡态响应 $\sigma_{\mathrm{E}} = 0$。上式如果引入如下定义的无量纲应力松弛响应

$$\bar{\sigma}_j = \frac{\sigma_j}{\sigma_{\max} - \sigma_{\min}} = \frac{\sigma_j}{\sigma_{\mathrm{I}} - \sigma_{\mathrm{E}}} = \frac{\sigma_j}{E_j\varepsilon}$$

则可改写为

$$\bar{\sigma}_j = \frac{\theta_j\dot{\varepsilon}}{\varepsilon}\left[1 - \exp\left(-\frac{\varepsilon}{\theta_j\dot{\varepsilon}}\right)\right] = \frac{\theta_j}{t}\left[1 - \exp\left(-\frac{t}{\theta_j}\right)\right]$$

如果把 $\bar{\sigma}_j = 0.995$ 近似地视为松弛过程的开始,而把 $\bar{\sigma}_j = 0.005$ 视为松弛过程的结束,则可确定其“辖区”或**“有效影响区”(effective influence domain**,简称 EID)[5.55],当以时间来表示时为

$$10^{-2} \leqslant \frac{t}{\theta_j} \leqslant 10^{2.3}$$

而以应变率来表示时为(设 $\varepsilon = 1$)

$$10^{2} \geqslant \frac{\dot{\varepsilon}}{\frac{\varepsilon}{\theta_j}} \geqslant 10^{-2.3}$$

这意味着任一松弛时间其 EID,不论以时间表示还是以应变率表示,均为大约 4.5 个量级。

设想一个 ZWT 黏弹性材料,包含并联的 3 个 Maxwell 单元:i, j, k,其各自的松弛时间分别为 $\theta_i = 10^2\ \mathrm{s}^{-1}$,$\theta_j = 10^{-5}\ \mathrm{s}^{-1}$,$\theta_k = 10^{-10}\ \mathrm{s}^{-1}$。以黏弹性响应$[\sigma - f_{\mathrm{e}}(\varepsilon)]$对 $\lg\dot{\varepsilon}$ 作图,如图 5.34 所示[5.55],各个 Maxwell 单元都有其大约 4.5 量级大小的 EID。可见,具有 $\theta_j = 10^{-5}\ \mathrm{s}^{-1}$ 的 Maxwell 单元 j 的 EID(图 5.34 中实线)恰恰处在我们冲击实验所关心的 $10^{0.7} \sim 10^5\ \mathrm{s}^{-1}$应变率范围;具有 $\theta_k = 10^{-10}\ \mathrm{s}^{-1}$的 Maxwell 单元 k(图 5.34 中虚线),在 $10^{0.7} \sim 10^5\ \mathrm{s}^{-1}$应变率范围已经松弛到了其平衡态(黏弹性响应为零);而具有 $\theta_i = 10^2\ \mathrm{s}^{-1}$ 的 Maxwell 单元 i,在 $10^{0.7} \sim 10^5\ \mathrm{s}^{-1}$应变率范围则还没有足够时间松弛,只有未松弛的瞬态响应($\sigma_i = E_i\varepsilon$)而已。

值得指出,既然任一松弛时间的 EID 均为 4.5 个量级,可以想象由 2 个分别主控准静态响应和冲击响应的松弛时间(例如 θ_{Low}和 θ_{High})并联的黏弹性模型,就足以表征在横跨准静态到冲击动态的大约 9 个量级的应变率范围内的黏弹性响应。这意味着,在这种情况下已无必要追求用 $N(>2)$个松弛时间组成的黏弹性模型了。

联系到上述分析和表 5.5,对 ZWT 方程[式(5.26)]特别有必要指出以下几个特点:

① 本构非线性仅来自纯弹性响应,而所有的黏弹性响应,或即速率(时间)相关的响应,则本质上是线性的。这样的本构非线性是一种“弱非线性”,或许可称之为“率无关非线性”。如果

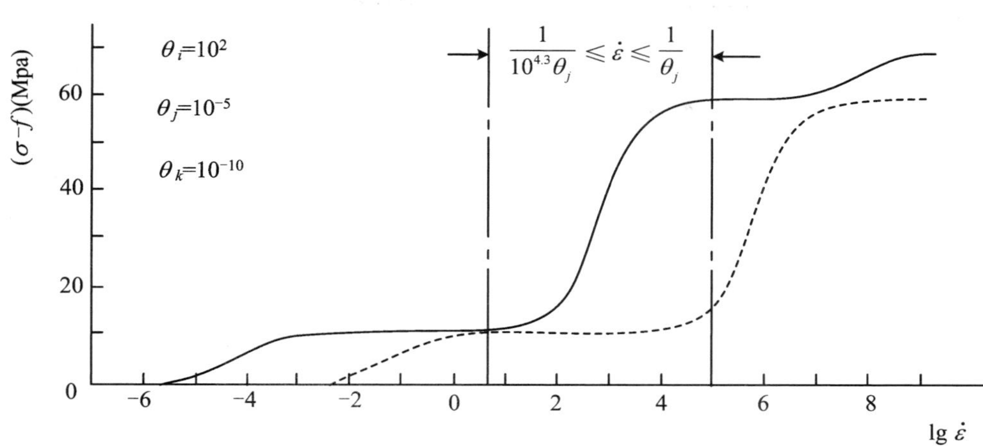

图 5.34　松弛时间的有些影响区(EID)[5.54]

我们把这类满足式(5.26)的材料称之为“ZWT 材料”，则不难把成熟的线性黏弹性理论推广到处理 ZWT 材料的率相关响应上去。

② 典型工程塑料的实验表明(表 5.5)，比值 α/E_0 为 1～10 量级，而比值 β/E_0 为 10～10^2 量级。这意味着，如果 $\varepsilon>0.01$，应计及非线性；反之，如果 $\varepsilon<0.01$，则可近似忽略非线性。

③ 实验还表明(表 5.5)，θ_1 通常是 10～10^2 s 量级(图 5.33 中的 i 单元)，而 θ_2 通常是 10^{-6}～10^{-4} s 量级(图 5.34 中的 j 单元)。所以不难理解，θ_1 对低应变率响应负责而 θ_2 对高应变率响应负责。既然 θ_1 比 θ_2 高 4～6 个量级，且由于每一松弛时间的 EID 约占 4.5 个量级，那么 θ_1 和 θ_2 将各自在自己的“有效影响区”范围内发挥作用。

④ 这样，在时间尺度以 1～10^2 s 计的准静加载条件下，具有松弛时间 θ_2 为 10^{-6}～10^{-4} s 的高频 Maxwell 单元从准静加载一开始就已经完全松弛了。于是式(5.26)化为

$$\sigma = f_e(\varepsilon) + E_1\int_0^t \dot{\varepsilon}(t)\exp\left(-\frac{t-\tau}{\theta_1}\right)d\tau \tag{5.27a}$$

⑤ 反之，在时间尺度以 1～10^2 μs 计的冲击加载条件下，具有松弛时间 θ_1 为 10～10^2 s 的低频 Maxwell 单元，直到加载结束，也无足够的时间来松弛。这时，低频 Maxwell 单元化为弹性常数为 E_1 的简单弹簧，而式(5.26)则化为

$$\begin{aligned}\sigma &= f_e(\varepsilon) + E_1\varepsilon + E_2\int_0^t \dot{\varepsilon}(t)\exp\left(-\frac{t-\tau}{\theta_2}\right)d\tau \\ &= \sigma_e(\varepsilon) + E_2\int_0^t \dot{\varepsilon}(t)\exp\left(-\frac{t-\tau}{\theta_2}\right)d\tau\end{aligned} \tag{5.27b}$$

$$\sigma_e(\varepsilon) = f_e(\varepsilon) + E_1\varepsilon$$

这说明聚合物在冲击载荷下的非线性黏弹性波的传播特性实际上是由式(5.27b)控制。

值得注意的是，式(5.27a)和式(5.27b)虽然在形式上相当于三单元模型，但由于各自的材料本构参数具有不同的物理含义，适用于不同的载荷条件，式中的本构参数又必须在特定的应变率下确定，特别是式(5.27b)中的 $\sigma_e(\varepsilon)$ 既包含了弹性平衡响应也包含了低应变率 Maxwell 单元的弹性响应，因此不宜简单地看做普通的三单元模型，而应看做 ZWT 模型在特定条件下的简化特例。

理论上，式(5.26)可以基于现代连续介质力学(理性力学)的黏弹性本构理论来推导[5.56]，

既可以从 Coleman-Noll 的有限线性黏弹性理论[5.57, 5.58]导出，也可以从 Green-Revlin 的多重积分本构理论[5.59]导出。事实上，一维形式的 Green-Revlin 的多重积分如下式所示：

$$\sigma(t)=\int_{-\infty}^{t}\phi_1(t-\tau_1)\dot{\varepsilon}(\tau_1)\mathrm{d}\tau_1+\iint_{-\infty}^{t}\phi_2(t-\tau_1,t-\tau_2)\dot{\varepsilon}(\tau_1)\dot{\varepsilon}(\tau_2)\mathrm{d}\tau_1\mathrm{d}\tau_2$$
$$+\iiint_{-\infty}^{t}\phi_3(t-\tau_1,t-\tau_2,t-\tau_3)\dot{\varepsilon}(\tau_1)\dot{\varepsilon}(\tau_2)\dot{\varepsilon}(\tau_3)\mathrm{d}\tau_1\mathrm{d}\tau_2\mathrm{d}\tau_3+\cdots \tag{5.28}$$

式中，ϕ_i是松弛函数，等号右边第一项的单重积分是遵循叠加原理的线性项；第二项的双重积分是由 τ_1时刻的应变增量和 τ_2时刻的应变增量共同作用对现时刻 t 材料行为所产生的影响的累积；第三项三重积分则是 τ_1,τ_2,τ_3三个时间应变增量对现时材料行为影响的累积，依次类推。但式(5.28)不大适用于工程应用，即使仅取前三项，要确定松弛函数 ϕ_1,ϕ_2,ϕ_3，也至少需要 28 组不同的实验[5.49]。

而根据对环氧树脂、聚碳酸酯、尼龙、有机玻璃、ABS、PBT 等多种固体高分子材料动态力学行为的实验结果的研究[5.50-5.52]，有理由假设：

$$\phi_1(t-\tau_1)=E_{\mathrm{o}}+E_1\exp\left(-\frac{t-\tau_1}{\theta_1}\right)+E_2\exp\left(-\frac{t-\tau_1}{\theta_2}\right)$$
$$\phi_2(t-\tau_1,t-\tau_2)=\mathrm{const}=\alpha$$
$$\phi_3(t-\tau_1,t-\tau_2,t-\tau_3)=\mathrm{const}=\beta$$

这时 Green-Revlin 多重积分[式(5.28)]就立即化为 ZWT 方程[式(5.26)]。

ZWT 方程不仅适用于高聚物本身，通过微力学理论分析与实验研究相结合的研究途径，发现其同样适用于以高聚物为基体的复合材料[5.60-5.63]，甚至可推广应用于混凝土材料[5.64-5.66]。

式(5.26)是一维应力形式的 ZWT 方程，采用张量描述可以推广到三维应力状态[5.67, 3.68]。杨黎明和 Shim 等[5.68]以及冯震宙、王新军、王富生等[5.69]都先后以张量形式 ZWT 方程在商用程序(如 LA-DYNA 和 ABAQUS)中编制了相应的子程序，不仅把 ZWT 方程成功地用于表述橡胶、泡沫塑料和生物材料等的冲击动态行为[3.68]，而且成功地模拟了如手机跌落[5.68]和鸟撞飞机风挡[5.69]等有关的工程结构冲击响应。

5.3.2 非线性热黏弹性本构方程和率-温等效

上述非线性黏弹性本构方程尚未计及温度的影响，而高分子材料在工程使用中，环境温度的变化将对其力学性能产生显著的影响。但因大量有关高分子材料温度效应的研究是在准静态甚至于更低应变率(例如，蠕变、松弛实验等)下进行的[5.70]，故本节将讨论非线性黏弹性材料在高应变率下的温度效应以及相关的率-温等效。

1. 高应变率下温度效应的实验研究

采用温控分离式 Hopkinson 实验技术，环氧树脂在不同温度(－20～100 ℃)下的高应变率($10^3\ \mathrm{s}^{-1}$)应力/应变曲线如图 5.35(a)所示[5.71]。由此图改画得到高应变率($10^3\ \mathrm{s}^{-1}$)下不同给定应变值的应力随温度变化的曲线，如图 5.35(b)所示，显示出明显的温度效应。

热塑性材料的温度效应比起环氧树脂这类热固性塑料更为强烈。图 5.36 给出了有机玻璃(PMMA)在不同温度(－60～100 ℃)下的高应变率($9\times10^2\ \mathrm{s}^{-1}$)应力/应变曲线[5.72]。图 5.37 则给出了聚丙烯/尼龙(PP/PA)共聚物在不同温度(－60～80 ℃)下的高应变率($8.5\times10^2\ \mathrm{s}^{-1}$)

应力/应变曲线[5.73]。

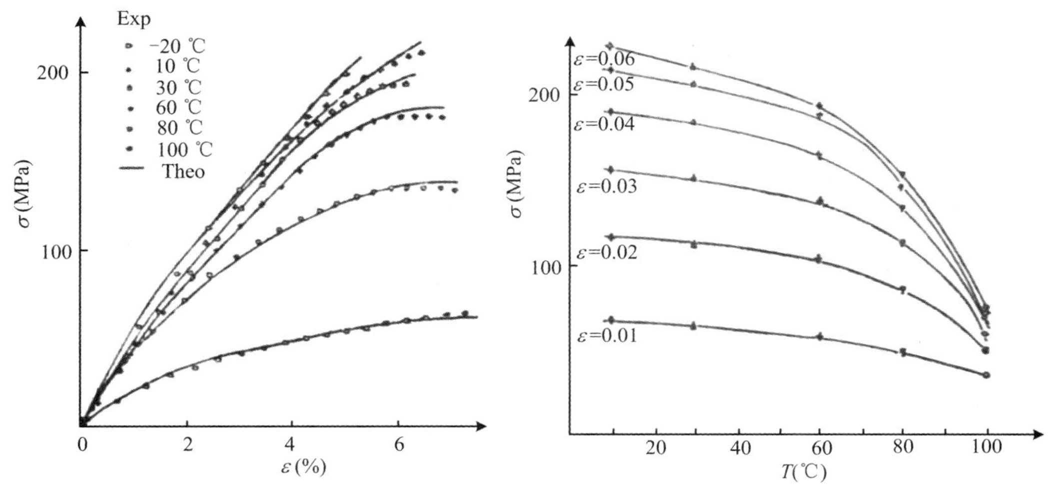

(a) 不同温度下的应力应变曲线　　(b) 不同给定应变值的应力-温度曲线

图 5.35　环氧树脂在高应变率 $\dot{\varepsilon}=10^3\ \mathrm{s}^{-1}$ 下不同温度下的应力/应变曲线和不同给定应变值的应力-温度曲线[5.71]

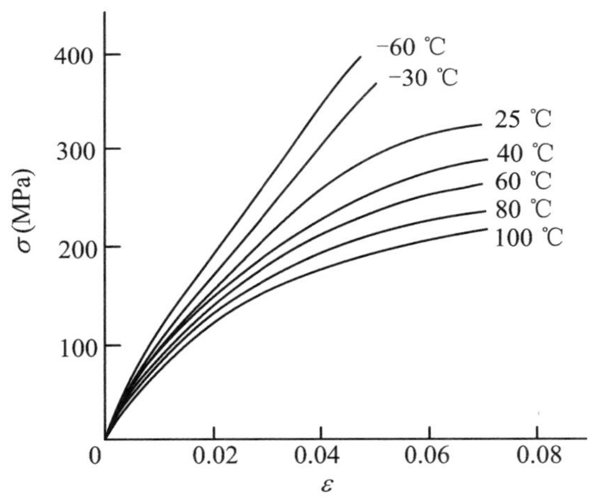

图 5.36　有机玻璃不同温度下的高应变率($\dot{\varepsilon}=9\times10^2\ \mathrm{s}^{-1}$)应力/应变曲线[5.72]

这些实验结果表明,高分子材料既对应变率敏感,也对温度敏感,应力/应变曲线随温度的升高而降低(热软化效应);并且温度降低与应变率升高显示出某种等效效应。

(1) 非线性热黏弹性本构方程

由上述实验结果看,ZWT 方程[式(5.26)]中的材料参数 $E_o,\alpha,\beta,E_1,\theta_1,E_2$ 和 θ_2 一般的应该是温度 T 的函数,即有

$$\sigma = f_{\mathrm{e}}(T,\varepsilon) + E_1(T)\int_0^t \dot{\varepsilon}\exp\left[-\frac{t-\tau}{\theta_1(T)}\right]\mathrm{d}\tau + E_2(T)\int_0^t \dot{\varepsilon}\exp\left[-\frac{t-\tau}{\theta_2(T)}\right]\mathrm{d}\tau \quad (5.29\mathrm{a})$$

$$f_{\mathrm{e}}(T,\varepsilon) = E_0(T)\varepsilon + \alpha(T)\varepsilon^2 + \beta(T)\varepsilon^3 \quad (5.29\mathrm{b})$$

上式为同时计及应变率效应和温度效应的 ZWT 非线性热黏弹性本构方程。

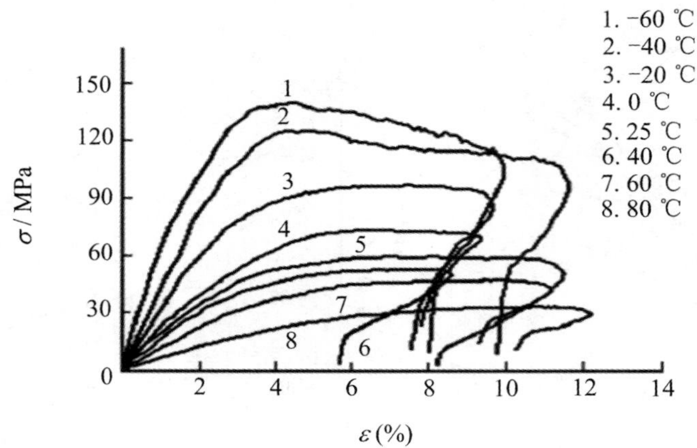

图 5.37　PP/PA 在不同温度下的高应变率($\dot{\varepsilon}=8.5\times10^2\ \mathrm{s}^{-1}$)应力/应变曲线[5.73]

与导出式(5.27b)的情况类似,在时间尺度以 1～10^2 μs 计的冲击加载条件下,低频 Maxwell 单元因无足够的时间来松弛而化为弹性常数为 E_1 的简单弹簧,因而上式化为

$$\sigma=\sigma_{\mathrm{eff}}(T,\varepsilon)+E_2(T)\int_0^t\dot{\varepsilon}\exp\left(-\frac{t-\tau}{\theta_2(T)}\right)\mathrm{d}\tau \tag{5.30a}$$

$$\begin{aligned}\sigma_{\mathrm{eff}}(T,\varepsilon)&=[E_0(T)+E_1(T)]\varepsilon+\alpha(T)\varepsilon^2+\beta(T)\varepsilon^3\\&=E_a(T)\varepsilon+\alpha(T)\varepsilon^2+\beta(T)\varepsilon^3\end{aligned} \tag{5.30b}$$

式中,$E_a(T)=E_0(T)+E_1(T)$。也可以把上式右边的率无关的非线性弹性平衡项 $\sigma_{\mathrm{eff}}(T,\varepsilon)$ 移到左边,使得右边只包含黏弹性项,即改写为

$$\sigma_{\mathrm{over}}=\sigma-\sigma_{\mathrm{eff}}(T,\varepsilon)=E_2(T)\int_0^t\dot{\varepsilon}\exp\left[-\frac{t-\tau}{\theta_2(T)}\right]\mathrm{d}\tau \tag{5.30c}$$

此处,$\sigma_{\mathrm{over}}=\sigma(T,\varepsilon,\dot{\varepsilon})-\sigma_{\mathrm{eff}}(T,\varepsilon)$,类似于黏塑性理论中的超应力,同样可称为超应力。上式还可以表为如下的无量纲形式:

$$\bar{\sigma}=\frac{\sigma-\sigma_{\mathrm{eff}}(T,\varepsilon)}{E_2(T)}=\int_0^t\dot{\varepsilon}\exp\left[-\frac{t-\tau}{\theta_2(T)}\right]\mathrm{d}\tau \tag{5.31}$$

式中,$\bar{\sigma}=\dfrac{\sigma-\sigma_{\mathrm{eff}}(T,\varepsilon)}{E_2(T)}$,是无量纲超应力。

通过与实验数据拟合,可以确定 ZWT 非线性热黏弹性本构方程中各个材料参数。环氧树脂、有机玻璃和 PP/PA 共聚物的 ZWT 材料参数分别如表 5.6、表 5.7 和表 5.8 所示。

表 5.6　环氧树脂不同温度下的 ZWT 材料参数,表中 $\eta=E\theta$[5.71]

T(℃)	E_a(GPa)	α(GPa)	β(GPa)	E_2(GPa)	θ_2(μs)	η_2(kPa·s)
10	3.92	14.2	−411	5.42	3.32	1.80
30	3.91	8.87	−360	5.02	3.19	1.60
60	3.84	−1.93	−257	5.29	2.67	1.41
80	3.81	−27.8	2.6	5.67	2.01	1.14
100	1.41	−9.12	−3.0	5.23	1.99	1.04

表 5.7　有机玻璃不同温度下的 ZWT 材料参数[5.72]

T (℃)	E_a(GPa)	α(GPa)	β(GPa)	E_1(GPa)	θ_1(ms)	E_2(GPa)	θ_2(μs)
−60	4.16	−5.34	23.3	1.22	80.0	4.95	54.1
−30	3.66	−5.38	−65.3	1.12	7.89	4.91	49.0
25	2.95	−10.9	−96.4	0.832	7.33	5.24	40.5
40	2.66	−13.3	−95.6	0.776	5.26	5.02	38.9
60	2.39	−14.6	−80.1	0.649	4.43	4.98	34.8
80	2.05	−15.3	−65.3	0.564	2.38	4.98	33.9
100	1.60	−16.6	−23.0	0.537	0.89	5.14	31.9

表 5.8　PP/PA 共聚物不同温度下的 ZWT 材料参数，表中 $\eta = E\theta$[5.73]

T (℃)	E_0 (GPa)	α (GPa)	β (GPa)	E_1 (GPa)	θ_1 (s)	E_2 (GPa)	θ_2 (μs)	η (Pa・s)
25	0.67	−3.32	−18.14	0.30	34.04	0.86	6.82	5 872
40	0.62	−6.39	28.03	0.24	23.91	0.83	6.34	5 276
60	0.61	−8.40	52.60	0.16	14.06	0.82	6.03	4 913
80	0.45	−10.51	86.94	0.12	2.41	0.81	5.67	4 567

图 5.35(a)中的实线是按表 5.6 中的 ZWT 材料参数画出的理论曲线，说明在应力/应变曲线失稳$\left(\frac{d\sigma}{d\varepsilon}=0\right)$之前，能够满意地描述温度从 −20 ℃到 100 ℃范围的高应变率($10^3\ s^{-1}$)的应力/应变曲线。

(2) 高应变率下非线性热黏弹性响应的时-温等效和率-温等效

式(5.31)表明，高应变率下非线性黏弹性材料的力学响应一般的是应变率和温度的函数。图 5.35～图 5.37 所示的实验结果则显示降低温度与提高应变率有类似的效应。

因此，与在 5.1.2 节中讨论过金属材料的率-温等效相类似，高分子材料力学性能对应变率 $\dot{\varepsilon}$(或时间 t)和温度 T 的等效性的研究，同样是力学和化学工作者所共同关注的重要课题。

在低应变率下的线性黏弹性研究中，力学响应的应变率相关性常常表现为时间相关性，例如，给定应变下应力随时间的减小(应力松弛)，或给定应力下应变随时间的增加(蠕变)等等。这种时间相关性实质上是本构应变率相关性的表现。在量纲上，应变率和时间互为倒数。弹簧与黏壶串联的 Maxwell 黏弹性模型的提出最早就是为了阐明应力松弛现象。而弹簧与黏壶并联的 Kelvin-Voigt 黏弹性模型的提出则为了阐明蠕变现象。

历史上，人们首先关注低应变率下的力学响应在时间相关性与温度相关性之间，是否存在着某种转换或等价关系，即所谓的时-温等效性[5.70]，发现通过改变时标(在时标上水平移动 $\lg\alpha_T$)，可以使一个温度下的黏弹行为与另一温度下的黏弹行为相叠加或相联系。$\alpha_T(T)$称为移位因子(shift factor)，仅仅是温度的函数。

由位移因子可以引入一个如下定义的归化时间(reduced time)ξ：

$$\xi = \frac{t}{\alpha_T(T)} \tag{5.32}$$

若已知参考温度 T_0 下的等温本构方程

$$\sigma = \int_0^t \varphi(t - t')\dot{\varepsilon}\mathrm{d}t' \tag{5.33}$$

则环境温度 T 下的本构方程可表示为

$$\sigma = \int_0^\xi \phi(\xi - \xi')\frac{\partial \varepsilon}{\partial \xi'}\mathrm{d}\xi' \tag{5.34}$$

具有这种时-温等效性质的材料称为热流变简单材料(thermo-theologically simple material)。

高应变率下注意到 ZWT 非线性热黏弹性方程[式(5.30)]中的 $\theta_2(T)$ 是黏性特性的控制因素,而由表 5.6～表 5.8 可见 $\theta_2(T)$ 随温度升高而明显下降。我们可以把式(5.32)中的移位因子 $\alpha_T(T)$ 定义为如下的无量纲松弛时间:

$$\alpha_T(T) = \frac{\theta_2(T)}{\theta_{2\mathrm{R}}(T)} \tag{5.35}$$

式中,$\theta_{2\mathrm{R}}(T)$ 为参考温度 T_R 下的 $\theta_2(T_\mathrm{R})$。于是由式(5.32)、式(5.35)和式(5.31)经整理后,在任一环境温度 T 下的 ZWT 非线性热黏弹性方程可写成[5.55,5.71-5.73]:

$$\bar{\sigma} = \frac{\sigma - \sigma_{\mathrm{eff}}(T,\varepsilon)}{E_2(T)} = \int_0^\xi \frac{\mathrm{d}\varepsilon}{\mathrm{d}\xi'}\exp\left(-\frac{\xi - \xi'}{\theta_{2\mathrm{R}}}\right)\mathrm{d}\xi' \tag{5.36}$$

这意味着如以无量纲超应力 $\bar{\sigma}$ 来描述材料在高应变率下的热黏弹性响应,则它仅是归化时间 ξ 的函数,而 T 和 t 不再作为两个独立的变量出现。换言之,只要 $\varepsilon(\xi)$ 的历史相同,无论哪个温度下的 $\bar{\sigma}$-ξ 关系都将重合在同一条曲线,即所谓的主曲线(master curve)上。

如果再引入无量纲参量 Z_{VE}

$$Z_{\mathrm{VE}} = \dot{\varepsilon}\theta_2(T) = \frac{\mathrm{d}\varepsilon}{\mathrm{d}\xi}\theta_{2\mathrm{R}} \tag{5.37}$$

在恒温、恒应变率实验中,Z_{VE} 为常量,式(5.36)变成

$$\frac{\bar{\sigma}}{Z_{\mathrm{VE}}} = 1 - \exp\left(-\frac{\varepsilon}{Z_{\mathrm{VE}}}\right) \tag{5.38}$$

上式描述以 Z_{VE} 为单个参量的,体现时-温等效或率-温等效效应的统一应力/应变曲线 $\left(\frac{\bar{\sigma}}{Z_{\mathrm{VE}}}\text{-}\frac{\varepsilon}{Z_{\mathrm{VE}}}\right)$[5.55,5.71-5.73]。事实上,当温度增加时,$\theta_2(T)$ 减小(参看表 5.6～表 5.8),意味着 $\dot{\varepsilon}$ 为恒值时 Z_{VE} 减小;这等价于 T 为恒值时 $\dot{\varepsilon}$ 减小。对于环氧树脂和 PP/PA 共聚物,把全部实验数据在 $\frac{\bar{\sigma}}{Z_{\mathrm{VE}}}\text{-}\frac{\varepsilon}{Z_{\mathrm{VE}}}$ 坐标上重绘,分别如图 5.38 和图 5.39 所示(可以和原来的图 5.35 和图 5.37 分别对比),图中还给出了式(5.38)的理论曲线供对比。注意到式(5.38)是在恒温、恒应变率条件下成立的,而不同温度下的 SHPB 实验,既不严格地满足恒温(有随应变增加而增加的绝热温升),又不严格地满足恒应变率实验,所以实验数据以一定误差分布在理论曲线上下是可以理解的,其实这已足以体现高应变率下的时-温等效或率-温等效效应。

值得指出的是,如果松弛时间 $\theta(T)$ 的温度依赖性遵循 Arrhenius 方程:

$$\theta(T) = \theta_0 \exp\left(-\frac{A}{kT}\right) \tag{5.39}$$

式中,k 是 Boltzmann 常数,A 是激活能,则将上式代入式(5.37),得

$$Z_{\mathrm{VE}} = \dot{\varepsilon}\theta(T) = \theta_0\dot{\varepsilon}\exp\left(-\frac{A}{kT}\right) \tag{5.40}$$

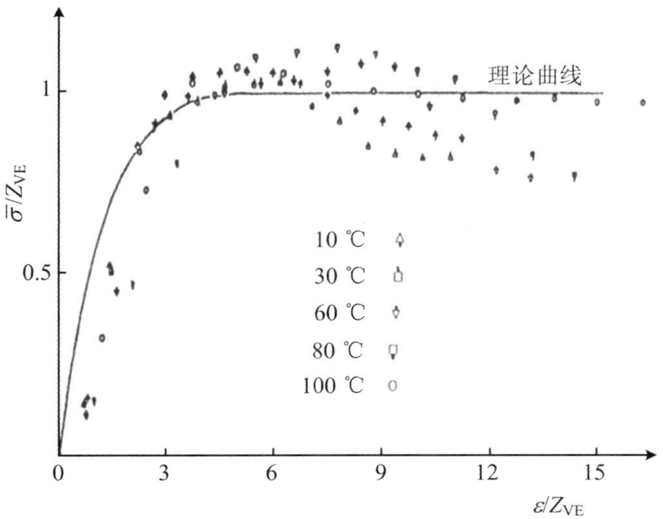

图 5.38　环氧树脂不同温度下的高应变率($\dot{\varepsilon}=9\times10^2\ s^{-1}$)$\frac{\bar{\sigma}}{Z_{VE}}$-$\frac{\varepsilon}{Z_{VE}}$曲线[5.71]

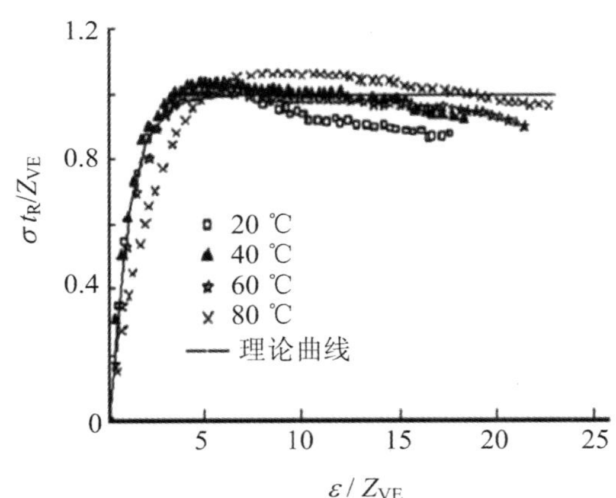

图 5.39　PP/PA 在不同温度下的高应变率($\dot{\varepsilon}=8.5\times10^2\ s^{-1}$)$\frac{\bar{\sigma}}{Z_{VE}}$-$\frac{\varepsilon}{Z_{VE}}$曲线[5.73]

可见 5.1.2 节“应变率与温度的联合效应和率-温等效”中讨论过的 Zener-Hollomon 参数 $Z\left[=\dot{\varepsilon}\exp\left(\frac{A}{kT}\right)\right]$可以看做$Z_{VE}$的特例。金属材料中的率-温等效参数与此处对高分子材料讨论的率-温等效参数在本质上是相通的。

5.4　一维应变下的本构模型

至此，我们在第 1 篇中讨论了率无关的材料容变律，在本章中又讨论了率相关的材料畸变律。当压力很高，以至于材料的抗畸变的剪切强度可以忽略不计时，可以只考虑材料在高压下的状态方程,即所谓流体动力学模型。然而当压力不是很高时,材料的剪切强度就不能忽略了。必须同时考虑率无关的材料容变律和率相关的材料畸变律,两者相搭配,组成完整的本构关系。

对于大量实际面临的爆炸/冲击载荷问题,不论是处理具体工程问题,还是进行实验研究,最基本而常见的三维应力状态是一维应变状态。这时横向位移、横向应变和横向质点速度均为零,而两个横向主应力对称相等:

$$u_y = u_z = \varepsilon_y = \frac{\partial u_y}{\partial y} = \varepsilon_z = \frac{\partial u_z}{\partial z} = v_y = \frac{\partial u_y}{\partial t} = v_z = \frac{\partial u_z}{\partial t} = 0 \qquad (\sigma_y = \sigma_z) \tag{5.41}$$

因而轴向应力 σ_x 可分解为静水压力 P(球量项)和最大切应力 τ(畸变项)之和:

$$\sigma_x = -P + S_{xx} = -P + \frac{2}{3}(\sigma_x - \sigma_y) = -P + \frac{4}{3}\tau \tag{5.42}$$

其中,P 随介质体积压缩的增加而增大,其值并无极限,在实际问题中可高达 $10^5 \sim 10^6$ MPa 量级;τ 则随介质的剪切变形的增加而增大,以材料的剪切强度为极限,对大多数工程材料来说为 $10 \sim 10^3$ MPa 量级。因此,如果冲击压力比材料剪切强度高两个数量级或更高,即$\frac{\tau}{P} \leqslant 0.01$,则上式中的 τ 项可忽略不计,而近似地有 $\sigma_x \approx -P$。只有这时,流体动力学模型才能提供足够好的近似。反之,当冲击压力与材料剪切强度的量级接近或相当时,流体动力学近似就不再适用,而必须全面考虑由容变律和畸变律共同组成的本构关系。

为计及固体剪切强度的影响,郑哲敏和解伯民(1965)、E. H. Lee(1971)、P. C. Chou 和 A. K. Hopkins(1972),先后独立地发展出了**流体弹塑性模型**。

流体弹塑性模型是把反映材料非线性容变律的高压固体状态方程——例如内能形式状态方程 $P = P(E, V)$[式(2.65)]——与非线性弹塑性畸变律相结合。在一维应变条件下,Mises 准则与 Tresca 准则具有相同的形式:

$$\sigma_x - \sigma_y = \pm Y \tag{5.43}$$

则流体弹塑性模型可以表示如下:

容变律为

$$P = P(E, V) \tag{5.44a}$$

畸变律为

$$\sigma_x - \sigma_y = \begin{cases} 2G\varepsilon_x & (\text{弹性}) \\ \pm Y & (\text{塑性}) \end{cases} \tag{5.44b}$$

弹塑性畸变律也可表示为如下微分形式:

$$\frac{\mathrm{d}S_{xx}}{\mathrm{d}\varepsilon_x} = \begin{cases} \frac{4}{3}G & \left(|S_{xx}| < \frac{2}{3}Y\right) \\ \frac{4}{3}G_{\mathrm{p}} & \left(|S_{xx}| = \frac{2}{3}Y\right) \end{cases} \tag{5.44c}$$

式中,G_{p}是塑性剪切模量,一般的是塑性功的函数。

在应力平面(σ_x, σ_y)(图 5.40)上,式(5.43)表示为斜率为 1 的两条平行直线,称为屈服轨迹。以这上下两支屈服轨迹为界的范围内是弹性区。两支屈服轨迹平行并且对称于静水压力线 $\sigma_x = \sigma_y (= \sigma_z)$,这正是静水压力对屈服无影响这一假定的体现。对于理想塑性材料,$y = y_0$,则屈服轨迹是固定不变的。对于各向同性硬化材料,Y 是塑性变形或塑性功的函数,则屈服轨迹的上下两支随塑性变形或塑性功的增加，保持与静水压力线对称并且平行地向外扩大，如图 5.40 中两条虚线所示。

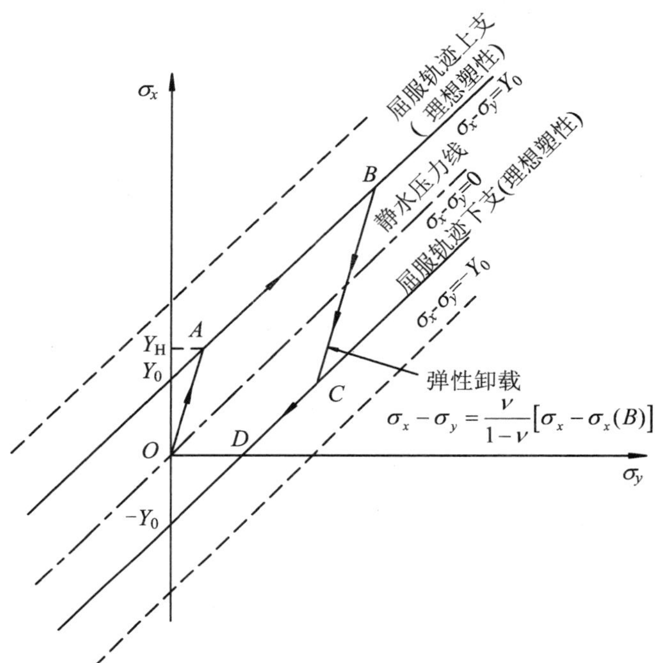

图 5.40 在应力平面(σ_x, σ_y)上的上下两支屈服轨迹

我们再来看看一维应变条件下的轴向应力/应变关系 $\sigma_x-\varepsilon_x$，如图 5.41 所示。

在弹性阶段，按 Hooke 定律，式(5.42)可以改写为

$$\sigma_x=-P+S_{xx}=K\Delta+2Ge_{xx}=\left(K+\frac{4}{3}G\right)\varepsilon_x=(\lambda+2\mu)\varepsilon_x$$
$$=\frac{(1-\nu)E}{(1+\nu)(1-2\nu)}\varepsilon_x=E_{\mathrm{L}}\varepsilon_x \tag{5.45}$$

式(5.45)对应于图中 OA 段。式中，E_{L} 称为侧限弹性模量，λ 和 μ 是弹性 Lame 系数，ν 是 Poisson 比。通常 $0<\nu<0.5$。由上式可知：$E_{\mathrm{L}}>E$，即一维应变侧限弹性模量比一维应力的弹性模量 E 大。常用金属材料的 ν 在 1/4～1/3 之间，与之相对应地，E_{L}/E 在 1.2～1.5 之间。

另一方面，在弹性阶段，横向侧限应力 $\sigma_y(=\sigma_z)$ 与轴向应力 σ_x 之间有

$$\sigma_y=\sigma_z=\frac{\nu}{1-\nu}\sigma_x=\frac{\lambda}{\lambda+2\mu}\sigma_x \tag{5.46}$$

将这一关系代入屈服条件[式(5.43)]，即可确定一维应变条件下对轴向应力 σ_x 而言的初始屈服极限 Y_{H} 为

$$Y_{\mathrm{H}}=\frac{1-\nu}{1-2\nu}Y_0=\frac{\lambda+2\mu}{2\mu}Y_0=\frac{K+\frac{4G}{3}}{2G}Y_0 \tag{5.47}$$

式中，Y_{H} 称为侧限屈服极限或 Hugoniot 弹性极限，对应于图 5.41 中的点 A。显然 Y_{H} 高于单向应力下的初始屈服极限 Y_0，例如，当 $\nu=1/3$ 时，$Y_{\mathrm{H}}=2Y_0$。

图 5.41 中的 OE 代表容变律，在体积模量不是常数的高压下 OE 是曲线。对于理想塑性

材料，$Y=Y_0$，则 σ_x-ε_x 曲线的塑性段与 OE 线保持等距离($2Y_0/3$)，如图中之 AB 线所示。对于各向同性硬化材料，塑性剪切模量 G_p 是塑性功 w_p 的函数 $G_p(w_p)$，对应于图中之 AB' 线。对于线性硬化材料，$G_p=G_{p1}=$常数。如果塑性加载到 B 点(或 B' 点)后开始卸载，作弹性卸载的假定，则沿着与 OA 线平行的 BC 线(或 $B'C$ 线)卸载。卸载到 E 点时介质只承受静水压力。随着 σ_x 继续下降，与畸变对应的切应力则以与原加载时符号相反的方向增大，即发生与加载对方向相反的弹性畸变。这样，沿 EC 线介质处于反向的弹性畸变加载，而在 C 点处，按式(5.43)满足反向屈服条件 $\sigma_x-\sigma_y=-Y$，材料开始进入反向塑性变形。此后，对 σ_x 而言的所谓卸载，实际上是沿着 CD 线，即沿着屈服轨迹下支进行的反向塑性加载。

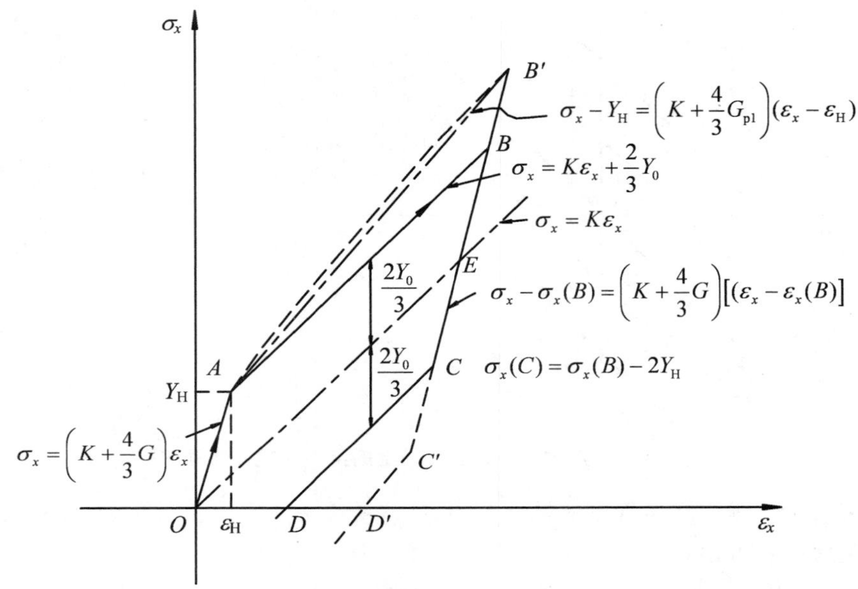

图 5.41　一维应变条件下的轴向弹塑性应力/应变关系

对于上述的流体弹塑性模型，人们也许会提出这样一个问题：本章一直在讨论应变率相关的畸变律，那么在流体弹塑性模型中，畸变律的应变率相关性体现在哪里呢？

初看之下，流体弹塑性模型似乎属于应变率无关的本构模型。不过考虑到冲击载荷下的应变率比准静态载荷下的要高出好多量级，则流体弹塑性模型中的畸变律可理解为：材料在冲击载荷的某一应变率范围内具有平均意义下的唯一的动态应力/应变关系。它与准静态应力/应变关系是不同的，在此意义上已计及了应变率的影响，只不过这种应变率效应不是在本构方程中显性地出现的，在数学处理上则会方便得多。

当然，我们也可以用本章讨论的各种应变率相关的畸变律代替式(5.44b)，构成显式应变率相关的流体黏弹塑性本构模型。本节对流体弹塑性模型的讨论，不仅因为这一模型迄今仍旧获得广泛应用，而且为构成显式应变率相关的流体黏弹塑性本构模型提供了一个方法。

也有研究者通过实验研究发现，在爆炸高压下，畸变律中最基本的两个材料特性参数，即表征材料抗弹性畸变特性的弹性模量 G 和表征材料抗塑性畸变特性的屈服强度 Y，实际上都依赖于压力(应力球量)和温度。相比之下，应变率效应则允许忽略。这时可以把固体本构畸变律的研究简化归结为确定 $G=G(P,\ T)$ 和 $Y=Y(P,\ T)$ 的问题，如 Steinberg，Cochran 和 Guinan 提出的 SCG 模型[5.77]：

$$G = G_0\left[1 + \frac{G'_P}{G_0}\frac{P}{\eta^{1/3}} + \frac{G'_T}{G_0}(T - 300)\right] \tag{5.48a}$$

$$Y = Y_0\left[1 + \beta(\varepsilon + \varepsilon_0)\right]^n\left[1 + \frac{Y'_P}{Y_0}\frac{P}{\eta^{1/3}} + \frac{G'_T}{G_0}(T - 300)\right] \tag{5.48b}$$

式中，$\eta\left(=\frac{V_0}{V}\right)$为压缩比；$G'_P$，$Y'_P$和$G'_T$分别表示$G$，$Y$对压力$P$、温度$T$的偏导数；下标“0”表示初始状态；$\beta$和$n$为加工硬化参量。注意，这时畸变律已依赖于应力球量，意味着容变律与畸变律不再作解耦假定，而存在着某种耦合关系。事实上，对容变律与畸变律相互耦合的本构关系的研究已成为当前值得重视的一个研究方向。

参 考 文 献

[5.1] HOPKINSON J. On the rupture of iron wire by a blow[J]. Proc. Man. Lit. Phil. Soc., 1872, 11: 40-45.

[5.2] HOPKINSON B. The effect of momentary stresses in metals[J]. Proc. Roy. Soc., 1905, A74: 498.

[5.3] DAVIES E D H, HUNTER S C. The dynamic compression testing of solids by the method of the split Hopkinson pressure bar[J]. Journal of the Mechanics and Physics of Solids, 1963, 11(3): 155-179.

[5.4] MARSHK J, CAMPBELL J D. The effect of strain rate on the post-yield flow of mild steel[J]. Journal of the Mechanics and Physics of Solids, 1963, 11(1): 49-63.

[5.5] LINDHOLM U S, YEAKLEY L M. High strain-rate testing: tension and compression[J]. Experimental Mechanics. 1968, 8(1): 1-9.

[5.6] MAIDEN C J, GREEN S J. Compressive strain-rate tests on six selected materials at strain rates from 10^{-3} to 10^4 in./sec[J]. J. Appl. Mech., 1966, 33: 496-504.

[5.7] LÜDWIK P. Elemente der technologischen mechanic[M]. Berlin: Springer Verlag, 1909.

[5.8] FOLLANSBEE P S, KOCKS U F. A constitutive description of the deformation of copper based on the use of the mechanical threshold stress as an internalstate variable[J]. Acta Metall., 1988, 36: 81-93.

[5.9] CAMPBELL J D, FERGUSON W G. The temperature and strain rate dependence of shear strength of mild steel[J]. Phil. Mag., 1970, 21: 63-82.

[5.10] LINDHOLM U S. Review of dynamic testing techniques and material behavior[J]. Institute of Physics Conference Series, 1974, 21: 3-70.

[5.11] DOWLING A R, HARDING J, CAMPBELL J D. The dynamic punching of metals[J]. J. Inst. Metals, 1970, 98: 215-224.

[5.12] FERGUSON W G, KUMAR A, DORN J E. Dislocation damping in aluminum at high strain rates [J]. J. Appl. Phys., 1967, 38: 1836-1869.

[5.13] FERGUSON W G, HAUSER F E, DORN J E. Dislocation damping in zinc single crystals[J]. Brit. J. Appl. Phys.,1967, 18: 411-417.

[5.14] GREENMAN W F, VREELAND T J R, WOOD D S. Dislocation mobility in copper[J]. J. Appl. Phys., 1967, 38(9): 3595-3603.

[5.15] XU JIANHUI, LEONHARDT T, FARRELL J, et al. Anomalous strain-rate effect on plasticity of aMo-Re alloy at room temperature[J]. Materials Science and Engineering, 2008, A479: 76-82.

[5.16] VOHRINGER O. Deformation behavior of metallic materials, ed[C]// CHIEM C Y. International Summer School on Dynamic Behavior of Materials. Nantes ENSM, 1989, 9(11-15): 7.

[5.17] LINDHOLM U S. Some experiments in dynamic plasticity under combined stress[C]// Mechanical Behavior of Materials Under Dynamic Loads. New York: Springer Verlag, 1968: 77-95.

[5.18] CAMPBELL J D, FERGUSON W G. The temperature and strain-rate dependence of the shear strength of mild steel[J]. Phil. Mag., 1970, 21: 63-82.

[5.19] MACGREGOR C W, FISHER J C. A velocity-modified temperature for the plastic flow of metals [J]. J. Appl. Mech., 1946, 13: 11-16.

[5.20] ZENER C, HOLLOMON J H. Effect of strain rate upon plastic flow of steel[J]. J. Appl. Phys., 1944, 15: 22-32.

[5.21] RANDALL M R D, CAMPBELL J D. Effect of strain rate on plastic deformation of materials under combined loading[C]// Mechanical Properties of Materials at High Rates of Strain. Proc. Univ of Oxford, 1974.

[5.22] MEYER L W. Material behaviour at high strain rates[J]. Proc. 1st Int Conf on High Speed Forming-CHSF, 2004: 45-56.

[5.23] KLEPACZKO J. Thermally activated now and strain rate history effects for some polycrystalline f. c.c. metals[J]. Mat. Sci. Eng, 1975, 18: 121-35.

[5.24] KLEPACZKO J. Strain rate history effects for polycrystalline aluminum and theory of intersections [J]. J. Mech. Phys. Solids, 1968, 16: 255-66.

[5.25] ELEICHE A M, CAMPBELL J D. The influence of strain-rate history and temperature on the shear strength of copper, titanium and mild steel[R]// Wright-Patterson Air Force Base. Tech. Rep.: AFML-TR-76-90. Ohio: Air Force Materials Laboratory, 1976.

[5.26] COWPER G R, SYMONDS P S. Strain hardening and strain-rate effects in the impact loading of cantilever beams[R]// Brown University Division of Applied Mathematics Report. No. 28, 1957.

[5.27] BODNER S R, SYMONDS P S. Experimental and theoretical investigation of the plastic deformation of cantilever beams subjected to impulsive loading[J]. J. Appl. Mech., 1962, 29: 719-28.

[5.28] SYMONDS P S, CHON C T. Approximation techniques for impulsive loading of structures of time-dependent plastic behaviour with finite-deflections[C]//Mechanical Properties of Materials at High Strain Rates. Institute of Physics Conference Series No. 21, 1974: 299-316.

[5.29] FORRESTAL M J, SAGARTZ M J. Elastic-plastic response of 304 stainless steel beams to impulse loads[J]. Journal of Applied Mechanics, 1978, 45: 685-687.

[5.30] SYMONDS P S. Survey of methods of analysis for plastic deformation of structures under dynamic loading[C]//Division of Engineering Report. Brown University: 1967:1-67.

[5.31] MALVERN L E. The propagation of longitudinal waves of plastic deformation in a bar of material exhibiting strain-rate effect[J]. J. Appl. Mech., 1951, 18: 203-208.

[5.32] SYMONDS P S. Viscoplastic behavior in response of structures to dynamic loading [C]// HUFFINGTON N J. Behavior of Materials under Dynamic Loading. ASME, 1965: 106-124.

[5.33] 王仁,黄文彬,黄筑平.塑性力学引论(修订本)[M].北京:北京大学出版社,1992.

[5.34] JONES N. Structural impact[M]. 2nd ed. Cambridge: Cambridge University Press, 2011.

[5.35] WANG LILP, YANG LIMING, HUANG DEJIN, et al. An impact dynamics analysis on a new crashworthy device against ship-bridge collision[J]. Int. J. Impact Engineering. 2008, 35(8): 895-904.

[5.36] 陈国虞,王礼立,杨黎明,等. 桥梁防撞理论和防撞装置设计[M]. 北京:人民交通出版社,2013.

[5.37] JOHNSON G R, COOK W H. A constitutive model and data for metals subjected to large strains, high strain rates and high temperature[C]//Proc. 7th Int. Symp. Ballistics, 1983: 541-547.

[5.38] JOHNSON G R, HOEGFELDT J M, LINDHOLM U S, et al. Response of various metals to large torsional strains over a large range of strain rates-part 1: ductile metals[J]. Trans. ASME, J. Eng. Mat. Tech., 1983, 105: 42-47.

[5.39] HOLMQUIST T J, JOHNSON G R, COOK W H. A computational constitutive model forconcrete subjected large strain, high strain rates and high pressure[C]//Proc. 7th Int. Symp. Ballistics, 1993: 591-600.

[5.40] СОКОЛОВСКИЙ В В. Распространение упруго-вязко-пластических волн в стержнях[J]. Прик. Мат. Мех., 1948, 12: 261.

[5.41] PERZYNA P. Fundamental problems in viscoplasticity[J]. Advances in Applied Mechanics, 1966, 9: 935-950.

[5.42] CRISTESCU N. Dynamics plasticity[M]. Amsterdam: North Holland Publishing Co., 1967.

[5.43] BODNER S R. Constitutive equations for dynamic material behavior[C]//Mechanical Behavior of Materials under Dynamic Loads (US Lindholm ed.). New York: Springer Verlag, 1968: 176-190.

[5.44] BODNER S R, PARTOM Y. Constitutive equations for elastic-viscoplastic strain hardening materials[J]. ASME J Appl Mech, 1975, 42: 385-389.

[5.45] BODNER S R. Unified plasticity-an engineering approach, faculty of mechanical engineering, technion [R]. Haifa: Israel Institute of Technology, 32000, 2000.

[5.46] TONG W, CLIFTON R J, HUANG S. Pressure-shear impact investigation of strain rate history effects in oxygen-free high-conductivity copper[J]. J Mech Phys Solids, 1992, 40: 1251-1294.

[5.47] BODNER S R, RUBIN M B. Modeling of hardening at very high strain rates[J]. Journal of Applied Physics, 1994, 76(5): 2742-2747.

[5.48] 杨挺青,罗文波,徐平,等. 黏弹性理论与应用[M]. 北京:科学出版社,2004.

[5.49] LOCKETT F J. Nonlinear viscoelastic solids[M]. London: Academic Press, 1972.

[5.50] 王礼立,杨黎明. 固体高分子材料非线性黏弹性本构关系[C]//冲击动力学进展. 合肥:中国科技大学出版社,1992:88-116.

[5.51] 王礼立,施绍裘,陈江瑛,等. ZWT 非线性热黏弹性本构关系的研究与应用[J]. 宁波大学学报(理工版),2000, 13: 141-149.

[5.52] WANG LILI. Quest for dynamic deformation and fracture of viscoelastic solids[M]. Tokyo: Ryoin Publishers, 2001.

[5.53] 唐志平,田兰桥,朱兆祥,等. 高应变率下环氧树脂的力学性能[C]//第二届全国爆炸力学会议论文集. 扬州:1981: 4-1-2.

[5.54] 杨黎明,朱兆祥,王礼立. 短纤维增强对聚碳酸酯非线黏弹性性能的影响[J]. 爆炸与冲击,1986, 6(1): 1-9.

[5.55] CHU CHAOSHIANG, WANG LILI, XU DABEN. A onlinear thermo-viscoelastic constitutive equation for thermost plastics at high strain-rates[C]// CHIEN WEI-ZANG. Proceedings of the International Conference on Nonlinear Mechanics, ed. Beijing: Science Press, 1985: 92-97.

[5.56] 朱兆祥. 材料本构关系理论讲义[M]. 北京:科学出版社,2015.

[5.57] COLEMAN B D, NOLL W. An approximation theorem for functionals with applications in continuum mechanics[J]. Arch. Ratl. Mech. Anal., 1960, 6: 355.

[5.58] COLEMAN B D, NOLL W. Foundation of linear viscoelasticity[J]. Rev. Mod. Phys., 1961, 33: 239.

[5.59] GREEN A E, RIVLIN R S. The mechanics of nonlinear materials with memory, part 1[J]. Arch. Rat. Mech. Anal., 1957, 1: 1-21.

[5.60] 杨黎明,朱兆祥,王礼立. 短纤维增强聚碳酸酯非线性黏弹性能的影响[J]. 爆炸与冲击,1986,6(1): 1-9.

[5.61] 杨黎明,王礼立. 用 Eshelby 理论研究复合材料线黏弹性本构关系[J]. 爆炸与冲击,1991, 11(3): 244-251.

[5.62] 杨黎明,王礼立,朱兆祥. 刚性微粒填充的高聚物非线性黏弹性本构关系的微力学分析[J]. 力学学报,1993, 25(5): 606-614.

[5.63] YANG LIMING, WANG LILIH, ZHU ZHAOXIANG. A micromechanical analysis of the nonlinear elastic and viscoelastic constitutive relation of a polymer filled with rigid particles[J]. Acta Mechanica Sinica (English Series), 1994, 10(2): 176-185.

[5.64] 陈江瑛,王礼立. 冲击载荷下水泥砂浆的损伤型非线性本构关系[C]//第五届全国爆轰与冲击动力学学术会议论文集. 爆炸与冲击, 1997(增刊): 282-286.

[5.65] 陈江瑛,王礼立. 水泥砂浆的率型本构方程[J]. 宁波大学学报(理工版),2000,13(2): 1-5.

[5.66] 王礼立,施绍裘,陈江瑛,等. 高应变率下水泥砂浆计及损伤演化的率型本构关系[C]//徐秉业,黄筑平. 塑性力学和地球动力学进展. 北京: 万国学术出版社, 2000: 257-262.

[5.67] 周光泉,刘孝敏. 黏弹性理论[M]. 合肥: 中国科学技术大学出版社,1996.

[5.68] YANG L M, SHIM V P W. Characterizing viscoelastic behavior of materials-applications of ZWT model[M]//白以龙,黄筑平,虞吉林,等. 材料和结构的动态响应. 合肥: 中国科技大学出版社, 2005: 206-228.

[5.69] 冯震宙,王新军,王富生, 等. 朱-王-唐非线性黏弹性本构模型在有限元分析中的实现及其应用[J]. 材料科学与工程学报,2007, 25(2): 269-272.

[5.70] WARD I M. 固体高聚物的力学性能[M]. 2 版. 徐懋,漆宗能,等,译. 北京: 科学出版社,1987.

[5.71] 朱兆祥,徐大本,王礼立. 环氧树脂在高应变率下的热黏弹性本构方程和时-温等效性[J]. 宁波大学学报(理工版),1988, 1(1): 58-68.

[5.72] 施绍裘,干苏,王礼立. 国产航空有机玻璃在冲击载荷下的热黏弹性力学响应[J]. 宁波大学学报(理工版),1990, 3 (2): 66-75.

[5.73] 施绍裘,喻炳,王礼立. PP/PA 共混高聚物在高应变率下的黏弹性本构关系和时温等效性[J]. 爆炸与冲击,2007, 27 (3): 210-216.

[5.74] 郑哲敏,解伯民. 关于地下爆炸计算模型的一个建议[R]//郑哲敏文集. 北京: 科学出版社,2004: 166-190.

[5.75] LEE E H. Plastic-wave propagation analysis and elastic-plastic theory at finite deformation[C]// BURKE J J, WEISS V. Shock Wave and the Mechanical Properties of Solids, ed. Syracuse: Syracuse Univ. Press,1971: 3.

[5.76] CHOU P C, HOPKINS A K. 材料对强冲击载荷的动态响应[M]. 张宝坪,赵衡阳,李永池,译. 北京: 科学出版社, 1986.

[5.77] STEINBERG D J, COCHRAN S G, GUINAN M W. A constitutive model for metals applicable at high strain rate[J]. J. Appl. Phys., 1980, 51(3): 1498.

第6章　材料的动态畸变律——基于位错动力学的微观机理

由第5章的讨论可知，动态本构畸变律与准静态本构畸变律相区别的核心在于**应变率效应**。上一章主要从宏观力学角度讨论了这一基本问题，本章将从位错动力学的角度来讨论其微观物理基础。

位错问题的提出，是从晶体抗塑性畸变（剪切）的理论值与实际值有量级性的差别所引发的。这里所说的理论值是对于第3章所讨论的理想晶体而言的，而实际值则是对于包含各种微观缺陷（micro-defects）的实际晶体而言的，包括点缺陷（point defects）、位错（dislocations）、孪晶（twins）、微裂纹（micro cracks）和相变（phase transformations）等等。

对于本章所讨论的动态畸变律，特别是动态畸变律的应变率敏感性，位错是起主导作用的晶体一维缺陷（线性缺陷）；而对于应变率相关的动态本构畸变律，“位错动力学”扮演着主要角色。下面着重围绕“位错动力学”来展开讨论。

6.1　理论剪切强度

回顾第3章介绍的“晶体结构”（3.2节）和“晶体的结合力和结合能”（3.4节和图3.8）可知，如果晶体在剪应力 τ 的作用下沿某个晶面发生塑性剪切滑移，τ 必须大得足以克服晶体微粒之间的键合力。

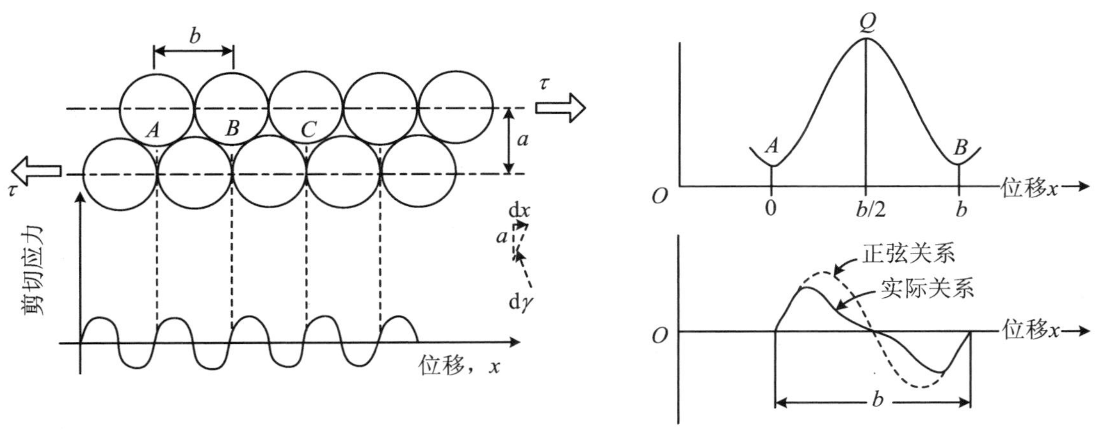

图6.1　理想晶体的剪切滑移

如图6.1所示，考察原子间距为 b、排距为 a 的相邻两排晶体原子在 τ 作用下的塑性剪切滑移。晶体具有周期性的晶格结构，因而其势能 U 和结合力 $\tau\left(=-\dfrac{\partial U}{\partial x}\right)$ 的分布是周期函数。A,B,C 等处是平衡位置，势能最小(能垒谷)，结合力为零。滑移 $b/4$ 原子间距时，结合力达到最大；滑移到半个原子间距 $b/2$ 时，结合力又为零，但处于亚稳定状态(能垒峰)，即那个位置的势能最大。为克服这一势垒，滑移一个原子间距 b 后，势能又降到最小，而塑性滑移量为 b。设近似地用一余弦函数来表示势能 U，即

$$U=-2A\cos\frac{2\pi x}{b} \tag{6.1}$$

式中，x 为位移，$2A$ 为振幅，则对应的剪切应力 τ 可写成

$$\tau=-\frac{\partial U}{\partial x}=\frac{4\pi A}{b}\sin\frac{2\pi x}{b} \tag{6.2a}$$

当滑移量 $x\ll b$ 时，上式简化为

$$\tau=-\frac{\partial U}{\partial x}=\frac{4\pi A}{b}\cdot\frac{2\pi x}{b} \tag{6.2b}$$

又，当滑移量 $x\ll a$ 时，切应变 $\gamma\approx\dfrac{x}{a}$，按照虎克定律有

$$\tau=G\gamma\approx G\frac{x}{a} \tag{6.3}$$

式中，G 是弹性剪切模量。比较式(6.2b)和式(6.3)可得如下的近似关系：

$$\frac{4\pi A}{b}=\frac{Gb}{2\pi a} \tag{6.4}$$

将上式代入式(6.2a)便可得

$$\tau=\frac{Gb}{2\pi a}\sin\frac{2\pi x}{b} \tag{6.5}$$

显然，能使上排原子相对于下排原子产生整体塑性滑移的剪切应力，即所谓的理论剪切强度(理论屈服强度)等于上式中极大值

$$\tau_{\max}=\frac{Gb}{2\pi a} \tag{6.6a}$$

对于不同的晶体结构，如面心立方(fcc)、体心立方(bcc)及密排六方(hcc)等以及不同的滑移面，有不同的 b/a 比值。一般地，b 和 a 为同一量级的量，因而近似地有

$$\tau_{\max}\approx\frac{G}{2\pi} \tag{6.6b}$$

以上是在 τ 可近似为正弦函数(式 6.5)的假设下得出的，更精确的计算得出的 $\tau_{\max}$ 大致为 $G/30$。

不论按 $\tau_{\max}=G/2\pi$ 还是按 $\tau_{\max}=G/30$ 计算的整体滑移的理论剪切强度都与实测结果相差甚远，这清楚地表明，理想的完整晶体的设想并不切合实际。表 6.1 列出了按 $\tau_{\max}=G/2\pi$ 算得的理论剪切强度与实验值的比较[6.1,6.2]，可见两者有量级性的差别(两者之比达 $10^2\sim10^4$ 量级)。由此引发了研究者们对于实际晶体的缺陷，特别是对于位错的研究。

表 6.1　金属晶体的理论屈服强度值和实测屈服强度值的对比

金　属	理论值 ($\tau_m = G/2\pi$) (GPa)	实测值 (MPa)
银(Ag)	12.6	0.37
铝(Al)	11.3	0.78
铜(Cu)	19.6	0.49
镍(Ni)	32	3.2～7.35
铁(Fe)	33.9	27.5
钼(Mo)	54.1	71.6
铌(Nb)	16.6	33.3
镉(Cd)	9.9	0.57
镁(Mg)(基面滑移)	7	0.39
镁(Mg)(柱面滑移)	7	39.2
钛(Ti)(柱面滑移)	16.9	13.7
铍(Be)(基面滑移)	49.3	1.57
铍(Be)(柱面滑移)	49.3	52

上述理论值与实验结果的巨大差别，主要是实际晶体中存在缺陷造成的。按照缺陷在晶体结构中的分布情况，可分为如下 4 类(图 6.2 [6.3])：① 点缺陷，其特征是所有方向的尺寸都很小，亦称为零维缺陷，例如，**空位**(**vacancy**)、**填隙原子**(**interstitial atom**)、**杂质原子**(**foreign atom**)等；② 线缺陷，其特征是在两个方向上的尺寸很小，亦称为一维缺陷，例如，**位错**(**dislocation**)；③ 面缺陷，其特征是只在一个方向上的尺寸很小，亦称为二维缺陷，例如，**晶界**(**grain boundary**)、**孪晶界**(**twin boundary**)、**相界**(**phase boundary**)、**堆垛层错**(**stacking fault**)等；④ 体缺陷，其特征是三个方向上的尺寸都不小，亦称为三维缺陷，例如，**孔洞**(**void**)、**杂质**(**inclusion**)等。

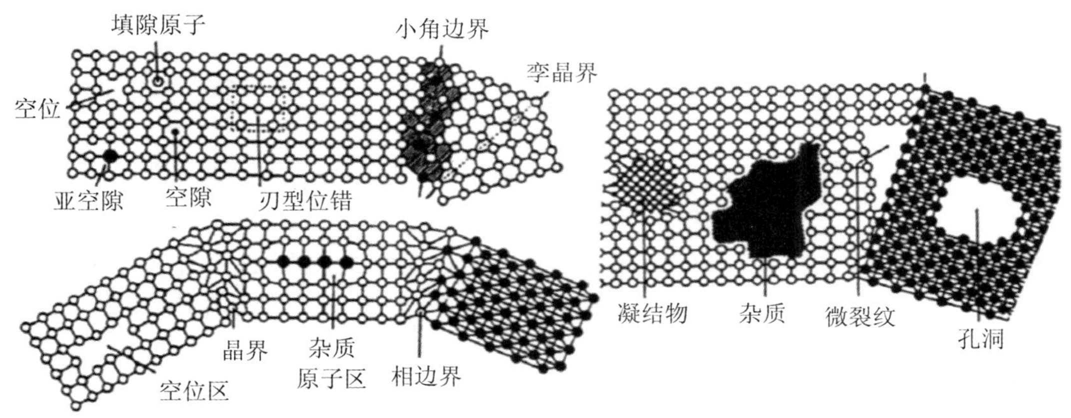

图 6.2　晶体中不同类型的缺陷/障碍

不同类型缺陷的量纲尺度范围如图 6.3 所示。

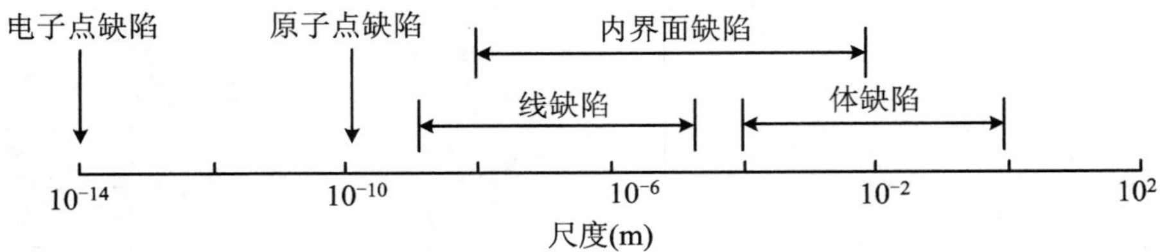

图 6.3　不同类型缺陷的量纲尺度范围

对滑移变形起作用的主要是线缺陷即位错，因此我们将主要讨论位错以及位错对塑性滑移变形的影响。

6.2　位错的基础知识

6.2.1　位错概念

1934 年，M. Polanyi[6.4]，E. Orowan[6.5]和 G. Taylor[6.6]几乎同时，又各自独立地提出了有关位错的概念。

在切应力作用下，位错在晶体中的运动如图 6.4 所示，其中图(a)表示尚未扰动的晶体，虚线表示晶体上半部分将要相对于下半部分滑移的滑移面；在图(b)中，上半部分左外平面已经在切应力作用下断键，向右推入晶体，形成一个台阶；在图(c)中，上半部分原子排列已经多出一排，与下半部分原子排列错位，这排额外的原子就称为位错；此后，在切应力作用下位错继续向右推进，直到最后如图(f)所示，在右表面脱出，完成滑移。

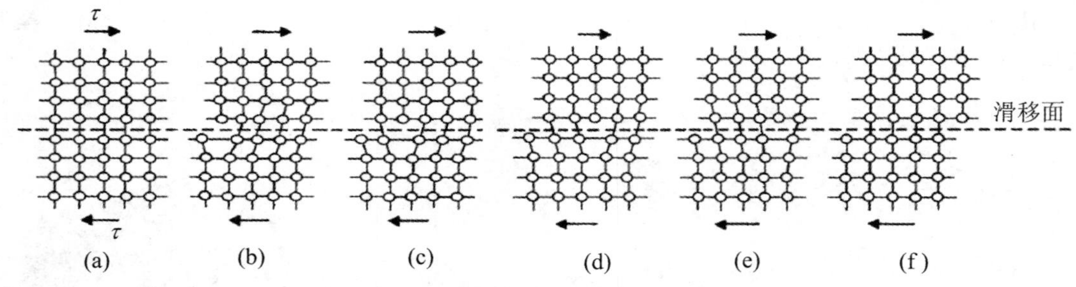

图 6.4　由位错运动形成的滑移

显然，推动位错一步步移动所需的切应力(实际屈服强度)远比推动晶体整体滑移所需的切应力(理论屈服强度)小得多，这是含缺陷的实际晶体的强度与完善的理想晶体的强度有量级性差别的根本原因。

还可以从以下两个类比来定性地理解位错对于塑性滑移的作用：

要整体移动大房间里的大地毯常常是很费劲的。聪明的人懂得把地毯一侧隆起一个波状鼓包，用较小的力可以把鼓包推动到另一侧，从而完成地毯一个鼓包宽度的移动，如图 6.5 所示。在这里,地毯的鼓包就相当于一个位错。

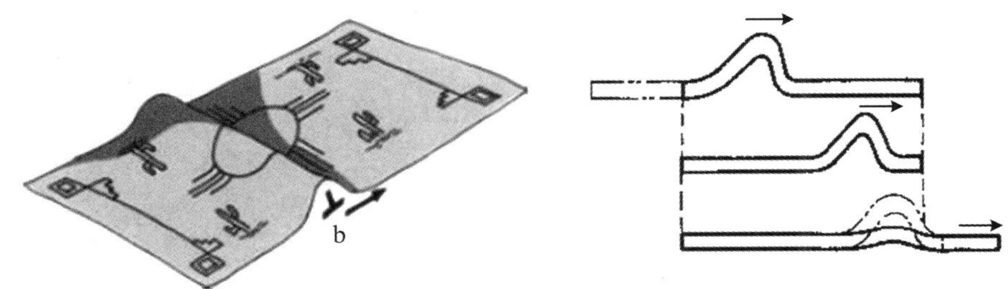

图 6.5　地毯通过推动隆起的鼓包完成移动

类似地,毛毛虫的移动也是靠在尾部形成一个隆起的“位错”完成的,如图 6.6 所示,通过隆起“位错”由后向前,一步一步地运动,实现毛虫的“位移”。人们有时就把晶体中的位错运动形象地比作“毛虫蠕动”。

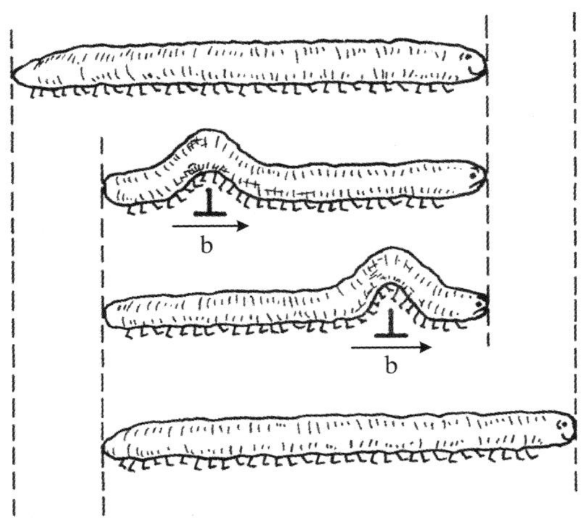

图 6.6　毛毛虫通过隆起的传播而移动

6.2.2　位错的实验观察

“位错是否存在?”这个问题曾经经历了 20 年之久(1935～1955)的怀疑和论战,直到通过透射电子显微镜(TEM)观察到位错,证实了位错的存在,才获得公认。

图 6.7 是透射电子显微镜观察到的典型的位错照片[6.7],其中图(a)是钛中位错的亮场照片,位错显示为黑线;而图(b)是硅中位错的暗场照片,位错显示为白线。

图 6.8 是更高分辨率(纳米量级)的透射电子显微镜观察到的碲化铅(PbTe)薄膜中的位错照片[6.8],图中白点代表原子列,在图的中心部分可以看到额外插入的、垂直于图面的原子半平面,即位错。也可以看到位错对其他原来有规律地排列的原子所造成的畸变扰动。

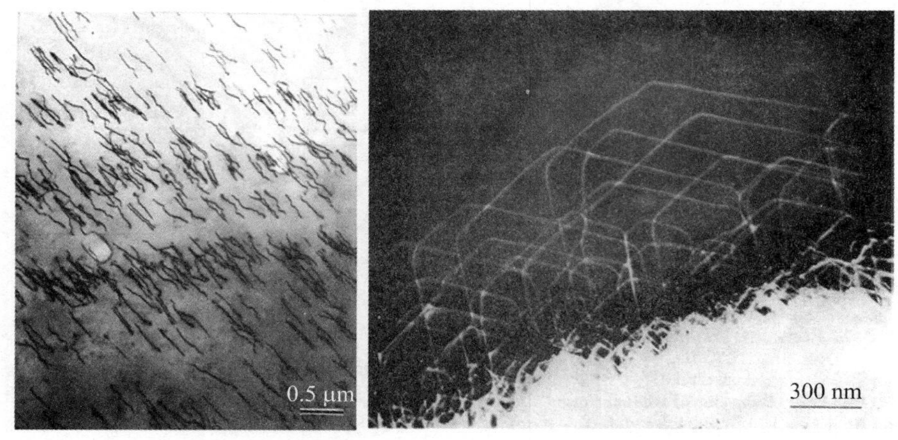

(a) 钛(亮场照片)　　(b) 硅(暗场照片)

图 6.7　透射电子显微镜(TEM)观察到的位错

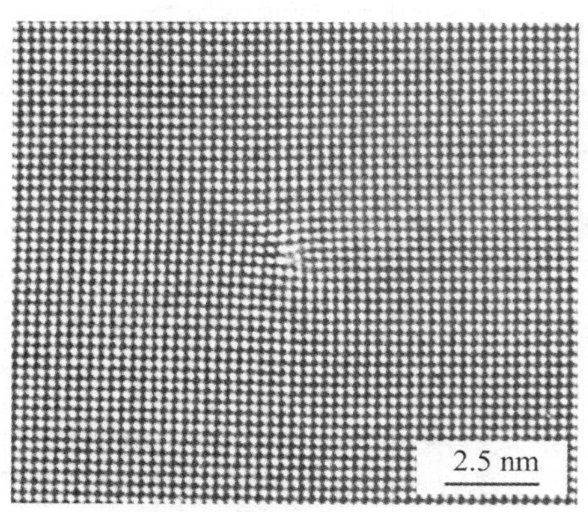

图 6.8　透射电子显微镜(TEM)观察到的 PbTe 薄膜中的位错

6.2.3　位错的基本性质

1. 位错分类和 Burgers 矢量

位错可分为刃型位错(edge dislocation)、螺型位错(screw dislocation)以及混合型位错(mixed dislocation),后者是前两种基本形式位错的组合。

前面的图 6.4 和图 6.8 所示的都是刃型位错,在图 6.9(a)上位错线表示为多余半原子面 *EFGH* 的下端 *EF*,即位错线是多余的半片原子面与滑移面的交线。多余半原子面出现在晶体上半部的称为正刃型位错,用符号⊥表示;反之,多余半原子面出现在晶体下半部的称为负刃型位错,用符号⊤表示。由于在晶体中插入了半片原子晶面,使得晶体原子的周期性排列畸变,应力/应变场发生改变。对于正刃型位错,上半部受到压缩,而下半部膨胀。

不同位错引起的晶体滑移是具有不同方向和大小的矢量,为了描述这个特征量,引入如下定义的积分,即对位移矢量 $\boldsymbol{u}$ 沿着回绕位错的闭合曲线 C 所作之积分:

$$\boldsymbol{b} = \oint_C \mathrm{d}\boldsymbol{u} \tag{6.7}$$

这一积分最早由 Burgers 提出[6.9]，称为**柏氏矢量(Burgers vector)** $\boldsymbol{b}$，积分闭合曲线 C 称为**柏氏回路(Burgers circuit)**，柏氏矢量 $\boldsymbol{b}$ 表征了位错强度。刃型位错柏氏矢量 $\boldsymbol{b}$ 的具体确定方法可如图 6.9(b)所示，在晶格内，围绕位错线，从原子到原子一步一步组成 Burgers 回路 $ABCDFA$。回路从 A 点出发，经过水平方向和垂直方向正负数相同的晶格向量，达到 F。由 F 出发指向起点 A 的晶格矢量即为位错的 Burgers 矢量 $\boldsymbol{b}$。对于刃型位错，$\boldsymbol{b}$ 矢量与位错线矢量 $\boldsymbol{l}$ 相垂直，$\boldsymbol{b} \perp \boldsymbol{l}$。

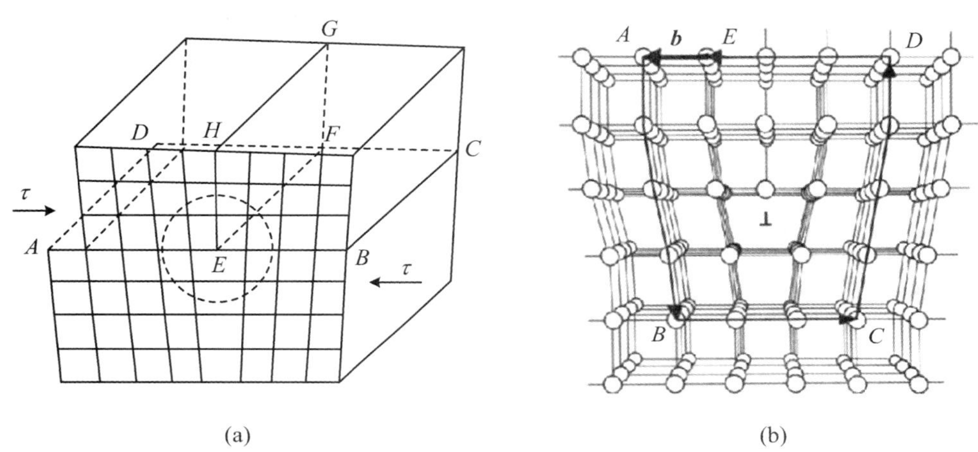

图 6.9　刃型位错

图 6.10 所示的是用原子级高分辨率透射电子显微镜在钼箔(体心立方的 100 晶面)中观察到的位错及围绕位错的晶格畸变[6.7]，每个黑点表示一个原子，图中画出了围绕刃型位错的 Burgers 回路，图的右侧还给出了单位晶胞。

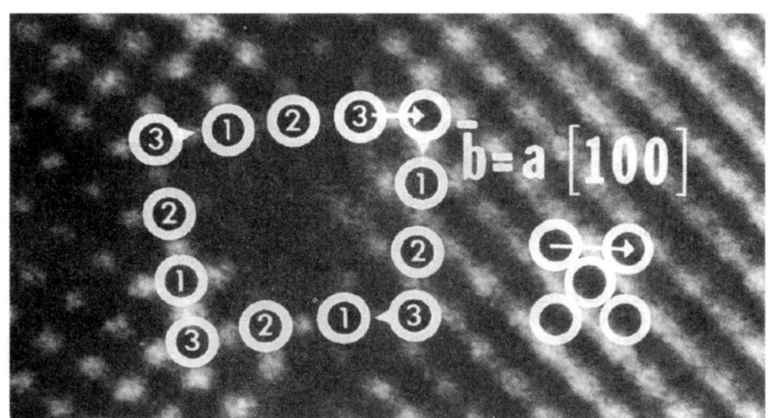

图 6.10　高分辨率透射电子显微镜在钼箔中观察到的位错及其围绕的 Burgers 回路

螺型位错是由位错线一侧晶体的左右两部分做上下相对运动而形成的，其 Burgers 回路呈螺旋形；螺型位错由此而得名(参见图 6.11)。螺型位错的 Burgers 矢量 $\boldsymbol{b}$ 是与位错线矢量 $\boldsymbol{l}$ 平行的，即 $\boldsymbol{b} /\!/ \boldsymbol{l}$。

滑移区的边界不一定是直线。例如，图 6.12 所示的滑移区边界 AC 是一条曲线，这是一条更常见的位错线。在 A 处 Burgers 矢量 $\boldsymbol{b}$ 与位错线矢量 $\boldsymbol{l}$ 平行，是纯螺型位错；在 C 处则 Burgers 矢量 $\boldsymbol{b}$ 与位错线矢量 $\boldsymbol{l}$ 垂直，为纯刃型位错；在中间曲线部分，位错线矢量 $\boldsymbol{l}$ 和 Burgers 矢量 $\boldsymbol{b}$ 的夹角可以为 0 到 $\pi/2$ 间的任意值，为混合型位错。

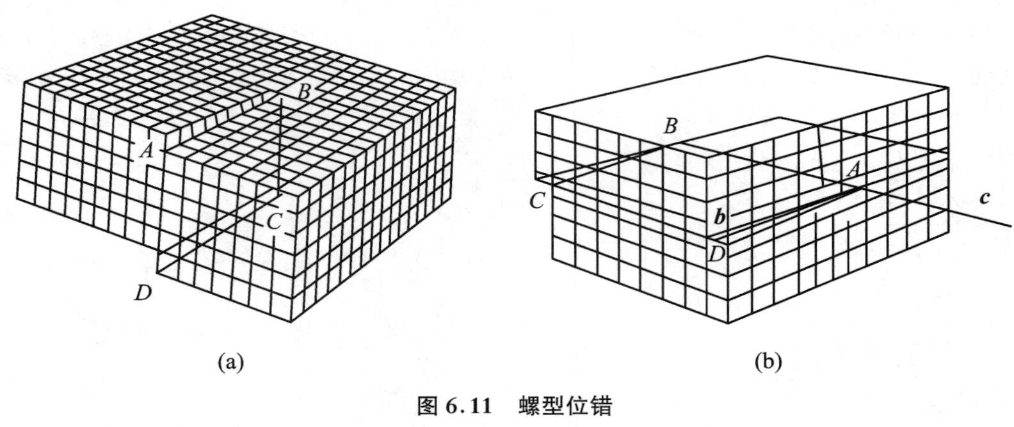

图 6.11　螺型位错

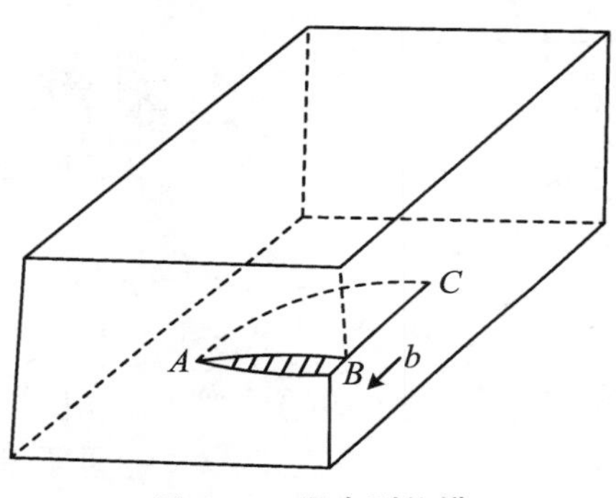

图 6.12　混合型位错

位错相当于晶体中已经滑移的区域与未滑移区域的界线，即位错线在滑移平面上移动时，类似于裂纹前沿的扩展/传播，位错线后方是已经滑移的晶体，而其前方是尚未滑移的晶体。如果对照裂纹力学（参看第 9 章中的讨论），刃型位错类似于面内剪切型裂纹（Ⅱ型裂纹），而螺型位错类似于面外剪切（撕开）型裂纹（Ⅲ型裂纹）。

2. Peierls-Nabarro(P-N)应力

与理想晶体的整体滑移相比，实际晶体由于位错的存在，其滑移变形就变得容易了。如图 6.13(a)所示，设想有一垂直于图面的刃型位错，滑移面 AB 上方的 $N+1$ 个原子和下方的 N 个原子相对应。原子间的距离为 b，两排原子间的排距为 a。

此时，滑移面 AB 处的势能 U，由于同时受到上方 $N+1$ 个原子和下方 N 个原子的共同影响，可写成两部分的组合：

$$U = -A\cos\left[2\pi\frac{x}{b}\left(\frac{N+1}{N+\frac{1}{2}}\right)\right] - A\cos\left[2\pi\frac{x}{b}\left(\frac{N}{N+\frac{1}{2}}\right)\right] \tag{6.8}$$

这两部分的原子振动频率十分接近，于是势能曲线出现如图 6.13(b)所示的拍频现象，使位错中心附近的势能曲线幅值降低，在正中间的位错处，势能处于低谷。为使位错跨越图 6.13(a)所示势垒，向右边（或左边）移动了一个距离，进入下一个势能低谷，需要克服晶格内部阻力，这涉及位错核心区在不靠原子热起伏时的应力场纯力学分析的难题。

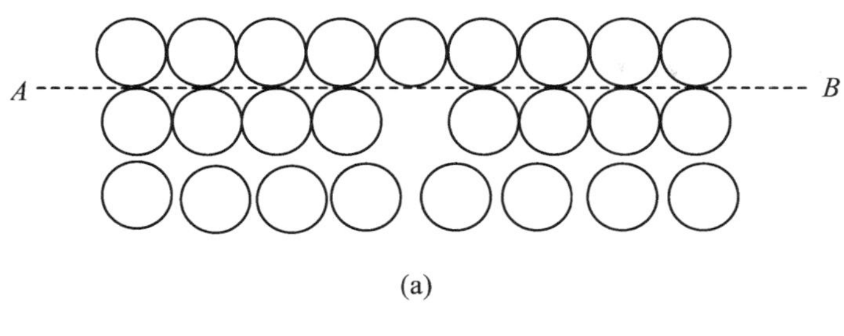

(a)

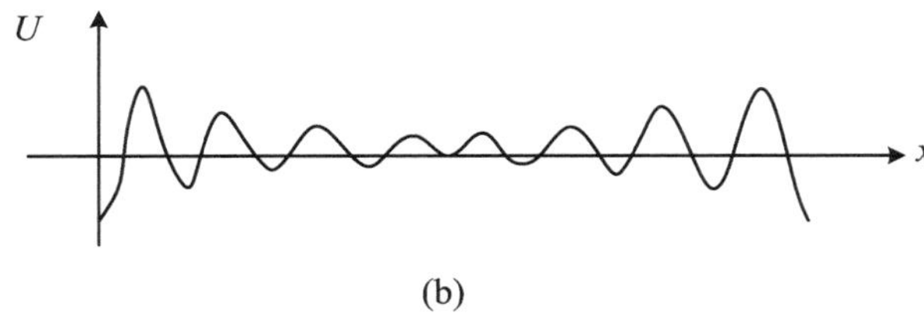

(b)

图 6.13　刃型位错引起的晶格势能曲线变化的示意图

Peierls(1940)和 Nabarro(1947)采用连续介质的弹性力学模型(Peierls-Nabarro 模型)对这一问题作了分析[6.10, 6.11]，估算了位错开动的应力。如同理想晶体的理论强度分析中的式(6.1)那样，假设晶格周期性势能可以用余弦函数来近似，计算结果表明，克服晶格对位错滑移峰值阻力所需要的临界切应力为

$$\tau_{\text{P-N}} = \frac{2G}{1-\nu}\exp\left[-\frac{2\pi a}{b(1-\nu)}\right] \tag{6.9}$$

式中，$\tau_{\text{P-N}}$称为 **P-N 应力(Peierls-Nabarro stress)**。在 $a=b$ 的晶格中，当泊松比 $\nu=0.3$ 时，$\tau_{\text{P-N}}=10^{-4}G$；在更一般情况下，$\tau_{\text{P-N}}$与剪切模量 G 之比的范围为$10^{-4}\sim10^{-2}$。参照表 6.1 可知，这个值远小于理想的完整晶体的理论剪切屈服应力，而接近实际剪切屈服应力。当然，这里算得的 $\tau_{\text{P-N}}$还只是位错运动导致晶体滑移的临界应力之简化计算结果，并且因为 P-N 模型没有考虑原子热起伏，所以 P-N 应力 $\tau_{\text{P-N}}$实际上是晶格在低温 0 K 下的**内禀摩擦力(intrinsic friction stress)**或**晶格内摩擦力(internal friction stress)**的表征。

(1) 位错密度(dislocation density)

表征位错显微结构的一个重要物理量是位错密度 ρ，其定义为单位体积的位错线长度。在(x_1,x_2,x_3)直角坐标系的微元 $\mathrm{d}x_1\mathrm{d}x_2\mathrm{d}x_3$中，设微元面积 $\mathrm{d}x_1\mathrm{d}x_3$中有 N 个与x_2轴平行分布的直线位错，则有

$$\rho = \frac{N\mathrm{d}x_2}{\mathrm{d}x_1\mathrm{d}x_2\mathrm{d}x_3} = \frac{N}{\mathrm{d}x_1\mathrm{d}x_3} \tag{6.10a}$$

在强烈变形的晶体中，位错密度 ρ 可达 $1\sim10^3\ \text{km/m}^3$。由上式可见，位错密度也可以近似地表示为穿过单位面积的露头位错数(m^{-2})。不过，由于位错几何排列形态的不同，式(6.10a)给出的体密度 ρ_v与面密度 ρ_s间的等价关系并非严格成立。根据 Schoeck 的计算[6.12]，当位错在晶体内各向同性随机混乱分布时，体密度 ρ_v和面密度 ρ_s有下述关系：

$$\rho_\text{v} = 2\rho_\text{s} \tag{6.10b}$$

不同状态材料中的特征位错面密度(单位面积的位错数)如表 6.2 所示[6.8]。

表 6.2　不同状态材料中的特征位错密度

材　料	$\rho(m^{-2})$
半导体单晶	0 或很少
良好退火的金属晶体	$10^7 \sim 10^8$
轻微变形晶体	$10^{10} \sim 10^{12}$
强烈变形晶体	$10^{12} \sim 10^{15}$

(2) 位错增殖(dislocation multiplication)

按照图 6.4 所示位错机制，当位错在切应力作用下在晶体另一端表面脱出时，就完成了大小为 b 的滑移，同时这一位错本身就消失了。据此，人们会设想，随着塑性变形的逐渐增加，位错密度将逐渐减少。然而，表 6.2 给出的实际情况表明，退火晶体经过轻微(约 10%)塑性变形后，位错密度将从 $10^7 \sim 10^8/m^2$ 增加到 $10^{10} \sim 10^{12}/m^2$，即增加 3～4 个量级。这意味着，位错在外加切应力作用下除了实现塑性滑移外，必定同时有一可在切应力下源源不断地，由原来的位错来产生新位错的机制，即位错增殖机制，否则不足以解释在塑性变形过程中，在产生大量塑性滑移的同时，位错密度也在不断增加。

虽然不是唯一机制，但 **Frank-Read 源**(**Frank-Read source**)是引用最广的一种位错增殖机制[6.13]。设想晶体中有刃型位错 $ABCD$，如图 6.14(a)所示。注意，在滑移面 α 中只有 BC 是**可动位错**(**mobile dislocation**)，而 AB 和 CD 不在滑移面中，因而 BC 线两端被钉扎。在切应力作用下，两端钉扎的位错线 BC 在滑移过程中弯曲，而位错所受作用力恒与位错线垂直，发展的情况将如图 6.14 所示。当位错线 BC 成半圆线时[图 6.14(b)]，此时的曲率半径为两顶点距离 L 的一半，曲率为最大值，相应的切应力也达到最大值。此后半圆线 BC 失稳，由半圆转为回转螺线[图 6.14(c)]，其中 P 和 P' 是正负号相反的刃型位错，它们互相吸引。当 P 和 P' 点接触时[图 6.14(d)]，它们可以相互抵消，形成一段位错线 BC 及环绕它的一闭合**位错环**(**dislocation loop**)，如图 6.14(e)所示。这样的过程可以反复进行下去，源源不断地产生新的位错环[图 6.14(f)]。但是使 Frank-Read 源不断增值所需的临界切应力 τ_c 则受到的位错环的背应力(back stress)作用也不断增加。这反映了随塑性变形发展的**应变硬化**(**strain hardening**)或**加工硬化**(**work hardening**)效应。与位错密度相联系，表现为塑性流变切应力 τ 与位错密度平方根成正比，即有如下的 Bailey Hirsch 关系[6.14]：

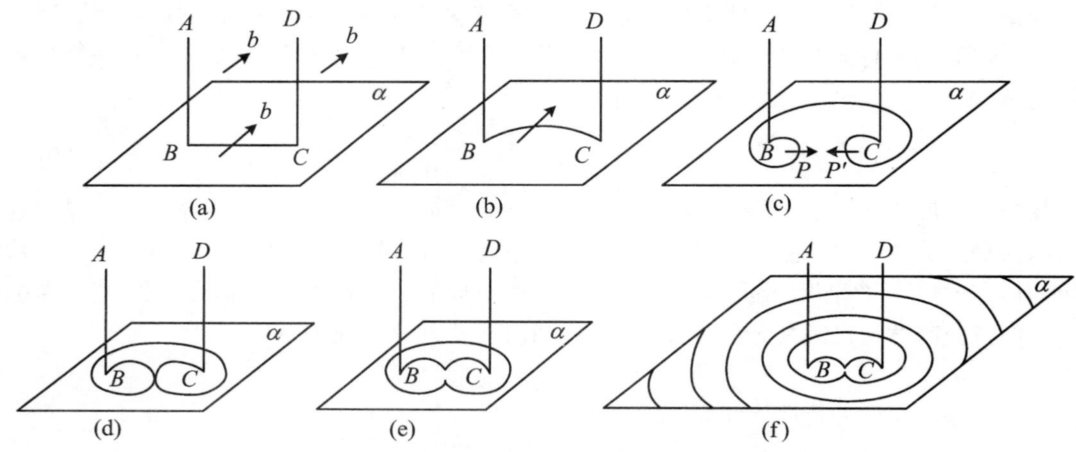

图 6.14　Frank-Read 位错增殖机制的示意图

$$\tau \propto \rho^{1/2} \tag{6.11}$$

一些直接的实验观察，证实了晶体中 Frank-Read 源的存在。Dash 用红外光方法看到硅单晶中的 Frank-Read 源及其增殖的位错环[6.15]，如图 6.15 所示。

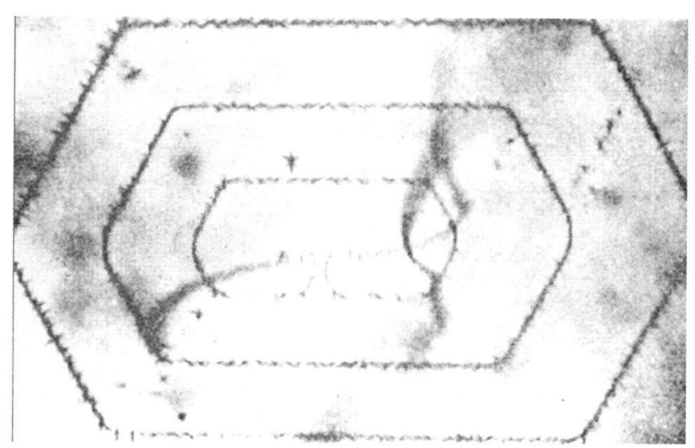

图 6.15　Si 单晶中 Frank-Read 源的红外显微照片

6.3　位错动力学

以上的讨论表明，实际材料宏观塑性畸变的微观机理可归结为晶体中位错在外载荷下克服各种微观能垒的运动，即位错的动态响应，这是位错动力学的研究对象。

不过，前述讨论的是在晶格尺度的微观层次上进行的。如何把微观层次的结果推展到宏观力学层次，需要建立联系微观—宏观尺度的跨尺度方程。这是进行跨尺度研究的关键所在。

联系微观位错运动与宏观塑性畸变的方程，首先是由 Orowan 于 1940 年提出的[6.16]。

1. Orowan 公式

如图 6.16 所示，设在给定的，宏观大小为 $l\times l\times l$ 的晶体中，受切应力 τ 作用，在微观尺度上有 N 个平行的可动刃型位错，沿图中所示的水平滑移面运动。显然，产生的总位移量为 Nb，而按式(6.10a)知可动位错密度 ρ_m 为 N/l^2，于是宏观塑性切应变 γ^p 便可写成

$$\gamma^p = \frac{Nb}{l} = \frac{Nbl}{l^2} = \phi\rho_m bl \tag{6.12a}$$

式中，ϕ 是位向因数(或称 Schmid 因数)，这是考虑到实际上 N 个可动位错不会如图 6.16 所示那样全都平行排列。

将式(6.12a)对时间 t 微分，有

$$\dot{\gamma}^p = \phi\rho_m bv_d + \phi bl\dot{\rho}_m \tag{6.12b}$$

可见，塑性应变率 $\dot{\gamma}^p\left(=\frac{d\gamma^p}{dt}\right)$依赖于位错运动速度 $v_d\left(=\frac{dl}{dt}\right)$和可动位错密度对时间的变化率 $\dot{\rho}_m\left(=\frac{d\rho_m}{dt}\right)$。

设可动位错密度 ρ_m 随时间变化得慢，从而可以忽略，则有

$$\dot{\gamma}^p = \phi\rho_m bv_d \tag{6.12c}$$

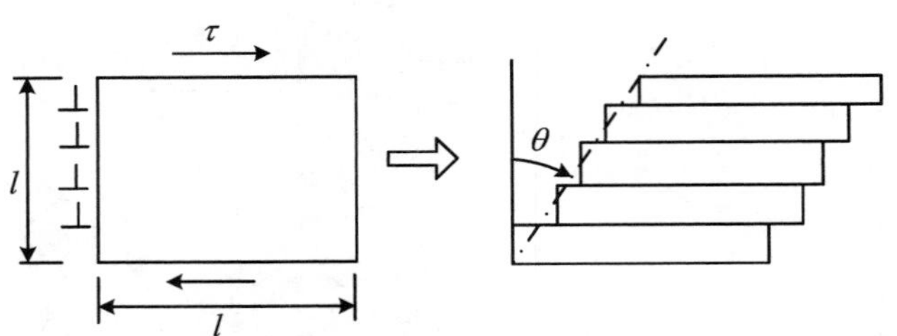

图 6.16　一列平行位错的运动造成的宏观塑性切应变 γ^p（$=\tan\theta$）

上式建立了宏观塑性应变率 $\dot{\gamma}^p$ 与微观参量，即位错 Burgers 矢量大小 $\boldsymbol{b}$ 及位错运动速度 v_d 之间的关系，式(6.12)称为 Orowan 公式[6.16]。

Rice 把 Orowan 公式推广到以张量表示的三维一般情况[6.17]，对于均匀各向同性材料有

$$\dot{\varepsilon}_{ij}^{p} = \frac{1}{V}\int_0^L \frac{1}{2}(n_i b_j + n_j b_i) v_d \mathrm{d}l \tag{6.13}$$

式中，L 是在体积 V 中的位错总长。

有了宏观塑性应变率 $\dot{\gamma}^p$ 与位错运动速度 v_d 间的关系后，下面我们进一步讨论位错运动速度 v_d 与作用力 τ（或等价的正应力 σ）之间的关系，从而建立作用力 τ（或等价的正应力 σ）与塑性应变率 $\dot{\gamma}^p$ 之间的关系，即率相关的黏塑性畸变律。

2. 位错速度的实验研究

Johnston 和 Gilman 对于位错速度 v_d 如何随切应力 τ 变化进行了开拓性的实验研究[6.18]，其结果画在双对数坐标上，如图 6.17 所示。可见，随切应力 τ 增加，位错速度 v_d 急速地量级性地增大；达到一定高速后，曲线斜率逐渐减小，渐近于声速。刃型位错的速度略高于螺型位错——两者趋势一致。

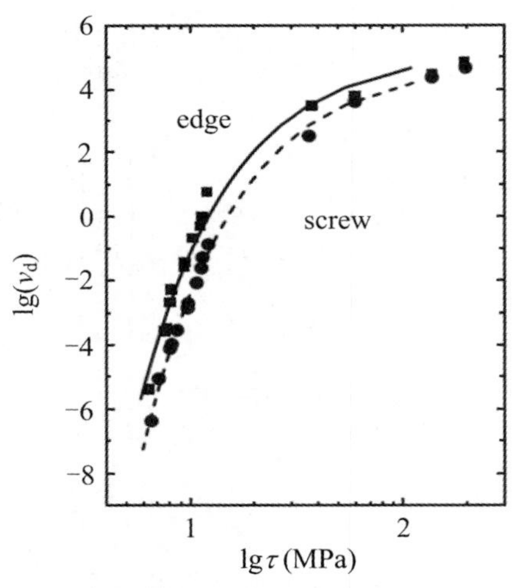

图 6.17　LiF 中实测的位错速度与作用切应力间的关系，v_d 的单位为 cm/s

根据图 6.17 所示的双对数坐标中近似地有 $\lg v_d$-$\lg\tau$ 线性关系，按式(6.12c)可转换为

$$\dot{\gamma}^p \propto v_d \propto \tau^m \tag{6.14}$$

这为第 5 章的黏塑性幂函数经验公式 $\frac{\sigma}{\sigma_0} = \left(\frac{\dot{\varepsilon}}{\dot{\varepsilon}_0}\right)^n$［式(5.1)］提供了位错动力学机理的支持。

随着 v_d增高，图 6.17 中的 $\lg v_d$-$\lg\tau$ 曲线的斜率减小；当斜率降为 1 时，相当于式(6.14)中的 $m=1$，即有 $\dot{\gamma}^p \propto v_d \propto \tau$，这为第 5 章的黏塑性畸变律中的线性黏性经验公式$\frac{\partial\sigma}{\partial\dot{\varepsilon}}=\eta$[式(5.5)]和图 5.7 所示的曲线拐折提供了位错动力学机理的支持。

自 Johnston 和 Gilman 关于位错速度 v_d的实验以来，其他研究者先后对不同材料的位错速度 v_d作了进一步的实验研究，有关结果汇总在图 6.18[6.19]中。由此可见，不同材料在不同的位错速度范围，分别可以用不同斜率的 $\lg v_d$-$\lg\tau$ 的直线关系来表征。按照斜率 m 的大小，可以分为两类：一类是在相对较低位错速度下，斜率 $m>1$ 的情况。研究发现这对应于**位错热激活运动**(**thermally activated dislocation motion**)机制。这一机制将在后文另作较详细的讨论。另一类是在相对较高位错速度下，斜率 $m=1$ 的情况。研究发现这对应于位错与晶格热振动相互作用以及位错与电子云相互作用。前者表现为**声子黏性**(**phonon viscosity**)或**声子拽动**(**phonon drag**)机制，声子指在晶格中传播的声波(参看第 3 章 3.5"晶格热振动")。后者则表现为**电子黏性**(**electron viscosity**)机制。这种黏性效应作为一级近似假定遵循 Newton 黏性定理，因而有 $\dot{\gamma}^p \propto v_d \propto \tau$。这相当于把位错运动看做在黏性固体中的运动，犹如船锚在黏性流体中拽动受到黏性阻力那样，因而称为**位错拽动**(**dislocation drag**)机制。

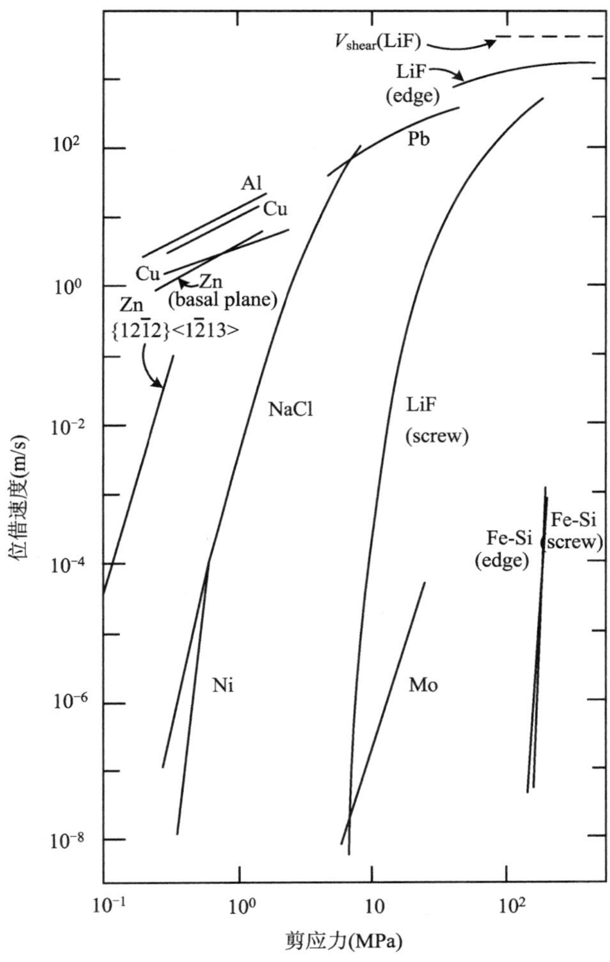

图 6.18 不同材料实测的位错速度与作用切应力间的关系

3．短程势垒(short-range barrier)和长程势垒(long-range barrier)

微观上位错克服各种**障碍(obstacles)**或所对应的**势垒(barriers)**所需的作用力，在宏观上表现为材料的塑性流变应力 τ_p。运动位错遇到的势垒既有小而窄的(Burgers 矢量 $\boldsymbol{b}$ 量级)，也有大而宽的。前者称为短程势垒，如前面讨论 P-N 应力 τ_{P-N}时图 6.13 所显示的；后者称为长程势垒，如图 6.2 中所显示的各种缺陷所对应的势垒。图 6.19 给出了位错运动行程中遇到的长程和短程势垒示意图[6.19]。

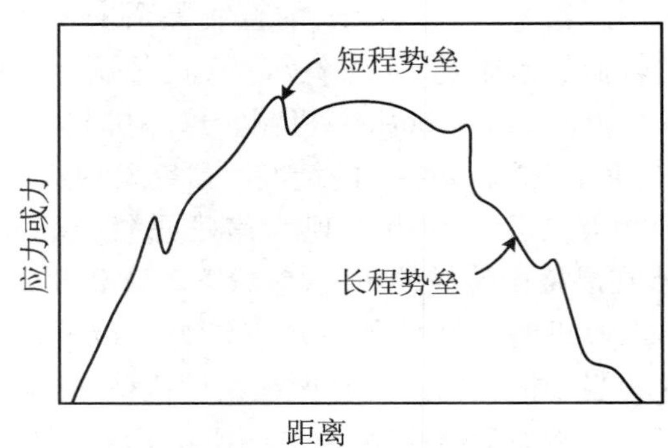

图 6.19　位错运动行程中遇到的势垒示意

克服短程势垒所需的能量较小，对温度和应变率敏感。事实上，由第 3 章的 3.5“晶格热振动”的内容不难理解，随着温度提高、晶格原子的热振动振幅增加，相应的热能能够帮助位错越过短程势垒。这样的势垒称为**热激活(thermally activated)**的。反之，克服长程势垒所需的能量较大，晶格原子热振动的热能已帮不上忙，对温度和应变率不敏感。这样的势垒称为**非热激活(non-thermally activated)**的，或者称为**非热(athermal)**的。

相对应地，塑性变形所需的切应力 τ 可以分为两部分，为克服非热(长程)势垒所需的 τ_G和为克服热激活(短程)势垒所需的 τ^*：

$$\tau = \tau_G(G) + \tau^*(T, \dot{\gamma}) \tag{6.15a}$$

或者以正应力形式表示，有

$$\sigma = \sigma_G(G) + \sigma^*(T, \dot{\varepsilon}) \tag{6.15b}$$

式中，τ_G对于温度 T 的依赖性等同于以剪切模量 G 为代表的材料弹性常数对温度 T 的依赖性，其函数形式常常表现为 $\tau_G(G)$；而 τ^* 则依赖于温度和应变率，其函数形式常常表现为 $\tau^*(T, \dot{\gamma})$。图 6.20 给出描述式(6.15)的示意图。G 随温度的变化相对较弱，故 $\tau_G(G)$随温度的变化也相对较弱；而 $\tau^*(T, \dot{\gamma})$则随温度和应变率变化显著变化。

作为一个实例，图 6.21 给出了铁和钽的屈服应力随温度的变化[6.7]曲线。由此可估计 $\sigma_G(G)$约为 50 MPa；而 $\sigma^*(T, \dot{\gamma})$在 0 K 下超过 1 000 MPa，随着温度升高，热能能够帮助位错跨越短程势垒，因而 $\sigma^*(T, \dot{\gamma})$随温度升高显著降低。

正是具有热激活特性的 $\tau^*(T, \dot{\gamma})$与宏观热黏塑性畸变律有着最紧密的关系。下面我们就来对热激活机制作进一步讨论。

4．热激活机制(thermally activated mechanism)

由第 3 章 3.5 关于“晶格热振动”的讨论可知，随着温度 T 升高，晶格原子的热振动振幅增加，如图 6.22 所示，相应的热能将有助于位错越过短程势垒，即跨越势垒所需能量由切应力 τ 做功与热激活能两部分组成。如图 6.22(a)所示在切应力-距离坐标中给出 T_0(=0 K)，T_1，T_2

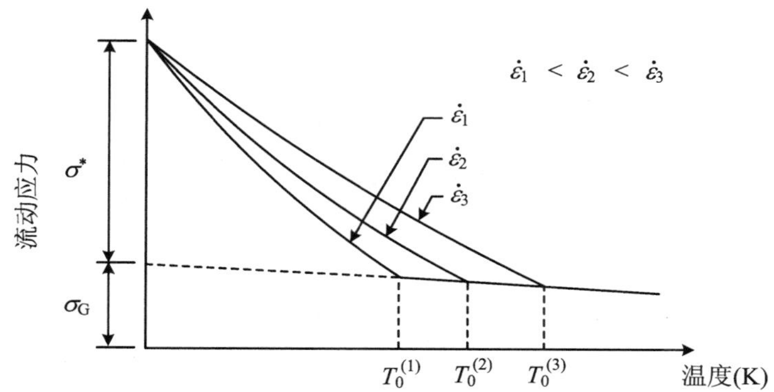

图 6.20　流变应力的非热分量和热激活分量

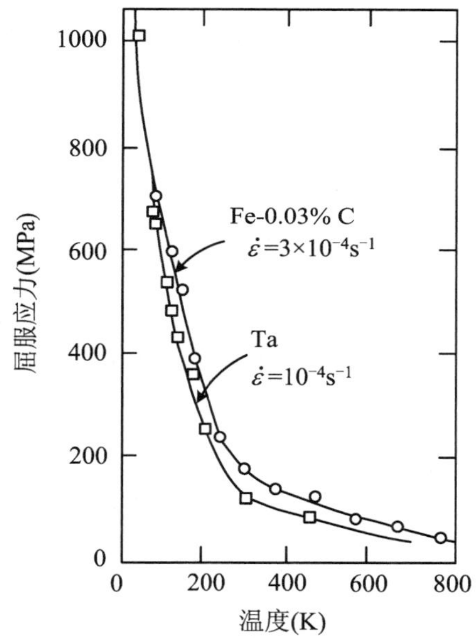

图 6.21　铁(Fe)和钽(Ta)的屈服应力随温度的显著变化

和 T_3等 4 个温度下的势垒曲线($T_0<T_1<T_2<T_3$),势垒曲线下的积分总面积等于跨越这一势垒所需克服的势能 A[在等温等容条件下对应于第 2 章中的 Helmholtz 自由能 $A(T,\ V)$]。在 $T_0=0$ K 的绝对零度下,热激活能 ΔU_0为零,全靠 P-N 应力 $\tau_{\text{P-N}}$做功使位错跨越势垒。随着温度分别升高到 T_1,T_2,T_3,原子热振动提供的热激活能 ΔU 相应增大,分别如图 6.22(a)中带阴影的 ΔU_1,ΔU_2,ΔU_3所示,势垒的有效高度则降低,因而克服势垒所需的切应力 τ 就分别下降到 τ_1,τ_2,$\tau_3=0$,如图 6.22(b)所示。

按照统计力学,通过热激活能 U 跨过势垒的几率 P_B为

$$P_B = \exp\left(-\frac{U}{kT}\right) \tag{6.16a}$$

式中,k 为 Boltzmann 常数,热激活能 U 在等温等压条件下对应于第 2 章中的 Gibbs 自由能 $G(T,\ P)$。

位错克服一个势垒的几率也就是位错成功跨越势垒的频率 f_1与位错振动频率 f_0之比,因

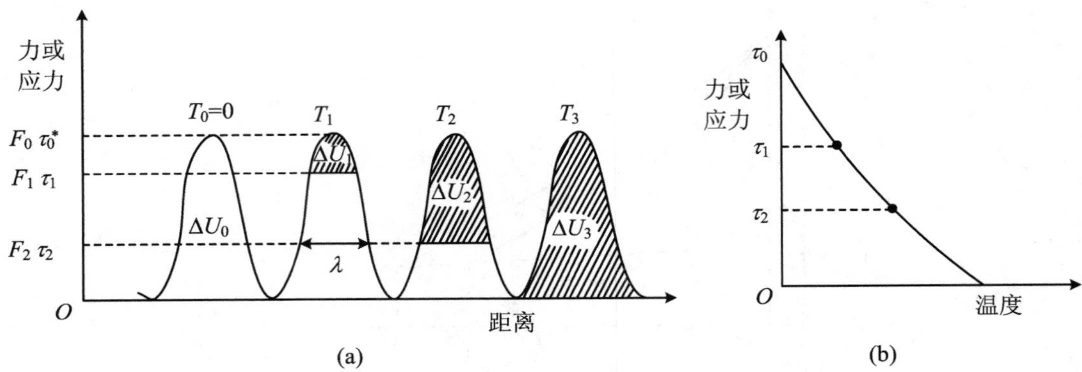

图 6.22　热能协助位错克服势垒的示意图

而有

$$f_1 = f_0 \exp\left(-\frac{U}{kT}\right) \tag{6.16b}$$

注意到位错速度 v_d乃是位错成功跨越势垒频率 f_1与相应的平均运动距离 χ 之乘积，于是有

$$v_d = \chi f_1 = \chi f_0 \exp\left(-\frac{U}{kT}\right) = v_0 \exp\left(-\frac{U}{kT}\right), \quad v_0 = \chi f_0 \tag{6.16c}$$

这就是**位错速度的 Arrhenius 方程**。把上式代入 Orowan 公式[式(6.12)]，就得到：

$$\dot{\gamma}^p = \phi \rho_m b v_d = \varphi \rho_m b v_0 \exp\left(-\frac{U}{kT}\right) = \dot{\gamma}_0 \exp\left(-\frac{U}{kT}\right) \tag{6.17a}$$

式中，$\dot{\gamma}_0$ 是指数函数前各参量的组合，称为**指前因子**（**pre-exponential factor**）。上式是**塑性应变率的 Arrhenius 方程**。考虑到热激活能是切应力 τ（或等价地正应力 σ）的函数，上式可改写为如下形式：

$$U(\tau) = -kT\ln\frac{\dot{\gamma}^p}{\dot{\gamma}_0} = kT\ln\frac{\dot{\gamma}_0}{\dot{\gamma}^p} \tag{6.17b}$$

或等价地有

$$U(\sigma) = -kT\ln\frac{\dot{\varepsilon}^p}{\dot{\varepsilon}_0} = kT\ln\frac{\dot{\varepsilon}_0}{\dot{\varepsilon}^p} \tag{6.17c}$$

上式表明激活能随温度升高而增大，随应变率增大而降低；相应地流变应力表现为随温度升高而降低，随应变率增大而增大，如前面已给出的图 6.20 所示。

注意，式(6.17)等号右边的应变率 $\dot{\varepsilon}$ 和温度 T 的组合参量，正是第 5 章式(5.7)定义的率-温等效参数 T^*，这为描述材料畸变律的率-温等效性提供了位错动力学基础。

式(6.17)还表明，只要应变率不为零，就有黏塑性流变。正是基于此观点，Bodner 和 Partom(1975)提出了一个无屈服面而计及应变硬化的弹黏塑性本构方程[参看第 5 章式(5.25)的有关讨论]。

式(6.17)实际上给出了热黏塑性畸变律的隐函数形式：

$$\tau = \tau(\gamma, \dot{\gamma}^p, T) \tag{6.18a}$$

$$\sigma = \tau(\varepsilon, \dot{\varepsilon}^p, T) \tag{6.18b}$$

下一步的关键就在于确定隐函数的具体形式，我们将在下一节作进一步讨论。

6.4 基于位错动力学的热黏塑性本构方程

式(6.17)表明，热黏塑性畸变律的具体函数形式实际上取决于激活能 U 如何依赖于作用力 F 的具体函数形式 $U(F,T)$，在等温条件下也即势垒曲线在 F-x 坐标中的形状[参看图6.22和图6.23(a)]，称为势垒形状(barrier shape)，

$$U(F,T)=\int_F^{F_0}x(F,T)\mathrm{d}F \tag{6.19a}$$

此处 x 是**激活距离**(**activation distance**)，也即激活势垒的宽度。上式也可等价地表示为 $U(\tau,T)$，即在等温条件下势垒曲线在切应力 τ 对激活体积 V 之坐标(τ-V)中的形状[参看图6.23(b)]：

$$\begin{aligned}U(\tau,T)&=\int_\tau^{\tau_0}V(\tau,T)\mathrm{d}\tau\\&=\int_0^{\tau_0}V(\tau,T)\mathrm{d}\tau-\int_0^{\tau}V(\tau,T)\mathrm{d}\tau\\&=U^*(\tau_0,T)-U^*(\tau,T)\end{aligned} \tag{6.19b}$$

此处已经定义 $U^*=\int_0^\tau V(\tau,T)\mathrm{d}\tau$。对于位错长度为 l、Burgers 矢量 $\boldsymbol{b}$ 的刃型位错，激活距离 x 与位错长度 l 之积表示位错在激活中扫过的面积，称为**激活面积**(**activation area**)，而激活面积与 Burgers 矢量大小 b 之积为**激活体积**(**activation volume**)V：

$$V=blx \tag{6.20}$$

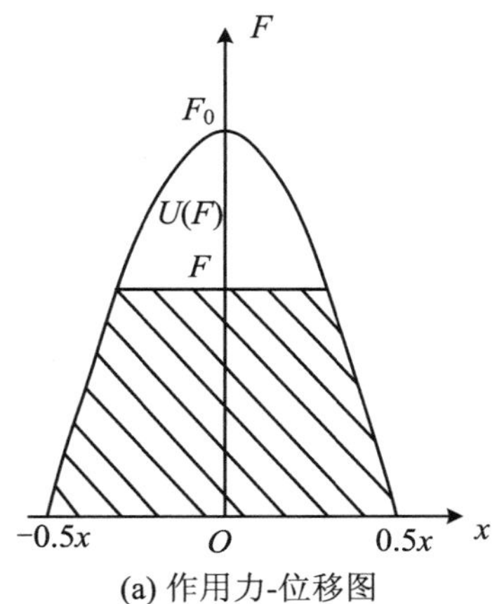

(a) 作用力-位移图

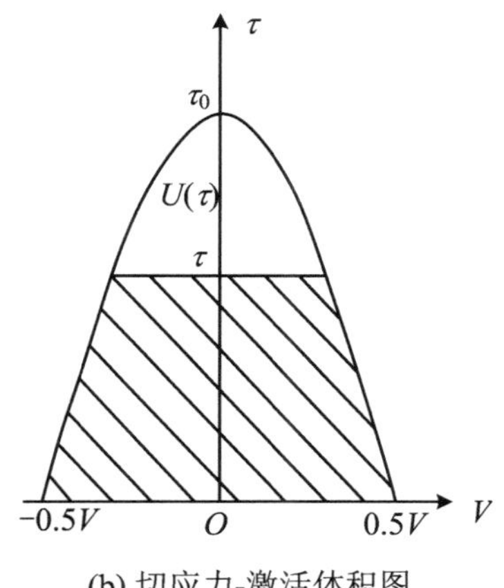

(b) 切应力-激活体积图

图6.23 位错势垒的形状

为方便起见，引入以下无量纲参数：

$$\bar{\tau}=\frac{\tau}{\tau_c},\quad \bar{V}=\frac{V}{V^*},\quad \bar{U}=\frac{U}{\tau_c V^*},\quad \bar{T}=\frac{kT}{\tau_c V^*},\quad \bar{\dot{\gamma}}=\frac{\dot{\gamma}^{\mathrm{p}}}{\dot{\gamma}_0} \tag{6.21}$$

式中，τ_c是特征应力，如可取势垒最大应力 τ_0[图6.23(b)，这时 $\bar{\tau}<1$]或远程应力 τ_G(这时 $\bar{\tau}>1$)等，V^* 是 $\tau=0$ 时的激活体积，$V^*=V(0,T)$。于是，式(6.19b)和式(6.17a)可分别改写为

如下无量纲形式：

$$\bar{U}(\bar{\tau}) = \int_{\bar{\tau}}^{1} \bar{V}(\bar{\tau})\mathrm{d}\bar{\tau} \tag{6.22}$$

$$\bar{\dot{\gamma}} = \exp\left(-\frac{\bar{U}(\bar{\tau})}{\bar{T}}\right) \tag{6.23}$$

由此可见，基于热激活机制的宏观热黏塑性畸变律的具体函数形式归根结底取决于表征位错势垒形状的 $\bar{U}(\bar{\tau})$或 $\bar{V}(\bar{\tau})$。下面的讨论将指出，目前通用的几种宏观热黏塑性畸变律都有其对应的位错势垒形状[6.19,6.20]。

但是，不论什么样的势垒形状，都必须满足下列两个条件，以便分别与 $V^*[=V(0,T)]$的定义以及与 $\bar{V}$ 应该是 $\bar{\tau}$ 的减函数的要求相一致：

$$\bar{V} = 1 \quad (\bar{\tau} = 0) \tag{6.24}$$

$$\frac{\mathrm{d}\bar{V}}{\mathrm{d}\bar{\tau}} < 0 \tag{6.25}$$

下面从势垒形状 $\bar{V}(\bar{\tau})$出发，来讨论几种代表性的热黏塑性畸变律。

1．矩形势垒——Seeger 模型

最简单的势垒形状是矩形，如图 6.24 所示。这时有

$$\bar{V} = 1, \quad \bar{U} = 1 - \bar{\tau} \tag{6.26a}$$

即热激活能 U 是应力 τ 的线性函数，代入式(6.23)后得到

$$\bar{\dot{\gamma}} = \exp\left(-\frac{1-\bar{\tau}}{\bar{T}}\right) \tag{6.26b}$$

或即

$$\bar{\tau} = 1 + \bar{T}\ln\bar{\dot{\gamma}} \tag{6.26c}$$

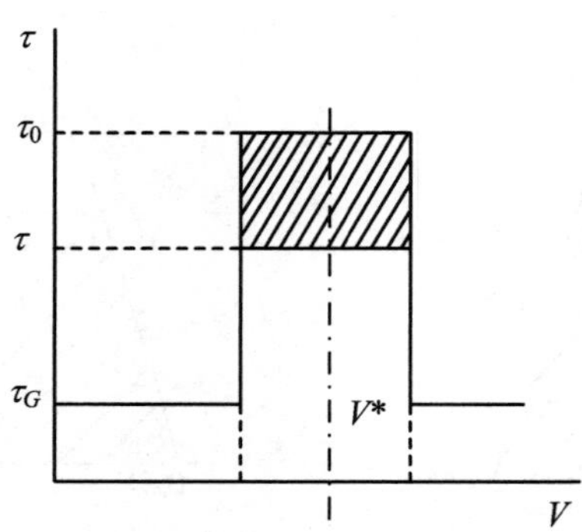

图 6.24　矩形位错势垒的 τ-V 示意图

把上述无量纲形式展开后，并注意到 $\bar{U}=1=\dfrac{U_0}{\tau_c V^*}$，其中，$U_0$是 $\tau=0$ 时的总势垒，则有

$$\tau = \frac{U_0}{V^*} + \frac{kT}{V^*}\ln\frac{\dot{\gamma}^{\mathrm{p}}}{\dot{\gamma}_0} \tag{6.26d}$$

注意，在热激活机制讨论中的 τ，包括上式中的 τ 是只与热激活过程相对应的短程应力，即实际上是式(6.15a)中的 τ^*。如果计及非热长程应力 τ_G，上式应更完整地改写为

$$\tau = \tau_G + \frac{U_0}{V^*} + \frac{kT}{V^*}\ln\frac{\dot{\gamma}^p}{\dot{\gamma}_0} \tag{6.26e}$$

这里的 τ 已是总的切应力，包括非热长程应力 τ_G 和热激活短程应力 τ^*。这就是著名的 **Seeger 热黏塑性畸变律**。这为第 5 章的经验公式(5.2)提供了位错动力学理论基础。

第 5 章的图 5.13 曾经给出 Lindholm(1968)对于铝在 7 个量级应变率范围和 294～672 K 温度范围内的实验结果[6.22]，其中的实线就是按照 Seeger 模型[式 6.26(e)]绘制的，显示在不同给定温度下都较好地满足 Seeger 模型，即 σ-$\lg\dot{\varepsilon}$ 坐标中的线性关系。

图 6.25 中的无量纲应变率敏感系数定义为

$$\lambda = \frac{\sigma_D - \sigma_S}{\sigma_S \lg\left(\dfrac{\dot{\varepsilon}_D}{\dot{\varepsilon}_S}\right)}$$

式中，下标 D 和 S 分别指动态的和准静态的。

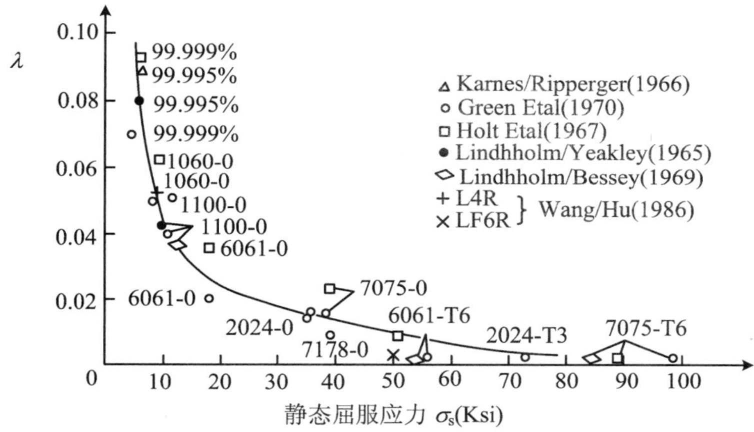

图 6.25　铝及铝合金在 6%时的应变率敏感系数随其准静态屈服应力 σ_S 的变化

回顾第 5 章 5.2.2 的 Johnson-Cook 方程[式(5.14)]，其中的“应变率效应”反映在该式的 $\left(1 + C\ln\dfrac{\dot{\varepsilon}}{\dot{\varepsilon}_0}\right)$ 项，在微观机理上显然也是基于位错动力学的 Seeger 模型。

关于式(6.26e)，还值得注意的是非热远程应力 τ_G 的作用。不同研究者的大量实验结果表明，虽然铝的应变率敏感性相当高，但随着铝合金的准静强度提高，应变率敏感性明显降低，如图 6.25 所示。这一现象在微观机理上被解释为：合金元素通过沉淀硬化和固溶硬化等机制，主要提高了远程应力 τ_G，从而增加了铝合金的强度，但对热激活短程应力 τ^* 则无明显影响[6.23,6.24]。

2．非线性势垒——Davidson-Lindholm 模型

矩形位错势垒对应于激活能 U 与应力 τ 之间存在线性关系[式(6.26a)]，从而对应地有线性的 τ-$\lg\dot{\gamma}$ 关系。实验观察表明，这常常只在一定的应变率范围内成立。

其他的位错势垒形状则给出非线性 U-τ 关系。Davidson 和 Lindholm 指出[6.19]，一系列典型的势垒形状可以用如下的单一函数关系来刻画：

$$\overline{V} = (1 - \overline{\tau}^Z)^{1/Z} \tag{6.27}$$

上式要求 $\overline{\tau} \leqslant 1$，以保证 $\overline{V}$ 为实数；要求 $Z > 0$，以满足式(6.25)。当 Z 取不同值时，就对应于不

同的势垒形状，如图 6.26 所示。特别是：

① 当 $Z=\infty$ 时，$\bar{V}=1$，对应于 Seeger 模型。

② 当 $Z=1$ 时，$\bar{V}=1-\bar{\tau}$，对应于 Makin(1968)提出来的三角形势垒[6.25]。

③ 当 $Z=2$ 时，$\bar{V}=(1-\bar{\tau}^2)^{1/2}$，对应于椭圆形势垒。

④ $Z=1/2$ 时，$\bar{V}=(1-\bar{\tau}^{1/2})^2$，对应于 Fleisher(1962)提出来的内摆线(hypocycloidal)形势垒[6.26]。

有了不同 Z 值时的 $\bar{V}(\bar{\tau})$ 关系，就不难由式(6.23)求出非线性 $\bar{U}(\bar{\tau})$ 关系，再进而由式(6.22)求出相应的热黏塑性畸变律关系。

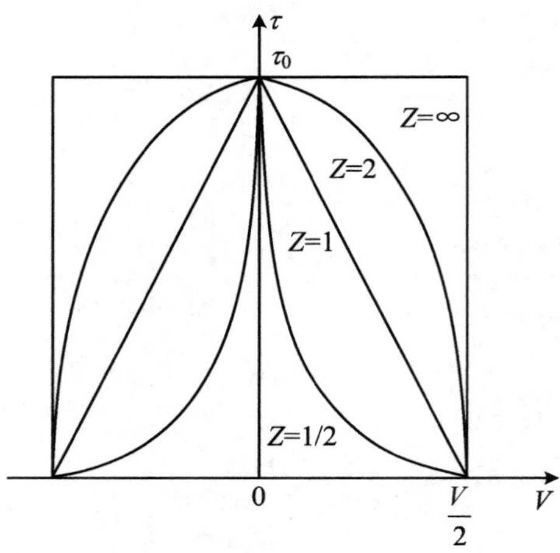

图 6.26 由式(6.27)描述的几种势垒形状

3. 非线性势垒——Kocks-Argon-Ashby 模型

Kocks，Argon 和 Ashby 提出如下的非线性 $\bar{U}(\bar{\tau})$ 模型[6.27]，包含 p 和 q 两个参数($0<p\leqslant 1, 1\leqslant q\leqslant 2$)，显然比 Davidson-Lindholm 模型(式 6.27)更为一般化：

$$U = U_0\left[1-\left(\frac{\sigma}{\sigma_0}\right)^p\right]^q \tag{6.28a}$$

相应的热黏塑性本构方程为

$$\ln\left(\frac{\dot{\varepsilon}_0}{\dot{\varepsilon}}\right) = \frac{U_0}{kT}\left[1-\left(\frac{\sigma}{\sigma_0}\right)^p\right]^q \tag{6.28b}$$

例如，取 $p=1$ 和 $q=2$ 就对应于正弦形的势垒：

$$U = U_0\left[1-\frac{\sigma}{\sigma_0}\right]^2 \tag{6.29}$$

Hoge 和 Mukherjee(1977)在研究钽的流动应力对于应变率和温度的依赖性时采用了这一正弦形的势垒[6.28]。

4. 非线性势垒——双曲形势垒谱(spectrum of hyperbolic-shape barriers)模型

Davidson-Lindholm 模型[式(6.27)和图 6.26]在满足限制性条件式(6.24)和式(6.25)的同时，暗中还满足如下条件(矩形势垒除外)，意味着存在极值点：

$$\bar{V} = 0 \qquad (\bar{\tau} = 1) \tag{6.30}$$

王礼立提出如下不受式(6.30)的约束的双曲形的势垒[6.21]：

$$\bar{V} = (1+\bar{\tau})^{-m} \qquad (m \geqslant 0) \tag{6.31}$$

此处 $m \geqslant 0$ 以满足式(6.25)的要求。

不同的 m 值给出不同的双曲形的势垒，如图 6.27 所示。

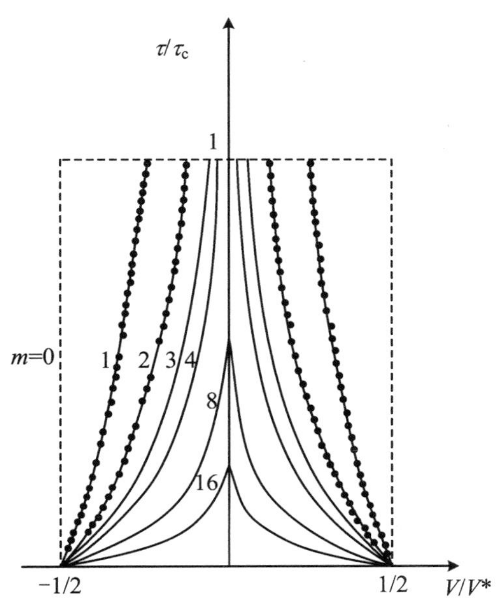

图 6.27　由式(6.29)描述的几种双曲形势垒的形状

式(6.30)具有广泛的适用性，取不同的 m 值，它可化为一系列已知的模型。

① 当 $m=0$，$\bar{V}=1$ 时，对应于 Seeger 模型[参看式 6.26)]。

② 当 $m=1$，$\bar{V}=(1+\bar{\tau})^{-1}$时，则有

$$\bar{U} = \ln 2 - \ln(1+\bar{\tau}) \tag{6.32a}$$

$$\bar{T}\ln\bar{\dot{\gamma}} = \ln(1+\bar{\tau}) - \ln 2 \tag{6.32b}$$

如果 $\bar{\tau}(=\tau/\tau_c)$中的特征应力 τ_c取为长程应力 τ_G，当 $\bar{\tau} \gg 1$ 时，就有

$$\ln\bar{\dot{\gamma}} \propto \ln\bar{\tau} \tag{6.32c}$$

这与第 5 章的幂函数律(式 5.1)一致，在双对数坐标 $\ln\bar{\tau}$-$\ln\bar{\dot{\gamma}}$中的直线斜率表征应变率敏感性[式(5.3)]。因此，这为各种幂函数类型的经验公式(包括位错速度 v_d与应力 τ 间的实验测定经验公式 $v_d \propto \tau^n$)，提供了位错动力学理论支持。

③ 当 $m=2$，$\bar{V}=(1+\bar{\tau})^{-2}$时，则有

$$\bar{U} = (1+\bar{\tau})^{-1} - \frac{1}{2} \tag{6.33a}$$

$$\bar{T}\ln\bar{\dot{\gamma}} = \frac{1}{2} - (1+\bar{\tau})^{-1} \tag{6.33b}$$

当 $\bar{\tau} \gg 1$ 时，就有

$$\ln\bar{\dot{\gamma}} \propto -\frac{1}{\tau} \tag{6.33c}$$

回顾一下 Johnston 和 Gilman 关于位错速度 v_d 与切应力 τ 之间关系的开拓性的实验结果，当时是以 $\ln v_d$-$\ln\tau$ 坐标中的幂函数规律来表征的，如图 6.17 所示。后来 Gilman 发现对同一实验结果可以用如下更简洁的经验公式来表征[6.29,6.30]：

$$\frac{v_d}{v_0} = \exp\left(-\frac{D}{\tau}\right) \tag{6.34a}$$

式中，v_0 为接近声速的极限速度，D 为特征拽动应力（characteristic drag stress）。此式为其他研究者的实验结果所支持[6.31,6.32]，如图 6.28 所示，图中同时给出 Stein 和 Low 关于硅铁位错速度的实验结果[6.31]以及 Gutmanas，Nadgornyi 和 Stepanov 关于氯化钠的实验结果[6.32]。可见三者都与式（6.34a）符合得很好。按照 Orowan 公式，由式（6.34a）可以得出：

$$\dot{\gamma} \propto \exp\left(-\frac{D}{\tau}\right) \tag{6.34b}$$

式（6.34）称为 **Gilman 公式**，它与式（6.33c）相一致，成为双曲形的势垒在当 $m=2$ 时的特例，从而得到位错动力学理论的支持。过去也有研究者对 Gilman 经验公式提出异议，认为式（6.34）对应于无界的势垒，不存在具有有限边界的 U^* 和 τ_0[6.20]。其实从双曲形的势垒角度看（图 6.27），这一异议并不成立。

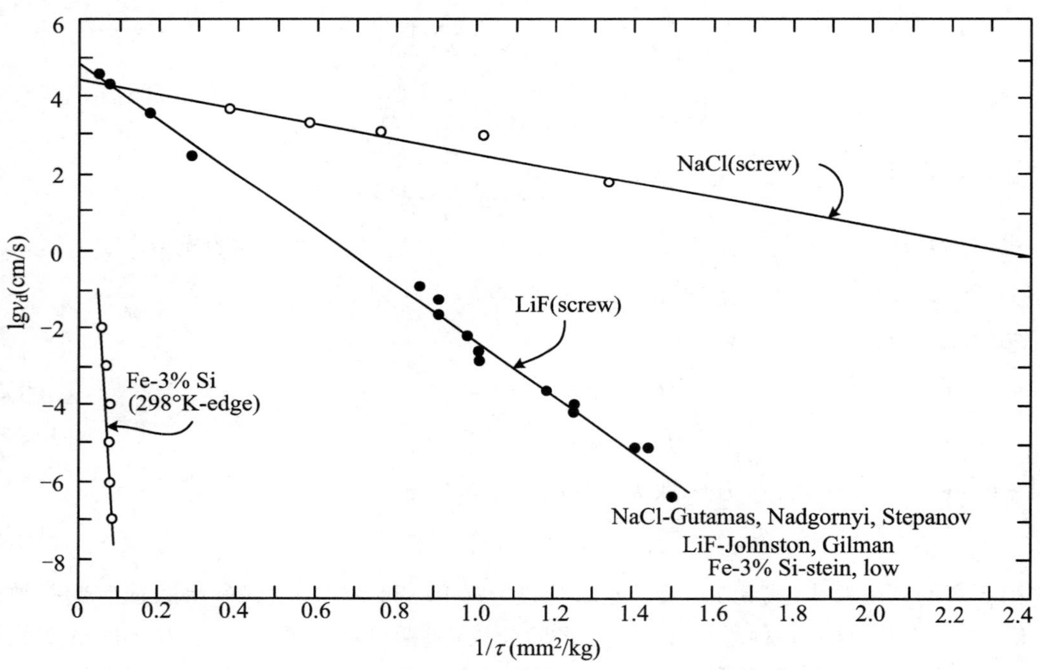

图 6.28　实测位错速度 v_d 与切应力 τ 满足 Gilman 公式（6.34）

④ 当 m 为任意值时，将 $\bar{V}=(1+\bar{\tau})^{-m}$ 式代入式（6.22），然后再代入式（6.23），则有如下的普遍形式（但 $m\neq 1$）：

$$(1+\bar{\tau})^{1-m} = 2^{1-m} + (1-m)\bar{T}\ln\bar{\dot{\gamma}} \tag{6.35a}$$

$$\bar{\dot{\gamma}} = \exp\left[\frac{(1+\bar{\tau})^{1-m} - 2^{1-m}}{(1-m)\bar{T}}\right] \tag{6.35b}$$

这是基于双曲形热激活势垒的热黏塑性畸变律的一般形式。

对于任意 $m(>0)$ 值，当 $\bar{\tau}\ll 1$ 时，双曲形势垒 $\bar{V}(\bar{\tau})$ 关系式(6.31)可以展开级数：

$$\bar{V} = 1 - m\bar{\tau} + \frac{m(m+1)}{2!}\bar{\tau}^2 - \cdots \tag{6.36}$$

显然，如果略去小项，当 $m=1$ 时，上式就化为 Makin(1968)建议的三角形势垒[6.25]，而当 $m=1/2$ 时，上式就化为 Mott(1965)建议的抛物线形势垒[6.33]。

综上所述，许多已知的势垒形状都是式(6.31)所示双曲形势垒的某种特例。

5. 双曲形势垒谱

再进一步，考虑到一个单一的热激活势垒常常在一定的应变率范围和温度范围内起主导作用，而在更广的应变率和温度范围，则可能存在多个机制，分别对应于不同的势垒形状。换句话说，实际上存在一个势垒谱，在不同条件下有不同的机制起主导作用[6.21,6.25]；这样以式(6.31)所示的双曲形势垒为基础，可以建立相应的势垒谱。

按式(6.35a)和式(6.35b)，对于第 i 个势垒有

$$\bar{\tau}_i = [2^{1-m_i} + (1-m_i)\bar{T}_i \ln \bar{\dot{\gamma}}_i]^{\frac{1}{1-m_i}} - 1 \tag{6.37a}$$

$$\bar{\dot{\gamma}}_i = \exp\left[\frac{(1+\bar{\tau}_i)^{1-m_i} - 2^{1-m_i}}{(1-m_i)\bar{T}_i}\right] \tag{6.37b}$$

如果对于给定的应力 $\bar{\tau}=\bar{\tau}_i$ 和温度 $\bar{T}=\bar{T}_i$，总的黏塑性应变率 $\bar{\dot{\gamma}}$ 为各个 $\bar{\dot{\gamma}}_i$ 乘以权重函数 ψ_i 之和，则有

$$\bar{\dot{\gamma}} = \sum_{i=1}^{n}\psi_i\bar{\dot{\gamma}}_i = \sum_{i=1}^{n}\psi_i \exp\left[\frac{(1+\tau)^{1-m_i} - 2^{1-m_i}}{(1-m_i)\bar{T}}\right] \tag{6.38a}$$

此处应变率权重函数 ψ_i 一般是 γ，$\dot{\gamma}$ 和 T 的函数，并满足：

$$\sum_{i=1}^{n}\psi_i(\gamma,\dot{\gamma},T) = 1 \tag{6.38b}$$

如果对于给定的应变率 $\bar{\dot{\gamma}}=\bar{\dot{\gamma}}_i$ 和温度 $\bar{T}=\bar{T}_i$，总的应力 $\bar{\tau}$ 为各个 $\bar{\tau}_i$ 乘以权重函数 ϕ_i 之和，则有

$$\bar{\tau} = \sum_{i=1}^{n}\phi_i\bar{\tau}_i = \sum_{i=1}^{n}\phi_i\{[2^{1-m_i} + (1-m_i)\bar{T}\ln\bar{\dot{\gamma}}]^{\frac{1}{1-m_i}} - 1\} \tag{6.39a}$$

此处应力权重函数 ϕ_i 同样是 γ，$\dot{\gamma}$ 和 T 的函数，并满足：

$$\sum_{i=1}^{n}\phi_i(\gamma,\dot{\gamma},T) = 1 \tag{6.39b}$$

热黏塑性畸变律[式(6.38)]和式(6.39)分别对应于势垒谱中各势垒的“串联”组合以及各势垒的“并联”组合，分别如黏弹性理论中的广义 Maxwell 模型和广义 Kelvin-Voigt 模型。

显然，在不同的应变率和温度范围中，各个势垒扮演的角色由权重函数决定。如何确定权重函数则是另外一个重要问题。

6. 双曲形势垒模型的实验验证

为对双曲形势垒模型进行实验验证，把式(6.21)按照无量纲化的式(6.35a)展开后，可表示为

$$(\tau+\tau_0)^{1-m} = (2\tau_0)^{1-m} + \frac{(1-m)k}{\tau_0^m V^*}T\ln\dot{\gamma} + \frac{(m-1)k\ln\dot{\gamma}_0}{\tau_0^m V^*}T \tag{6.40a}$$

这可以看做如下形式的线性方程：

$$y = A + B_1 x_1 + B_2 x_2$$

$$y = (\tau + \tau_0)^{1-m}, \quad x_1 = T\ln\dot{\gamma}, \quad x_2 = T$$

$$A = (2\tau_0)^{1-m}, \quad B_1 = \frac{(1-m)k}{\tau_0^m V^*}, \quad B_2 = \frac{(m-1)k\ln\dot{\gamma}_0}{\tau_0^m V^*} \tag{6.40b}$$

上式表明，τ 不仅依赖于率-温耦合项（即所谓的率-温等效项）$T\ln\dot{\gamma}$，也还同时依赖于温度 T。在对实验数据进行拟合时，采用两维回归分析可以确定回归系数 A，B_1 和 B_2，从而可确定下列材料常数，虽然由于 y 中包含了 τ_0，要采用迭代求解技术：

$$\tau_0 = \frac{1}{2}A^{\frac{1}{1-m}}, \quad V^* = \frac{(1-m)k}{\tau_0^m B_1}, \quad \dot{\gamma}_0 = \exp\left(-\frac{B_2}{B_1}\right) \tag{6.40c}$$

对于 Lindholm(1968)给出的铝在 $10^{-3}\sim10^3\ s^{-1}$应变率范围和 294～672 K 温度范围内的实验结果（第 5 章的图 5.13）[6.22]，分别取 $m=0$（相当于 Seeger 模型），1，2，3 共 4 种情况作了最小二乘法回归分析，发现 $m=2$ 时的相关系数最高。拟合结果如图 6.29 中的实线所示，虚线则是 Lindholm 原来给出的按照 Seeger 模型拟合的结果。两者对比表明，非线性双曲形热激活势垒［式(6.21)］比线性 Seeger 势垒能更好与实验数据相符，特别在曲线两端更是如此。

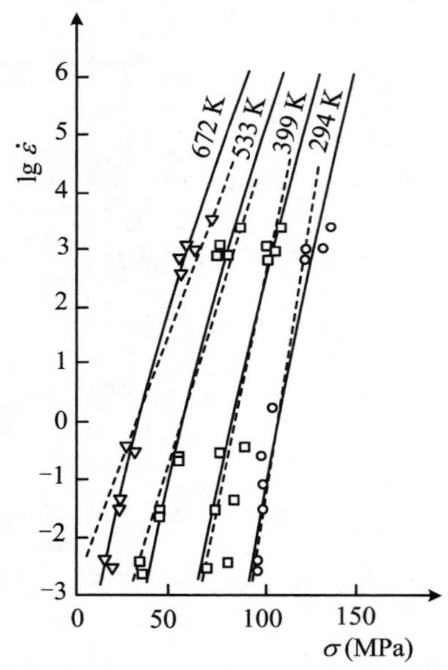

图 6.29　Lindholm 的铝实验结果（应变 0.15）与双曲形势垒［式(6.31)］回归曲线对比

第 5 章的图 5.14 曾给出 Campbell 和 Ferguson 关于软钢在不同应变率（$10^{-3}\sim4\times10^4\ s^{-1}$）和温度（195～713 K）范围的屈服应力的经典实验结果［此图也在图 6.30(b)中］。据此，研究者们曾按不同的应变率敏感性进行分区：对应变率不太敏感的Ⅰ区（低应变率-高温区）；σ-lg$\dot{\varepsilon}$ 坐标中服从线性关系式（Seeger 模型）的Ⅱ区（高应变率-低温区）；以及在 σ-$\dot{\varepsilon}$ 坐标中服从线性黏性关系的Ⅳ区。对于Ⅰ、Ⅱ两区的实验数据，按照双曲形势垒模型进行最小二乘法回归分析后，同样发现 $m=2$ 时的相关系数最高。拟合结果如图 6.30(a)中的实线所示。由此可见，Ⅰ、Ⅱ两区的实验数据完全可以用单一的双曲形势垒（$m=2$）来刻画。

上述两个著名实验结果，前者是 fcc 金属而后者是 bcc 金属，一致对双曲形势垒模型的位错动力学机制给予有力支持。

在对 Campbell 和 Ferguson 实验结果进行回归分析时，还发现，$\tau=0$ 时的激活体积 V^* 是温度 T 的函数，即 $V^*=V(0,T)=V^*(T)$，如图 6.30(c)所示，并发现可表现为如下无量纲形式：

$$\frac{V^*}{V_0}=(1+\alpha)^{T/T_0} \tag{6.41}$$

为方便起见，式中特征温度 T_0 常取为 1，V_0 代表 0 K 时的激活体积，α 代表在 1 K 时激活体积的相对变化。对于 Campbell-Ferguson 实验的软钢，$V_0=1.419\times10^{-21}\ \mathrm{cm^3}$ 和 $\alpha=0.004\,85$。

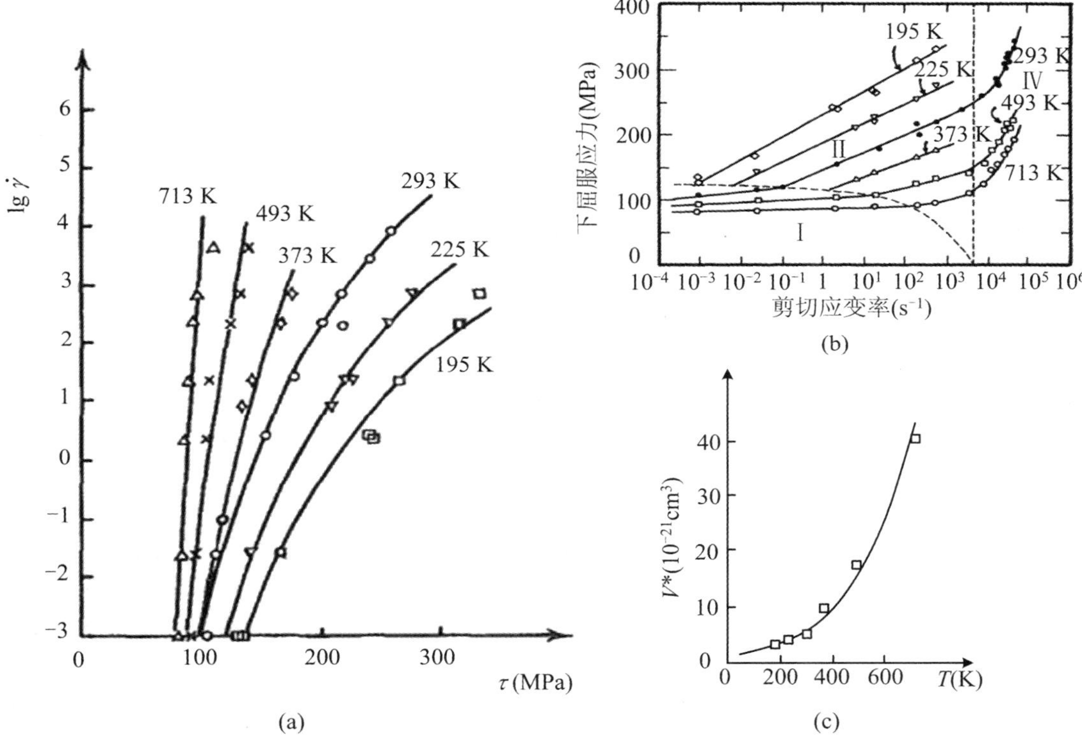

图 6.30　Campbell-Ferguson 的软钢实验结果与双曲形势垒(式 6.31)回归曲线对比

将式(6.41)代入式(6.35a)，有

$$\left(1+\frac{\tau}{\tau_0}\right)^{1-m}=2^{1-m}+\frac{(m-1)kT}{\tau_0 V_0(1+\alpha)^T}\ln\frac{\dot{\gamma}_0}{\dot{\gamma}} \tag{6.42}$$

回顾第 5 章 5.1.2“应变率与温度的联合效应和率-温等效”在讨论率-温等效时引入式(5.7)定义的参数 T^*：

$$T^*=T\ln\frac{\dot{\varepsilon}_0}{\dot{\varepsilon}_p}\approx T\ln\frac{\dot{\varepsilon}_0}{\dot{\varepsilon}} \tag{5.7}$$

在计及 $V^*(T)$ 效应后，应该代之以如下定义的新参数 Z：

$$Z=\frac{kT}{(1+\alpha)^T}\ln\frac{\dot{\gamma}_0}{\dot{\gamma}}=\frac{kT}{(1+\alpha)^T}\ln\frac{\dot{\varepsilon}_0}{\dot{\varepsilon}} \tag{6.43}$$

如果再引入如下定义的参数 F：

$$F=\left(1+\frac{\tau}{\tau_0}\right)^{1-m}-2^{1-m} \tag{6.44}$$

则式(6.42)可改写为如下简单的线性形式

$$F = \frac{(m-1)k}{\tau_0 V_0} Z \tag{6.45}$$

这意味着,不同应变率和温度下测得的流变应力实验数据在 F-Z 坐标中将落在式(6.45)表征的直线上,常常称之为**主曲线**(**master curve**)。把 Campbell-Ferguson 的软钢实验结果[图 6.30(a)]在 F-Z 坐标中重画后,得到如图 6.31 所示图形。

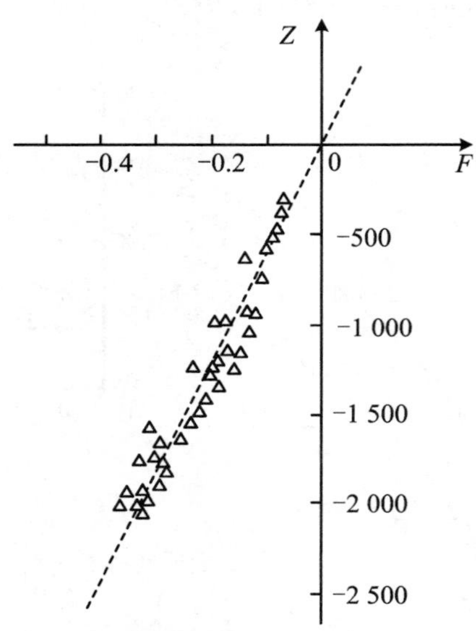

图 6.31 Campbell-Ferguson 的软钢实验结果与双曲形势垒[式(6.31)]回归曲线对比

由图可见,所有实验点都落在式(6.45)表征的直线附近,这既说明 Campbell-Ferguson 的软钢实验数据由双曲形势垒的位错动力学机理所控制,也说明计及 $V^*(T)$效应的新的率-温等效参数 Z[式(6.43)]比传统参数 T^*[式(5.7)]能够更好地刻画复杂的率-温耦合的实质。

7. Zerilli-Armstrong 模型

Orowan 公式[式(6.12)]表明,塑性应变率 $\dot{\gamma}^{\mathrm{p}}$ 依赖于位错运动速度 v_{d}和可动位错密度对时间的变化率 $\dot{\rho}_{\mathrm{m}}$,但至此我们主要考虑了位错运动速度 v_{d}的影响,而设可动位错密度 ρ_{m}随时间变化得慢,可予以忽略。这在实质上忽略了以位错增殖机理为基础的应变硬化效应。

Zerilli 和 Armstrong 考虑了应变硬化效应,并且注意到不同晶格结构的应变率敏感性是不同的。例如,体心立方(bcc)金属比面心立方(fcc)具有更强的应变率敏感性。此外,应变硬化对于 bcc 金属和 fcc 金属也具有不同的效应[6.34]。这种差别表现在:对于 fcc 金属,例如无氧铜(OFHC),激活面积 A 依赖于应变值ε(即有 $A \propto \varepsilon^{1/2}$),从而其流动应力的应变率-温度敏感性随应变而强烈增加;反之,对于 bcc 金属,例如工业纯铁(armco iron),激活面积不依赖于应变值,从而其流动应力的应变率-温度敏感性与应变无关。

关于热激活应力 τ^* 本身,Zerilli 和 Armstrong 从如下的 $U(\tau)$关系出发[6.34](采用本章系统的符号):

$$U(\bar{\tau}) = -U_0 \ln(\bar{\tau}) \tag{6.46a}$$

把上式代入无量纲形式的塑性应变率 Arrhenius 方程[式(6.23)],展开后,有

$$\ln\left(\frac{\tau^*}{\tau_0}\right) = \frac{kT}{\tau_0 V^*} \ln \frac{\dot{\gamma}}{\dot{\gamma}_0} \tag{6.46b}$$

或即有

$$\tau^* = \tau_0 \exp\left(-\frac{k\ln\dot{\gamma}_0}{\tau_0 V^*}T + \frac{k}{\tau_0 V^*}T\ln\dot{\gamma}\right) \tag{6.46c}$$

为方便起见，在下文中，把指数前系数 τ_0、指数项内的 T 的系数和 $T\ln\dot{\gamma}$ 的系数分别代之以 C_1，C_3，C_4等。

在此基础上，他们对式(6.46a)加以应变硬化效应的修正，对于 bcc 金属和 fcc 金属，分别写出它们各自的正应力形式的热激活应力 σ^* 为

$$\sigma^* = C_1\exp(-C_3 T + C_4 T\ln\dot{\varepsilon}) \quad (\text{bcc}) \tag{6.47a}$$

$$\sigma^* = C_2\varepsilon^{1/2}\exp(-C_3 T + C_4 T\ln\dot{\varepsilon}) \quad (\text{fcc}) \tag{6.47b}$$

Zerilli 和 Armstrong 还考虑了晶粒尺寸 d 对于流动应力的影响，按照著名 Hall-Petch 公式有

$$\sigma = \sigma_0 + kd^{-1/2}$$

式中，σ_0，k 均为材料常数；再加入长程非热应力 σ_G 后，最后有

$$\sigma = \sigma_G + C_1\exp(-C_3 T + C_4 T\ln\dot{\varepsilon}) + C_5\varepsilon^n + kd^{-1/2} \quad (\text{bcc}) \tag{6.48a}$$

$$\sigma = \sigma_G + C_2\varepsilon^{1/2}\exp(-C_3 T + C_4 T\ln\dot{\varepsilon}) + kd^{-1/2} \quad (\text{fcc}) \tag{6.48b}$$

称为 Zerilli-Armstrong 方程，或简称 **ZA 方程**。

Zerilli 和 Armstrong 通过 Taylor 杆撞击实验来验证他们所建议的本构方程的有效性。Taylor 杆撞击实验的细节将在下一章讨论(参看 7.2.1“Taylor 杆”一节)，它原来主要用于反演材料的屈服应力和本构关系。近年来，由于通过一次 Taylor 杆撞击实验，就可获得撞击杆中严重非均匀塑性分布区所提供的跨 2～3 个量级应变率下的大范围应变的本构响应信息，因而又作为一个方便、敏感和有用的实验方法，被用于不同材料本构模型的验证实验，重新引起人们的广泛兴趣。

Zerilli 和 Armstrong 对无氧铜(fcc 金属)圆杆(原始半径 R_0)在 190 m/s 撞击速度下进行了 Taylor 杆撞击实验。实验后实测的径向应变 $\ln(R/R_0)$随撞击距离变化的结果如图 6.32 中的点划线所示[6.34]。图中同时给出 Zerilli-Armstrong 方程的理论预示曲线(实线)以及 Johnson-Cook 方程[参看第 5 章(式 5.14)]的理论预示曲线(虚线)。显然，Zerilli-Armstrong 方程与实验结果更为接近。

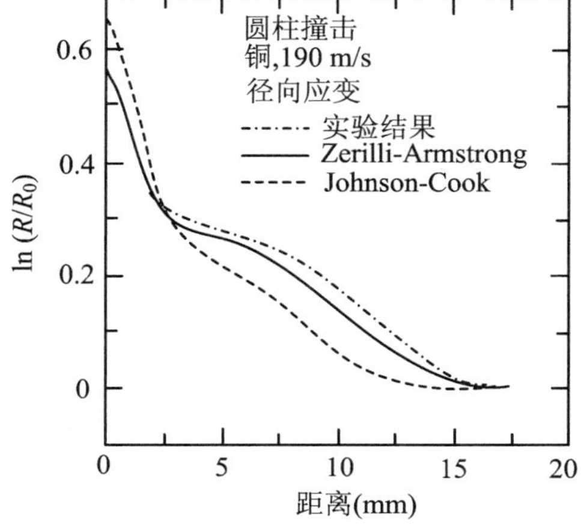

图 6.32 无氧铜 Taylor 杆撞击实验实测剖面形状与理论预示的对比

关于钽(bcc金属),图6.33则给出Zerilli-Armstrong方程与其他研究者们关于钽的下屈服应力随温度和应变率变化的实验结果之对比[6.19,6.35]。由图可见,不论是屈服应力随温度的变化(图6.33a),还是屈服应力随应变率的变化[图6.33(b)],在一个很大的实验范围内,Zerilli-Armstrong方程和实验数据都符合得很好。

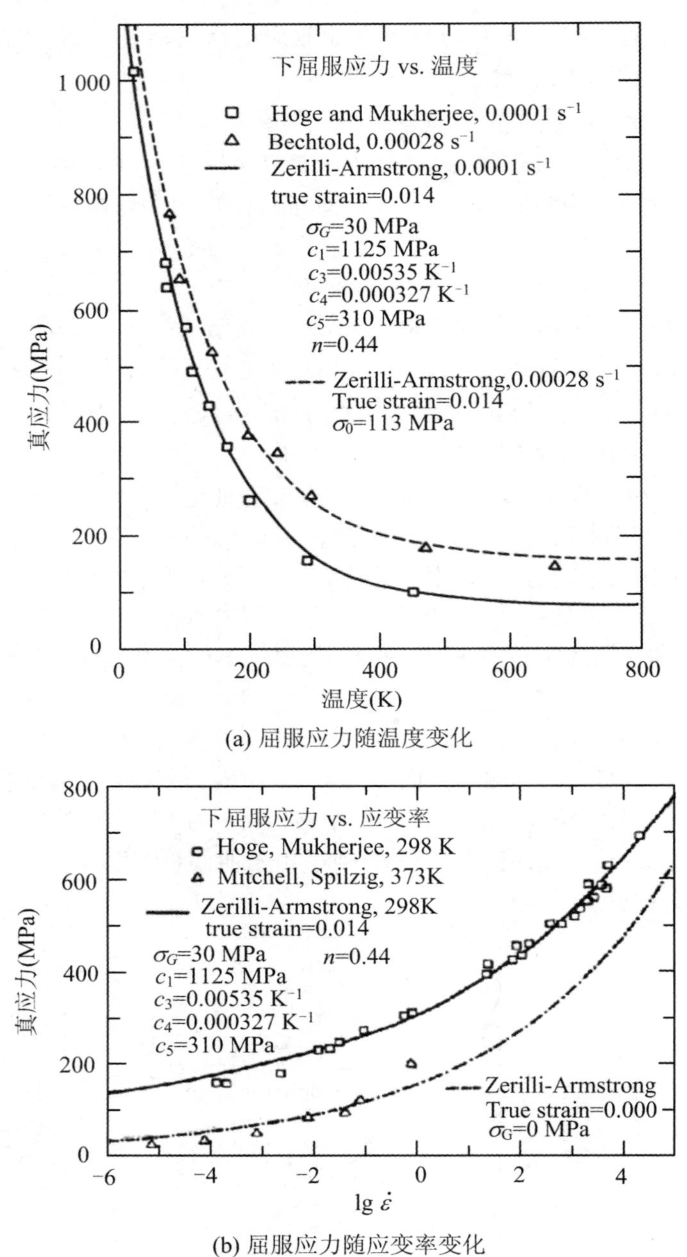

(a) 屈服应力随温度变化

(b) 屈服应力随应变率变化

图6.33 Zerilli-Armstrong方程与钽实验结果的对比

Zerilli-Armstrong方程的主要优点是:区别不同晶格结构计及了应变硬化效应以及晶粒尺寸效应;就控制热激活效应的势垒形状而言,其$U(\tau)$关系满足式(6.46a),表现为$\ln\tau$与$\ln\dot{\gamma}$

之间有线性关系[式(6.46b)]，其实这一势垒特性也可以看做双曲形势垒当 $m=1$ 时的一个特例[式(6.32b)]，即 $\ln\bar{\tau}$ 与 $\ln\bar{\dot{\gamma}}$ 之间有线性关系。

8．力学阈值应力(mechanical threshold stress，MTS)模型

在以上讨论各种热激活模型时，对于图6.23所示的势垒峰值应力 τ_0，一般已假定是恒值。τ_0 在物理上是指0 K温度下即无热激活帮助时跨过势垒所必需的力学阈值应力。τ_0 设为恒值的假定，只是在材料微观结构状态没有变化的前提下才成立。实际上，随着微结构的演化，τ_0 也随之变化。

另一方面，回顾众多研究者们所给出的大量有关流动应力随应变率变化的实验数据(参看第5章)，其常常以不同应变率下的应力-应变曲线的形式给出以及在此基础上以给定应变下应力对应变率之双对数曲线或半对数曲线形式给出。这类表述是以材料畸变律可一般地表述为以第5章式(5.10b)为前提的下式：

$$\tau = \tau(\gamma, \dot{\gamma}, T)$$

即忽略了应变历史效应和应变率历史效应(参看第5章5.1.3"应变率历史效应")。实际上，对于不可逆的塑性变形，如果计及变形历史等路径相关过程的影响，材料本构畸变律按照内变量理论可表述为

$$\tau = \tau(\gamma, \dot{\gamma}, T, \xi_i) \tag{6.49}$$

式中，$\xi_i(i=1,2,3,\cdots,n)$ 是内变量，并且一般的是 $\gamma,\dot{\gamma},T$ 的函数，$\xi_i=\xi_i(\gamma,\dot{\gamma},T)$。这时，给定应变值就并不对应于给定材料微观结构状态。

正是基于上述情况，Follansbee 和 Kocks 等指出，应变不是有效的状态参量，而建议采用力学阈值应力 τ_0 作为反映微观状态变化的内变量[6.19,6.36,6.37]，提出了相应的力学阈值应力模型。

在基本的热激活模型方面，他们采用 Kocks-Argon-Ashby 的非线性 $\bar{U}(\bar{\tau})$ 模型[式(6.28a)]，如果用正应力来表示，有

$$U = U_0\left[1-\left(\frac{\sigma}{\sigma_0}\right)^p\right]^q \tag{6.49a}$$

并建议取 $p=1/2$ 和 $q=3/2$。应力为零时的激活能 U_0 具有应力与激活体积乘积的量纲，引入无量纲归一化激活能 $g_0=\dfrac{U_0}{[G(T)b^3]}$ 后，上式可改写为

$$U = G(T)b^3 g_0\left[1-\left(\frac{\sigma}{\sigma_0}\right)^p\right]^q \tag{6.49b}$$

式中，$G(T)$ 为弹性剪切模量，一般是温度 T 的弱函数，b 是 Burges 矢量的大小。把上式代入塑性应变率的 Arrhenius 方程[式(6.17b)]，以正应力来表示，整理后可写成如下无量纲形式：

$$\left[\frac{\sigma}{G(T)}\right]^p = \left[\frac{\sigma_0}{G(T)}\right]^p\left\{1-\left[\frac{kT}{G(T)b^3 g_0}\ln\frac{\dot{\varepsilon}_0}{\dot{\varepsilon}}\right]^{1/q}\right\} \tag{6.50a}$$

称为**力学阈值应力**(**mechanical threshold stress，MTS**)模型。从不可逆热力学角度看，这里的力学阈值应力 τ_0 是反映材料微观结构演化的内变量，相当于在式(6.49)中取内变量 $\xi_1=\sigma_0$，$\xi_2=\xi_3=\cdots=\xi_n=0$。力学阈值应力 σ_0 一般的随变形历史和应变率历史所导致的微结构演化而变，因而一般的是应变和应变率的函数，即 $\sigma_0=\sigma_0(\varepsilon,\dot{\varepsilon})$。

下一步的关键和难点在于如何由实验来确定力学阈值应力演化关系 $\sigma_0=\sigma_0[\varepsilon,\dot{\varepsilon}]$。

按照力学阈值应力的定义，通过测得0 K温度下的流动应力就可确定 σ_0，但在实践上难以实现，只得通过测量一系列低温下的流动应力，来外推0 K温度下的 σ_0。

Follansbee 等对无氧铜(OFHC),采用分离式 Hopkinson 压杆技术(SHPB),设计了一系列包含不同应变/应变率历史的“动态预加载-卸载-再加载”实验,以期更好地反映微结构演化[6.19,6.36,6.37]。所有试样先在室温下进行动态预加载,即在高应变率($10^4\ \mathrm{s}^{-1}$)下加载到一个给定应变值。卸载后,再在不同应变率、不同低温下加载到不同的最终应变值。

设试样满足 MTS 方程[式(6.50a)],其中的 p,q 值分别取为 $p=1/2$ 和 $q=3/2$,因而有

$$\left[\frac{\sigma}{G(T)}\right]^{1/2}=\left[\frac{\sigma_0}{G(T)}\right]^{1/2}\left\{1-\left[\frac{kT}{G(T)b^3g_0}\ln\frac{\dot{\varepsilon}_0}{\dot{\varepsilon}}\right]^{2/3}\right\} \tag{6.50b}$$

上式显示,在给定的 $\dot{\varepsilon}$ 下,如果以无量纲流动应力 $\tilde{\sigma}\left\{=\left[\frac{\sigma}{G(T)}\right]^{1/2}\right\}$ 对无量纲温度 $\tilde{T}\left\{=\left[\frac{kT}{G(T)b^3}\right]^{2/3}\right\}$ 作图,而且两者间有线性关系,则此直线与纵坐标的截距正是无量纲力学阈值应力 $\tilde{\sigma}_0$:

$$\tilde{\sigma}_0=\left[\frac{\sigma_0}{G(T)}\right]^{1/2}$$

典型的实验结果如图 6.34 所示[6.19,6.36]。其中,图 6.34(a)给出在恒应变率($1.4\times10^{-4}\ \mathrm{s}^{-1}$)下再加载到不同终值应变时,无量纲流动应力 $\tilde{\sigma}$ 对无量纲温度 $\tilde{T}$ 的实验结果。如预期一样,不同终值应变的 $\tilde{\sigma}$-$\tilde{T}$ 关系满足线性关系,而各直线与纵坐标的截距随终值应变增大,意味着力学阈值应力 σ_0 是应变的增函数。

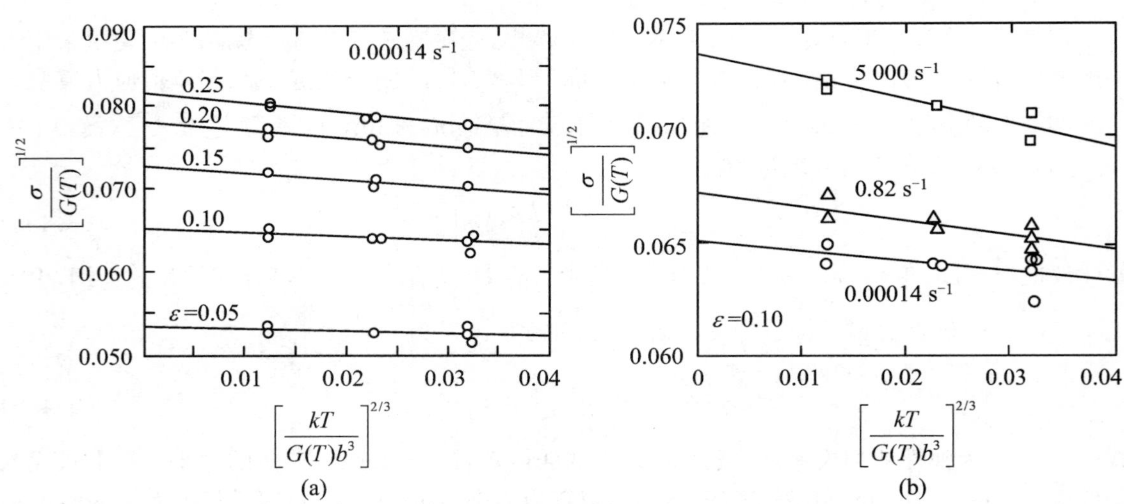

图 6.34　无氧铜的再加载无量纲流动应力 $\tilde{\sigma}$ 对无量纲温度 $\tilde{T}$ 的实验结果

图 6.34(b)则给出不同的恒应变率下加载到同一终值应变 0.01 时,无量纲流动应力 $\tilde{\sigma}$ 对无量纲温度 $\tilde{T}$ 的实验结果,两者也满足线性关系,而各直线的纵坐标截距随应变率增大,意味着力学阈值应力 σ_0 是应变率的增函数。由此可确定力学阈值应力演化关系 $\sigma_0=\sigma_0(\varepsilon,\dot{\varepsilon})$。

Follansbee 等对无氧铜(OFHC)的实验还给出如下一个重要的研究结果[6.19,6.36,6.37]:如果对实验数据按照给定应变($\varepsilon=0.15$)下的 σ-$\lg\dot{\varepsilon}$ 关系作图,则如图 6.35(a)所示(也就是第 5 章的图 5.8),以 $\dot{\varepsilon}=10^3\ \mathrm{s}^{-1}$ 为界大致分为两区。一般认为 $\dot{\varepsilon}\leqslant10^3\ \mathrm{s}^{-1}$ 的区域和 $\dot{\varepsilon}\geqslant10^3\ \mathrm{s}^{-1}$ 的区域分别对应于受位错热激活机制控制的线性 σ-$\lg\dot{\varepsilon}$ 关系区以及受位错拽动机制控制的 σ-$\dot{\varepsilon}$ 黏性

关系区(参阅第 5 章图 5.8 及有关讨论)。然而,依照 MTS 模型,对相同的实验数据按照恒定阈值应力作图,则如图 6.35(b)所示,其表征应变率敏感性的 σ-lg$\dot{\varepsilon}$ 关系斜率在恒定阈值应力下一直保持恒值,直到 $\dot{\varepsilon}=10^4\ \mathrm{s}^{-1}$,而并未转变到位错拽动机制。由此说明,图 6.35(a)中在 $\dot{\varepsilon}=10^3\ \mathrm{s}^{-1}$附近的应变率敏感性的剧增并非源于位错机制的改变,而是由于力学阈值应力 σ_0随材料微结构演化提高从而率敏感性提高所致。这一误解的主要原因在于:对于不可逆的黏塑性流动,应变不是有效的状态参量,而力学阈值应力 σ_0则是反映微观状态演化状态的适宜的内变量。

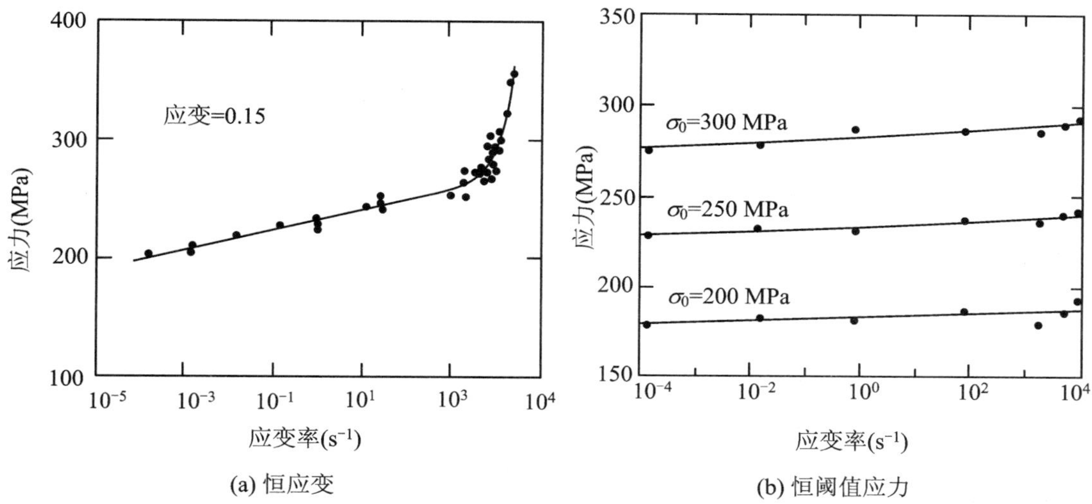

(a) 恒应变　　(b) 恒阈值应力

图 6.35　无氧铜在恒应变下和恒阈值应力下的 σ-lg$\dot{\varepsilon}$ 实验结果

Follansbee 和 Kocks 后来考虑到力学阈值应力 σ_0本身由非热的长程应力部分 σ_{0G}和率相关的短程应力部分σ_0^* 两部分组成:

$$\sigma_0 = \sigma_{0G} + \sigma_0^*$$

并计及应变硬化效应后,对式(6.50)进一步作了修正,有[6.37]

$$\sigma = \sigma_{0G} + (\sigma_0 - \sigma_{0G})\left\{1 - \left[\frac{kT}{G(T)b^3 g_0}\ln\frac{\dot{\varepsilon}_0}{\dot{\varepsilon}}\right]^{1/q}\right\}^{1/p} \tag{6.51}$$

由于增加了 σ_{0G}项,他们还建议式中的 p,q 值分别改取 $p=2/3$ 和 $q=1$,以便能与实验结果符合得更好。与实验数据拟合后得到的力学阈值应力演化关系

$$\sigma_0 = \sigma_0(\varepsilon,\dot{\varepsilon})$$

如图 6.36 所示。

对于无氧铜的预加载-再加载实验,即先在高应变率($10^4\ \mathrm{s}^{-1}$)下加载到应变值 0.15,卸载后再在低应变率($10^{-3}\ \mathrm{s}^{-1}$)下加载到总应变值 0.25,图 6.37 给出了 MTS 模型的数值计算预示与实验结果的比较[6.38]。图中同时给出 Johnson-Cook 模型[第 5 章的式(5.14)]和 Zerilli-Armstrong 模型[式(6.48)]的数值计算预示。由图中的对比结果可见,Johnson-Cook 模型对预加载流动应力高估了 25%～30%,而对再加载流动应力则低估了 25%～30%。Zerilli-Armstrong 模型对预加载流动应力高估了 5%～10%,而对再加载流动应力则低估了 30%。只有 MTS 模型正确地预示了预加载流动应力和再加载流动应力。显然,这是由于 MTS 模型通过内变量 $\sigma_0=\sigma_0(\varepsilon,\dot{\varepsilon})$计及了应变/应变率历史效应的原因,而其他两个模型则缺乏这方面

的功能。

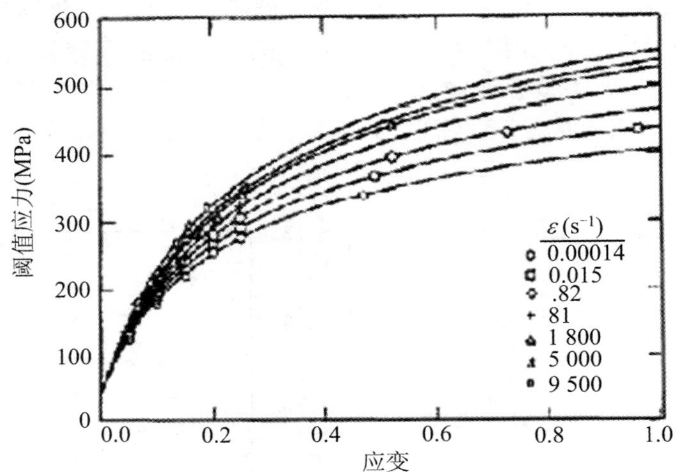

图 6.36 无氧铜与实验数据拟合的 $\sigma_0=\sigma_0(\varepsilon,\dot{\varepsilon})$ 关系

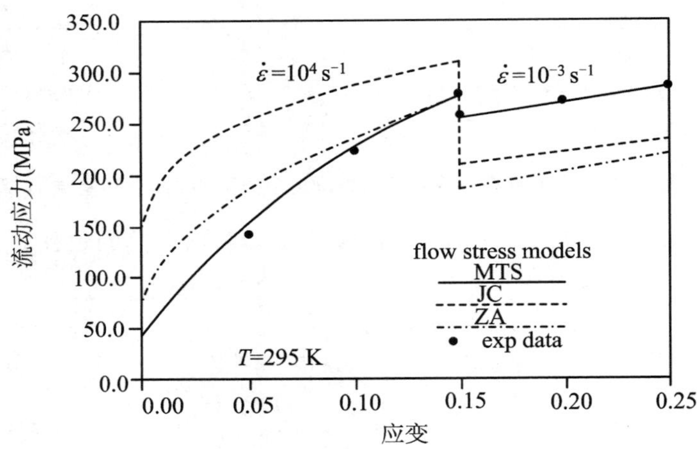

图 6.37 无氧铜预加载-再加载实验数据与 MTS 模型、J-C 模型及 Z-A 模型的对比

如前所述，Taylor 杆撞击实验可通过一次实验获得撞击杆中非均匀塑性分布区所提供的跨 2～3 个量级应变率和大范围应变的本构信息，这常常成为综合评估本构模型的有效方法。

图 6.38 给出无氧铜杆(直径 0.76 cm、长 2.54 cm)的 Taylor 杆撞击实验结果，即在柱坐标 z-r 中表示的实验后试杆形状。3 个图的撞击速度分别为图 6.38(a)130 m/s、图 6.38(b)146 m/s 和图 6.38(c)190 m/s。图中同时给出用 EPIC2 编码程序分别采用 MTS 模型(以短虚线表示)和 Johnson-Cook 模型(以长虚线表示)的数值计算预示，以与实验结果(以实线表示)比较[6.38]。由图中的对比可见，不论就试杆最终长度，还是就试杆的撞击头部($z=0$)尺寸和鼓胀部分($z=1$ 附近)尺寸而言，MTS 模型都比 Johnson-Cook 模型更加接近实验结果。

从图 6.37 和图 6.38 给出的对比结果来看，MTS 模型具有明显的优点；然而，确定该模型有关材料参数的实验比较复杂，包括要进行低温实验等，这会影响该模型在工程界的广泛应用。

基于位错动力学的热黏塑性畸变律方面的研究，目前仍然是力学界和材料学界共同关注的热点之一,新的模型和文献综述仍然在不断地继续涌现[6.39]。本节着重介绍了这方面的基本原理和代表性的模型,希望有助于读者在此基础上跟踪和参与到新的发展中去。

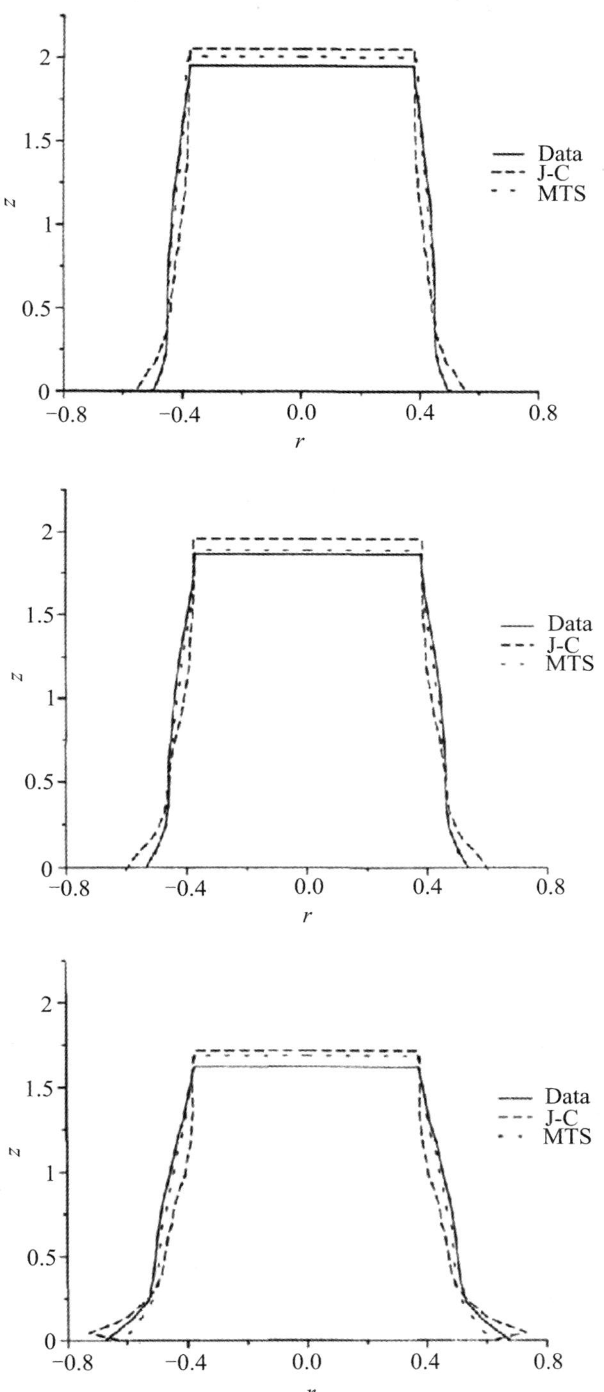

图 6.38 无氧铜 Taylor 杆撞击实验结果与 MTS 模型和 J-C 模型计算的对比

参考文献

[6.1] TEGART W J Mc. Elements of mechanical metallurgy[M]. New York: Macmillan, 1966.

[6.2] HERTZBERG R W. Deformation and fracture mechanics of engineering materials[M]. New York: John Wiley & Sons, 1976.

[6.3] MEYERS M A. Dynamic behavior of materials[EB/OL]. Wiley-Interscience, 1994.

[6.4] OROWAN E. Plasticity of crystals[J]. Z Phys, 1934, 89(9-10): 605-659.

[6.5] POLANYI M. Lattice distortion which originates plastic flow[J]. Z Phys, 1934, 89(9-10): 660-662.

[6.6] TAYLOR G I. The mechanism of plastic deformation of crystals, part Ⅰ theoretical[J]. Proc Roy Soc, 1934, A145: 362-387.

[6.7] MEYERS M A, CHAWLA K K. Mechanical behavior of materials[M]. Cambridge: Cambridge University Press, 2009.

[6.8] MESSERSCHMIDT U. Dislocation dynamics during plastic deformation[M]. New York: Springer Science & Business Media, 2010.

[6.9] BURGERS J M. Some considerations on the fields of stress connected with dislocations in a regular crystal lattice[J]. Proc. K Neth Akad Sci, 1939, 42: 293-324.

[6.10] PEIERLS R E. The size of a dislocation[J]. Proc Phys Soc, 1940, 52 (1): 34-37.

[6.11] NABARRO F R N. Dislocations in a simple cubic lattice[J]. Proc Phys Soc, 1947, 59(2): 256-272.

[6.12] SCHOECK G. Correlation between dislocation length and density[J]. J Appl Phys, 1962, 33(5): 1745-1747.

[6.13] FRANK F C, READ Jr W T. Multiplication processes for slow moving dislocations[J]. Physical Review, 1950, 79(4): 722-723.

[6.14] BAILEY J E, HIRSCH P B. The dislocation distribution, flow stress, and stored energy in cold-worked polycrystalline silver[J]. Philos Mag, 1960, 5(53): 485-497.

[6.15] DASH W C. Copper precipitation on dislocations in silicon[J]. J Appl Phys, 1956, 27(10): 1193-1195.

[6.16] OROWAN E. Problems of plastic gliding[J]. Proc Phys Soc (London), 1940, 52(1): 8-22.

[6.17] RICE J R. On the structure of stress-strain relations for time-dependent plastic deformation in metals[J]. J Appl Mech, 1970, 37(3): 728-737.

[6.18] JOHNSTON W G, GILMAN J J. Dislocation velocities, dislocation densities, and plastic flow in lithium fluoride crystals[J]. J Appl Phys, 1959, 30(2): 129-144.

[6.19] MEYERS M A. Dynamic behavior of materials[EB/OL]. Wiley-Interscience, 1994.

[6.20] DAVIDSON D L, LINDHOLM U S. The effect of barrier shape in the rate theory of metal plasticity (based on crystal dislocations)[C]//Mechanical properties at high rates of strain. 1974: 124-137.

[6.21] WANG L L. A thermo-viscoplastic constitutive equation based on hyperbolic shape thermo-activated barriers[J]. Trans ASME, J Eng Mat Tech, 1984, 106: 331-336.

[6.22] LINDHOLM, U S. Some experiments in dynamic plasticity under combined stress[C]//Mechanical behavior of materials under dynamic loads. New York: Springer Verlag, 1968: 77-95.

[6.23] HOLT D L, BABCOCK S G, GREEN S J, et al. The strain-rate dependence of the flow stress in some aluminum alloys[J]. Trans Am Soc Metals, 1967, 60(2): 152-159.

[6.24] 王礼立,胡时胜. 铝合金 LF6R 和纯铝 L4R 在高应变率下的动态应力/应变关系[J]. 固体力学学报, 1986(2): 163-166.

[6.25] MAKIN M J. The obstacles responsible for the hardening of neutron irradiated copper crystals[J]. Phil Mag, 1968, 18(156): 1245-1255.

[6.26] FLEISHER R L. Rapid solution hardening, dislocation mobility, and the flow stress of crystals[J]. J Appl Phys, 1962, 33: 3504-3508.

[6.27] KOCKS U F, ARGON A S, ASHBY M F. Thermodynamics and kinetics of slip[J]. Progr Mater Sci, 1975, 19: 1-5.

[6.28] HOGE K G, MUKHERJEE A K. The temperature and strain rate dependence of the flow stress of tantalum[J]. J Mater Sci, 1977, 12(8), 1666-1672.

[6.29] GILMAN J J. The plastic resistance of crystals[J]. Australian J Phys, 1960, 13: 327-348.

[6.30] GILMAN J J. Dislocation mobility in crystals[J]. J Appl Phys, 1965, 36(10): 3195-3206.

[6.31] STEIN D F, LOW JR J R. Mobility of edge dislocations in silicon-iron crystals[J]. J Appl Phys, 1960, 31 (2): 362.

[6.32] GUTMANAS E Y. NADGORNYI E M, STEPANOV A V. Dislocation movement in sodium chloride crystals[J]. Soviet Phys-Solid State, 1963, 5(4): 743-747.

[6.33] MOTT N F. Creep in metal crystals at very low temperatures[J]. Phil Mag, 1956, 1(6): 568-572.

[6.34] ZERILLI F J, ARMSTRONG R W. Dislocation-mechanics-based constitutive relations for material dynamics calculations[J]. J. Appl. Phys., 1987, 61 (5): 1816-1825.

[6.35] ZERILLI F J, ARMSTRONG R W. Description of tantalum deformation behavior by dislocation mechanics based constitutive relations[J]. J. Appl. Phys., 1990, 68 (4): 1580-1591.

[6.36] FOLLANSBEE P S. High-strain-rate deformation of fcc metals and alloys, Chap 24[C]// L E MURR, K P STAUDHAMMER, M A MEYERS. Metallurgical Applications of Shock-Wave and High-Strain Rate Phenomena, eds. New York: Dekker, 1986: 451.

[6.37] FOLLANSBEE P S, KOCKS U F. A constitutive description of the deformation of copper based on the use of the mechanical threshold stress as an internal state variable[J]. Acta Metallurgica, 1988, 36(1): 81-93.

[6.38] MAUDLIN P J, DAVIDSON R F, HENNINGER R J. Implementation and assessment of the mechanical-threshold-stress model using the EPIC2 and PINON computer codes[R]. No. LA-11895-MS, Los Alamos National Lab, NM (USA), 1990.

[6.39] 刘旭红,黄西成,陈裕泽,等. 强动载荷下金属材料塑性变形本构模型评述[J]. 力学进展,2007,37(3): 361-374.

第7章　材料畸变律的动态实验研究

材料在爆炸/冲击载荷下动态畸变律实验研究的关键难点是什么？与材料特性的准静态实验研究的主要区别是什么？

在具体回答这些问题前，我们先来回顾一下这样一个不大为人所关注的事实，即：材料力学响应的实验研究实际上是通过对相应的结构力学响应的实验研究来实现的。事实上，由于目前在实验技术上尚难以在同一个 Lagrange 物质点上同时测得随时间变化的应力、应变、应变率和温度等组成材料本构关系的诸力学-热学量，所以人们只得通过对该材料所制的特定结构（试件）进行实验，来推断材料本构特性。以材料的常规准静态单轴应力/应变关系的实验为例，试件作为特定设计的结构，需要满足在标定长度（gauge length）内能够随加-卸载过程始终满足应力/应变均匀分布的要求。这样，在标长内任意一点 A 测得的应力就可以与任意另一点 B 测得的应变相关联；既然 B 点应力与 A 点应力相等，而 A 点应变与 B 点应变相等，从而可得出与测点无关的材料的应力/应变关系。这里已暗中假定：应力波传播过程在此实验过程中允许忽略，否则就不能时刻满足标长内应力/应变均匀分布的要求了。可见，材料力学响应与结构力学响应常常耦合在一起，所谓的材料实验实际上几乎都是以结构实验的形式来实施的。

因此，爆炸/冲击载荷下材料动态本构特性的实验研究问题就变得复杂了。爆炸/冲击载荷以在毫秒、微秒甚至更短暂的历时里迅速加载又卸载为特征，如果以 T_L 刻画爆炸/冲击载荷迅速加-卸载变化特征的时间尺度，以 $T_W(=L_s/C_w)$ 刻画结构动态响应的特征时间，用应力波特征波速 C_w 在结构特征尺度 L_s 中传播所需历时（L_s/C_w）来表征，则可引入一个无量纲时间 $\bar{T}=T_L/T_W$。如果 $\bar{T}(\bar{T}=T_L/T_W)\gg1$，那么在外载荷没有明显变化的情况下应力波在结构特征尺度中已经来回传播了很多次，从而达到了静力平衡状态，这时就无需再分析应力波在所考察的特定结构中的传播过程了。这正是准静态实验所对应的情况，因而允许忽略应力波效应。反之，如果 $\bar{T}(=T_L/T_W)<1$ 或其量级为 10^0，由于应力波在结构特征尺度中传播几个来回也还实现不了应力的静力平衡状态，所以必须计及应力波的传播。这正是爆炸/冲击载荷下材料动态实验所对应的情况，这时应该计及试件和相关实验装置中的应力波效应。

Lindholm（1971）[7.1]曾按照应变率对各类材料力学实验进行划分，如图7.1所示。

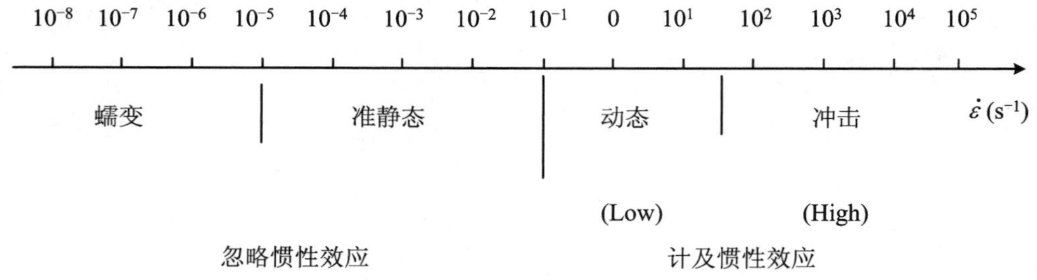

图7.1　按照应变率进行划分的各类材料力学实验

以常规材料实验机进行的准静态(quasi-static)实验,其应变率范围一般在 $10^{-5}\sim10^{-1}\ s^{-1}$ 之间。应变率更低的是蠕变(creep)实验。应变率范围在 $10^{-1}\sim10^{1}\ s^{-1}$ 之间的称为动态(dynamic)或中应变率实验,更高的称为冲击(impact)或高应变率实验,有时还把应变率超过 $10^{5}\ s^{-1}$ 的称为超高应变率实验,它们都是必须考虑惯性效应(应力波效应)的。

如此看来,在研究冲击载荷下材料的动态畸变律时,通常必须计及两种基本的动力学效应,即材料应变率效应和结构惯性效应(即各种形式的应力波传播效应)[7.1],前者是我们的研究对象——材料的各种类型的应变率相关的(率型)本构关系,而后者是我们为研究前者不得不加以考虑并要设法予以分离的耦合效应。

问题在于这两种效应既互相联系、互相影响,又彼此依赖、互相耦合,使问题变得更加复杂。事实上,一方面,在应力波传播的研究中,材料动态本构方程是组成整个问题基本控制方程组所不可缺少的部分,换而言之,波传播是以材料动态本构关系已知为前提的;而另一方面,在进行材料高应变率下动态本构关系的实验研究时,又必须计及试件中和实验装置中的应力波传播及相互作用,换而言之,材料动态响应研究中又要依靠所实验材料中应力波传播的知识来分析。于是,人们在对这两类动态效应的研究中,遇到了"狗咬尾巴"或者"先有蛋还是先有鸡"的怪圈。

如何解决这一难题呢?就材料动态本构关系的研究而言,目前最常用的有两类方法:第一类是把试件设计成易于进行应力波传播分析的简单结构,在已知的爆炸/冲击载荷(初边条件)下,测量瞬态波传播信息或其残留下来的后果(如残余变形分布等),由此来反推材料的动态本构关系,例如:Taylor(1948)[7.2]、Whiffin(1948)[7.3]和 Lenski-Ленский(1951)[7.4]等分别提出的直杆冲击实验残余变形法、长杆的波传播法以及气炮平板撞击的波传播法等。这些方法从原理上都可归属于由波传播信息反求材料本构关系,以下称为**波传播反演分析(wave propagation inverse analysis,WPIA)**,在数学上属于解"第二类反问题"。

第二类方法是设法在实验中把结构应力波效应和材料应变率效应解耦。其中,最典型并应用得最广泛的就是分离式 Hopkinson 压杆(SHPB)实验。其巧妙之处在于:对于满足应力/应变均匀分布的短试件而言,这相当于高应变率下的"准静态"实验,可以忽略应力波效应;而对于计及应力波传播的长压杆而言,这相当于由波传播信息反求相邻短试件材料的动态本构响应。

不论用第一类方法还是第二类方法来研究材料动态本构特性,应力波传播的分析都起着关键作用,这是与准静态实验最大的区别所在。相应地,必须采用高速加载装置和具有高频响应的动态测试技术,这是与准静态实验相区别的另一个难点所在。

下面将首先讨论目前已获广泛使用的分离式 Hopkinson 压杆实验技术(虽然始于二次世界大战期间的直杆冲击实验残余变形法出现得更早),接着讨论现代的各类波传播反演分析法(WPIA)。本章以讨论一维应力实验为主,包括在此基础上的复合应力冲击实验等等,至于平板撞击一维应变实验已经在第 1 篇第 4 章详加讨论过了。

7.1　分离式 Hopkinson 压杆实验技术

一维应力 SHPB 冲击压缩实验技术的起源,最早可以追溯到英国 John Hopkinson 和 Bertram Hopkinson 父子俩在爆炸/冲击动力学领域中具有里程碑意义的工作。一百年前,

J. Hopkinson(1872)[7.5]提出的钢丝冲击拉伸实验(参看图 5.1)揭示了冲击动力学中的两个基本效应:惯性(应力波)效应和应变率效应。其子 B. Hopkinson(1914)[7.6]设计的一套 Hopkinson 压杆实验装置(图 7.2)把测量冲量的弹道摆之长杆分成一长一短,从而可用于实测冲击(爆炸)载荷随时间变化的实际波形,这在尚无示波器等测试仪器的情况下是一种创新。

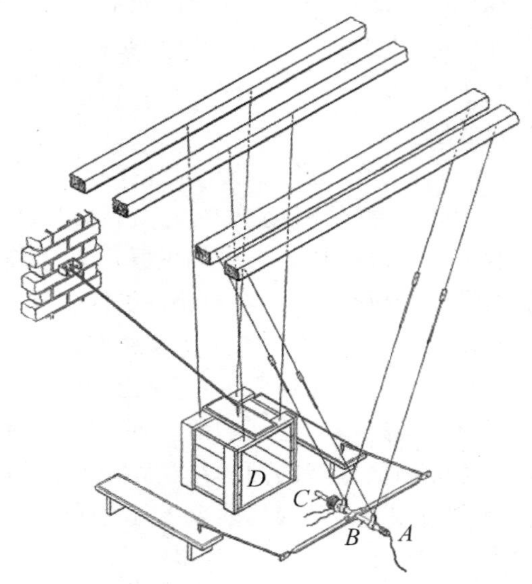

图 7.2　B. Hopkinson(1914)设计的一套 Hopkinson 压杆实验装置

到 20 世纪 40 年代后期,Hopkinson 压杆技术进一步发展到可以研究材料的高应变率行为,被称为分离式 Hopkinson 压杆(简称 SHPB)。不能不提到的开拓性人物主要有 G. I. Taylor (1946)[7.7],E. Volterra(1948)[7.8],R. M. Davies(1948)[7.9]和 H. Kolsky(1949)[7.10]。以此可实测材料在冲击载荷条件下的动态应力/应变曲线,这是一种更大的创新。SHPB 实验装置设计原理新颖、测量方法巧妙、装置结构简单、操作使用方便,已成为研究材料冲击力学性能的最基本手段。

7.1.1　SHPB 实验技术的基本原理

典型的一维应力 SHPB 冲击压缩实验装置如图 7.3 所示,其中由高强度金属制作的撞击杆(子弹)、输入杆(入射杆)和输出杆(透射杆)均处在弹性状态下,且一般具有相同的直径和材质,即其弹性模量 E,波速 C_0和波阻抗 $\rho_0 C_0$均相同。实验时,短试样夹置于输入杆和输出杆之间,当压缩气枪驱动一长度为 L_0的撞击杆(子弹)以速度 v^* 撞击输入杆时产生冲击载荷,在输入杆中传播入射脉冲 $\sigma_I(t)$。短试件在该入射脉冲的作用下高速变形,与此同时则向输入杆回传反射脉冲 $\sigma_R(t)$和向输出杆传播透射脉冲 $\sigma_T(t)$。这些所需的脉冲信息由贴在压杆上的电阻应变片-超动态应变仪-瞬态波形存储器等组成的系统进行测量和记录;而子弹速度 v^* 则由平行聚光光源-光电管-放大电路-时间间隔仪等组成的测速系统测量。吸收杆起到捕获透射脉冲的作用,当透射脉冲从吸收杆自由端反射时,吸收杆将带着陷入其中的透射脉冲的全部动量飞离(并通过撞击阻尼器最终耗尽能量),从而既使输出杆不再运动,又可防止无吸收杆时从输出杆另一端产生可能对试件进行二次干扰的反射波。

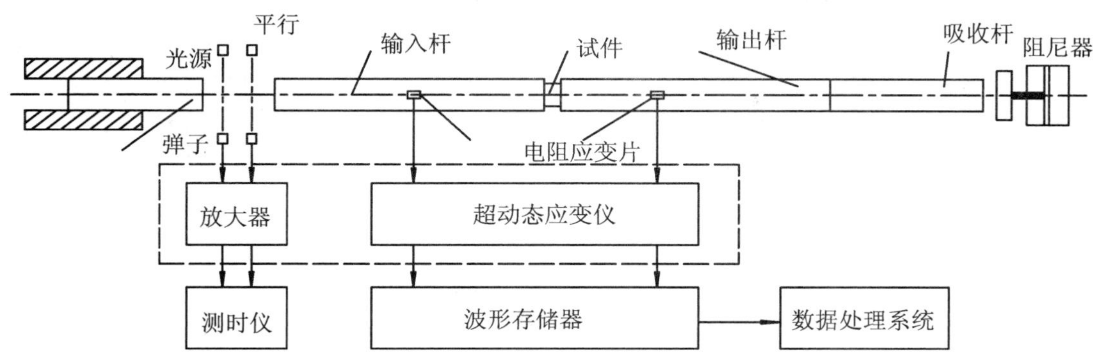

图 7.3　分离式 Hopkinson 压杆(SHPB)装置示意图

应该强调指出,SHPB 实验技术是建立在两个基本假定基础上的,即杆中一维应力波假定和短试件的应力/应变沿其长度均匀分布(动态平衡)假定。

先来看一下第一个基本假定。在满足一维应力波假定的条件下,一旦测得试件与输入杆的界面 x_1 处(图 7.4)的应力 $\sigma(x_1,\ t)$ 和质点速度 $v(x_1,\ t)$ 以及试件与输出杆的界面 x_2 处(图 7.4)的应力 $\sigma(x_2,\ t)$ 和质点速度 $v(x_2,\ t)$,就可按下列各式来分别确定试件的平均应力 $\sigma_s(t)$、应变率 $\dot{\varepsilon}_s(t)$ 和应变 $\varepsilon_s(t)$:

$$\sigma_s(t) = \frac{A}{2A_s}[\sigma(x_1,t) + \sigma(x_2,t)] = \frac{A}{2A_s}[\sigma_I(x_1,t) + \sigma_R(x_1,t) + \sigma_T(x_2,t)] \tag{7.1a}$$

$$\dot{\varepsilon}_s(t) = \frac{v(x_2,t) - v(x_1,t)}{l_s} = \frac{v_T(x_2,t) - v_I(x_1,t) - v_R(x_1,t)}{l_s} \tag{7.1b}$$

$$\varepsilon_s(t) = \int_0^t \dot{\varepsilon}_s(t)\mathrm{d}t = \frac{1}{l_s}\int_0^t [v_T(x_2,t) - v_I(x_1,t) - v_R(x_1,t)]\mathrm{d}t \tag{7.1c}$$

式中,A 是压杆截面积,A_s是试件截面积,l_s是试件长度。在弹性压杆情况下,由杆中一维弹性波分析知[7.11],应变与应力和质点速度之间存在如下的线性比例关系:

$$\left.\begin{aligned}
\sigma_1 &= \sigma(x_1,t) = \sigma_I(x_1,t) + \sigma_R(x_1,t) = E[\varepsilon_I(x_1,t) + \varepsilon_R(x_1,t)] \\
\sigma_2 &= \sigma(x_2,t) = \sigma_T(x_2,t) = E\varepsilon_T(x_2,t) \\
v_1 &= v(x_1,t) = v_I(x_1,t) + v_R(x_1,t) = C_o[\varepsilon_I(x_1,t) - \varepsilon_R(x_1,t)] \\
v_2 &= v(x_2,t) = v_T(x_2,t) = C_0\varepsilon_T(x_2,t)
\end{aligned}\right\} \tag{7.2}$$

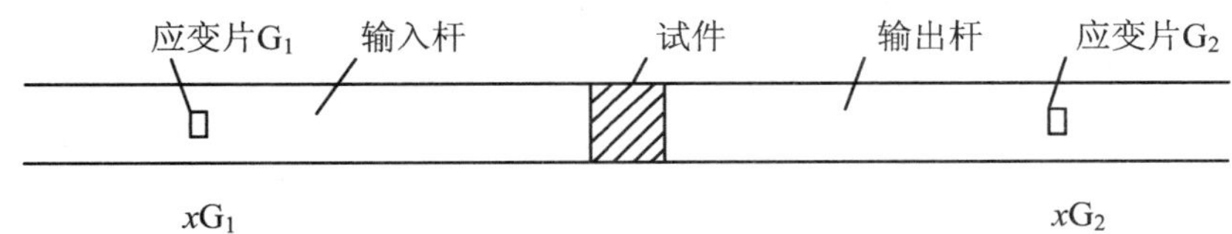

图 7.4　输入杆-试件-输出杆相对位置示意

于是问题转化为如何测知界面 x_1 处的入射应变波 $\varepsilon_I(x_1,\ t)$ 和反射应变波 $\varepsilon_R(x_1,\ t)$ 以及界面 x_2 处的透射应变波 $\varepsilon_T(x_2,\ t)$。显然,只要压杆保持为弹性状态,杆中不同位置上的波形均相同而无畸变,于是界面 x_1 处的入射应变波 $\varepsilon_I(x_1,\ t)$ 和反射应变波 $\varepsilon_R(x_1,\ t)$ 就可以通过粘贴在入射杆 x_{G_1} 处的应变片 G_1 所测入射应变信号 $\varepsilon_I(x_{G_1},\ t)$ 和反射应变波 $\varepsilon_R(x_{G_1},\ t)$ 来代替;界面 x_2 处的透射应变波 $\varepsilon_T(x_2,\ t)$ 可以通过粘贴在透射杆 x_{G_2} 处的应变片 G_2 所测应变信号

$\varepsilon_T(x_{G_2},\ t)$来代替。

应该指出,当在 x_1界面处产生反射波以及在 x_2界面处产生透射波并分别向输入杆和输出杆传播的过程中,应力波也同时在试件内部不断在 x_1界面和 x_2界面之间往返地传播。可以想象,如果试件足够短,波速又足够快,试件内部沿长度的应力/应变分布将很快地趋于均匀化,实现动态平衡,从而可以忽略试件的应力波效应。这就是 SHPB 实验技术赖以建立的第二个基本假定——短试件的应力/应变沿其长度均匀分布(动态平衡)假定。按此"均匀化"假定,有 $\sigma_{x_1} = \sigma_{x_2}$,或再按一维应力波理论则有

$$\sigma_I + \sigma_R = \sigma_T,\quad \varepsilon_I + \varepsilon_R = \varepsilon_T \tag{7.3}$$

于是,式(7.1)可以改写为

$$\sigma_s(t) = \frac{EA}{A_s}\varepsilon_T(x_{G_2},t) = \frac{EA}{A_s}[\varepsilon_I(x_{G_1},t) + \varepsilon_R(x_{G_1},t)] \tag{7.4a}$$

$$\dot{\varepsilon}_s(t) = -\frac{2C_0}{l_s}\varepsilon_R(x_{G_1},t) = \frac{2C_0}{l_s}[\varepsilon_I(x_{G_1},t) - \varepsilon_T(x_{G_2},t)] \tag{7.4b}$$

$$\varepsilon_s(t) = -\frac{2C_0}{l_s}\int_0^t \varepsilon_R(x_{G_1},t)\mathrm{d}t = \frac{2C_0}{l_s}\int_0^t [\varepsilon_I(x_{G_1},t) - \varepsilon_T(x_{G_2},t)]\mathrm{d}t \tag{7.4c}$$

消去时间参数 t 之后,就得到试件材料在高应变率下的动态应力/应变曲线 σ_s-ε_s。

式(7.4)还表明,当满足"均匀化"假定时,在入射应变波 $\varepsilon_I(x_{G_1},\ t)$,反射应变波 $\varepsilon_R(x_{G_1},\ t)$和透射应变波 $\varepsilon_T(x_{G_2},\ t)$中任选两个,就足以从式(7.4)确定试样的动态应力 $\sigma_s(t)$和应变 $\varepsilon_s(t)$。

直接由实测的入射应变波 $\varepsilon_I(x_1,\ t)$、反射应变波 $\varepsilon_R(x_1,\ t)$和透射应变波 $\varepsilon_T(x_2,\ t)$三者按照式(7.1)来确定试件材料动态应力/应变曲线 σ_s-ε_s的方法常常简称为三波法。按式(7.4),由任意两个实测波形来确定试件材料动态应力/应变曲线 σ_s-ε_s的方法常常简称为二波法,包括:① 基于实测反射应变波 $\varepsilon_R(x_1,\ t)$和透射应变波 $\varepsilon_T(x_2,\ t)$的 R-T 二波法;② 基于实测入射应变波 $\varepsilon_I(x_1,\ t)$和透射应变波 $\varepsilon_T(x_2,\ t)$的 I-T 二波法;③ 基于实测入射应变波 $\varepsilon_I(x_1,\ t)$和反射应变波 $\varepsilon_R(x_1,\ t)$的 I-R 二波法。只要满足"均匀化"假定,原则上各种二波法与三波法的结果应是一致的。但"均匀化"假定实际上也常常并非自始至终严格成立的,人们有时就利用二波法与三波法结果的对比,来检验偏离"均匀化"假定的程度。

由上述分析可知,SHPB 实验技术的巧妙之处在于把应力波效应和应变率效应解耦了:一方面,对于同时起到冲击加载和动态测量双重作用的入射杆和透射杆,由于始终处于弹性状态,允许忽略应变率效应而只计应力波之传播,并且只要杆径细得足以忽略横向惯性效应,试件与压杆间的摩擦效应可以忽略不计,就可以用一维应力波的初等理论来分析。另一方面,对于夹在入射杆和透射杆之间的试件,由于长度足够短,而波速又足够快,使得应力波在试件两端间传播所需时间与加载总历时相比,小得足可把试件视为处于均匀变形状态,从而允许忽略试件中的应力波效应而只计其应变率效应。这样,压杆和试件中的应力波效应和应变率效应就都分别解耦了,试件材料力学响应的应变率相关性可以通过弹性杆中应力波传播的信息来确定。对于试件而言,这相当于高应变率下处于动态平衡的"准静态"实验;而对于压杆而言,这相当于由杆中波传播信息反推相邻的短试件材料的本构响应。

以金属材料 SHPB 实验为例,由输入杆和输出杆分别测得的典型的入射应变波 $\varepsilon_I(x_{G_1},\ t)$、反射应变波 $\varepsilon_R(x_{G_1},\ t)$和透射应变波 $\varepsilon_T(x_{G_2},\ t)$波形如图 7.5(a)所示。入射应变波 $\varepsilon_I(x_{G_1},\ t)$在理想的一维应力波情况下是具有陡峭前沿的梯形波,其幅值($= v^*/2C_0$)可借调

节撞击速度 v^* 来控制，而其历时（$=2L_0/C_0$）可以调节撞击杆长度 L_0 来控制。由式(7.4b)知，反射应变波 $\varepsilon_R(x_{G_1}, t)$ 波形反映的正好是试件应变率时程曲线 $\dot{\varepsilon}_s(t)$，其包围的面积(时间积分)反映的正好是试件应变时程曲线 $\varepsilon_s(t)$；而由式(7.4a)知，透射应变波 $\varepsilon_T(x_{G_2}, t)$ 波形反映的正好是试件应力时程曲线 $\sigma_s(t)$。

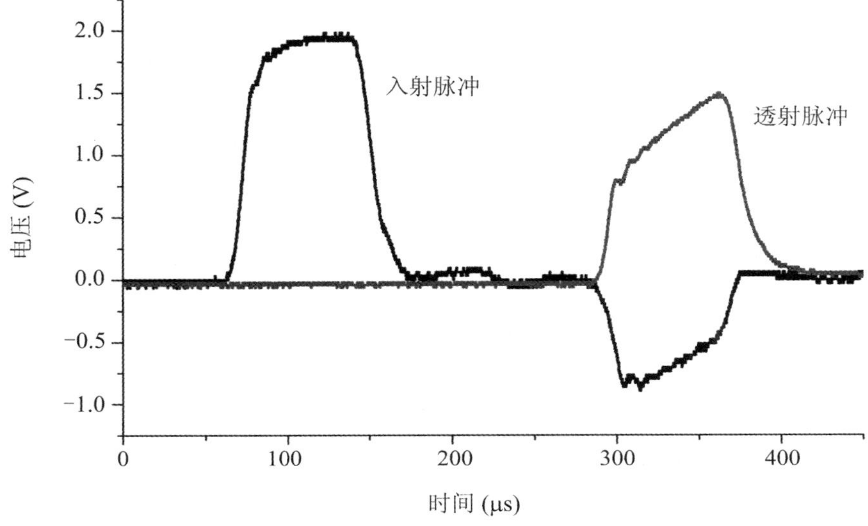

(a) 金属材料的典型实测波形

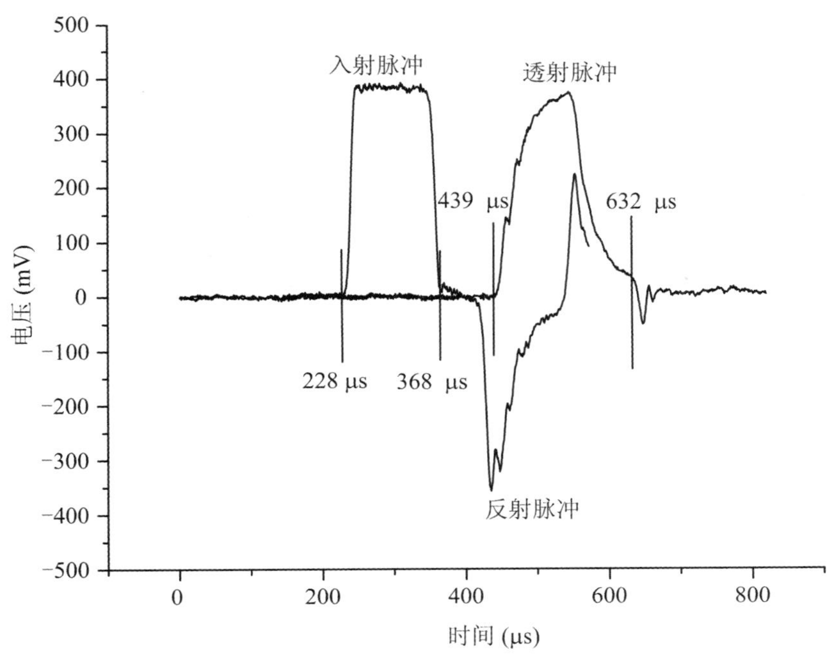

(b) 高聚物的典型实测波形

图 7.5　直径 14.5 mm 的 SHPB 实验中的典型实测波形

对于给定的入射应变波 $\varepsilon_I(x_{G_1}, t)$，随试件材料的不同相应的 $\varepsilon_R(x_{G_1}, t)$ 和 $\varepsilon_T(x_{G_2}, t)$ 波形会千变万化，正是这两者反映出不同试件材料的不同动态力学行为。例如，图 7.5(b)给出高分子材料的典型实测波形与金属材料的典型实测波形[图 7.5(a)]的对比，一个的显著的差别是透射波的历时明显大于入射波的历时，这反映了试件材料显著的本构黏性效应。

如果采用动态质点速度计能直接测得试件入射端的质点速度 $v_I(x_1, t)$，当满足"杆中一维应力波"和"试件应力/应变均匀化"的基本假定时，也可以不经输入杆，以撞击杆(子弹)直接碰撞短试件，这时连同由输出杆实测 $\varepsilon_T(x_{G_2}, t)$ 按照式(7.2)推得的试件透射端应力 $\sigma(x_2, t)$ 和质点速度 $v(x_2, t)$，参照式(7.1)和式(7.4)，就同样可以确定试件的平均应力 $\sigma_s(t)$、应变率 $\dot{\varepsilon}_s(t)$ 和应变 $\varepsilon_s(t)$。用这一方法可以获取更高的应变率($10^4 \sim 10^5 s^{-1}$ 量级)。

7.1.2 不同应力状态下的分离式 Hopkinson 杆实验

在分离式 Hopkinson 压杆(SHPB)实验技术的基础上，人们又进一步发展出了各种各样不同应力状态下的分离式 Hopkinson 杆(SHB)实验技术，用以研究材料在其他应力状态下的高应变率行为。这其中主要包括拉伸式 SHB 实验技术、扭转(剪切)式 SHB 实验技术以及复合应力式 SHB 实验技术。它们的主要区别在于试件承受不同应力状态的冲击载荷。为此，在实验技术上要解决两大关键问题，即不同应力状态冲击载荷的产生和施加方式以及试件与 Hopkinson 杆的连接方式，而其基本原理则与分离式 Hopkinson 压杆(SHPB)实验技术是完全相同的。

1. 拉伸式 SHB

高速碰撞通常直接产生压缩应力波，因此拉伸式 SHB 实验技术的第一个关键难题是如何对试件施加可调控的冲击拉伸脉冲。Harding 等(1960)[7.12]最早设计的拉伸式 SHB 实验装置之原理如图 7.6 所示。这个装置以中空的短圆管作为撞击杆(striker tube)，碰撞中空的长圆管所产生的压缩波通过圆管自由端处的轭座转换为拉伸波，对置于中空圆管内以螺纹与图中的两根 Hopkinson 拉杆连接的试件施加冲击拉伸载荷。

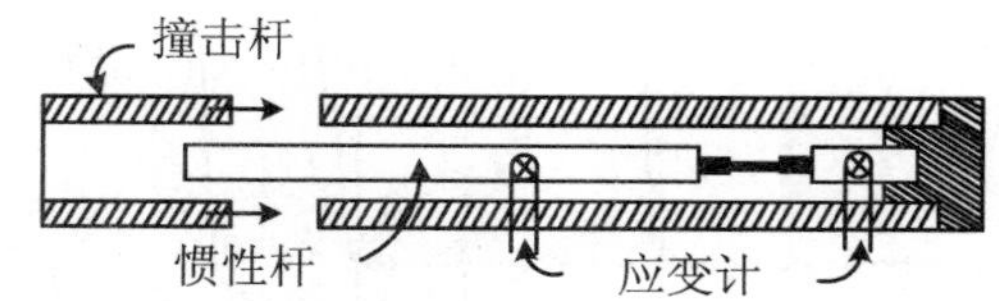

图 7.6 Harding 等设计的拉伸式 SHB 实验装置之原理图

Nicholas(1981)[7.13]采用了一个更简便的方法对试件进行冲击拉伸实验，其原理如图 7.7(a)所示。拉伸试件以螺纹分别与入射杆和透射杆连接，但在试件外部套上一个承压圈(Collar)。这里，承压圈的设计制作十分重要，必须使得由撞击杆碰撞入射杆产生的压缩波通过承压圈直接传入透射杆，并由透射杆自由端反射转换为拉伸波后对试件进行冲击加载。但实际上试件在承受拉伸冲击载荷之前不可避免地会承受到部分压缩冲击载荷。

Ogawa(1984)[7.14]综合上述两种方法的长处，以中空的短圆管作为撞击杆碰撞入射杆端部凸缘，直接产生拉伸波对试件进行冲击加载，其原理如图 7.7(b)所示。

上述形式的拉伸式 SHB 都是通过"碰撞"产生动态冲击拉伸载荷的。另外一种方法是通过突然释放预先静态加载的拉伸载荷来产生冲击拉伸波，即在入射杆的某一截面处设置一个锁紧装置，预先对锁紧装置上游的杆段进行静态加载，然后突然释放锁紧装置，此时在锁紧装置下游的杆段中就会传播一个冲击拉伸波。拉伸波的波形(从而试件的应变率)显然受锁紧装置释放快慢的影响,通常采用爆炸螺栓来控制锁紧装置的释放。Albertini 等(1985)[7.15]建立的大型拉伸式 SHB 装置,就是基于这一原理的代表性装置(参看后文)。

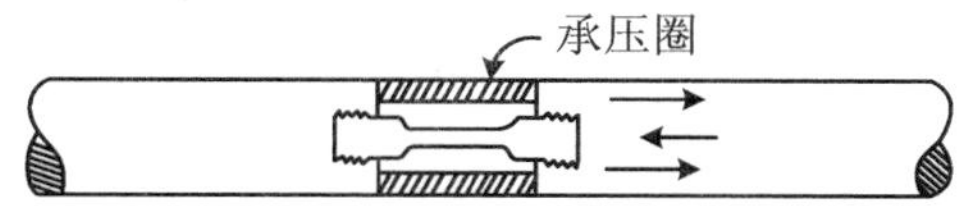

(a) Nichlas(1981)设计的拉伸式SHB实验装置原理图

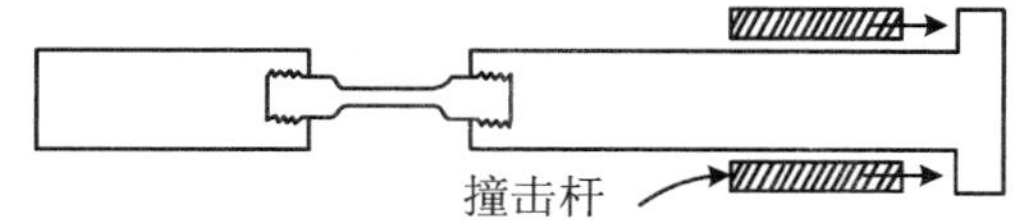

(b) Ogawa(1984)[7.14]设计的拉伸式SHB实验装置原理图

图 7.7

2. 扭转/剪切式 SHB

Baker 和 Yew(1966)[7.16]最先设计出扭转式 SHB 实验装置,其原理如图 7.8 所示。这个装置通过突然释放预先静加载的扭矩来产生扭转波,对圆管试件进行冲击加载,以获得试件材料的剪切应力/应变曲线。

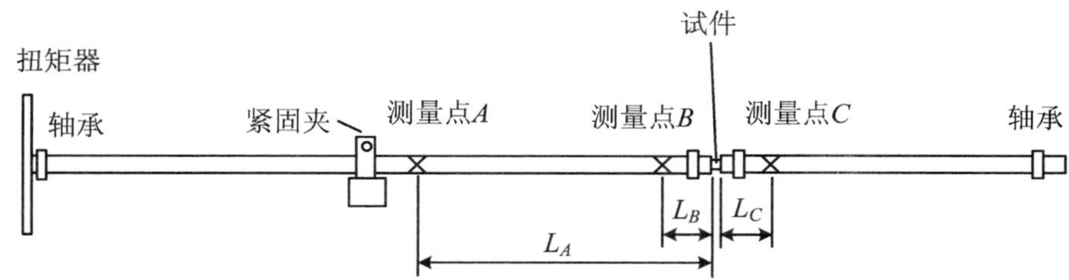

图 7.8 Baker 和 Yew(1966)设计的扭转式 SHB 实验装置原理图

Duffy 等(1971)[7.17]则采用爆炸加载法产生扭转波,其原理如图 7.9 所示。这一方法可以产生更高的应变率,但技术上的要求很高,必须在输入杆端部的两翼同时起爆两个能产生相同爆炸脉冲的炸药,使之只产生纯扭转波。如果在两翼起爆的两个爆炸脉冲不相同或不同时,就只会有弯曲波。

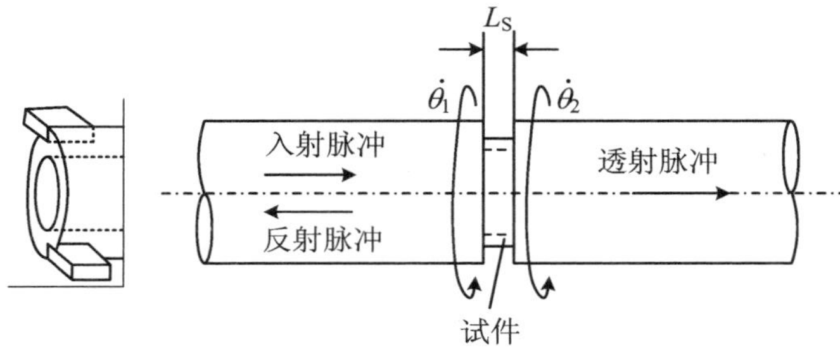

图 7.9 Duffy 等(1971)设计的扭转式 SHB 实验装置原理图

除了扭转式 SHB 实验,人们还在传统的 SHPB 装置上通过采用各类“帽式”试件来研究材料在高应变率下的动态剪切应力/应变曲线。一个代表性设计的原理如图 7.10 所示。

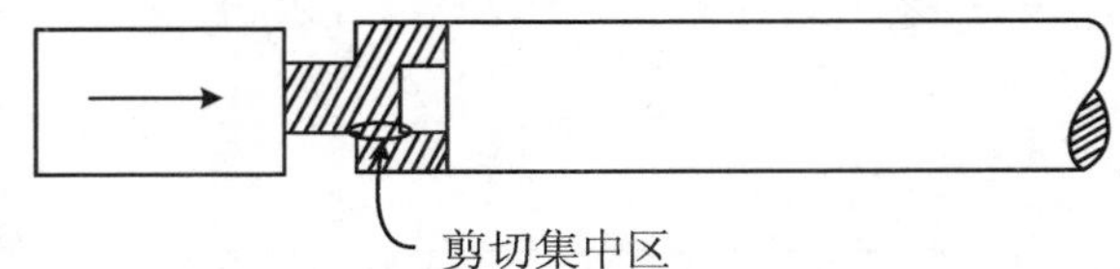

图 7.10 Meyer 等(1986)[7.18]设计的帽式试件的 SHPB 实验原理图

与传统的 SHPB 相比,拉伸式 SHB 和扭转式 SHB 的一个共同优点是:试件与 Hopkinson 杆之间没有摩擦力,不存在由于摩擦力导致的三维应力状态对"杆中一维应力波"基本假定的影响,但另一方面拉伸试件或扭转试件与 Hopkinson 杆的螺纹连接等方式,又会对一维应力波的传播带来一定干扰和误差,需要细心处理。

3. 复合应力式 SHB

为了研究材料在其他复合应力状态下的高应变率行为,人们发展了各种各样的复合应力式 SHB。这类装置特别对以下两类研究具有重要意义,即为了研究材料在一般三维应力状态下的高应变率行为能不能类似于经典塑性力学中的 von Mises 屈服条件那样,引入基于应力偏量第二不变量 J_2 的所谓"有效应力"σ_{eff} 及相对应的"有效应变"$\varepsilon_{\mathrm{eff}}$ 和"有效应变率"$\dot{\varepsilon}_{\mathrm{eff}}$ 来表述[参看第 5 章的式(5.8)]以及为了研究多轴应力状态对于材料(特别是脆性材料)动态破坏的影响(参看本书第 3 篇)。从原理上说,这类装置可归纳为以下几种类型:

(1) 扭转式 SHB 与压缩/拉伸式 SHB 的组合

在上述扭转式 SHB 与压缩/拉伸式 SHB 的基础上,两者的结合可以对试件施加扭-压/拉复合冲击载荷。这时要注意,轴向压缩/拉伸波与扭转/剪切波的传播速度是不同的。一个代表性装置的原理图如图 7.11 所示,通过突然释放预先静加载的扭矩来产生的扭转波,同时通过碰撞来产生轴向压缩波,两者分别在试件两侧的 Hopkinson 杆中以相对的方向传播,并在 10 μs 内同时到达试件。

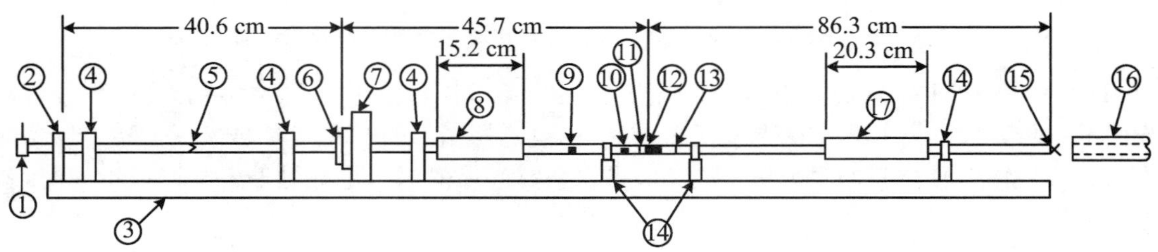

1-转盘;2-卡盘;3-机床平台;4-支架;5-静态扭矩应变片;6-夹头;7-圆盘;8-环向弯曲衰减器;9-弯矩应变片;10-轴向应变片;11-试件;12-试件应变片;13-扭矩应变片;14-校准桩;15-触发叉线;16-气枪;17-轴向弯曲衰减器

图 7.11 Lewis 和 Goldsmith(1973)[7.19]设计的扭转-压缩复合式 SHB 实验原理图

(2) 压缩式 SHB 试件的轴向冲击与围压相组合

在压缩式 SHB(SHPB)基础上,设法对试件再加以围压(径向压力),可实现三轴应力实验。这类三轴应力实验通常都是围绕试件加上一个套管形成围压,依围压形成的原理又可分为两类,即**主动围压技术**(**active confining techniques**)和**被动围压技术**(**passive confining techniques**)。

主动围压技术的围压的形成与试件变形无关,是主动施加的;而被动围压技术的围压则是由于试件在轴向变形时伴随的径向膨胀(Poisson 效应)因受到套管的约束而被动形成的。

图 7.12 给出一个主动围压三轴应力 SHB 装置的示意图。如图所示,试件与压杆的端部段一起套上乳胶膜后置于外套管提供的静水围压中,乳胶膜既可避免试件与围压介质的直接接触,又可避免压杆在主动围压下移动,使试件与压杆保持紧密接触。压力套管与压杆之间用 O 形橡胶圈密封,要求既能起到密封作用又不致影响应力波在压杆中的传播。当采用水介质时围压可达 10 MPa,而采用油介质时围压可达 50 MPa。施绍裘等(2009)[7.20]采用硅油介质,主动围压也可达 50 MPa。

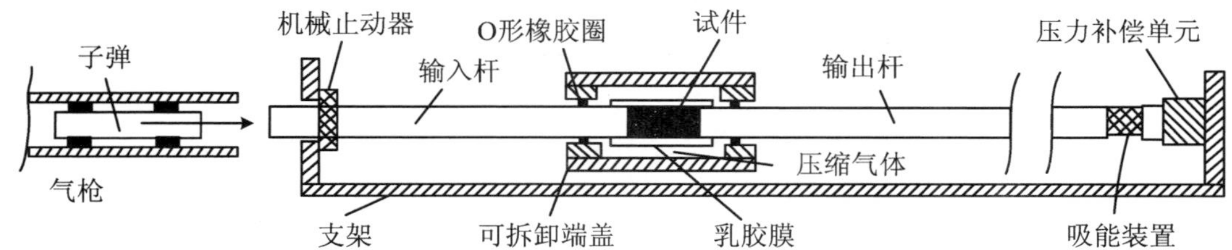

图 7.12　Gary 和 Bailly(1998)[7.21]设计的主动围压三轴应力 SHB 实验装置原理图

上述这类主动围压技术中的围压是预设的静水压力,这时的三轴应力实验实质上是单轴冲击压力与两轴静压的组合,还不是严格意义上的动三轴实验,而且由于套管强度和密封技术等限制,难以实现更高围压。

被动围压技术中的围压是由于套管对试件受轴向冲击压缩时的径向膨胀进行约束而形成的动态围压。因此,试件与套管间配合的紧松程度、表面光滑度、缝隙大小以及套管材料及管厚等,对于被动围压的控制有重要影响。

Gong 和 Malvern(1990)[7.22]的早期被动围压实验采用试件与弹性套管间的紧配合(snug fit),即设想两者间没有缝隙(图 7.13),因而通过弹性套筒外壁的环向应变测量,可由经典弹性厚壁筒公式推算试件的动态围压。素混凝土试件在采用铝套管时,围压为 40～50 MPa。

但如同 Gong 和 Malvern 所指出的那样,无缝隙的"紧配合"被动围压实验对试件和套筒的加工要求很高,实际上除泥沙等散体材料外,混凝土等固体试件外壁和金属套管内壁的不圆度和粗糙度以及随之而来的两者间的摩擦效应,均极大地妨碍了径向围压的即时产生以及围压沿试样周边和长度的均匀分布,从而影响着实验的可重复性和可靠性。

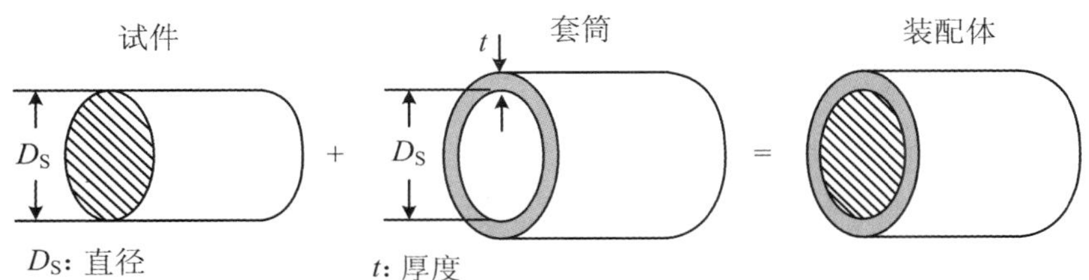

图 7.13　被动围压实验技术之一:试件与套管间采用紧配合(无缝隙)

为解决此矛盾,研究者们采用试件与套筒间的"动配合"方式,两者间的缝隙用传递围压的耦合介质充填(图 7.14)。

例如,施绍裘等(2000)[7.23]把试件外径与套筒内径的公差控制在 ± 0.05 mm,将 2 号石油脂型防锈脂(SY1575-80)均匀涂于试样外表面,用油膜作为套筒内表面和试样外表面间围压传递的耦合剂。对于体积相对难以压缩的油膜介质来说,在足以使应力波在油膜来回反射几次的极短时间(微秒级)内,就能即时并均匀地产生和传递径向被动围压。这样既大大降低了试件和套筒机械加工精度要求，又满足了使用要求。由于油膜的润滑特性，还可减少试件与套筒内壁间的摩擦力。

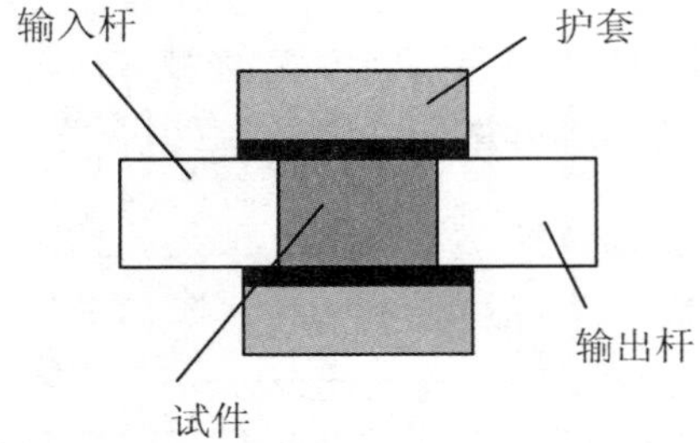

图 7.14　被动围压实验技术之二：试件与套管间采用动配合（有缝隙并充填）

Forquin 等（2008）[7.24]则用环氧树脂充填混凝土试件与金属套筒之间约 0.2 mm 的缝隙，动态围压可达 600～900 MPa。

上述被动围压的高低显然取决于试件因 Poisson 效应所致的径向膨胀的大小及其约束程度，是完全被动产生的。Rome 等（2004）[7.25]把主动围压技术与被动围压技术相结合，在对试件轴向冲击压缩加载的过程中，同时对试件与套管间的充填介质冲击加压，可以实现更高的围压。如图 7.15 所示，入射杆由入射大杆（B）、入射小杆（C）和入射管（F）三部分复合组成，入射管的外径与大杆外径相同，而入射管的内径则等于入射小杆直径；透射小杆（E）直径和透射管（I）内外径分别与入射小杆和入射管的相同，试件（D）夹在入射小杆和透射小杆之间，试件与套管（H）之间充填聚四氟乙烯开缝套管（G）作为耦合介质，又正好同时夹在入射管和透射管之间。实验中，当撞击杆（A）碰撞入射大杆时，既通过入射小杆对试件轴向冲击压缩加载，又同时通过入射管对耦合介质聚四氟乙烯进行冲击压缩。由于聚四氟乙烯耦合介质在内外径向分别受到膨胀变形试件和金属套管的约束，因而可同步产生更高的径向围压。改变套管（H）的材料与厚度，可获得不同的围压。

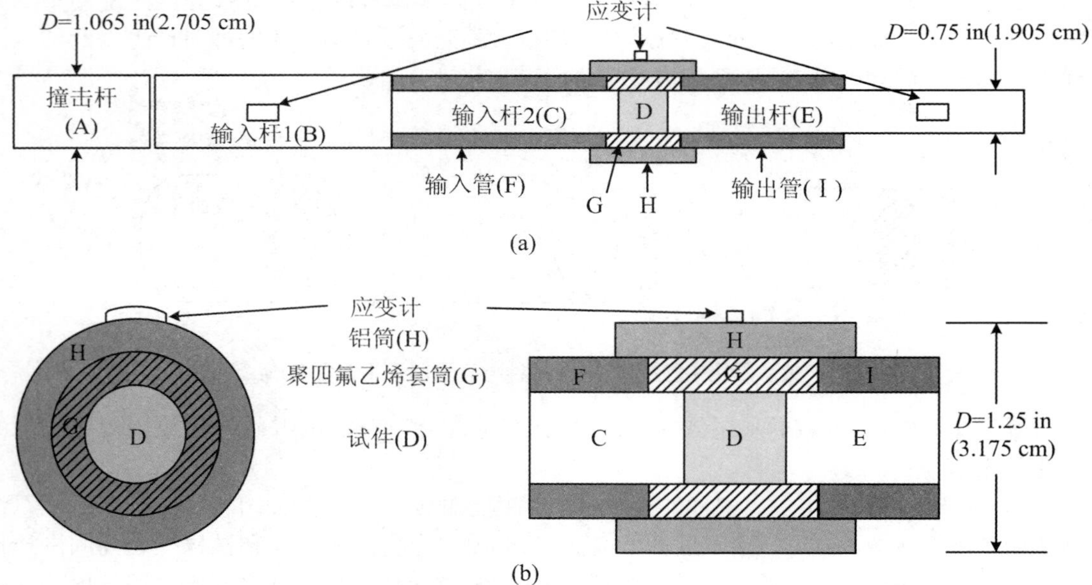

图 7.15　动态被动围压与主动围压相结合的实验技术（Rome，Isaacs，Nemat-Nasser，2004）

(3) 二维/三维正交式 SHPB

通过两组或三组正交的 SHPB 相组合，可以实现对试件的冲击复合应力加载。

一个代表性二维正交式 SHPB 装置的示意图如图 7.16 所示。

一个代表性三维正交式 SHPB 装置的示意图如图 7.17 所示。

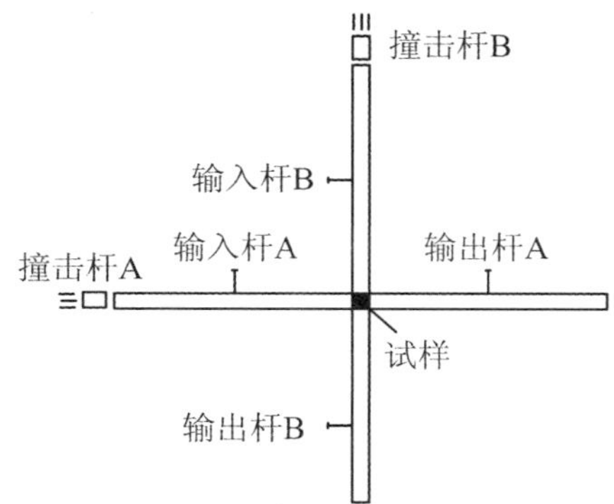

图 7.16　Hummeltenberg 和 Curbach(2012)[7.26]设计的二维正交式 SHPB

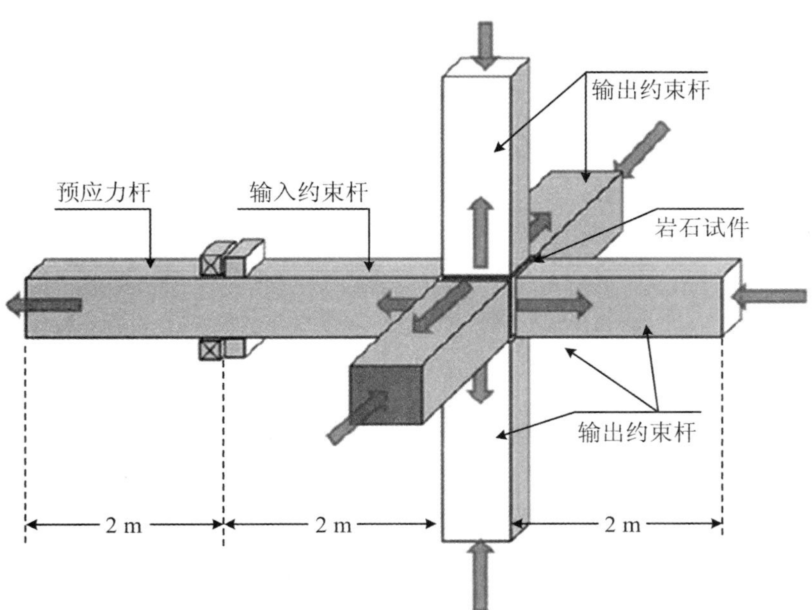

图 7.17　Cadoni 和 Albertini(2011)[7.27]设计的三维正交式 SHPB 示意图

这类装置目前主要用于两轴静载加压与一轴动载加压相组合的情况。如果想进行全部是冲击动载的三轴实验，如何保证正交传播的压缩/拉伸应力波同时到达试件乃是关键的技术问题。

当然，不同应力状态下的 SHB 冲击实验的基本原理与传统的一维分离式 Hopkinson 压杆(SHPB)实验技术是完全相同的，都要遵循"杆中一维应力波"假定和"试件应力/应变均匀化"假定。其实，这两个基本假定对于能否保证 SHPB 实验结果的有效性与可靠性，也是一种约束，是能否正确掌握和运用 SHPB 实验技术的关键。下面，有必要从应力波原理出发对这两个基本假定的有关问题分别做进一步讨论。

7.1.3 关于"杆中一维应力波"假定的讨论

应该指出：导出式(7.1)～式(7.3)的一维应力波理论，是在忽略了杆中质点横向运动(横向惯性作用)的条件下才成立的，通常称为初等理论或工程理论。

实际上，杆在轴向应力 $\sigma_x(x, t)$ 的作用下，除有轴向应变

$$\varepsilon_x = \frac{\partial u_x}{\partial x} = \frac{\sigma_x(x,t)}{E}$$

外，还由于 Poisson 效应(以 ν 表示 Poisson 比)，必定同时有横向变形

$$\varepsilon_y = \frac{\partial u_y}{\partial y} = -\nu\varepsilon_x(x,t)$$

$$\varepsilon_z = \frac{\partial u_z}{\partial z} = -\nu\varepsilon_x(x,t)$$

及相应的横向位移 u_y, u_z，横向质点速度 v_y, v_z 和横向质点加速度 a_y, a_z 等。因此严格说来，应力状态实际上并非简单的一维应力状态，而是一个三维问题。

考虑了横向惯性的 Pochhammer-Chree 解表明[7.28]，杆中弹性纵波将不再如初等理论中那样以恒速 C_0 传播，而是不同频率 f(或波长 $\lambda = C/f$)的谐波分量，以不同的波速(**相速**)C 传播；或者以无量纲形式表示，无量纲波速 C/C_0 是 r/λ 与 Poisson 比 ν 的函数

$$\frac{C}{C_0} = f\left(\frac{r}{\lambda}, \nu\right) \tag{7.5}$$

式中，r 是圆杆半径。$\nu = 0.29$ 时，式(7.5)如图 7.18 所示，高频波(短波)趋近于瑞利波速 C_R，而低频波(长波)趋近于 C_0。

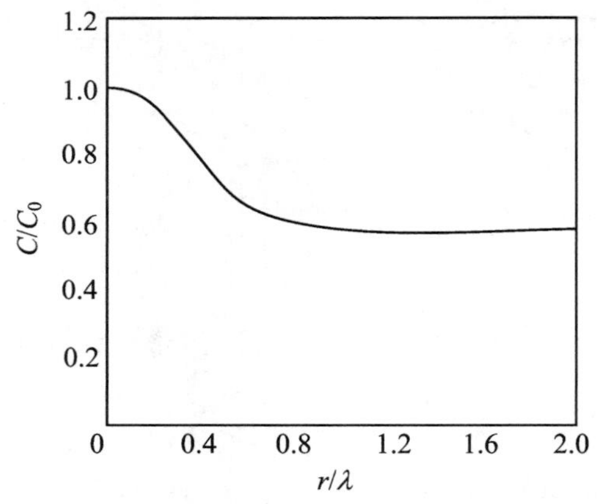

图 7.18 Pochhammer-Chree 解($\nu = 0.29$)

在 $r/\lambda \leqslant 0.7$ 的范围内，Rayleigh(1887)[7.29]给出了如下的近似解：

$$\frac{C}{C_0} \approx 1 - \nu^2 \pi^2 \left(\frac{r}{\lambda}\right)^2 \tag{7.6}$$

上述两式表明，高频波(短波)的传播速度较低，而低频波(长波)的传播速度较高。只有当杆的半径与波长之比 $r/\lambda \ll 1$ 时，才有 $C = C_0$，从而满足“杆中一维应力波”假定。以钢杆为例，杆中弹性波速为 5×10^3 m/s 量级，如果杆中应力波高频分量以 100 kHz 计，或即短波波长以 50 mm 计，则压杆以半径 $r \leqslant 5$ mm 为宜。

应该指出，除了横向惯性外，试件与压杆间的摩擦效应也会直接引入了三维应力效应，破坏“杆中一维应力波”的假定。为了减少摩擦效应，一方面可采用尽可能低摩擦系数的润滑剂(如二硫化钼等)；另一方面对试件的长径比 L/D 要有合理设计(例如，根据 Davies 和 Hunter 的分析[7.30]，对于金属试件，常常取 $L/D = 0.5$)，使得从忽略试件端部摩擦效应方面而言时试件足够长，而从忽略试件中的应力波效应方面而言时试件又足够短。

我国目前普遍采用直径 Ø14.5 mm 的 SHPB 实验装置，对于大多数均质金属材料而言，基本上能够满足“杆中一维应力波”假定。但是实测的入射波常常会在梯形波平台上叠加有微小高频震荡，如图 7.5 所示，这正是微弱横向惯性的表现。

但对于非均质材料，SHPB 实验技术遇到了新的挑战。非均质复合材料可以看做是由“基体”和广义的“夹杂物”(包括短纤维、颗粒、骨料等异相材料)组成的。由于试件直径应该比非均质材料中异相颗粒尺寸大一个量级，才能反映非均质材料的宏观平均力学响应，故人们有时不得不采用大直径 SHPB 实验装置。这时，大杆中的任意弹性波形，可看做由不同频率的谐波分量叠加组成的，而不同频率的谐波分量现在将各按自己的相速传播[式(7.6)]。因此，波形在传播过程中不再保持原形，即发生所谓波的弥散现象。这类由于结构几何因素引起的弥散称为几何弥散，以区别于因材料本构关系的非线性和黏性所引起的非线性本构弥散和本构黏性弥散。

大直径 SHPB 实验装置的波形弥散现象主要表现在以下几方面：

1. 主波形上叠加的高频振荡

由钢杆弹性波传播的二维(轴对称)数值分析，可参看：王礼立[7.11]、刘孝敏、胡时胜[7.31]以及王永刚等[7.32]的研究成果。取弹性模量 $E = 200$ GPa，密度 $\rho_0 = 7.8\times10^3$ kg/m^3，泊松比 $\nu = 0.3$，设杆端 $x = 0$ 处作用一梯形脉冲，幅值为 $\sigma_0 = 800$ MPa，总加载历时 120 μs(包括上升沿和下降沿时间各为 10 μs)，对于不同圆杆直径 D(5 mm，14.5 mm，37 mm，74 mm)，在不同传播距离 L(0 mm，10 mm，20 mm，30 mm，40 mm，50 mm)处，以 LS-DYNA 数值计算得出的应力波剖面结果汇总如图 7.19 所示。

可见，随着杆径 D 以及随着传播距离的增大，主波形上叠加的高频振荡显著增强。这将对数据处理和实验结果的精度造成不利影响。

2. 杆横截面上应力沿杆径呈非均匀分布

LS-DYNA 数值计算还表明，横向惯性效应将引起杆横截面上不均匀的二维应力分布，以 $D = 2R = 37$ mm 圆杆为例，距杆端 $0.5D$ 横截面上的不同半径 $r(=0, 0.5R, R)$ 处的应力波形如图 7.20 所示。轴向应力沿半径由中心向外表面逐渐减小，杆中心处应力最大(接近一维应变状态)、$0.5R$ 处次之、外表面 R 处最小(接近一维应力状态)。由于杆中一维应力波的初等理论是以平截面上应力均匀分布的假定为前提的，横向惯性效应则破坏了杆中平截面上应力均匀分布的假定，会影响实验结果的精度。

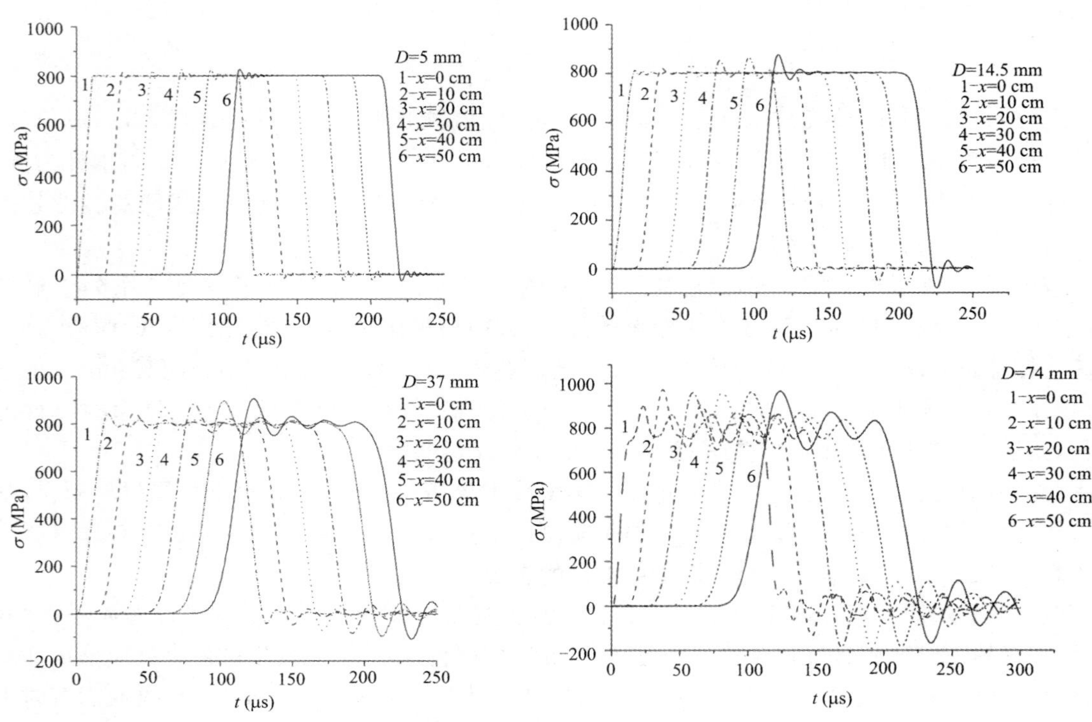

图 7.19　LS-DYNA 数值计算得出的应力波剖面结果汇总

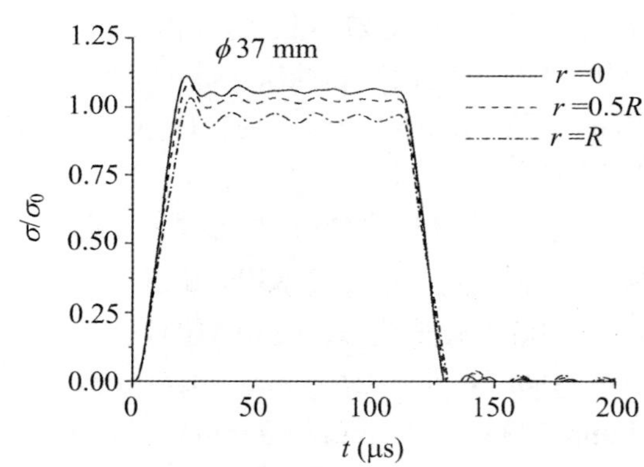

图 7.20　距杆端 $0.5D$ 横截面上的不同半径 $r=0$、$0.5R$、R 处的应力波形

3. 应力脉冲峰值随传播距离的衰减

横向惯性引起的杆中应力波形的几何弥散，还有一个重要表现，即杆中应力脉冲幅值随传播距离而减小。鉴于梯形脉冲在大杆中传播时会出现横向惯性引发的显著波形振荡，不利于对波幅衰减进行分析，现考察在杆端 $x=0$ 处作用一个三角脉冲，幅值仍为 $\sigma_0=800$ MPa，但其上升沿和下降沿历时各为 150 μs。对于杆径分别为 37 mm，74 mm 和 100 mm 三种情况，应力峰值如何随传播距离 x 增加而衰减的数值计算分析结果如图 7.21 所示。由此可见，杆径越大，衰减越严重，因而应变片 G 所测应变信号不能再直接代替压杆-试件界面处的应变信号。

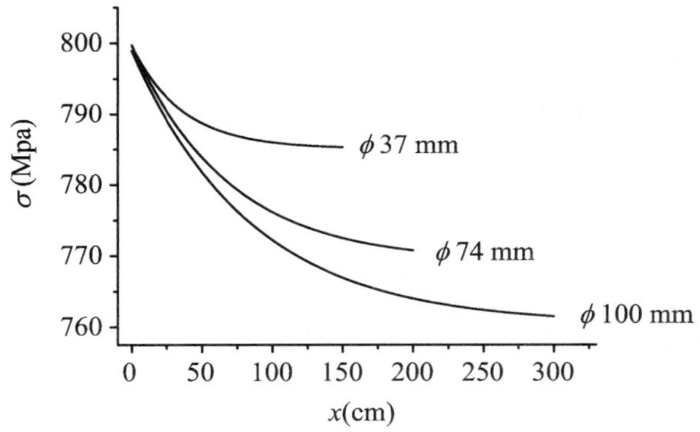

图 7.21　应力峰值随传播距离 x 而衰减的数值计算分析结果

4. 应力脉冲前沿升时的增大

由图 7.19 已经可以看到，由于横向惯性效应，应力脉冲的波阵面前沿实际上随传播距离的增加而逐渐由陡变缓，即应力脉冲前沿的升时 t_s(指应力脉冲的起始点到应力最大值所经历的时间)随传播距离而逐渐增大；并且杆径越大，其升时变化越显著。

图 7.22 给出了不同直径的杆中，应力脉冲升时 t_s 随传播距离 x 增加而增大的变化曲线。随杆径愈来愈大，升时随传播距离的增大也愈加显著。

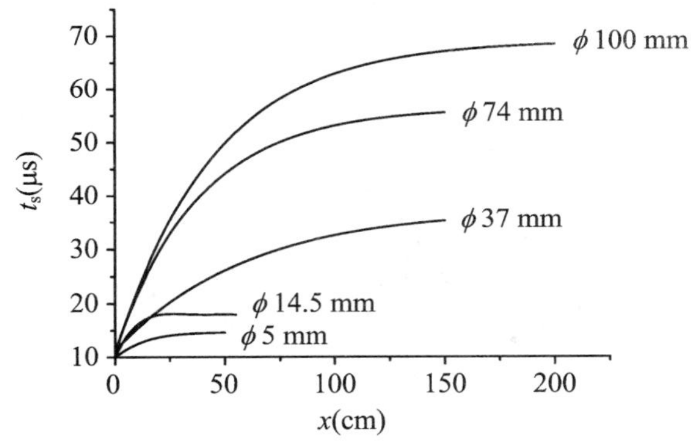

图 7.22　不同直径的钢杆中应力脉冲升时 t_s 随传播距离 x 变化之比较

冲击载荷以短历时特别是短升时为特征。在常规的 SHPB 实验中，当入射应力脉冲具有短升时(例如 t_s<20 ms)时，试件的应变率一般可以达到 $10^3\ s^{-1}$ 量级。但当不得不采用大直径杆(例如 $D = 74$ mm)时，入射应力脉冲的升时大大上升(例如 t_s 约 50 μs)，试件的应变率一般只能达到 $10^2\ s^{-1}$ 量级，已难以实现高应变率实验。这就是为什么用大直径 SHPB 对混凝土等非均匀材料进行实验时，应变率难以达到 $10^3\ s^{-1}$ 量级的主要原因。

在采用大直径 SHPB 装置时，如何避免或者修正横向惯性效应呢？下面介绍目前采用的几种方法：

(1) 束杆式 SHPB 装置

束杆式 SHPB 装置是改用一束小尺寸细杆的组合来代替大尺寸粗杆，而每根细杆的横向惯性效应是可忽略的。图 7.23 显示的是位于意大利 ISPRA 的欧盟联合研究中心(ISPRA Joint Research Centre)的 200 mm×200 mm 卧式方形束杆式 SHPB 装置；图 7.24 显示的是位于我国宁波大学的 150 mm×150 mm 立式束杆式单杆冲击实验装置[7.33]。

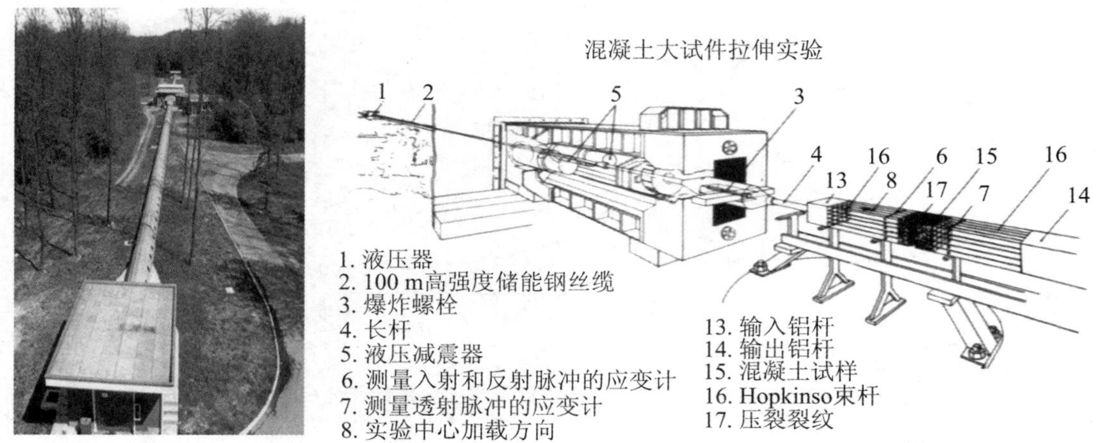

图 7.23　ISPRA Joint Research Centre 的 200 mm × 200 mm 卧式方形束杆式 SHPB 装置

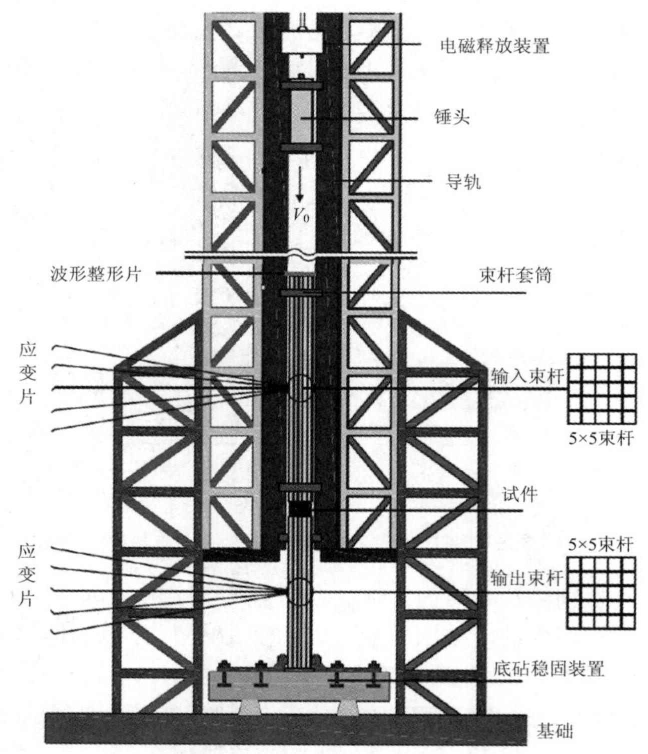

图 7.24　宁波大学的高 22.4 m 的 150 mm × 150 mm 的立式束杆式单杆冲击实验装置

(2) 波形整形(pulse shaper)技术

如图 7.25 所示，在入射杆的撞击端附加一片波阻抗比压杆低而塑性较好的材料(如铜等)，可以改变或调节入射杆中的入射波形，使入射波/反射波波形光滑化，通常称为波形整形技术。采用变截面或梯度材料(变波阻抗)撞击杆也可产生类似效应。

Duffy 等(1971)[7.34] 首先把这一技术用于铝的 Hopkinson 扭杆实验，而 Christensen 等(1972)[7.35]随后将其用于对岩石的 Hopkinson 压杆实验。

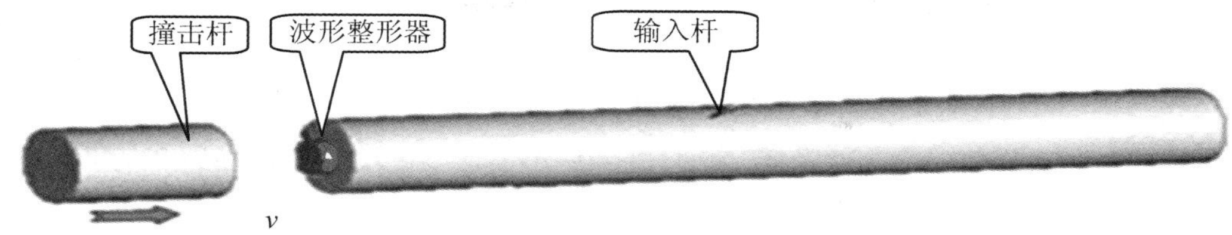

图 7.25　波形整形技术示意图

图7.26给出了采用波形整形技术前后实测入射波/反射波波形的对比[7.36]，可见采用波形整形技术后可以有效地降低甚至消除横向惯性引起的波形振荡。其实质在于波形整形器"滤除"了入射波/反射波波形中的高频分量。

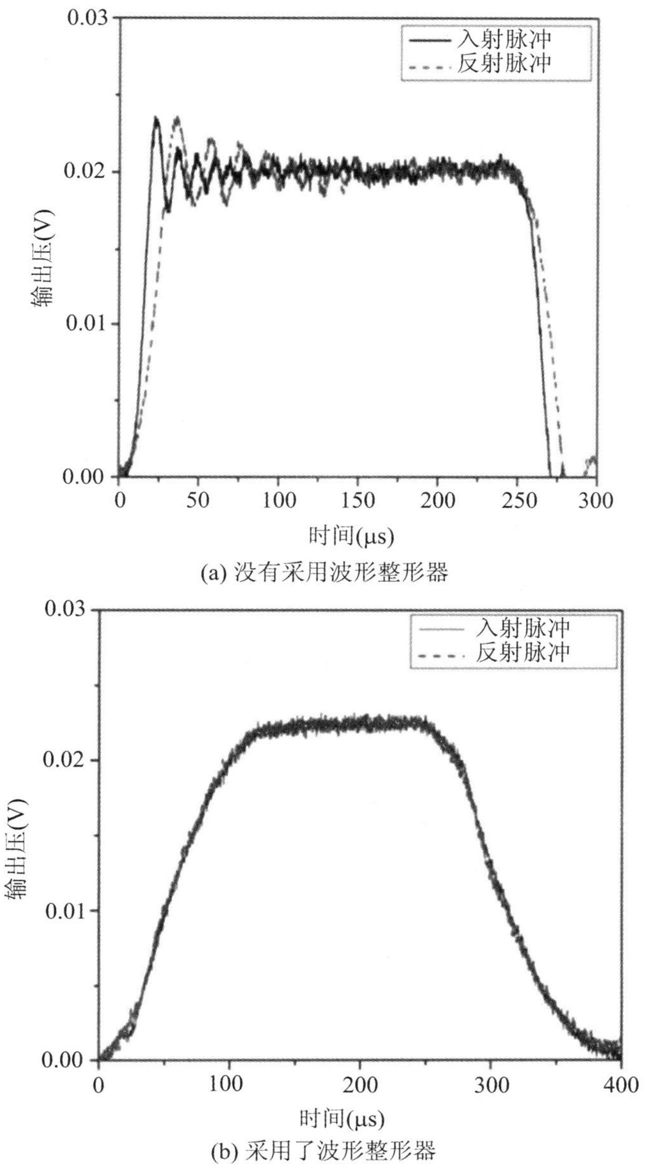

(a) 没有采用波形整形器

(b) 采用了波形整形器

图 7.26　采用波形整形技术前后实测入射波/反射波波形的对比

图 7.27 给出了采用波形整形技术前后的入射波的频谱分布[7.36]，可见波形整形器可“滤除”高于 40 kHz 的高频分量。

从图 7.26(a)与(b)的对比可以看到，入射波的升时 t_s从约 20 μs 增加到了约 120 μs，其后果必然导致试件应变率的量级性降低；换而言之，波形整形器消除横向惯性引起的波形振荡是以降低或牺牲实验应变率为代价的。为了消除横向惯性引起的波形振荡，采用黏性的滤波器也能够获得较好的效果。另外它与应变率没有直接关系，当采用小试件后，可进行更高应变率的实验。

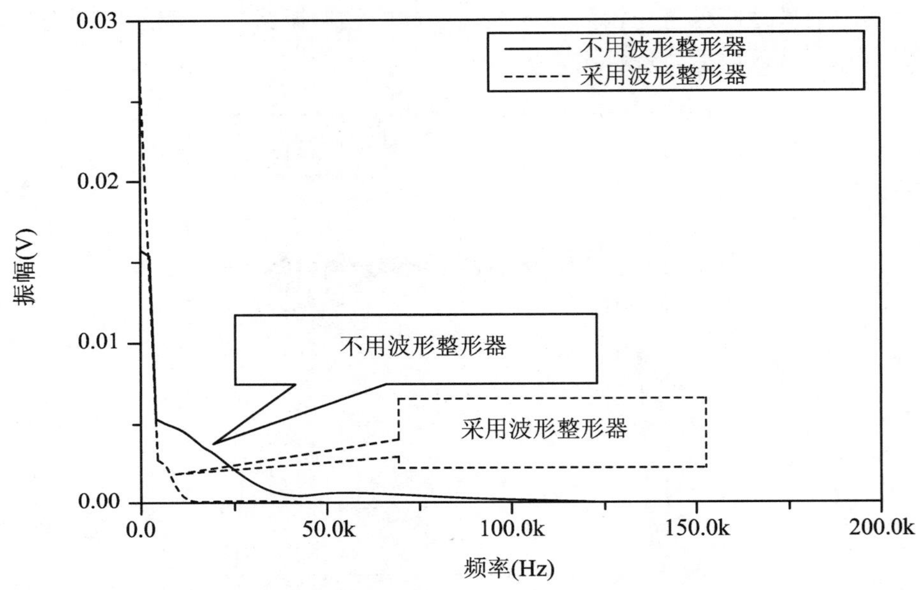

图 7.27　采用波形整形技术前后的入射波频谱分布的对比

(3) 几何弥散的反分析修正

SHPB 实验的基本原理是通过测知试件-压杆前界面x_1处的入射应变波 $\varepsilon_I(x_1, t)$、反射应变波 $\varepsilon_R(x_1, t)$以及试件-压杆后界面x_2处的透射应变波 $\varepsilon_T(x_2, t)$，来确定材料的动态应力/应变曲线。但 x_1处和 x_2处的应变波难以直接测量，依靠“杆中一维应力波”的基本假定，把问题转化为对在入射杆 x_{G_1} 处和透射杆 x_{G_2} 处的应变波的间接测量。

然而，当采用大直径压杆从而使弥散效应不可忽略时，杆中不同位置上的波形因弥散发生畸变，需要将入射杆 x_{G_1} 处和透射杆 x_{G_2} 处分别测得的 $\varepsilon_I(x_{G_1}, t)$、$\varepsilon_R(x_{G_1}, t)$和 $\varepsilon_T(x_{G_2}, t)$进行横向惯性效应修正，来推算界面 x_1处和 x_2处的 $\varepsilon_I(x_1, t)$、$\varepsilon_R(x_1, t)$和 $\varepsilon_T(x_2, t)$。其中，由 $\varepsilon_I(x_{G_1}, t)$推算波传播下游的 $\varepsilon_I(x_1, t)$属于“正分析”，用通用的商业数值计算软件就可容易实现；而如何由 $\varepsilon_R(x_{G_1}, t)$和 $\varepsilon_T(x_{G_2}, t)$分别推算波传播上游的 $\varepsilon_R(x_1, t)$和 $\varepsilon_T(x_2, t)$属于“反分析”，是问题的难点。

冲击载荷条件下，如何由间接测量进行反分析已经有多种成熟的方法，例如可参看 H. Inoue，J. J. Harrigan 和 S. R. Reid(2001)[7.37]的述评。对于 SHPB 所涉及的直杆弹性波的反分析，基于 Pochhammer-Chree 解[7.38]，傅里叶分析(Fourier analyses)不失为一个方便实用的方法(例如，可参看王从约、夏源明[7.39]的《傅里叶弥散分析在冲击拉伸和冲击压缩实验中的应用》)。其基本思想是：由于杆中任意弹性波总可以被看做是不同频率谐波分量之叠加，先利用傅里叶变换将在时域里实测的原始弹性波变换为频域里不同频率、振幅和相位的各谐波分量;再根据计及横向惯性的 Pochhammer-Chree 解、不同频率的谐波分量以不同相速传播,从而可获得诸谐波分量在某指定位置(如试件-压杆界面)重建的、计及弥散的、频域里的弹性波;最后利用傅里叶反变换将这些频域信号转换成所需的时域信号,即可获得我们所需的界面 x_1 处和 x_2 处的 $\varepsilon_I(x_1, t)$,$\varepsilon_R(x_1, t)$和 $\varepsilon_T(x_2, t)$。图 7.28 给出的是用直径 37 mm 的 SHPB 对水泥砂浆进行冲击实验得到的动态应力/应变曲线,其中实线是直接按式(7.4)即未经弥散修正得出的结果,而虚线是采用傅里叶弥散修正后得出的结果。两者的相对误差高达 20%以上,并且修正前的曲线给出了虚假的应变软化$\left(\dfrac{d\sigma}{d\varepsilon}<0\right)$现象。由此可见,在采用大直径 SHPB 时对波形进行弥散修正以获得真实可靠的动态应力/应变关系是非常重要而绝不可忽略的。

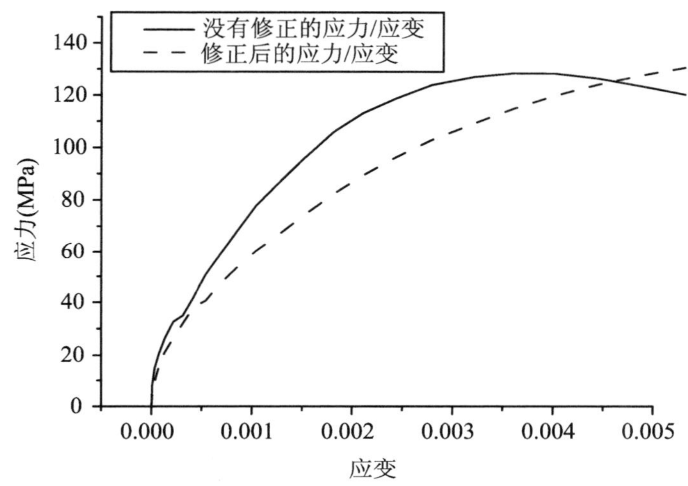

图 7.28　采用傅里叶分析修正前后水泥砂浆动态应力/应变曲线的对比

7.1.4　关于"试件应力/应变均匀化"假定的讨论

关于"应力/应变沿短试件长度均匀分布"的假定(以下简称"均匀化"假定),有哪些主要的影响因素呢?是不是应力波在试件中来回传播 2～3 次后就会均匀化了呢?研究者们应用应力波理论已作了较深入的分析[7.40,7.41]。

我们先来考察一下"输入杆-试件-输出杆"截面积相同并且都处于弹性状态的简单情况(图 7.4)。显然,试件一旦受到入射脉冲的加载,如果能在试件尚处于弹性小变形的情况下越早实现"均匀化",则是越理想的。

由应力波传播理论[7.11]知,当弹性波从波阻抗为$(\rho_0 C_0)_1$的杆传入波阻抗为$(\rho_0 C_0)_2$的杆时,反射应力扰动 $\Delta\sigma_R$ 和质点速度扰动 Δv_R、透射应力扰动 $\Delta\sigma_T$、质点速度扰动 Δv_T 与入射应力扰动 $\Delta\sigma_I$ 和质点速度扰动 Δv_I 之间分别满足以下关系:

$$\left.\begin{aligned}\Delta\sigma_R &= F\cdot\Delta\sigma_I\\ \Delta v_R &= -F\cdot\Delta v_I\end{aligned}\right\}\tag{7.7a}$$

$$\left.\begin{aligned}\Delta\sigma_T &= T\cdot\Delta\sigma_I\\ \Delta v_T &= nT\cdot\Delta v_I\end{aligned}\right\}\tag{7.7b}$$

式中

$$
\left.\begin{aligned}
n &= \frac{(\rho_0 C_0)_1}{(\rho_0 C_0)_2} \\
F &= \frac{1-n}{1+n} \\
T &= \frac{2}{1+n}
\end{aligned}\right\} \tag{7.7c}
$$

此处，n 为两种不同波阻抗杆的波阻抗比；F 和 T 则分别称为反射系数和透射系数，它们完全由两者的波阻抗比值 n 所确定。显然，当以$(\rho C)_B$和$(\rho C)_S$分别表示压杆和试件的弹性波阻抗时，在处理应力波由压杆传播进入试件的情况时，上式中的 n 应取为 $n_{B\text{-}S}=\dfrac{(\rho C)_B}{(\rho C)_S}$；而在处理应力波由试件传播进入压杆的情况时，上式中的 n 应取为 $n_{S\text{-}B}=\dfrac{(\rho C)_S}{(\rho C)_B}$，两者互为倒数。这表明在输入杆-试件-输出杆系统中的反射-透射将主要取决于压杆和试件的波阻抗比。

按照式(7.7)，并对应地在物理平面(x-t 平面)和速度平面(σ-v 平面)上，不难确定输入杆-试件-输出杆系统中弹性波反射-透射过程及各阶段的应力 σ 和质点速度 v 状态。如图 7.29(a)和(b)所示，已设子弹以速度 v_0 撞击输入杆，产生幅值为 $\sigma_A\left[=-\dfrac{(\rho C)_B v_0}{2}\right]$的强间断弹性波(矩形波阵面)。

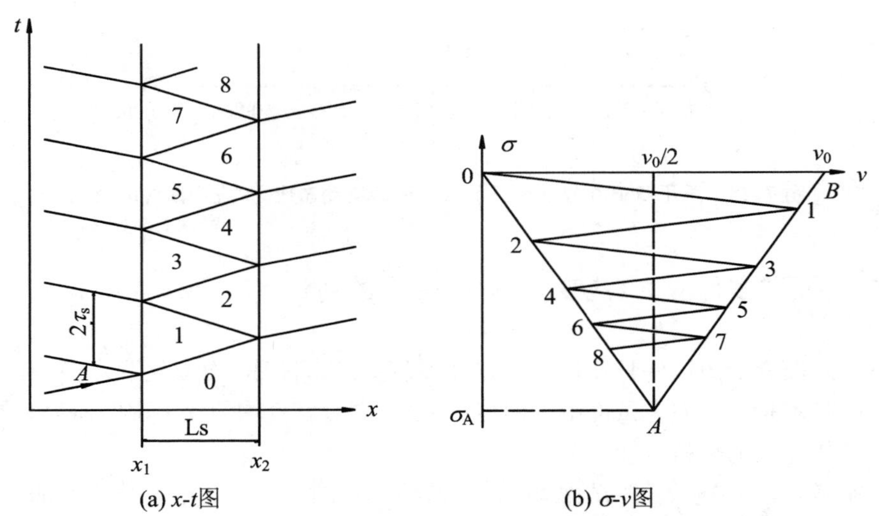

图 7.29 输入杆-试件-输出杆系统中弹性波反射-透射过程(矩形波阵面)

这样，当输入杆中以弹性波速 C_B传播的入射波 σ_A到达界面 x_1时，发生第 1 次弹性波入射-反射-透射，透射波以弹性波速 C_S传入试件，引起的应力强间断扰动为

$$
\Delta\sigma_1 = \sigma_1 - 0 = T_{B\text{-}S}\sigma_A
$$

式中，透射系数 $T_{B\text{-}S}$按式(7.7c)为

$$
T_{B\text{-}S} = \frac{2}{1+n_{B\text{-}S}}
$$

$$
n_{B\text{-}S} = \frac{(\rho C)_B}{(\rho C)_S}
$$

此处，透射系数 T 和波阻抗比 n 的下标“B-S”特指应力波由压杆（bar）传入试件（specimen）。经过 $\tau_S=\dfrac{L_S}{C_S}$时间后（L_S为试件长度），在界面 x_2处再次发生波的入射-透射-反射。按式（7.7），传回试件的反射波所引起的应力强间断扰动为

$$\Delta\sigma_2 = \sigma_2 - \sigma_1 = F_{\text{S-B}}\Delta\sigma_1$$

式中，反射系数 $F_{\text{S-B}}$按式（7.7）为

$$F_{\text{S-B}} = \frac{1-n_{\text{S-B}}}{1+n_{\text{S-B}}}$$

此处，透射系数 F 的下标“S-B”特指应力波由试件传入压杆。注意到 $n_{\text{B-S}}$和 $n_{\text{S-B}}$互为倒数，并如果改写 $n_{\text{S-B}}$为 β，则不难证明 $T_{\text{B-S}}$和 $F_{\text{S-B}}$有如下关系，并可分别表示为

$$\left.\begin{aligned} T_{\text{B-S}} &= \frac{2}{1+n_{\text{B-S}}} = \frac{2\beta}{1+\beta} \\ F_{\text{S-B}} &= \frac{1-\beta}{1+\beta} \\ 1-F_{\text{S-B}} &= 1-\frac{1-\beta}{1+\beta} = \frac{2\beta}{1+\beta} = T_{\text{B-S}} \end{aligned}\right\} \tag{7.8}$$

反射波传回到界面 x_1时，发生第 3 次波的入射-透射-反射，在试件中引起的应力强间断扰动为

$$\Delta\sigma_3 = \sigma_3 - \sigma_2 = F_{\text{S-B}}\Delta\sigma_2 = F_{\text{S-B}}^2\Delta\sigma_1$$

以此类推，第 k 次波的入射-透射-反射后的应力强间断扰动为

$$\Delta\sigma_k = \sigma_k - \sigma_{k-1} = F_{\text{S-B}}\Delta\sigma_{k-1} = F_{\text{S-B}}^{k-1}\Delta\sigma_1 \tag{7.9}$$

而在第 k 次入射-透射-反射后，k 区（图 7.28）的最终应力状态 σ_k则为

$$\sigma_k = \sum_{i=1}^{k}\Delta\sigma_i = (1+F_{\text{S-B}}+F_{\text{S-B}}^2+F_{\text{S-B}}^3+\cdots+F_{\text{S-B}}^{k-1})\Delta\sigma_1 \tag{7.10a}$$

利用如下的二项式展开

$$1-x^k = (1-x)(1+x+x^2+x^3+\cdots+x^{k-1})$$

并计及式（7.8）给出的 $T_{\text{B-S}}$与 $F_{\text{S-B}}$间的关系及由 β 表达的形式，式（7.10a）最终可写为

$$\sigma_k = \frac{1-F_{\text{S-B}}^k}{1-F_{\text{S-B}}}\Delta\sigma_1 = \frac{1-F_{\text{S-B}}^k}{1-F_{\text{S-B}}}T_{\text{B-S}}\sigma_A = (1-F_{\text{S-B}}^k)\sigma_A = \left[1-\left(\frac{1-\beta}{1+\beta}\right)^k\right]\sigma_A \tag{7.10b}$$

这说明，试件中经过来回透射-反射多次后的应力 σ_k既取决于次数 k，也取决于试件波阻抗与压杆波阻抗的比值 β。注意，次数 k 实际上也就等于无量纲时间 $\bar{t}\left(=\dfrac{t}{\tau_S}=\dfrac{tC_S}{L_S}\right)$。

对于给定的 β 值，当 k 取偶数值时（对照图 7.29），式（7.10）给出试件-输出杆界面 x_2处的透射应力随透射-反射次数 k 或无量纲时间 $\bar{t}\left(=\dfrac{tC_S}{L_S}\right)$的变化；而当 k 取奇数值时，式（7.10）则给出试件-输入杆界面 x_1处的反射应力随透射-反射次数 k 或无量纲时间 $\bar{t}$ 的变化。

作为一个例子，当 $\beta=1/10$ 时，由式（7.10）计算给出的界面 x_1处和界面 x_2处无量纲应力 σ/σ_A随 k（或即 $\bar{t}$）的变化曲线，分别如图 7.30（a）和（b）所示。两者都逐渐趋于 1，意味着应力沿试件长度的分布有一个逐渐均匀化的过程，而这一过程同时依赖于 β 和 k。

注意到式（7.9）给出的正是界面 x_1处和界面 x_2处的应力差（参照图 7.29），则可定义试件两端的无量纲应力差（相对应力差）为

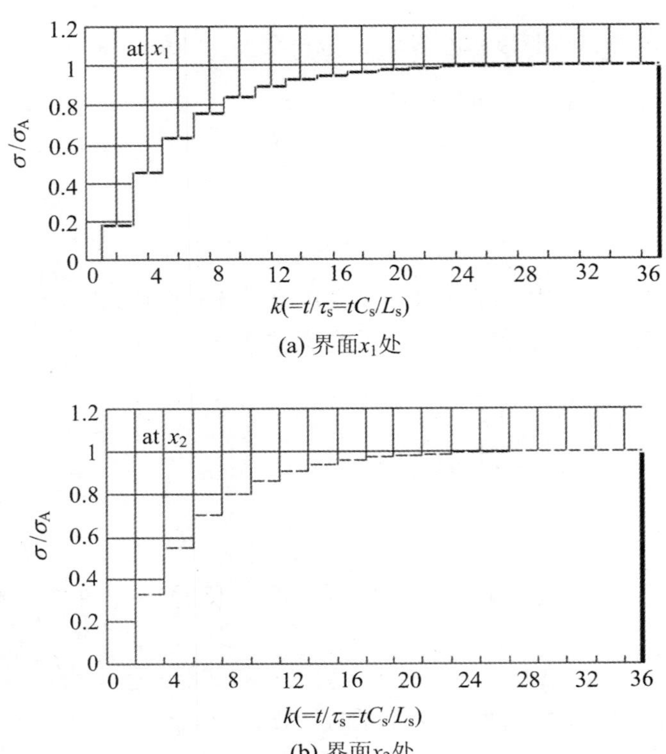

(a) 界面x_1处

(b) 界面x_2处

图 7.30 当 $\beta=1/10$ 时,界面 x_1 处和界面 x_2 处无量纲应力 σ/σ_A 随 k(即 $\bar{t}$)的变化

$$\alpha_k = \frac{\Delta\sigma_k}{\sigma_k} \tag{7.11}$$

对于矩形强间断入射波,将式(7.9)和式(7.10)代入式(7.11)就得到

$$\alpha_k = \frac{\Delta\sigma_k}{\sigma_k} = \frac{F_{\text{S-B}}^{k-1}}{\dfrac{1-F_{\text{S-B}}^{k}}{1-F_{\text{S-B}}}} = \frac{\left(\dfrac{1-\beta}{1+\beta}\right)^{k-1}\left(1-\dfrac{1-\beta}{1+\beta}\right)}{1-\left(\dfrac{1-\beta}{1+\beta}\right)^{k}} = \frac{2\beta\,(1-\beta)^{k-1}}{(1+\beta)^k-(1-\beta)^k} \tag{7.12}$$

上式解析地描述了试件两端的相对应力差 α_k 随试件-压杆波阻抗比 β 和透射-反射次数 k 变化的规律。

对于不同的 β 值($\beta=1/2,1/4,1/6,1/10,1/25,1/100$),按式(7.12)计算所得的 α_k 随 k 变化的结果如图 7.31 所示。由此可见,随试件-压杆波阻抗比 β 之减小,试件中的应力波要经过更多次来回反射过程,才能满足"均匀化"假设的要求。

如果像周风华等(1992)[7.42]和 Ravichandran-Subhash(1994)[7.43]所建议那样,当 $\alpha_k \leqslant 5\%$ 时,可近似地认为试件中的应力/应变分布满足了"均匀化"假设的要求。则由图 7.29 可见,当 $\beta=1/2$ 时,对应的最少来回反射次数 $k_{\min}$ 等于 4;对于 $\beta=1/100$,对应的最少来回反射次数 $k_{\min}$ 增加到了 18,而并非凭人们直觉的那样"来回反射 2～3 次"就能满足"均匀化"假设的要求。

以上结果是对于矩形强间断入射波而言的。但在 SHPB 实验中,实际遇到的入射波都是具有一定升时的梯形波。因此,也可以采用类似于上述的方法进行分析讨论。设梯形波波阵面的升时恰为弹性波在试件中传一个来回所需的时间,即等于 $2\tau_S(=2L_S/C_S)$ 时,杨黎明等[7.40]解

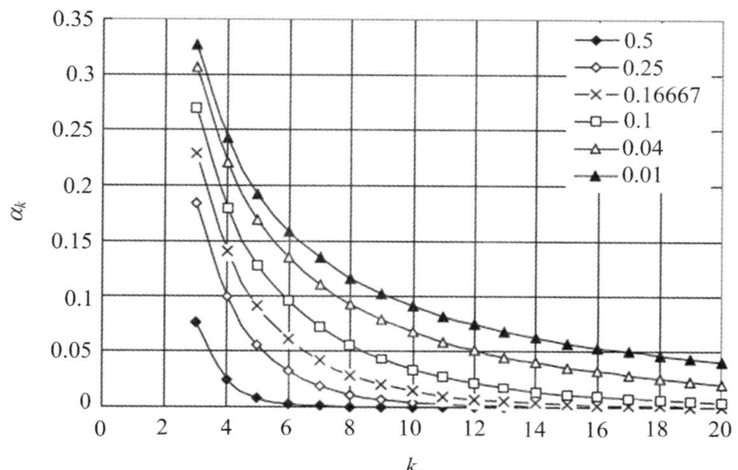

图 7.31　矩形波时试件两端应力差 α_k 随试件-压杆波阻抗比 β 和透射-反射次数 k 的变化而变化的规律

得，当弹性波在试件中传一个来回后（$k>2$），有如下解析结果：

$$\alpha_k = \frac{2\beta^2 (1-\beta)^{k-2}}{(1+\beta)^k - (1-\beta)^{k-2}} \tag{7.13}$$

对于不同的 β 值（$\beta=1/2,1/4,1/6,1/10,1/25,1/100$），按式（7.13）计算所得的 α_k 随 k 变化的结果如图 7.32 所示。由此可见，与矩形波时的情况（图 7.31）相反，现在的 α_k-k 曲线是随波阻抗比 β 的减小而下降的。在本例所讨论的 β 值范围内，应力波在试件中只需来回反射 3～4 次，就已满足"均匀化"假设的要求。

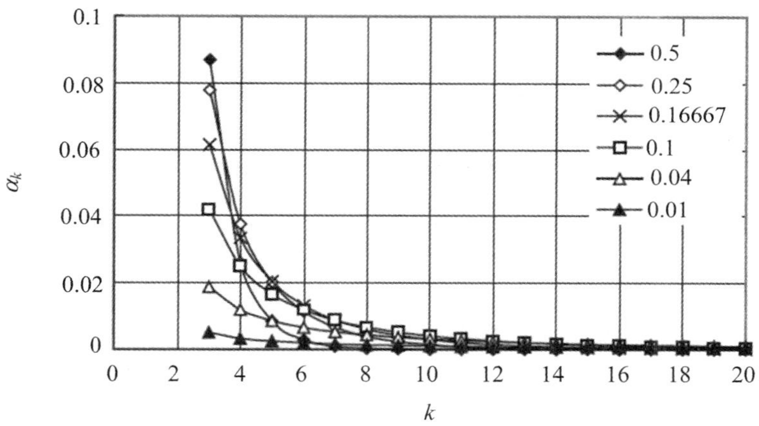

图 7.32　梯形波时试件两端应力差 α_k 随试件-压杆波阻抗比 β 和透射-反射次数 k 的变化而变化的规律

如果入射波具有升时较长，随时间线性增长的波前沿，即设入射波 $\alpha_I(t)$ 为坡形波，并可表述为

$$\sigma_I(t) = \frac{\sigma^* t}{\tau_S} = \frac{\sigma^* C_S t}{L_S}$$

式中，σ^* 是 $t=\tau_S=L_S/C_S$ 时的入射波幅值，杨黎明，等（2005）[7.40] 还给出了如下解析结果（对于 $k\geqslant 3$）：

$$\alpha_k = \frac{2\beta^2\left[1-\left(-\frac{1-\beta}{1+\beta}\right)^k\right]}{2k\beta-1+\left(\frac{1-\beta}{1+\beta}\right)^k} \tag{7.14}$$

对于不同的波阻抗比 $\beta(\beta=1/2,1/4,1/6,1/10,1/25,1/100)$，按式(7.14)计算所得的 α_k 随 k 变化的结果如图 7.33 所示。由此可见，坡形入射波的 α_k-k 曲线也随波阻抗比 β 的减小而下降，但随 β 的减小曲线发生明显振荡。此外，在本例所讨论的 β 值范围内，应力波在试件中要经过比梯形入射波更多次来回反射，才能满足"均匀化"假设的要求。

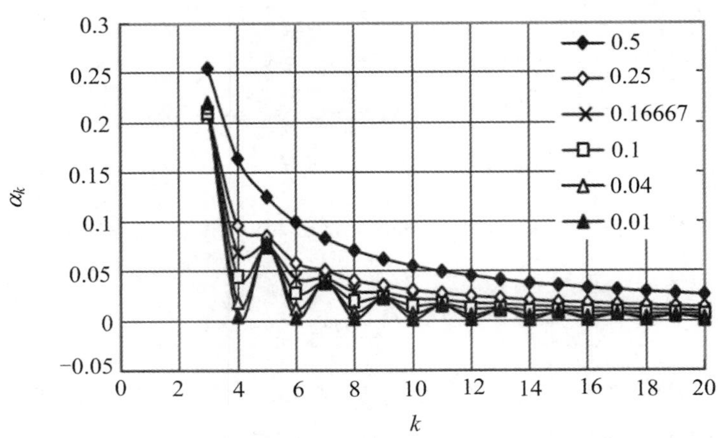

图 7.33　坡形波时试件两端应力差 α_k 随试件-压杆波阻抗比 β 和透射-反射次数 k 的变化而变化的规律

在相同 β 值(以 $\beta=1/2,1/4,1/10$ 为例)的情况下，入射波分别为矩形波(曲线 A)、梯形波(曲线 B)和坡形波(曲线 C)时的各 α_k-k 曲线之间的比较如图 7.34 所示。由此可见，就满足试件应力/应变分布"均匀化"的要求而言，当 $\beta=0.5$ 时，矩形波和梯形波无明显差别，倒是坡形波其实并不利于"均匀化"要求(这与一般认为采用波形整形器把入射波调节成坡形波后将有利于"均匀化"的猜测恰恰相反!)。随着 β 的降低，梯形波和坡形波的 α_k-k 曲线下降，而矩形波的 α_k-k 曲线上升，从而到 $\beta=0.1$ 时，矩形波已成为最不利于"均匀化"要求的波形，梯形波则始终是最有利于"均匀化"要求的波形。

由上述对应力波在输入杆-试件-输出杆系统中传播过程的分析讨论可知，不仅波阻抗比 β，而且入射波的波形(特别是升时)，都会显著影响试件应力/应变分布"均匀化"所需的最低来回反射次数 $k_{\min}$。这是我们在针对不同材料来设计 SHPB 实验时应该加以重视的。

除了上述对于试件处于弹性变形阶段时的"均匀化"分析外，人们还对高聚物等黏弹性材料的"均匀化"过程作了进一步分析[7.41]。研究表明，与弹性试件的应力均匀性分析相比，黏弹性试件的应力均匀性过程除了依赖于入射波的相对升时 τ_s/t_L 和瞬时波阻抗比 $R_i(=1/\beta)$ 外，还依赖于材料的高频松弛时间 θ_2。就升时 τ_s/t_L 的影响而言，与弹性试件的应力均匀性分析结论相一致，并非升时越长试件的应力均匀性就越好；而发现 $\tau_s/t_L=2$ 时试件更容易实现应力均匀化。就高频松弛时间 θ_2 的影响而言，一般高频松弛时间 θ_2 越小越难达到应力均匀化(短升时 $\tau_s/t_L=1$ 的情况除外)。此外，与弹性试件不同，黏弹性试件的应变均匀性和应力均匀性也有所区别。在短升时情况下，应变较应力更易达到均匀化，但随着升时增大，应变则逐渐较应力更难达到均匀化。

还应该指出，对于那些未经历塑性变形就在弹性小应变下发生脆性破坏的脆性材料而言，SHPB 实验过程中试件实现"均匀化"的快慢具有特殊意义。因为"均匀化"有一个应力波在时间中来回传播的时间过程，如果在实现"均匀化"之前试件就已脆断，就破坏了"均匀化"假定，不能保证实验的有效性和可靠性。研究表明混凝土类的率相关脆性材料[7.44]，与其他黏弹性试样和弹性试样类似，并非升时 τ_s/t_L 越长试样的应力均匀性越好，实际上在 $\tau_s/t_L=2$ 时更容易实现"均匀化"，而且随升时 τ_s/t_L 增长还会降低试样的应变率。对于以动态断裂应变 0.5% 为代表的混凝土类材料，即使通过降低入射波幅值可使试件在"均匀化"后脆断，但由于在非均匀化阶段的应变已经高达 0.2%～0.25%，虽然"均匀化"后测得的动态断裂应力值是有效的，但所测应力/应变曲线仍然没有全程满足"均匀化"假定。

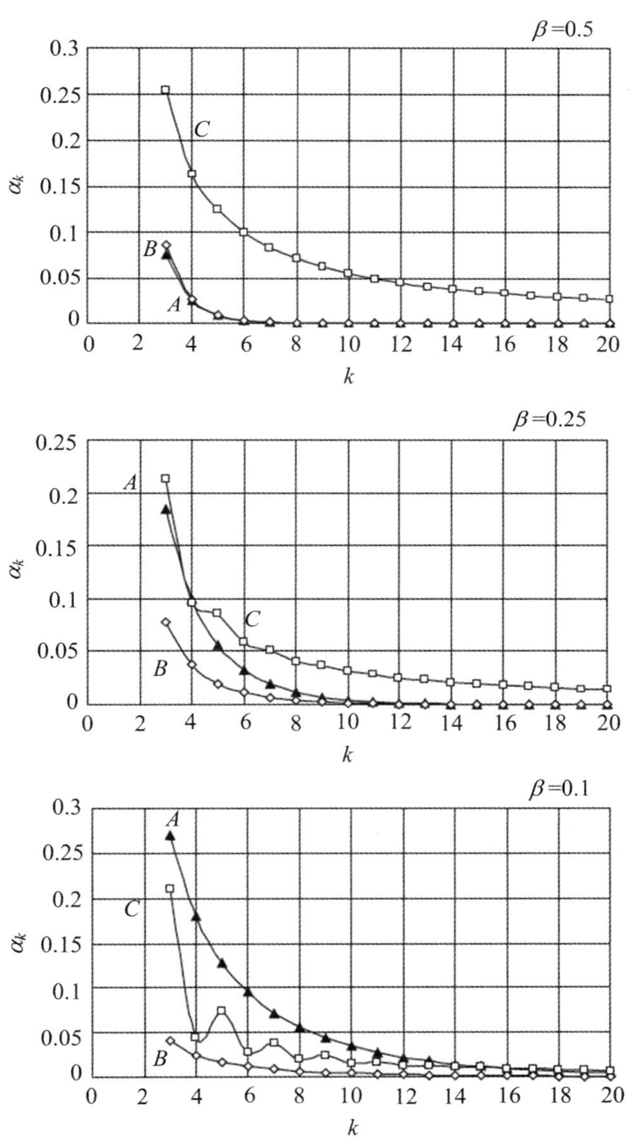

图 7.34　相同 β 值下，矩形波（*A*）、梯形波（*B*）和坡形波（*C*）的各 α_k-k 曲线之间的比较

7.1.5 关于低波阻抗“软材料”的 SHPB 实验

传统的 SHPB 的压杆一般采用高强度钢制作，以保证在实验过程中压杆始终处于弹性状态。钢的密度 ρ_0（$=7.8\times10^3$ kg/m^3）和弹性波速 C_0（$=5.19$ km/s）都比较高，因而其弹性波阻抗（$\rho_0 C_0$）高达 40 MPa/(m·s)。当把传统的 SHPB 技术用来研究固体推进剂、炸药、泡沫材料、生物等低波阻抗“软材料”时，由于这类软材料的波阻抗仅为 0.1～1 MPa/(m·s)量级，使得透射杆测得的输出信号变得过于微弱，其幅值只有入射波信号的几十分之一或更小，这一幅值仅与外界干扰信号相当，以至于难以保证精度。

解决这一问题有两种方法：一种办法是提高应变传感器的灵敏度，例如，采用高灵敏度的半导体应变片，其应变片灵敏度系数为电阻应变片的 50 倍左右[7.45]；或者采用灵敏度高的薄膜型石英晶体应力计直接测量试件两端的应力。另一种办法是采用低波阻抗材料制作的压杆，例如，采用钛合金和镁合金压杆[7.46]，因其密度低从而波阻抗较钢杆为低。为了采用更低波阻抗的压杆，人们把采用弹性钢杆的 SHPB 技术推广到采用高聚物杆[7.47-7.50]。例如，用有机玻璃 PMMA 制作的压杆，其波阻抗约为 1 MPa/(m·s)，但这时必需计及高聚物压杆中的黏弹性波传播引起的本构黏性弥散效应[7.11]。

一旦采用黏弹性材料制作的压杆，则由于黏弹性波的应变率相关性（表现为波形的弥散和衰减等），应变与应力和质点速度之间既不存在简单的线性比例关系，也不存在无畸变特性，就不能沿用线弹性杆的方法来处理数据。问题的关键在于（参照图 7.4）：① 如何由 G_1 处的实测应变信号 $\varepsilon_I(x_{G_1},t)$ 来确定界面 x_1 处的 $\sigma_I(x_1,t)$ 和 $v_I(x_1,t)$；② 如何由 G_1 处的实测应变信号 $\varepsilon_R(x_{G_1},t)$ 来确定界面 x_1 处的 $\sigma_R(x_1,t)$ 和 $v_R(x_1,t)$；③ 如何由 G_2 处的实测应变信号 $\varepsilon_T(x_{G_2},t)$ 来确定界面 x_2 处的 $\sigma_T(x_2,t)$ 和 $v_T(x_2,t)$，从而最后可以由式(7.1)或(7.4)来确定试样的动态应力 $\sigma_S(t)$ 和应变 $\varepsilon_S(t)$。其中，第一个问题归结为解黏弹性波传播的正问题，而后两个问题则都归结为解黏弹性波传播的第二类反问题。

以有机玻璃 PMMA 制作的 SHPB 压杆为例，鉴于对软材料进行实验时压杆本身变形不大而无需涉及其大变形非线性本构关系，因而可以采用简化的线性黏弹性波分析，使问题大为简化。研究表明[7.47,7.48,7.51]，PMMA 压杆在高应变率下的本构关系可令人满意地用标准线性固体模型来描述，即

$$\frac{\partial \varepsilon}{\partial t}-\frac{1}{E_a+E_M}\frac{\partial \sigma}{\partial t}+\frac{E_a\varepsilon}{(E_a+E_M)\theta_M}-\frac{\sigma}{(E_a+E_M)\theta_M}=0 \tag{7.15}$$

式中，E_a 是标准线性固体模型中并联弹簧的弹性常数，E_M 和 θ_M 则分别是标准线性固体模型中并联 Maxwell 单元所对应的高频弹性常数和高频松弛时间。再加上如下的运动方程和连续方程，构成本问题的控制方程组：

$$\begin{cases}\rho_0\dfrac{\partial v}{\partial t}-\dfrac{\partial \sigma}{\partial x}=0\\[2mm]\dfrac{\partial \varepsilon}{\partial t}-\dfrac{\partial v}{\partial x}=0\end{cases}$$

当我们用特征线解法来求解时，对以上三式分别乘以待定系数 N，M 和 L，然后相加，有

$$(L+N)\frac{\partial \varepsilon}{\partial t}+\left(M\rho_0\frac{\partial}{\partial t}-L\frac{\partial}{\partial x}\right)v-\left(\frac{N}{E_a+E_M}\cdot\frac{\partial}{\partial t}+M\frac{\partial}{\partial x}\right)\sigma+\frac{N}{(E_a+E_M)\theta_M}(E_a\varepsilon-\sigma)=0$$

为使上式只包含沿特征线 $D(x,t)$ 的方向导数，待定系数 N，M 和 L 必须满足下式：

$$\left.\frac{\mathrm{d}x}{\mathrm{d}t}\right|_c = \frac{0}{L+N} = -\frac{L}{M\rho_0} = \frac{M(E_a+E_M)}{N}$$

显然，N，M 和 L 有两族解，一族由下列方程确定：

$$\left.\begin{aligned} L+N &= 0 \\ \rho_0(E_a+E_M)M^2 &= -LN \end{aligned}\right\} \tag{7.16}$$

由此得到如下两族特征线：

$$\frac{\mathrm{d}x}{\mathrm{d}t} = \pm\sqrt{\frac{E_a+E_M}{\rho_0}} = C_v \tag{7.17a}$$

和相应的两族沿特征线的相容条件：

$$\mathrm{d}v = \pm\frac{1}{\rho_0 C_v}\mathrm{d}\sigma \pm \frac{\sigma - E_a\varepsilon}{\rho_0 C_v\theta_M}\mathrm{d}t = \pm\frac{1}{\rho_0 C_v}\mathrm{d}\sigma + \left[\frac{\sigma - E_a\varepsilon}{(E_a+E_M)\theta_M}\right]\mathrm{d}x \tag{7.17b}$$

此处正号和负号分别对应于右行波和左行波。

另一族解由下列方程确定：

$$\left.\begin{aligned} L = M &= 0 \\ N &\neq 0 \end{aligned}\right\} \tag{7.18}$$

于是，第三族特征线和沿特征线的相容条件分别为

$$\mathrm{d}x = 0 \tag{7.19a}$$

$$\mathrm{d}\varepsilon - \frac{\mathrm{d}\sigma}{E_a+E_M} - \frac{\sigma - E_a\varepsilon}{(E_a+E_M)\theta_M}\mathrm{d}t = 0 \tag{7.19b}$$

式(7.19a)在物理意义上与质点运动轨迹相一致，而式(7.19b)则是黏弹性本构方程沿质点运动轨迹的特殊形式。

这样，用特征线数值法解题时，经 x-t 平面上任一点有三条特征线(图 7.35)，按已知的初边条件联立解这三条特征线上的特征相容关系(用差分形式代替微分形式)，即可确定点上的三个未知状态参量 σ，v 和 ε。

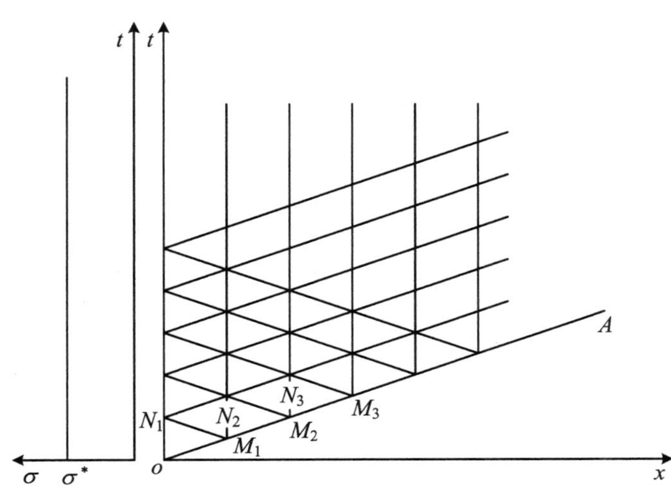

图 7.35　杆中黏弹性波传播的三族特征线

设高聚物压杆初始处于静止的未扰动状态

$$\sigma(x,0) = \varepsilon(x,0) = v(x,0) = 0$$

在杆端($x=0$)处受一突加恒值载荷 σ^*，则有一强间断波以 Lagrange 波速 D 沿 OA 传播

(图 7.35):

$$D = \sqrt{\frac{1}{\rho_0} \cdot \frac{[\sigma]}{[\varepsilon]}} = \sqrt{\frac{E_a + E_M}{\rho_0}} \tag{7.20}$$

利用以波速 D 传播的强间断波上的运动学相容条件(7.21a)和动力学相容条件(7.21b)为

$$[v] = -D[\varepsilon] \tag{7.21a}$$

$$[\sigma] = -\rho_0 D[v] \tag{7.21b}$$

式中,符号[]表示强间断波阵面上力学量的跳跃值;再考虑到 OA 是特征线,还应同时满足相应的特征相容条件[式(7.17b)],则不难确定此强间断波沿 OA 按下式所示指数规律衰减:

$$\sigma = \sigma^* \exp\left[-\frac{\rho_0 C_v}{2\eta_M\left(1+\dfrac{E_a}{E_M}\right)^2}x\right] = \sigma^* \exp(-\alpha_a x) \tag{7.22}$$

对于沿 OA 的质点速度 v 和应变 ε,有完全类似的结果。一旦求得沿 OA 的解后,可以进一步求解图 7.35 中的 AOt 区,问题归结为解黏弹性波的特征线边值问题。这包括两种基本类型的操作,即:① 求边界点处的解;② 求内点的解。

以图 7.35 所示的任意边界点 N_1 为例,其质点速度 $v(N_1)$ 和应变 $\varepsilon(N_1)$ 可由沿特征线 M_1N_1 和 ON_1 上的特征相容条件,即式(7.17b)和式(7.19b)来解,写成有限差分形式:

$$\left.\begin{aligned} &v(N_1) - v(M_1) = -\frac{1}{\rho_0 C_v}[\sigma(N_1) - \sigma(M_1)] + \frac{E_a\varepsilon(M_1) - \sigma(M_1)}{\rho_0 C_v \theta_M}[t(N_1) - t(M_1)] \\ &\varepsilon(N_1) - \varepsilon(0) - \frac{1}{E_a + E_M}[\sigma(N_1) - \sigma(0)] + \frac{E_a\varepsilon(0) - \sigma(0)}{(E_a + E_M)\theta_M}[t(N_1) - t(0)] = 0 \end{aligned}\right\} \tag{7.23}$$

对于图 7.35 所示的任意内点 N_2,其质点速度 $v(N_2)$、应力 $\sigma(N_2)$ 和应变 $\varepsilon(N_2)$ 可由沿三条特征线 N_1N_2, M_1N_2 和 M_2N_2 上的特征相容条件来解,写成的有限差分形式为

$$\left.\begin{aligned} &v(N_2) - v(N_1) = \frac{1}{\rho_0 C_v}[\sigma(N_2) - \sigma(N_1)] - \frac{E_a\varepsilon(N_1) - \sigma(N_1)}{\rho_0 C_v \theta_M}[t(N_2) - t(N_1)] \\ &v(N_2) - v(M_2) = -\frac{1}{\rho_0 C_v}[\sigma(N_2) - \sigma(M_2)] + \frac{E_a\varepsilon(M_2) - \sigma(M_2)}{\rho_0 C_v \theta_M}[t(N_2) - t(M_2)] \\ &\varepsilon(N_2) - \varepsilon(M_1) = \frac{1}{E_a + E_M}[\sigma(N_2) - \sigma(M_1)] - \frac{E_a\varepsilon(M_1) - \sigma(M_1)}{(E_a + E_M)\theta_M}[t(N_2) - t(M_1)] \end{aligned}\right\} \tag{7.24}$$

以上讨论的是用特征线数值法由给定的初始条件和边界条件求解黏弹性波的传播,即解正问题。用类似的方法也可以解第一类反问题,即由已知的波传播结果和给定的初始条件求未知的边界条件。例如,设已知图 7.35 中点 M_2 和 N_3 处的应力、应变和质点速度,并设点 M_1 处的应力、应变和质点速度已由初始条件给定,则 N_2 处的应力、应变和质点速度可由分别沿特征线 N_3N_2, M_2N_2 和 M_1N_2 的如下三个特征相容条件解得:

$$\left.\begin{aligned} &v(N_2) - v(N_3) = \frac{1}{\rho_0 C_v}[\sigma(N_2) - \sigma(N_3)] - \frac{E_a\varepsilon(N_3) - \sigma(N_3)}{\rho_0 C_v \theta_M}[t(N_3) - t(N_2)] \\ &v(N_2) - v(M_2) = -\frac{1}{\rho_0 C_v}[\sigma(N_2) - \sigma(M_2)] + \frac{E_a\varepsilon(M_2) - \sigma(M_2)}{\rho_0 C_v \theta_M}[t(N_2) - t(M_2)] \\ &\varepsilon(N_2) - \varepsilon(M_1) = \frac{1}{E_a + E_M}[\sigma(N_2) - \sigma(M_1)] - \frac{E_a\varepsilon(M_1) - \sigma(M_1)}{(E_a + E_M)\theta_M}[t(N_2) - t(M_1)] \end{aligned}\right\} \tag{7.25}$$

具体应用于高聚物压杆的 SHPB 实验时，设试样能够满足“应力沿试样长度均匀分布”的基本假定，即有 $\sigma(x_2,,t)=\sigma(x_1,t)$，这样由实测的三个应变波信号中任取两个就够了，通常取入射波和透射波较为方便。整个问题可归结为以下四个步骤：

① 由应变计 G_1 处测得的入射应变波信号 $\varepsilon_I(x_{G_1},t)$ 来确定试样的入射界面 x_1 处的未知入射应力 $\sigma_I(x_1,t)$ 和质点速度 $v_I(x_1,t)$。

这一步骤归结为由已知的初始条件和给定的应变边界条件来求黏弹性波的传播，即解正问题。这时，如图 7.36(a)所示，边界点 $(x_i,\ t_j)$ 处的未知应力和质点速度可由式(7.23)确定，或以显式表示有

$$
\begin{aligned}
\sigma(x_i,t_j) &= \sigma(x_i,t_{j-2}) + (E_a + E_M)[\varepsilon(x_i,t_j) - \varepsilon(x_i,t_{j-2})] \\
&\quad + [E_a\varepsilon(x_i,t_{j-2}) - \sigma(x_i,t_{j-2})]\frac{2\Delta t}{\theta_M} \\
v(x_i,t_j) &= v(x_{i+1},t_{j-1}) + \frac{[\sigma(x_{i+1},t_{j-1}) - \sigma(x_i,t_j)]}{\rho_0 C_v} \\
&\quad + \frac{[E_a\varepsilon(x_{i+1},t_{j-1}) - \sigma(x_{i+1},t_{j-1})]\Delta t}{\rho_0 C_v\theta_M}
\end{aligned} \tag{7.26}
$$

此处 $\Delta t = t_j - t_{j-1}$ 是数值计算中的时间步长。另一方面，如图 7.36(b)所示，内点 $(x_i,\ t_j)$ 处的未知应力和质点速度可由式(7.24)确定，或以显式表示有

$$
\left.
\begin{aligned}
\sigma(x_i,t_j) &= \frac{1}{2}\Big\{\sigma(x_{i+1},t_{j-1}) + \sigma(x_{i-1},t_{j-1}) + \rho_0 C_v[v(x_{i-1},t_{j-1}) - v(x_{i-1},t_{j-1})] \\
&\quad + [E_a\varepsilon(x_{i+1},t_{j-1}) - \sigma(x_{i+1},t_{j-1}) + E_a\varepsilon(x_{i-1},t_{j-1}) - \sigma(x_{i-1},t_{j-1})]\frac{\Delta t}{\theta_M}\Big\} \\
v(x_i,t_j) &= \frac{1}{2}\Big\{\frac{\sigma(x_{i+1},t_{j-1}) - \sigma(x_{i-1},t_{j-1})}{\rho_0 C_v} + v(x_{i+1},t_{j-1}) + v(x_{i-1},t_{j-1}) \\
&\quad + \frac{[E_a\varepsilon(x_{i+1},t_{j-1}) - \sigma(x_{i+1},t_{j-1})] - [E_a\varepsilon(x_{i-1},t_{j-1}) - \sigma(x_{i-1},t_{j-1})]}{\rho_0 C_v}\cdot\frac{\Delta t}{\theta_M}\Big\} \\
\varepsilon(x_i,t_j) &= \varepsilon(x_i,t_{j-2}) + \frac{\sigma(x_i,t_j) - \sigma(x_i,t_{j-2})}{E_a + E_M} - \frac{E_a\varepsilon(x_i,t_{j-2}) - \sigma(x_i,t_{j-2})}{E_a + E_M}\cdot\frac{2\Delta t}{\theta_M}
\end{aligned}
\right\}
\tag{7.27}
$$

② 由应变计 G_2 处测得的透射应变波信号 $\varepsilon_T(x_{G_2},t)$ 来确定该处的未知透射应力 $\sigma_T(x_{G_2},t)$ 和质点速度 $v_T(x_{G_2},t)$。

这一步骤也可归结为解一个类似于图 7.36(b)所示的给定边界条件下的正问题，因而式(7.26)和式(7.27)仍然适用。

注意，这一步骤实际上是为下一步骤做准备所需的。

③ 由应变计 G_2 处已知的透射波信号 $\varepsilon_T(x_{G_1},t)$，$\sigma_T(x_{G_1},t)$ 和 $v_T(x_{G_1},t)$ 来确定试样的透射界面 x_2 处的未知透射应力 $\sigma_T(x_2,t)$、应变 $\varepsilon_T(x_2,t)$ 和质点速度 $v_T(x_2,t)$。

这一步骤可归结为由给定的初始条件和给定点处已知的黏弹性波传播结果来求未知的边界条件，即解反问题。这时，可由式(7.25)来确定图 7.36(c)所示的内点 $(x_i,\ t_j)$ 处的应力、应变和质点速度，或以显式表示有

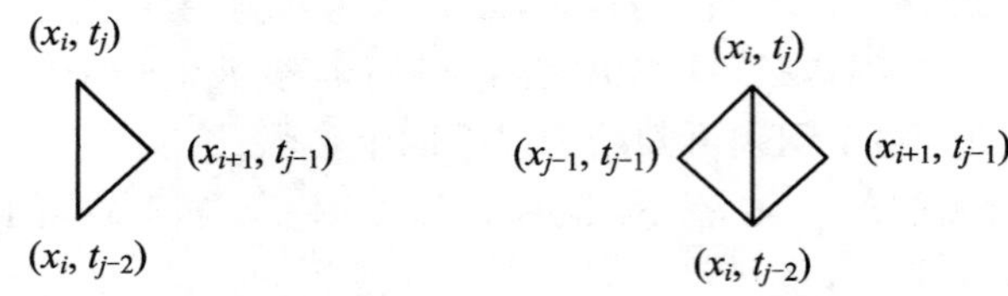

(a) 右行波的边界点　　(b) 正问题中的内点

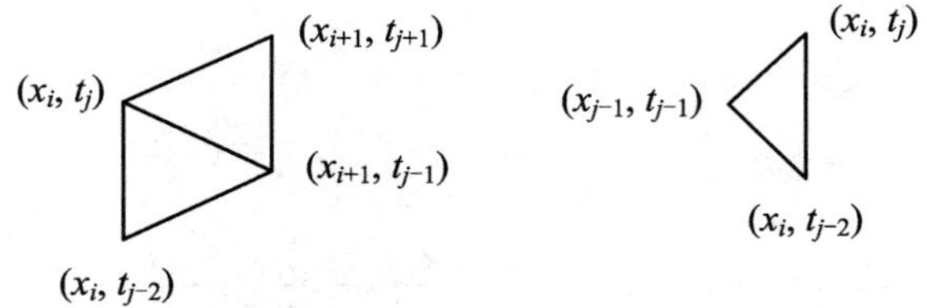

(c) 反问题中的内点　　(d) 左行波的边界点

图 7.36　在高聚物杆的 SHPB 中不同情况的特征线解

$$\left.\begin{aligned}
\sigma(x_i,t_j) &= \frac{1}{2}\Big\{\sigma(x_{i+1},t_{j-1})+\sigma(x_{i+1},t_{j+1})+\rho_0 C_v[v(x_{i+1},t_{j-1})-v(x_{i+1},t_{j+1})] \\
&\quad +[E_a\varepsilon(x_{i+1},t_{j-1})-\sigma(x_{i+1},t_{j-1})+E_a\varepsilon(x_{i+1},t_{j+1})+\sigma(x_{i+1},t_{j+1})]\frac{\Delta t}{\theta_M}\Big\} \\
v(x_i,t_j) &= \frac{1}{2}\Big\{\frac{\sigma(x_{i+1},t_{j-1})-\sigma(x_{i+1},t_{j+1})}{\rho_0 C_v}+v(x_{i+1},t_{j-1})+v(x_{i+1},t_{j+1}) \\
&\quad +\frac{[E_a\varepsilon(x_{i+1},t_{j-1})-\sigma(x_{i+1},t_{j-1})]+[E_a\varepsilon(x_{i+1},t_{j+1})-\sigma(x_{i+1},t_{j+1})]}{\rho_0 C_v}\cdot\frac{\Delta t}{\theta_M}\Big\} \\
\varepsilon(x_i,t_j) &= \varepsilon(x_i,t_{j-2})+\frac{\sigma(x_i,t_j)-\sigma(x_i,t_{j-2})}{E_a+E_M}-\frac{E_a\varepsilon(x_i,t_{j-2})-\sigma(x_i,t_{j-2})}{E_a+E_M}\cdot\frac{2\Delta t}{\theta_M}
\end{aligned}\right\} \tag{7.28}$$

现在,试样入射界面处的 $\sigma_I(x_1,t)$,$\varepsilon_I(x_1,t)$,$v_I(x_1,t)$和透射界面处的 $\sigma_T(x_2,t)$,$\varepsilon_T(x_2,t)$,$v_T(x_2,t)$已全部确定。而由应力均匀性假定($\sigma_I+\sigma_R=\sigma_T$),反射应力 $\sigma_R(x_1,t)$也就立即可以确定:

$$\sigma_R(x_1,t)=\sigma_T(x_2,t)-\sigma_I(x_1,t) \tag{7.29}$$

反射波在入射界面 x_1处的质点速度和应变则由下一步骤确定。

④ 由已知的反应力射波 $\sigma_R(x_1,t)$来确定试样入射界面 x_1处的反射质点速度 $v_R(x_1,t)$和反射应变 $\varepsilon_R(x_1,t)$。

这一步骤可归结为在给定应力边界条件下对负向传播的黏弹性波解正问题。这时,可由式(7.23)来确定图 7.36(d)所示的边界点(x_i, t_j)处的应变和质点速度,但需注意由于波的传播方向反了,方程中的符号也需作相应的变化,或以显式表示则有

$$\left.\begin{aligned}
\varepsilon(x_i,t_j) &= \varepsilon(x_i,t_{j-2})+\frac{\sigma(x_i,t_j)-\sigma(x_i,t_{j-2})}{E_a+E_M}-\frac{E_a\varepsilon(x_i,t_{j-2})-\sigma(x_i,t_{j-2})}{E_a+E_M}\cdot\frac{2\Delta t}{\theta_M} \\
v(x_i,t_j) &= v(x_{i-1},t_{j-1})+\frac{[\sigma(x_{i-1},t_{j-1})-\sigma(x_i,t_j)]}{\rho_0 C_v} \\
&\quad +\frac{[E_a\varepsilon(x_{i-1},t_{j-1})-\sigma(x_{i-1},t_{j-1})]\Delta t}{\rho_0 C_v\theta_M}
\end{aligned}\right\} \tag{7.30}$$

然而对于图 7.36(b)所示的内点，仍然可用式(7.24)求解，因为该式是同时从沿右行特征线和沿左行特征线的相容条件导出的，所以与波的传播方向无关。

这样，我们求得了试样两界面处的全部的入射、反射和透射应力和质点速度。按式(7.1)就可确定试样的动态应力、应变率和应变，再进而确定试样在该高应变率下的动态应力/应变关系。对于那些不太熟悉应力波特征线解法的研究者们，上述修正过程似乎相当复杂，但其实对于给定的设备，在实践中编制一个专用软件，就可以方便地应用了。

董新龙和余同希等把这一方法应用于微型高聚物 Hopkinson 拉杆实验装置，对硝化纤维薄片(长×宽×高为 4.62 mm×1.82 mm×0.38 mm)的动态拉伸特性进行研究[7.52]。典型结果如图 7.37 所示。其中，图 7.37(a)给出了入射杆依次 3 个不同位置上测得的入射波波形以及在透射杆上测得的相应的透射波波形。可以看到高聚物杆中黏弹性波具有明显的弥散和衰减特性，不能再按弹性波来分析处理。图 7.37(b)给出了按黏弹性波修正后的动态应力/应变曲线与未经修正曲线的对比，两者有显著差别，说明采用黏弹性压杆时必须进行相关修正。图中还给出了准静态应力/应变曲线以供对比，表明硝化纤维对应变率高度敏感。

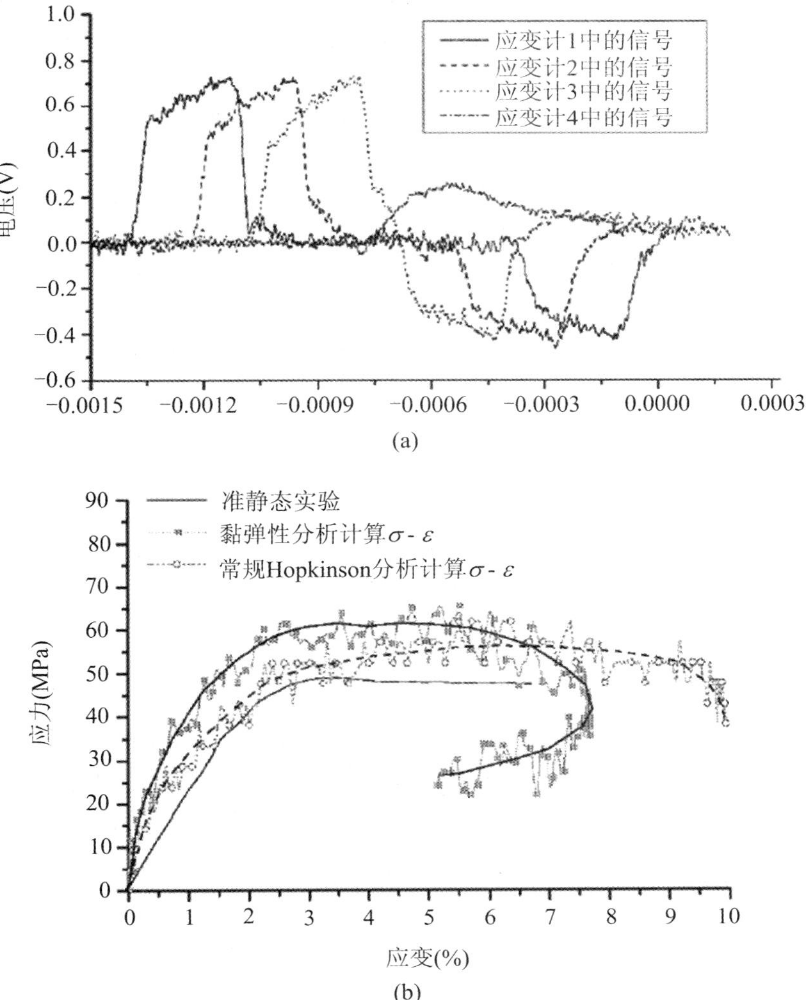

图 7.37　硝化纤维薄片的微型高聚物 Hopkinson 拉杆实验结果

以上的分析适用于横向惯性可忽略的黏弹性细杆，因而只需对于黏弹性波的本构黏性弥散效应加以修正。对于大直径的黏弹性杆 SHPB 实验，则还需同时考虑几何弥散效应的修正，这相当于把此处的本构黏性弥散效应修正与 7.1.3 节关于“杆中一维应力波”假定的讨论中的几何弥散反分析修正相结合。这方面的研究可参考 Zhao 和 Gary 等[7.49]的工作以及刘孝敏、胡时胜、陈智等(2002)[7.53]的工作。

应该指出，软材料除了低波阻抗外，还往往兼有低波速的特性，这会直接影响“均匀化”过程，这方面的问题将在 7.2“波传播反演分析（WPIA）实验技术”中进一步讨论。

7.2 波传播反演分析实验技术

从根本原理上来说，研究连续介质中应力波传播的控制方程组由三个守恒方程（质量守恒、动量守恒和能量守恒方程）和材料本构方程所组成，其中三个守恒方程反映了各力学分支学科的普遍共性，材料本构关系则反映了各基本分支学科不同的特性。因此，应力波在不同介质/材料中的不同传播特性内禀地依赖并反映了这些不同的材料本构关系。正因为应力波是带着这些材料本构特性传播的，反过来我们有可能从一系列应力波传播信息来反推材料本构关系，称之为**波传播反演分析**（**wave propagation inverse analysis**，简称 WPIA）。在数学力学上把已知材料本构关系条件下由应力波传播信息来反演初边条件称为解“第一类反问题”，而把已知初边条件下由应力波传播信息来反演材料本构关系称为解“第二类反问题”。

从这个意义上说，第 1 篇第 4 章“固体高压状态方程的动力学实验研究”所讨论的内容正是属于解这类“第二类反问题”的，即由冲击波信息来反演材料高压状态方程，只不过主要限于一维应变状态（平板撞击实验）。下面我们将主要讨论对一维应力状态下的杆中波传播反演的分析。

7.2.1 Taylor 杆

早于采用 SHPB 实验技术，Taylor[7.2]等发展了通过对圆杆正撞刚性靶后的残余变形测量按照式(7.31)来反推韧性金属材料动态屈服强度 σ_{yd} 的简易方法：

$$\sigma_{yd} = \frac{\rho V^2 (L - x)}{2(L - L_1)\ln \dfrac{L}{x}} \tag{7.31}$$

式中，L，L_1 和 x 分别是空间坐标描述的圆杆原始长度、冲击变形后的终态长度和未变形段长度（参看图 7.38）。其后，研究者们还对残余变形分布来反演材料本构关系进行了探索。

按照弹塑性波传播理论[7.11]，上述 Taylor 杆撞击问题可归结为有限长杆对刚性靶的一维撞击。撞击一开始，从撞击界面首先有弹性前驱波以弹性波速 $C_0 = \left(\dfrac{E}{\rho_0}\right)^{1/2}$ 朝向杆的自由端传播，其后方尾随着一系列以较慢塑性波速 $C_p\left[= \left(\dfrac{1}{\rho_0}\cdot\dfrac{d\sigma}{d\varepsilon}\right)^{1/2} < C_0 \right]$ 传播的塑性波。当弹性前驱波到达自由端时将反向传播卸载波，与正向传播的塑性波相互作用，因而这是一个由自由端形成的反射弹性卸载波不断反复地对撞击端形成的塑性加载波进行迎面卸载的复杂问题。不

难证明，入射弹塑性波中的塑性波部分实际上永远到不了自由端。换句话说，杆中一定存在一个塑性区和弹性区的界面，此即撞击结束后的残余变形区与未变形区的界面，这是 Taylor 杆撞击问题的理论机理（例如，更详细的内容可参看《应力波基础》第 4 章的 4.9 节）。

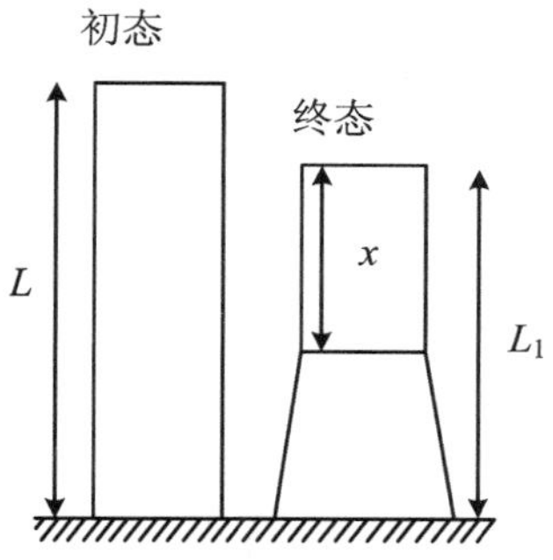

图 7.38　Taylor 冲击实验中杆的初态和终态示意图

显然，在一维弹塑性波传播问题中，直接反映材料本构关系的应是实时轴向塑性应变分布。如果通过撞击后径向应变分布间接来反演材料本构关系，则还涉及预先未知的动态泊松比和材料卸载本构关系。即便只是想由杆中塑性区和弹性区的界面由式(7.31)来反演材料的动态屈服应力，实际上也很难确定撞击结束后的残余变形区与未变形区的界面，特别在高速撞击下杆的撞击端形成高度集中的非均匀大变形区（蘑菇头）的情况下更是如此。因此，即使其后的研究者们对 Taylor 杆撞击实验技术做过不少改进，但随着 SHPB 技术和下述 Lagrange 反分析技术的兴起，人们已不大采用 Taylor 杆撞击实验来直接反演材料本构关系。

然而，近年来 Taylor 杆撞击实验又重新引起人们的广泛兴趣，这是因为通过一次 Taylor 杆撞击实验，杆中所形成的非均匀塑性分布区提供了跨量级应变率下的大范围应变的本构响应信息，将它用于不同材料本构模型的验证是十分方便、灵敏和有效的[7.54]。

7.2.2　经典 Lagrange 反分析

Lagrange 反分析方法（以下简称拉氏方法）是由 Fowles(1970)[7.55]、Cowperthwaite[7.56]和 Williams(1971)[7.56]以及 Seaman(1974)[7.57]等人在 20 世纪 70 年代初首先提出和发展起来的。

其基本思想是：在试件的不同 Lagrange 位置设置传感器，记录在试件中传播的一系列某力学量之波剖面（如应力、应变或质点速度等随时间变化之变化），仅仅通过守恒方程进行分析得到其他未知力学量，从而得到材料的动态应力/应变曲线，以便进一步确定材料的率相关本构关系。在诸多反分析方法中，该方法不需事先作任何的本构关系假定是其最大的优点。

对于一维应力（或一维应变）波，以如下的动量守恒方程[式(7.32)]建立了应力 σ 的偏导数和质点速度 v 的偏导数之间的关系，而以质量守恒方程或即连续性方程[式(7.33)]则建立了应变 ε 的偏导数和质点速度 v 的偏导数之间的关系：

$$\rho_0 \frac{\partial v}{\partial t} = \frac{\partial \sigma}{\partial x} \tag{7.32}$$

$$\frac{\partial v}{\partial x} = \frac{\partial \varepsilon}{\partial t} \tag{7.33}$$

由此可见，我们想要求取的动态应力 $\sigma(x,\ t)$ 和应变 $\varepsilon(x,\ t)$ 之间的关系是通过 $v(x,\ t)$

来建立的。但是,由于守恒方程所联系的不是应力、质点速度和应变等诸力学量本身,而是它们的一阶偏导数,这样,在反演时就要进行积分运算并会有一个如何确定积分常数的问题。

因此,根据实测的一系列波剖面是应力波形、质点速度波形还是应变波形不同,问题的求解的难易程度会有不同。

当采用 n 个应力(压力)计在不同的 Lagrange 坐标 $x_i(i=1,2,\cdots,n)$处测知一系列应力波剖面 $\sigma(x_i,t)$时,问题是容易解决的。事实上,其一阶偏导数$\partial\sigma/\partial t$ 和$\partial\sigma/\partial x$ 可用数值微分计算确定,再由动量守恒方程[式(7.32)]即可求得$\partial v/\partial t$。既然在通常的实验条件下有初始条件:$t=0$ 时 $v=0$,不难对$\partial v/\partial t$ 通过对时间的积分来求得 $v(x_i,t)$。接着,其一阶偏导数$\partial v/\partial x$ 可用数值微分计算确定,再由质量守恒方程[式(7.33)]即可求得$\partial\varepsilon/\partial t$。既然在通常的实验条件下有初始条件:$t=0$ 时 $\varepsilon=0$,不难对$\partial\varepsilon/\partial t$ 通过对时间的积分来求得$\varepsilon(x_i,t)$。于是最终可建立 $\sigma(x_i,t)$和 $\varepsilon(x_i,t)$的关系。

但是,如果采用 n 个质点速度计在不同 Lagrange 坐标 $x_i(i=1,2,\cdots,n)$处测知质点速度波形 $v(x_i,t)$,问题就没有这么简单了。这时,其一阶偏导数$\partial v/\partial t$ 和$\partial v/\partial x$ 当然仍旧可用数值微分计算确定,并且由质量守恒方程[式(7.33)]可求得$\partial\varepsilon/\partial t$,进而通过对时间的积分和零初始条件来求得 $\varepsilon(x_i,t)$。但是,由动量守恒方程[式(7.32)]所求得的是应力对 Lagrange 坐标 x 的一阶偏导数$\partial\sigma/\partial x$,当由对 x 的积分求$\sigma(x_i,t)$时,必须有应力边界条件[例如 x_j处的$\sigma(x_j,t)$]才能确定积分常数。这意味着在某个 Lagrange 坐标 x_j处要同时测知$v(x_j,t)$和$\sigma(x_j,t)$。这正是问题的难点所在。

类似地,如果采用 n 个应变计在不同 Lagrange 坐标 $x_i(i=1,2,\cdots,n)$处测知一系列应变波形 $\varepsilon(x_i,t)$,问题就更复杂了。因为不论是由质量守恒方程[式(7.33)]求得$\partial v/\partial x$,进而通过积分来求 $v(x_i,t)$,还是由动量守恒方程[式(7.32)]求得$\partial\sigma/\partial x$,进而通过对 x 的积分求$\sigma(x_i,t)$,都必须先后有相应的应变边界条件和应力边界条件[例如 x_j处的$\varepsilon(x_j,t)$和 x_j处的$\sigma(x_j,t)$],才能确定相应的积分常数。问题出现了双重困难。

诚如 Cowperthwaite 和 Williams 所指出[7.56]:无法在一次实验中,至少在一个 Lagrange 位置上,能同时测量到应力和质点速度波形乃是问题的症结所在。

过去,即使尚未发明质点速度-应力复合计,人们也曾经尝试了各种 $v(x_i,t)$实测数据的近似处理方法,如用曲线或曲面拟合法等把待求拟合函数展开为 Taylor 级数,再由实测数据确定待定参数。这时常常对 Taylor 级数的阶数等作了某种假定,实质上也就对应力边界条件作了某种隐含的假定。显然,这类假定会引入难以避免的误差,因为这些尝试只不过是回避问题但并未解决所需实测边界条件的实质问题。

7.2.3 改进的 Lagrange 反分析

就动态测试技术而言,对一系列质点的速度波形 $v(x_i,t)$或一系列应变波形 $\varepsilon(x_i,t)$的测量比对一系列应力波剖面 $\sigma(x_i,t)$的测量更为方便。那么当要采用 n 个质点速度计或 n 个应变计在不同 Lagrange 坐标 $x_i(i=1,2,\cdots,n)$处测知 $v(x_i,t)$或 $\varepsilon(x_i,t)$时,如何来解决上述关于对 x 积分时所必需的边界条件$\sigma(x_j,t)$的测定问题呢?对此,近年来发展了两种改进的 Lagrange 反分析方法[7.58]。

其一,是把 Hokinson 杆与 Lagrange 反分析相结合,由 Hokinson 杆技术提供一个在杆—试件界面 x_0处能同时测定 $v(x_0,t)$和 $\sigma(x_0,t)$的复合计。

其二,是把守恒方程中所包含的应力对空间坐标 x 的偏导数 $\partial\sigma/\partial x$ 设法转化为应力对时间坐标 t 的偏导数 $\partial\sigma/\partial t$;把积分时所需的应力边界条件转化为应力初始条件,而通常实验条件已知应力具有零初始条件,即 $t=0$ 时 $\sigma=0$,从而使问题迎刃而解。

下面分别对这两种改进的 Lagrange 反分析方法进行讨论。

1. 拉氏方法与 Hopkinson 压杆实验技术的结合

拉氏方法与 Hopkinson 压杆实验技术相结合的示意图如图 7.39 所示,以 $x=x_0$ 表示 Hopkinson 压杆与试件的界面。由于该处的应力 $\sigma(x_0, t)$ 和质点速度 $v(x_0, t)$ 可按式(7.34)和式(7.35)由弹性压杆上应变片处($x=x_G$)所测得的入射应变波 ε_I 与反射应变波 ε_R 来确定[参照式(7.2)],于是这就解决了在同一个 Lagrange 位置上同时测得应力和质点速度波形的问题:

$$\sigma(x_0,t)=E[\varepsilon_i(x_G,t)+\varepsilon_r(x_G,t)] \tag{7.34}$$

$$v(x_0,t)=C_0[\varepsilon_i(x_G,t)-\varepsilon_r(x_G,t)] \tag{7.35}$$

换句话说,现在 Hopkinson 压杆扮演了双重角色:既对试件传递冲击载荷,又在压杆-试件的界面处提供了一个"质点速度-应力复合计"(以下把此复合计简称为 1sv)。

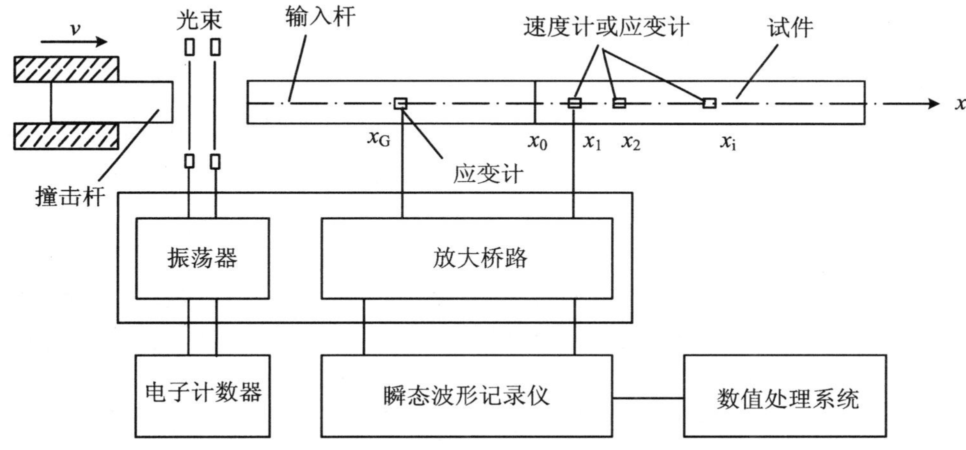

图 7.39　拉氏方法与 Hopkinson 压杆实验技术相结合的示意图

(1) 1sv + nv 反分析法

基于此,如果采用 n 个质点速度计在不同 Lagrange 坐标 $x_i(i=1,2,\cdots,n)$ 处测得了质点速度波形 $v(x_i, t)$,再加上压杆-试件界面处提供的"质点速度-应力复合计"(1sv),就可以克服上面所述缺乏应力边界条件的问题。以下把这一方法简称为 1sv + nv 法[7.59]。

在具体进行微积分操作时,结合 Grady(1973)[7.60]提出的**路径线(path-line)**法则更为方便。如图 7.40 所示,任一力学量 f 在一系列物质点 x_i 处测得的量计线,即波剖面 $\phi(x_i, t)$,表现为 ϕ, x, t 三维空间中的一组曲线。它们可以按加载、卸载和曲线上的特征拐点等分区,在每一个区域中,每条量计线按等时间间隔选取节点,将各量计线上的对应节点用一条光滑曲线联系起来就是路径线。设每条量计线上有 N 个节点,则能连接 N 条路径线(图中的虚线),依靠这些路径线就可以把整个力学场信息联系起来。下面以基于路径线法的拉氏方法与 Hopkinson 压杆实验技术相结合为例,对这一方法予以具体分析。

首先,由 Hopkinson 压杆实验技术,可按式(7.34)和式(7.35)测得 $x=x_0$ 处的应力波形

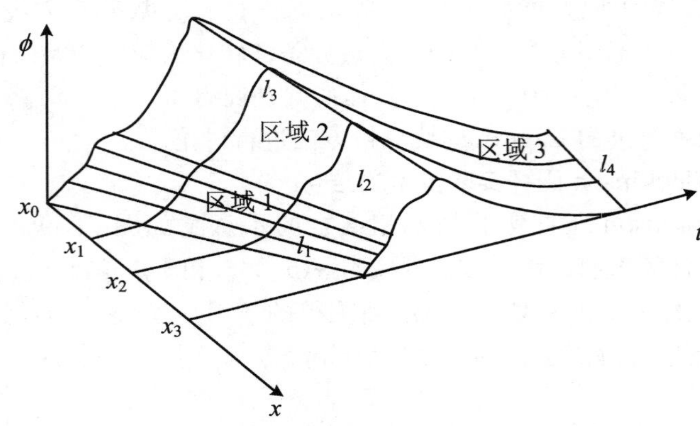

图 7.40　路径法示意图

$\sigma(x_0, t)$和质点速度波形 $v(x_0, t)$,并进而可求得其对时间的一阶偏导数$\left(\frac{\partial\sigma}{\partial t}\right)_{x_0}$和$\left(\frac{\partial v}{\partial t}\right)_{x_0}$。后者再由动量守恒方程[式(7.32)]可求得$\left(\frac{\partial\sigma}{\partial x}\right)_{x_0}$。利用沿路径的全微分有如下关系式:

$$\left.\frac{\mathrm{d}\sigma}{\mathrm{d}x}\right|_p = \left.\frac{\partial\sigma}{\partial x}\right|_t + \left.\frac{\partial\sigma}{\partial t}\right|_x \left.\frac{\mathrm{d}t}{\mathrm{d}x}\right|_p = \left.\frac{\partial\sigma}{\partial x}\right|_t + \left.\frac{\partial\sigma}{\partial t}\right|_x \left.\frac{1}{x'}\right|_p \tag{7.36a}$$

式中,下标 p 指沿路径的全微分,而 $x' = \left.\frac{\mathrm{d}x}{\mathrm{d}t}\right|_p$ 指路径线的斜率。根据上式,沿着路径线可由如下的差分近似来求 x_0点的相邻点 x_1处的应力时程曲线 $\sigma(x_1, t)$:

$$\sigma_{i,j} = \sigma_{i-1,j} + \left[-\rho_0 \cdot \frac{\partial v_{i-1,j}}{\partial t} + \frac{1}{2} \cdot \frac{\partial \sigma_{i-1,j}}{\partial t}\left(\frac{\mathrm{d}t_{i-1,j}}{\mathrm{d}x} + \frac{\mathrm{d}t_{i,j}}{\mathrm{d}x}\right)\right](x_i - x_{i-1}) \tag{7.36b}$$

此处路径线的斜率采用前后两点的平均值。以此类推,一旦求得 x_{i-1}位置上的应力 $\sigma(x_{i-1}, t)$和质点速度 $v(x_{i-1}, t)$,就可求得下一个位置 x_i处的应力$\sigma(x_i, t)$。该式不仅可用于加载段也可以用于卸载段。

另一方面,由 n 个 Lagrange 位置处($x = x_i$)的质点速度计已测知质点速度场 $v(x_i, t)$,并进而可求得其对时间的一阶偏导数$\left(\frac{\partial v}{\partial t}\right)_{x_i}$和沿路径的全微分$\left(\frac{\mathrm{d}v}{\mathrm{d}x}\right)_p$。而按全微分的定义就可确定$\left(\frac{\partial v}{\partial x}\right)_t$,再由连续性方程[式(7.33)]可求得应变对时间的偏导数$\left(\frac{\partial\varepsilon}{\partial t}\right)_{x_i}$。利用零初始条件($t = 0$ 时 $\varepsilon = 0$),不难对$(\partial\varepsilon/\partial t)_{x_i}$通过对时间的积分来求得应变场$\varepsilon(x_i, t)$。

通过这两步分别求得了试样中的应力场 $\sigma(x_i, t)$和应变场 $\varepsilon(x_i, t)$,再消去时间参量 t 后,就可得到一族动态应力-应变曲线。

(2) 1sv + $n\varepsilon$ 反分析法

类似地,若已知边界 x_0处的应力和质点速度,又测得试样上的一组 Lagrange 位置 x_i($i = 1,2,\cdots,n$)处的应变时程信号 $\varepsilon(x_i, t)$,也可以反推试样上各位置处的应力场和质点速度场。

如上所述,根据边界条件,沿着 x_0处的量计线可求出偏导数$\frac{\partial\sigma(x_0, t)}{\partial t}$和$\frac{\partial v(x_0, t)}{\partial t}$,又根据动量守恒方程可得$\frac{\partial\sigma(x_0, t)}{\partial x}$。再由式(7.36a)基于路径线就可以得出下个 Lagrange 位置处的应力 $\sigma(x_1, t)$。以此类推,一旦求得 x_{i-1}位置上的应力 $\sigma(x_{i-1}, t)$和质点速度 $v(x_{i-1}, t)$,就

可得 $\sigma(x_i, t)$。问题在于如何求得 $v(x_{i-1}, t)$。

既然已测得 x_i 处的应变 $\varepsilon(x_i, t)$，直接沿着量计线求导可知 $\dfrac{\partial \varepsilon(x_i, t)}{\partial t}$；另一方面，沿着路径线求导，可求出 $\left.\dfrac{\mathrm{d}\varepsilon}{\mathrm{d}x}\right|_{x_i}$ 或 $\left.\dfrac{\mathrm{d}\varepsilon}{\mathrm{d}t}\right|_{x_i}$，再由沿路径线全微分可求得如下的 x_i 处的应变 ε 对 x 的偏导数：

$$\left.\frac{\partial \varepsilon}{\partial x}\right|_{x_i} = \frac{\left.\dfrac{\mathrm{d}\varepsilon}{\mathrm{d}t}\right|_{x_i} - \left.\dfrac{\partial \varepsilon}{\partial t}\right|_{x_i}}{\left.\dfrac{\mathrm{d}x}{\mathrm{d}t}\right|_{x_i}} \tag{7.37}$$

与式(7.36b)类似，由 x_1 处的应变 $\varepsilon(x_1, t)$，$\dfrac{\partial \varepsilon(x_1, t)}{\partial t}$ 及 $\dfrac{\partial \varepsilon(x_1, t)}{\partial X}$，可由以下差分公式推知边界条件 x_0 处的应变时程曲线 $\varepsilon(x_0, t)$：

$$\varepsilon(x_0, t) = \varepsilon(x_1, t) + \left[\frac{\partial \varepsilon(x_1, t)}{\partial x} + \frac{1}{2} \cdot \frac{\partial \varepsilon(x_0, t)}{\partial t}\left(\frac{\mathrm{d}t_{1,j}}{\mathrm{d}x} + \frac{\mathrm{d}t_{0,j}}{\mathrm{d}x}\right)\right](x_0 - x_1) \tag{7.38}$$

求出边界点上的应变曲线 $\varepsilon(x_0, t)$ 后，沿着 x_0 对时间 t 进行偏微分计算，得 $\dfrac{\partial \varepsilon(x_0, t)}{\partial t}$。由连续性方程可知此即 $\dfrac{\partial v(x_0, t)}{\partial x}$。到此为止，边界 x_0 处的应力、应变和质点速度力学场及其一阶偏导数已经全部求出。

与式(7.36b)类似，由 x_0 处的 $v(x_0, t)$，$\dfrac{\partial v(x_0, t)}{\partial t}$ 及 $\dfrac{\partial v(x_0, t)}{\partial x}$ 可由以下差分公式推知 x_1 处的质点速度时程曲线 $v(x_1, t)$：

$$v(x_1, t) = v(x_0, t) + \left[\frac{\partial v(x_0, t)}{\partial x} + \frac{1}{2} \cdot \frac{\partial v(x_0, t)}{\partial t}\left(\frac{\mathrm{d}t_{1,j}}{\mathrm{d}x} + \frac{\mathrm{d}t_{0,j}}{\mathrm{d}x}\right)\right](x_1 - x_0) \tag{7.39}$$

为了提高数值计算的精度，式(7.39)中的 $\mathrm{d}t/\mathrm{d}x$ 取前后两个量计线的平均值。

以此类推，可以求出 x_i 处的质点速度 $v(x_i, t)$：

$$v_{i,j} = v_{i-1,j} + \left[\frac{\partial v_{i-1,j}}{\partial x} + \frac{1}{2} \cdot \frac{\partial v_{i-1,j}}{\partial t}\left(\frac{\mathrm{d}t_{i,j}}{\mathrm{d}x} + \frac{\mathrm{d}t_{i-1,j}}{\mathrm{d}x}\right)\right](x_i - x_{i-1}) \tag{7.40}$$

这样，消去时间参数 t 后可求得 i 条应力-应变曲线而无须任何关于边界条件和本构关系的假定，并由于全部都沿着路径线求导，也不会丢失任何实验数据。

图7.41～图7.43给出了用 1sv + nv 法研究尼龙动态力学特性的一个实例，其中图7.41(a)给出了用一组钕铁硼高灵敏度质点速度计实测的质点速度波形；图7.41(b)给出了用Hopkinson压杆实测的边界点 x_0 处的应力和质点速度。由此采用 1sv + nv 法进行反分析所得到的应变时程曲线和应力时程曲线分别如图7.42(a)和7.42(b)所示。由此消去时间参数 t 后，就得到尼龙在应变率下的一组动态应力/应变曲线，如图7.43所示。

2. 基于零初始条件的拉氏方法($nv + T_0$)

当采用 n 个质点速度计在不同 Lagrange 坐标 x_i($i = 1, 2, \cdots, n$)处测知质点速度波形 $v(x_i, t)$时，虽然由动量守恒方程[式(7.32)]可求得应力对 Lagrange 坐标 x 的一阶偏导数 $\dfrac{\partial \sigma}{\partial x}$，但对 x 积分求 $\sigma(x_i, t)$时必须有应力边界条件，归结为必须有某个 $v(x_j, t)$-$\sigma(x_j,$

t)复合计,这促使了上述“拉氏方法与 Hopkinson 压杆实验技术”的结合。然而,由质点速度波形 $v(x_i, t)$ 反演应变波形 $\varepsilon(x_i, t)$ 时并无困难,因为由质量守恒方程[式(7.33)]求得 $\frac{\partial \varepsilon}{\partial t}$ 后,通过对时间 t 的积分并利用通常实验中已知的零初始条件($t = 0$ 时 $\varepsilon = 0$),即可求得 $\varepsilon(x_i, t)$。

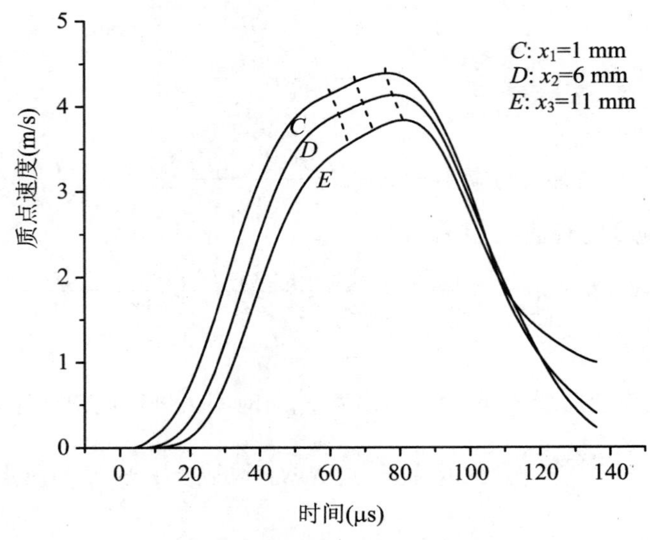

(a) 电磁法实测的质点速度波形

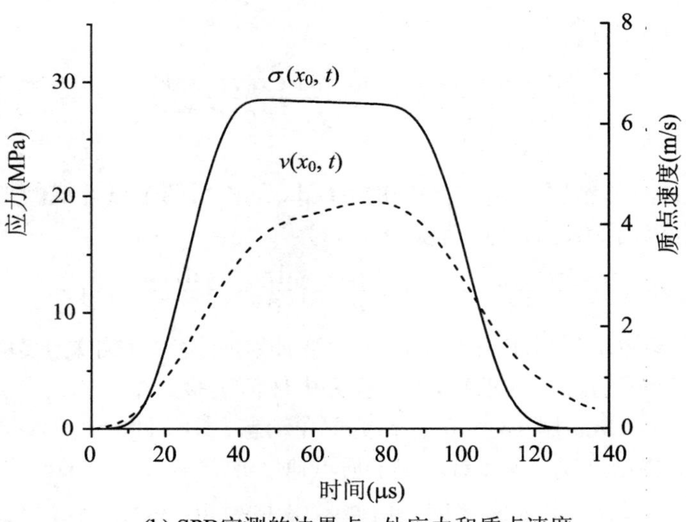

(b) SPB实测的边界点 x_0 处应力和质点速度

图 7.41

其实,对于应力 $\sigma(x_i, t)$ 同样有零初始条件,这启发了人们考虑:能不能把动量守恒方程[式(7.32)]中的 $\frac{\partial \sigma}{\partial x}$ 转换成 $\frac{\partial \sigma}{\partial t}$,如果可以,问题岂不是同样迎刃而解了吗?于是,由此发展了“基于零初始条件的拉氏方法”(以下把这一方法简称为 $nv + T_0$ 法)[7.61-7.62]。

事实上,利用应力沿路径的全微分关系式(7.36a),有

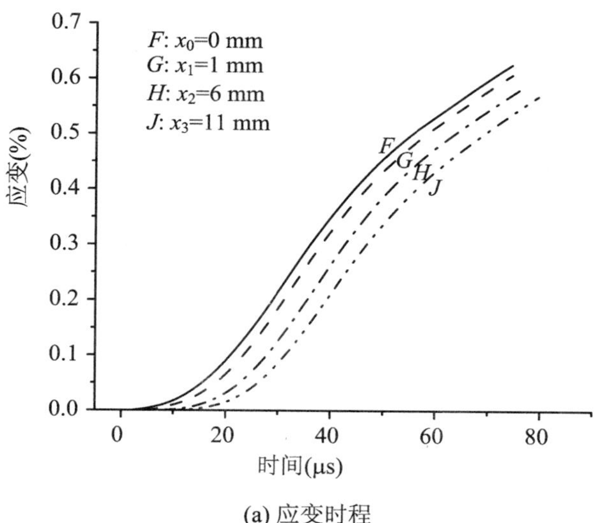

(a) 应变时程

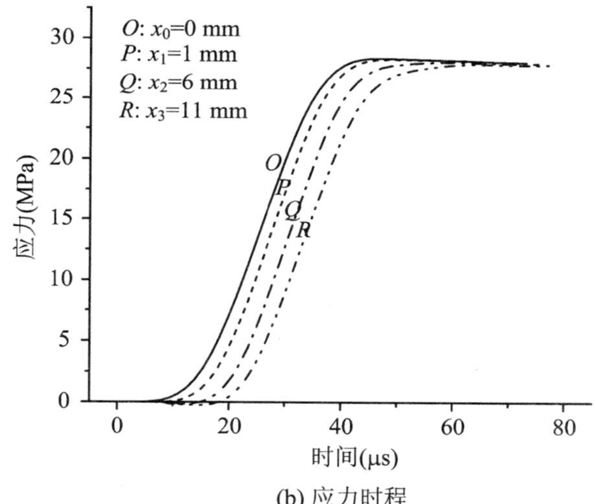

(b) 应力时程

图 7.42　由 1sv + nv 法分析得到的应力和应变时程曲线

$$\left.\frac{\partial \sigma}{\partial x}\right|_t = \left.\frac{\mathrm{d}\sigma}{\mathrm{d}x}\right|_p - \left.\frac{\partial \sigma}{\partial t}\right|_x \left.\frac{\mathrm{d}t}{\mathrm{d}x}\right|_p = \left.\frac{\mathrm{d}\sigma}{\mathrm{d}x}\right|_p - \left.\frac{\partial \sigma}{\partial t}\right|_x \left.\frac{1}{x'}\right|_p$$

于是动量守恒方程[式(7.32)]可改写为

$$\left.\frac{\partial \sigma}{\partial t}\right|_x = \left.\left(\left.\frac{\mathrm{d}\sigma}{\mathrm{d}x}\right|_p - \rho_0 \frac{\partial v}{\partial t}\right)x'\right|_p \tag{7.41}$$

利用零时刻的路径线 p_0 上满足零初始条件：$t = 0$ 时 $\sigma = \varepsilon = v = \left.\frac{\mathrm{d}\sigma}{\mathrm{d}x}\right|_p = 0$，由上式可确定路径线 p_0 上的$\frac{\partial \sigma}{\partial t}$；再由数值积分可确定下一条路径线上的应力 σ 及其沿路径的全微分$\left(\frac{\mathrm{d}\sigma}{\mathrm{d}x}\right)_p$。以此类推，路径线上的应力都可按下式一步步地确定：

$$\sigma_{i,j+1} = \sigma_{i,j} + \left.\left(\left.\frac{\mathrm{d}\sigma_{i,j}}{\mathrm{d}x}\right|_p - \rho_0 \cdot \frac{\partial v_{i,j}}{\partial t}\right)\frac{\mathrm{d}x_{i,j}}{\mathrm{d}t}\right|_p (t_{j+1} - t_j) \tag{7.42}$$

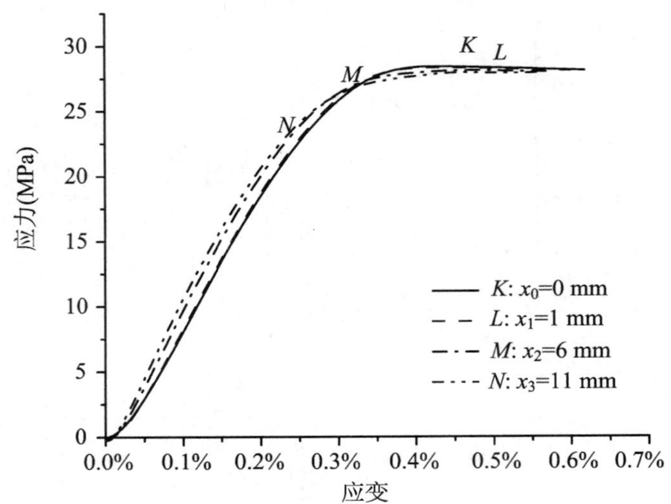

图 7.43　由 1sv + *nv* 法得到的动态应力/应变关系曲线(应变率 $10^2\ s^{-1}$)

至于应变场的反演，除了在“1sv + *nv* 反分析法”中介绍的，即沿路径线按 x_i 逐步增大一步步进行反演的方法之外，还可以类似于式(7.42)，即按式(7.43)沿路径线按 t 逐步增大一步步地进行反演。

$$\varepsilon_{i,j+1} = \varepsilon_{i,j} + \left(\frac{\mathrm{d}v_{i,j}}{\mathrm{d}x} - \frac{\partial v_{i,j}}{\partial t} \cdot \frac{\mathrm{d}t_{i,j}}{\mathrm{d}x}\right)(t_{j+i} - t_j) \tag{7.43}$$

通过这两步分别求得了试样中的应力场 $\sigma(x_i,\ t)$和应变场 $\varepsilon(x_i,\ t)$，再消去时间参量 t 后，就可得到一族动态应力-应变曲线。

图 7.44～图 7.46 给出了用 $nv + T_0$ 法研究泡沫铝动态力学特性的一个实例。其中，图 7.44 给出了实验配置的示意图，泡沫铝长试件由气枪发射正撞在 Hopkinson 压杆上。试件上不同 Lagrange 位置的质点速度波形由高速照相机(FASTCAM-APX RS 250K)结合数字图像相关(digital image correlation，简称 DIC)技术来测定，如图 7.45(a)所示。由实测的质点速度波形用 $nv + T_0$ 反分析方法得到的动态应变场 $\varepsilon(x_i,\ t)$和动态应力场 $\sigma(x_i,\ t)$分别如图 7.45(b)和图 7.45(c)所示。消去时间参数 t 后得到的动态应力/应变曲线(应变率 $10^3\ s^{-1}$)如图 7.45(d)所示，图中同时给出了准静态应力/应变曲线(应变率 $10^{-3}\ s^{-1}$)作为对比，以考察试件材料对应变率的敏感性。

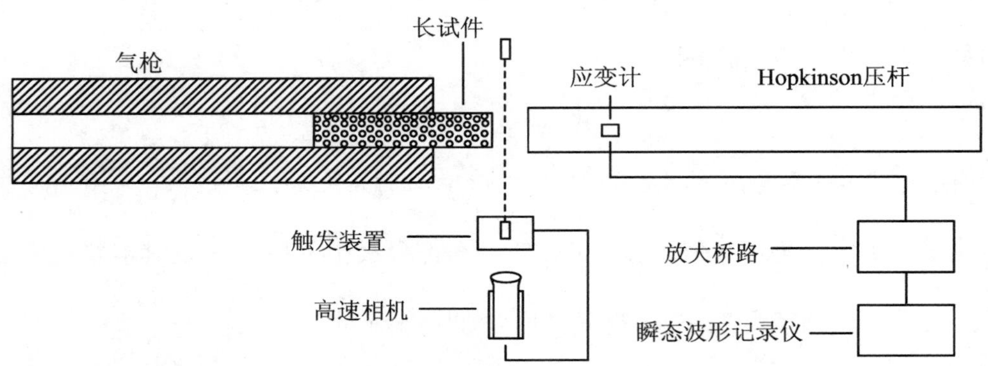

图 7.44　基于零初始条件的拉氏方法($nv + T_0$)实验配置示意图

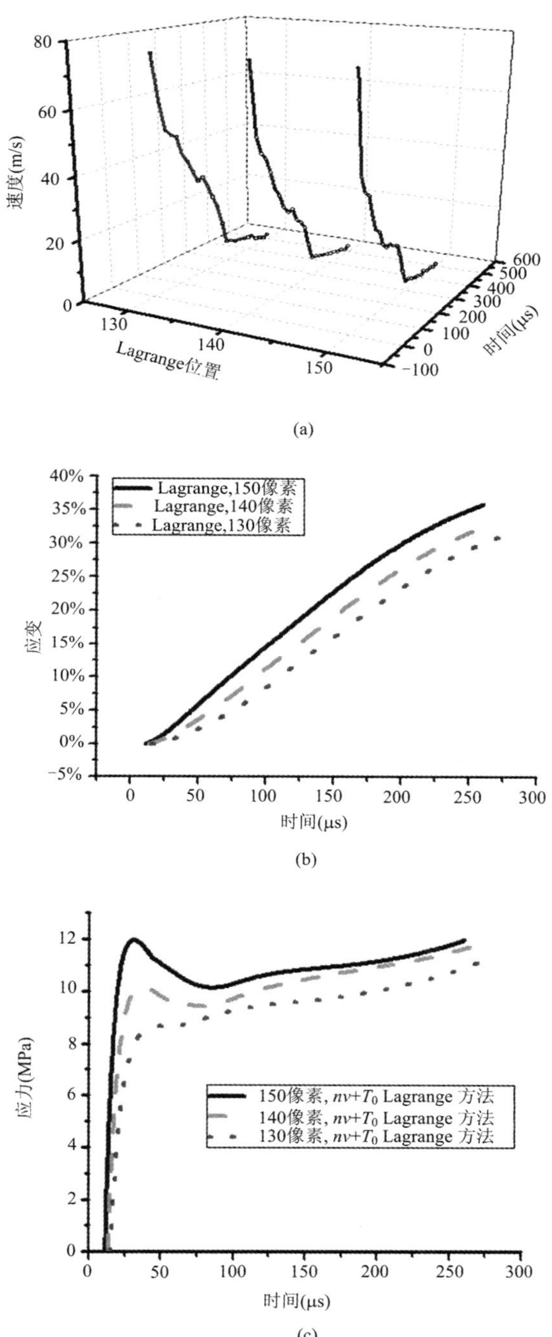

图 7.45　用 $nv+T_0$ 法研究泡沫铝动态力学特性,图(d)的静态曲线的应变率需更正

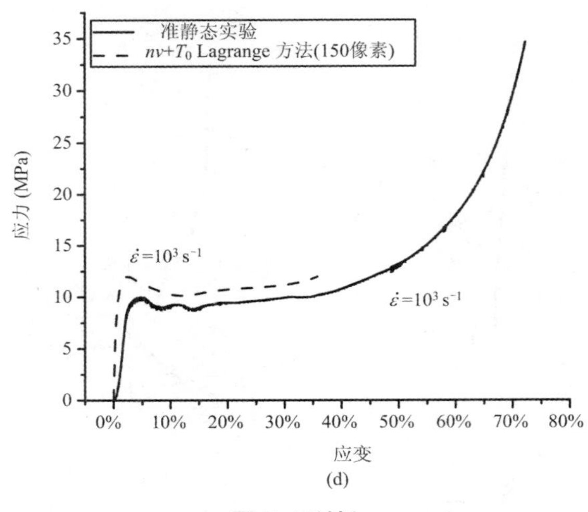

图 7.45(续)

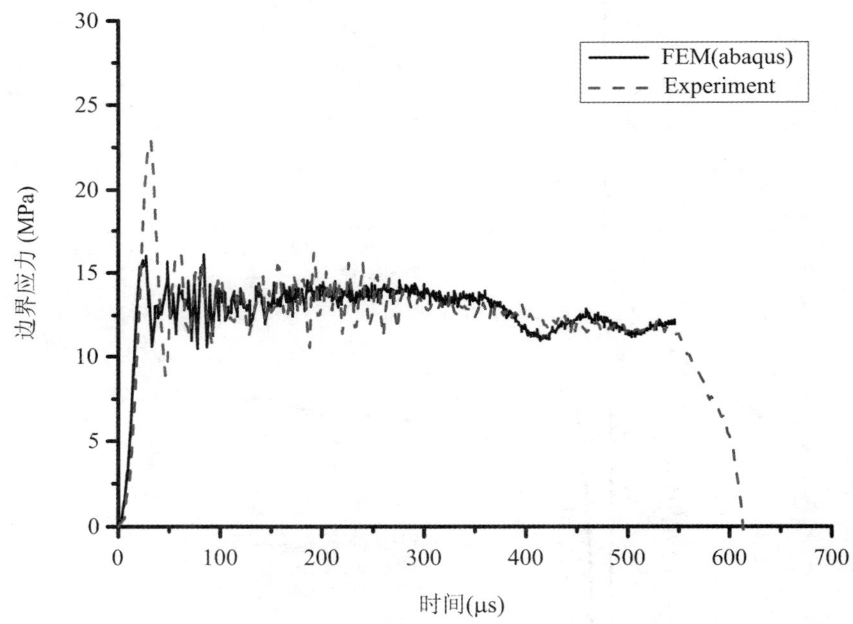

图 7.46 撞击端边界应力的实测波形与基于图 7.45(d)所示应力/应变曲线的数值计算波形的对比

由此可见，$nv+T_0$ 反分析法本身不再要求同时测知应力边界条件。图 7.43 中置于试件后方的 Hopkinson 压杆主要扮演靶板的角色，但又同时可兼作撞击端边界应力波形的测量器。这样测得的撞击端边界应力波形虽然不是 $nv+T_0$ 反分析法不可缺少的，但可用来校核 $nv+T_0$ 反分析法结果的可靠性。图 7.46 给出了基于图 7.45(d)所示动态应力/应变曲线采用动态有限元(ABAQUS)计算所得的撞击端边界应力波形与 Hopkinson 压杆实测波形的对比，两者的良好相符说明了 $nv+T_0$ 反分析法的有效性。

综上所述，SHPB 实验技术和 WPIA 反分析技术各有各的优点和局限性，关键是要掌握它们的应力波原理，扬长避短。研究者们应根据实验材料的特性来选用，或者把两者结合起来，优势互补，开发出新的实验技术。

参考文献

[7.1] LINDHOLM U S. High strain-rate tests[C]// BUNSHAN R T. Techniques in metals research, 5 (Part 1). New York: Interscience, 1971: 199.

[7.2] TAYLOR G I. The use of flat ended projectiles for determining yield stress. Ⅰ: theoretical considerations[J]. Proc R Soc Lond A, 1948, 194: 289-99.

[7.3] WHIFFIN A C. The use of flat-ended projectiles for determining dynamic yield stress, Ⅱ, tests on various metallic materials[J]. Proc. Roy. Sco., 1948, A194: 300.

[7.4] ЛЕНСКИЙ В С. Метод построения динамической зависимости между напряжениями и дефомациями по распределению остаточныхдефомации[J]. Вестник МГУ. 1951, No.5: 13 .

[7.5] HOPKINSON J. On the rupture of iron wire by a blow [C]// Proc. Manchester Literary Philosophical Society, 1872, 11: 40-45; Further experiments on the rupture of iron wire. Proc. Manchester Literary Philosophical Society, 1872, 11: 119-121.

[7.6] HOPKINSON B. A method of measuring the pressure produced in the detonation of high explosives or by the impact of bullets [C]//Containing Papers of a Mathematical or Physical Character. London: Philosophical Transactions of the Royal Society, 1914, A213: 437-456.

[7.7] TAYLOR G I. The testing of materials at high rates of loading[J]. J. Inst. Civil Engrs, 1946, 26: 486-519.

[7.8] VOLTERRA E. Alcuni risultati di prove dinamiche sui materiali (some results on the dynamic testing of materials)[J]. Rivista Nuovo Cimento, 1948, 4: 1-28.

[7.9] DAVIES R M. A critical study of the Hopkinson pressure bar[J]. Phil. Trans. Roy. Soc. Lond. 1948, A240: 375-457.

[7.10] KOLSKY H. An investigation of the mechanical properties of materials at very high strain rates of loading[J]. Proc. Phys. Soc., 1949, B62: 676.

[7.11] 王礼立. 应力波基础[M]. 2 版. 北京：国防工业出版社，2005.

[7.12] HARDING J, WOOD E O, CAMPBELL J D. Tensile testing of materials at impact rates of strain [J]. J Mech Eng Sci, 1960, 2: 88-96.

[7.13] NICHOLAS T. Tensile testing of materials at high rates of strain[J]. Exp. Mech., 1981, 21: 177-188.

[7.14] OGAWA K. Impact-tension compression test by using a split-Hopkinson bar[J]. Exp. Mech., 1984, 24: 81-86.

[7.15] ALBERTINI C, BOONE P M, MONTAGNINI M. Development of the Hopkinson bar for testing large specimens intension[J]. J Phys France, 1985, 46(C5): 499-504.

[7.16] BAKER W W, YEW C H. Strain rate effects in the propagation of torsional plastic waves[J]. J. Appl. Mech., 1966, 33: 917-923.

[7.17] DUFFY J, CAMPBELL J D, HAWLEY R H. On the use of a torsional split Hopkinson bar to study rate effects in 1100-0 aluminum[J]. J. Appl. Mech., 1971, 38: 83-91.

[7.18] MEYER L W, MANWARING S. Metallurgical applications of shock-wave and high-strain-rate phenomena[M]. New York: M Dekker, 1986: 657.

[7.19] LEWIS J L, GOLDSMITH W. A biaxial split Hopkinson bar for simultaneous torsion and compression[J]. Rev. Sci. Instrum, 1973, 44: 811-813.

[7.20] SHI SHAOQIU, YU BING, WANG LILI. The dynamic impact experiments under active confining pressure and the constitutive equation of PP/PA blends at multi-axial compressive stress state[J]. Macromolecular Symposia, 2009, 286: 53-59.

[7.21] GARY G, BAILLY P. Behavior of quasi-brittle material at high strain rate experiment and modeling[J]. European Journal of Mechanics, 1998, 17(3): 403-420.

[7.22] GONG J C, MALVERN L E. Passively confined tests of axial dynamic conpressive strength of concrete[J]. Experimental Mechanics, 1990, 3: 55-59.

[7.23] 施绍裘,王礼立. 材料在准一维应变下被动围压的 SHPB 实验方法[J]. 实验力学,2000,15(4): 377-384.

[7.24] FORQUIN P, GARY G, GATUINGT F. A testing technique for concrete under confinement at high rates of strain[J]. Int J Impact Eng, 2008, 35(6): 425-446.

[7.25] ROME J, ISAACS J, NEMAT-NASSER S. Hopkinson techniques for dynamic triaxial compression tests[C]//GDOUTOS E. Recent advances in experimental mechanics. Netherlands: Springer, 2004: 3-12.

[7.26] HUMMELTENBERG A, CURBACH M. Design and construction of a biaxial split-Hopkinson-bar [J]. Betonund Stahlbetonbau, 2012, 107(6): 394-400.

[7.27] CADONI E, ALBERTINI C. Modified Hopkinson bar technologies applied to the high strain rate rock tests[C]//ZHOU YX, ZHAO J. Advances in rock dynamics and applications. USA: CRC Press, 2011: 79-104.

[7.28] KOLSKY H. Stress wave in solids[M]. Oxford: Clarendous Press, 1953.

[7.29] RAYLEIGH L. On waves propagated along the plan surface of an elastic solid[J]. Proc. London Math. Soc., 1987, 17: 4.

[7.30] DAVIES E D H, HUNTER S C. The dynamic compression testing of solids by the method of the split Hopkinson pressure bar[J]. J. Mech. Phys. Solids, 1963, 11: 155-179.

[7.31] 刘孝敏,胡时胜. 大直径 SHPB 弥散效应的二维数值分析[J]. 实验力学,2000, 15: 371-376.

[7.32] WANG Y G, WANG L L. Stress wave dispersion in larg diameter SHPB and its manifold manifestations[J]. J. Beijing Institute of Technology, 2004, 13: 247-253.

[7.33] 董新龙,张胜林,苑红莲. Hopkinson 束杆技术及混凝土动态性能的实验研究[J]. 兵工学报,2011,32: 188-191.

[7.34] DUFFY J, CAMPBELL J D, HAWLEY R H. On the use of a torsional split Hopkinson bar to study rate effects in 1100-0 aluminum[J]. Trans. ASME, J. Appl. Mech., 1971, 37: 83-91.

[7.35] CHRISTENSEN R J, SWANSON S R, BROWN W S. Split-Hopkinson-bar tests on rocks under confining pressure[J]. Exp. Mech., 1972(November): 508-513.

[7.36] CHEN W N, SONG B. Split Hopkinson (Kolsky) bar - design, testing and applications[M]. New York: Springer, 2011.

[7.37] INOUE H, HARRIGAN J J, REID S R. Review of inverse analysis of indirect measurement of impact force[J]. Appl. Mech. Rev., 2001, 54(6): 503-524.

[7.38] MIKLOWITZ T. The theory of elasticwaves and wave guides[M]. Amsterdam: North-Holland Publ. Co., 1978.

[7.39] 王从约,夏源明. 傅里叶弥散分析在冲击拉伸和冲击压缩实验中的应用[J]. 爆炸与冲击,1998, 18(3): 213-219.

[7.40] YANG L M, SHIM V P W. An analysis of stress uniformity in split Hopkinson bar test specimens [J]. International Journal of Impact Engineering, 2005, 31(2): 129-150.

[7.41] ZHU JUE, HU SHISHENG, WANG LILI. An analysis of stress uniformity for viscoelastic materials during SHPB tests[J]. Latin American Journal of Solids and Structures, 2006, 3(2): 125-148.

[7.42] 周风华,王礼立,胡时胜. 高聚物 SHPB 实验中试件早期应力不均匀性的影响[J]. 实验力学,1992, 7(1): 23-29.

[7.43] RAVICHANDRAN G, SUBHASH G. Critical appraisal of limiting strain rates for compression testing of ceramics in a split Hopkinson pressure bar[J]. Journal of American Ceramic Society, 1994, 77: 263-267.

[7.44] ZHU JUE, HU SHISHENG, WANG LILI. An analysis of stress uniformity for concrete-like specimens during SHPB tests[J]. International Journal of Impact Engineering, 2009, 36 (1): 61-72.

[7.45] 宋力,胡时胜. 软材料的霍普金森压杆测试新技术[J]. 工程力学,2006, 23: 24-28.

[7.46] GRAY III G T, BLUMENTHAL W R. Split-Hopkinson pressure bar testing of soft materials[C]// KUHN H, MEDLIN D. ASM handbook: mechanical testing and evaluation. Materials Park, OH: ASM International, 2000, 8: 488-496.

[7.47] WANG L L, LABIBES K, AZARI Z, et al. On the use of a viscoelastic bar in the split Hopkinson bar technique [C]//MAEKAWA I. Proceedings of the International Symposium on Impact Engineering. ISIE, 1992: 532-537.

[7.48] WANG L L, LABIBES K, AZARI Z, et al. Generalization of split Hopkinson bar technique to use viscoelastic bars[J]. Int J Impact Eng, 1994, 15: 669-686.

[7.49] ZHAO H, GARY G. A three dimensional analytical solution of the longitudinal wave propagation in an infinitelinear viscoelastic cylindrical bar: application to experimental techniques[J]. J Mech Phys Solids, 1995, 43: 1335-1348.

[7.50] ZHAO H, GARY G, KLEPACZKO J R. On the use of a viscoelastic split Hopkinson pressure bar [J]. Int. J. Impact Eng, 1997,19:319-330.

[7.51] 王礼立,PLUVINAGE G, LABIBES K. 冲击载荷下高聚物动态本构关系对黏弹性波传播特性的影响[J]. 宁波大学学报(理工版), 1995, 8(3): 30-57.

[7.52] DONG X L, LEUNG M Y, YU T X. Characteristics method for viscoelastic analysis in a Hopkinson tensile bar[J]. International Journal of Modern Physics B, 2008, 22(9-11): 1062- 1067.

[7.53] 刘孝敏,胡时胜,陈智. 黏弹性 Hopkinson 压杆中波的衰减和弥散[J]. 固体力学学报,2002,23(1): 81-86.

[7.54] FIELD J E, WALLEY S M, PROUD W G, et al. Review of experimental techniques for high rate deformationand shock studies[J]. Int. J. Impact Eng, 2004, 30(7): 725-775.

[7.55] FOWLES R. Conservation relations for spherical and cylindrical stress wave[J]. J. Appl. Phys., 1970, 41: 2740.

[7.56] COWPERTHWAITE M, WILLIAMS R F. Determination of constitutive relationships with mutiple gauges in nondivergent wave[J]. J. Appl. Phys., 1971, 42: 456.

[7.57] SEAMAN L. Lagrange analysis for multiple stress or velocity gages in attenuating waves[J]. J. Appl. Phys., 1974, 45: 4303.

[7.58] WANG LILI, HU SHISHENG, YANG LIMING, et al. Development of experimental methods for impact testing by combining Hopkinson pressure bar with other techniques[J]. Acta Mechanica Solida Sinica, 2014, 27(4): 331-344.

[7.59] WANG LILI, ZHU JUE, LAI HUAWEI. A new method combining lagrangian analysis with HPB technique[J]. Strain, 2011, 47: 173-182.

[7.60] GRADY D E. Experimental analysis of spherical wave propagation[J]. J. Geo. Res., 1973,

78：1299.

[7.61] 丁圆圆,杨黎明,王礼立.对基于质点速度测量的拉格朗日分析法的进一步探讨[J]. 宁波大学学报(理工版)，2012，25(4)：83-87.

[7.62] WANG LILI，DING YUANYUAN，YANG LIMING. Experimental investigation on dynamic constitutive behavior of aluminum foams by new inverse methods from wave propagation measurements[J]. International Journal of Impact Engineering，2013，62：48-59.

第3篇 材料的动态破坏

在通常意义上，爆炸/冲击载荷下的**材料动态响应**涵盖了率-温相关的整个动态流变过程直至最后的动态破坏(图 5.15)。前者由动态本构关系来刻画，因此有时称为**材料本构响应**(constitutive response of materials)，而后者则由动态破坏准则来控制。

前两篇我们讨论了材料动态本构关系，其中第 1 篇讨论容变律，第 2 篇讨论畸变律。本篇将讨论材料的动态破坏。

与讨论材料动态本构关系时的情况相比，在讨论材料动态破坏时，会遇到更为复杂的情况，尤其值得预先指出的是以下三点：

其一，材料动态响应(dynamic response of materials)与结构动态响应(dynamic response of structure)常常是耦合在一起的，但两者又有区别。在前两篇讨论材料本构响应的时候，我们常常能够区分材料响应与结构响应，在把结构响应分离后，“提炼”出完全属于材料本身内在的本构响应；但在讨论动态破坏时，两者常常是难以分割的。以下一章(第 8 章)将要讨论的层裂(spalling)为例，它是以入射压缩脉冲加载部分在自由面反射为卸载波进而与入射压缩脉冲卸载部分相互作用后形成了足以满足破坏准则的拉应力而发生的。层裂既离不开卸载波的反射和相互作用过程(在这点上表现为在结构物中发生的结构动态响应)，又必须满足某个材料破坏准则(在这点上表现为在层裂质点处发生的材料动态响应)，因此层裂已经很难说是单纯的材料动态响应了，当然也不是单纯的结构动态响应。

如我们在第 7 章中曾论及，在研究材料动态本构关系时，作为研究载体的试件，其本身是某个特定设计的结构物。由于人们难以在一个物质点上同时测得建立材料动态本构关系所需的各个力学量，因此实际上是通过实测试件这个特定结构的结构动态响应，来推算出材料动态响应的。例如，在 SHPB 实验中，试件的总体动态响应一般既包含结构响应也包含材料响应，但只要满足 SHPB 实验的第二个基本假定——即当短试件应力/应变沿其长度均匀分布时，试件中的波传播(结构动态响应的体现)可以忽略不计——则我们就可以从测得的试件总体动态响应中“提炼”出单纯的材料动态响应。然而,当试件在实验过程中发生动态破坏时,由于破坏往往是局域化的,不可能沿试件长度处处破坏,则必定难以继续满足第二个基本假定。这时我们测得的试件总体动态响应就不再是单纯的材料动态响应了。

其实,即使在准静态的单轴拉伸实验中,试件如果在破坏前出现局域化的缩颈,随之就会引起应力集中以及应力状态由单轴向三轴应力状态转化等等,则此后的实测结果已经包含了结构因素,不能再代表单轴应力下的纯粹材料响应。

可见,在材料动态破坏的研究中,一旦破坏的发生发展涉及试件结构中的波传播,则一旦破坏以局域化的形式出现在试件结构中,就都不再是单纯的材料动态响应问题,而必须计及相耦合的结构动态响应。这使问题大大复杂化。本篇第 9 章将要讨论的动态断裂(dynamics of cracks)和动态碎裂(dynamic fragmentation)等,都属于这类复杂化的动力学问题。

其二,在前两篇关于材料动态本构关系的讨论中,我们一般已假定容变律不包含不可逆的黏塑性体积流变,而反过来应力球量也不影响畸变律,即容变律和畸变律是解耦的。然而,在材料的动态破坏研究中,大量实验观察表明,应力球量(静水压力或静水张力)对于在畸变基础上发展的材料破坏,常常扮演着不可忽略的重要作用。对此,可以用主应力空间中由刘叔仪所建议的断裂钟面理论形象地予以说明[Ⅲ.2],如图Ⅲ.1 所示。

图Ⅲ.1 中的 Mises 屈服面(和后继屈服面)表现为以与 3 个主应力轴等倾的(111)线为轴的圆柱面(图中的圆柱面①),说明屈服与应力球量无关,这是容变-畸变解耦假定的体现。Mises 屈服圆柱面以内的应力状态均处于弹性状态。在应力空间中的静水张力象限,静水张力球量的增大会促使变形过程直接由弹性变形过渡到断裂,其应力轨迹将落在 Mises 圆柱内的脆性断裂锥面(图中的锥面②)上,这对应于不经塑性变形的脆性断裂(brittle fracture)。反之,在脆性断裂锥面以外的应力空间,变形过程将先经历塑性变形(到达并穿过 Mises 屈服圆柱)再过渡到破坏,其应力轨迹将落在 Mises 圆柱外的刘氏断裂钟面(图中的椭圆韧性断裂钟面③)上,这对应于经历塑性变形的韧性断裂(ductile rupture)。随着应力球量由静水张力向静水压力转变(以图中纯剪 π 面④为界),刘氏断裂钟面(图中的单叶双曲韧性断裂钟面⑤)的底部随静水压力增大而张大,意味着塑性随静水压力增大而增加,破坏则越来越不容易发生。在应力空间的静水压力象限,(111)线与刘氏断裂钟面永不相交,意味着三轴等压球量下材料无任何切应变,并在原则上可以承受极

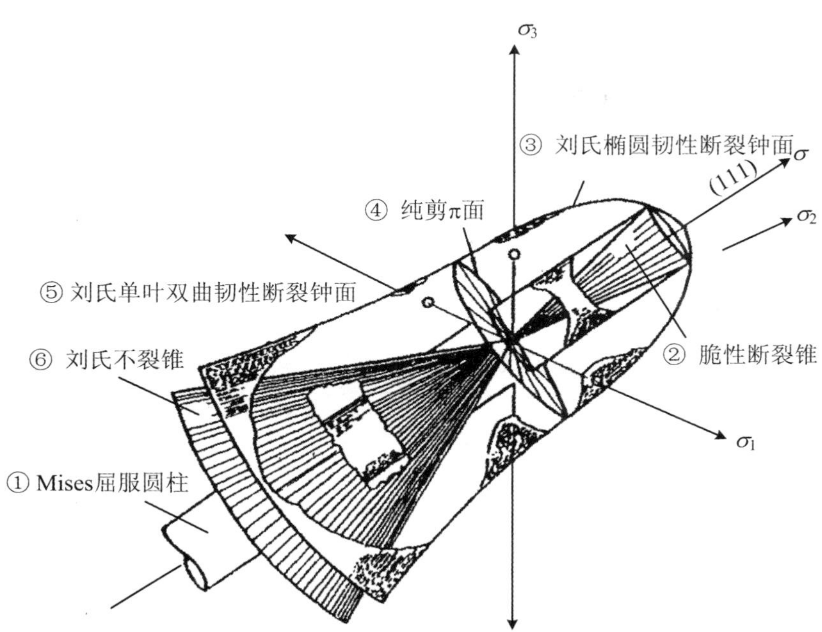

图 Ⅲ.1 应力空间中的 Mises 屈服圆柱和刘氏断裂钟面[Ⅲ.2]

大的静水压力而不致破坏。刘氏单叶双曲断裂钟面(图中的断裂钟面⑤)有一个渐近锥,称为刘氏不裂锥(图中锥面⑥)。实际上,只要静水压力分量足够大,应力轨迹落在刘氏不裂锥下方的应力空间内,即不会发生破坏。至于脆性断裂锥面、刘氏断裂钟面以及刘氏不裂锥的具体形状和大小等,则如同 Mises 屈服圆柱,视材料不同而异,须由实验确定。

在下面将要讨论的一维应变条件下的层裂以及平面应变条件下的裂纹的失稳扩展等问题的讨论中,都会见到三轴静水张力分量对动态破坏扮演的促进作用。

其三,材料的动态破坏,不论其具体机制如何,都有一个发生、发展的时间过程,本质上是时间/速率相关的过程,例如,由材料的内禀破坏特征时间 T_F 来表征。在准静载荷下,T_F 与用来表征外载荷变化的时间尺度 T_L 相比可以忽略不计,因而准静态破坏常常可视作与时间/速率无关,一旦满足破坏准则就即刻发生。但在爆炸/冲击的高应变率载荷下,T_F 与用来表征动载荷短历时的时间尺度 T_L 相比已经不可忽略不计,必须按照时间/速率相关的过程来处理。

人们还进一步认识到,从细观角度看,材料的动态破坏是一个不同形式的微损伤(微裂纹、微空洞、微剪切带等)以有限速率演化的时间过程。因此,从机理上说,材料动态破坏的研究已经离不开对微损伤动态演化规律的研究。而且,微损伤的演化扩展本身会诱发次生应力波,对微损伤的演化产生反馈作用,进而影响动态破坏过程。

问题的复杂性还在于：一方面，微损伤是随流变过程而发展的，微损伤的演化依赖于材料所经受的应力、应变、应变率等材料本构力学变量；另一方面，损伤演化亦将反过来影响材料的力学行为，包括表观的本构关系等。因此，高应变率下计及动态损伤演化的率型本构关系的研究与动态破坏准则的研究，也常常是不可分地交织在一起的，它们相互联系、相互耦合，成为当前力学科学家和材料科学家们共同关心的前沿研究课题。

考虑到上述这些特点，本篇将分 3 章对下列专题展开讨论：

第 8 章以层裂(spalling)为中心，对于涉及卸载波引发的卸载破坏(unloading failure)展开讨论。在准静载荷下，破坏通常发生在加载阶段，即多半属于加载破坏(loading failure)。然而，以应力波传播为特征的动力学过程既包含加载波又包含卸载波的传播，与卸载波相联系的卸载破坏是动态破坏的特殊形式之一。

第 9 章以单个主裂纹失稳扩展起主导作用的裂纹动力学(dynamics of crack)为中心进行讨论，进而讨论基于多源微损伤动态演化的碎裂(fragmentation)问题。

第 10 章以材料动态破坏最典型的微损伤形式之一的绝热剪切(adiabatic shearing)为中心展开讨论，包括剪切带与裂纹的相互作用问题。进而讨论一般形式下的微损伤的动态演化规律以及计及动态损伤演化的率型本构关系等相应的问题。

参 考 文 献

[Ⅲ.1] FREUND L B. Dynamic fracture mechanics[M]. Cambridge: Cambridge University Press, 1990.

[Ⅲ.2] 刘叔仪. 关于固体的现实应力空间[J]. 物理学报, 1954, 10 (1): 13-34.

[Ⅲ.3] 王礼立. 爆炸力学数值模拟中本构建模问题的讨论[J]. 爆炸与冲击, 2003, 23(2): 97-104.

[Ⅲ.4] WANG LILI, DONG XINLONG. Influences of rate-dependent damage evolution upon constitutive response and fracture of materials at high strain rates[C]// Proceedings of International Conference on Fracture and Damage of Advanced Material. 2004: 69-78.

[Ⅲ.5] WANG LILI, ZHOU FENGHUA, SUN ZIJIAN, et al. Studies on rate-dependent macro-damage evolution of materials at high strain rates[J]. Int. J. Damage Mechanics, 2010, 19: 805-820.

第 8 章　层裂及其他卸载破坏

8.1　层　　裂

8.1.1　层裂破坏现象

层裂(spalling or scabbing)是一种典型的动态破坏现象。层裂现象最早是由 B. Hopkinson (1914)在研究钢板承受炸药接触爆炸的爆炸效应时观察到的[8.1, 8.2]，有时也因此称之为**Hopkinson 断裂**(**Hopkinson fracture**)。Hopkinson 在当时的论文中已经明确指出，层裂的主要特征是：① 层裂不是发生在炸药—钢板的接触爆炸面(正面)，而是发生在自由面(背面)附近；② 钢板原先承受的是短历时爆炸压力载荷，而层裂则是在短历时拉伸载荷作用下造成的，这归因于压力脉冲在自由表面反射形成的卸载稀疏波；③ 层裂片或所谓"痂片"(scab)以高速飞离，表明它先前承受过爆炸压力波而储存了相当大的能量；④ 原本韧性的钢板在层裂时却表现为脆性，显示结晶状脆性断口。这些至今仍然可看做是层裂与准静载荷破坏之间的区别点，是**动态卸载破坏**的特点。这也不得不令人对 B. Hopkinson 的洞察力深感钦佩，直到 1949 年后，人们才开始了对这方面的更深入的研究。

图 8.1 给出了典型的金属材料层裂照片[8.3, 8.4]，其中图 8.1(a)显示了 24S-T4 铝合金板层裂的背面正向照片；而图 8.1(b)显示了软钢板多层层裂的纵向剖面照片。

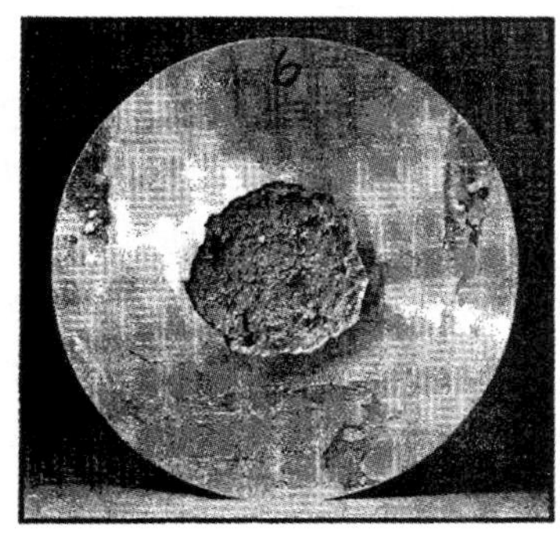

(a) 24S-T4铝合金板背面层裂照片

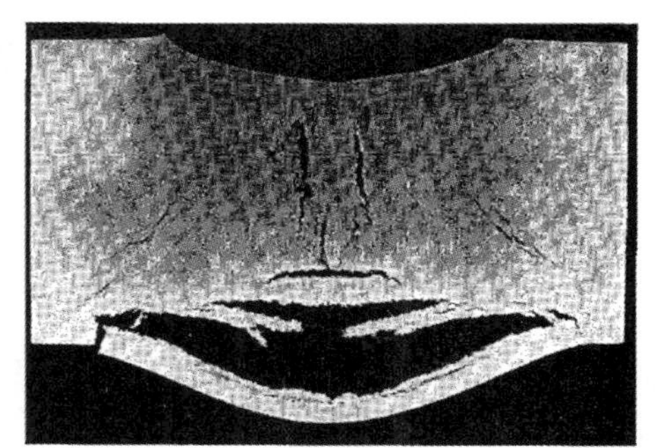

(b) 软钢板多层层裂的纵向剖面照片

图 8.1　金属材料的典型层裂照片

作为非金属材料中的层裂实例，图 8.2 显示[8.5]了厚混凝土板在炸药接触爆炸时[图 8.2(a)]

于背面发生的层裂[图 8.2(b)],图 8.2(c)是这一现象的示意图。图 8.3 显示[8.6, 8.7]了水泥长杆试样在一端与 Hopkinson 装置的输入杆相接触,而另一端(自由端)压力脉冲反射成为卸载波,再与入射卸载波相互作用后产生的层裂,包括单层层裂[图 8.3(a)]和两层层裂[图 8.3(b)]。

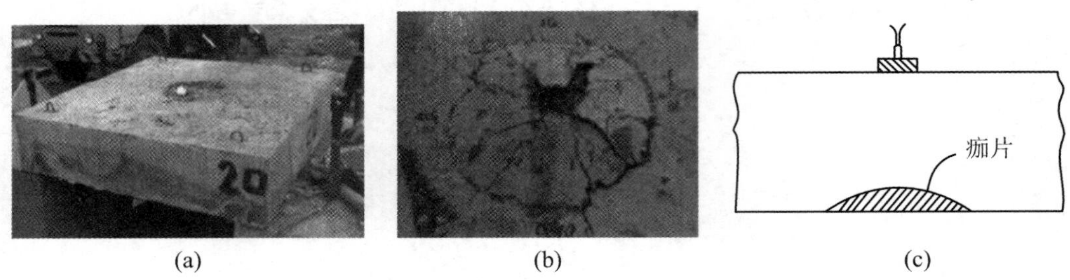

图 8.2 厚混凝土板在炸药接触爆炸时于背面发生的层裂

层裂是与卸载稀疏波的传播和相互作用分不开的,因此其比较严格的定义应是:当两个卸载稀疏波相互作用,在结构内部产生一个拉伸区时,一旦满足材料动态拉伸破坏准则,则会导致该局部分层断裂。

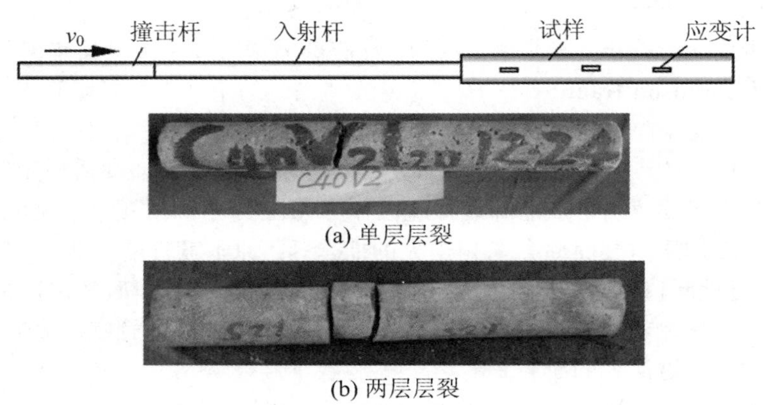

图 8.3 用 Hopkinson 装置对水泥长杆进行层裂实验

一维应变平板撞击实验(参看第 4 章)是研究层裂破坏的典型实验,如图 8.4 所示。当飞片(flyer)在气炮驱动下以高速撞击静止的靶板(target)时[图 8.4(a)],在界面产生两个压缩波系,分别左行和右行进入飞片和靶板中,如图 8.4(b)所示的为波传播时程图。注意,严格地讲,压缩波系中包含波速最快的弹性前驱波[如图 8.4(b)试样中的虚线所示],但其强度远比其后方的塑性激波弱得多,在层裂分析中一般暂时忽略不计。一旦两个压缩激波分别达到飞片和靶板的自由表面,就卸载反射成为以扇面形传播的稀疏波系。当这两波系在靶板(试样)内部距离背面某个距离的位置处迎面相遇时,会产生一个高应变率、高幅值的拉伸应力区。对于典型的平板撞击实验,其应变率可达 $10^4 \sim 10^6\ s^{-1}$。一旦满足材料动态拉伸破坏准则,将导致该位置处材料发生层裂破坏,如图 8.4(b)所示。通常在实验过程中测量试样背面的质点速度 u 随时间 t 的变化,如图 8.4(c)所示。研究者们常常利用 u-t 曲线上的回跳驼峰来研究层裂是否发生及与其相应的层裂准则(下详)。

由此不难理解图 8.1 中的金属板和图 8.2 中的厚砼板在炸药接触爆炸以及图 8.3 中的水泥长杆在一端受到冲击载荷时,层裂片会带着陷入其中的动量飞离,即发生层裂或崩落

(scabbing)了。

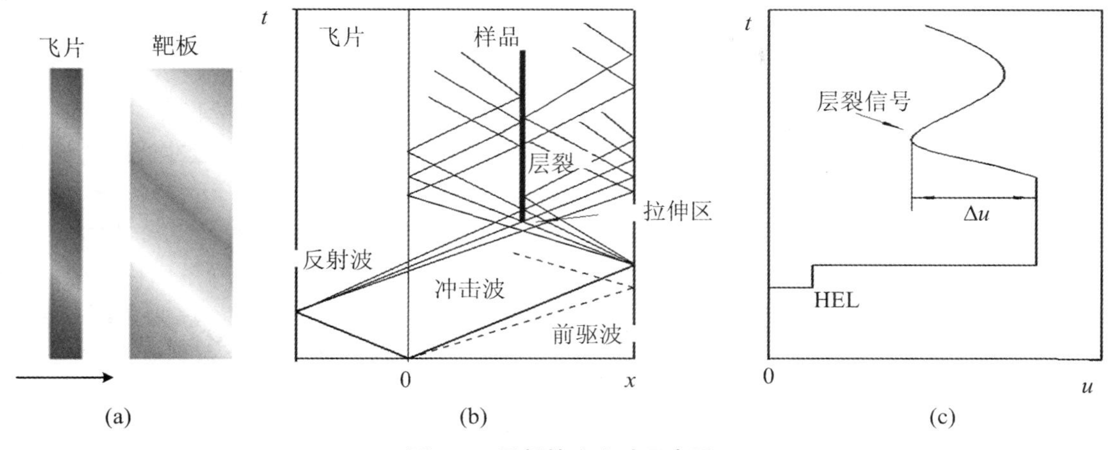

图 8.4　平板撞击实验示意图

不难想象，一旦出现了第一个层裂，也就同时形成了新的自由表面。继续入射的高强度压力脉冲就将在此新自由表面上反射，从而可能造成第二层层裂。以此类推，在一定条件下可形成多层层裂(multiple spalling)，产生一系列的多层痂片。这正是图 8.1(b)和图 8.3(b)所显示的情况。

Rinehart 发现[8.4]，当入射脉冲为"三角形"脉冲，即具有陡峭的激波波阵面而随即衰减的波尾，其幅值又成倍地高于引发层裂的临界应力 σ_c时，能形成多层层裂，如图 8.5 所示。

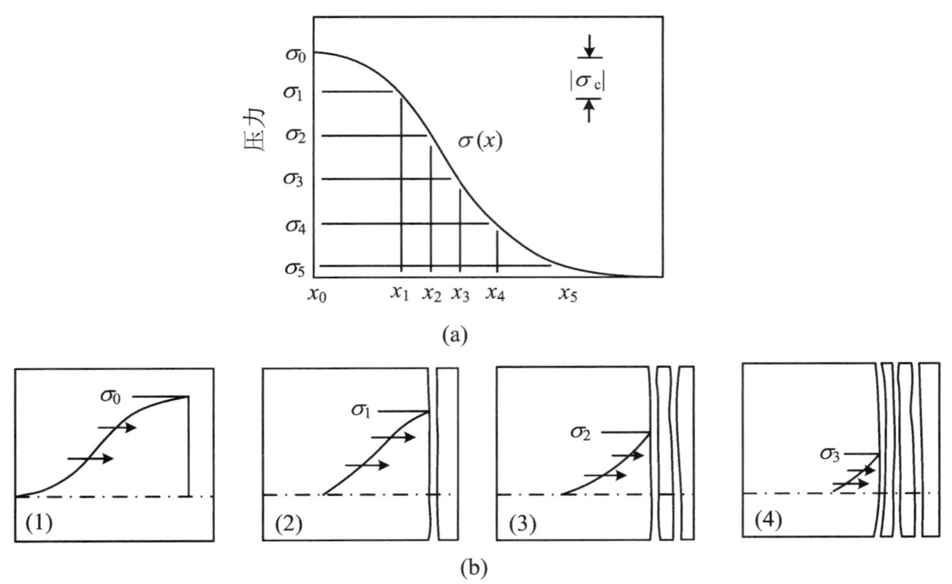

图 8.5　高幅值"三角形"脉冲在自由面反射形成多层层裂的示意图

在图 8.5(b)中，情况(1)是"三角形"脉冲在自由面反射前的状况；情况(2)是"三角形"脉冲在自由面反射后形成第一个层裂片的状况，入射脉冲的幅值已降低到 $\sigma_1(=\sigma_0-\sigma_c)$；以此类推，每随着一个层裂片形成，入射脉冲幅值就依次降低 σ_c值。如果"三角形"脉冲的初始幅值 σ_0 大于层裂临界应力 σ_c的 n 倍时，$\sigma_0>n\sigma_c$，将会形成 n 个层裂片，当然这里已经假定了层裂是

否发生由临界应力 σ_c 决定(下详)。

需要强调的是,压力波本身在自由表面正反射时,并不一定立即形成拉伸波,这还取决于反射卸载波与原加载脉冲继续入射的稀疏波尾相互作用的后果。一个正入射的一维压力脉冲是由脉冲头部的压缩加载波及其随后的卸载波尾所组成的。大多数工程材料往往能承受相当强的压应力波而不致被破坏,而不能承受同样强度的拉应力波。层裂之所以能产生,实际上在于入射压力脉冲头部的压缩加载波在自由表面反射为卸载波后,再与入射压力脉冲波尾的卸载波的相互作用,简而言之在于入射卸载波与反射卸载波的相互作用。

同理,与一维纵波正反射中压力脉冲的反射卸载波与入射卸载波相互作用后产生拉应力而导致层裂的情况类似,当球面(或柱面)压应力波向由两自由表面相交构成的角部传播时,两自由表面所反射的卸载稀疏波相遇时也将形成净拉应力,进而可能导致断裂,称为**角裂**(corner fracture)[8.8],如图 8.6 所示。如果球面(或柱面)压应力波在两自由表面反射的卸载稀疏波在物体的中心部分相遇,则可能导致所谓**心裂**(central fracture)[8.8],如图 8.7 所示。层裂、角裂和心裂等都与应力波的卸载反射现象有关,可统称为卸载**反射断裂**。

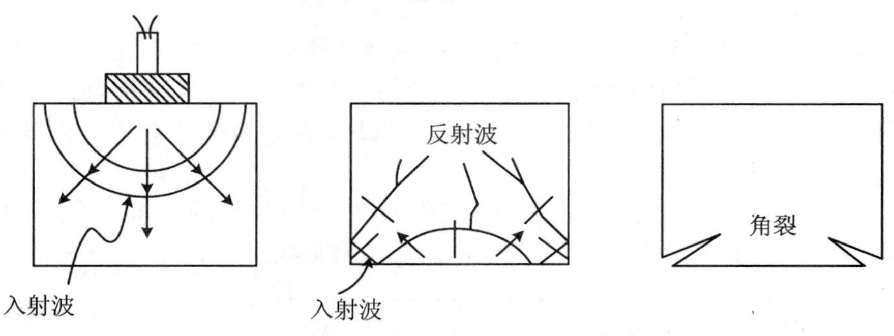

图 8.6　两自由表面所反射的卸载稀疏波导致的角裂

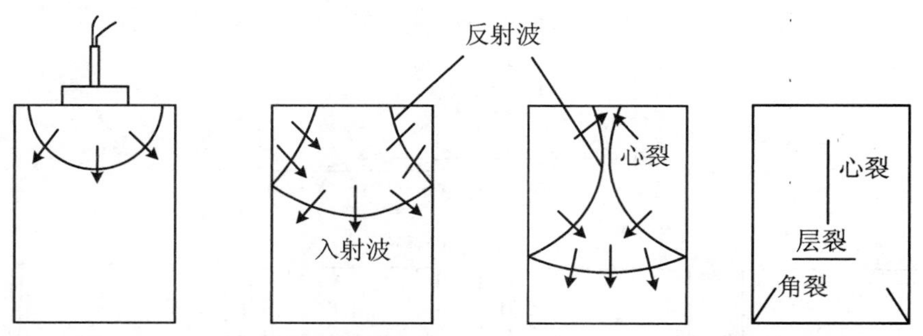

图 8.7　两自由表面反射的卸载稀疏波在物体中心部分相遇导致的心裂

注意,当一个压力脉冲斜入射到自由表面时,反射卸载波与入射压力脉冲尾部的卸载波相互作用,也将和上述正入射中所讨论的一样形成拉应力,但其最大拉伸主应力的方向则与斜入射的角度有关。图 8.8 给出了在各向同性材料中由于斜入射压力脉冲纵波(P 波)在自由表面反射而形成层裂的示意图[8.8]。层裂现象将随着波的反射过程而发展,其微裂纹的方位与入射角有关。

此外,在出现冲击相变的材料之中可能产生相变层裂(phase transformation spalling)。Ivanov 等(1961)[8.9]和 Erkman 等(1961)[8.10]对于具有冲击相变的钢开展了相变层裂的开拓性研究。回顾第 4 章 4.6"冲击相变"中曾指出,铁在 13 GPa 压力处出现由 α 相(体心立方晶体)

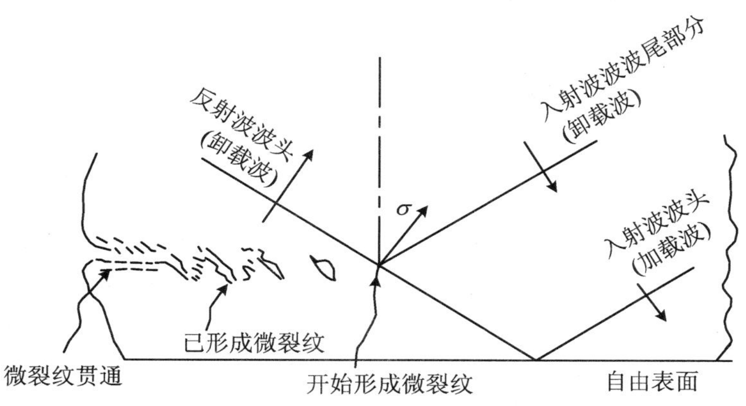

图 8.8　斜入射压力脉冲(P 波)在自由表面反射而形成层裂的示意图

向 ε 相(密排六方晶体)转变的高压相变(对应于图 8.9 中的 B 点)。这时,如果爆炸/冲击载荷的压力高于 13 GPa(但低于图中 D 点的过驱压力),将形成双激波结构,即形成激波波速较快的第一个激波及随后的激波波速较慢的第二个激波,前者的波速由图 8.9 中的冲击绝热线(Rayleigh 弦)AB 之斜率决定,而后者的波速由图 8.9 中的冲击绝热线(Rayleigh 弦)BC 之斜率决定。如果爆炸/冲击载荷的压力高于图中 D 点的过驱压力,则又将形成单波结构。

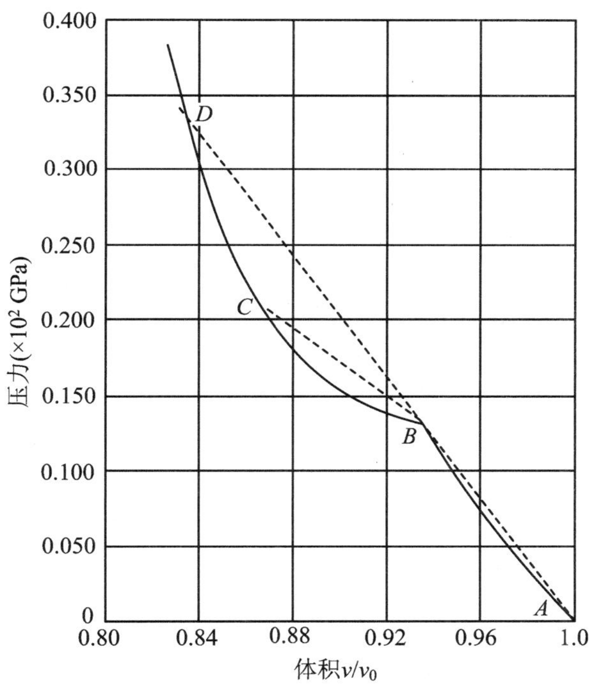

图 8.9　铁在 13 GPa 压力处发生由 α 相向 ε 相的相变

由第 4 章关于冲击波的基础理论可知与压力脉冲卸载部分相对应的卸载波之传播特性如图 8.10 所示,先由图中的等熵线 CE 决定,形成波速愈来愈慢的卸载稀疏波;然后当压力卸载到 9.8 GPa,即由于在 E 点处出现 ε→α 可逆相变,将形成卸载激波(unloading shock, rarefaction shock waves),其波速由图中 Rayleigh 弦 EA 之斜率决定。

Ivanov 等(1961)[8.9]和 Erkman 等(1961)[8.10]指出,当幅值超过 13 GPa 的入射压力激波在自由表面反射形成的卸载激波与入射压力脉冲波尾的卸载激波相互作用时,由于强间断卸载激波波阵面的陡峭性,将在很窄的区域里形成幅值突然升高的拉应力区,导致层裂断口平滑的**平滑层裂(smooth spall)**。

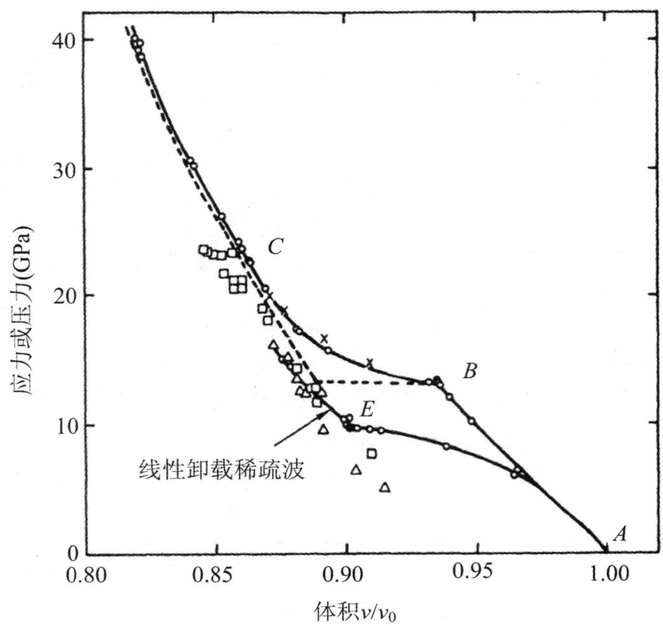

图 8.10 铁在高压加载时的 $\alpha \to \varepsilon$ 相变及卸载时的 $\varepsilon \to \alpha$ 相变

Erkman 等(1961)[8.10]用特征线数值模拟算出的波传播时程图如图 8.11 所示。由图可见,入射波系中跟随着较快的第一激波和较慢的第二激波之后,有波速更慢的卸载激波(图 8.11 中点划线箭头所指的稀疏波);另一方面,第一激波在自由表面反射后,先反射以扇面形传播的稀疏波系,随后形成反射卸载激波(图 8.11 中虚线箭头所指稀疏波)。入射卸载激波和反射卸载激波的相遇处即导致平滑层裂的位置。

作为对比,图 8.12 和图 8.13 分别给出 4340 钢在 15 GPa 压力(有相变)和 10 GPa 压力(无相变)下的平滑层裂(smooth spall)和粗糙层裂(rough spall)的剖面显微照片[8.12]。

除了在工业纯铁(armco 铁)和钢会在当压力高于 13 GPa 情况下由于 $\alpha \to \varepsilon$ 相变引起的卸载激波造成相变层裂之外,Dremin 等(1992)还发现[8.11],18-8 奥氏体不锈钢在拉应力区发生的马氏体相变(Martensitic transformation)会产生应力松弛效应,从而使层裂强度发生反常的增加。

应该指出,层裂虽然是在物体局部于极短时间内发生,但层裂过程往往与微损伤演化相关。大量实验观察和数值模拟分析发现,层裂的演化与微损伤的形成、长大及连通演化相关。对于脆性层裂,微损伤的主要形式是微裂纹;而对于韧性层裂,微损伤的主要形式是微孔洞。图 8.14 所示为金属靶板在飞片撞击下发生韧性层裂,实验观察到损伤演化随撞击速度增加而发展的特征,可见层裂的产生与反射稀疏波作用下的孔洞成核、长大及连通扩展机理相关。

为了定量评定层裂演化过程引起的损伤程度,Sandia 国家实验室的 Oscarson 和 Graff (1968)提出,可从受损部分切出一小块作为静态拉伸试件,并根据测得的残余抗拉强度判断其

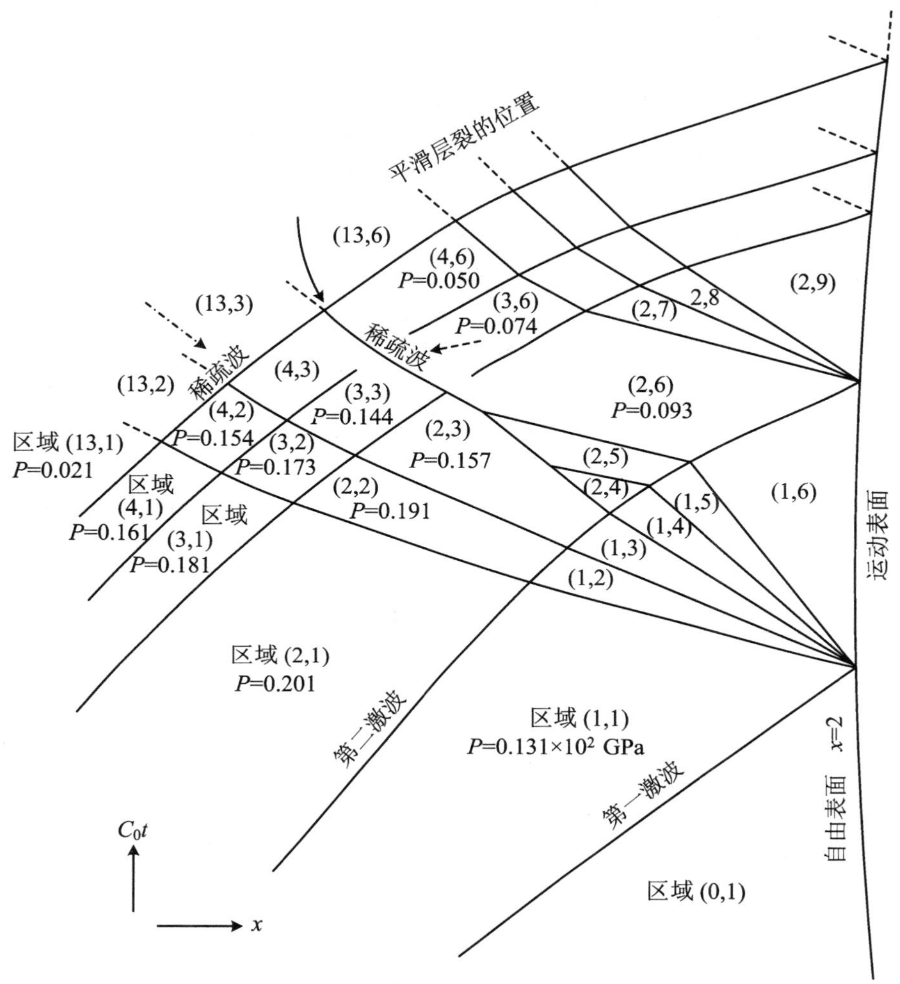

图 8.11　加载时 $\alpha \to \varepsilon$ 相变引起的双激波以及卸载时 $\varepsilon \to \alpha$ 相变引起的卸载激波

受损伤的程度，如图 8.15 所示[8.13]。图 8.15 表明，碰撞压力愈高，在卸载波相互作用区所产生的拉应力愈大，其残余强度的愈小，从而表明损伤程度也愈大。在图中 A 点为残余强度下降的起点，对应的应力 σ_A 被称为初始层裂阈值；B 点为残余强度下降的终点，在这之后，即使载荷增加，残余强度也不再下降，对应的 σ_B 被称为中间层裂阈值；C 点为宏观裂纹产生点，对应的 σ_C 被称为完整层裂阈值。三个层裂阈值，σ_A 最有意义，因此人们最早用 σ_A 作为产生层裂的主要判断量。

有关损伤演化的更多讨论详见第 10 章。

8.1.2　层裂准则

上一节主要对层裂进行了定性描述，而层裂破坏研究中的核心问题则是对层裂的定量描述：在满足什么样的定量临界条件下发生层裂，即**层裂准则**（**spalling criterion**）的研究。

最早提出动态层裂准则定量描述的是 Rinehart（1951）[8.3]，他提出的最大拉应力瞬时层裂

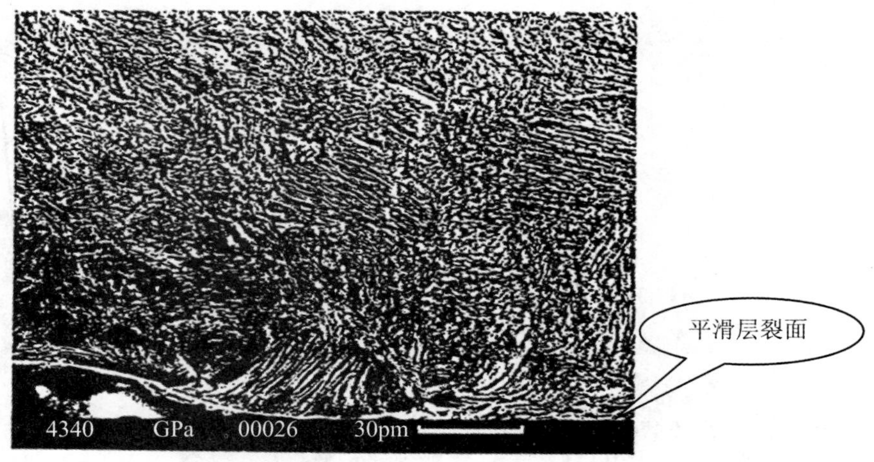

图 8.12 4340 钢在 15 GPa 压力(有相变)下发生平滑层裂后其剖面经侵蚀的显微照片

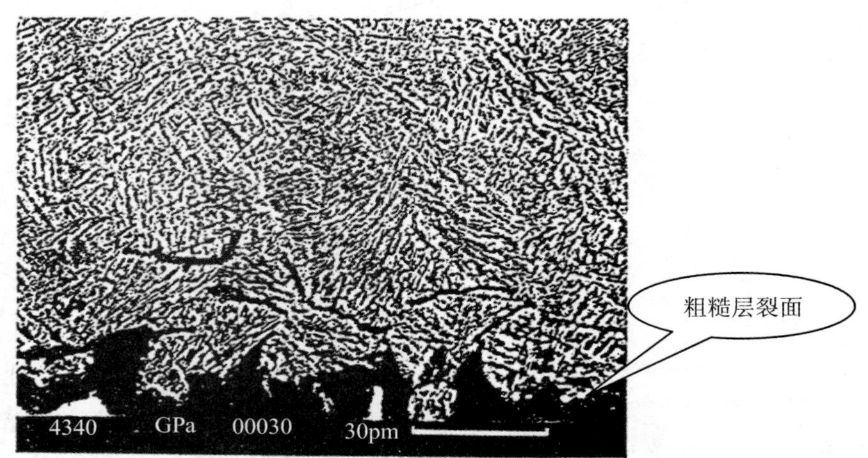

图 8.13 4340 钢在 10 GPa 压力(无相变)下发生粗糙层裂后其剖面经侵蚀的显微照片

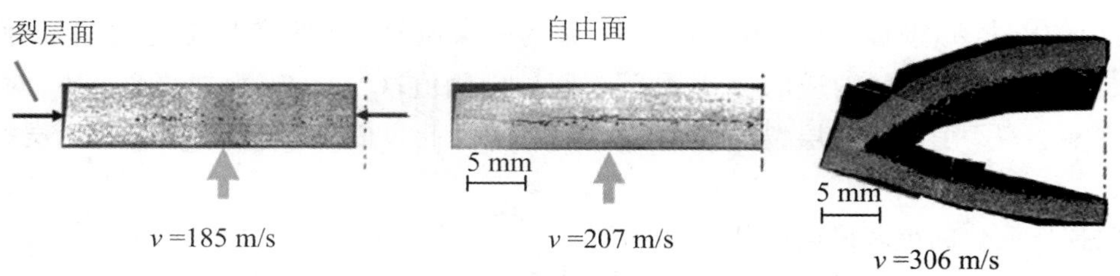

图 8.14 随撞击速度增加、层裂面微孔洞的发展演化[8.40]

准则具有里程碑式的意义,但尚未考虑层裂是一个和时间或应变率相关的过程。Whiteman(1962)和 Skidmore(1965)考虑了层裂的时率相关性,提出了拉伸应力率准则[8.13,8.14]。Breed 等(1967)则在 Whiteman 的应力率准则的基础上提出拉伸应力梯度准则[8.15]。Thurstan 等(1968)又对 Breed 等的应力梯度准则作了改进[8.16]。Tuler 和 Butcher(1968)认识到材料的动态破坏应看做是材料内部损伤的累积和发展过程,提出了损伤累积准则[8.17]。此后兴起了一系列有关动态损伤演化的研究,从损伤累积出发来研究层裂已是目前主流研究方向。

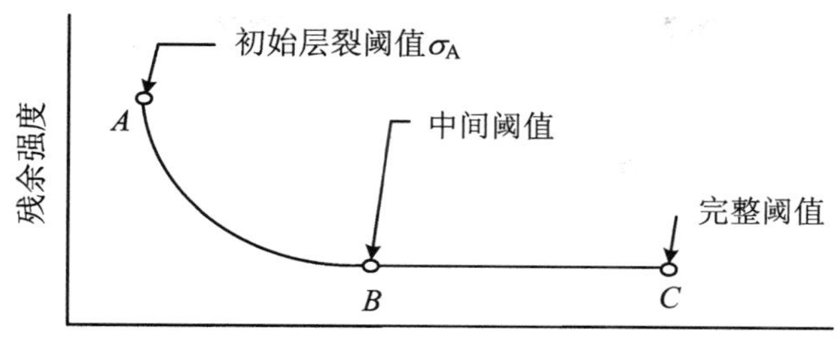

图 8.15

以下先对上述代表性的宏观(工程)层裂准则分别作一扼要介绍。

1. 最大正拉应力层裂准则(maximum normal tensile stress criterion)

按照 Rinehart 最大正拉应力瞬时断裂准则[8.3],一旦正拉应力 σ 达到或超过一临界值 σ_c:

$$\sigma \geqslant \sigma_c \tag{8.1}$$

则立即发生层裂,σ_c是表征材料抗动态断裂性能的材料常数,称为动态断裂强度。这一准则在形式上是静强度理论中的最大正应力准则在动态情况下的推广,认为断裂是在满足此准则的瞬时发生的,属于时-率无关断裂理论。不过,如 Rinehart 指出,这里的 σ_c是按动态层裂实验确定的,通常比静态的强度极限 σ_b高,在此意义上,σ_c隐含了计及断裂的时率的相关性。

Rinehart 给出了 5 种金属材料由平板撞击层裂实验确定的 σ_c值,详见表 8.1。值得注意的是,板厚不同时得出不同的 σ_c值。Rinehart 指出,这是由于 σ_c并非单轴拉伸应力值,而是三轴应力状态下的轴向正应力值。不同板厚具有不同的三轴应力状态,这意味着三轴张力(拉伸球量)对 σ_c有不可忽视的影响。这与本篇开头的对图Ⅲ.1 的讨论是一致的。

表 8.1

材　料	板　　厚		σ_c	
	(in)	(mm)	(Ksi)	(MPa)
24S-T4 铝合金	1.5	38.1	140	965
铜	1.5	38.1	430	2,965
	2	50.8	400	2,758
黄铜	1.5	38.1	310	2,137
1020 钢	2	50.8	230	1,586
	2.5	63.5	130	896
4130 钢	1.5	38.1	440	3,034

当 σ_c达到晶体的内聚应力(理论拉伸极限强度)时,材料立刻断裂而不需损伤积累时间[8.18,8.19],称之为内聚应力准则(cohesive stress criterion)或极限层裂(ultimate spall),这是指卸载波相互作用所产生的拉应力足够地大,以至于能直接拉断结合键。因此,这种层裂是在特别高的应力脉冲作用下才可能产生。

2. 拉伸应力率准则(tensile stress-rate criterion)和拉伸应力梯度准则(tensile stress gradient criterion)

Whiteman 把 Rinehart 的最大拉伸正应力瞬时断裂准则扩展到计及断裂的时率效应,提出如下的拉伸应力率准则[8.13],即认为层裂应力与应力率$\frac{\partial \sigma}{\partial t}$的平方根成正比:

$$\sigma = \sigma_0 + A\left(\frac{\partial \sigma}{\partial t}\right)^{1/2} \tag{8.2}$$

式中,σ_0 是某个拉应力阈值,通常取为材料准静拉伸极限强度 σ_b,A 是材料常数。

Breed 等在 Whiteman 的应力率准则的基础上提出了拉伸应力梯度准则[8.15]:

$$\sigma = \sigma_0 + B\left(\frac{\partial \sigma}{\partial x}\right)^{1/2} \tag{8.3}$$

式中,B 是材料常数。注意到 $\Delta x = U\Delta t$,从而有$\frac{\partial \sigma}{\partial x} = \frac{\partial \sigma}{U\partial t}$,此处 U 是卸载波波速,则式(8.3)与式(8.2)实际上是等价的。但 Breed 等认为式(8.3)的形式更便于计算机计算处理。

Breed 等给出 1100-S 铝和铜的层裂实验研究结果表明,如图 8.16 所示,式(8.3)的预示曲线与实验数据吻合得相当好。

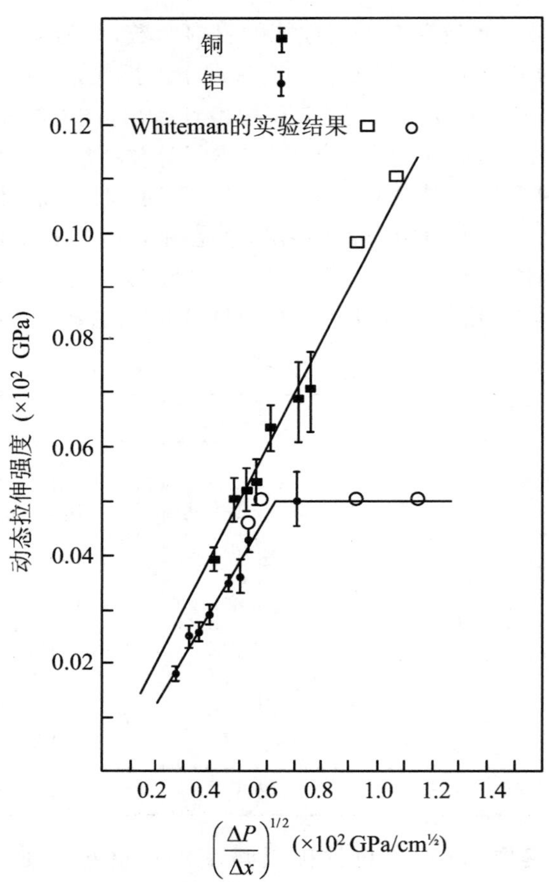

图 8.16 铝和铜的层裂实验结果与拉伸应力梯度准则预示曲线的对比

Thurstan 等整理了前人大量层裂实验数据后指出,式(8.3)中应力梯度的指数关系不一定

要限于 1/2，而更一般的可表示为

$$\sigma = \sigma_0 + B\left(\frac{\partial \sigma}{\partial x}\right)^n \tag{8.4}$$

式中，n 是材料常数。这意味着，$\ln(\sigma - \sigma_0)$ 与 $\ln\left(\frac{\partial \sigma}{\partial x}\right)$ 之间有直线关系，而此直线斜率 n 对不同材料取不同值。式(8.4)是更一般形式的应力梯度准则。

3. 损伤积累准则(damage accumulation criterion)

如图 8.14 所显示，断裂实际上不是瞬时发生的，而是一个以有限速度发展着的过程。特别在高应变率下，更呈现出明显的断裂滞后现象。断裂的发生，不仅与作用应力的数值有关，还与该应力作用持续的时间有关。因此，如式(8.1)这样的瞬时断裂准则应代之以时间相关的动态断裂准则。Tuler 和 Butcher(1968)提出了如下的积分型损伤积累准则[8.17]，给出了材料动态损伤积累的连续度量以及发生宏观层裂的下界条件。按此准则，作为时间 t 的函数的应力 $\sigma(t)$ 满足下式：

$$K(t) = \int_0^t [\sigma(t) - \sigma_0]^\alpha \mathrm{d}t = K_c \tag{8.5}$$

时，发生断裂；式中 α，K_c 和 σ_0 均为材料常数。σ_0 是材料发生断裂所需的下界应力(门槛应力)，如果 $\sigma(t) < \sigma_0$，即使作用持续时间再长也不会发生断裂。$\alpha = 1$ 时，式(8.5)化为所谓的冲量准则，意味着应力冲量达到一定值时发生断裂。$\alpha = 2$ 时，式(8.5)就等价于能量准则。

如果引入唯象的宏观连续损伤 D(不论其定义及细微观机理如何)对于时间 t 的演化率 $\dot{D}\left(\equiv \frac{\partial D}{\partial t}\right)$，并假设其正比于 $[\sigma(t) - \sigma_0]^\alpha$，即

$$\dot{D}(t) \propto [\sigma(t) - \sigma_0]^\alpha \tag{8.6a}$$

则式(8.5)相当于如下临界损伤准则：

$$D(t) = \int_0^t \dot{D} \mathrm{d}t = \int_0^t [\sigma(t) - \sigma_0]^\alpha \mathrm{d}t = D_c \tag{8.6b}$$

可见式(8.5)中的 K_c 就相当于临界损伤 D_c。

李永池等[8.20,8.21]把宏观连续损伤 D 具体化为孔洞损伤体积 V_d 与总体积 V 之比，即定义 D 为

$$D(t) = \frac{V_d(t)}{V(t)} = \frac{V_d(t)}{V_s(t) + V_d(t)} \tag{8.7a}$$

式中，$V_s(= V - V_d)$ 为实体物质体积，则 D 对于时间 t 的演化率 $\dot{D}\left(\equiv \frac{\partial D}{\partial t}\right)$ 为

$$\dot{D} = \frac{\dot{V}_d V_s - \dot{V}_s V_d}{(V_s + V_d)^2} \approx \frac{\dot{V}_d V_s}{(V_s + V_d)^2} \tag{8.7b}$$

上式的最后一个近似等号已经略去了高阶小量 $\dot{V}_s V_d$。进一步把 $\dot{V}_d$ 归为成核率 $\dot{V}_n$ 和长大率 $\dot{V}_g$ 之和

$$\dot{V}_d = \dot{V}_n + \dot{V}_g \tag{8.7c}$$

并且类似于式(8.6a)，设成核率 $\dot{V}_n$ 和长大率 $\dot{V}_g$ 分别遵循以下规律

$$\dot{V}_n = N\left(\frac{\sigma}{\sigma_0} - 1\right)^\alpha V_s \tag{8.7d}$$

$$\dot{V}_g = G\left(\frac{\sigma}{\sigma_0} - 1\right)^{\alpha} V_d \tag{8.7e}$$

式中,N 为成核特征频率,G 为长大特征频率。把式(8.7c)～式(8.7e)代入式(8.7b),并计及式(8.7a),演算后可得损伤演化方程为

$$\dot{D} = [N(1-D)^2 + GD(1-D)]\left(\frac{\sigma}{\sigma_0} - 1\right)^{\alpha} \tag{8.8a}$$

类似于式(8.6b),相应的层裂临界条件则为

$$D = D_c \tag{8.8b}$$

李永池等还证明[8.21],取特定的拉应力历史 $\sigma(t)$等,式(8.8)可化为上述几种常用的工程层裂准则,即应力率准则、应力梯度准则和 Tuler-Butcher 积分型损伤积累准则。换句话说,上述的应力率准则、应力梯度准则和 Tuler-Butcher 积分型损伤积累准则等都可以赋予隐含损伤演化的意义,看做基于损伤演化导出的式(8.8)之简化特例。

有关损伤演化,将在第 10 章讨论了动态细观损伤的重要形式之一——绝热剪切带——之后,统一加以更详细的讨论。

8.1.3 层裂强度的实验测量

层裂的实验研究涉及加载方法与测试诊断技术两个方面。加载方法主要是轻气炮驱动飞片加载和化爆加载(参看第 4 章 4.3 节),近来又引入了激光加载、激光驱动飞片加载以及粒子束加载等新技术。在飞片加载的平板撞击实验中(图 8.4),飞片撞击靶板,在一维应变状态(三维应力状态)下产生一个轴向压缩波,对试样进行加载。根据实验撞击速度不同,飞片可采用气炮(一级、二级气炮)、炸药平面透镜、激光等方法加载。根据靶板与飞片材料不同,分为对称碰撞及非对称碰撞。飞片与靶板采用相同材料的平板撞击实验称为对称碰撞,其他情况则为非对称碰撞。

诊断技术主要有:

① 采用速度干涉仪(VISAR)对试样自由面粒子速度 $\mu_{fs}(t)$进行连续测量,以此间接判断试样品是否发生层裂并推算层裂强度、层裂片厚度以及损伤演化等相关信息;

② 对软回收的试样进行解剖,借助光学显微镜、扫描电镜、透射电镜等仪器对剖面的显微组织特征进行观察分析;

③ 在试样背后安置低波阻抗窗口,采用压力传感器对试样-窗口界面处应力历史$\sigma_{int}(t)$进行实时测量;

④ 采用高速摄影和 X 光闪光照相。

目前最成熟并广泛使用的方法是对 VISAR 测量试样自由面粒子速度波形 $u_{fs}(t)$以及对软回收试样进行显微分析两者相结合。

图 8.17 显示了三角形压缩脉冲在平板试样自由面反射后是如何形成层裂的。图 8.17(a)和(b)分别给出波传播的时间 t-Eular 坐标 x 关系(t-x)及相应的压力 P-质点速度 u 图(P-u),示意说明背面反射三角形脉冲波相互作用过程。在 t-x 图中,OO'为压缩冲击波波头轨迹,后随的一系列右行 C^+ 特征线代表三角形卸载波。当冲击压缩波到达靶板自由表面 O',则表面质点速度从 0 跳到 $u_0 = 2u_s$(P-u 图上状态点 1),u_s是冲击波阵面后的靶板质点速度。随着冲击波反射形成扇形中心卸载波(以 t-x 图中一系列左行 C^- 特征线表示),自由面速度 $u_{fs}(t)$下

降，如图 8.17(c)所示。在层裂前，靶板中最大拉伸应力出现在 t-x 图中反射稀疏波 $O'k$ 与入射稀疏波 $2k$ 的交点处。其值由 P-u 图中对应的状态轨迹 $O'k$ 与 $2k$ 的焦点 k 决定。一旦材料断裂，产生新的自由面，使得拉伸应力将迅速降为 0，并将导致层裂面周围的材料中出现由新自由面反射的压缩波。该压缩波传至试样背面产生一个层裂脉冲(spall pulse)，表现为质点速度回跳(velocity pullback)，$\Delta u_{fs}=u_0-u_m$，此处 u_m 是层裂脉冲到达前的自由面质点速度(对应于 P-u 图中的 M 点)。层裂面与自由面之间陷入的应力波，在自由面与层裂面之间来回反射，使得 $u_{fs}(t)$ 出现衰减震荡，如图 8.17(c)所示。从震荡周期 t 可以推算层裂片厚度 $h_s(=C_1\tau/2)$，此处 C_1 是轴向纵波波速。在最大拉伸应力不足以引起层裂的情况下，自由面质点速度将由 u_0 直接下降到零。

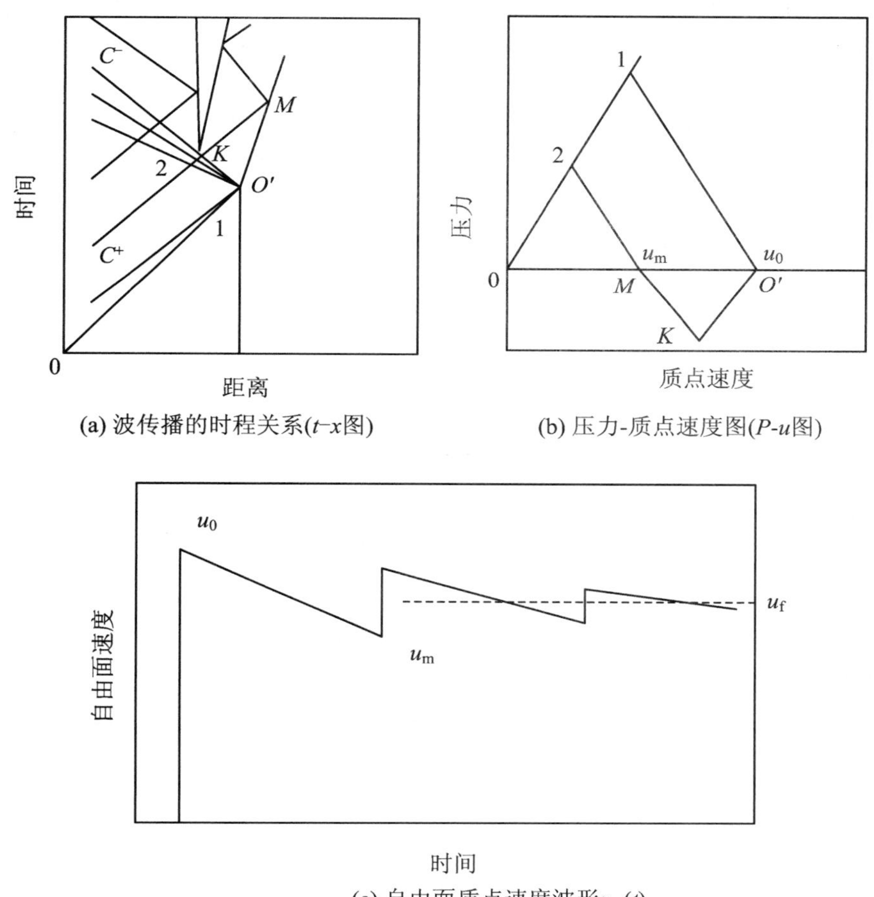

(a) 波传播的时程关系(t-x图)　　(b) 压力-质点速度图(P-u图)

(c) 自由面质点速度波形$u_{fs}(t)$

图 8.17　三角形激波脉冲在自由面反射而形成层裂面的示意图

自由表面峰值速度 u_0 及层裂前的质点速度 u_m 可以直接从实测的自由面速度时程上确定，则根据冲击波线性近似分析(参考第 4 章 4.2 节)，层裂前最大拉伸应力为[8.22]

$$\sigma^*=\frac{1}{2}\rho_0c_0\Delta u_{fs}\tag{8.9}$$

由此可确定层裂强度 σ^*，式中，ρ_0 为密度，c_0 为声速。

需要说明的是，层裂强度计算时应考虑材料的非线性压缩特性，可以在 P-u 图上通过等熵线外推得到。实践中，在冲击速度不是很高的情况下，这样修正一般差别不超过10%。

图8.18所示为钛合金BT6（Ti-6Al-4V）平板撞击层裂实验测到的自由面速度波形$u_{fs}(t)$[8.23]。从中可以看到：

① 当冲击载荷强度较小时（曲线1，冲击速度450±20 m/s），$u_{fs}(t)$记录了弹性、塑性压缩波以及随后完整的卸载波波形，材料经历了弹性及塑性变形，但没有层裂发生。

② 随加载速度增加，从自由面反射的拉伸应力增大。当拉伸应力峰值达到层裂门槛值时，在层裂面上发生损伤的形核及聚集。随着层裂发展，损伤积累区的拉伸应力下降，在自由面质点速度波形上出现"层裂脉冲"。此后，在层裂面与自由面表面间来回反射的层裂脉冲使得自由表面速度波形出现震荡。

如上所述，由震荡的周期测量可以估算层裂片的厚度，而由Δu_{fs}可以计算材料的断裂强度。图8.18所示的实验结果显示：冲击波强度大小并不影响Δu_{fs}的幅值。

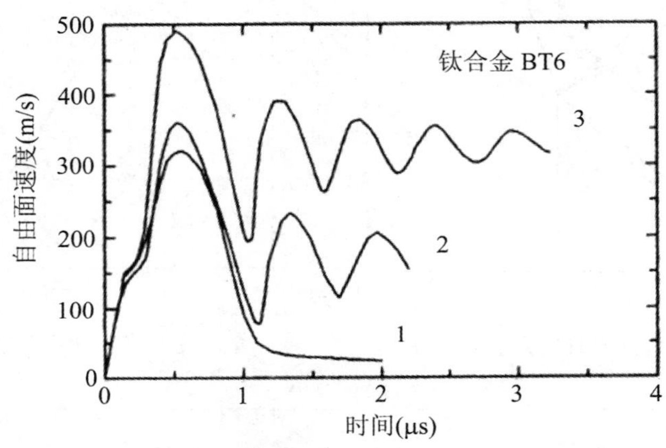

图8.18 钛合金(Ti-6Al-4V)在三个不同激波强度下的自由面质点速度波形

式(8.9)是建立在流体动力学模型的激波简化分析基础上的，忽略了材料畸变的影响。对于大多数固体材料，当畸变效应不可忽略时，自由表面的速度波形显示了材料的弹塑性特性。对于一维应变加载过程，该曲线上可以看出以纵波声速C_l、体波波速C_b等流体-理想弹塑性体的声速特征（图8.19），其中$C_b<C_l$。这时应在流体-理想弹塑性模型（图8.19）基础上进行激波脉冲的入射和反射分析（参看第5章5.4节），这要比图8.17所示情况复杂得多[8.24]。其复杂性主要表现在两方面：

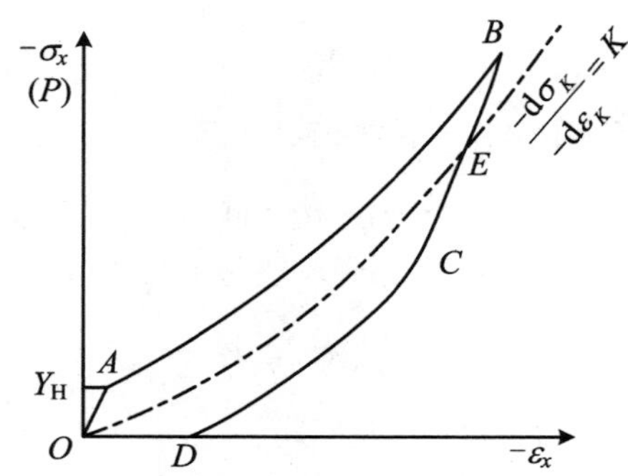

图8.19 流体理想弹塑性模型的一维应变加载和卸载 σ_x-ε_x 曲线

① 首先，塑性压缩激波不会到达自由面进行反射。事实上，传播得快的前驱弹性激波先在自由面反射，此反射弹性卸载波将迎面与随后入射的塑性压缩激波相互作用，在削弱塑性压缩激波强度的同时，又产生二次入射前驱弹性激波，在自由面上再次反射。以此类推，入射塑性压缩波在入射过程中将被一次次地削弱，直到应力幅值低于屈服应力，成为弹性波。换句话说，塑性压缩激波永远不可能直接到达自由面。一切基于塑性压缩激波在自由面反射导致的层裂分析只适用于那些忽略弹性前驱波的流体动力学模型。

② 入射卸载波将包括前驱弹性卸载波和后随塑性卸载波。对于三角形脉冲载荷（炸药接触爆炸加载），如图 8.20 所示，由于弹性卸载波既快于塑性卸载波（或即反向塑性加载波），又快于塑性加载激波，将在这两者之间来回反射，使塑性加载激波强度不断降低[8.24]。

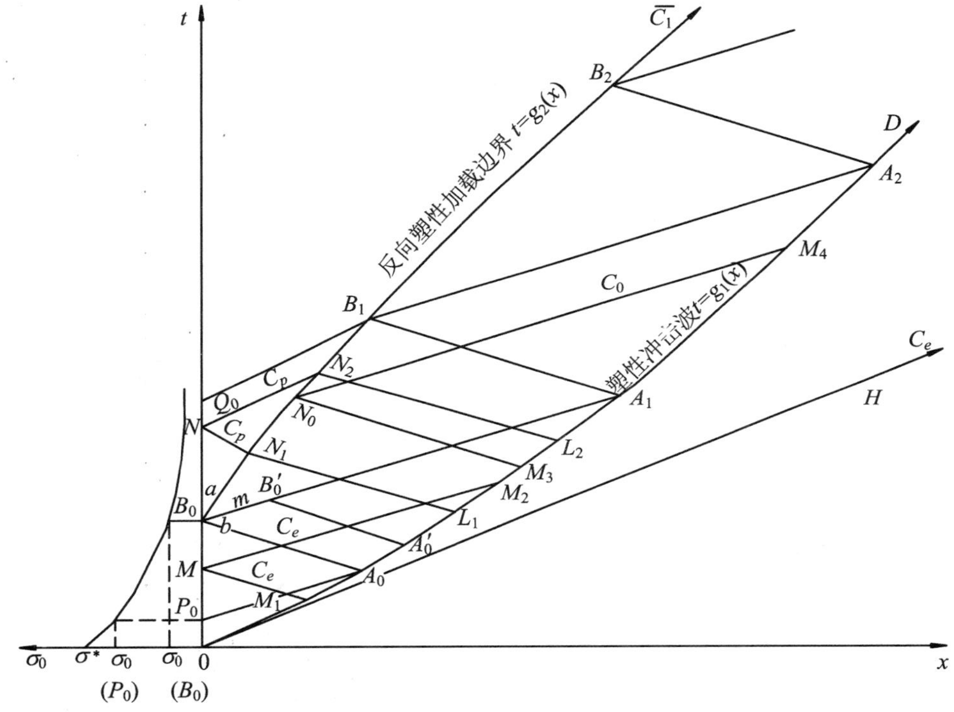

图 8.20 入射弹性卸载波在入射塑性加载激波与入射塑性卸载波之间来回反射

对于矩形脉冲载荷，如图 8.21 所示，在整个入射压缩脉冲在自由面反射之前，入射弹性卸载波 TB 会先追上入射塑性压缩加载波 OB。相互作用后的内反射波 BC 还会与入射塑性卸载波 TC 相互作用，使波系大大复杂化。特定条件下，甚至于会在加载面附近产生另一种**卸载破坏**，即所谓的**“正面层裂”**[8.25]。

显然，对于上述如此复杂的波系相互作用情况，常常已经难以如式(8.9)那样用一个简单的或稍加修正的公式来估算层裂强度了，往往需要依据各个具体情况借助于计算机进行数值计算。

对于层裂研究有兴趣作深入一步学习钻研的读者，可以参看例如由俄罗斯和美国在层裂研究方面的著名学者们联合出版的专著 *Spall Fracture*[8]，书中对层裂的研究历史和现状作了权威性的评论。

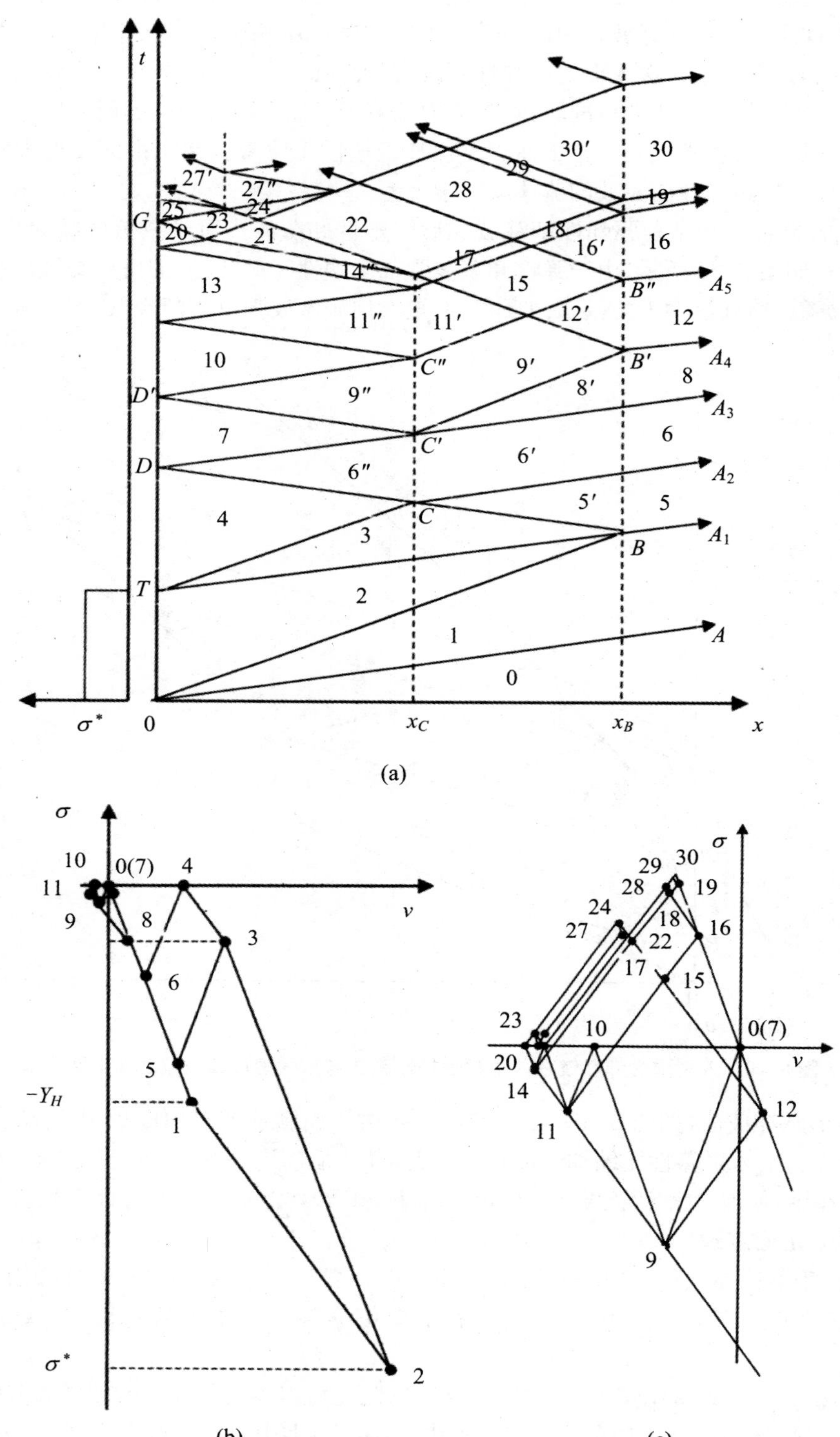

图 8.21　塑性卸载(反向塑性加载)对一维应变弹塑性波传播的影响

8.2 冲 蚀

层裂研究给予人们的一个重要启示是：与准静载荷下结构破坏通常发生在加载阶段不同，以应力波传播为特征的动力学过程则会发生卸载波相互作用所引发的**卸载失效**或**卸载破坏(unloading failure)**。

结构在爆炸/冲击等动载荷作用下，应力波常常是导致结构破坏的主要载荷形式。以应力波传播为特征的动力学过程既包含加载波又包含卸载波的传播，这就涉及加载波-加载波之间、加载波-卸载波之间以及卸载波-卸载波之间的相互作用。尽管冲击脉冲载荷通常最先产生压缩型应力波，但冲击脉冲本身包含卸载波尾；而压缩波在低波阻抗界面(包括自由表面)会反射成卸载波，卸载波与卸载波相互作用则会引发拉伸载荷的出现。由于一般材料的拉伸破坏强度显著低于压缩破坏强度，于是结构在应力波作用下的动态破坏往往表现为卸载拉伸破坏。常见的背面层裂只是卸载破坏的表现形式之一。图 8.21 所显示的正面层裂是卸载破坏的另一种表现形式。

抛掷爆破时所形成的爆破凹坑，即靠近自由面(临空面)一侧完全破坏而形成的漏斗状凹坑，在爆破工程界称为爆破漏斗(blasting crater)，也是卸载破坏的表现形式。药包埋在距离自由面一定距离(在爆破工程界叫做抵抗线)外，起爆时产生的球面爆炸脉冲在自由面反射球面卸载波，它与入射爆炸脉冲的卸载波尾相互作用形成拉应力，当满足卸载破坏条件时，与层裂机理相类似地，爆破漏斗区的物质会带着陷入其中的动量飞离。

下面要讨论的**冲蚀**(**erosion**)则是表面卸载波诱导的另一类卸载破坏。一切由于卸载波导致的动态拉伸破坏都有相似的内在规律，因而统称为卸载破坏[8.27]。

1. 冲蚀(erosion)——Rayleigh 表面波诱导的卸载破坏[8.28]

上面在讨论层裂时，主要把注意力集中在靶板的背面。其实，加载侧正面常常也有严重变形和破坏，如图 8.1(a)和图 8.1(b)所示。这类凹坑状的破坏区之形成，与多种因素相关，但离不开来自外侧自由面的表面稀疏波影响，即也与卸载破坏有关。

值得关注的是，即使脉冲载荷的强度不足以导致背面层裂，但加载面上所形成的损伤和破坏也足以威胁到结构服役期间的整体安全。其典型事例是冲蚀[8.28]。例如，高速飞行器遭遇雨滴的冲蚀——雨蚀(rain erosion)，或遭遇沙粒的冲蚀——沙蚀(sand erosion)，或遭遇冰雹的冲蚀——雹蚀(hail erosion)，这些都足以危害飞行器运行的安全。两相流包含的颗粒在管道拐弯处对管道内壁的冲蚀+腐蚀的联合作用也常常是管道失效的重要原因。

图 8.22 显示韧性材料铝板受到相当于 10 mm 直径水滴的射流以 750 m/s 速度正撞击时形成的表面碟形凹坑[8.28,8.29]，特别值得注意的是凹坑边缘区域的一圈圈环向波浪状纹路。

图 8.23 所示为脆性材料钠玻璃(soda-lime grass)试块(12 mm×50 mm×5 mm)受 3 mm 直径钢珠以 250 m/s 速度正撞击的高速摄影照片[8.30,8.31]。照片依次自左向右、从上到下共 8 帧，帧间时间(interftame time)为 0.95 μs。从第 5 帧(下排左 1)起，可以看到以 R 标志的环向表面裂纹，随时间逐渐推移。在第 7 帧(下排右 2)可以看到以 S 为标志的层裂损伤。

冲蚀的一个特征是球形弹对平面靶的**非平面撞击**。这时弹和靶中都会形成两个区域：弹-靶"接触区"和"非接触区"。设球形弹以恒速 V_0 撞击平面靶，从撞击开始，两者的接触面积随时间不断扩展。在弹的子午剖面上，表现为接触边界的传播，如图 8.24 所示[8.32]。

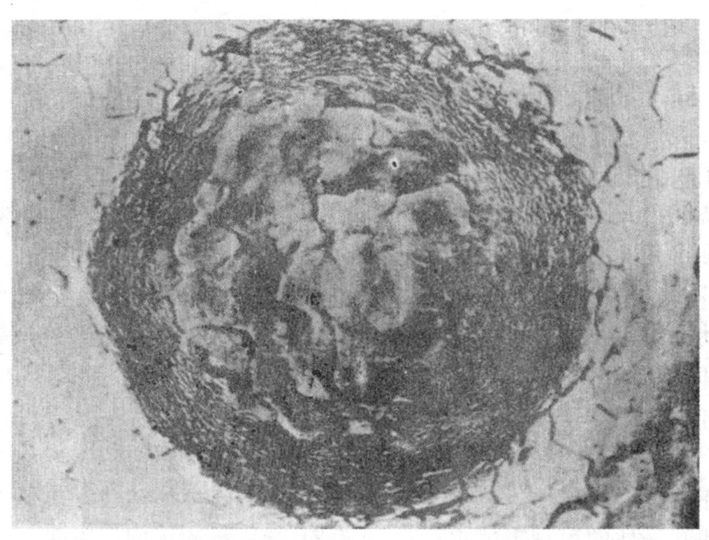

图 8.22　铝板受到相当于 10 mm 直径水滴以 750 m/s 速度正撞击时形成的表面碟形凹坑

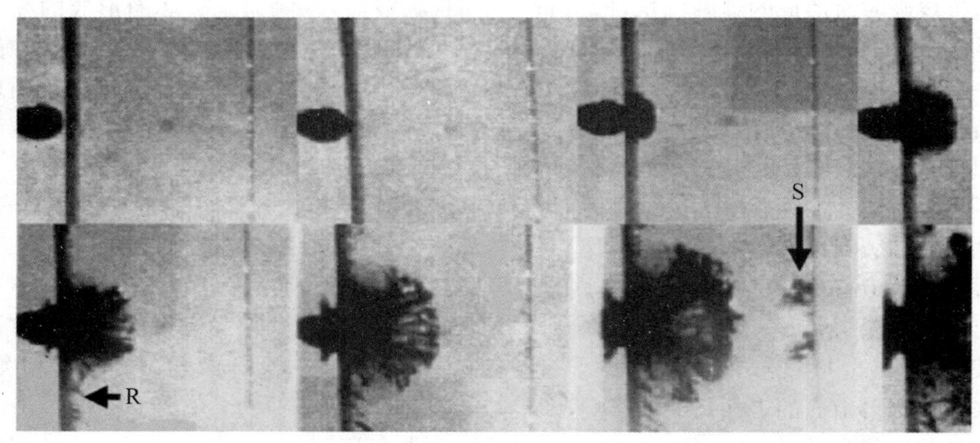

图 8.23　钠玻璃块受 3 mm 直径钢珠以 250 m/s 速度正撞击的高速摄影照片，帧间时间 0.95 μs

接触边界的传播速度在球形弹和平面靶上的表现有所不同。对于半径为 R 的球形弹而言，接触速度为 Q_e 的方向与接触点处的周线相切。Q_e 的垂直分量 V_e、水平分量 U_e 与冲击速度 V 之间的关系为

$$V_e = Q_e \sin\beta = V \tag{8.10a}$$

$$U_e = Q_e \cos\beta = \frac{V}{\tan\beta} \tag{8.10b}$$

而对于平面刚性靶而言，接触速度正好就是 Q_e 沿 x 轴的分量 U_e。

显然，当接触边界的传播速度快于应力波的传播速度时形成“接触区”，这时由于接触边界的超波速传播，应力波的效应被掩盖和抑制；而当应力波快于接触区边界扩展速度时形成“非接触区”，这时应力波将起主导作用，形成一圈圈环向裂纹组成的损伤区。图 8.25 显示的是 PMMA 靶板受到直径 14.3 mm 的冰弹以 143 m/s 速度撞击[图 8.25(a)]和直径 14.3 mm 的尼

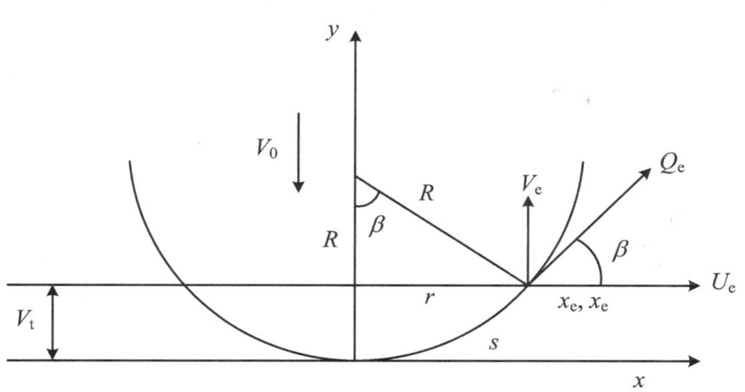

图 8.24　球形弹以恒速 V_0 撞击平面靶时接触边界的传播

龙弹以 392 m/s 速度撞击[图 8.25(b)]时之高速摄影记录(帧间时间 20 μs)以及靶板表面清晰的"接触区"和环向裂纹损伤组成的"非接触区"[8.33,8.34]。

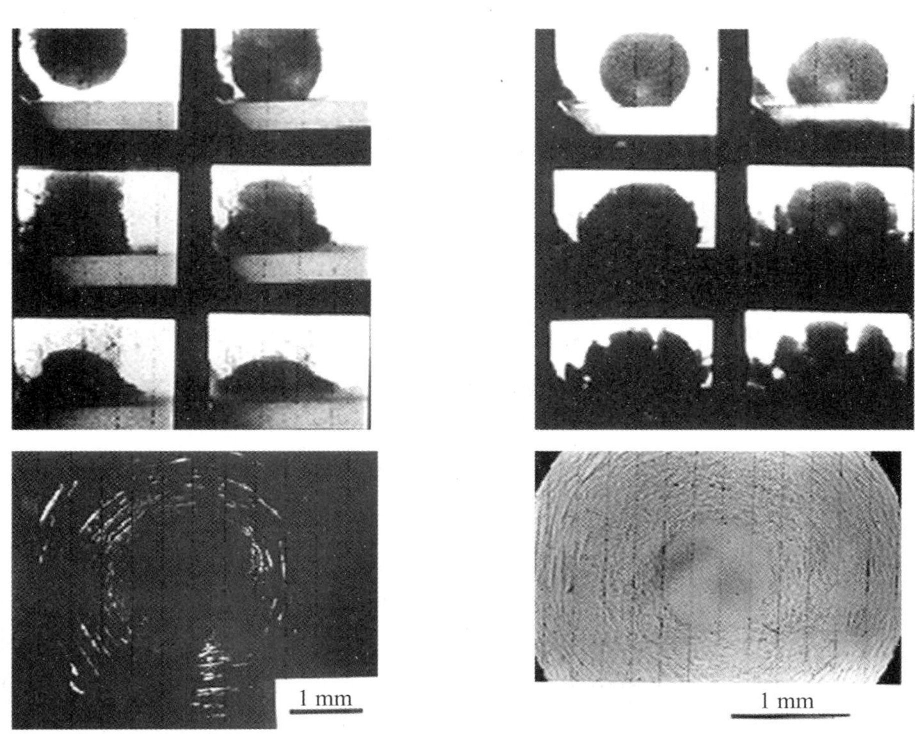

(a) 冰弹撞击PMMA靶　　(b) 尼龙弹撞击PMMA靶

图 8.25　球形弹撞击平面靶的高速摄影记录(帧间时间 20 μs)和靶面损伤特征

划分接触区和非接触区的条件，也即损伤区出现的临界条件，对于评估冲蚀严重程度具有重要意义。考虑到沿着平面弹性靶板表面传播的应力波在理论上有三种基本类型[8.24]：纵波(P 波)、横波(S 波)和 Rayleigh 表面波，而其中只有 Rayleigh 表面波能够产生表面拉应力；并且在实验研究中，如图 8.23 所示，也已经观察到 Rayleigh 表面波引发的表面裂纹，因此损伤区出现的临界条件，按式(8.10b)，可表示为

$$C_R = U_e = \frac{V}{\tan\beta} \tag{8.11}$$

式中,C_R是 Rayleigh 表面波波速;上式和图 8.24 中的冲击速度 V 在刚性靶的情况下就是弹的初始速度 V_0,但当弹和靶都是变形体时,应计及靶—弹的波阻抗比$\frac{(\rho C)_t}{(\rho C)_p}$和半径比$\frac{R_t}{R_p}$的影响,可表示为

$$V = \alpha V_0 \quad \left\{\alpha = \alpha\left[\frac{(\rho C)_t}{(\rho C)_p}, \frac{R_t}{R_p}\right]\right\} \tag{8.12}$$

式中,下标 t 和 p 分别指其为靶和弹的有关量。α 有两个极端情况[8.24]:

$$\left.\begin{aligned} &\alpha = \alpha_1 = 1 \qquad (\rho C)_t \to \infty\text{(刚性靶)} \\ &\alpha = \alpha_2 = \frac{(\rho C)_t}{(\rho C)_t + (\rho C)_p} \qquad R_t = R_p = \infty\text{(平面撞击)} \end{aligned}\right\} \tag{8.13}$$

对于弹性球形弹撞击弹性平面靶板的情况,可取上述两种极端情况的平均值作为一级近似:

$$\alpha = \frac{\alpha_1 + \alpha_2}{2} = \frac{1}{2}\left[1 + \frac{(\rho C)_t}{(\rho C)_t + (\rho C)_p}\right] \tag{8.14}$$

代入式(8.12)得到

$$V = \frac{1}{2}\left(1 + \frac{1}{1+n}\right)V_0 \qquad \left[n = \frac{(\rho C)_p}{(\rho C)_t}\right] \tag{8.15}$$

另一方面,由图 8.24 所示几何关系知:

$$\tan\beta = \frac{r}{R - Vt} \qquad (r = R\sin\beta) \tag{8.16}$$

把三角函数关系 $\sin\beta = \frac{\tan\beta}{(1+\tan^2\beta)^{1/2}}$,连同式(8.16)一起代入式(8.11),经过演算,并计及式(8.15),可得出以未损伤区临界半径 r_c表征的损伤区出现的临界条件:

$$\begin{aligned} &r_{cr} = R\sin\beta_{cr} = \frac{RV}{C_R}\left[1 + \left(\frac{V}{C_R}\right)^2\right]^{-1/2} \\ &\frac{V}{C_R} = \frac{\alpha V_0}{C_R} = \frac{1}{2}\left(1 + \frac{1}{1+n}\right)\frac{V_0}{C_R} \qquad \left[n = \frac{(\rho C)_p}{(\rho C)_t}\right] \end{aligned} \tag{8.17a}$$

当$\frac{V}{C_R} \leqslant 0.6$时,将上式展开 Taylor 级数后近似地有

$$r_{cr} = \frac{RV}{C_R}\left[1 - \frac{1}{2}\left(\frac{V}{C_R}\right)^2\right] \qquad \left(\frac{V}{C_R} \leqslant 0.6\right) \tag{8.17b}$$

式(8.17)虽然是按正撞击的情况导出的,但不难推广到斜撞击的情况,只需把式(8.17)中的 V_0代之以 $V_0\cos\theta$ 即可,此处 θ 是相对于靶板法线的撞击角。图 8.26 给出 McNaughton 等用不同直径冰弹以不同撞击角撞击 PMMA 靶板时的实验结果[8.35]与式(8.17)推广到斜撞击时的理论预示之比较。考虑到实验中冰弹直径变化范围为 12.7～25.4 mm,撞击角变化范围为 0°～60°,撞击速度变化范围为 240～835 m/s,而理论预示与实验结果能够吻合得相当好,足以说明式(8.17)的有效性。

引入两个无量纲参数,即如下定义的**相对有效冲击速度** $\bar{V}_{eff}$:

$$\bar{V}_{eff} = \frac{V_{eff}}{C_R} = \frac{\alpha V_0 \cos\theta}{C_R} \tag{8.18a}$$

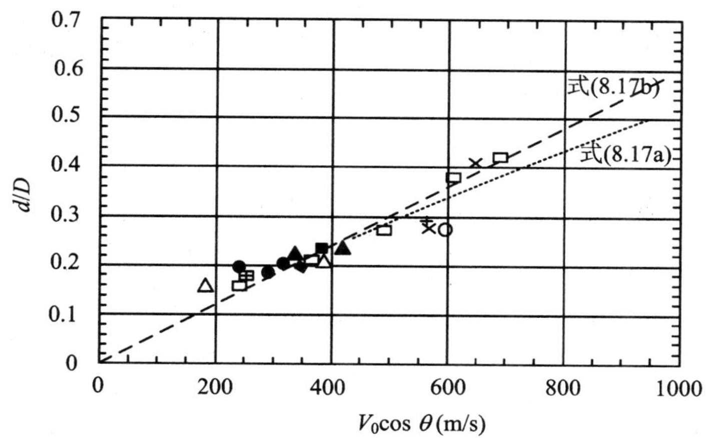

(O) $D=17.7$ mm，$\theta=0°$；(□) $D=19.0$ mm，$\theta=0°$；(◇) $D=25.4$ mm，$q=0°$；(X) $D=12.7$ mm，$\theta=15°$；(+) $D=12.7$ mm，$\theta=30°$；(△) $D=19.0$ mm，$\theta=30°$；(●) $D=25.4$ mm，$\theta=45°$；(■) $D=19.0$ mm，$\theta=45°$；(◆) $D=25.4$ mm，$\theta=45°$；(▲) $D=19.0$ mm，$\theta=60°$；(□) $D=25.4$ mm，$\theta=60°$

图 8.26　冰弹以不同角度撞击 PMMA 平面靶的 r_c 实测值与理论预示的比较

和如下定义的无量纲的无损伤直径 $\bar{d}$

$$\bar{d}=\frac{d_{cr}}{D}=\frac{r_{cr}}{R} \tag{8.18b}$$

式中，$d_{cr}=2r_{cr}$ 是未损伤区临界直径，$D=2R$ 是球形弹直径，则计及斜撞击的式(8.17)可表现为如下简单的无量纲形式：

$$\bar{d}=\bar{V}_{eff}\left[1+\bar{V}_{eff}{}^{2}\right]^{-1/2} \tag{8.19a}$$

$$\bar{d}\approx\bar{V}_{eff}\left[1-\frac{1}{2}\bar{V}_{eff}{}^{2}\right]\qquad(\bar{V}_{eff}\leqslant 0.6) \tag{8.19b}$$

上述无量纲公式理论上可适用于不同材料的球形弹对不同材料平面靶的冲蚀分析。图 8.27 给出式(8.19)理论预示[实线：式(8.19a)，虚线：式(8.19b)]与一系列不同研究者实验结果的对比，包括冰弹、雨滴和尼龙弹等的冲蚀研究结果[8.34,8.36,8.37]。无量纲理论预示和众多实验结果的良好符合为上述理论分析提供了一个充分的证明，建立了这些相似现象间的共同理论分析基础。

对于给定的材料，冲蚀损伤一般随撞击速度增加和冲蚀重复次数增多而严重化。为对冲蚀损伤的严重程度进行定量评估，目前通行的办法是对冲蚀实验后的试样测量其残余强度。例如，用水压爆裂实验测定其断裂应力 σ_f[8.38]。

图 8.28 所示的是当量直径 2 mm 的水滴以不同速度冲击钠玻璃靶后形成的代表性冲蚀损伤图案，其中图(a)、图(b)、图(c)分别对应于冲击速度 300 m/s、450 m/s 和 700 m/s [8.39]。

图 8.29 给出了当量直径 4 mm 的水滴以不同速度冲击钠玻璃靶后，残余断裂应力 σ_f 随冲击速度的变化[8.39]。由图可见，当冲击速度大于某一临界速度时，残余强度才开始下降。在冲击速度为 150～300 m/s 的"转变区"，残余断裂应力随冲击速度之增加而快速下降。在高速冲击下，残余断裂应力也只有原来强度的约 20%，尽管只经历了水滴的一次冲蚀。

实际上，大部分结构所遭遇的冲蚀决不会停留在单次冲击，如同飞行器遭遇雨蚀、雹蚀或沙蚀那样，往往是多次重复的，其危害性更大。图 8.30 给出当量直径 4 mm 的水滴以 250 m/s 速

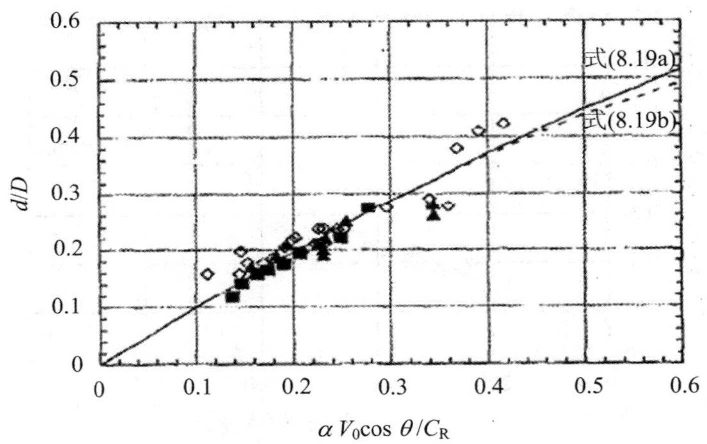

图 8.27　无损伤直径 $\bar{d}$ 与相对有效冲击速度 $\bar{V}_{\mathrm{eff}}$ 间的统一关系，实测值与理论预示的比较

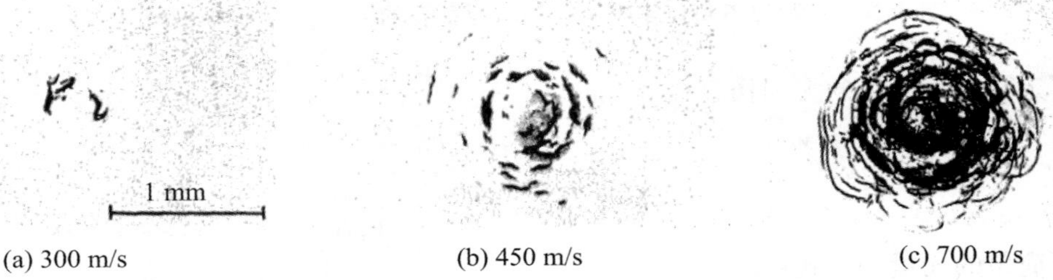

图 8.28　当量直径 2 mm 的水滴以不同速度冲击钠玻璃靶时的冲蚀损伤

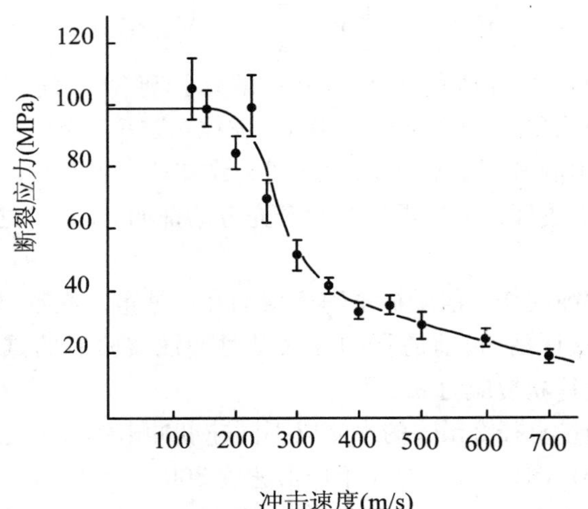

图 8.29　直径 4 mm 水滴以不同速度冲击钠玻璃靶，残余断裂应力 σ_f 随冲击速度的变化

度冲击钠玻璃靶，随冲蚀次数增加而变化的冲蚀损伤图案[8.39]。

由图 8.30 可见，冲蚀损伤随着冲击次数增加而明显变得严重化。相应地，不同冲击次数下，残余断裂应力随冲击次数之增加也明显下降，而且残余强度快速下降的“转变区”也随着冲击次数之增加而变窄，如图 8.31 所示[8.39]。

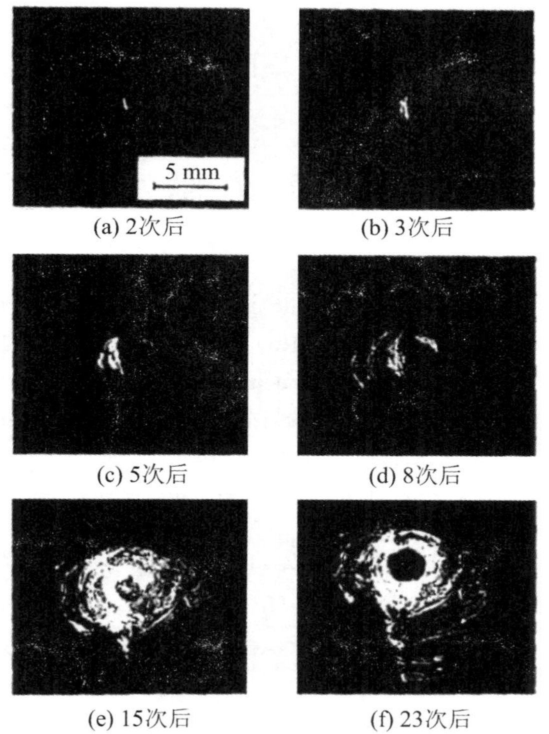

图 8.30 当量直径 4 mm 的水滴以 250 m/s 冲击钠玻璃靶不同次数后的冲蚀损伤

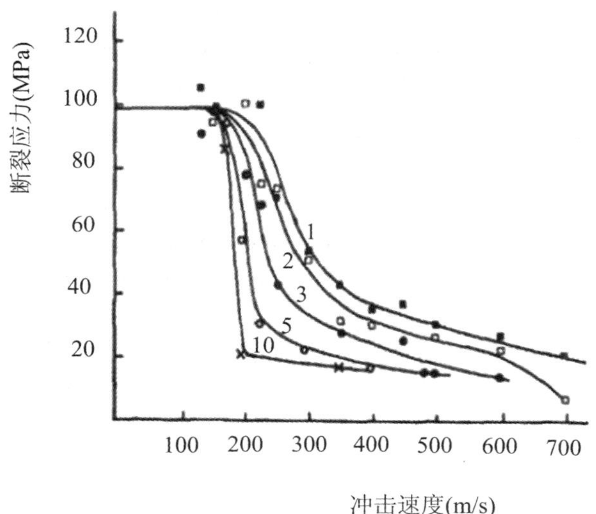

图 8.31 不同冲击次数下,残余断裂应力 σ_f 随冲击速度变化的变化

测得残余断裂应力 σ_f 后,如果材料的断裂韧性 K_{Ic} 已知,则可按照裂纹力学理论换算成等价裂纹的尺寸[8.39]。例如,等价裂纹如果按长 $2c$ 的裂缝考虑,则等价裂缝尺寸 c 可按下式推算,由此可以对于经受冲蚀的结构进行安全分析:

$$c = \frac{1}{\pi}\left(\frac{\sigma_f}{K_{\mathrm{Ic}}}\right)^2 \tag{8.20}$$

具体涉及的裂纹力学(又称断裂力学)知识,正是下一章将要讨论的。

参 考 文 献

[8.1] HOPKINSON B. A method of measuring the pressure produced in the detonation of high explosives or by the impact of bullets[J]. Phil Trans Roy Soc London, 1914, A213: 437-456.

[8.2] HOPKINSON B. Scientific papers[M]. London: Cambridge University Press, 1910.

[8.3] RINEHART J S. Some quantitative data bearing on the scabbing of metals under explosive attack [J]. J. Appl. Phys., 1951, 22 (5): 555-560.

[8.4] RINEHART J S. Scabbing of metals under explosive attack: multiple scabbing[J]. J. Appl. Phys., 1952, 23 (11), 1229-1233.

[8.5] 董新龙,洪志权,高培正,等. 混凝土及钢纤维混凝土板爆炸破坏研究[J]. 兵工学报, 2009,30 (2): 280-283.

[8.6] DONG XINLONG, CHEN JIANGYING, GAO PEIZHENG, et al. Experimental study on common and steel fiber reinforced concrete under tensile stress [J]. Journal of Beijing Institute of Technology, 2004, 13 (3): 254-259.

[8.7] DONG X, GAO P, CHEN J, et al. Study on the behavior of plain and steel fiber reinforced concrete under dynamic tensile stress[C]// Proceedings of DYMAT. 2009,1: 633-637.

[8.8] RINEHART J S. Stress transients in solids[C]// Hyper Dynamics. New Mexico: 1975.

[8.9] IVANOV A G, NOVIKOV S A. Rarefaction shock waves in iron and steel[J]. J. Exp. Theo. Phys. (USSR), 1961, 40: 1880-1882.

[8.10] ERKMAN J. Smooth spells and the polymorphism of iron[J]. J Appl. Phys, 1961, 32 (5): 939-944.

[8.11] DREMIN A N, MOLODETS A M, MRLKUMOV A I, et al. On anomalous increase of steel spall strength and its relationship to martensitic transformation [C]//MEYERS M A, MUM L E, STAUDHAMMER K P. In Shock-Wave and High-Strain- Rate Phenomena in Materials. New York: Marcel Dekker, 1992: 751-757.

[8.12] ZUREK A K, FRANTZ CH E, GRAY G T. In shock-wave and high-strain- rate phenomena in materials[C]// MEYERS M A, MUM L E, STAUDHAMMER K P. New York: Marcel Dekker, 1992:759.

[8.13] OSCARON J H, GRAFF K F. Battelle Memorial Institute[R]. BAT-197A-4-3(AD 669440), 1968.

[8.14] WHITEMAN P. Preliminary report on the effect of stress rate on the dynamic fracture of steel, brass and aluminum [R]. Atomic Weapons Research Establishment. Report No. UNDEX 445, 1962.

[8.15] SKIDMORE I C. An introduction to shock waves in solids[J]. Appl. Mater. Res, 1965, 4(3): 131.

[8.16] BREED R B, MADER C L, VENABLE D. Technique for the determination of dynamic tensile strength characteristics[J]. J. Appl. Phys., 1967, 38 (8): 3271-3275.

[8.17] THURSTAN R S, MUDD W L. Spallation criterion for numerical computational data[R]. LA -

4013, TID-4500, 1968.

[8.18] TULER F R, BUTCHER B M. A criterion for the time dependence of dynamic fracture[J]. Int. J. Fract. Mech., 1968,4 (4): 431-437.

[8.19] 朱兆祥,李永池,王肖钧. 爆炸作用下钢板层裂的数值分析[J]. 应用数学和力学,1981,2(4): 353-368.

[8.20] LI YONGCHI, TAN FULI, GUO YANG, et al. Determination of the damage evolution equation and spallation criterion of metals[J]. Journal of Ningbo University (NSEE), 2003, 16 (4): 443-447.

[8.21] 曹结东,李永池. 一种损伤演化方程的建立和几种层裂准则的推导[J]. 中国工程科学,2006,8 (1): 40-45.

[8.22] NOVIKOV S A, DIVNOV I I, IVANOV A G. The study of fracture of steel, aluminum and copper under explosive loading[J]. Phys. Metals Metal Science (USSR), 1966, 21(4): 608-615.

[8.23] KANEL G I, PETROVA E N. The strength of titanium VT6 at shock wave loading[C]//DREMIN A N, et al. In Workshop on Detonation. Chernogolovka, 1981: 136-142.

[8.24] 王礼立. 应力波基础[M]. 2版.北京:国防工业出版社出版,2005.

[8.25] 王礼立. 一维应变弹塑性压缩波传播中反向塑性变形引起的拉应力区[J]. 爆炸与冲击,1982, 2 (2): 39-44.

[8.26] ANTOUN T, SEAMAN L, CURRAN D R, et al. Spall fracture[M]. New York: Springer-Verlag, 2003.

[8.27] WANG LI LIH. Unloading waves and unloading failures in structures under impact loading[J]. Int. J Impact Eng., 2004, 30 (8/9): 889-900.

[8.28] FIELD J E, HUTCHINGS I M. Surface response to impact[C]// BLAZYNSKI T Z. In Materials at High Strain Rates. Essex: Elsevier Applied Science Publishers, 1987: 243-293

[8.29] FIELD J E, LESSER M B, DEAR J P. Studies of two-dimensional liquid wedge impact and their relevance to liquid-drop impact problems[J]. London : Proc. R. Soc., 1985, A401: 225-249.

[8.30] WALLEY S M, FIELD J E. The contribution of the cavendish laboratory to the understanding of solid particle erosion mechanisms[J]. Wear, 2005, 258: 552-566.

[8.31] FIELD J E, SUN Q, TOWNSEND D. Ballistic impact of ceramics[J]. Inst Phys Conf Ser 102, 1989: 387-393.

[8.32] BOWDEN F P, FIELD J E. The brittle fracture of solids by liquid impact, by solid impact and by shock[J]. Proc. Roy. Soc., 1964, A282: 331-352.

[8.33] WANG LILI, FIELD J E, SUN Q, et al. Surface damage of PMMA plates by ice and Nylon ball impacts[C]// ZHENG ZHEMIN, TAN QINGMING. IUTAM Symposium on Impact Dynamics. Beijing: Peking University Press, 1994: 417-433.

[8.34] WANG LILI, FIELD J E, SUN Q, et al. Surface damage of polymethy limethacrylate plates by ice and Nylon ball impacts [J]. J. Appl. Phys., 1995, 78 (3): 1643-1649.

[8.35] MCNAUGHTON Ⅱ, CHISMAN S W, BOOKER J D. Hail impact studies[C]//FYALL A A, KING R B, ROYAL. Proc 3rd Int Conf on Rain Erosion and Associated Phenomena. Aircraft Establishment, Farnborough, 1970.

[8.36] RICKERBY D G, High velocity liquid impact and fracture phenomena[R]. Ph D thesis, University of Cambridge, 1977.

[8.37] FIELD J E, GORHAM D A, RICKERBY D G. Erosion: prevention and useful applications[J]. ASTM, STP 664: ASTM, Philadelphia, PA, 1979: 320-243.

[8.38] MATTHEWSON M J, FIELD J E. An improved strength-measurement technique for brittle materials[J]. J. Phys. E: Sci. Instrum., 1980, 13: 355-359

[8.39] ZWAAG S VAN DER, FIELD J E. Rain erosion damage in brittle materials[J]. Engineering Fracture Mechanics, 1983, 17 (4): 367-379.

[8.40] ALAIN MOLINARI, SÉBASTIEN MERCIE, NICOLAS JACQUES. Dynamic failure of ductile materials[C]// 23rd International Congress of Theoretical and Applied Mechanics. Procedia IUTAM 10, 2014: 201-220.

第 9 章　裂纹动力学和动态碎裂

在本篇开头曾经提到：从细观角度看，材料的动态破坏是一个不同形式的细观损伤（微裂纹、微空洞、微剪切带等）以一定速率演化的时间过程。因此广义上讲，材料破坏都是一个动态的演化过程，因而对材料破坏的研究离不开对细观损伤动态演化规律的研究。从细观上说细观损伤连通成宏观裂纹，导致破坏。而从宏观角度分析，我们一般会面临两类问题：如果细观损伤尚未连通成宏观裂纹，我们的研究对象即便含有细观损伤也是没有宏观裂纹的"无裂纹体"；反之，我们的研究对象就是具有宏观裂纹的"裂纹体"。经典连续介质力学以研究无裂纹体为主，这时物体任一点的位移是时空的连续单值函数。而一旦出现宏观裂纹，位移就不再限于连续单值函数，因为裂纹在数学上可以表示为位移的强间断，出现了奇异性，这就使问题大大复杂化了。

对于裂纹体研究的一个有趣而重要的结果是，其强度取决于裂纹尖端很小邻域的力学场特性。由此力学家们把精力集中在研究宏观裂纹相关的力学，形成了一门新的力学分支—— 含有宏观裂纹的固体的力学，有的学者称之为**断裂力学**（**Fracture Mechanics**）[9.1~9.4]，有的学者称之为**裂纹力学**（**Crack Mechanics**）[9.5]。由于断裂一词也适用于无裂纹体（如图 5.14 所示），所以断裂力学在广义上不限于裂纹体而具有更广泛的含义，因此本书倾向于采用"裂纹力学"。当需要沿用已经广泛流传的"断裂力学"时，则按其狭义（即针对裂纹体而言）的含义来理解。

裂纹体是一类特殊的结构。从裂纹力学的角度来研究裂纹体的破坏时，有两个核心问题：其一是如何来确定在不同载荷条件下裂纹尖端的力学场（应力、应变、位移等力学量的时空分布等），这是问题的结构响应方面。其二是如何来确定在不同的载荷条件下裂纹体材料抵抗裂纹失稳扩展而破坏的能力（断裂韧性），这是问题的材料响应方面。

在爆炸/冲击动载荷下，**裂纹动力学**（**Crack Dynamics**）问题进一步复杂化，表现在：一方面，在结构动态响应方面，要计及应力波效应（惯性效应），这包括应力波对于稳定裂纹尖端附近动态力学场的影响以及运动裂纹的动能和惯性对于裂纹尖端附近动态力学场的影响。另一方面，在材料动态响应方面，要计及加载速率对于材料断裂韧性的影响。问题的复杂性还在于，裂纹动态起裂扩展过程会伴随着卸载波的发射和相互作用，这是研究者们在对基于多裂纹源动态破坏即所谓碎裂的研究中格外关注的。

本章重点讨论两大类问题：

① 以宏观主裂纹起主导作用的裂纹体为研究对象的裂纹动力学（或动态断裂力学），包括动载荷下稳定裂纹和运动裂纹的结构动态响应、材料动态响应和破坏准则。

② 以多个裂纹同时出现和扩展而破碎成多个碎片的所谓**碎裂**（**fragmentation**）为研究对象：对于具有细观损伤的无裂纹体，通过细观损伤的多源成核-长大-连通，最终将会形成多个宏观裂纹而导致碎裂。无裂纹体的碎裂过程实际上是一个由无裂纹体通过细观损伤演化而转化为多裂纹体的过程。过程的前期是细观损伤的演化过程（将在第 10 章单独讨论），而过程的最后阶段则是多裂纹体的动态破坏。

为便于讨论，下面先回顾一下准静载荷下裂纹静力学的若干基础知识，但不作详细推导，对有关细节有兴趣的读者可以参考有关著作[9.1-9.5]。

9.1 裂纹动力学

9.1.1 裂纹静力学基础知识

裂纹动力学的许多概念是在裂纹静力学的基础上发展出来的，因此我们先扼要地回顾一下裂纹静力学的一些基本概念。

裂纹力学中将裂纹扩展分为张开型（Ⅰ型）、剪切型（Ⅱ）及撕开型（Ⅲ型）三种基本类型，如图 9.1 所示。裂纹是位移间断面，设 $\boldsymbol{u},\boldsymbol{v},\boldsymbol{w}$ 分别为位移矢量在 x,y,z 坐标轴的 3 个分量，则Ⅰ、Ⅱ、Ⅲ型裂纹分别对应于位移分量 $\boldsymbol{v},\boldsymbol{u},\boldsymbol{w}$ 的间断。其中Ⅰ型是所有加载形式中最为危险的基本断裂模式。

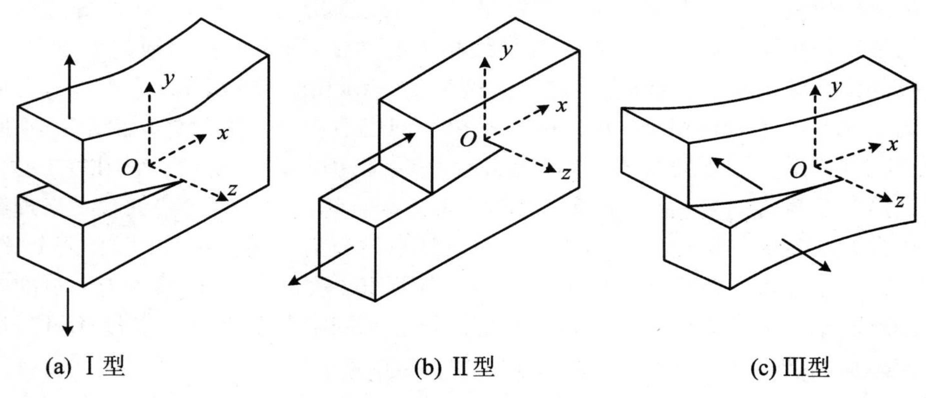

(a) Ⅰ型　　(b) Ⅱ型　　(c) Ⅲ型

图 9.1 裂纹扩展类型

作为裂纹力学研究的前驱性工作，Inglis（1913）研究了一个受均匀拉应力 σ_L、含有椭圆孔的无限大弹性板[9.6]。如图 9.2 所示，椭圆孔的短半轴和长半轴长度分别为 b 和 $c(c>b)$。由弹性力学经典解知，在椭圆孔长轴端 C 点处发生应力集中，最大值 $\sigma_{yy}(c,0)$ 为

$$\sigma_{yy}(c,0)=\sigma_L\left(1+2\,\frac{c}{b}\right)=\sigma_L\left[1+2\left(\frac{c}{\rho}\right)^{1/2}\right] \tag{9.1a}$$

它比外加均匀拉应力 σ_L 大得多，式中第二个等号已计及 C 点处的椭圆曲率半径 ρ 可表示为

$$\rho=\frac{b^2}{c} \tag{9.1b}$$

对于狭长的椭圆孔，$c/b\gg 1$，式(9.1a)中的 1 可以忽略不计，则近似地有

$$\frac{\sigma_{\max}}{\sigma_L}=\frac{\sigma_{yy}(c,0)}{\sigma_L}\approx 2\,\frac{c}{b}=2\left(\frac{c}{\rho}\right)^{1/2} \tag{9.2}$$

比值 SCF $=\sigma_{\max}/\sigma_L$ 称为应力集中系数（stress concentrate factor）。当 $\rho\to 0$（椭圆孔趋于裂纹）时，SCF→∞，或即 $\sigma_{yy}(c,0)\to\infty$，即意味着椭圆孔趋于裂纹时应力出现奇异性。

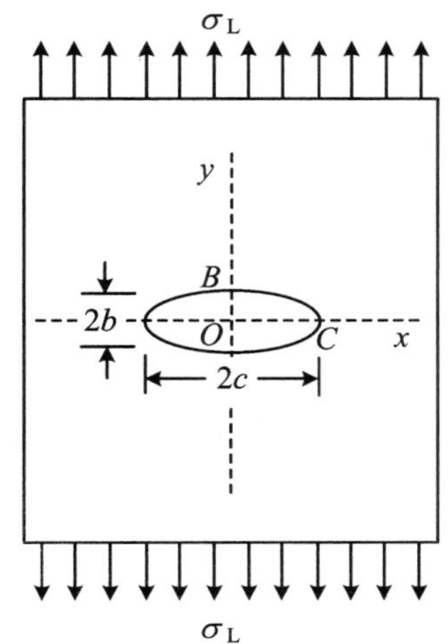

图 9.2　受均匀拉应力 σ_L 含椭圆孔的无限大弹性板示意

设椭圆孔 $c=3b$，沿 x 轴的局部应力分布如图 9.3 所示，其中应力分量 $\sigma_{yy}(x-c,0)$ 随峰值离长轴端 C 点距离之增大而下降，随 x 进一步增大而趋近于 σ_L；应力分量 $\sigma_{xx}(x-c,0)$ 在长轴端 C 点附近很快达到峰值，然后类似于 $\sigma_{yy}(x-c,0)$ 那样下降，而随 x 进一步增大而趋近于 0。图 9.3 给出两点重要启示：

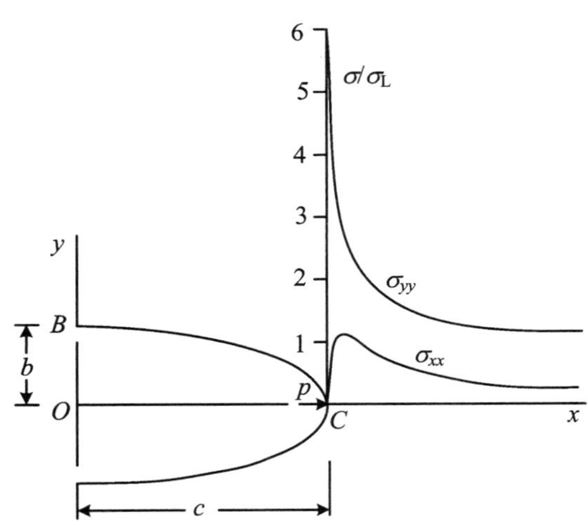

图 9.3　椭圆孔 $c=3b$ 时沿 x 轴的局部应力分布示意

① 椭圆孔对外加拉应力场 σ_L 的干扰首先表现在由原来的均匀应力场变成了非均匀应力场，特别是形成了应力集中现象，但这种应力局域化主要发生于孔端附近很小区域；

② 椭圆孔对外加拉应力场 σ_L 的干扰，还表现为从一维应力状态转变为复杂应力状态，特别是多维拉应力状态将促进材料的脆性破坏。这一点常常被忽视，其实应力状态效应在破坏问题上具有重要意义(参看第 3 篇图Ⅲ.1)。

但是，Inglis 关于椭圆孔的分析表明，如式(9.1)所示，应力集中只取决于椭圆孔长短轴长度之比 c/b，而与孔的实际尺寸大小无关。这与实际情况，即长裂纹比短裂纹更容易在低应力下破坏的大量事实，相差甚远。

然而，Inglis 对于椭圆孔的分析思路给予后来的研究者们以有益的启发，促进了裂纹力学的发展。

由连续介质力学范畴的裂纹力学的发展史看，研究者们此后从两个不同的途径或方法出发来殊途同归地探讨同一裂纹扩展问题。途径之一是**能量法**(**energy approach**)，途径之二是**力场法**(**mechanical field approach**)。这两种途径在研究其他力学问题时常常也是相互配合或交替运用的。

1. Griffith 能量法——能量释放率准则(energy release rate criterion)

Griffith 从裂纹体的系统能量平衡的角度出发来讨论裂纹的失稳扩展[9.7, 9.8]。

利用 Inglis 关于椭圆孔的分析(图 9.2)知，当椭圆短半轴 $b\to 0$ 时，就化为板中有一长为 $2c$ 的直线裂纹问题。

在均匀拉应力 σ_L 的外载荷作用下，如果不存在裂纹，弹性板中储存的单位体积应变能，即应变能密度为 $\frac{\sigma\varepsilon}{2}=\frac{\sigma^2}{2E}$，此处 E 为杨氏模量。当引入 $2c$ 长的直线裂纹后，裂纹在 σ_L 作用下张开的同时，一方面释放出应变能 U_E，另一方面增加了表面能 U_S。裂纹是否扩展取决于这两部分能量一得一失之间的平衡。利用 Inglis 椭圆孔的解，可算出 U_E 的解为

$$U_E=\frac{\pi\sigma_L{}^2c^2}{E'}\qquad\left[E'=E(\text{plane stress}),\quad E'=\frac{E}{(1-\nu^2)}(\text{plane strain})\right]\tag{9.3a}$$

而若以 γ_S 表示单位面积表面能，考虑到裂纹有上下两个自由面，则 U_S 可表示为

$$U_S=4c\gamma_S\tag{9.3b}$$

相应地，扩展单位面积裂纹的能量释放率 $\frac{dU_E}{dc}$ 为

$$\frac{dU_E}{dc}=\frac{2\pi\sigma_L{}^2c}{E'}\qquad\left[E'=E(\text{plane stress}),\quad E'=\frac{E}{(1-\nu^2)}(\text{plane strain})\right]\tag{9.4a}$$

扩展单位面积裂纹所需的表面能增长率 $\frac{dU_S}{dc}$ 为

$$\frac{dU_S}{dc}=4\gamma_S\tag{9.4b}$$

显然，裂纹扩展的临界条件是：扩展单位面积裂纹的所释放的能量 $\frac{dU_E}{dc}$ 等于扩展单位面积裂纹所需的表面能 $\frac{dU_S}{dc}$，即有

$$\frac{\pi\sigma_L{}^2c}{E'}=2\gamma_S\qquad\left[E'=E(\text{plane stress}),\quad E'=\frac{E}{(1-\nu^2)}(\text{plane strain})\right]\tag{9.5a}$$

为方便起见，常常用 $G_{\mathrm{I}}=\frac{\pi\sigma_L{}^2c}{E'}=\frac{1}{2}\cdot\frac{dU_E}{dc}$ 来代替 $\frac{dU_E}{dc}$ 以及用 $R_{\mathrm{I}}=2\gamma_S=\frac{1}{2}\cdot\frac{dU_S}{dc}$ 来代替 $\frac{dU_S}{dc}$，而名称不变，则式(9.5a)表示的临界条件可简写为

$$\left.\begin{aligned}&G_{\mathrm{I}}=R_{\mathrm{I}}\quad\text{或}\quad G_{\mathrm{I}}=G_{\mathrm{Ic}}\\&G_{\mathrm{I}}=\frac{\pi\sigma_L{}^2c}{E'}=\frac{1}{2}\cdot\frac{dU_E}{dc}\\&R_{\mathrm{I}}=2\gamma_S=\frac{1}{2}\cdot\frac{dU_S}{dc}\end{aligned}\right\}\tag{9.5b}$$

式中，罗马数字下标“Ⅰ”特指所讨论的是Ⅰ型裂纹。如果释放的应变能大于表面能($G_{\mathrm{I}}>$

R_{I})，裂纹失稳扩展；如果释放的应变能小于表面能($G_{\mathrm{I}}<R_{\mathrm{I}}$)，则裂纹不扩展。能量释放率 G(单位 N/m)扮演着驱动裂纹扩展的动力的作用，所以又称裂纹扩展力(crack extension force)，是一种广义能量力。R(又称临界能量释放率 G_c)扮演阻碍裂纹扩展的作用，所以又称裂纹扩展阻力(crack extension resistance)，是由实验确定的材料性质。

式(9.5a)还可改写为如下形式：

$$\sigma_L c^{1/2} = \left(\frac{2E'\gamma_S}{\pi}\right)^{1/2} \qquad \left[E' = E(\text{plane stress}),\quad E' = \frac{E}{(1-\nu^2)}(\text{plane strain})\right] \tag{9.5c}$$

式(9.5)是基于能量释放率 G 概念上的裂纹失稳扩展准则，简称**能量释放率准则**或**G 准则**。上式等号右边是材料性能决定的常数，左边是应力与裂纹特征尺寸根号之组合，意味着裂纹扩展的临界条件并非单由应力决定，而由 $\sigma_L c^{1/2}$ 共同确定，短裂纹的临界应力大，长裂纹的临界应力小，可导致**低应力破坏**。这是**裂纹体破坏准则**区别于无裂纹体破坏准则的重要特征。

Griffith 的能量释放率准则显然只适用于无塑性变形的裂纹脆性失稳扩展。Irwin 和 Orowan 各自独立地将 Griffith 准则推广到裂尖处存在小范围塑性区的金属等弹塑性材料[9.9-9.11]，认为裂纹扩展时释放的应变能除了转化为裂纹面的表面能外，还要转化为裂纹尖端区域的塑性应变能，因而把式(9.5)中的表面能 γ_S 代之以($\gamma_S+\Gamma_p$)，此处的 Γ_p 是裂纹扩展单位面积消耗的塑性应变能。对于金属等塑性材料，Γ_p 通常比 γ_S 大；根据低碳钢实验结果估计，Γ_p 比 γ_S 大 3 个数量级以上。

2. Irwin 力场法——应力强度因子准则(stress intensity factor criterion)

由式(9.1a)给出的椭圆孔解知，当椭圆孔长轴端曲率半径 $\rho\to 0$，即椭圆孔趋于裂纹时，应力 $\sigma_{yy}(c,0)\to\infty$，出现奇异性。这给裂纹邻域的力场(应力场、应变场、位移场等)分析带来了困难。Griffith 采用能量法导出了裂纹失稳扩展的能量释放率准则，实际上巧妙地避开了应力奇异性的具体分析。

在弹性力学的数学力学理论中，研究者们采用复变函数成功地解决了应力奇异性问题。Irwin 给出在无穷远处受拉应力 σ 的无限板在 $2c$ 裂纹(参看图 9.2 和图 9.4)尖端附近($r/c\ll 1$)略去高阶小量之后，任一点 $A(r,\theta)$ 的应力场解和位移场解为[9.12]

$$\left.\begin{aligned}
\sigma_{xx} &= \frac{K_{\mathrm{I}}}{\sqrt{2\pi r}}\cos\frac{\theta}{2}\left(1-\sin\frac{\theta}{2}\sin\frac{3\theta}{2}\right)\\
\sigma_{yy} &= \frac{K_{\mathrm{I}}}{\sqrt{2\pi r}}\cos\frac{\theta}{2}\left(1+\sin\frac{\theta}{2}\sin\frac{3\theta}{2}\right)\\
\sigma_{xy} &= \frac{K_{\mathrm{I}}}{\sqrt{2\pi r}}\cos\frac{\theta}{2}\sin\frac{\theta}{2}\cos\frac{3\theta}{2}\\
\sigma_{zz} &= \begin{cases}0 & (\text{plane stress})\\ \nu(\sigma_{xx}+\sigma_{yy}) & (\text{plane strain})\end{cases}
\end{aligned}\right\} \tag{9.6a}$$

$$\left.\begin{aligned}
u_x &= \frac{K_{\mathrm{I}}}{E}(1+\nu)\sqrt{\frac{r}{2\pi}}\cos\frac{\theta}{2}\left(\kappa-1+2\sin^2\frac{\theta}{2}\right)\\
u_y &= \frac{K_{\mathrm{I}}}{E}(1+\nu)\sqrt{\frac{r}{2\pi}}\sin\frac{\theta}{2}\left(\kappa+1-2\cos^2\frac{\theta}{2}\right)\\
\kappa &= \begin{cases}\dfrac{3-\nu}{1+\nu} & (\text{plane stress})\\ 3-4\nu & (\text{plane strain})\end{cases}
\end{aligned}\right\} \tag{9.6b}$$

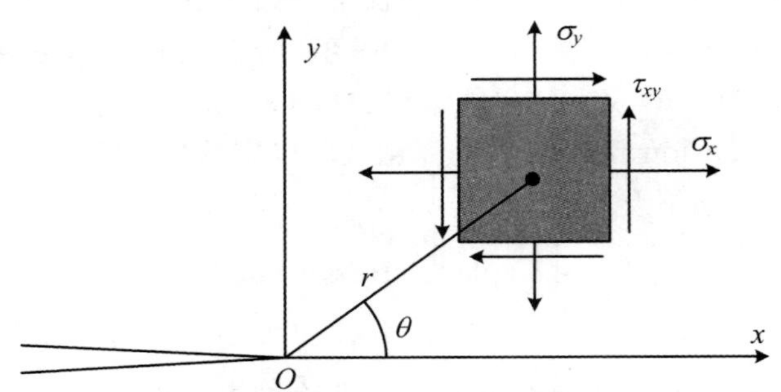

图 9.4 裂纹尖端附近($r/c \ll 1$)示意图

式中,ν 为泊松比,K_{I} 称为应力强度因子,其表达式为

$$K_{\mathrm{I}} = \sigma\sqrt{\pi c} \tag{9.6c}$$

式(9.6)描述了裂纹尖端领域应力场的三点重要特征:

① 裂纹尖端附近各应力分量与极坐标径向距离 r 的关系都是 $r^{-1/2}$ 函数形式,当 $r \to 0$,裂尖处所有应力分量→∞,说明在裂纹顶端区域应力场具有 $r^{-1/2}$ 阶的奇异性。

② 裂尖应力场的强弱大小则完全取决于 K_{I}。既然它是表征裂尖应力场强度的唯一物理量,所以被称为应力场强度因子(stress field intensity factor)或应力强度因子(stress intensity factor),有时简称为 K 因子。裂尖应力场虽然具有 $r^{-1/2}$ 奇异性,但控制裂尖应力场强度的 K 因子则为有限值。K 的量纲是[应力]×[长度]$^{1/2}$或[力]×[长度]$^{-3/2}$,在 SI 单位制中其单位为 $\mathrm{MPa \cdot m^{1/2}}$ 或 $\mathrm{MN/m^{3/2}}$,在公制中的单位是 $\mathrm{kg/mm^{3/2}}$。

③ 当 $\theta \to 0$,$\sigma_{xx} = \sigma_{yy} = \dfrac{K_{\mathrm{I}}}{\sqrt{2\pi r}}$,如果在平面应变状态下则还有 $\sigma_{zz} = \nu(\sigma_{xx} + \sigma_{yy})$。可见,在外加拉应力 σ 作用下,裂尖前方处(r 很小但≠0)会出现三向高强度拉应力状态,这将促进脆性破坏。

由于裂尖应力场具有 $r^{-1/2}$ 奇异性,裂纹是否失稳扩展不再像准静态破坏准则那样取决于某一个最大的应力分量(所有应力分量在 $r=0$ 的裂尖处都趋于无穷大),而是取决于控制裂尖应力场强度的 K 因子。

定义Ⅰ型裂纹 K_{I} 的裂纹失稳扩展临界值为 K_{Ic},则裂纹失稳扩展临界条件表示为

$$K_{\mathrm{I}} = K_{\mathrm{Ic}} \tag{9.7}$$

此称为**应力强度因子准则**(stress intensity factor criterion),式中 K_{Ic}表征材料抵抗裂纹失稳扩展的能力,称为**断裂韧性**(fracture toughness),其单位 K_{I} 与一致。

材料的实测 K_{Ic}值取决于应力状态,例如,平面应力下的实测值高于平面应变下的实测值。由式(9.6a)知,在平面应变状态下会形成有利于脆性破坏的三向高强度拉应力状态,实验也证实当试样处于接近平面应变状态下具有稳定的最低的 K_{Ic}值,因此式(9.7)中的 K_{Ic}一般规定为**平面应变断裂韧性**。对 K_{Ic}进行实验测定时,为使裂纹尖端严格满足平面应变条件,按美国ASTME399 的规定,要求试样厚度 B、裂纹尺寸 a 以及试样的宽度 W 与 a 的差[$(W-a)$称为韧带宽度(ligament width)],应满足如下关系:

$$B, W, (W-a) \geqslant 2.5\left(\frac{K_{\mathrm{Ic}}}{\sigma_y^2}\right)^2 \tag{9.8}$$

式中,σ_y 为材料的屈服强度。表 9.1 给出几种常用材料典型的 K_{Ic}值[9.14]。

表 9.1　几种常用材料的典型的 K_{Ic} 值

材料类型	材　料	K_{Ic}（$\mathrm{MPa \cdot m^{1/2}}$）
金属	铝合金（7075）	24
	钢（4340）	50
	钛合金	44～66
	铝	14～28
陶瓷	氧化铝	3～5
	碳化硅	3～5
	碳酸钠	0.7～0.8
	混凝土	0.2～1.4
高聚物	有机玻璃	0.7～1.6
	聚苯乙稀	0.7～1.1

以上是针对Ⅰ型裂纹的讨论，对于Ⅱ型和Ⅲ型裂纹可以作类似的讨论。Ⅰ、Ⅱ、Ⅲ型裂纹尖端附近的应力场可以统一表示为

$$\sigma_{ij} = \frac{K_m}{\sqrt{2\pi r}} f_{ij}(\theta) \tag{9.9}$$

式中，m = Ⅰ、Ⅱ、Ⅲ分别对应于Ⅰ、Ⅱ、Ⅲ型裂纹的应力强度因子，$f_{ij}(\theta)$为极角的分布函数，称为角分布函数。对细节有兴趣的读者可以参看有关专著[9.1-9.5]。

需要说明，式(9.6)给出的 K_{I} 表达式是针对无限板具有中心 $2c$ 裂纹受到无穷远处单向拉应力 σ 的情况导出的。对于不同形状的裂纹体、受到不同的载荷情况时，K_{m} 有不同的表达形式，可以查阅《应力强度因子手册》[9.13]。

以上分别用能量法导出了能量释放率 G 以及用力场法导出了应力强度因子 K，两者实际上刻画的是同一裂纹问题，必然有其内在的联系。事实上，对比式(9.5b)和式(9.6b)可见，两者间有如下关系：

$$G_{\mathrm{I}} = \frac{K_{\mathrm{I}}^2}{E'} \quad \left[E' = E(\text{plane stress}), \quad E' = \frac{E}{(1-\nu^2)}(\text{plane strain})\right] \tag{9.10}$$

这印证了能量法和力场法殊途同归。

在以上分析的基础上，考虑到裂尖附近弹塑性变形的影响，研究者们进一步发展了弹塑性裂纹力学，包括裂纹张开位移 COD(crack opening displacement)准则，J 积分(J-integral)准则等，此处不再一一细述，对此有兴趣的读者可以参看有关专著[9.1-9.5]。

9.1.2　裂纹动力学的基本概念

上一节的裂纹静力学给出的裂纹失稳扩展临界条件可等价地表达为式(9.5)和式(9.7)：

$$\begin{cases} G_{\mathrm{I}} = \dfrac{\pi\sigma^2 c}{E'} = G_{\mathrm{Ic}} \\ K_{\mathrm{I}} = \sigma\sqrt{\pi c} = K_{\mathrm{Ic}} \end{cases}$$

注意，在以上两式中，等号左边的 G_{I} 和 K_{I} 是裂纹体在静载荷作用下裂尖附近的结构响应，而

等号右边的 G_{Ic}和 K_{Ic}则是静载荷作用下抗裂纹扩展的材料响应。

在爆炸/冲击等动载荷下，与裂纹静力学的区别主要表现在：

① G_{I} 和 K_{I} 应代之以裂纹体在动载荷作用下裂尖附近的**结构动态响应**，即动态应力强度因子 $K_{\mathrm{I}}^{\mathrm{d}}(t)$，它是时间的函数，以体现惯性效应。

② G_{Ic}和 K_{Ic}则应代之以动载荷作用下抗裂纹扩展的材料动态响应，即动态断裂韧性 K_{Id}，它是载荷率（$\dot{\sigma}$，$\dot{\varepsilon}$ 或 $\dot{K}$ 等）的函数，以体现时-率效应。K_{Id}如何依赖于时-率效应是材料动力学中关于裂纹体抗动态断裂的主要研究对象。下面再分别略加说明。

1．关于裂纹体的结构动态响应

主要是研究惯性效应不能忽略的那些裂纹力学结构响应问题。这些问题的研究可以分为两大类：第一类问题，裂纹稳定而外载荷随时间迅速变化，当外载荷的特征时间 t_1（例如升时或历时等）小于应力波以波速 C 传过裂纹特征尺寸 a 所需的特征时间 $t_a(=a/C)$时，就必须计及裂尖力学场的应力波效应；第二类问题，裂纹以恒定的或随时间变化的速度快速传播，需计及裂纹传播的动能和惯性效应。对于这两类问题，显然在运动方程中不能略去惯性项。在第一类问题中，通常研究应力波作用下裂尖附近的动态应力强度因子，这是研究裂纹动态扩展起始的前提条件；对于第二类问题，通常研究裂纹本身传播时由于动能变化和惯性效应所带来的动态应力强度因子的变化，称为传播裂纹（propagating crack）或运动裂纹（moving/running crack）问题。广义地说，也包含运动裂纹的分叉（crack branching）和中止运动，即所谓止裂（crack arrest）。这类现象作为裂纹运动过程的一个特殊阶段，近来已被当做传播裂纹问题的一部分而统一处理。

裂纹传播、分叉与止裂问题，由于边界的一部分即裂纹在运动，一般说来裂纹的运动规律事先并不知道，所以即使这一问题的基本方程是线性的，但它也成了一个高度非线性的问题。这种问题便是数学物理中所谓“**运动边界（moving boundary）**”问题。在数学物理理论上，对抛物型方程最简单的运动边界问题（即所谓的 Stefan 问题）已有一些研究；对双曲型方程弹塑性波的加卸载运动边界问题也有过研究，而对断裂动力学中遇到的二阶双曲型方程组的运动边界问题尚缺乏研究。近来研究者多用数值分析方法研究这类问题，其计算结果同实验相比较，已达到某种程度的吻合。裂纹分叉是一种动态失稳问题，涉及分叉（bifurcation）理论。

2．关于裂纹体的材料动态响应

主要是研究与静态断裂韧性 K_{Ic}对应的材料动态断裂韧性 K_{Id}，它表征材料在爆炸/冲击等动载荷下抵抗裂纹动态起始扩展能力的材料韧性，是个与加载速率 $\dot{\sigma}\left(=\dfrac{\partial\sigma}{\partial t}\right)$或应力强度因子率 $\dot{K}\left(=\dfrac{\partial K}{\partial t}\right)$相关的量，因此又可记为 $K_{\mathrm{Id}}(\dot{\sigma})$或 $K_{\mathrm{Id}}(\dot{K})$。对于无裂纹体，加载率常常用应力率 $\dot{\sigma}\left(=\dfrac{\partial\sigma}{\partial t}\right)$或应变率 $\dot{\varepsilon}\left(=\dfrac{\partial\varepsilon}{\partial t}\right)$来表示；而对于裂纹体，由于裂尖应力场由应力强度因子 K 控制，所以加载率用应力强度因子率 $\dot{K}\left(=\dfrac{\partial K}{\partial t}\right)$来表示[单位为 $\mathrm{MPa}\cdot\mathrm{m}^{1/2}/\mathrm{s}$ 或 $\mathrm{MN}/(\mathrm{m}^{3/2}\cdot\mathrm{s})$]。

这样，在裂纹动力学中，稳定裂纹（stationary crack）的动态起始扩展临界条件与静态的类似，有

$$K_{\mathrm{I}}^{\mathrm{d}}(a,\sigma,t)=K_{\mathrm{Id}}(\dot{K}) \tag{9.11}$$

即当动态应力强度因子 $K_{\mathrm{I}}^{\mathrm{d}}$ 达到 $K_{\mathrm{Id}}(\dot{K})$时，裂纹起始扩展。$K_{\mathrm{Id}}(\dot{K})$称为**动态裂纹起始韧性**。

而对于传播/运动裂纹(propagating/moving/running crack)的传播生长，也存在一个与裂纹运动速度 $\dot{a}$ 有关的**动态裂纹生长韧性** $K_{\mathrm{ID}}(\dot{a})$。于是裂纹传播生长准则可表示为

$$K_{\mathrm{I}}^{\mathrm{d}}(t,\sigma,a,\dot{a}) = K_{\mathrm{ID}}(\dot{a}) \tag{9.12a}$$

以及对于传播裂纹的止裂，类似地存在一个**动态止裂韧性** K_{Ia}及相应的止裂准则

$$K_{\mathrm{I}}^{\mathrm{d}}(t,\sigma,a) < K_{\mathrm{Ia}} \tag{9.12b}$$

注意，$K_{\mathrm{Id}}(\dot{K})$，$K_{\mathrm{ID}}(\dot{a})$和 K_{Ia}是三个互有区别的材料动态韧性。

其实，裂纹运动速度 $\dot{a}$ 本身不是材料本构参数之一，不同的裂纹运动速度 $\dot{a}$ 实质上对应于不同条件下的应力强度因子率 $\dot{K}$，而 $\dot{K}$ 则不一定唯一地取决于 $\dot{a}$。所以，严格地说，式(9.12)中的 $\dot{a}$ 应代之以 $\dot{K}$，这是一个需要继续研究的问题。

下面就上述各点分别加以进一步讨论：

9.1.3　稳定裂纹在应力波作用下的动态应力强度因子

设裂纹特征尺寸为 a，应力波特征波速为 C，则 $t_a(=a/C)$刻画了裂纹在应力波作用下结构响应的特征时间。如果以 t_1刻画外载荷的特征时间(例如升时或历时等)，则当 $t_1 \gg t_a$ 时，可以忽略应力波与裂纹的相互作用，即可以沿用裂纹静力学的公式，如式(9.5)和式(9.7)，只需把原来的 σ 代之以$\sigma(t)$，这就是**准静态**(quasi-static)处理。在前述裂纹静力学分析中，外载荷是设为恒定而不随时间变化的。在准静态分析中，外载荷虽然随时间变化，但衡量这种变化的时间尺度(t_1)比应力波在裂纹体特征尺寸中传播所需时间尺度(t_a)大得多，因此每一时刻都可以按照静力平衡态来处理，问题就简单多了。反之，当 $t_1 \leqslant t_a$ 时，必须考虑应力波对于裂尖附近力学场的波动效应，归结为应力波对于动态应力强度因子的作用。

事实上，当 $t_1 \leqslant t_a$ 时，裂纹会干扰应力波的传播，而应力波将在裂纹处衍射(diffraction)，从而直接影响裂尖力学场。例如，具有 $2a$ 裂纹的弹性无限板，当裂纹上下内表面突加阶跃均布压应力 σ_0时，采用 Laplace 变换和数值反变换方法，可解得裂尖处的动态应力强度因子 $K_{\mathrm{I}}^{\mathrm{d}}(t)$随时间 t 的变化，如图 9.5 所示[9.15]。此图是对于钢($\nu=0.29$)以无量纲形式绘制的，图中纵坐标为无量纲动态应力强度因子 $\bar{K}_{\mathrm{I}}(t)$，即动态应力强度因子 $K_{\mathrm{I}}^{\mathrm{d}}(t)$与静态应力强度因子 $K_{\mathrm{I}}^{\mathrm{s}}(t)$之比，在本问题中 $K_{\mathrm{I}}^{\mathrm{s}}(t)=\sigma_0\sqrt{a}$，因而有无量纲 $\bar{K}_{\mathrm{I}}(t)\left[=\dfrac{K_{\mathrm{I}}^{\mathrm{d}}(t)}{\sigma_0\sqrt{a}}\right]$，横坐标为无量纲时间 $\bar{t}\left(=\dfrac{t}{t_a}=\dfrac{C_{\mathrm{S}}t}{a}\right)$，即时间 t 与应力波以波速 C_{S} 传播裂纹特征尺寸所需时间$t_a\left(=\dfrac{a}{C_{\mathrm{S}}}\right)$之比，此处 $C_{\mathrm{S}}=\left(\dfrac{G}{\rho_0}\right)^{1/2}$为弹性横波(剪切波)波速，$G$ 为弹性剪切模量。

由图可见，当阶跃均布压应力 σ_0突然施加到裂纹上下表面时，无量纲动态应力强度因子 $\bar{K}_{\mathrm{I}}(t)$迅速上升，在 $\bar{t}\approx 3.0$ 时达到最大值$(\bar{K}_{\mathrm{I}})_{\max}$，超过静态应力强度因子值约 20%，然后在静态值上下衰减震荡。对于钢材，如果裂纹半长 $a=25.4\ \mathrm{mm}$，则到达最大值$(\bar{K}_{\mathrm{I}})_{\max}$所需的时间仅约 24 μs。

再来考察一个传播的拉伸应力脉冲如何在裂纹尖端衍射的例子。设拉伸应力波 σ_0以纵波速 C_{L} 正向入射弹性无限板中的 $2a$ 裂纹(波阵面与裂纹面平行)，如图 9.6 所示[9.16]。由于裂纹面是位移间断面，不能透射拉应力，于是入射拉伸应力波一方面在裂纹下表面反射，另一方面

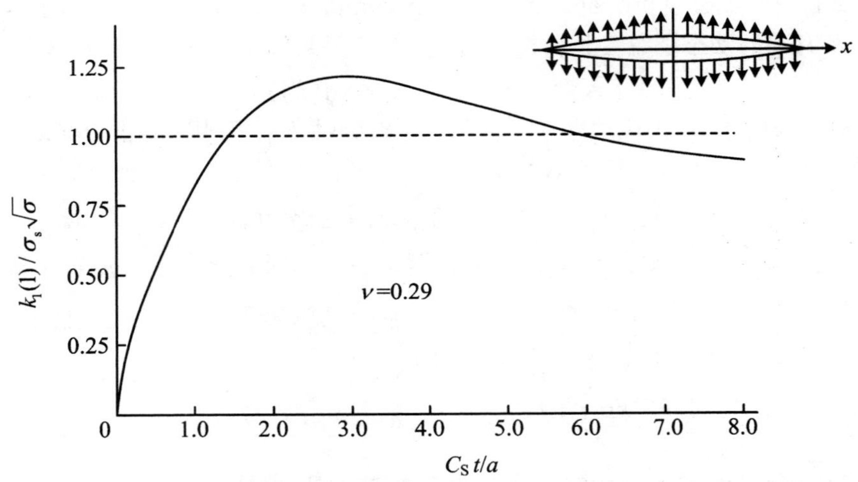

图 9.5　动态无量纲动态应力强度因子对无量纲时间的作图

在裂纹尖端衍射[图 9.6(b)]，以左右两个裂尖为中心辐射波速为 C_L 的纵波和波速为 C_S 的剪切波[图 9.6(c)]，并相互作用[图 9.6(d)]。采用 Laplace 变换和 Wiener-Hopf 方法，可解得裂尖处的动态应力强度因子 $K_I^d(t)$随时间 t 的变化为[9.17]

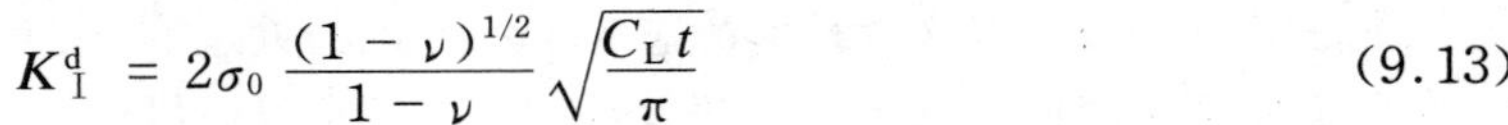

$$K_I^d = 2\sigma_0 \frac{(1-\nu)^{1/2}}{1-\nu}\sqrt{\frac{C_L t}{\pi}} \tag{9.13}$$

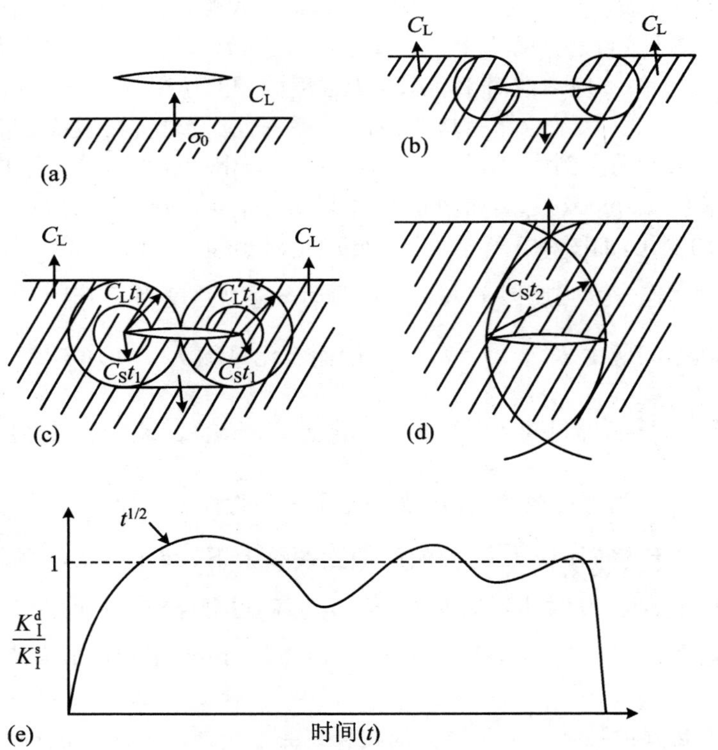

图 9.6　具有 $2a$ 中心裂纹有限板中传播的拉伸脉冲与裂纹的相互作用

注意，裂纹的应力波加载区由 $C_L t$ 刻画，而由动态公式(9.13)和静态公式(9.6c)之对比来看，$C_L t$ 可看做裂纹的有效长度。既然式中的 σ_0、波速 C_L 和泊松比 ν 均为常数，可见 $K_I^d(t)$ 正比于 $t^{1/2}$。图9.6(e)给出无量纲动态应力强度因子 $\bar{K}_I(t)=\dfrac{K_I^d(t)}{K_I^s(t)}$ 作为 $t^{1/2}$ 函数随 t 变化的曲线。当达到最大值 $(\bar{K}_I)_{max}$ 后，由于两裂尖辐射的次生波的相互作用(图9.6d)，$\bar{K}_I(t)$ 开始在静态值上下衰减震荡，最后趋于静态应力强度因子。可见，在应力波对裂纹作用足够长的时间以后，就可以按准静态处理了。但当需要计及应力波效应时，在本例中，动态应力强度因子的最大值 $(\bar{K}_I)_{max}$ 比静态值高出约25%[图9.6(e)]，因而是不可忽略的。

上述讨论给我们提供了动态应力强度因子区别于静态应力强度因子的主要物理特征。诚然，用解析方法来求解不同应力波作用下不同裂纹的动态应力强度因子，是个高度复杂而困难的问题，以至于除了少数简单情况外，常常难以求得精确解析解。幸而，随着电子计算机技术、数值计算方法以及动态实验技术的发展，现在人们常常可以借助于数值模拟和实验测定或两者的结合，来求解之。力学分析-数值模拟-实验三者相结合是今后求解这类问题的主要途径。

对于图9.7(a)所示有限板(长40 mm、宽20 mm)、具有 $2a$ 中心裂纹($a=2.4$ mm)、受到突加阶跃均布拉伸载荷 $\sigma(t)$ 的情况，已难以求得解析解。相关的有限差分法数值模拟解(图9.7中实线)[9.18]和有限元数值模拟解(空心圆点)[9.19]同时给出在图9.7(b)中。两种数值模拟解互相验证地给出了一致的结果。

图9.7中的有限差分解(实线)能够跟踪应力波在裂纹处衍射的过程[类似于图9.6(a)～(d)所示衍射过程]，图中横坐标上的符号 l，R，P 和 S 分别标注纵波、来自另一裂尖的表面波、来自最近边界的压力波和剪切波到达此裂尖的时间，并在实线上以实心圆点作了相应的标志；而这些符号的下标1和2则表示是第1次还是第2次到达。对比图9.7和图9.6可以看到有限板解和无限板解之间的明显差别，特别是有限板中来自最近边界的反射波(如 P_1 和 P_2)导致的 $\bar{K}_I(t)$ 曲线的明显变化，$K_I^d(t)/K_I^s(t)$ 值达到2.7。还值得注意的是，由于有限板自由边界反射波的影响，$\bar{K}_I(t)$ 曲线随时间还出现了拉/压交替的现象(S_2 点后转为负值)。这些都是 $K_I^d(t)$ 区别于 $K_I^s(t)$ 的重要特征。

对于应力波作用下动态应力强度因子的更深入分析有兴趣的读者，可以参看有关专著[9.18～9.20]。

9.1.4 率相关的动态起始断裂韧性

在运用如式(9.11)所示的动载荷下稳定裂纹的动态起始扩展的临界条件(起始扩展准则)时

$$K_I^d(a,\sigma,t)=K_{Id}(\dot{K})$$

必须同时掌握等号左边结构的动态应力强度因子 $K_I^d(a,\sigma,t)$(动态结构响应)和等号右边材料的率相关动态断裂韧性 $K_{Id}(\dot{K})$(动态材料响应)，缺一不可。前面已经讨论了 $K_I^d(a,\sigma,t)$ 的确定，这一小节来讨论动态断裂韧性如何依赖于载荷率。

考虑到应该区分稳定裂纹与传播裂纹的动态断裂韧性，把本小节针对稳定裂纹起始扩展的动态断裂韧性称为**动态裂纹起始韧性**(**dynamic crack initiation toughness**)；而由于传播裂纹的动态断裂韧性还依赖于裂纹传播速度，则相应地称为**动态裂纹生长韧性**(**dynamic crack growth** toughness),这将在下一小节讨论。

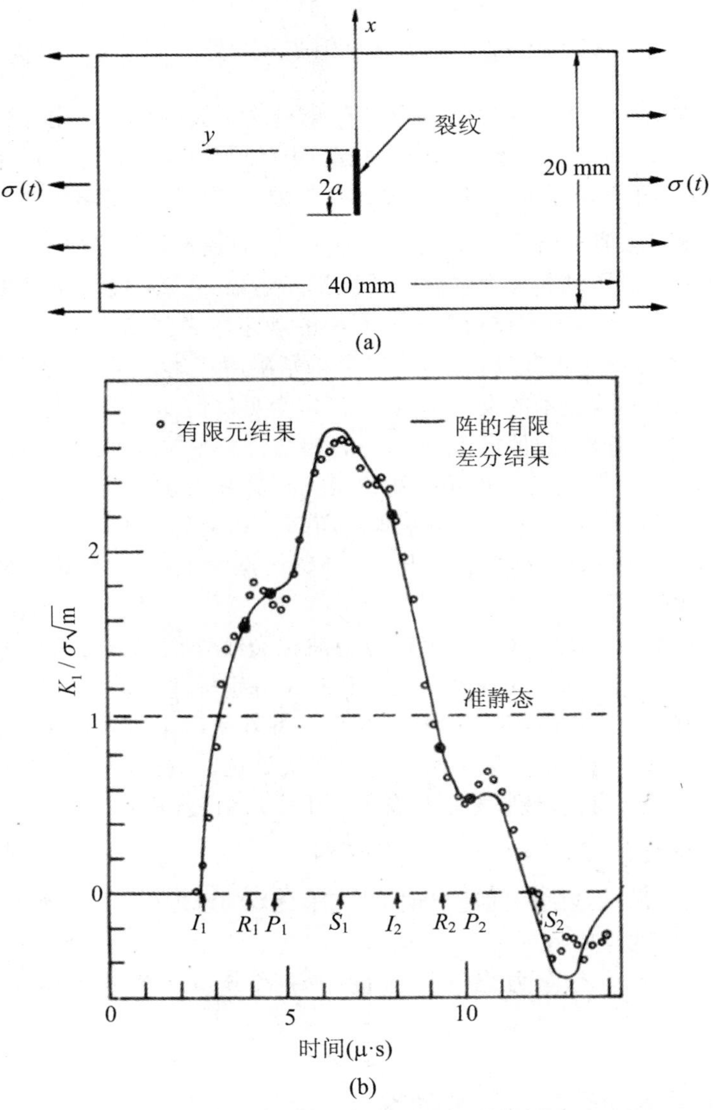

图 9.7　具有 $2a$ 中心裂纹有限板受阶跃均布拉伸载荷 $\sigma(t)$ 的数值模拟解

材料的动态起始断裂韧性 K_{Id} 一般是通过裂纹起裂时刻 $t = t_{\mathrm{f}}$ 的临界动态应力强度因子 $K_{\mathrm{I}}^{\mathrm{d}}(t_{\mathrm{f}})$ 来确定的,因此稳定裂纹的动态起始扩展的临界条件(起始扩展准则)可更确切地表示为

$$K_{\mathrm{I}}^{\mathrm{d}}(t) = K_{\mathrm{Id}}[\dot{K}_{\mathrm{I}}^{\mathrm{d}}(t)] \qquad (t = t_{\mathrm{f}}) \tag{9.14}$$

对于无裂纹体,加载率常常用应力率 $\dot{\sigma}\left(=\dfrac{\partial \sigma}{\partial t}\right)$ 或应变率 $\dot{\varepsilon}\left(=\dfrac{\partial \varepsilon}{\partial t}\right)$ 来表示;而对于裂纹体,由于裂尖应力场由应力强度因子 K 控制,所以加载率宜用应力强度因子率 $\dot{K}\left(=\dfrac{\partial K}{\partial t}\right)$ 来表示。由于 $K_{\mathrm{I}} \propto \sigma\sqrt{a}$[式(9.6)],在线弹性介质中,对于稳定裂纹($a$ = 常数),$\dot{K}\left(=\dfrac{\partial K}{\partial t}\right)$ 和 $\dot{\sigma}\left(=\dfrac{\partial \sigma}{\partial t}\right)$

与 $\dot{\varepsilon}\left(=\frac{\partial \varepsilon}{\partial t}\right)$之间显然有如下关系：

$$\dot{K}_{\mathrm{I}} = \frac{\partial K_{\mathrm{I}}}{\partial t} = \frac{K_{\mathrm{I}}}{\sigma} \cdot \frac{\partial \sigma}{\partial t} = K_{\mathrm{I}} \frac{\partial \lg \sigma}{\partial t}$$

$$= \frac{K_{\mathrm{I}}}{\varepsilon} \cdot \frac{\partial \varepsilon}{\partial t} = K_{\mathrm{I}} \frac{\partial \lg \varepsilon}{\partial t} \tag{9.15a}$$

有时，设 $t \leqslant t_{\mathrm{f}}$ 时 $K_{\mathrm{I}}(t)$近似为 t 的线性函数，则有

$$\dot{K}_{\mathrm{I}} = \frac{K_{\mathrm{I}}(t_{\mathrm{f}})}{t_{\mathrm{f}}} \quad 或 \quad t_{\mathrm{f}} = \frac{K_{\mathrm{I}}(t_{\mathrm{f}})}{\dot{K}_{\mathrm{I}}} \quad 或 \quad \frac{\dot{K}_{\mathrm{I}}}{K_{\mathrm{I}}(t_{\mathrm{f}})} = \frac{1}{t_{\mathrm{f}}} \tag{9.15b}$$

即研究者们也可以用 K_{Id}随 t_{f}随 t_{f}(反比于 $\dot{K}$)变化来反映率效应。由于目前不同的研究者选用不同的时-率效应参数，读者们可以通过式(9.15)给出的关系来理解其内在联系。

某些结构物在工作状态下的加载率列在表 9.2[9.20]中以供读者参考。

表 9.2

结构名称	$\dot{\varepsilon}$ (s^{-1})	$\dot{\sigma}$ [kgf/(cm^2·s)]	$\dot{K}$ [kgf/(mm$^{3/2}$·s)]
施工建筑物、桥梁、吊车	$<10^{-3}$	—	10^3
飞机起落架	—	10^2	10^4
推土机与装卸机械	—	10^3	10^5
碰撞中的船舶	—	10^4	10^6
承受爆炸与射击的设施	—	10^9	10^{11}
炮弹发射	峰值 $10^6 \sim 10^7$ 均值 $10^4 \sim 10^5$		
成型装药射流	峰值 $10^6 \sim 10^7$ 均值 $10^4 \sim 10^5$		
自锻破片	峰值 $10^6 \sim 10^7$ 均值 $10^4 \sim 10^5$		

需要指出的是：一般情况下，裂纹动力学根据应力强度因子率 $\dot{K}$ 不同分为[9.23]：

① $0 < \dot{K} < 10^3\ \mathrm{MPa \cdot m^{1/2}/s}$：低速加载，相当于常规材料实验装置准静态加载；

② $10^3\ \mathrm{MPa \cdot m^{1/2}/s} < \dot{K} < 10^5\ \mathrm{MPa \cdot m^{1/2}/s}$：中速加载，相当于 Charpy 冲击实验装置动态加载，实际上必须考虑惯性效应；

③ $\dot{K} > 10^5\ \mathrm{MPa \cdot m^{1/2}/s}$：相当于分离式 Hopkinson 实验和平板撞击冲击波高速加载，计及应力波效应。

关于 K_{Id}如何依赖于加载率，主要依靠实验研究。但这要解决一系列关键技术：高加载率实验装置、动态应力强度因子 $K_{\mathrm{I}}(t)$随时间 t 迅速变化之历史的确定以及起裂时间 t_{f}的精确确定等，显然是个挑战性极强的复杂问题。在采用 Charpy 冲击实验装置和落锤冲击实验装置的早期研究中，由于不能很好区分结构的应力波效应和材料韧性的时-率效应，精度不够，不同研究者得到的结果往往互相矛盾，难以取得共识。自 20 世纪 80 年代以来，依靠先进实验技术

和先进数值模拟相结合，取得了不少有价值的研究成果。下面给出一些具有代表性的结果。

Ravi-Chandar 和 Knauss(1984)采用载荷幅值和历时均可调的电磁加载装置对裂纹内表面施加压力脉冲，通过高速摄影机(20 万帧/s)与光学焦散法相结合来测定 $K_{\mathrm{I}}(t)$和起裂时间 t_{f}，在应力强度因子率 $\dot{K}$ 为 $10^4\sim10^5$ MPa·$\mathrm{m}^{1/2}$/s 范围，首先直接测得材料动态起始断裂韧性 K_{Id}随加载率的变化[9.24]。实验材料为脆性聚酯(brittle polyester)，实验结果见图 9.8。

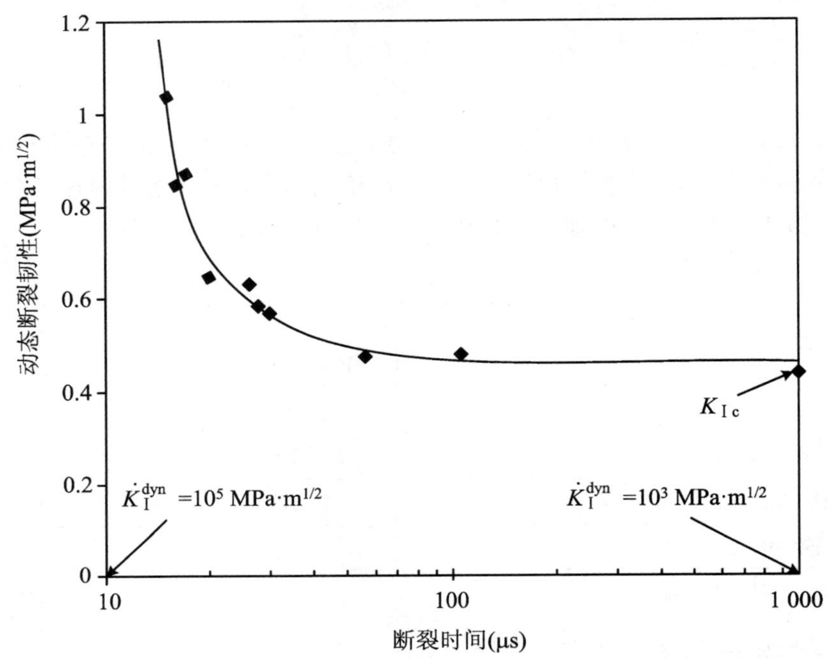

图 9.8　聚酯(Homalite-100)的动态起始断裂韧性 K_{Id}随加载率的变化

注意，在图 9.8 中，动态起始断裂韧性 K_{Id}是对起裂时间 t_{f}来作图的，t_{f}反比于 $\dot{K}$[式 9.15(b)]，t_{f}大指 $\dot{K}_{\mathrm{I}}$ 低，而 t_{f}小指 $\dot{K}_{\mathrm{I}}$ 高。因此 K_{Id}-t_{f}关系实际上也反映了 K_{Id}的加载率相关性。在图中 t_{f}横坐标的两端已给出相应的应力强度因子率 $\dot{K}_{\mathrm{I}}$ 之值，包括标明准静态应力强度因子率 $\dot{K}_{\mathrm{I}}=10^3$ MPa·$\mathrm{m}^{1/2}$/s 及标明相应的准静态平面应变断裂韧性 K_{Ic}值。由图 9.8 可见，在低加载率 $\dot{K}_{\mathrm{I}}^{\mathrm{d}}\leqslant$MPa·$\mathrm{m}^{1/2}$/s 范围，动态起始断裂韧性等于准静态平面应变断裂韧性；而在高加载率下，$\dot{K}_{\mathrm{I}}^{\mathrm{d}}>10^4$ MPa·$\mathrm{m}^{1/2}$/s，K_{Id}则随加载率快速增加。认为这与高聚物的非线性黏弹性特性所控制的裂尖微裂纹的成核、生长和连通过程有关。

对于金属材料，Yokoyama(1993)采用改进的分离式 Hopkinson 压杆冲击实验装置，对 7075-T6 铝合金、Ti-6246 钛合金和 AISI 4340 钢的动态起始断裂韧性，在应力强度因子率 $\dot{K}$ 为 10^6MPa $\mathrm{m}^{1/2}$/s 量级下进行了研究。起裂时间通过贴在裂尖附近的应变片测得，结合有限元数值模拟来确定起裂临界应力强度因子，结果如图 9.9 所示[9.25]。由图可见，7075-T6 铝合金的动态起始断裂韧性 K_{Id}在应力强度因子率 $\dot{K}_{\mathrm{I}}$ 为 $0.5\sim10^5$ MPa·$\mathrm{m}^{1/2}$/s 范围内几乎保持恒值；Ti-6246 钛合金在应力强度因子率 $\dot{K}_{\mathrm{I}}$ 为 1×10^6 MPa·$\mathrm{m}^{1/2}$/s 时的动态起始断裂韧性 K_{Id} 约比准静态断裂韧性 K_{Ic}高 50%；而 4340 钢在应力强度因子率 $\dot{K}_{\mathrm{I}}$ 为 1.4×10^6 MPa·$\mathrm{m}^{1/2}$/s

时的动态起始断裂韧性 K_{Id}约比准静态断裂韧性 K_{Ic}高 40%。

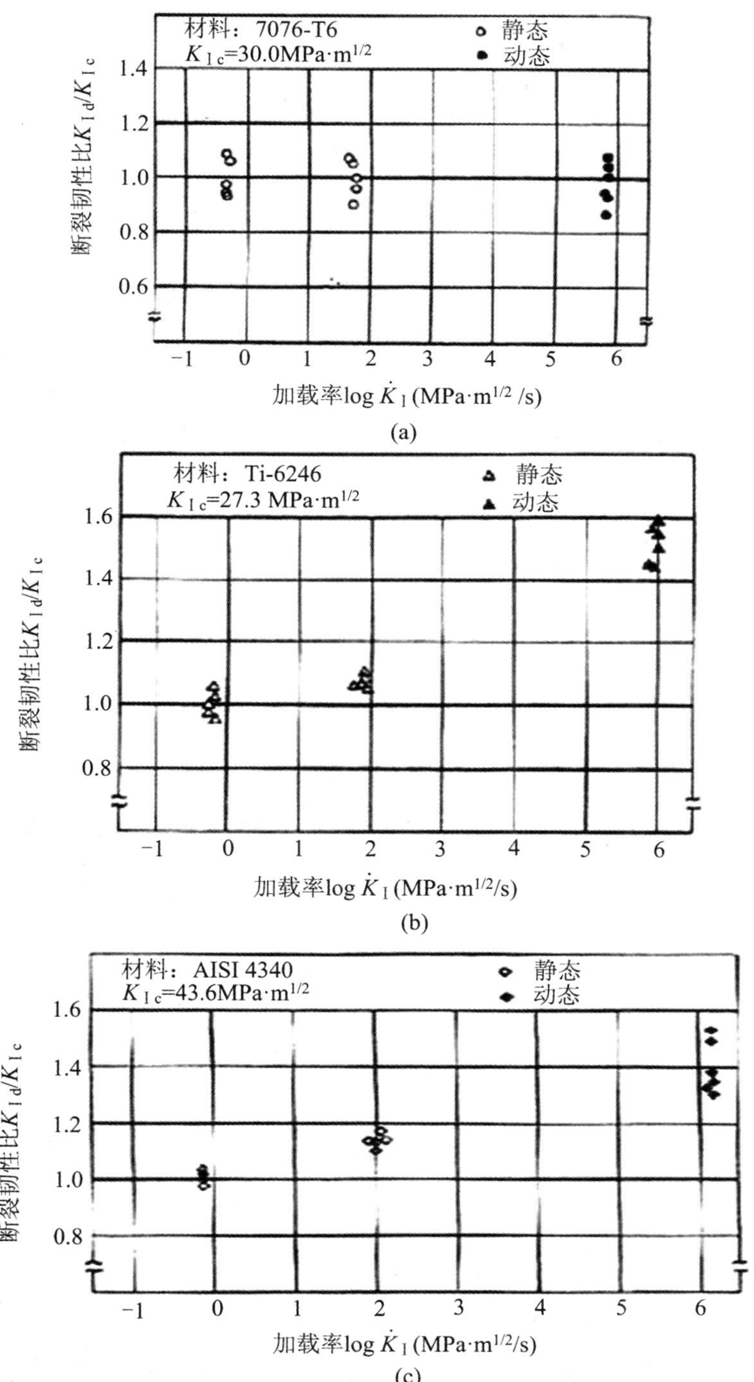

图 9.9 几种金属的动态起始断裂韧性 K_{Id}随加载率的变化

Rosakis 的进一步研究表明[9.27,9.28]，当加载率采用 $\dot{K}_{\mathrm{I}}^{\mathrm{d}}/K_{\mathrm{Ic}}^{\mathrm{S}}$来表示时(单位 s^{-1})，如图 9.10 所示，2024-T3 铝合金与聚酯(Homalite-100)、碳纤维环氧复合材料(epoxy/graphite fiber composite)和 Ti-6Al-4V 钛合金一样，在低加载率$\frac{\dot{K}_{\mathrm{I}}^{\mathrm{d}}}{K_{\mathrm{Ic}}^{\mathrm{s}}}\leqslant 10^4\ \mathrm{s}^{-1}$范围，动态起始断裂韧性 $K_{\mathrm{I}}^{\mathrm{d}}$ 与准静态平面应变断裂韧性 $K_{\mathrm{Ic}}^{\mathrm{s}}$持平(但图中的 Ti-6Al-4V 钛合金数据甚至于有些偏低)，而在高加载率下，$\frac{\dot{K}_{\mathrm{I}}^{\mathrm{d}}}{K_{\mathrm{Ic}}^{\mathrm{s}}}\geqslant 10^4\,\mathrm{s}^{-1}$，$K_{\mathrm{Id}}$则都随加载率增加而快速增加。

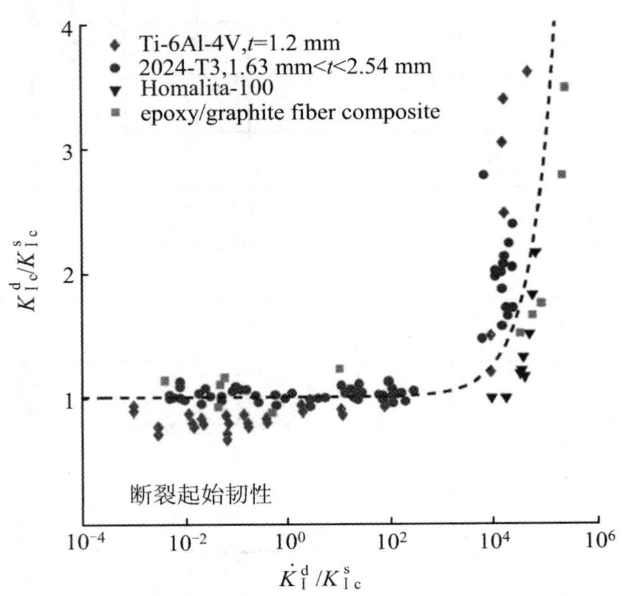

图 9.10 几种不同材料的无量纲动态起始断裂韧性 $K_{\mathrm{Ic}}^{\mathrm{D}}/K_{\mathrm{Ic}}^{\mathrm{s}}$随加载率的变化

对于岩石类材料，不同研究者的研究结果一致表明，其动态起始断裂韧性 K_{Id}随加载率单调迅速增加，如图 9.11 所示[9.29]，图中符号 F 表示房山大理岩(Fangshan marble)，L 表示劳伦花岗岩(Laurentian granite)，Y 表示雅安大理岩(Ya′an marble)。图中还同时给出聚酯、有机玻璃 PMMA 和碳纤维-环氧复合材料的实验结果(即图 9.10)作为对比。可见岩石类材料与高分子聚合物具有类似的趋势，而岩石类材料的数据点都在聚合物类数据点的上方，即同样的加载率下 K_{Id}更高。

但也有关于 K_{Id}随加载率增加而降低的研究报导。Klepaczko 对于 PA6 和 DTD 502A 两种铝合金的实验研究表明[9.30]，其动态起始断裂韧性 K_{Id}均随加载率增加而降低(率负敏感)，如图 9.12 所示。这与图 9.9(a)所示 7075-T6 铝合金(率不敏感)和图 9.10 所示 2024-T3 铝合金(率正敏感)的率敏感性趋势不同。

Kalthoff 对于 X_2NiCoMo 18 9 5 高强度钢的实验研究表明[9.31]，在应力强度因子率 $\dot{K}_{\mathrm{I}}$ 为 $1\times 10^6\sim 1\times 10^7\ \mathrm{MPa\cdot m^{1/2}/s}$ 范围内，其动态起始断裂韧性 K_{Id}不是随加载率(以起裂时间 t_{f}表征，t_{f}减小表示 $\dot{K}_{\mathrm{I}}$ 增加，见式 9.15b)单调变化的，即 K_{Id}先随加载率的增加下降，然后随着加载率的进一步增加，K_{Id}又转为随加载率的增加而迅速增加，如图 9.13 所示。高加载率下 K_{Id}的回升既可能与极短的起裂时间内裂尖应力场强度因子的应力波效应(惯性效应)有关，也可能与高加载率下绝热温升效应有关，或者与两者的耦合效应有关。

在第 5 章讨论材料的动态畸变律之应变率效应时曾经指出，应变率与温度之间存在某种率-温等效性，即降低温度相当于提高应变率。因此，研究者们同样关注材料动态起始断裂韧性 K_{Id} 如何随加载率和温度联合作用的影响。

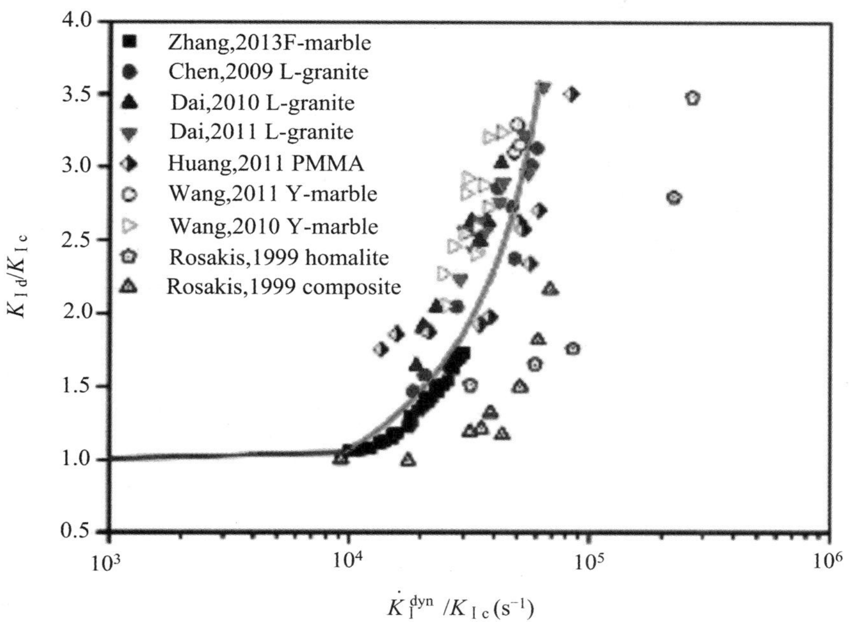

图 9.11　岩石类材料的无量纲动态起始断裂韧性 $K_{\mathrm{Id}}/K_{\mathrm{Ic}}$ 随加载率的变化

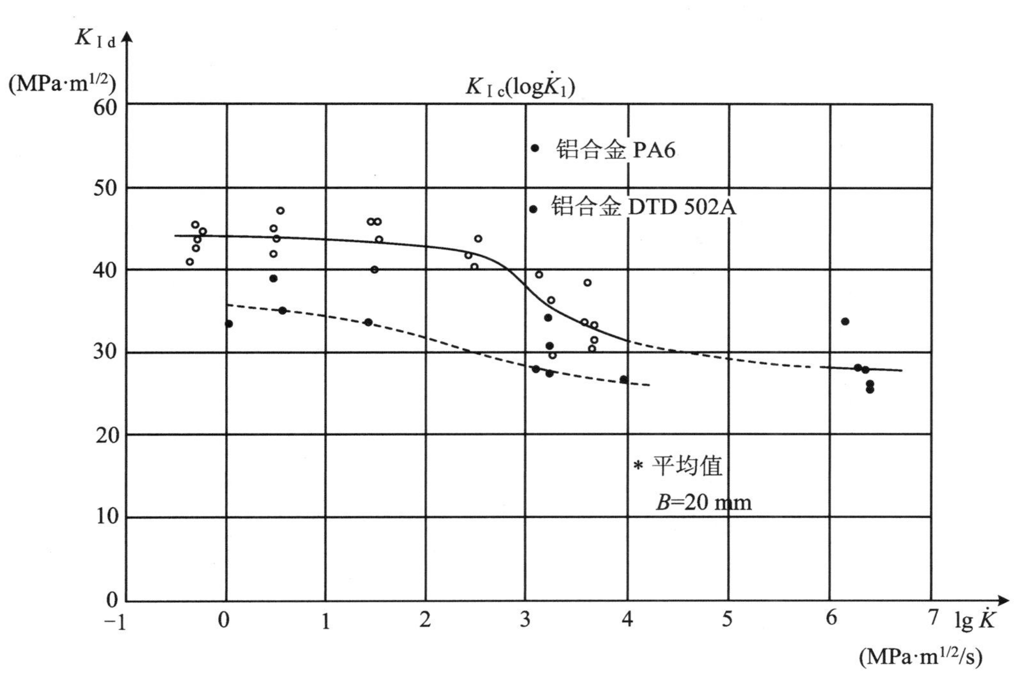

图 9.12　PA6 和 DTD 502A 铝合金动态起始断裂韧性随加载率的变化

Klepaczko 采用分离式 Hopkinson 杆冲击实验装置，对于 A533B 反应器用钢，在应力强度

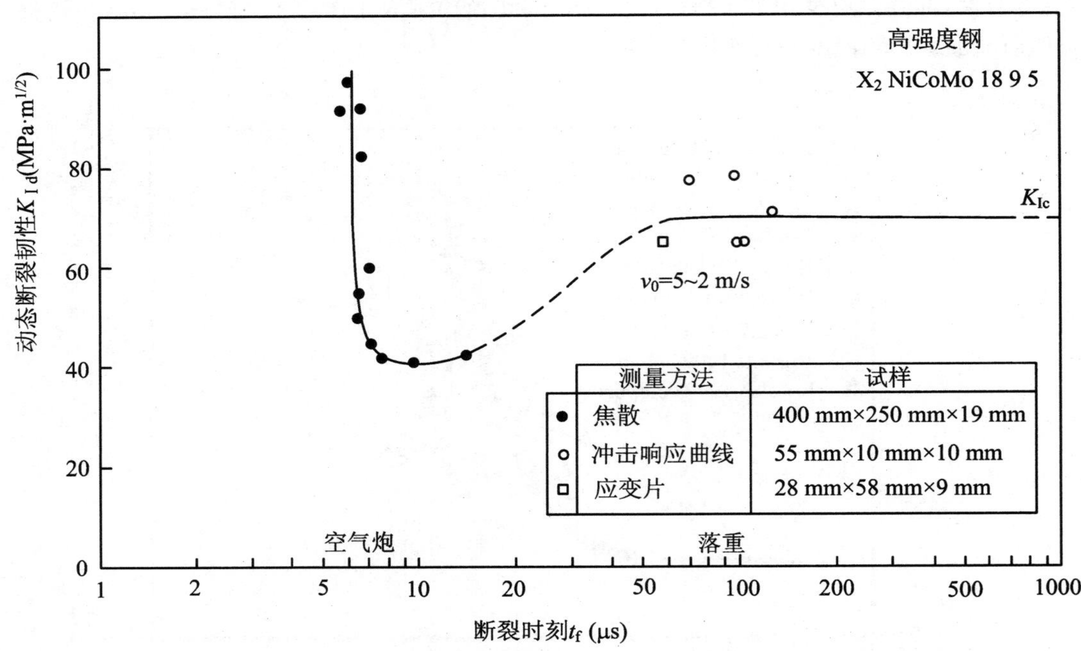

图 9.13　高强度钢 X_2NiCoMo 18 9 5 的动态起始断裂韧性 $K_{\mathrm{I}d}$ 随加载率的变化

因子率 $\dot{K}_{\mathrm{I}}$ 为 $3\times10^0\sim1\times10^5$ MPa · $m^{1/2}$/s 范围内，对其动态起始断裂韧性 $K_{\mathrm{I}d}$ 随温度和加载率的变化进行了系列实验研究，其结果如图 9.14 所示[9.30]。由图可见，其动态起始断裂韧性 $K_{\mathrm{I}d}$ 随加载率增加而降低，但随温度上升而提高。

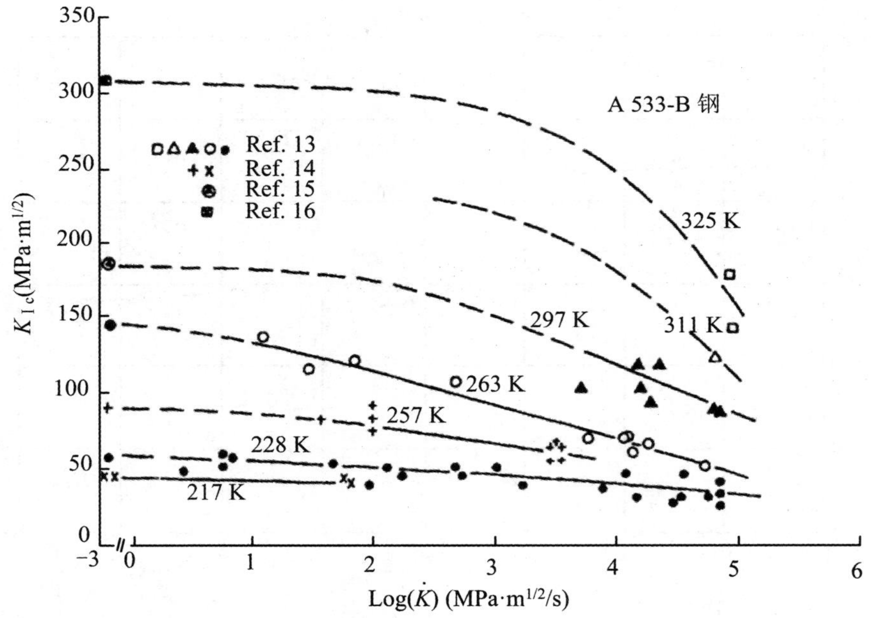

图 9.14　A533B 反应器用钢的动态起始断裂韧性 $K_{\mathrm{I}d}$ 随温度和加载率的变化

与之相对照,图 9.15 给出 Wilson 等对于 1018 冷轧钢(cold-rolled steel)之动态起始断裂韧性 K_{Id}和准静态断裂韧性 K_{Ic}随温度变化的实验研究结果[9.32]。K_{Id}是在 $\dot{K}_{\mathrm{I}}=2\times10^6$ MPa · m$^{1/2}$/s 下测得的,而 K_{Ic}是在 $\dot{K}_{\mathrm{I}}=1$ MPa · m$^{1/2}$/s 下测得的。

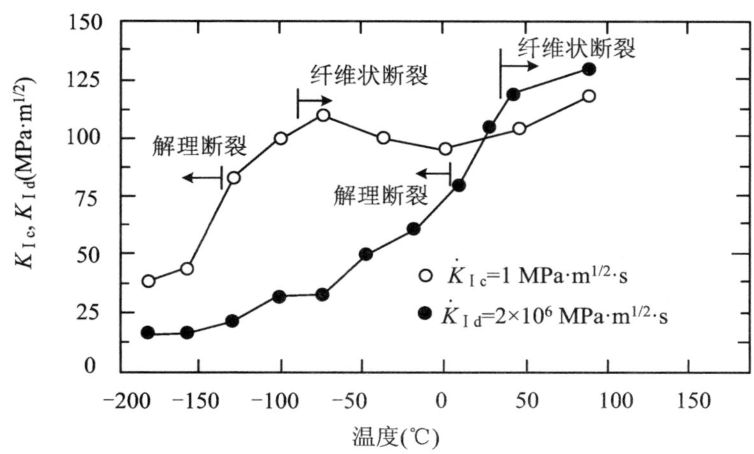

图 9.15 1018 冷轧钢和 1020 热轧钢的 K_{Id}和 K_{Ic}随温度的变化

图 9.15 显示了以下两个重要特征:

① 1018 冷轧钢在低温下呈脆性断裂,断口显微分析显示为解理断口(cleavage fracture),而随着温度升高转变为韧性断裂,断口显微分析显示为纤维状断口(fibrous fracture),两者间有一个**韧脆转化温度区**(ductile-brittle transition temperature zone),常常以脆性断裂的上限温度即所谓**无延性转变温度**(nil ductility transition temperature,简称 NDT)表征。由图可见,当加载率从准静态提高到 $\dot{K}_{\mathrm{I}}=2\times10^6$ MPa · m$^{1/2}$/s 时,NDT 上升了大约 150 ℃,即增加加载率将提高 NDT。

② 在脆性解理断裂区,动态起始断裂韧性 K_{Id}低于准静态断裂韧性 K_{Ic},而在韧性纤维状断裂区,动态起始断裂韧性 K_{Id}高于准静态断裂韧性 K_{Ic},这说明动态起始断裂韧性 K_{Id}的率敏感性是负还是正,与断裂机制密切相关。

综观以上众多实验研究结果,动态起始断裂韧性 K_{Id}之率相关性比第 3 篇所讨论的材料畸变律之率相关性远为复杂。这种复杂性显然与以下多种影响因素有关:

① 首先,材料本构关系的率相关性会直接影响动态起始断裂韧性 K_{Id}的率相关性,并且加载率愈高,本构关系的率相关性(非线性黏弹性、非线性黏弹塑性等)在裂尖前方过程区中将扮演愈重要的作用。例如,铝合金的本构关系对应变率不太敏感,则铝合金的 K_{Id}对加载率 $\dot{K}_{\mathrm{I}}$也相对不敏感,但在更高加载率下,其 K_{Id}也表现出率敏感性。

② K_{Id}的实验研究主要是通过测量起裂时间 $t=t_{\mathrm{f}}$时的临界动态应力强度因子 $K_{\mathrm{I}}^{\mathrm{d}}(t_{\mathrm{f}})$来实现的,$t_{\mathrm{f}}$一般为 10～10^2 μs 量级(甚至于 10^{0}μs 量级),这时动态应力强度因子 $K_{\mathrm{I}}^{\mathrm{d}}(t)$的尚未达到准静态的动态平衡,因而在测定中通常要计及应力波效应(惯性效应)。应变率效应和应力波效应的耦合使研究格外复杂。

③ 高加载率过程是一个近似的绝热过程,绝热温升引发的热-力学耦合过程会导致应变率效应与温度效应的耦合,加强应变率正效应,而不再是一个单纯的力学过程。

④ 考虑到加载率效应和温度效应的联合作用，裂纹的动态起裂机理覆盖从脆性解理断裂到韧性纤维状断裂的全范围；而由于起裂机理和类型的不同，可以呈现“率正敏感”“率不敏感”和“率负敏感”等不同的率敏感性趋势。

总之，动态起始断裂韧性 K_{Id}之率相关性问题是一个有待进一步深入研究的问题。

9.1.5 传播/运动裂纹的动能和极限传播速度

一旦满足动载荷下稳定裂纹的动态起始扩展的临界条件(起始扩展准则)

$$K_{\mathrm{I}}^{\mathrm{d}}(a,\sigma,t) = K_{\mathrm{Id}}(\dot{K})$$

裂纹将以某个速度 $\dot{a}\left(=\frac{\mathrm{d}a}{\mathrm{d}t}\right)$扩展，成为传播/运动裂纹(propagating/moving crack)。与稳定裂纹相比，引入了两个新因素：其一是运动裂纹是带着动能传播的，在系统总能量平衡中要计及裂纹传播所需的动能；其二，裂尖力学场现在处于由裂纹传播速度 $\dot{a}$ 引发的高加载率下，相应的动态应力强度因子 $K_{\mathrm{I}}^{\mathrm{d}}$ 和动态断裂韧性 K_{Id}都将是 $\dot{a}$ 的函数。

稳定裂纹在动态载荷下的动态起始扩展实际上只涉及断裂过程中的一个状态点，而裂纹的快速传播则涉及的是一个过程，包括传播裂纹的加速或减速、传播的极限速度、裂纹分叉(crack branching)、传播的停止或所谓止裂(crack arrest)等等。要描述这样一个动力学过程，其问题的复杂性是可想而知的。

从数学上说，本问题是个运动边界问题，除了某些特殊情况，很难找出它的解析解。因此我们将在这里侧重讨论这一问题的物理性质，例如，裂纹传播时的动能估计及其对裂纹传播的影响，裂纹传播速度 $\dot{a}$ 对动态应力强度因子 $K_{\mathrm{I}}^{\mathrm{d}}$ 的影响及对动态断裂韧性 K_{Id}的影响等。

1. 传播裂纹的动能

传播裂纹与稳定裂纹的显著不同，首先在于必须考虑不可以忽略的、作为惯性效应表现的裂纹动能。

如同我们在 9.1 节开头曾经指出的，从裂纹力学的发展史看，研究者们从两个不同的途径或方法出发来探讨同一裂纹扩展问题，即**能量法**(**energy approach**)和**力场法**(**mechanical field approach**)。对于传播裂纹的动能，人们也从这两个途径分别进行了探讨。

Mott(1948)最早采用量纲分析，基于力场法研究了传播裂纹的动能[9.32]，被认为是开启裂纹动力学研究的里程碑。

考察无限大板中心裂纹从失稳临界尺寸 $2a_c$扩展到 $2a$ 的情况(图 9.16)，由裂纹静力学的解[式(9.6)]知，裂纹顶端附近位移场在 x 轴和 y 轴的分量 u 和 v 分别有如下形式：

$$\left.\begin{aligned} u &\propto \frac{K_1}{E}\sqrt{r}f_1(\theta) \\ v &\propto \frac{K_1}{E}\sqrt{r}f_2(\theta) \end{aligned}\right\} \tag{9.16a}$$

这里的 r,θ 是从裂纹顶端量起的极坐标[图 9.16(a)]；$f_1(\theta)$，$f_2(\theta)$为角分布函数。

因为有 $K_{\mathrm{I}} \propto \sigma\sqrt{\pi a}$，上式还可以写成：

$$\left.\begin{aligned} u &\propto \frac{\sigma}{E}\sqrt{ar}f_1(\theta) \\ v &\propto \frac{\sigma}{E}\sqrt{ar}f_2(\theta) \end{aligned}\right\} \tag{9.16b}$$

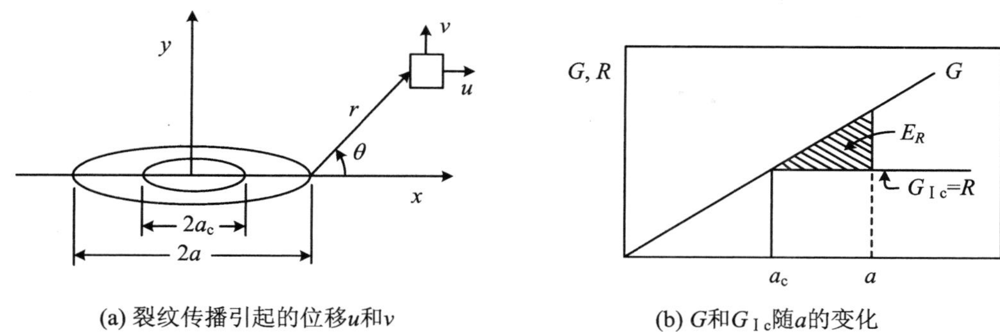

(a) 裂纹传播引起的位移u和v　　(b) G和$G_{\mathrm{I}c}$随a的变化

图 9.16　传播裂纹示意图

从量纲上分析，a 是本问题中的唯一长度量，显然 $r \propto a$，所以又可以把上式表示为

$$\left.\begin{aligned} u &= \frac{c_1 \sigma a}{E} \\ v &= \frac{c_2 \sigma a}{E} \end{aligned}\right\} \tag{9.16c}$$

其中，c_1，c_2为比例常数，E 是材料常数，如果又设裂纹快速扩展时外载荷 σ 不随时间变化，则裂纹运动时，只有裂纹长度 $a(t)$是时间 t 的函数。将上式对 t 求导得到

$$\left.\begin{aligned} \dot{u} &= \frac{c_1 \sigma \dot{a}}{E} \\ \dot{v} &= \frac{c_2 \sigma \dot{a}}{E} \end{aligned}\right\} \tag{9.17}$$

则传播裂纹的总动能 E_k为

$$E_k = \frac{1}{2}\rho \iint_{\Omega} (\dot{u}^2 + \dot{v}^2)\mathrm{d}x\mathrm{d}y \tag{9.18}$$

这里，ρ 代表材料的密度，Ω 代表积分面积范围。把式(9.17)代入式(9.18)，得到

$$E_k = \frac{1}{2}\rho \dot{a}^2 \frac{\sigma^2}{E^2} \iint_{\Omega} (c_1^2 + c_2^2)\mathrm{d}x\mathrm{d}y \tag{9.19}$$

在所讨论的无限大板这种情况下，裂纹尺寸 a 是唯一的与长度有关的参数，从而面积 Ω 具有与a^2相同的量纲。式(9.19)右端的积分与 a^2同量纲，则可得到

$$E_k = \frac{1}{2} k \rho a^2 \dot{a}^2 \frac{\sigma^2}{E^2} \tag{9.20}$$

其中，k 是未知的待定常数。

另一方面，还可以从能量法出发来研究传播裂纹的动能，即把裂纹静力学的 Griffith 能量释放率准则[式(9.5b)]，通过添加动能项，推广到传播裂纹。若应变能释放率 G 始终大于裂纹扩展阻力 $R(=G_{\mathrm{Ic}}=$常数$)$，则裂纹将有足够驱动力以一定传播速度 $\dot{a}$ 失稳扩展。超出量$(G-R)$决定了有多少能量可以转化为动能，从而决定了裂纹的传播速度。由于 G 与R 所代表的是单位裂纹扩展量的能量，因而裂纹从失稳临界尺寸 $2a_c$扩展到 $2a$，即扩展 Δa 时[图 9.16(a)]，这两个能量值分别为 $G\Delta a$ 与$R\Delta a$，所以

$$\Delta E_k = G\Delta a - R\Delta a \tag{9.21a}$$

对式(9.21a)积分，即相当于图 9.16(b)中阴影面积，得到

$$E_k = \int_{a_c}^{a} (G - R)\mathrm{d}a \tag{9.21b}$$

设外载荷 σ 为常数,应变能释放率 G 和作为材料特性常数的 $R(=G_{\text{Ic}})$按式(9.5b)分别为

$$\left.\begin{aligned} G &= \frac{\pi\sigma^2 a}{E} \\ R &= \frac{\pi\sigma^2 a_c}{E} \end{aligned}\right\} \tag{9.5b*}$$

因而式(9.21b)化为

$$E_k = -R(a - a_c) + \int_{a_c}^{a} \frac{\pi\sigma^2 a}{E} \mathrm{d}a \tag{9.22}$$

将式(9.5b*)中的 R 代入式(9.22)得到

$$E_k = \frac{\pi\sigma^2}{2E}(a - a_c)^2 \tag{9.23}$$

式(9.20)和式(9.23)分别是力场法和能量法导出的传播裂纹总动能。两者一致正比于 $\sigma^2 a^2$,在给定外载荷 σ 下,动能随裂纹扩展按裂纹尺寸 a 之平方关系增长;但式(9.20)还正比于 $\dot{a}^2$,与失稳临界尺寸 a_c 无关;而式(9.23)则正比于$\left(1-\dfrac{a_c}{a}\right)^2$,与裂纹传播速度 $\dot{a}$ 无关。

2. 极限裂纹传播速度

将等价的动能表达式(9.20)与(9.23)相比较,得到

$$\dot{a} = \sqrt{\frac{\pi}{k}} \cdot \sqrt{\frac{E}{\rho}}\left(1 - \frac{a_c}{a}\right) \tag{9.24}$$

这里$\sqrt{\dfrac{E}{\rho}} = C_0$ 为一维弹性杆的纵波声速,与三维弹性体的纵波(膨胀波)波速 C_l、横波(剪切波)波速 C_s及自由表面 Rayleigh 表面波波速 C_R之间,通过泊松比 ν,有如下关系:

$$C_0 = \sqrt{\frac{(1+\nu)(1-2\nu)}{(1-\nu)}}C_l = \sqrt{2(1+\nu)}C_s = \sqrt{2(1+\nu)}\left(\frac{1+\nu}{0.862+1.14\nu}\right)C_R \tag{9.25}$$

因此,式(9.24)可以改写为如下无量纲形式:

$$\frac{\dot{a}}{C_w} = k_w\left(1 - \frac{a_c}{a}\right) \tag{9.26}$$

式中,C_w可以是 C_0, C_l, C_s, C_R中的任一个,只需改变上式右边对应的 k_w值,就都是等价的,由此可见,关键在于 k_w值的确定,它的大小决定了裂纹的极限传播速度(limiting crack propagating speed)。

k_w值可由 $a_c/a \to 0$ 时的值确定,例如相对于弹性杆一维纵波波速 C_0而言,如图 9.17 所示,$k_0 \to 0.38$,即有[9.1,9.16]

$$\frac{\dot{a}}{C_0} = 0.38\left(1 - \frac{a_c}{a}\right) \tag{9.27a}$$

这意味着,当裂纹从失稳临界值 a_c扩展了足够距离,使得 $a \gg a_c$,裂纹传播速度将由 0 增加到其极限值 $0.38C_0$。

Broberg[9.33]和 Freund[9.34]的研究则表明,裂纹以 Rayleigh 表面波波速 C_R为极限传播速度,即有

$$\frac{\dot{a}}{C_R} = 1 - \frac{a_c}{a} \tag{9.27b}$$

如果认为裂纹动态扩展过程中产生新表面所需要的能量要靠表面波来传递,不难理解裂纹

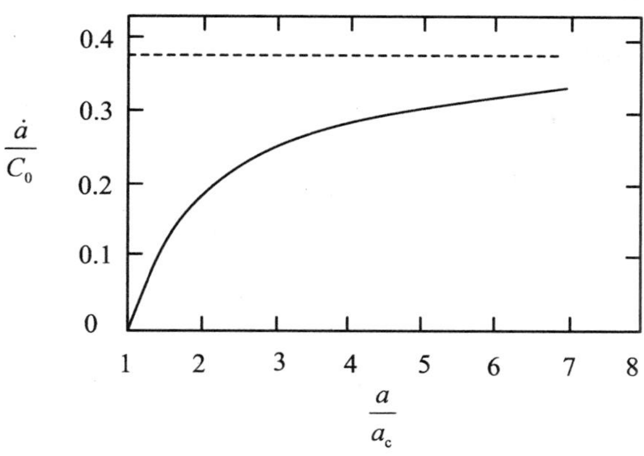

图9.17　传播裂纹速度 $\dot{a}$ 随裂纹扩展长度 a 变化而发生的变化

传播速度为什么不会超过表面波波速 C_R。不过，也有关于裂纹“介声速”(intersonic)传播的研究，即裂纹传播速度介于横波速 C_s 与纵波速 C_l 之间，$C_s<\dot{a}<C_l$[9.22]。

实测得到的脆性裂纹传播速度都比根据公式(9.27)计算得到的理论值小得多，如表9.3所示[9.16]。Ravi-Chandar 和 Knauss 认为[9.24]，这是与脆性裂纹的裂尖前方“过程区”(process zone)中微裂纹的形成有关。对于韧性裂纹扩展，由于涉及裂尖前方“过程区”中的塑性变形及孔洞成核-生长-连通过程，实测的裂纹传播速度也比理论值低。

表9.3

材　料	裂纹速度/膨胀波速	裂纹速度/表面波速	裂纹速度
	$\dot{a}/C_l$	$\dot{a}/C_R$	$\dot{a}$(m/s)
玻璃	0.29	–	1 500
钢	0.20	–	1 000
玻璃(钢)	0.28	–	1 400
醋酸纤维	0.37	–	400
玻璃/(玻璃)	0.29	0.51	
	0.28	0.47	
	0.30	0.52	
	0.39	0.66	
有机玻璃(树脂玻璃)	0.33	0.58	
	0.36	0.62	
	0.36	0.62	
聚酯(Homalite-100)	0.19	0.33	357
	0.22	0.38	411
	0.25	0.41	444
	0.27	0.45	487
钢(AISI 4340)	0.21	0.30	1 100

9.1.6 传播裂纹的裂纹尖端附近力学场

如前所述,一旦满足动载荷下稳定裂纹的动态起始扩展的临界条件(起始扩展准则)

$$K_{\mathrm{I}}^{\mathrm{d}}(t) = K_{\mathrm{Id}}(\dot{K}) \qquad (t = t_{\mathrm{f}}) \tag{9.11*}$$

裂纹将以速度 $\dot{a} = \dfrac{\mathrm{d}a}{\mathrm{d}t}$ 扩展,成为传播裂纹。一般认为,裂纹传播速度 $\dot{a}$ 足够快时(例如 $\dot{a} > 0.2C_{\mathrm{R}}$[9.35]),则一方面 $\dot{a}$ 会通过惯性效应(例如,运动裂纹的裂尖不断辐射的应力波对于裂尖力学场的影响等)来影响裂纹应力场强度因子,另一方面通过加载率效应来影响材料动态断裂韧性,所以动态起始扩展准则(式 9.11*)不再适用于传播裂纹,必须代之以如下的**动态裂纹生长准则**[9.24,9.35]

$$K_{\mathrm{I}}^{\mathrm{d}}[\sigma(t),a(t),\dot{a}(t)] = K_{\mathrm{ID}}[\dot{a}(t)] \qquad (t > t_{\mathrm{f}}) \tag{9.28}$$

上式是关于 $a(t)$的非线性一阶微分方程,Freund 称之为**裂尖运动方程(equation of motion for the crack tip)**[9.21]。公式等号左边的**传播裂纹动态应力强度因子** $K_{\mathrm{I}}^{\mathrm{d}}(\sigma,a,\dot{a})$刻画了传播裂纹体裂尖力学场的动态结构响应,等号右边的**传播裂纹动态裂纹生长韧性因子(dynamic crack growth toughness)**$K_{\mathrm{ID}}[\dot{a}(t)]$刻画了材料抗传播裂纹生长的动态响应。注意,动态裂纹生长韧性 $K_{\mathrm{ID}}[\dot{a}(t)]$的符号下标采用大写 D,以区别于动态裂纹起始断裂韧性 K_{Id}的符号下标小写 d。

本小节先讨论裂纹传播速度对裂纹尖端附近力学场及应力强度因子的影响,下一小节则将讨论裂纹传播速度对动态裂纹生长韧性的影响。

先讨论平面应变裂纹以等速传播的简单情况,对于这样的**稳态传播裂纹(stationary propagating crack)**有解析解。设半无限长裂纹尖端在固定坐标系(x_1,y_1)原点 O_1以速度 $\dot{a}$(=常数)沿 x_1轴传播,如图 9.18 所示。随裂纹传播的移动坐标系(x,y)与固定坐标系(x_1,y_1)之间有如下关系:

$$x = x_1 - a(t) = x_1 - \dot{a}t \qquad (y = y_1) \tag{9.29a}$$

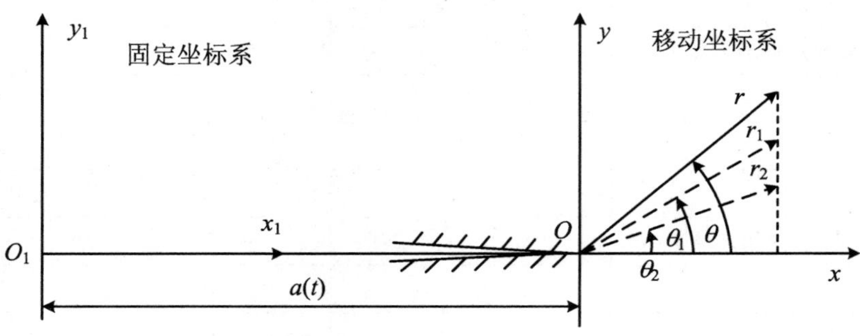

图 9.18 传播裂纹的固定坐标系与移动坐标系

引入如下定义的极坐标(r_1,θ_1)和(r_2,θ_2),它们与纵波速 C_1和横波速 C_s分别相关,以计及应力波效应:

$$\left.\begin{aligned}
&x = x_1 - a(t) = r\cos\theta = r_1\cos\theta_1 = r_2\cos\theta_2\\
&y = y_1 = \frac{r_1}{\alpha_1}\sin\theta_1 = \frac{r_2}{\alpha_2}\sin\theta_2\\
&r_1 = \sqrt{x^2 + \alpha_1^2 y^2}\\
&r_2 = \sqrt{x^2 + \alpha_2^2 y^2}\\
&\theta_1 = \arctan\left(\alpha_1 \frac{y}{x}\right)\\
&\theta_2 = \arctan\left(\alpha_2 \frac{y}{x}\right)\\
&\alpha_1^2 = 1 - \frac{\dot{a}^2}{C_1^2}\\
&\alpha_2^2 = 1 - \frac{\dot{a}^2}{C_2^2}\\
&C_1 = C_l = \sqrt{\frac{\lambda + 2\mu}{\rho}} = \sqrt{\frac{E}{\rho}}\sqrt{\frac{1-\nu}{(1+\nu)(1-2\nu)}}\\
&C_2 = C_s = \sqrt{\frac{\mu}{\rho}} = \sqrt{\frac{E}{\rho}}\sqrt{\frac{1}{2(1+\nu)}}
\end{aligned}\right\} \tag{9.29b}$$

注意,此处的 C_1 就是前文中的三维弹性体中的纵波(膨胀波)波速 C_l,而 C_2 就是横波(剪切波)波速 C_s;式中 λ,μ,ν,E 等为前述熟知的材料弹性常数,ρ 为材料密度。

在上述极坐标变换基础上,Rice 通过与导出裂纹静力学裂尖力学场[式(9.6)]类似的复变函数法,给出了如下的平面应变裂纹尖端附近的应力和位移场主项为[9.20,9.36]:

$$\left.\begin{aligned}
\sigma_{xx} &= \frac{K_\mathrm{I}^\mathrm{d}(\dot{a})}{\sqrt{2\pi}}\frac{1+\alpha_2^2}{4\alpha_1\alpha_2-(1+\alpha_2^2)^2}\left[(1+2\alpha_1^2-\alpha_2^2)\frac{\cos\frac{\theta_1}{2}}{\sqrt{r_1}} - \frac{4\alpha_1\alpha_2}{1+\alpha_2^2}\cdot\frac{\cos\frac{\theta_2}{2}}{\sqrt{r_2}}\right]\\
\sigma_{yy} &= \frac{K_\mathrm{I}^\mathrm{d}(\dot{a})}{\sqrt{2\pi}}\frac{1+\alpha_2^2}{4\alpha_1\alpha_2-(1+\alpha_2^2)^2}\left[-(1+\alpha_2^2)\frac{\cos\frac{\theta_1}{2}}{\sqrt{r_1}} + \frac{4\alpha_1\alpha_2}{1+\alpha_2^2}\cdot\frac{\cos\frac{\theta_2}{2}}{\sqrt{r_2}}\right]\\
\sigma_{xy} &= \frac{K_\mathrm{I}^\mathrm{d}(\dot{a})}{\sqrt{2\pi}}\frac{1+\alpha_2^2}{4\alpha_1\alpha_2-(1+\alpha_2^2)^2}\left[2\alpha_1\left(\frac{\sin\frac{\theta_1}{2}}{\sqrt{r_1}} - \frac{\sin\frac{\theta_2}{2}}{\sqrt{r_2}}\right)\right]
\end{aligned}\right\} \tag{9.30a}$$

和

$$\left.\begin{aligned}
u_x &= \frac{K_\mathrm{I}^\mathrm{d}(\dot{a})}{\sqrt{2\pi}}\frac{4(1+\nu)(1+\alpha_2^2)^2}{E[4\alpha_1\alpha_2-(1+\alpha_2^2)^2]}\times\left(\sqrt{r_1}\cos\frac{\theta_1}{2} - \sqrt{r_2}\frac{2\alpha_1\alpha_2}{1+a_2^2}\cos\frac{\theta_2}{2}\right)\\
u_y &= \frac{K_\mathrm{I}^\mathrm{d}(\dot{a})}{\sqrt{2\pi}}\frac{4(1+\nu)(1+\alpha_2^2)^2}{E[4\alpha_1\alpha_2-(1+\alpha_2^2)^2]}\times\left(-\alpha_1\sqrt{r_1}\sin\frac{\theta_1}{2} + \sqrt{r_2}\frac{2\alpha_1}{1+\alpha_2^2}\sin\frac{\theta_2}{2}\right)
\end{aligned}\right\} \tag{9.30b}$$

对于式(9.30),值得注意的有以下三点:

① 传播裂纹与稳定裂纹一样,其裂尖附近的力学场是 K_I^d 因子主控的。取 $\theta_1=\theta_2=0$ 时可见,传播裂纹正前方有 $\sigma_{yy}=\dfrac{K_\mathrm{I}^\mathrm{d}(\dot{a})}{\sqrt{2\pi r}}$,与裂纹静力学的结论[式(9.6a)]一致。

② 式中的 α_1和 α_2项、r_1和 r_2项，分别包含膨胀波速 C_1和剪切波速 C_s，体现了不同波速应力波对裂尖附近力学场的作用；而且由于 $C_1 > C_s$，两者分别既以单独项的形式(如 α_1或 α_2)、也以相乘耦合项的形式(如 $\alpha_1\alpha_2$)来影响裂尖附近力学场。

③ 传播裂纹正前方($\theta=0$)的 σ_{yy}与σ_{xx}之比刻画了应力三轴性(在目前的平面应变状态下还有 $\sigma_{zz}=\nu(\sigma_{xx}+\sigma_{yy})$)的程度。由式(9.30)，当 $\theta=0$ 时有[9.20,9.36]

$$\left(\frac{\sigma_{yy}}{\sigma_{xx}}\right)_{\theta=0} = \frac{4\alpha_1\alpha_2-(1+\alpha_2^2)^2}{(1+2\alpha_1^2-\alpha_2^2)(1+\alpha_2^2)-4\alpha_1\alpha_2} \tag{9.31}$$

式中的分子项正好是求解 Rayleigh 表面波时熟知的所谓 Rayleigh 函数 $R(C)$，当 $R(C)=0$ 时，$\dot{a}=C_R$，或者说，当 $\dot{a}=C_R$时，$R(C)=0$。式(9.31)显示，$(\sigma_{yy}/\sigma_{xx})_{\theta=0}$的值从稳定裂纹($\dot{a}=0$)时的 1，随传播速度增加而下降，即应力三轴性随裂纹传播速度的增加而降低，直到 $\dot{a}=C_R$ 时降为 0，如图 9.19 所示。这对动态断裂是脆性还是韧性有重要影响。

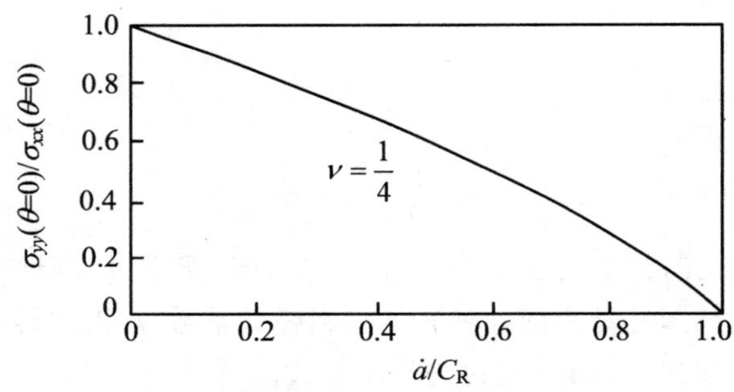

图 9.19 传播裂纹速度对于应力三轴性的影响(泊松比 $\nu=0.25$)

式(9.30)给出裂尖力学场的渐近解后，问题的关键就集中在如何确定传播裂纹的动态应力强度因子 $K_{\mathrm{I}}^{\mathrm{d}}(\dot{a})$随传播速度 $\dot{a}$ 的变化而变化。研究者们作了一系列的探索[9.22]。其中 Freund(1990)通过把非均匀速度传播的裂纹看做一系列分段恒速传播的裂纹，得出一个关键性结果[9.21,9.37]，即建立了在广义载荷 $\sigma(t)$作用下，以瞬时速度(transient speed)$\dot{a}(t)$传播的裂纹之动态应力强度因子 $K_{\mathrm{I}}^{\mathrm{d}}[\sigma(t),a(t),\dot{a}(t)]$与运动裂纹的速度 $\dot{a}(t)$及稳定裂纹$[\dot{a}(t)=0]$在相同裂纹长度和载荷 $\sigma(t)$作用下的应力强度因子 $K_{\mathrm{I}}^{\mathrm{d}}[\sigma(t),a(t),0]$间的关系：

$$K_{\mathrm{I}}^{\mathrm{d}}[\sigma(t),a(t),\dot{a}(t)] = k[\dot{a}(t)]K_{\mathrm{I}}^{0}[\sigma(t),a(t),0] \quad \left[k(\dot{a})\approx\frac{1-\dfrac{\dot{a}}{C_R}}{\sqrt{1-\dfrac{\dot{a}}{C_1}}}\right] \tag{9.32}$$

这里的 $k(\dot{a})$是一个裂纹尖端速度的通用函数(universal function)，随裂纹速度从 0 增大到 C_R(Rayleigh 波速)，$k(\dot{a})$的值从 1 减小到 0，如图 9.20 所示。这意味着随传播速度 $\dot{a}$ 增加，传播裂纹的动能增加了，但主控裂尖附近区域力学场的 $K_{\mathrm{I}}^{\mathrm{d}}(t)$以及相应的应变能降低了。如果传播速度 $\dot{a}$ 趋于 C_R，传播裂纹之动态应力强度因子 $K_{\mathrm{I}}^{\mathrm{d}}(t)$将趋于 0，因此裂纹传播速度显然不可能超过 C_R。

式(9.32)把瞬时传播速度 $\dot{a}(t)$的影响以分离变量$k(\dot{a})$的形式分离出来。这样，任意载荷作用下不同运动速度裂纹的动态应力强度因子可以采用等效稳定裂纹的应力强度因子的分析结果，而后者是相对地容易确定的。这是一个极为重要的进展，虽然是基于线弹性动力学理论得出的。

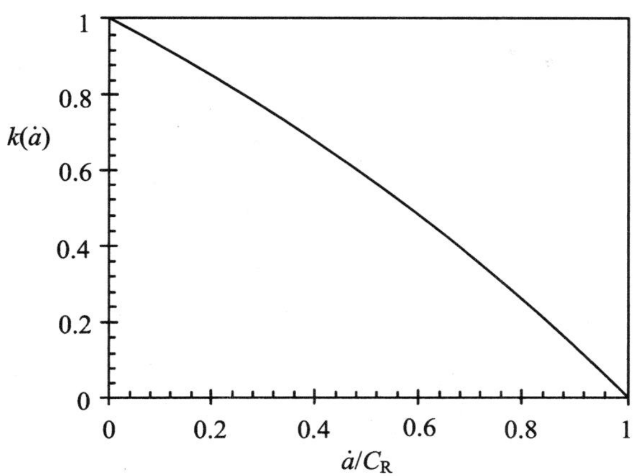

图 9.20　通用函数 $k(\dot{a})$ 随裂纹传播速度 $\dot{a}$ 的变化

9.1.7　动态裂纹生长韧性

如前所述，对于传播裂纹，式(9.28)给出了如下的动态裂纹生长准则：

$$K_{\mathrm{I}}^{\mathrm{d}}[\sigma(t),a(t),\dot{a}(t)] = K_{\mathrm{ID}}[\dot{a}(t)] \qquad (t > t_{\mathrm{f}})$$

上一小节已讨论了上式等号左边的传播裂纹应力强度因子 $K_{\mathrm{I}}^{\mathrm{d}}$，现在来讨论等号右边的动态裂纹生长韧性(dynamic crack growth toughness) $K_{\mathrm{ID}}[\dot{a}(t)]$ 是如何随裂纹传播速度 $\dot{a}(t)$ 的变化而变化的，主要由实验来研究 K_{ID}-$\dot{a}$ 关系。

Dally 等对聚酯 Homalite-100 采用动光弹＋高速摄影技术直接测得 K_{ID}-$\dot{a}$ 关系，如图 9.21 所示[9.16,9.38]。聚酯 Homalite-100 由于适用于以光学方法(动光弹、焦散)＋高速摄影技术来直接研究 K_{ID}-$\dot{a}$ 关系，成为被研究得最多的材料。图 9.21 中还同时给出了其他研究者对聚酯 Homalite-100 的研究结果。Dally 等还对环氧树脂 KTE 的 K_{ID}-$\dot{a}$ 关系进行了研究，如图 9.22 所示[9.22,9.38]。图中符号 CPL、EPL 和 CLL 分别指单边缺口(single edge notched, SEN)预裂纹试样的不同加载方式，而符号 CDCB 指曲边双悬臂梁试样。

对于聚酯 Homalite-100 和环氧树脂这类准脆性材料，由图 9.21 和图 9.22 可见，不同研究者的实验结果一致表明，裂纹失稳扩展后，随动态裂纹生长韧性 K_{ID} 增大，裂纹传播速度 $\dot{a}$ 从 0 开始迅速增加到 300 m/s(或更高)，此后则变缓，并趋于恒速传播，似乎 K_{ID}-$\dot{a}$ 之间不存在一一对应的单一关系。如果 K_{ID} 进一步增大，则如图 9.22 所示，裂纹开始分叉。关于分叉，将在下一小节另行讨论。

图 9.22 中另外一个值得注意的现象是，裂纹传播的加速过程的 K_{ID}-$\dot{a}$ 曲线和减速过程的 K_{ID}-$\dot{a}$ 曲线形成滞迴曲线，其右支表示加速曲线，而左支表示减速曲线，意味着加速过程在更高的 K_{ID} 下发生。然而 Arakawa 和 Takahashi 报道了与此相反的实验结果，即减速过程在更高的 K_{ID} 下发生[9.22,9.39]。不过，这些实验结果至少表明，K_{ID}-$\dot{a}$ 关系不单单依赖于裂纹传播速度 $\dot{a}$，还依赖于其他因素，例如是加速裂纹还是减速裂纹，其机理有待进一步研究。

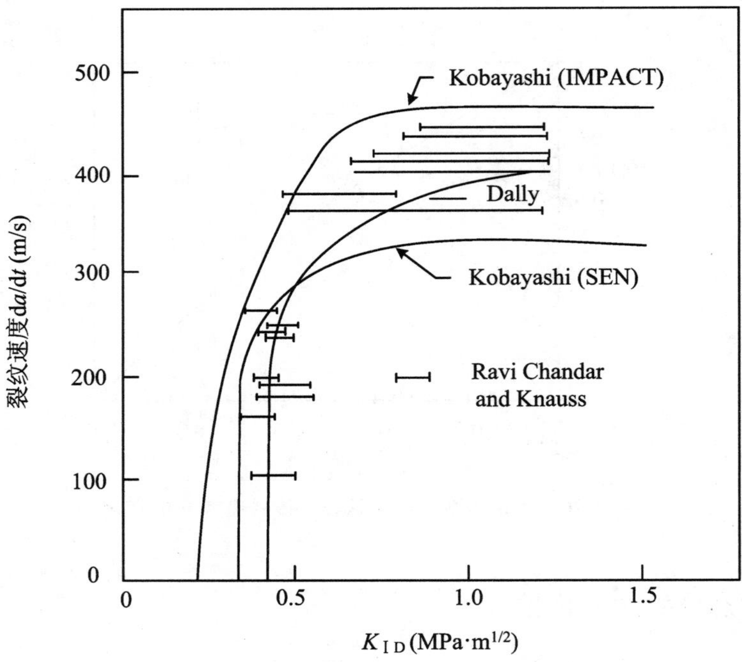

图 9.21 聚酯 Homalite-100 的 K_{ID}-$\dot{a}$ 关系

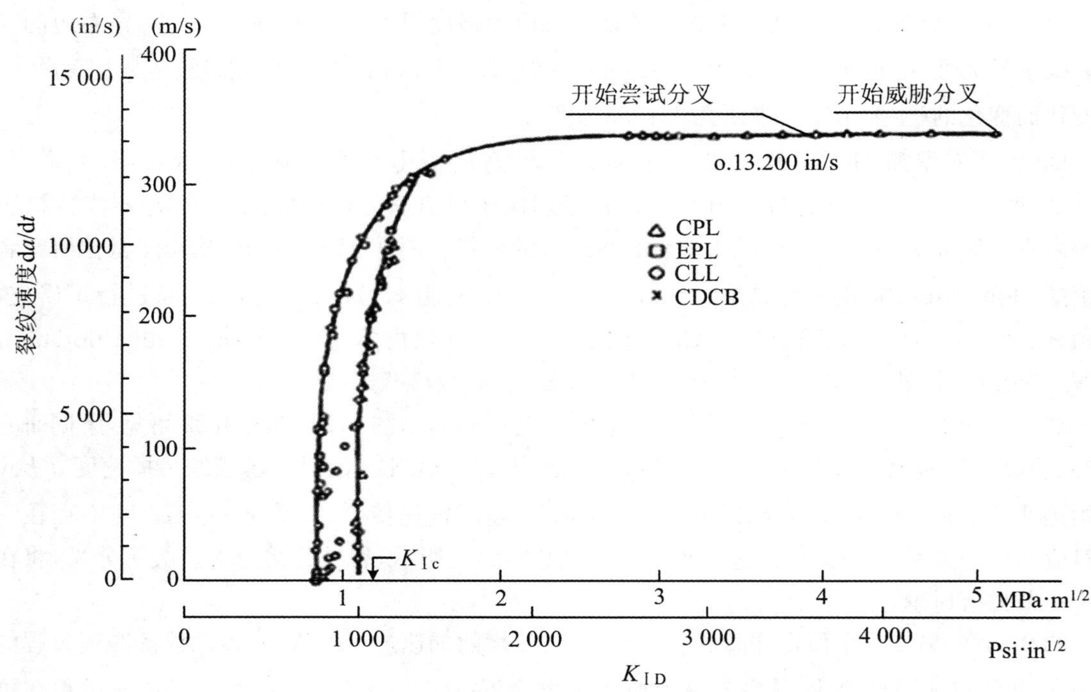

图 9.22 环氧树脂 KTE 的 K_{ID}-$\dot{a}$ 关系

Zehnder 和 Rosakis 采用反射焦散法+高速摄影技术对韧性材料 4340 高强度钢的 K_{ID}-$\dot{a}$ 关系进行了研究，其结果如图 9.23 所示[9.40]。K_{ID}值从失稳扩展时的大约 60 MPa · m$^{1/2}$增加到约 200 MPa · $m^{1/2}$时，裂纹传播速度从 0 增加到 1 000 m/s。值得注意的是，与图 9.22 不同，4340 钢的 K_{ID}-$\dot{a}$ 对于是加速裂纹还是减速裂纹并无区别，意味着对于韧性金属存在一一对应的单一的 K_{ID}-$\dot{a}$ 关系，估计这与裂尖前方断裂过程区中的变形和破坏机制密切有关(图 9.23)。对于韧性材料，必须计及过程区中塑性变形相关的不可忽略的能量耗散。

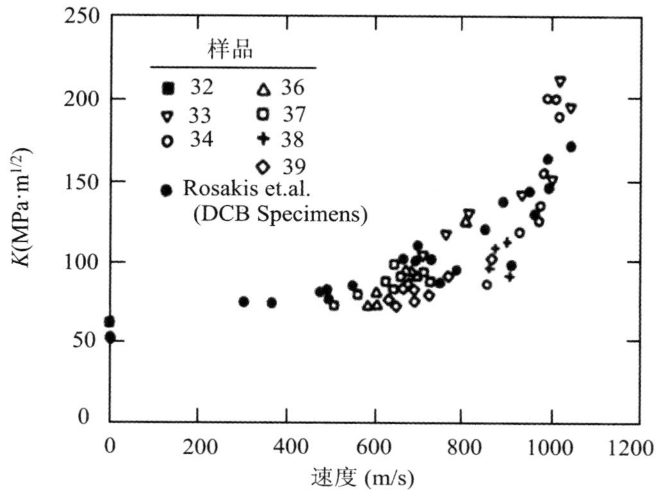

图 9.23　4340 高强度钢的 K_{ID}-$\dot{a}$ 关系

9.1.8　裂纹的分叉与止裂

图 9.22 显示，裂纹传播速度 $\dot{a}$ 先随 K_{ID}(也即传播裂纹临界动态应力强度因子)快速增大，处于加速过程；但达到某一临界值时，$\dot{a}$ 不再随 K_{ID}增大；如果 K_{ID}继续增大，则将出现**裂纹分叉(crack branching)**。反之，不论裂纹处于加速过程或减速过程，当满足一定条件时，则可能出现**裂纹止裂(crack arrest)**。

1. 分叉(branching / bifurcation)

实验研究中观察到的典型的裂纹分叉图案如图 9.24 所示[9.41]，常常是先经历“尝试分叉”(attempt branching)后才出现“成功分叉”(successful branching)。

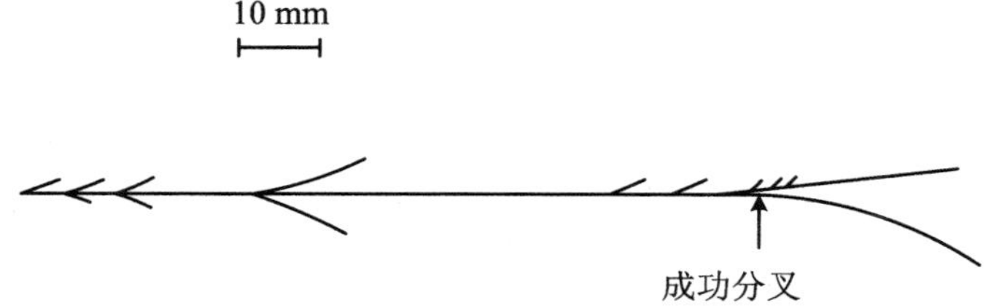

图 9.24　聚酯 Homalite-100 中观察到的裂纹分叉

先从能量法出发来讨论裂纹分叉。回忆在讨论传播裂纹的动能时曾指出，裂纹动能来自于应变能释放率 G 大于裂纹扩展阻力 $R(=G_{\mathrm{Ic}}=$常数$)$之差，如式(9.21)和图 9.16(b)所示。显然，当 G-Δa 曲线与 R-Δa 曲线之差所代表的多余能量大到足以驱动两个裂纹时，如图 9.25 所示，裂纹将分叉为两个裂纹，并且只要$(G-R)$差值够高，可继续进一步分叉[9.16]。

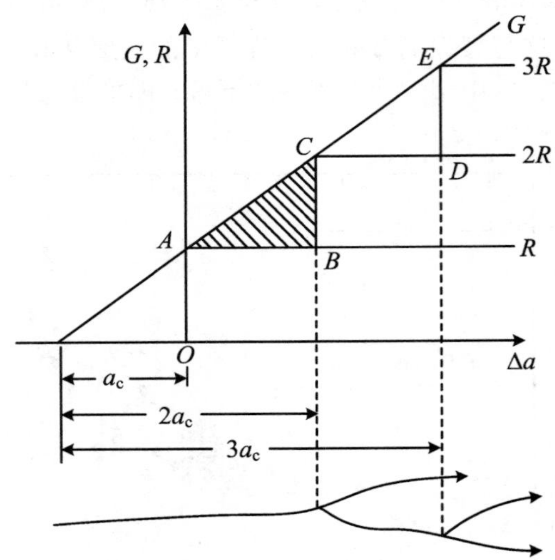

图 9.25　$(G-R)$之差足够大到裂纹分叉

Yoffe 早在 1951 年就曾试图通过裂尖力学场分析来讨论裂纹分叉[9.42]。她对于无限介质中受均匀载荷 σ_∞ 作用下以恒速 $\dot{a}$ 传播的Ⅰ型裂纹的裂尖应力场进行了分析，着重考察了对于裂纹扩展和分叉具有重要影响的环向应力 $\sigma_{\theta\theta}$。不同恒速 $\dot{a}$ 下，即 $\dot{a}/C_s=0,\ 0.5,\ 0.8,\ 0.9$ 时，环向应力 $\sigma_{\theta\theta}$随θ 的变化如图 9.26 所示。结果显示，在传播速度较低时，$\sigma_{\theta\theta}$的最大值发生在$\theta=0$（裂纹正前方）；而随着 $\dot{a}$ 增大，$\sigma_{\theta\theta}$的最大值发生在$\theta>0$（偏离裂纹正前方）。当

$$\dot{a}=0.6C_s \tag{9.33}$$

时，$\sigma_{\theta\theta}$的最大值发生在$\theta=60^\circ$，意味着裂纹将改变扩展方向，导致裂纹拐弯（crack curving）或裂纹分叉（crack branching）。式(9.33)可看做基于最大 $\sigma_{\theta\theta}$值的裂纹分叉准则。

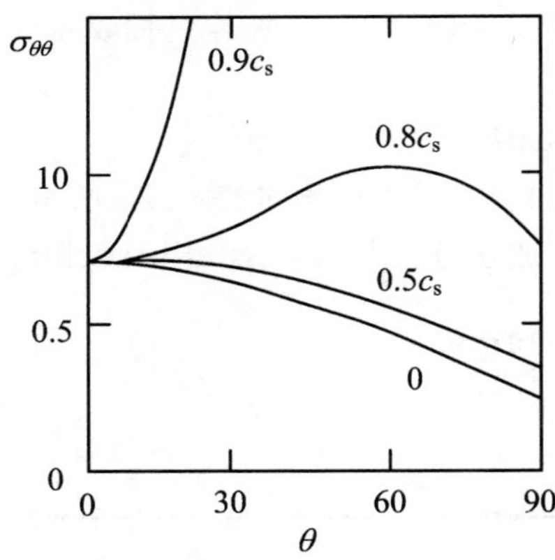

图 9.26　不同恒定传播速 $\dot{a}$ 下裂尖环向应力 $\sigma_{\theta\theta}$随θ 的变化

Yoffe 的理论虽然简明而且有吸引力，但没有得到实验事实的支持。后来的研究者们基于裂尖附近力学场由 K 因子主控的观点[9.43]，提出过如下类型的基于 K 的裂纹分叉准则：

$$K_{\mathrm{I}}^{\mathrm{d}}\geqslant K_{\mathrm{Ib}} \tag{9.34}$$

式中，K_{Ib}是**裂纹分叉开始韧性**（crack branching onset toughness）。

表 9.4 和表 9.5 分别汇总列出不同研究者实测的裂纹分叉传播速度 C_b 和裂纹分叉开始韧性 K_{Ib}[9.43]。表中的 C_0 是一维弹性杆波速，由于 $C_0 = \sqrt{2(1+\nu)}C_s$，Yoffe 的理论分叉传播速度 $C_b = 0.6C_s$ 就等价于 $C_b = 0.38C_0$（设 $n = 0.25$）；而表 9.5 中的 K_{Ic} 是材料平面应变断裂韧性。

表 9.4　裂纹分叉传播速度 C_b 的实测值与理论值的比较

来　源	材　料	C_b/C_0
理论预测		
Yoffe(1951)		0.38
实验测量		
Anthony, et al.(1968)	玻璃	0.39
Bowden, et al.(1967)	玻璃	0.29
Congleton(1973)	工具钢	0.26
Doll(1975)	平板玻璃	0.28
	玻璃(FK-52)	0.30
Hahn, et al.(1977)	钢(A533B)	0.10
Irwin, et al.(1977)	聚酯(Homalite-100)	0.24
Kobayashi, et al.(1974, 1981)	聚酯(Homalite-100)	0.22
Paxson, et al.(1973)	有机玻璃	0.36
Schardin(1959)	玻璃	0.30

表 9.5　裂纹分叉开始韧性的实测值 K_{Ib}

来　源	材　料	K_{Ib}/K_{Ic}
Congleton et al.(1973)	工具钢	2.36
Dally, et al.(1977, 1979)	聚酯(Homalite-100)	3.80
Doll(1975)	玻璃	4.23
Irwin, et al.(1966)	聚酯(Homalite-100)	4.65
Hahn, et al.(1977)	钢(A533B)	1.00
Kirchner & Kirchner(1979)	玻璃	3.66
Kirchner, et al.(1981)	金属陶瓷(Ti-ZrO)	4.74
Kobayashi, et al.(1974, 1981)	聚酯(Homalite-100)	3.60
Weimer, Rogers(1979)	钢(HF)	4.55
	钢(FS-01)	4.55

由此可见，刻画裂纹分叉的式(9.33)和式(9.34)这两个准则都没有得到表 9.4 和表 9.5 所示实验结果的支持。Brandon 概括各种实验结果后认为[9.44]，典型的裂纹分叉速度 C_b 为 $0.3C_0$ 量级，K_{Ib} 为 $4K_{Ic}$ 量级，而分叉角度分布在 20°～120°的很宽范围内。

K_{Ib}高达$4K_{\mathrm{Ic}}$量级这一实验结果意味着裂纹分叉要消耗比弹性动力学理论分析大得多的能量。Ravi-Chandar 和 Knauss 指出[9.22,9.45]，这与分叉裂纹前方"过程区"中微损伤的演化密切相关，如图 9.27 所示，照片显示在多个由微裂纹形成的微分叉（未遂分叉）中，有三个成功分叉。这一由过程区损伤演化到成功分叉的机理表示在图 9.28 中[9.22,9.46]。这是有待进一步研究的复杂问题。

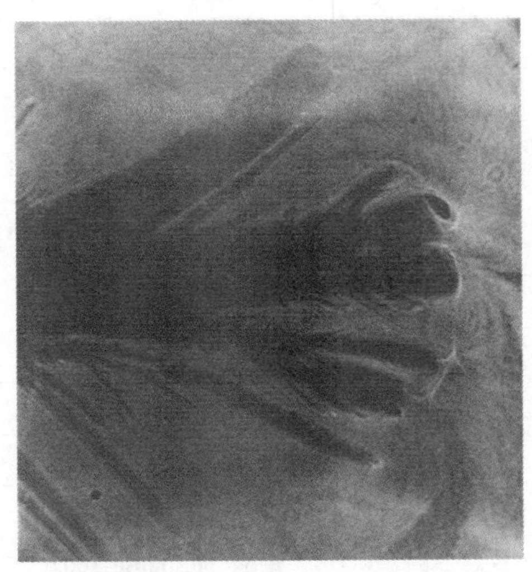

图 9.27　聚酯 Homalite-100 的裂纹分叉的实时显微照片（视场 3 mm）

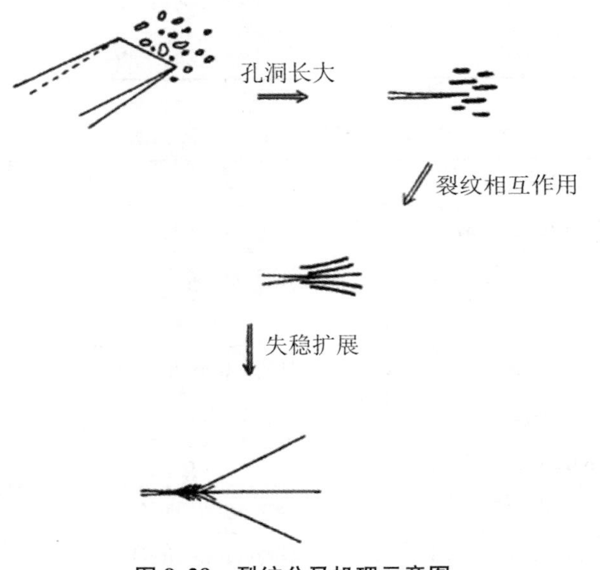

图 9.28　裂纹分叉机理示意图

2. 止裂（crack arrest）

在以能量法讨论传播裂纹的动能（图 9.16）和裂纹分叉的动能（图 9.25）时，都已作了以下两个基本假定：

① 能量释放率 $G=\pi\sigma^2 a/E$，从而 G 随裂纹尺寸 a 成正比地增大。

② 裂纹扩展阻力 $R(=G_{\mathrm{Ic}})$为常数。

更多的实际情况下，由于载荷 $\sigma(t)$ 和裂纹长度 $a(t)$ 都是时间 t 的函数，G 并非是 a 的线性函数。有些情况下，如示意图9.29那样，G 先随 a 扩展非线性增大，到达最大值 B 点后，G 开始减小[9.1,9.20]。当裂纹扩展到 C 点，能量释放率 G 重新等于裂纹扩展阻力 R，则该时刻发生止裂（$a=a^{*}_{止裂}$），但由于未计动能的影响，称为静态裂纹止裂过程分析。如果考虑动能的作用，C 点时刻传播裂纹的动能在数量上可以等于面积 ABC，这部分动能能量还可用于裂纹的扩展传播。因此，虽然此后能量释放率 $G<R$，裂纹仍然能靠动能支持而扩展，最后在 E 点止裂，使得面积 $CDE=ABC$，即裂纹扩展到 E 点使得总动能减小为零后，才发生裂纹止裂（$a=a^{**}_{止裂}$）。

在以上的分析中还隐含着一个基本假定，即止裂的临界能量释放率等于裂纹静态扩展阻力；换句话说，材料的裂纹止裂韧性等于材料的静态断裂韧性。但这一假定还没有被后继研究者们的实验所证实。

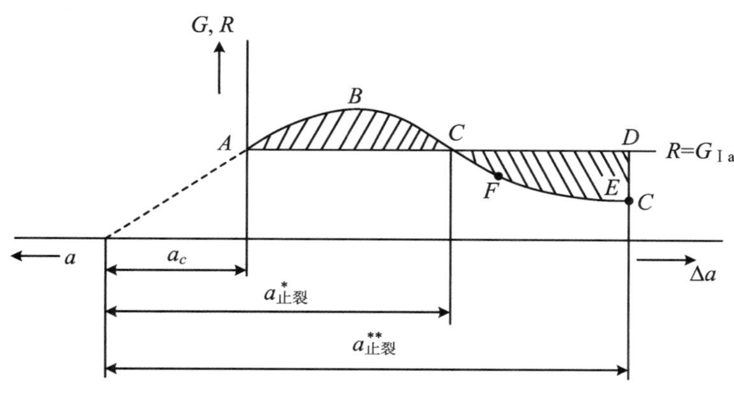

图9.29　由于 G 减小发生止裂

即使考虑到动态效应，大量研究表明[9.22]，材料的动态裂纹止裂韧性 K_{Ia} 不等于材料的动态裂纹起始韧性性 $K_{\mathrm{Id}}(\dot{K})$。具体来说，如果动态应力强度因子 $K^{\mathrm{d}}_{\mathrm{I}}(t)$ 先随时间增加，一旦达到动态裂纹起始韧性 $K_{\mathrm{Id}}(\dot{K})$，裂纹将起始扩展；此后，如果动态应力强度因子 $K^{\mathrm{d}}_{\mathrm{I}}(t)$ 又随时间推移减少，将不会在降到动态裂纹起始韧性 $K_{\mathrm{Id}}(\dot{K})$ 时止裂，而是一直降到材料的动态裂纹止裂韧性 K_{Ia} 时才止裂，而且一般的有 $K_{\mathrm{Ia}}<K_{\mathrm{Id}}(\dot{K})$。

这样，裂纹在 $t=t_a$ 时刻止裂的动态裂纹止裂准则表示为

$$K^{\mathrm{d}}_{\mathrm{I}}(t)<K_{\mathrm{Ia}}(T)\qquad(t>t_{\mathrm{a}})\tag{9.35}$$

式中，动态裂纹止裂韧性 K_{Ia} 定义为：裂纹不能再保持生长的最小的动态应力强度因子；T 是温度，体现 $K_{\mathrm{Ia}}(T)$ 随温度升高而增加的实验事实。

动态裂纹止裂韧性 K_{Ia} 要通过实验研究来确定，不同研究者所设计的实验必须具备以下特点之一：

① 实验中包含 $K^{\mathrm{d}}_{\mathrm{I}}(t)$ 作为 t 的减函数的过程，从而能够获得止裂信息；

② 试样设计得具有非均匀温度场，使之具有非均匀的止裂韧性 $K_{\mathrm{Ia}}(T)$ 场，当裂纹从具有低止裂韧性的低温端起裂，向具有高止裂韧性的高温端扩展特性时，从止裂点测得的动态应力强度因子和温度值，可以确定相应的 $K_{\mathrm{Ia}}(T)$ 值；

③ 采用由低止裂韧性材料和高止裂韧性材料组成的试样，裂纹从低止裂韧性材料起裂，向高止裂韧性材料传播而止裂。

在止裂实验中，要尽量减少应力波在试样边界来回反射引起的震荡干扰。Ravi-Chandar 和 Knauss 采用载荷幅值和历时均可调的电磁加载装置对裂纹内表面施加压力脉冲，通过高速摄影机(20 万帧/s)与光学焦散法相结合的方法，在同一次实验中对材料动态起始断裂韧性 K_{Id}(如图 9.8 所示)和动态裂纹止裂韧性 K_{Ia}同时进行研究[9.46]。他们采用相继的双梯形载荷脉冲，每个梯形脉冲历时 70 μs，既有历时长得足够使裂纹能起裂扩展，又短得足够使裂纹扩展数微米后在裂尖发生卸载，从而 $K_{\mathrm{I}}^{\mathrm{d}}(t)$下降而导致止裂；第二个梯形脉冲则可对裂纹重新加载，使得发生“再起裂”(re-initiation)。这样设计的实验能够避免从试样边界反射的应力波干扰。他们对聚酯 Homalite-100 实验的典型结果如图 9.30 和图 9.31 所示。

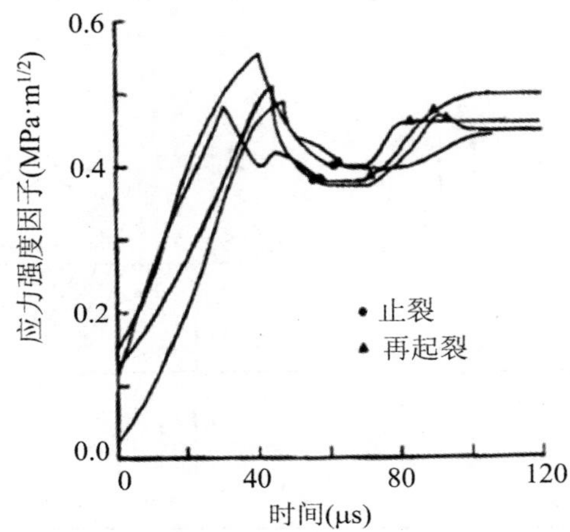

图 9.30　应力强度因子 K_{I} 随时间 t 的变化

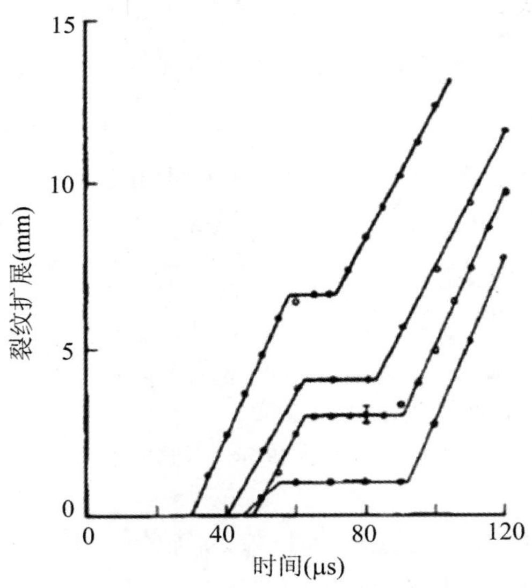

图 9.31　裂尖扩展距离随时间的变化

图 9.30 给出应力强度因子 K_{I} 随时间 t 变化的结果，图 9.31 则给出裂尖扩展随时间变化的结果，其斜率表示裂尖传播速度。由图 9.30 可见，动态应力强度因子 $K_{\mathrm{I}}^{\mathrm{d}}(t)$先随时间 t 增加，达到材料动态裂纹起始韧性 K_{Id}时起裂，并如图 9.31 第一段直线斜率所示以恒速传播；但

对于传播裂纹，如式(9.32)和图9.20所示，其动态应力强度因子 $K_{\mathrm{I}}^{\mathrm{d}}(t)$ 将下降，当其值卸载到材料的动态裂纹止裂韧性 K_{Ia} 时止裂，在图9.31上表示为斜率(即传播速度)为零的水平段。在图9.30上也对应地出现一个最低 $K_{\mathrm{I}}^{\mathrm{d}}(t)$ 值的水平段。由此可确定动态止裂韧性 $K_{\mathrm{Ia}}=0.4\ \mathrm{MPa}\cdot\mathrm{m}^{1/2}$，比该材料的 K_{Ic}(参看图9.8)低约11%。在两图中还可以清晰地看到在第二个梯形脉冲作用下裂纹的"再起裂"。

综上所述，材料的静态断裂韧性 K_{Ic}、动态裂纹起始韧性 K_{Id}、动态裂纹生长韧性 K_{ID} 和动态止裂韧性 K_{Ia} 分别是独立的，互有区别的材料韧性指标。

裂纹动力学中的三种动态韧性的相对独立关系如图9.32所示[9.22]。当动态应力强度因子 $K_{\mathrm{I}}^{\mathrm{d}}(t)$ 达到动态裂纹起始韧性 K_{Id} 时，裂纹失稳扩展，以一定速度传播。此后，如图9.32中右向箭头的指向，传播裂纹能否继续扩展，取决于 $K_{\mathrm{I}}^{\mathrm{d}}(t)$ 能否达到裂纹生长韧性 $K_{\mathrm{ID}}(\dot{a})$；而传播裂纹能否止裂，则如图中左向箭头的指向，取决于 $K_{\mathrm{I}}^{\mathrm{d}}(t)$ 能否降到小于裂纹止裂韧性 K_{Ia}。

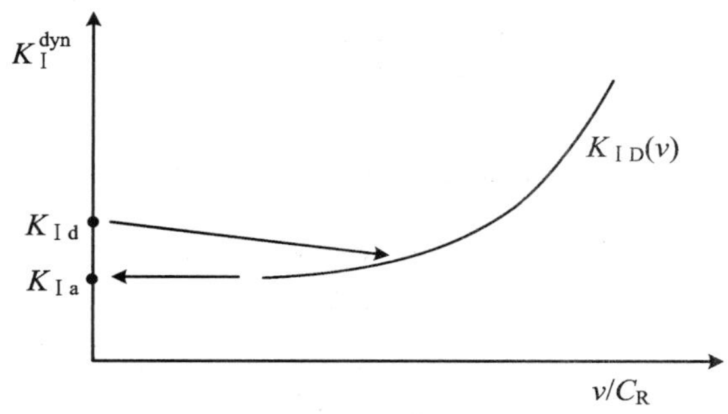

图9.32 动态裂纹起始韧性 K_{Id}、裂纹生长韧性 K_{ID} 和止裂韧性 K_{Ia} 的相对独立性

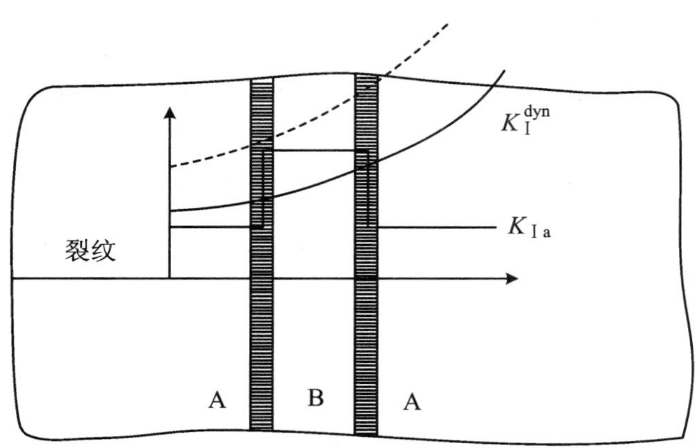

图9.33 采用具有高止裂韧性 K_{Ia} 的止裂带止裂之示意

式(9.35)所示动态裂纹止裂准则不仅可用来判断裂纹是否止裂，而且在工程应用上为止裂设计提供了指导原则。其不等号的左侧和右侧分别给出结构止裂设计和材料止裂设计的遵循原则，即从结构止裂设计的角度说，要尽量减小裂尖场的动态应力强度因子，而从材料止裂设计的角度说，要尽量提高材料动态韧性。下面给出工程中常用的几个止裂措施。

图9.33是对具有动态止裂韧性 $K_{\mathrm{Ia}}^{\mathrm{A}}$ 的A钢板，在裂纹前方加焊(或铆接)具有动态止裂韧性 $K_{\mathrm{Ia}}^{\mathrm{B}}$ 的止裂带(arrester strip)B的示意图，已设 $K_{\mathrm{Ia}}^{\mathrm{B}}(>K_{\mathrm{Ia}}^{\mathrm{A}})$，如图中 K_{Ia} 凸形分布线所示。设动态应力强度因子 $K_{\mathrm{I}}^{\mathrm{d}}(t)$ 随裂纹扩展单调上升，如图9.33中实线所示。裂纹在A钢板中

扩展时,由于 $K_{\mathrm{I}}^{d} > K_{\mathrm{Ia}}^{A}$,裂纹不会止裂。但当裂纹扩展进入到止裂韧性为 K_{Ia}^{B} 的止裂带 B 区域时,由于 $K_{\mathrm{I}}^{d} < K_{\mathrm{Ia}}^{B}$,满足式(9.35),因而裂纹在 B 区内止裂。注意,如果动态应力强度因子 $K_{\mathrm{I}}^{d}(t)$ 随裂纹扩展的情况如图 9.33 中虚线所示,则止裂带 B 的止裂韧性 K_{Ia}^{B} 就不足以止裂了。

图 9.34 所示的是通过在脆性材料中添加高强韧纤维来提高材料本身的止裂韧性 K_{Ia}。

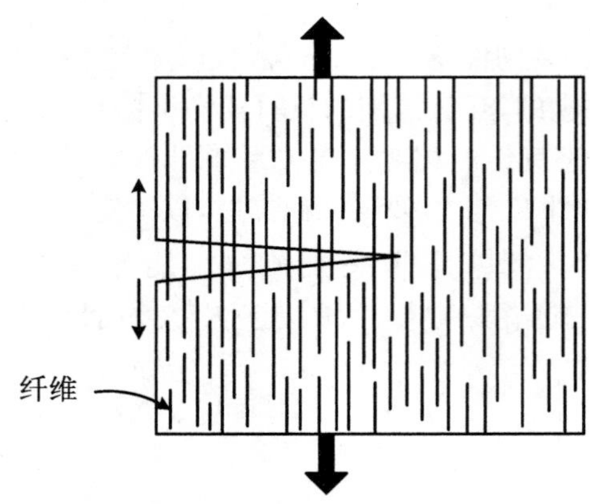

图 9.34　脆性材料中添加高强韧纤维来提高止裂韧性 K_{Ia}

图 9.35 所示的是在裂尖处钻一个**止裂孔**(**crack arrest hole**),使得原来尖锐的裂尖由于尖端半径增大而"钝化"了,可大大降低其应力强度因子。还可以进一步用直径比孔径略大的工具对止裂孔内表面实施冷加工,形成一层具有残余压应力的塑性加工硬化层,甚或把高韧性材料的销钉以紧配合形式直接插在孔中,从而改善止裂孔处材料的止裂韧性。

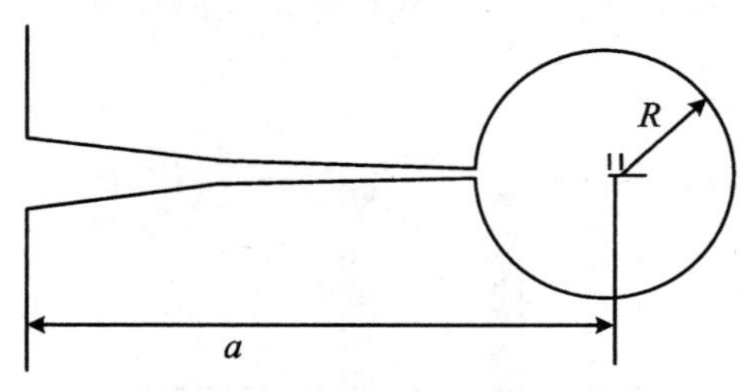

图 9.35　裂尖处钻一个止裂孔

9.1.9　裂纹动力学的实验技术

裂纹动力学涉及裂纹尖端附近的动态应力强度因子的研究(结构动态响应)和材料在高加载率下抗裂纹失稳扩展而破坏的断裂韧性(材料动态响应)的研究。材料动力学主要关心的是后者,但也与前者密切相关。材料的各种动态断裂韧性(起始韧性、传播韧性、止裂韧性等)的研究主要依靠实验,本质上是一门实验科学,尽管也用到许多数学,但它不是一门演绎科学或应用数学。

材料动态断裂韧性的动态实验研究包含两方面的关键实验技术:

① 实现高加载率[例如 $\dot{K}_{\mathrm{I}}^{d}(t) \geqslant 10^5\ \mathrm{MPa \cdot m^{1/2}/s}$]的动态加载技术。

② 高加载率下动态应力强度因子临界值 $K_{\mathrm{I}}^{d}(a,\sigma,t)|_{\mathrm{cr}}$ 及达到临界值的临界时间 t_{f}(例如 $10^0 \sim 10^2\ \mu\mathrm{s}$ 量级)之动态测量技术,因为材料动态断裂韧性的实验确定(以材料动态起始断裂

韧性为例)，是通过动态测定 $K_{\mathrm{I}}^{\mathrm{d}}(a,\sigma,t)|_{\mathrm{cr}}$ 和 t_{f} 来实现的。

下面对这两方面分别加以讨论。

1. 加载技术

材料动态断裂韧性的早期研究采用缺口试样的摆锤式冲击实验(所谓 Charpy 冲击实验)或落锤实验。因为这类加载技术依靠落重(drop-weight)来对试样加载，所以一方面难以实现高加载率，另一方面，也更重要的是难以对试样和加载装置中的应力波效应进行定量分析。因此已逐渐被表 9.6 所示的其他更完善的加载技术(射弹撞击、爆炸和电磁加载)所淘汰。这些加载技术其实已经在本章前文以及本书前面章节有所涉及。

表 9.6　不同加载技术的加载率 $\dot{K}_{\mathrm{I}}^{\mathrm{d}}(t,\dot{a})$ 和裂纹起裂时间 t_{f} 的范围[9.22]

	准静加载	落重	射弹撞击	爆炸	电磁加载
加载率 $\dot{K}_{\mathrm{I}}^{\mathrm{d}}(t,\dot{a})$ (MPa·m$^{1/2}$/s)	1	10^4	$10^4\sim10^8$	10^5	10^5
起裂时间(μs)	$>10^6$	～100	1～100	1～20	10～100

回顾在前文讨论材料动态起裂韧性时给出的图 9.8 以及在讨论材料动态止裂韧性时给出的图 9.30 和图 9.31，都是由 Ravi-Chandar 和 Knauss 采用载荷幅值和历时均可调的电磁加载技术所获得的[9.24]。该加载技术如图 9.36 所示意。导电铜片对折并夹入绝缘片后，插入单边裂纹试样的裂纹中[图 9.36(a)]，当铜片中通过脉冲电流时产生感应磁场，而由于上下铜片的电流方向相反，产生的感应磁场相互排斥，就给裂纹上下表面施加了均布梯形压力脉冲载荷[图 9.36(b)]。梯形脉冲历时可在 150 μs 范围内调节，升时约为 25 μs，裂纹表面压力可在 1～20 MPa 范围内调节，加载率为 $\dot{K}_{\mathrm{I}}^{\mathrm{d}}(t)=10^5$ MPa·m$^{1/2}$/s 量级。电磁加载的主要优点是：

① 载荷重复性好；

② 应力波在试样边界反射回到裂尖前已经完成实验，而且既可研究材料动态起裂韧性(图 9.8)又可研究材料动态止裂韧性(图 9.30 和图 9.31)。

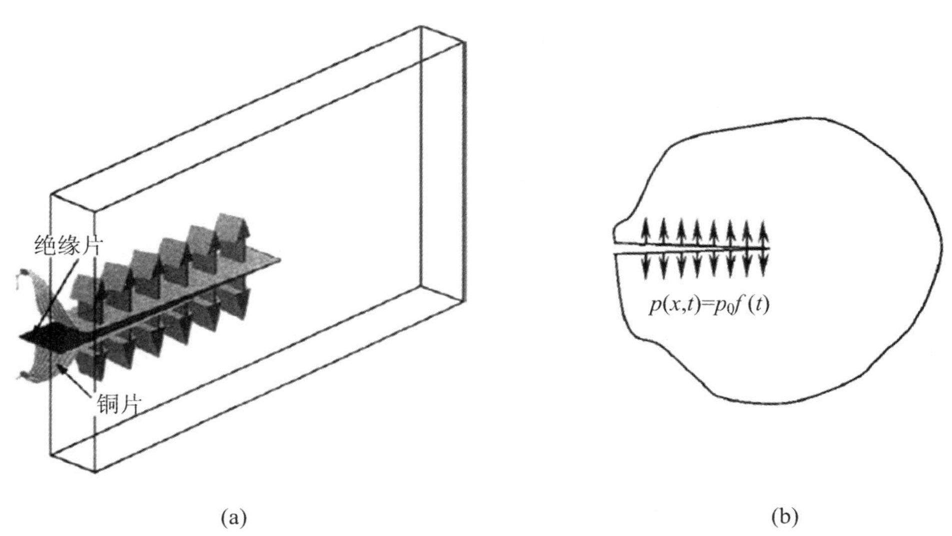

图 9.36　电磁加载技术对裂纹内表面施加压力脉冲

回顾第 4 章的"固体高压状态方程的动力学实验研究"中曾经讨论的气炮发射飞片的平板撞击实验以及第 7 章"材料畸变律的动态实验研究"中曾经讨论的气枪发射撞击杆的 Hopkinson 杆实验，这些都属于表 9.6 中的射弹撞击(projectile impact)加载技术。与落重加载技术靠落重直接撞击试样不同，射弹撞击加载技术本质上是由应力波对试样加载。

用平板撞击技术进行材料动态断裂韧性实验的一个典型实例如图 9.37 所示[9.47]。带有预制环状裂纹的厚度为 h 的 4340 钢圆板试样[图 9.37(b)]，受到气炮驱动的厚度为 $h/2$ 的飞片以速度 v_0的撞击，对试样先施加一个近似梯形的入射压力脉冲(对裂纹扩展没有影响)，但在试样自由表面反射后，恰好在试样厚度一半的裂纹处形成实验所需的拉伸脉冲载荷。载荷的幅值和历时(μs 量级)可通过改变 v_0和 h 来调节。对激光干涉测速仪(VISAR)测得的试样背面速度波形进行分析后，可获得试样材料动态应力强度因子 $K_{\mathrm{I}}^{\mathrm{d}}(t)$(100 MPa · m$^{1/2}$量级)，相应的加载率 $\dot{K}_{\mathrm{I}}^{\mathrm{d}}(t)$高达 10^8 MPa · m$^{1/2}$/s 量级。$K_{\mathrm{I}}^{\mathrm{d}}(t)$先随时间 t 增加，与 $t^{1/2}$成正比，和图 9.6 给出的理论解一致。裂纹起裂传播后，$K_{\mathrm{I}}^{\mathrm{d}}(t)$又随时间减小，如图 9.37(c)所示。

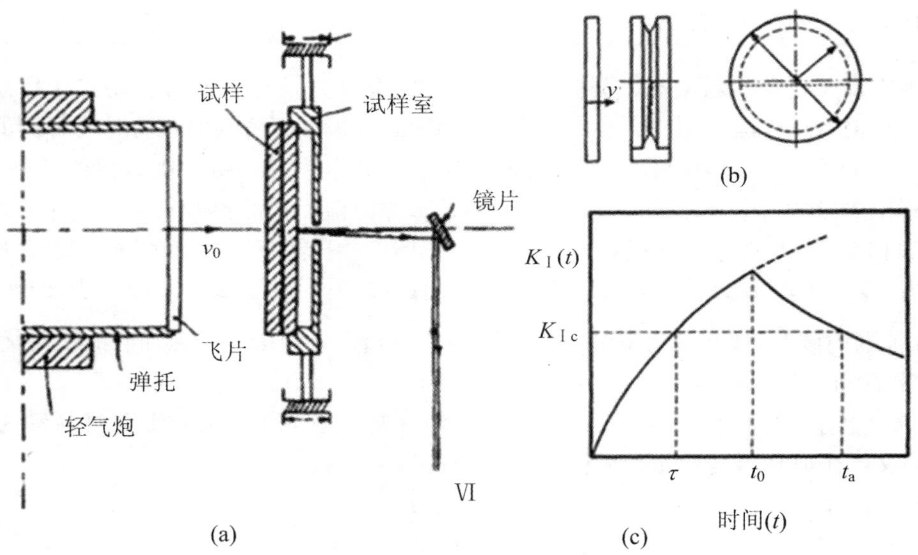

图 9.37　气炮发射飞片撞击环状裂纹平板试样的动态断裂韧性实验

用 Hopkinson 杆技术对材料动态断裂韧性进行实验研究，已被越来越多的研究者采用[9.30,9.48]，特别是由于 Hopkinson 杆实验技术已越来越普及和越来越成熟。

本书第 7 章对于 Hopkinson 杆实验技术已有较详细的介绍，下面着重讨论一下它在材料动态断裂韧性研究中的应用。

Costin，Duffy 和 Freund(1976)最早利用 Hopkinson 杆原理，研究了材料的动态起裂韧性[9.49]。如图 9.38 示意，他们用炸药对具有环状预裂纹的圆杆试样施加拉伸载荷，长试样裂纹的两侧贴有应变计，利用测得的入射波、反射波和透射波等信息来确定材料的动态起裂韧性。裂纹在 20～25 μs 范围内起裂，加载率 $\dot{K}_{\mathrm{I}}^{\mathrm{d}}(t)$达到 10^6 MPa · m$^{1/2}$/s 量级。不过，由于长试样本身同时担负了 Hopkinson 入射杆和透射杆的功能，所以材料消耗多，加工技术要求高。

除了直接用拉伸应力波对裂纹试样加载外，还可以利用 Hopkinson 压杆的压缩脉冲在短试样自由表面反射的拉伸脉冲对裂纹试样加载，如图 9.39 所示[9.50]。这时已经假定压缩波通

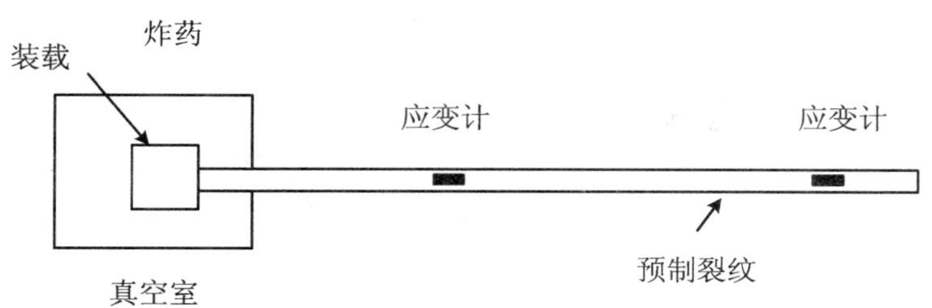

图 9.38　炸药对具有环状预裂纹的圆杆试样施加拉伸载荷

过试样时对裂纹没有影响。为避免压缩波对试样可能的影响，也有研究者[9.51]在含裂纹短试样外加一个自由套管，试样固定在 Hopkinson 入射杆和透射杆之间（参看第 7 章的图 7.7），使得入射杆中的入射压缩波经由套管传播进入透射杆，而在透射杆自由端反射的拉伸波则对裂纹试样加载。

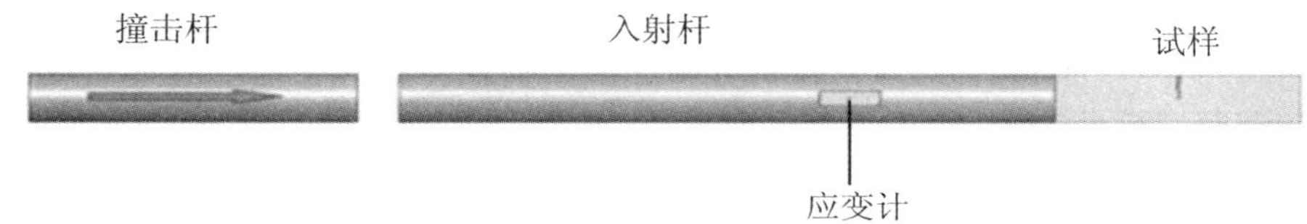

图 9.39　压缩脉冲在短试样自由表面反射的拉伸脉冲对裂纹试样加载

以上是利用拉伸应力波对裂纹试样加载的方式。其实，直接在分离式 Hopkinson 压杆实验技术（SHPB）的基础上，研究者们也发展出了多种利用压缩应力波对裂纹试样加载的方式。

图 9.40 显示了在 SHPB 实验装置上利用压缩脉冲直接对紧凑压缩试样（compact compression specimen，简称 CC 试样）进行加载[9.52]。

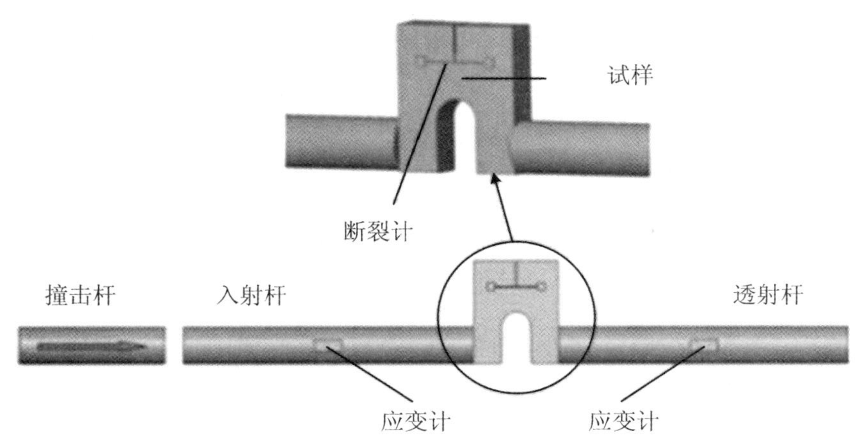

图 9.40　压缩脉冲对紧凑压缩试样的加载

图 9.41 显示了在 SHPB 实验装置上，利用压缩脉冲直接对楔块加载紧凑拉伸试样（wedge loaded compact tension specimen，简称 WLCT 试样）进行加载[9.53]，紧凑拉伸试样夹在加载楔子和透射杆之间。

在 SHPB 实验装置上，特别适合利用压缩脉冲直接对各种带裂纹的弯曲试样进行动态断裂韧性实验。

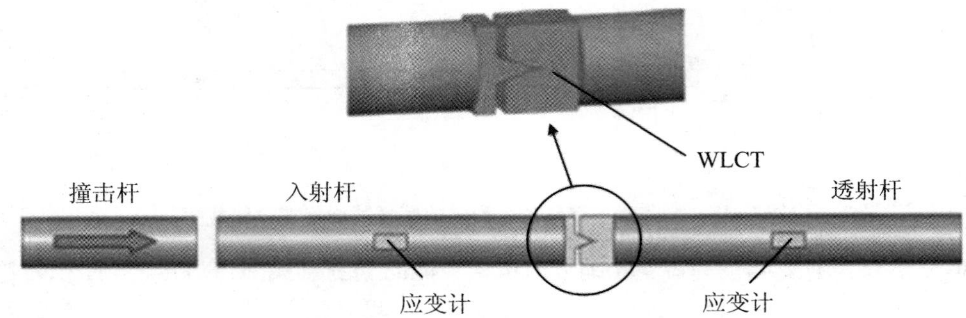

图 9.41　压缩脉冲对楔块加载紧凑拉伸试样(WLCT)加载

图 9.42 显示经由入射杆传播的压缩脉冲直接对单边裂纹试样进行单点弯曲(one point bend,简称 1PB)加载[9.54]。单边裂纹试样如果采用通常的 Charpy 试样,加上加载方式和 Charpy 实验的单点弯曲加载一样,因此就可以视为一种能够计及应力波效应的从而能够可靠确定动态起裂断裂韧性的改进的 Charpy 实验[9.55]。

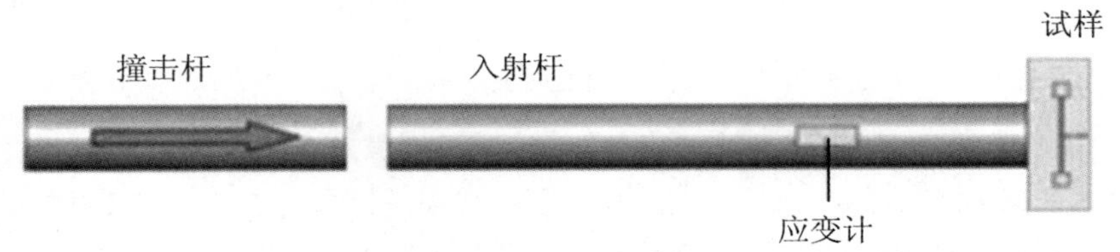

图 9.42　压缩脉冲对单边裂纹试样进行单点弯曲(1PB)

除了上述单点弯曲实验外,研究者们还应用 Hopkinson 压杆,发展了多种三点弯曲(three point bend,简称 3PB)试样的动态实验技术[9.48],用以研究材料的动态断裂韧性。

图 9.43 显示的是采用单入射杆,直接对三点弯曲裂纹试样进行压缩脉冲加载[9.56]。

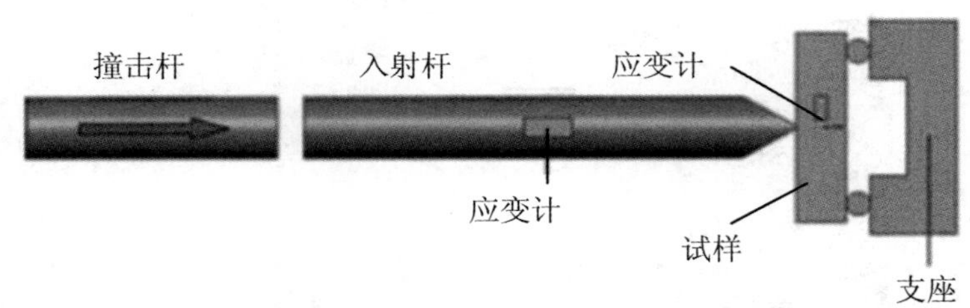

图 9.43　单入射杆对三点弯曲裂纹试样进行压缩脉冲加载(1bar/3PB)

图 9.44 显示的是采用入射杆和透射杆,对夹在两杆间的三点弯曲裂纹试样进行压缩脉冲加载[9.57]。

图 9.45 显示的是采用入射杆和双透射杆,对夹于其间的三点弯曲裂纹试样进行压缩脉冲加载[9.58]。

以上主要对 Ⅰ 型裂纹试样进行了讨论。类似地,Hopkinson 压杆技术还可以用于对 Ⅱ 型裂纹试样进行动态断裂韧性实验研究,如图 9.46 所示,董新龙等应用这一加载技术研究了 Ⅱ 型裂

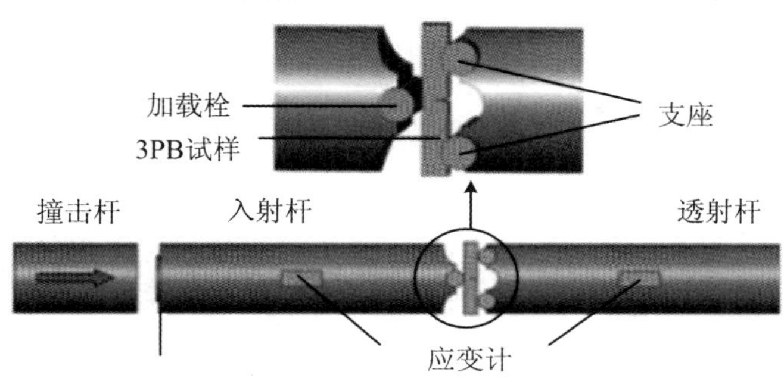

图 9.44　对夹在入射杆和透射杆间的三点弯曲裂纹试样进行压缩脉冲加载(2bar/3PB)

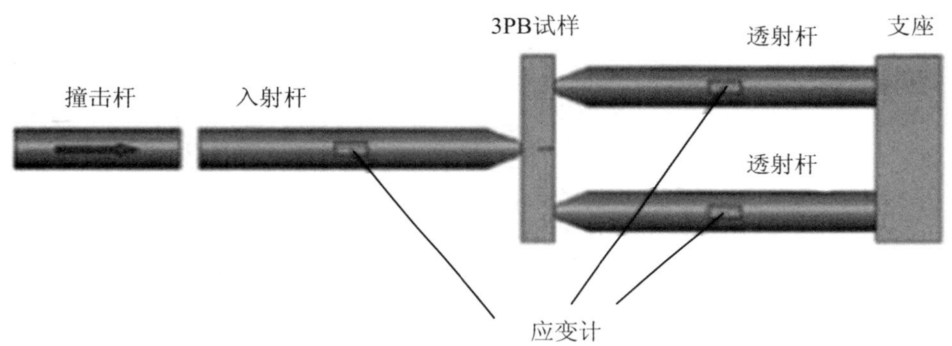

图 9.45　对夹在入射杆和双透射杆间的三点弯曲裂纹试样进行压缩脉冲加载(3bar/3PB)

纹的裂纹起裂与绝热剪切之间的相互作用[9.59](参见第 10 章 10.1.5“绝热剪切带与裂纹的相互作用”)。

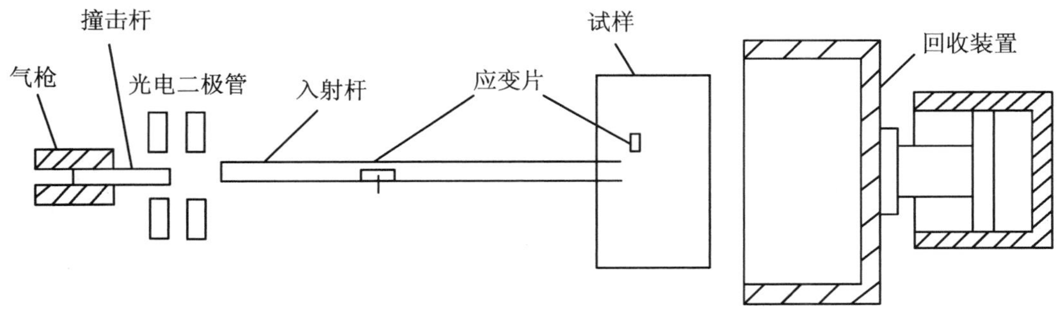

图 9.46　用 Hopkinson 压杆技术对Ⅱ型裂纹试样进行动态断裂韧性实验研究

2．测量技术

如前所述，材料动态断裂韧性的实验确定，是通过测定高加载率下随时间变化的动态应力强度因子 $K_{\mathrm{I}}^{\mathrm{d}}(a,\sigma,t)$和达到其临界值的临界时间 t_{f}($10^0\sim10^2$ μs 量级)来实现的。当采用分离式 Hopkinson 压杆加载技术时，如果能够满足“均匀性”基本假定[参看第 7 章 7.1“分离式 Hopkinson 压杆(SHPB)实验技术”]，即试样-入射杆界面和试样-透射杆界面的应力能够保持动态平衡，则可按照准静态处理。但在大多数实验情况下，常常难以满足“均匀性”基本假定(临界时间 t_{f}常常与入射波升时同一量级)，就必须直接测量随时间变化的动态应力强度因子

$K_{\mathrm{I}}^{\mathrm{d}}(a,\sigma,t)$和达到其临界值的临界时间 t_{f}。

目前裂纹尖端动态应力强度因子的测量方法主要有两类：即光测法和电测法，分别讨论如下。

(1) 光测法

用于动态应力强度因子测定的光测法主要有：动态光弹性法、动态云纹干涉法和动态焦散线法等。其中，动态焦散法与高速摄影技术相结合，既已成功地用于动态起裂断裂韧性 K_{Id}的研究(参看图 9.8)，又已成功地用于对传播裂纹的裂纹生长韧性 K_{ID}和止裂韧性 K_{Ia}的研究(参看图 9.30 和图 9.31)，成为裂纹动力学光测法实验研究中的主流测量技术。

下面主要讨论动态焦散法(dynamic caustics method)。

20 世纪 70 年代由 Mannogg(1964)，Theocaris (1970)，Kalthoff(1987)和 Rosakis(1980)等发展起来的焦散法[9.20,9.22]，在测量上具有精度高，使用相对简单的优点，除去一个高速摄影仪之外，所需的仪器设备仅仅是一个点光源。焦散法测试的物理原理如图 9.47(a)所示，将点光源生成的平行光照射在带裂纹试样表面上。设有一均布拉伸应力 σ 作用在试样上，如果试样是光学各向同性的透明材料，包围裂纹顶端区域的应力集中将引起两方面的变化：试样厚度的不均匀减小(泊松比效应)和材料折射率(refractive index)的减小(Maxwell-Neumann 应力-光学律)。包围裂纹顶端由于厚度不均匀减小形成的凹形表面起到类似于一个发散透镜的作用，加上材料折射率的变化，使得穿过此试样的光线向外偏斜。因此在试样后方距离 z_0处的像平面上，裂纹的影像显示为裂纹顶端被一个黑斑包围，如图 9.47(b)和(c)所示。这个黑斑被一条很亮的光线所分界，它是很多条光线集焦而形成的奇异曲线，不同的研究者对此有不同称呼，如应力花冠(stress corona)、阴影斑(shadow spot)和焦散(caustics)等，下文统一称为焦散。图 9.47(b)给出了焦散的理论模拟图案，而图 9.47(c)给出了其实验测得的图案，两者一致显示出清晰的暗黑阴影斑及包络其外的明亮的焦散曲线。注意，焦散线的最大直径 D 出现在横向即图 9.47 的 x_2轴方向，如图 9.47(b)中所标示。

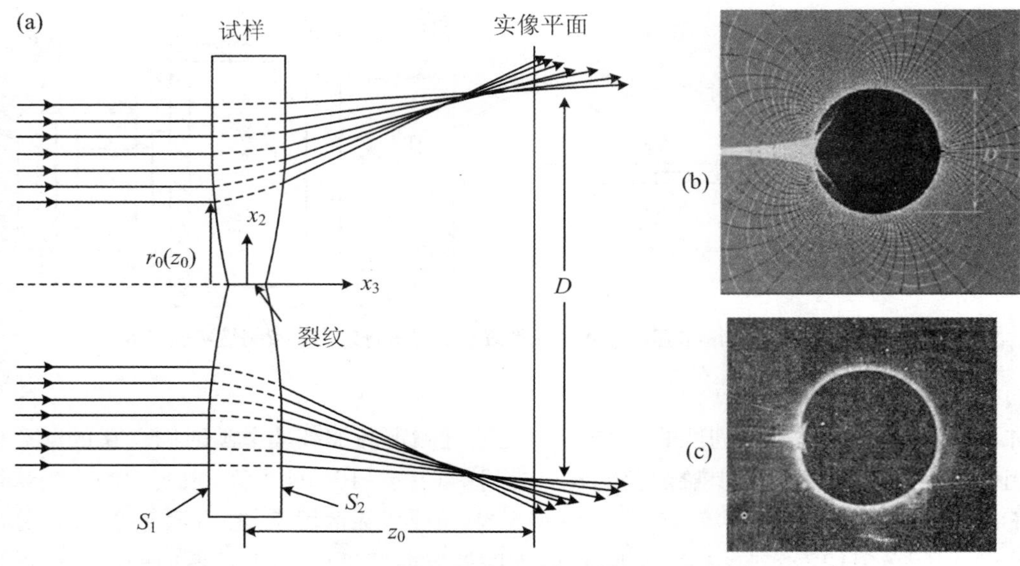

图 9.47 Ⅰ型裂纹透明试样焦散形成示意图

在试样平面(物平面)上，与像平面上的焦散曲线相互映射的曲线称为初始曲线(initial

curve)，以 r_0 为半径。在初始曲线以外的光线都落到焦散曲线的外面，在初始曲面内的光线则落到焦散曲线上面或外面，而通过初始曲线的光线全落在焦散曲线上，从而使得焦散曲线成为诸多光线聚焦的明亮曲线。既然裂纹体的焦散线是源于裂尖奇异性力学场，则从焦散所包含的信息应该可以设法来反演出刻画裂纹尖端奇异性力学场的应力强度因子。

与裂纹静力学相区别，裂纹动力学关注的是动态应力强度因子。对于以稳定速度 $\dot{a}$ 扩展的Ⅰ型传播裂纹，由其裂尖力学场分析(参看 9.1.6 节)，结合几何光学，经过一番数学演算(从略)，可导出动态应力强度因子 $K_{\mathrm{I}}^{\mathrm{d}}$ 与焦散最大直径 D 之间存在如下关系[9.20,9.22]：

$$K_{\mathrm{I}}^{\mathrm{d}} = \frac{2\sqrt{2\pi}F(\dot{a})}{3m^{3/2}z_0hc_{\mathrm{t}}}\left(\frac{D}{f}\right)^{5/2} \tag{9.36}$$

式中，z_0 为物平面和像平面的距离[图 9.47(a)]；D 为最大焦散直径[图 9.47(b)]；h 为实物的初始厚度；f 为阴影光学常数(D 与 r_0 之比)；c_{t} 为光学常数。m 为标量因子(像平面上任一长度与物平面上相应长度之比)$\begin{cases}\text{平行光束时}=1\\\text{收敛光束时}<1\\\text{发散光束时}>1\end{cases}$；$F(\dot{a})$ 为裂纹传播速度修正因子(动态校正因子)；$K_{\mathrm{I}}^{\mathrm{d}}$ 为动态应力强度因子。

对于裂纹传播速度修正因子 $F(\dot{a})$，按照 Ravi-Chandar 和 Knauss 的研究[9.46]，有

$$F(\dot{a}) = \frac{4\alpha_1\alpha_2 - (1+\alpha_2{}^2)^2}{(\alpha_1{}^2 - \alpha_2{}^2)(1+\alpha_2{}^2)} \tag{9.37a}$$

式中的 α_1 和 α_2 与式(9.29b)中的定义相同，分别与纵波速 C_{l} 和剪切波速 C_{s} 相关，即有

$$\alpha_1^2 = 1 - \frac{\dot{a}^2}{C_1^2},\quad \alpha_2^2 = 1 - \frac{\dot{a}^2}{C_2^2} \tag{9.37b}$$

$$C_1 = C_{\mathrm{l}} = \sqrt{\frac{\lambda + 2\mu}{\rho}} \tag{9.37c}$$

$$C_2 = C_{\mathrm{s}} = \sqrt{\frac{\mu}{\rho}} \tag{9.37d}$$

当 $\dot{a}/C_{\mathrm{R}}$ 从 0 增加到 1 时，$F(\dot{a})$ 从 1 降到 0。对于静态裂纹($\dot{a}=0$)，$F(\dot{a})=1$，式(9.36)就化为静态裂纹的对应式。换句话说，动态应力强度因子 $K_{\mathrm{I}}^{\mathrm{d}}$ 可以通过在以静态焦散法求出静态应力强度因子 K_{I} 后，乘以裂纹传播速度修正因子 $F(\dot{a})$ 来获得。

光学常数 c_{t}，对于光学各向同性的透明材料而言，由两部分组成，即

$$c_{\mathrm{t}} = c + \frac{(n_0 - 1)\nu}{E} \tag{9.38}$$

式中，c 是材料的应力—光学系数，n_0 是材料未应变状态下的折射率，ν 是泊松比，E 是杨氏模量。上式表明，裂纹试样在应力作用下形成焦散线是由两方面的变化引起的，式中等号右边的第一项代表材料折射率变化的影响，第二项代表平面应力状态下试样厚度变化的影响。

如果试样为不透明材料制成，设这种试样具有反射表面。可以证明，由于来自这种反射表面的光偏斜，原理上在试样后方的虚像平面上同样可以得到如同透明试样那样的焦散图像，如图 9.48 所示。

不过，在反射情形下的光偏斜仅仅是由于试样厚度的变化所引起的，因此式(9.38)中的 c_{t} 应改为 $c_{\mathrm{n}} = -\nu/E$，并且式(9.37)中的试样初始厚度 h 应改为 $h/2$(因为物平面不论试样是否透明均取为试样厚度之半的平面)。

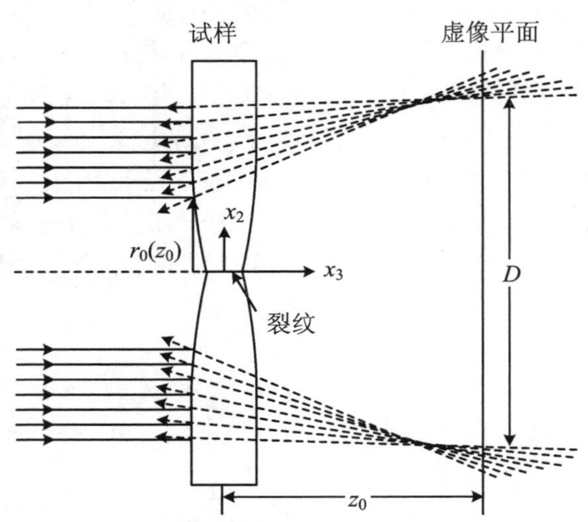

图 9.48　Ⅰ型裂纹不透明试样焦散形成示意图

将动态焦散法与高速摄影技术相结合可以研究裂纹的传播和接着的止裂。图 9.49 给出了用环氧树脂 Aradite B 材料制成的双悬臂梁(DCB)试样在楔块加载下的焦散发展结果[9.60]。其测得了传播裂纹的生长韧性和止裂韧性。同时,由每一张照片中记录下来的瞬时裂纹顶端位置,可测定裂纹传播速度 $\dot{a}$。从图中可见,随着裂纹长度的增长,阴影斑尺寸减小,这表明传播扩展裂纹的动态应力强度因子是随裂纹长度增加而减小的,这与图 9.30 所示结果一致。

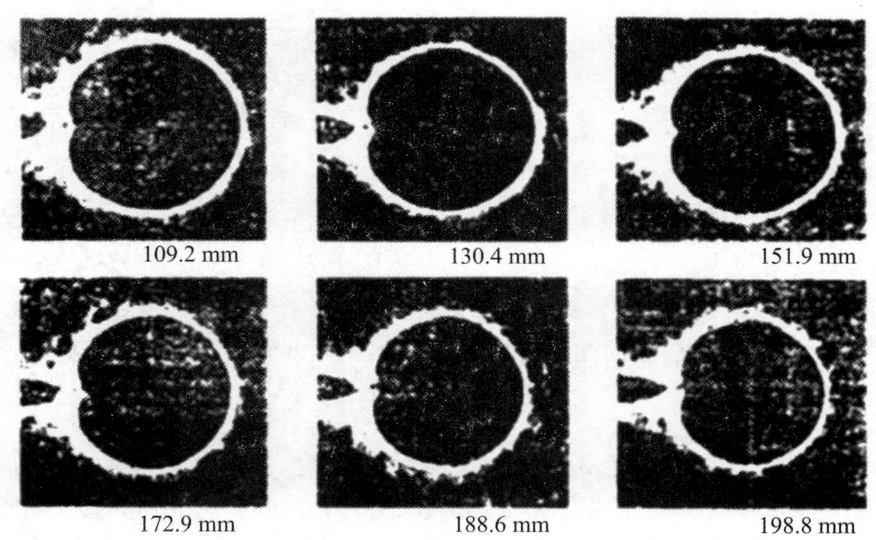

图 9.49　环氧树脂Ⅰ型裂纹的传播和接着止裂的系列焦散照片

以不同的裂纹起始应力强度因子初始值(图中标为 $K_{\mathrm{I}q}$)得到的一系列实验结果,作为裂纹长度 a 的函数,总结在图 9.50 中[9.60]。其中,焦散法得到的动态应力强度因子 K_{I}^{d}-a 关系采用实验"数据"点表示,相应的静态应力强度因子 K_{I}^{s}-a 用实线表示。此外,测得的裂纹速度 $\dot{a}$-a 关系表示在图的下方。从这些结果可推断出裂纹传播和止裂过程有如下特征:

在裂纹传播的开始,与 K_{I}^{s}-a 曲线连续下降不同,焦散法测得的动态应力强度因子 K_{I}^{d}-a

曲线先快速下降，然后在相当长的裂纹生长期保持为恒值，最后缓慢地降到止裂值。因而，在裂纹传播的开始，焦散法测得的动态应力强度因子 $K_{\mathrm{I}}^{\mathrm{d}}$ 比相应的静态应力强度因子 $K_{\mathrm{I}}^{\mathrm{s}}$ 小。在裂纹恒速传播阶段，又出现动态应力强度因子 $K_{\mathrm{I}}^{\mathrm{d}}$ 比相应的静态应力强度因子 $K_{\mathrm{I}}^{\mathrm{s}}$ 大的情况。

当动态应力强度因子 $K_{\mathrm{I}}^{\mathrm{d}}$ 保持恒值阶段，裂纹传播速度 $\dot{a}$ 也保持恒值；而当 $K_{\mathrm{I}}^{\mathrm{d}}$ 下降时，裂纹传播速度 $\dot{a}$ 也减速，虽然略略有点滞后。

止裂时，动态应力强度因子值 $K_{\mathrm{I}}^{\mathrm{s}}$ 降到止裂韧性 K_{Ia}；不同曲线的动态应力强度因子 $K_{\mathrm{I}}^{\mathrm{d}}$ 趋于一个共同的止裂韧性值，$K_{\mathrm{Ia}}=0.7\ \mathrm{MPa\cdot m^{1/2}}$，说明 K_{Ia}是个材料常数。

但是应该指出，动态焦散法是建立在线弹性裂纹动力学的基础上的，这一前提成为其更广泛应用的制约。此外，在基于平面应力假定导出式(9.36)时，没有充分反映不同试样厚度引起的三维应力效应，也没有充分反映应力波对于 $K_{\mathrm{I}}^{\mathrm{s}}$ 主控的裂尖力学场的动态效应。原则上，为减少三维效应，初始曲线半径 r_0与试样厚度 h 之比(r_0/h)大一点较好，但为减少应力波效应，r_0/h 比值则小一点为好，两者恰好是矛盾的，在设计实验时要加以协调。

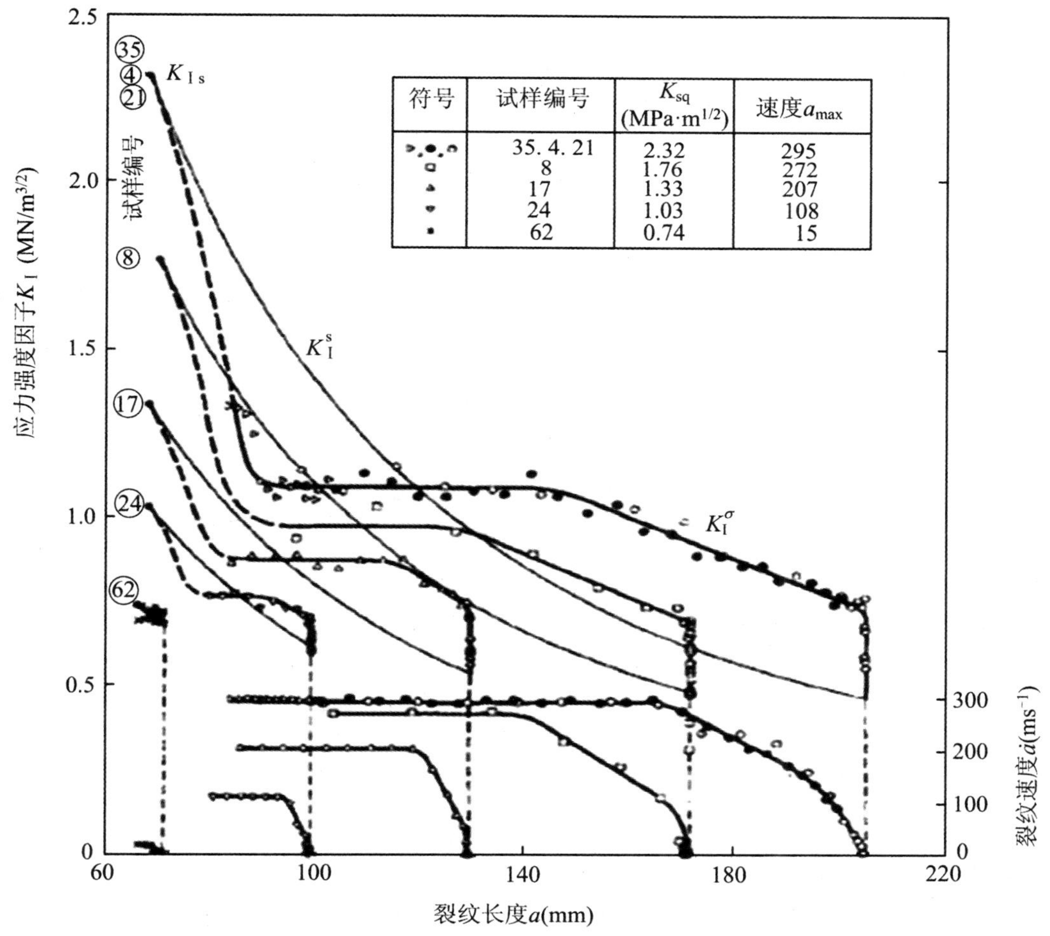

图 9.50　环氧树脂 I 型裂纹的传播和止裂韧性随裂纹长度不同的变化

(2) 电测法

电测法在裂纹动力学的研究中主要指电阻应变片法。由于它简单便宜，在实验应力/应变分析中获得广泛的应用，并为众多研究者们所熟知，无需详加介绍。

下面主要讨论如何应用电阻应变片来测定动态应力强度因子。

最早在将电阻应变片应用于动态断裂实验中的方式是在落锤锤头上直接贴应变片，其主要用于测量施加到试件上的动载荷。为此需要进行动态标定，以确定应变信号 $\varepsilon(t)$和载荷 $P(t)$之间的关系。然而由于传统落锤实验中没有考虑和分析应力波的传播效应，所测信号振荡太大；另外锤头上的最大载荷 $P_{\max}$与试样上裂纹起始扩展时的临界应力强度因子 $K_{\mathrm{I}}^{\mathrm{d}}(t_{\mathrm{f}})$在时间上不一致，该方法会有很大的误差，从基本原理上讲是有缺陷的。

进而人们考虑在裂纹顶端附近贴应变片，据此既可通过动态应变信号 $\varepsilon(t)$直接确定动态应力强度因子 $K_{\mathrm{I}}^{\mathrm{d}}(t)$，又可较准确地确定裂纹的起裂时间 t_{f}。

由电阻应变片实测值确定动态应力强度因子 $K_{\mathrm{I}}^{\mathrm{d}}(t)$的方法有两种：

其一，是通过电阻应变片测量信号确定裂尖附近的动态应力场 $\sigma_{ij}(t)$，从而可以由式(9.30)来确定 $K_{\mathrm{I}}^{\mathrm{d}}(t)$。

其二，是直接由电阻应变片实测的裂尖附近的动态应变场 $\varepsilon_{ij}(t)$来确定$K_{\mathrm{I}}^{\mathrm{d}}(t)$。这时，与式(9.30)相类似，$\varepsilon_{ij}(t)$与$K_{\mathrm{I}}^{\mathrm{d}}(t)$之间有如下关系[9.22]：

$$\varepsilon_{ij}(r,\theta)=\frac{K_{\mathrm{I}}^{\mathrm{d}}(t,\dot{a})}{E\sqrt{2\pi r}}\Phi_{ij}^{\mathrm{I}}(\theta;\dot{a},\nu)+\frac{K_{\mathrm{II}}^{\mathrm{d}}(t,\dot{a})}{E\sqrt{2\pi r}}\Phi_{ij}^{\mathrm{II}}(\theta;\dot{a},\nu)+\cdots \tag{9.39}$$

式中，ν 是材料泊松比，$\Phi_{ij}^{\mathrm{I}}(\theta;\dot{a},\nu)$和$\Phi_{ij}^{\mathrm{II}}(\theta;\dot{a},\nu)$分别是Ⅰ型裂纹和Ⅱ型裂纹的已知动态角分布函数[9.22]。

设应变片贴在裂尖附近的图 9.51 所示位置，此处(x, y)表示裂尖坐标，而(x', y')表示应变片坐标。

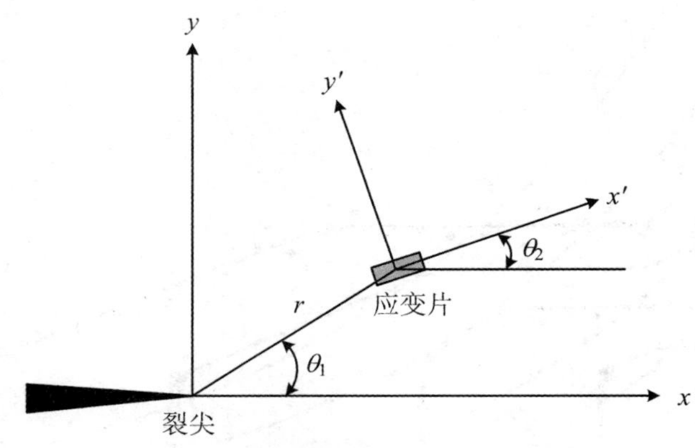

图 9.51 应变片相对于裂尖的位置和取向

对于稳定$(\dot{a}=0)$的Ⅰ型裂纹而言，应变片坐标的 x'方向的拉伸应变$\varepsilon_{x'x'}(t)$与动态应力强度因子$K_{\mathrm{I}}^{\mathrm{d}}(t)$之间，按照式(9.39)可导出如下关系：

$$\varepsilon_{x'x'}(t)=\frac{2(1+\nu)}{E}\cdot\frac{K_{\mathrm{I}}^{\mathrm{d}}(t)}{\sqrt{2\pi r}}\cdot\left(k\cos\frac{\theta_1}{2}-\frac{1}{2}\sin\theta_1\sin\frac{3\theta_1}{2}\cos 2\theta_2+\frac{1}{2}\sin\theta_1\cos\frac{3\theta_1}{2}\sin 2\theta_2\right)+O(r^{1/2})+\cdots \tag{9.40}$$

式中，$k=(1-\nu)/(1+\nu)$。如果 θ_1与 θ_2之间满足以下关系，则上式等号右边的第二项、第三项等为零：

$$\cos 2\theta_1 = -k = \frac{-(1-\nu)}{1+\nu} \qquad \left(\tan\frac{\theta_1}{2} = -\cot 2\theta_2\right) \tag{9.41}$$

意味着 θ_1 与 θ_2 之间的关系只依赖于材料泊松比 ν。

对于 $\nu = 1/3$ 的材料，$k = 1/3$，$\theta_1 = \theta_2 = \pi/3$，代入式(9.40)有[9.61]

$$K_{\mathrm{I}}^{\mathrm{d}}(t) = E\sqrt{\frac{8}{3}\pi r}\,\varepsilon_{x'x'}\left(t, r, \frac{\pi}{3}\right) \tag{9.42}$$

这意味着，按照 $\theta_1 = \theta_2 = \pi/3$ 条件布贴单片应变片，可以从实测的 $\varepsilon_{x'x'}(t)$ 直接确定 $K_{\mathrm{I}}^{\mathrm{d}}(t)$。

董新龙等采用类似的方法确定了Ⅱ型裂纹动态应力强度因子 $K_{\mathrm{II}}^{\mathrm{d}}(t)$ 及起裂时间 t_{f}[9.59]。实验在图 9.46 所示的 Hopkinson 压杆装置上进行。在Ⅱ型裂纹试样的裂尖附近(图 9.51 所示坐标系的 $x = 1$ mm，$y = 2$ mm 处)粘贴小标距应变片[参看图 9.52(a)]。由实测动态应变换算的动态应力强度因子 $K_{\mathrm{II}}^{\mathrm{d}}(t)$ 如图 9.52(a)中的实验点所示。与此同时，由 Hopkinson 压杆上的应变片可测得施加在裂纹试样上的动态载荷，据此由动态有限元程序可算得相应的动态应力强度因子 $K_{\mathrm{II}}^{\mathrm{d}}(t)$ 模拟值，在图中以实线表示。可见两者符合得相当好。实测值与模拟值的偏离点则刻画了裂纹的起裂时间。

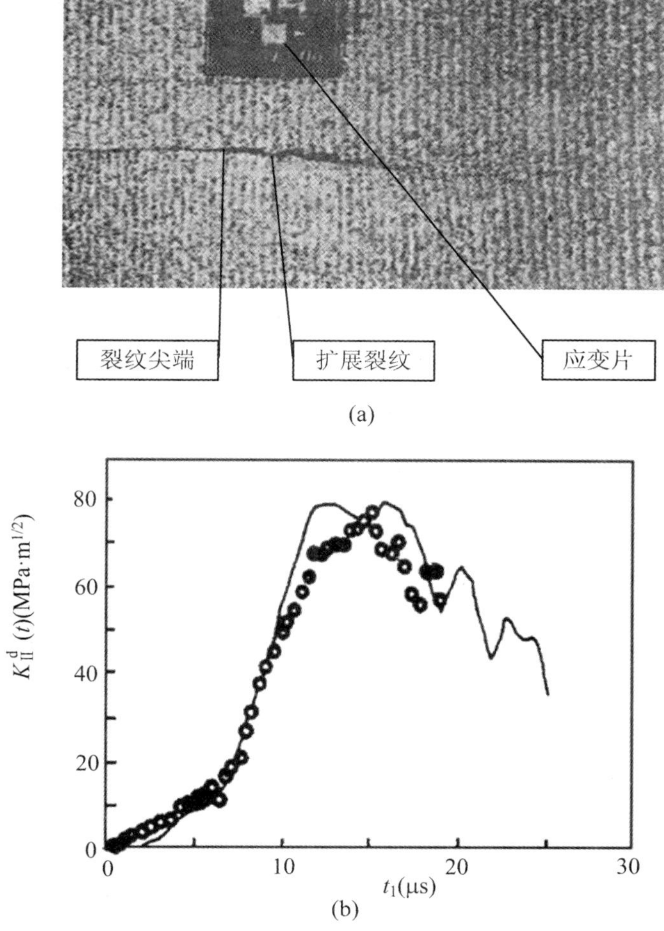

图 9.52　应变片法确定Ⅱ型裂纹动态应力强度因子 $K_{\mathrm{II}}^{\mathrm{d}}(t)$ 及起裂时间 t_{f}

9.2 动态碎裂

在第3篇的开篇语中我们曾经强调,材料的动态破坏本质上是时间/速率相关的过程,由材料内禀破坏特征时间 t_F来表征。在准静载荷下,t_F与用来表征外载荷变化的时间尺度 t_L相比可以忽略不计,因而准静态破坏常常可忽略内禀破坏特征时间 t_F的影响以及应力波效应,视作与时间/速率无关。但在爆炸/冲击的短历时、高应变率载荷下,t_F与用来表征动载荷短历时的时间尺度 t_L相比,已经不可忽略不计,必须按照时间/速率相关的过程来处理。

以一维拉伸试样为例:在准静载荷下,对于无需考虑宏观裂纹的"无裂纹体",一旦在某个最薄弱环节满足宏观破坏准则,就即刻发生瞬时破坏,试样一分为二;对于需要计及宏观裂纹的"裂纹体",一旦在某个裂纹尺寸最大的主裂纹处满足裂纹力学的断裂韧性破坏准则,裂纹就起裂并快速传播直至破坏,试样也一分为二。仔细思考一下,在上述准静载荷破坏的描述中,实际上有着两个隐含的事实:其一,"无裂纹体"的薄弱环节之强弱和"裂纹体"的裂纹尺寸之大小("裂纹体"之薄弱环节),在物体中都是**非均匀随机分布**的,否则试样将不可思议地破碎成无穷多个无穷小碎片;其二,破坏从"无裂纹体"的最薄弱环节或者"裂纹体"的最大裂纹处开始时,会同时缓解或减轻其临近的次薄弱环节或裂纹处的载荷(广义的卸载作用),其临近区域的破坏就不再发生了,否则也就有可能碎成多片。

与准静载荷下的情况不同,在爆炸/冲击的短历时、高应变率载荷下,物体以破碎成多块为特征,即形成以多个裂纹同时扩展而破碎成多个碎片的所谓**动态碎裂**(dynamic fragmentation)。事实上,由于材料内部细观层次的塑性变形、变形集中化、裂纹和内部孔洞等损伤演化过程所需要的时间与加载时间及应力波传播的特征时间可以相比拟,因此物体的动态破坏常伴随着多重(多源)损伤的生成过程。对于脆性物体,因其内部多源损伤的形态通常是多个裂纹同时发展的,所以一方面表现为材料的表观冲击强度随加载应变率升高而增强,强度的随机性却随应变率升高而降低[9.62-9.65];另一方面则表现为在冲击载荷作用下物体断裂成多个碎片[9.66-9.68]。而韧性物体发生以拉伸断裂为主的碎裂化过程主要包括:随着变形和塑性流动的发展,材料由于细观孔洞生长、变形集中化、绝热剪切等损伤机制导致本构软化;进一步,在宏观尺度上,物体由于几何软化而多处同时发生颈缩;颈缩发展最终导致试件在多点同时拉断,产生多个碎片[9.69-9.72]。

下面着重从力学分析和能量平衡分析两个角度来对碎裂的原因、机制和碎片尺度等加以讨论。

9.2.1 动态碎裂现象

我们先以最简单的金属环膨胀拉伸断裂现象为例,来认识物体的动态碎裂与静态破坏过程的区别。Altynova 等利用电磁膨胀环装置研究固溶化 6061 铝合金环膨胀拉伸碎裂过程[9.73]。实验通过对驱动线圈施加不同放电电压,使金属环试样获得最大径向膨胀速度 v_r^{max} 为 50～300 m/s,膨胀速度越大则拉伸应变率越高。图 9.53 给出了金属环颈缩及破碎的结果,图中的小图 1～5 为随着最大膨胀速度增加时试样环不同的一维应力拉伸断裂照片,小图 6 为准静态加载的结果,可以用于比较。

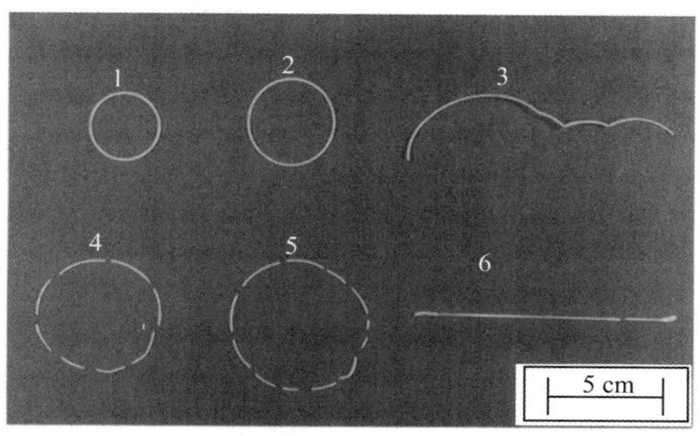

图 9.53 固溶化 6061 铝环的动态颈缩及破碎

图 9.54 则给出碎裂碎片数和颈缩数随最大膨胀速度的变化。可见:

① 在准静态加载下,产生一处由颈缩发展的断裂。

② 在动态膨胀拉伸破坏时,产生许多颈缩和碎片,并且数量随膨胀速度或即应变率增加而增多。

③ 一些颈缩的发展在断裂前被抑制,如图 9.55 所示,其实在图 9.54 中也可见到,在给定膨胀速度下,颈缩数大于碎片数。

④ 断裂应变随膨胀速度的递增而增大,数值模拟还表明这些现象与动态加载下的惯性效应密切相关,与材料本构关系的应变率效应则关系不大。

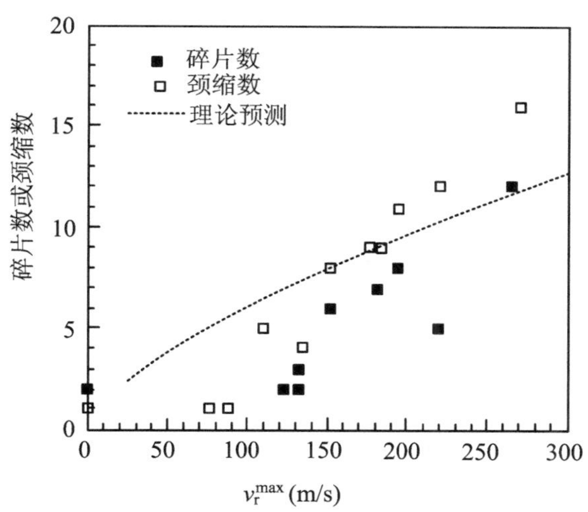

图 9.54 碎片数和颈缩数随最大膨胀速度的变化

对于圆筒爆炸膨胀破碎,Hiroe 等人研究多种金属圆筒(薄壁圆筒径厚比约为 24,厚壁圆筒径厚比约为 7)在爆炸膨胀下的碎裂问题[9.74]。实验结果表明:碎片形貌多为狭长条状,长度为宽度的 3~6 倍,在同一爆炸载荷下,薄壁圆筒具有更高的膨胀速度,产生的碎片数目更多、尺寸更小,如图 9.56 所示。

与动态碎裂相关的另一个典型例子是超高速碰撞(hypervelocity impact)效应。航天器为防护空间碎片的高速撞击,目前通常在舱壁外间隔一定距离安装一层或多层薄板防护屏

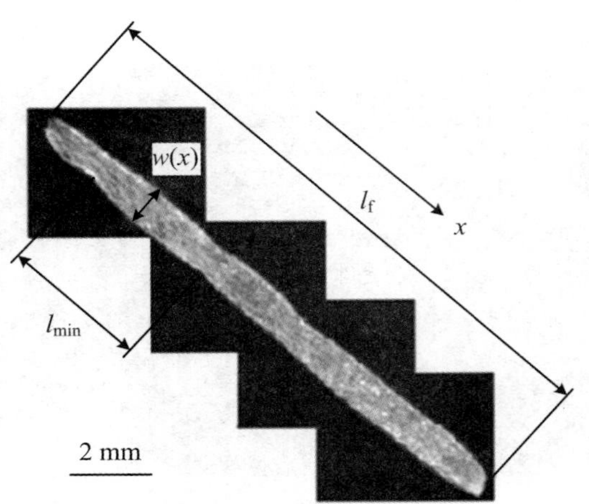

图 9.55　被抑制的颈

(a) 光滑薄壁圆筒，t=1.65 mm
(充填太安炸药PETN)

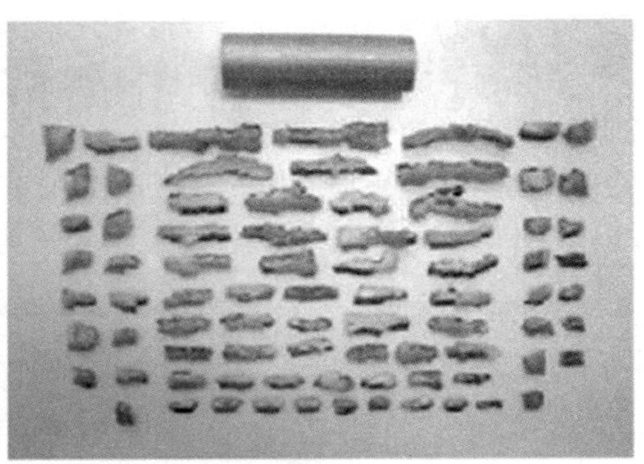

(b) 光滑厚壁圆筒，t=6 mm
(充填太安炸药PETN)

图 9.56　304 不锈钢圆筒碎裂实验后恢复的碎片照片

(bumper sheet)，用以破碎空间碎片，消耗和分散其撞击能量，从而有效保护航天器的安全。在超高速撞击条件下，弹-防护屏结构会发生碎裂飞溅、穿透甚至熔化或气化等现象，形成"碎片云"(debris cloud)。图 9.57 为经典碎片云照片，是 Piekutowski 等利用闪光 X 射线照相系统拍摄的铝合金球形弹丸超高速正撞击铝合金薄板后产生的碎片云图像[9.75-9.77]。碎片云由大量的碎片(fragments)组成，如图 9.58 所示，可划分为三部分：

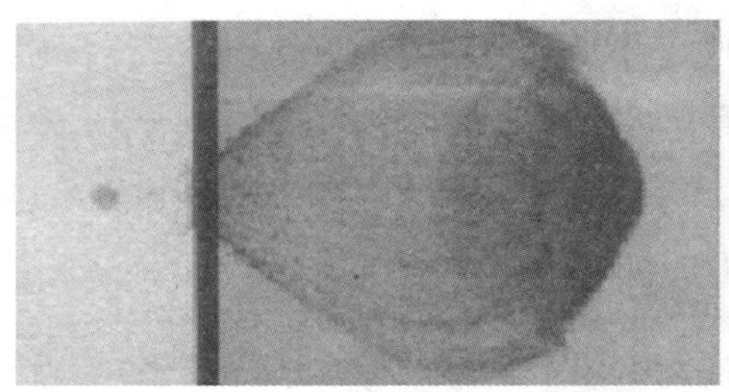

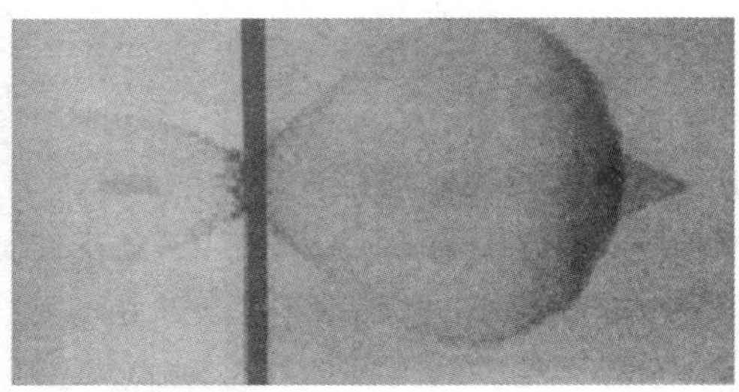

图 9.57　典型碎片云的 X 光阴影图像

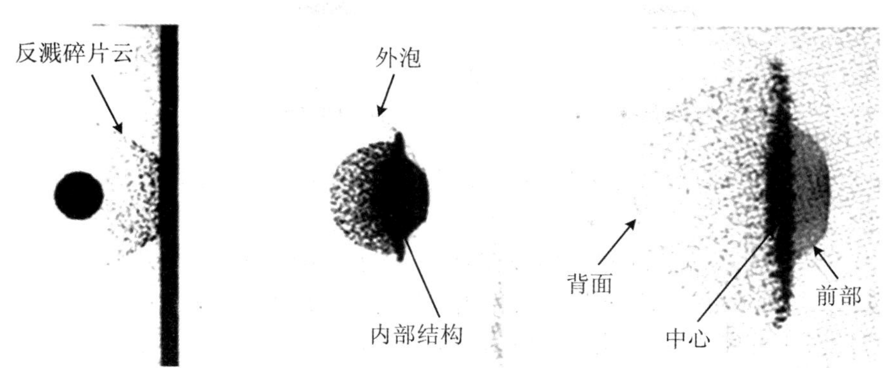

图 9.58 碎片云的基本组成

① 由防护屏薄板碎片和少量弹丸碎片组成的、向弹丸撞击相反方向喷射的"反溅碎片云"(ejecta veil)。

② 主要由防护屏薄板碎片组成的"外泡"(external bubble)。

③ 主要由弹丸碎片和少量防护屏薄板碎片组成的"内部结构"(internal structure)。

碎片云的主体是"内部结构",如图 9.59 所示,它由三个单元组成:

① 由薄板碎片和弹丸碎片组成的"前部单元"(front element)。

② 由大多数弹丸碎片组成的"中心单元"(center element)。

③ 由弹丸尾部层裂碎片壳组成的"尾部单元"。

随着航天活动的发展,伴随着对空间碎片问题的关注,研究碎片云的形成机理、结构特征、运动规律及其毁伤特性已成为近期研究的热点,而动态碎裂的研究则是其基础。

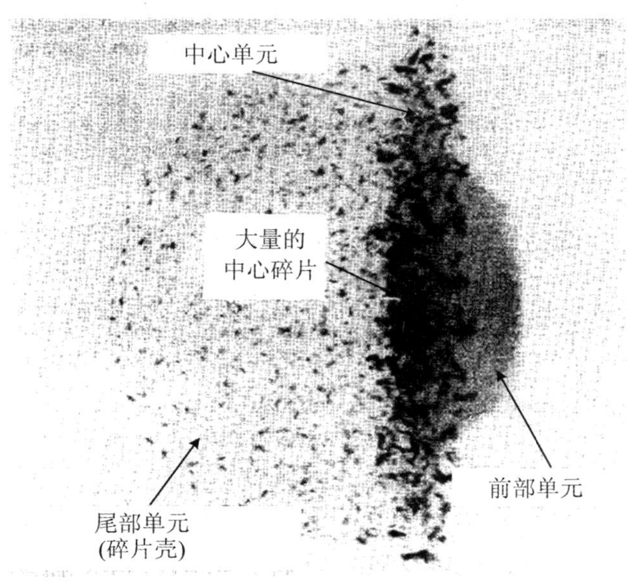

图 9.59 碎片云主体"内部结构"的基本组成

虽然超高速碰撞在机理上与动态碎裂相关,但如同侵彻(penetration)和冲塞(plugging)等弹-靶相互作用问题,更多涉及问题的结构动态响应,即归类于结构冲击力学或结构高速冲击力学的范畴。本书着重讨论材料动力学题,以下就不再进一步讨论这方面的问题,有兴趣的读者可以参看有关专著。

9.2.2 动态碎裂理论

有关固体碎裂化现象的研究最早是由 N. F. Mott(1943)在二战时期开展的[9.78, 9.79]。

1. Mott 模型

Mott 在研究炮弹壳体的动态碎裂破坏时，提出了一种关于碎裂问题的分析方法[9.78-9.80]。首先，将炮弹圆柱壳体在内部炸药爆轰波作用下均匀膨胀问题假设成理想化的一系列等直径膨胀环相叠加的简化模型，问题就化为简单的一维情况，即以恒速 u 向外膨胀而受到均匀拉伸载荷的膨胀环，如图 9.60 所示。这样一个受均匀环向拉伸载荷的环状物体等价于受均匀拉伸载荷的无限长一维杆(无杆端边界条件的约束)，也等价于有限长一维杆而令杆的首尾条件相同。这一简单而聪明的处理方法是 Born 和 Karman(1912)在讨论晶格振动时首先采用的[回顾第 3 章式(3.44)]。

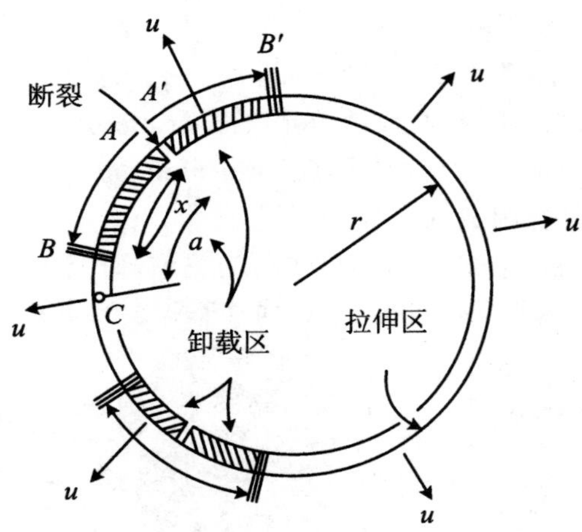

图 9.60　一维 Mott 问题示意图

下面来建立 Mott 问题的控制方程组，它由运动学方程、动力学方程和材料本构方程共同组成。

Mott 将该环状物体视为完全理想塑性体，在一个恒定流动应力 σ_c 的拉伸作用下发生流变，在应变达到断裂应变 ε_c 时($\varepsilon = \varepsilon_c$)，断裂发生，拉伸应力瞬时释放到零(刚性卸载)，如图 9.61 所示的理想刚塑性—刚性卸载模型，相应的材料本构关系表达式为

$$\begin{cases} \sigma = \sigma_c & (\varepsilon < \varepsilon_c) \\ \sigma = 0 & (\varepsilon \geqslant \varepsilon_c) \end{cases} \tag{9.43}$$

发生断裂之前，环受均匀拉伸变形，在恒速 u 向外膨胀下，半径 r 经过 $\mathrm{d}t$ 时刻的变化为 $\mathrm{d}r = u\mathrm{d}t$，相应的周向微元 $r\mathrm{d}\theta$ 的应变增量为

$$\mathrm{d}\varepsilon = \frac{(r + u\mathrm{d}t)\mathrm{d}\theta - r\mathrm{d}\theta}{r\mathrm{d}\theta} = \frac{u\mathrm{d}t}{r}$$

则环在周向发生的拉伸应变率 $\dot{\varepsilon}$ 为

$$\dot{\varepsilon} = \frac{u}{r} \tag{9.44a}$$

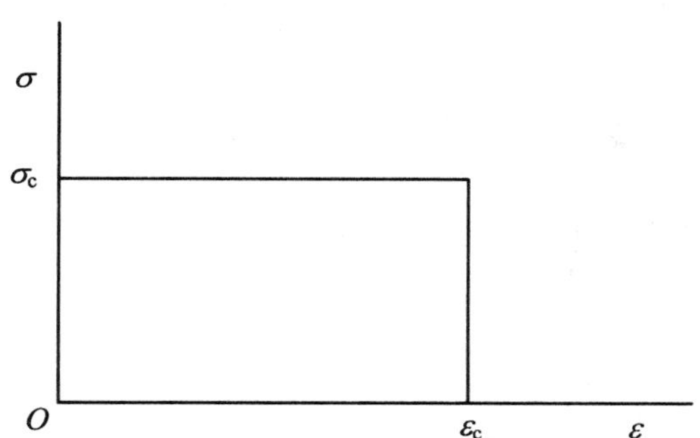

图 9.61　理想塑性-刚性卸载模型

在膨胀环问题中 $\dot{\varepsilon}$ 有时也称为**膨胀应变率**。另一方面，为把保证周向位移单值连续，周向质点速度 v 与周向应变率 $\dot{\varepsilon}$ 之间应该满足以下的协调关系：

$$\mathrm{d}v = \dot{\varepsilon}\mathrm{d}x \tag{9.44b}$$

即周向应变率等于周向质点速度梯度。式(9.44)给出了膨胀环的有关运动学量之间的关系，构成 Mott 问题的运动学方程。

Mott 假设瞬时断裂发生的位置是随机的，断裂同时在断裂点产生卸载波，卸载波以有限的速度向周围传播，从而释放相邻区域的拉应力，这意味着其他与应变相关的其他断裂只发生在卸载波未到达的区域。由此，Mott 建立了一个理论模型来研究膨胀环(或对应的一维杆)发生断裂后由断口诱发的卸载波的传播过程：设图 9.60 所示的 A 点为断裂点，断裂为瞬间完成的，断裂开始后，向外传播的一个卸载波(Mott 波)的波阵面作为一个传播边界将相邻区域分为两部分：

① Mott 波阵面未到达的相邻区域仍受到拉应力 σ_c 的均匀拉伸作用。

② Mott 波经过的区域则发生刚性卸载，可视为刚体。因此 Mott 卸载波实际上为理想塑性流动区和刚性卸载区的阵面。

Mott 波前方区域的速度场可由式(9.44)积分确定。

对于刚性卸载区域(图 9.60 所示的具有单位截面积的 AB 段)，应用牛顿第二定律(动量守恒方程)于刚体，有

$$\sigma_c = \rho x \frac{\mathrm{d}v}{\mathrm{d}t} \tag{9.45}$$

这就是 Mott 问题中对于经历刚性卸载的刚体的动力学方程。式(9.43)至式(9.45)共同组成 Mott 问题的控制方程组。

把式(9.44)代入式(9.45)可得

$$\sigma_c = \rho\dot{\varepsilon}x\frac{\mathrm{d}x(t)}{\mathrm{d}t} = \frac{\rho\dot{\varepsilon}}{2}\cdot\frac{\mathrm{d}x^2(t)}{\mathrm{d}t} \tag{9.46}$$

求解此常微分方程先设 $\dot{\varepsilon}(=u/r)$ 近似为恒值，并利用初始条件 $x(0)=0$，可以得到任意时刻 Mott 波传播的位置，也即与碎片尺度相关的卸载区 AB 的宽度(参看图 9.60)：

$$x(t) = \sqrt{\frac{2\sigma_c}{\rho\dot{\varepsilon}}}\cdot t^{1/2} = \sqrt{\frac{2r\sigma_c}{\rho u}}\cdot t^{1/2} \tag{9.47}$$

可见卸载区 AB 的宽度(碎片尺度)以与 $t^{1/2}$ 成正比的方式增加，并且随应变率 $\dot{\varepsilon}$ 提高而减小。对上式微分，可以得到任意时刻 Mott 波波速 C_{Mott} 为

$$C_{\mathrm{Mott}} = \frac{\mathrm{d}x}{\mathrm{d}t} = \sqrt{\frac{\sigma_c}{2\rho\dot{\varepsilon}}}\cdot t^{-1/2} = \sqrt{\frac{r\sigma_c}{2\rho u}}\cdot t^{-1/2} \tag{9.48}$$

可见，Mott 波传播速度 C_{Mott} 以与 $t^{1/2}$ 成反比的方式减小。

式(9.47)表明，Mott 波的传播过程与材料参数和运动学参量有关。卸载波经过的区域，不会再发生断裂。随后的断裂只会发生在卸载波没有到达的区域，并且这些区域继续受到应变率为 $\dot{\varepsilon}$ 和屈服应力为 σ_c 的拉伸作用。

另一方面，Mott 认为，断裂应变是随机分布的，设单位长度未断裂一维杆当应变增加 $\mathrm{d}\varepsilon$ 时的断裂几率为

$$\mathrm{d}p = C\mathrm{e}^{\gamma\varepsilon}\mathrm{d}\varepsilon$$

式中，C 和 γ 为常数。显然，对于在断裂前已经达到应变 ε 的单位长度一维杆，应变增加 $\mathrm{d}\varepsilon$ 时的断裂几率为

$$\mathrm{d}p = (1-p)C\mathrm{e}^{\gamma\varepsilon}\mathrm{d}\varepsilon$$

对上式积分给出

$$p = 1 - \exp\left(-\frac{C}{\gamma}\mathrm{e}^{\gamma\varepsilon}\right) \tag{9.49}$$

Mott 利用式(9.47)和式(9.49)确定了碎片长度分布，但由于涉及用作图法处理概率函数所以给工程应用分析带来一定困难。

从式(9.47)出发，也可以理解为碎片尺度由 Mott 波在某个特征时间 T_c 的传播距离控制，即平均碎片尺度 s_M 为

$$s_M(\varepsilon_c) = 2x(T_c) = \sqrt{\frac{8\sigma_c T_c}{\rho\dot{\varepsilon}}} = \sqrt{\frac{8\sigma_c\varepsilon_c}{\rho\dot{\varepsilon}^2}} \tag{9.50}$$

其中，$\varepsilon_c = \dot{\varepsilon}T_c$ 为在特征时间 T_c 内，一维杆(膨胀环)发生的表观应变(断裂应变)，是按式(9.49)的概率分布的。

注意到 $\sigma_c\varepsilon_c$ 代表刚性卸载区域的应变能密度(图 9.61 中理想塑性应力/应变曲线包围的面积)，而 $\dot{\varepsilon}^2$ 正比于 u^2[参看式(9.44)]因而表征膨胀动能密度，则式(9.50)表示平均碎片尺度 s_M 依赖于应变能密度与膨胀动能密度的比值。

Mott 模型在动态碎裂开创性研究中的关键性贡献在于：首先提出了 Mott 卸载波并且把膨胀环的整体断裂过程取决于某种随机函数。但是在经典的 Mott 理论中，每一个断口的断裂都是一个瞬时发生的现象，断裂时刻的能量耗散忽略不计，不考虑断裂点的断裂阻力及相应的断裂能。仍属于“无裂纹体”经典力学范畴内的分析，尚未涉及本章前面讨论的裂纹力学。

事实上，碎裂是一个微裂纹演化过程(脆性碎裂)或是一个微孔洞演化过程(韧性碎裂)，不会是个瞬时发生的现象，并且断裂时刻由于新裂纹面的形成而有能量耗散。为此，Grady 等分别从力学分析的角度[9.62]和能量分析的角度[9.66]进一步发展了 Mott 模型。下面着重介绍 Grady-Kipp 的内聚断裂模型[9.68,9.80]。

2. Grady-Kipp 内聚断裂模型

在 Mott 卸载波的传播距离控制碎片尺度的思想基础上，Grady 和 Kipp 认为[9.68,9.80]，裂纹面的形成和分离是一个克服其**内聚力**(**cohesive force**)的过程，即所谓的**内聚断裂**(**cohesive fracture**)过程，而不是瞬时发生的。这类似于我们在第 3 章 3.4“晶体的结合力和结合能”讨论晶体粒子间存在结合力那样。假设内聚应力 σ_{coh} 随裂纹张开距离 δ_{coh} 从 σ_c 线性降为 0，即所谓线性内聚力断裂模型(linear cohesive fracture model)，如式(9.51a)所示，式中 δ_c 为完全断裂时裂纹扩展的距离。

同时，Grady 和 Kipp 引入了材料单位裂纹面积(包含两个断裂面)断裂能 G_c 这一参数来

表征断裂过程中的耗散能。注意到线性关系式(9.51a)，内聚应力的做功为 $\sigma_c\delta_c/2$，令其等于断裂耗散能 G_c，则有式(9.51b)

$$\sigma_{coh} = \sigma_c\left(1 - \frac{\delta_{coh}}{\delta_c}\right) \tag{9.51a}$$

$$\delta_c = \frac{2G_c}{\sigma_c} \tag{9.51b}$$

图9.62给出了式(9.51)的图解示意。回顾本章9.1.1节“裂纹静力学基础知识”关于“Griffith能量释放率准则”的讨论可知，式中 G_c 正是I型裂纹临界失稳扩展所消耗的断裂能 G_{Ic}。

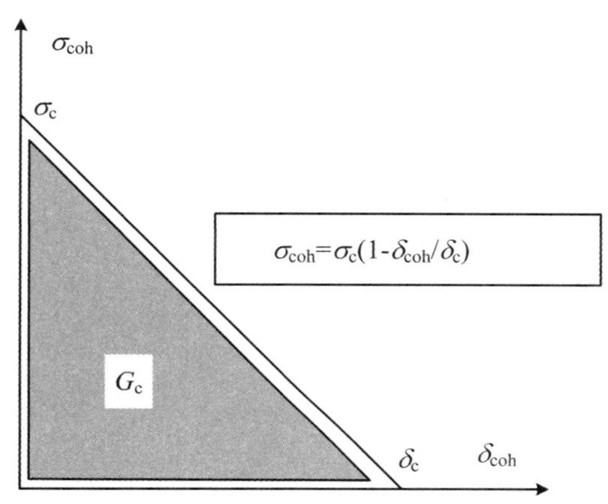

图9.62　Grady-Kipp线性内聚断裂模型示意图

与Mott模型的控制方程组即式(9.43)～式(9.45)相比，Grady和Kipp的线性内聚断裂模型的控制方程组有以下的改进：

① 增加式(9.51)作为补充的材料本构关系，用以刻画线性内聚力—裂纹张开位移特性。

② 在运动学方程方面，除膨胀环的基本关系式(9.43)外，考虑到刚性卸载区作为刚体整体运动，刚体两端的质点速度应该相等

$$v(\delta_{coh}) = v[x(t)]$$

则还需补充以下一个方程，体现刚体裂纹端的张开速度和卸载波端的运动速度相等：

$$\frac{\mathrm{d}}{\mathrm{d}t}\left[\frac{\delta_{coh}(t)}{2}\right] = \dot{\varepsilon}x(t) \tag{9.52}$$

③ 在动力学方程方面，导出式(9.45)是卸载刚性段只受到一端 σ_c 的作用，现在两端分别受到 σ_c 和 σ_{coh} 的作用，应该把式(9.45)中的 σ_c 代之以 $\sigma_c - \sigma_{coh}$，则有

$$\sigma_c - \sigma_{coh} = \rho x\frac{\mathrm{d}v}{\mathrm{d}t} \tag{9.53a}$$

再把式(9.44)和式(9.51)代入上式，并设 $\dot{\varepsilon}$ 为恒值，得到

$$\rho\dot{\varepsilon}x(t)\frac{\mathrm{d}x(t)}{\mathrm{d}t} = \frac{\sigma_c^2}{2G_c}\delta_{coh}(t) \tag{9.53b}$$

式(9.52)和式(9.53b)构成一组关于 $x(t)$ 和 $\delta_{coh}(t)$ 的常微分方程组，利用 $t=0$ 时刻初始条件：

$$x(0) = \delta_{coh}(0) = 0$$

可以解得卸载波传播距离 $x(t)$ 和裂纹张开距离 $\delta_{coh}(t)$：

$$
\left.\begin{aligned}
x(t) &= \frac{\sigma_c^2}{6\rho G_c} t^2 \\
\delta_{coh}(t) &= \frac{\sigma_c^2 \dot{\varepsilon}}{9\rho G_c} t^3
\end{aligned}\right\} \tag{9.54a}
$$

可见卸载波传播距离 $x(t)$ 和裂纹张开距离 $\delta_{coh}(t)$ 取决于密度 ρ、流动应力 σ_c 和断裂能 G_c 等材料特性以及膨胀应变率 $\dot{\varepsilon}$。这三个材料特性中，G_c/σ_c 具有长度量纲[参看式(9.51b)]，σ_c/ρ 具有波速平方量纲，如果引入如下定义的特征碎片尺度 s_0 和特征应变率 $\dot{\varepsilon}_0$：

$$
s_0 = \frac{G_c}{\sigma_c}, \quad \dot{\varepsilon}_0 = \sqrt{\frac{\sigma_c}{\rho}} \cdot \frac{\sigma_c}{G_c} = \frac{\sigma_c^{3/2}}{\rho^{1/2} G_c} \tag{9.55a}
$$

在此基础上再定义相应的无量纲卸载波传播距离 $\bar{x}$、无量纲裂纹张开距离 $\bar{\delta}_{coh}$、无量纲应变率 $\bar{\dot{\varepsilon}}$、无量纲时间 $\bar{t}$ 和无量纲碎片尺度 $\bar{s}$：

$$
\bar{x} = \frac{x}{s_0}, \quad \bar{\delta}_{coh} = \frac{\delta_{coh}}{s_0}, \quad \bar{\dot{\varepsilon}} = \frac{\dot{\varepsilon}}{\dot{\varepsilon}_0}, \quad \bar{t} = t\dot{\varepsilon}_0, \quad \bar{s} = \frac{s}{s_0} \tag{9.55b}
$$

则式(9.54a)可以改写为如下简单的无量纲形式：

$$
\left.\begin{aligned}
\bar{x}(\bar{t}) &= \frac{\bar{t}^2}{6} \\
\bar{\delta}_{coh}(\bar{t}) &= \frac{\bar{\dot{\varepsilon}}}{9} \bar{t}^3
\end{aligned}\right\} \tag{9.54b}
$$

设以 t_c 表示断口从断裂开始直到完全断裂所需时间，按照式(9.51b)，在 t_c 时刻有

$$
\delta_{coh}(t_c) = \delta_c = \frac{2G_c}{\sigma_c}
$$

代入式(9.54a)中的第 2 式，可得裂纹发展完成所需的时间：

$$
t_c = \left(\frac{18\rho G_c^2}{\sigma_c^3 \dot{\varepsilon}}\right)^{1/3} \tag{9.55}
$$

可见，在引入了线性内聚断裂模型后，Mott 问题中的特征时间 t_c 有了一个明确定义。因此，Grady 等得到了一个用断裂能来表征的碎片尺度关系式(简称为 Grady-Kipp 碎片公式)：

$$
s_{G\text{-}K} = 2x(t_c) = \left(\frac{12G_c}{\rho\dot{\varepsilon}^2}\right)^{1/3} \tag{9.56a}
$$

上式表示碎片平均尺度依赖于断裂能与膨胀动能密度之比值 $\frac{G_c}{\rho\dot{\varepsilon}^2}$。与 Mott 的式(9.50)相比，Grady-Kipp 碎片公式以能量比 $\frac{12G_c}{\rho\dot{\varepsilon}^2}$ 代替了 Mott 碎片公式中的能量比 $\frac{8\sigma_c\varepsilon_c}{\rho\dot{\varepsilon}^2}$，从而计及了裂纹力学的裂纹断裂能，显然更为合理。如果引入式(9.54)定义的无量纲参数，则上式可化为如下简单的无量纲形式：

$$
\bar{s}_{G\text{-}K} = \left(\frac{12}{\bar{\dot{\varepsilon}}^2}\right)^{1/3} \tag{9.56b}
$$

这在 $\lg\bar{s}$-$\lg\bar{\dot{\varepsilon}}$ 图上表现为一条斜率为 $-2/3$ 的直线，表示无量纲碎片平均尺度只依赖于无量纲应变率，平均碎片尺度随应变率增加而减小。

注意，以上各式中的 G_c 是指两个断裂面的断裂能，如果有的文献中把 G_c 定义为一个断裂面的断裂能，则式(9.56)中的系数 12 应该改为 24。

Grady 还从局域能量守恒的角度出发，研究了脆性物体的动态碎裂[9.81]。他提出：一个快

速膨胀的物体如果碎裂成许多碎片，则破碎前物质相对于各个碎片质心的运动动能（称为“局域动能”）与碎片的断裂能相平衡。据此原则，Grady 推出的脆性碎裂的碎片平均尺度的表达式恰好与式(9.56)一致。

3．Glenn-Chudnovsky 模型

Glenn 和 Chudnovsky 对 Grady 的局域能量守恒模型进行了修正[9.82]，注意到强度为 σ_c 的材料在断裂时刻每单位体积已经储存了弹性应变能（$\sigma_c^2/2E$，E 为杨氏模量），计及这项能量后，可导出：

$$s_{\text{G-C}} = 4\sqrt{\frac{\alpha}{3}}\sinh\left(\frac{\phi}{3}\right), \qquad \left\{\phi = \sinh^{-1}\left[\beta\left(\frac{3}{\alpha}\right)^{3/2}\right], \alpha = \frac{3\sigma_c^2}{\rho E\dot{\varepsilon}^2}, \beta = \frac{3}{2}\frac{G_c}{\rho\dot{\varepsilon}^2}\right\} \tag{9.57a}$$

注意，Glenn 和 Chudnovsky 在 Grady 局域能量守恒模型中添加弹性应变能（$\sigma_c^2/2E$）的时候，实际上已经把脆性物体设为线性弹性体。α 的物理意义正是弹性应变能密度与膨胀动能密度之比，而 β 的物理意义则正是包含在 Grady 碎片公式[式(9.56)]中的断裂能与膨胀动能密度之比。在高应变率下，材料的膨胀动能密度远大于弹性应变能密度，G-C 公式(9.57)和 Grady 公式(9.56)给出相同结果，在 $\lg s$-$\lg\dot{\varepsilon}$ 图上为重合的斜率为 $-2/3$ 的直线。在准静态应变率下（$\dot{\varepsilon}\leqslant 10^0\ \text{s}^{-1}$），G-C 公式给出一个恒值碎片尺度：

$$(s_{\text{G-C}})_{\text{qs}} = \frac{G_c}{\dfrac{\sigma_c^2}{2E}}$$

其与应变率无关而由材料的断裂能和弹性应变能密度的比值所决定。介于两者之间的应变率范围，G-C 公式中同时包括材料的弹性应变能（模量 E 和破坏应力 σ_c）及膨胀动能（$\dot{\varepsilon}$）的影响。

Glenn-Chudnovsky 模型比 Grady 模型增加了一个材料参数 E，因此式(9.55)所定义的无量纲参数不再适用。如果取

$$\frac{(s_{\text{G-C}})_{\text{qs}}}{2} = \frac{EG_c}{\sigma_c^2}$$

为特征碎片尺度 s_c，则它是式(9.55a)定义的特征碎片尺度 s_0 与无量纲数 σ_c/E 的商：

$$s_c = \frac{s_0}{\dfrac{\sigma_c}{E}} = \frac{EG_c}{\sigma_c^2} \tag{9.58a}$$

再注意到式(9.57)中的 $\beta/\alpha^{3/2}$ 经过演算后有

$$\frac{\beta}{\alpha^{3/2}} = \frac{\dfrac{3}{2}\dfrac{G_c}{\rho\dot{\varepsilon}^2}}{\dfrac{3^{3/2}\sigma_c^3}{(\rho E)^{3/2}\dot{\varepsilon}^3}} = \frac{1}{2\sqrt{3}}\frac{\dot{\varepsilon}}{\left(\dfrac{c_0\sigma_c^3}{G_cE^2}\right)} = \frac{1}{2\sqrt{3}}\frac{\dot{\varepsilon}}{\left(\dfrac{c_0\sigma_c}{s_cE}\right)}$$

式中，$c_0 = (E/\rho)^{1/2}$ 为杆中弹性波波速，而分母是包含有关材料参数的具有应变率量纲的参数，可取其为特征应变率 $\dot{\varepsilon}_c$，它是式(9.55a)定义的特征应变率 $\dot{\varepsilon}_0$ 与无量纲数 $(\sigma_c/E)^{3/2}$ 的乘积：

$$\dot{\varepsilon}_c = \frac{c_0\sigma_c^3}{G_cE^2} = \frac{c_0\sigma_c}{s_cE} = \dot{\varepsilon}_0\cdot\left(\frac{\sigma_c}{E}\right)^{3/2} \tag{9.58b}$$

则引入如下定义的无量纲碎片长度和无量纲应变率：

$$\bar{s}_{\text{G-C}} = \frac{s_{\text{G-C}}}{s_c}, \quad \bar{\dot{\varepsilon}} = \frac{\dot{\varepsilon}}{\dot{\varepsilon}_c} \tag{9.58c}$$

Glenn 和 Chudnovsky 模型的碎片平均尺度可简化为如下的无量纲形式：

$$\bar{s}_{\text{G-C}} = \frac{4}{\dot{\bar{\varepsilon}}}\sinh\left[\frac{1}{3}\sinh^{-1}\left(\frac{3}{2}\dot{\bar{\varepsilon}}\right)\right], \quad (\bar{s}_{\text{G-C}})_{\text{qs}} = 2 \tag{9.57b}$$

意味着无量纲碎片平均尺度 $\bar{s}_{\text{G-C}}$ 仍然只依赖于无量纲应变率 $\dot{\bar{\varepsilon}}$。

4. 周风华等模型

Grady 碎片公式(9.56)和 Glenn-Chudnovsky 碎片公式(9.57)来源于能量守恒关系，物理图像简单，公式简洁，反映了碎裂的基本物理现象，在一定范围内也与实验定性一致，获得了广泛应用。但是与近年的一些数值模拟和理论分析相比较，则显示出公式显著地高估了碎片尺度(高达 5～10 倍)。主要原因在于动态碎裂是一个涉及裂纹成核、扩展以及多源裂纹相互作用等动态机制的复杂过程，而上述公式在推导时忽略了这些机制细节，碎裂的物理过程被过分简化，卸载界面的传播也不是严格意义上的卸载波。

周风华等建立了一个计及碎裂机制的模型[9.83,9.84]，考虑到了脆性物体碎裂过程中裂纹的随机产生、裂纹在不可逆线性内聚力作用下的扩展-断裂过程以及多个裂纹之间弹性卸载波的复杂相互作用。事实上，在一个动态碎裂过程中，大量的裂纹由于快速加载而成核，而其中的大部分又会因为裂纹之间的相互卸载而终止扩展，成为碎片内部的损伤。要全面分析多个裂纹的相互作用过程，只能借助于数值模拟方法。他们基于这个模型，以处理应力波传播的特征线方法进行计算，模拟了 11 种脆性材料在不同应变率下的动态碎裂过程，获得各自的平均碎片尺度 s 对应变率 $\dot{\varepsilon}$ 的依赖曲线。这些曲线各不相同，然而，所获得的数据经前述的无量纲化[式(9.58)]处理之后，所有的 $\bar{s}$-$\dot{\bar{\varepsilon}}$ 数据点均汇于一条主曲线，并发现此主曲线可近似地用如下的拟合公式(Zhou-Molinari-Ramesh 公式，或简称 ZMR 公式)表示：

$$\bar{s}_{\text{ZMR}} = \frac{4.5}{1 + 6.0\,\dot{\bar{\varepsilon}}^{2/3}}, \quad (\bar{s}_{\text{ZMR}})_{\text{qs}} = 4.5 \tag{9.59}$$

图 9.63 在 $\bar{s}$-$\dot{\bar{\varepsilon}}$ 无量纲坐标上给出了 Grady 碎片公式(式 9.56)、GC 碎片公式(式 9.57)以及 ZMR 公式(式 9.59)的比较[9.85,9.86]，图中还给出了其他研究者的动态数值计算的结果。

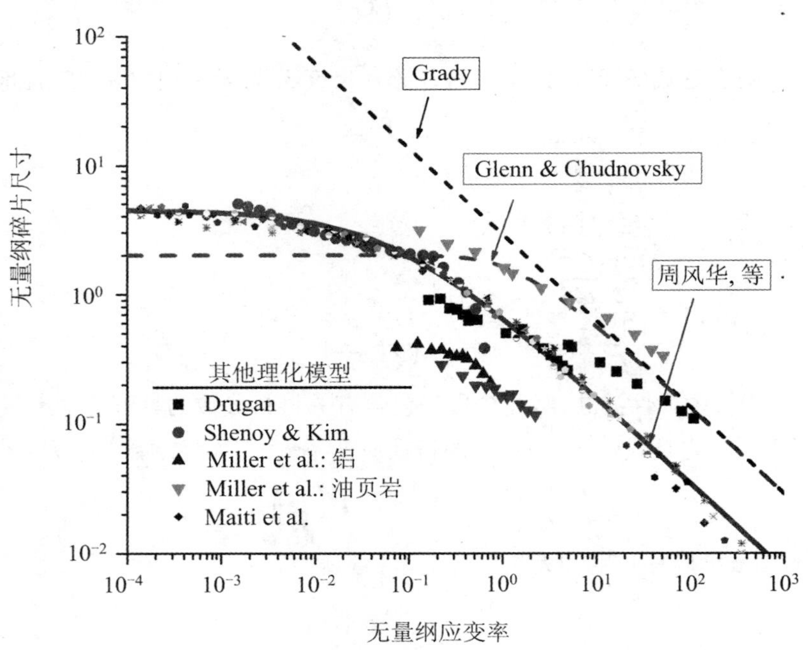

图 9.63　不同模型的无量纲 $\bar{s}$-$\dot{\bar{\varepsilon}}$ 曲线

由图 9.63 可见，在$\bar{\varepsilon}\gg1$的高应变率区域，三个模型的曲线基本平行，表明三者具有相同的标度律(scaling law)。然而，就绝对数值而言，ZMR 模型预测的碎片尺度只是 Grady 模型和 GC 模型预测尺度的 1/4～1/5，更接近于动态数值计算结果。这意味着 Grady 和 Glenn-Chudnovsky 对局域动能的假设尚过于简化，因而预测过高。这可以理解为：无论动态碎裂进行得多么迅速，事实上它总是一个以一定时间发展的过程。在此过程中，系统可以从整体动能中提取远比"局域动能"多的能量，用于提供碎裂断裂能，从而产生出更多更细的碎片。在$\bar{\varepsilon}\ll1$的低应变率区域，ZMR 模型给出的碎片尺度数值 4.5[式(9.59)]，比 G-C 模型的数值 2.0[式 9.57(b)]大一倍以上，也更接近于动态数值计算结果。这可以理解为：在准静态区域，一旦碎裂过程发生，材料内部的快速能量释放会诱发应力波，应力波将消耗超过一半的应变能，剩余的转换为断裂能。因此 Glenn-Chudnovsky 预测过低，实际产生的碎片尺度比 Glenn-Chudnovsky 预测的大一倍。

周风华等还进一步研究了一维脆性固体中由多个等间距虚拟裂纹组成的裂纹阵列在均匀应变率拉伸作用下的裂纹扩张断裂和应力波相互作用的过程[9.87,9.88]。由线弹性波动方程组与裂纹的线性内聚断裂模型共同组成控制方程组，采用 Laplace 变换方法求解后，得到裂纹扩张过程中内聚应力随时间变化曲线、完全断裂的临界时间和单位裂纹体(碎片)的临界膨胀位移等。研究发现，对于任一给定应变率，总存在一个最佳裂纹间距，使得完全断裂的时间最短。据此，周风华等提出一个"最快速卸载原理"，即：单位裂纹体以最快速度完全卸载对应于一个最佳裂纹间距，以此间距估算的碎片尺度是脆性固体在自然动态碎裂过程中的平均碎片尺度。

按"最快速卸载原理"得到的无量纲碎片尺度对无量纲应变率的($\bar{s}$-$\bar{\varepsilon}$)计算结果以实心圆点给出在图 9.64 中，图中还给出 Grady 碎片公式(9.56)、GC 碎片公式(9.57)以及 ZMR 公式(9.59)曲线，以供比较。可见按"最快速卸载原理"计算的结果与采用完全随机数值分析的 ZMR 公式(9.59)符合得最好。

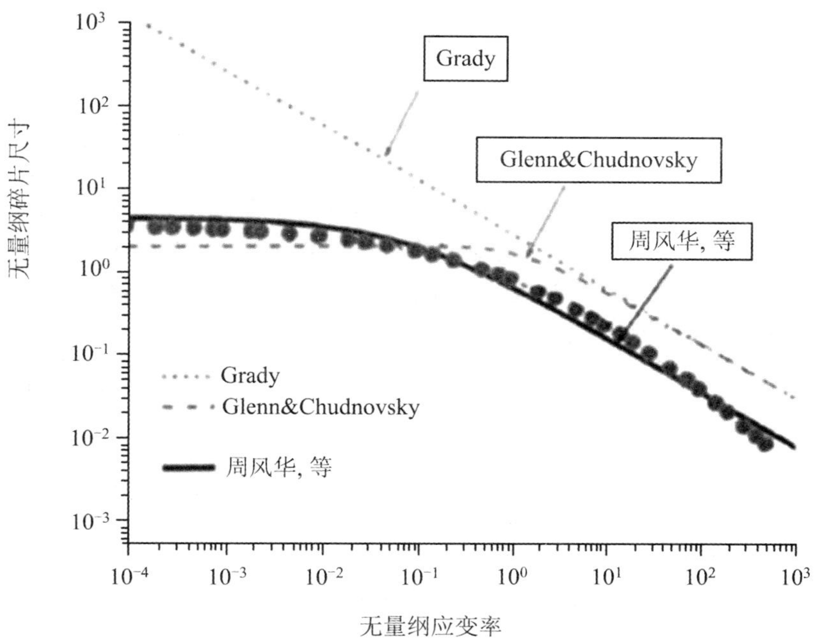

图 9.64　采用"最快速卸载原理"计算的 $\bar{s}$-$\bar{\varepsilon}$ 结果与其他模型的比较

5. 碎片尺度分布规律

动态碎裂过程事实上是一个涉及多种机理的复杂过程，断裂位置也是随机的，故此以上讨论的碎片尺寸应是一个呈统计分布规律的平均特征尺寸。在介绍 Mott 模型时，通过式(9.55)已经涉及这一点。

关于碎片统计分布规律的研究，早期采用几何统计分布模型，代表性的有对数正态分布[9.89,9.90]、Lienau 分布[9.91]、Mott-Linfoot 分布[9.92]和 Weibull 分布[9.93]；后来发展出来的有基于能量模型的概率分布[9.94－9.98]等。

Lienau 于 1936 年提出了一个指数分布模型[9.91]。他认为用一个适当的随机断裂的概率分布函数即可描述一维碎裂问题。在碎片尺寸 l 远小于总长度 L 时($l \ll L$)，可以用泊松分布来描述一维断裂点的随机分布规律，由此得到了碎片尺寸的概率密度分布函数：

$$f(l) = \left(\frac{1}{\lambda}\right)\mathrm{e}^{-l/\lambda} \tag{9.60}$$

其中，λ 为碎片平均尺寸。而当碎片尺寸 l 并未远小于总长度 L 时(即碎片数量很少的情况)，宜用二项式分布来描述一维断裂点的随机分布规律，由此得到了碎片尺寸的概率密度分布函数：

$$f(l) = \frac{n-1}{L}\left(1-\frac{l}{L}\right)^{n-2} \tag{9.61}$$

其中，碎片总数量 $n = L/\lambda$。当 $\lambda \ll L$ 并且 $l \ll L$ 时，二项式概率密度分布函数等价于 Lienau 的指数概率密度分布函数。

Mott 和 Linfoot 将 Lienau 的随机统计的思想扩展到了多维尺度下的碎裂问题[9.92]，假设碎片尺寸 $l \sim \sqrt{a}$(a 为碎片面积)也符合泊松分布，而对于薄壁壳体的碎裂，碎片面积 a 正比于其质量 m，从而 Mott 和 Linfoot 得到碎片质量概率密度分布函数：

$$f(l) = \frac{1}{2\mu}\left(\frac{m}{\mu}\right)^{-1/2}\mathrm{e}^{-(m/\mu)^{1/2}} \tag{9.62}$$

其中，μ 为碎片的特征分布质量。

上述的碎片分布规律主要取决于使用一个合适的随机函数来描述断裂点的分布规律，在物理机制上并没有合理的解释。

Grady 基于断裂应变分布函数的碎片平均尺寸理论，研究了冲击拉伸碎裂碎片分布规律[9.80,9.99]。在一维拉伸碎裂过程中，假定裂纹在冲击过程中是随机分布的，而每个裂纹的发展与形成都可以对其周围的区域进行卸载，进而阻止卸载区域产生新的裂纹。Grady 使用了如下的概率密度分布函数来描述碎片尺寸 l 的分布特征：

$$\left.\begin{aligned} f(l) &= \frac{4}{\sqrt{\pi}}\cdot\frac{1}{l_0}\mathrm{e}^{-(l/l_0)^2}\operatorname{erf}\left(\frac{l}{l_0}\right) && \text{(脆性断裂)} \\ f(l) &= \frac{\beta^2}{4}\cdot\frac{1}{l_0}\left(\frac{l}{l_0}\right)^3\mathrm{e}^{-\frac{1}{4}(l/l_0)^3}\int_0^1(1-y^2)\mathrm{e}^{-\frac{3}{4}(l/l_0)^3y^2}\mathrm{d}y && \text{(塑性断裂)} \end{aligned}\right\} \tag{9.63}$$

其中，l_0为碎片分布特征尺度，$\operatorname{erf}(x)$为误差函数，$\beta = 3\Gamma(2/3)$，而 $\Gamma(x)$为伽马函数。

周风华等人[9.100]在 Mott 卸载波的思想基础上，利用特征线方法研究陶瓷环的碎裂过程，显示以下的 Weibull 分布函数能较好的描述碎片的分布规律：

$$N(>l) = N_0\exp\left[-\left(\frac{l-l_{\min}}{l_0}\right)^n\right] \qquad (l > l_{\min}) \tag{9.64}$$

式中，N 是单位长度积累的尺寸大于 l 的碎片数，N_0 是单位长度平均碎片数，$l_{\min}$ 是有效最小碎片尺寸，l_0 是标度参数，n 是分布函数的形状参数。进一步通过与已有实验数据比较，发现 Weibull 分布模型的形状参数取 $n=2$ 时，与实验数据能够很好拟合（图 9.65），即式（9.64）的 Weibull 分布化为其特例——如下的 Rayleigh 分布函数：

$$N(>l) = N_0 \exp\left[-\left(\frac{l-l_{\min}}{l_0}\right)^2\right] \quad (l > l_{\min}) \tag{9.65}$$

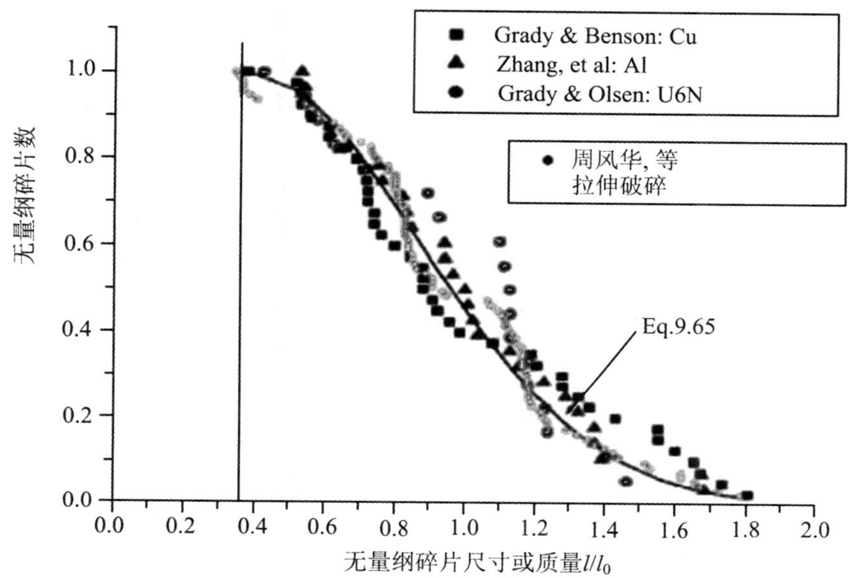

图 9.65　Rayleigh 分布函数式（9.65）与不同实验结果的比较

9.2.3　膨胀环及柱壳碎裂的实验研究

早期对冲击拉伸碎裂的实验研究主要是针对韧性金属环形试件开展的，由于薄壁环试件在快速径向膨胀过程中沿圆周方向处于一维拉伸应力状态，且没有周向边界条件，故膨胀环实验成为研究冲击拉伸碎裂的重要手段。

Johnson 等人于 1963 年率先报道了**爆炸膨胀环**实验技术[9.101]。如图 9.66 所示，驱动器在爆轰产物的高压驱动作用下向外膨胀，驱动试样环一同膨胀。当应力波由试样环的外表面反射时，由于试样环与驱动器的界面不承受拉伸，当反射波回到两者的界面时，试样环将脱离驱动器而进入了自由膨胀阶段。Johnson 等人根据试样环的径向位移测试数据，计算了试样环中的拉伸流动应力-塑性应变-应变率关系。随后，Hoggatt 和 Recht 也通过爆炸膨胀环实验获得了多种工程材料的动态应力/应变关系[9.102]。但当时爆炸膨胀环实验仅专注于对材料动态本构关系的研究，而且由于测试技术有限只能测得试样环的径向位移，试样环的应力/应变则必须通过对径向位移二次微分后才能计算得到，误差较大。因此，爆炸膨胀环实验研究在之后的 10 年中没有太大的进展。直到激光速度干涉仪（VISAR）得到了飞速的发展后，Warnes 等人[9.102]利用 VISAR 直接测量了爆炸膨胀环的径向速度（图 9.67），才克服了求应力/应变时需对位移进行二次微分的困难。

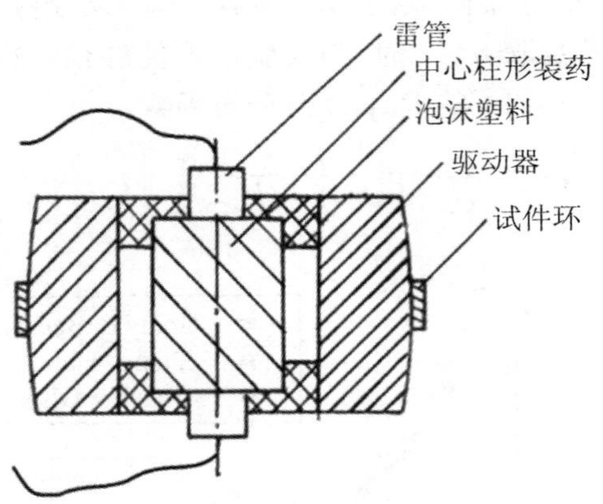

图 9.66　爆炸膨胀环实验装置示意图

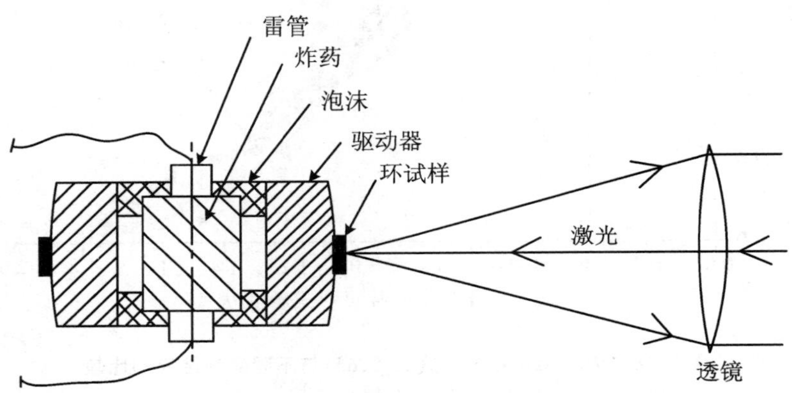

图 9.67　用 VISAR 直接测量爆炸膨胀环的径向速度

与 Johnson 同一时期，Niordson 发展出了一种**电磁膨胀环**加载装置[9.103]，如图 9.68 所示，实验中将金属圆环试件同心置于一只螺线管外部，对螺线管施加脉冲电流，从而产生强磁场，该强磁场在试件内部会产生感生电流，与外磁场作用导致圆环内部发生向外膨胀的电磁力。Niordson 进行了一系列的铜环和铝环单轴拉伸实验，观察到了碎裂现象。

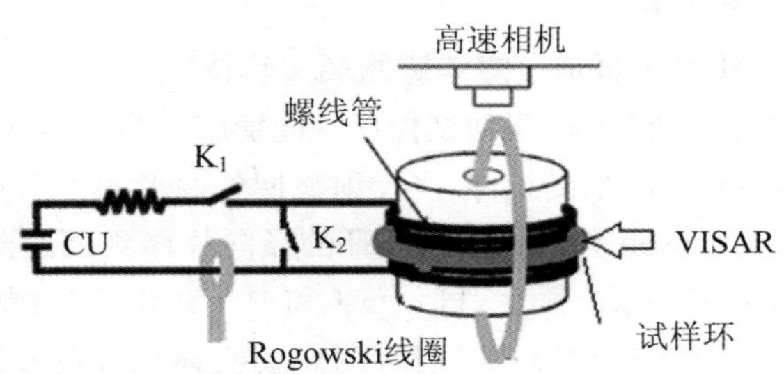

图 9.68　电磁膨胀环实验装置示意图

Grady 和 Benson 利用电磁膨胀环技术，对 1100-0 铝环和无氧铜(OFHC)环进行了应变率 $10^2\ s^{-1}$ 到 $10^4\ s^{-1}$ 的膨胀碎裂实验[9.105]（膨胀初速：Al 18～220 m/s；OFHC 6～138 m/s）。实验

结果如图 9.69(a)所示:实验碎片数目与应变率近似呈线性关系,与 Grady 碎片公式(9.56)和 GC 碎片公式(9.57)预测有所偏差。对此偏差,Grady 等认为是残余电流对金属圆环的热软化效应造成的。近期,Grady 和 Olsen 针对铀铌合金环进行了膨胀初速为 50～300 m/s 的一系列碎裂实验[9.106],如图 9.69(b)所示,可看出 U6Nb 碎片数目与应变率成 2/3 幂次关系,与 Grady 碎片理论及 GC 碎片理论预测趋势吻合。

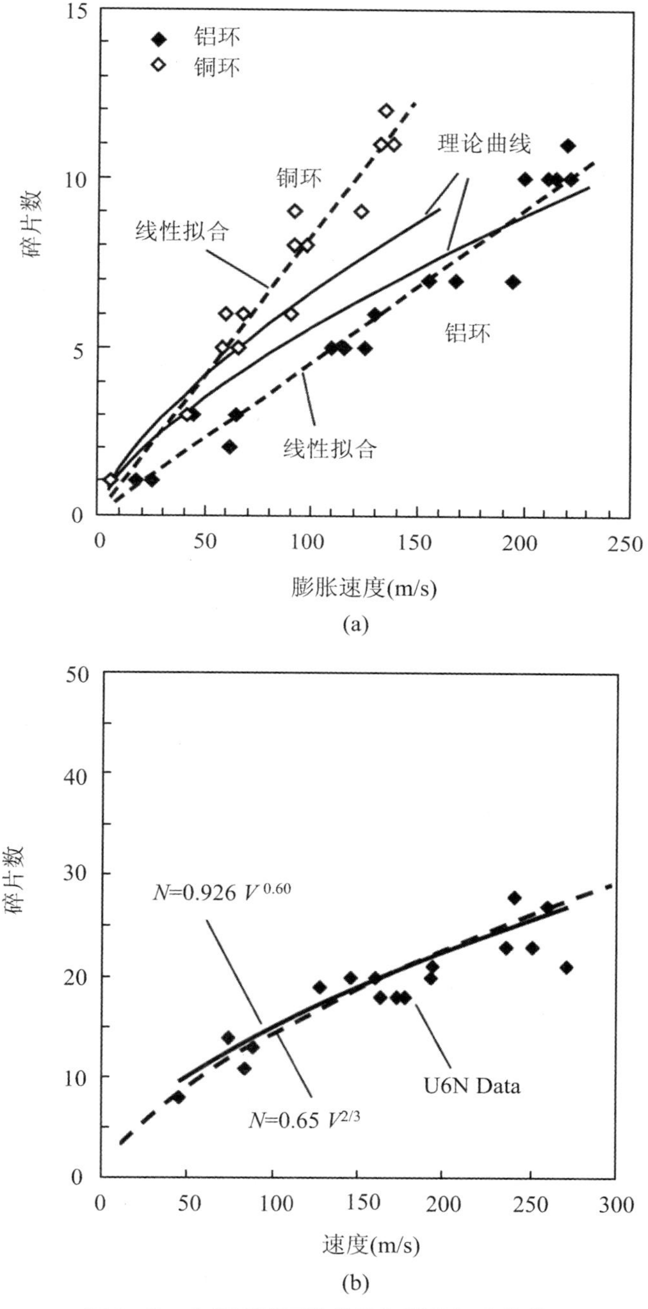

图 9.69　金属膨胀环碎片数与膨胀初速的关系

H. Zhang 和 Ravi-Chandar[9.107]近期采用电磁膨胀环技术与转镜式高速光学相机相结合，精准地获得 1100-0 铝圆环的高速膨胀照片，如图 9.70 所示。观察到初期的颈缩之间的间距的分布符合 Weibull 分布。若将碎裂后的碎片尺寸按照特征尺寸归一化后，所有实验产生的碎片尺度分布也符合 Weibull 分布。

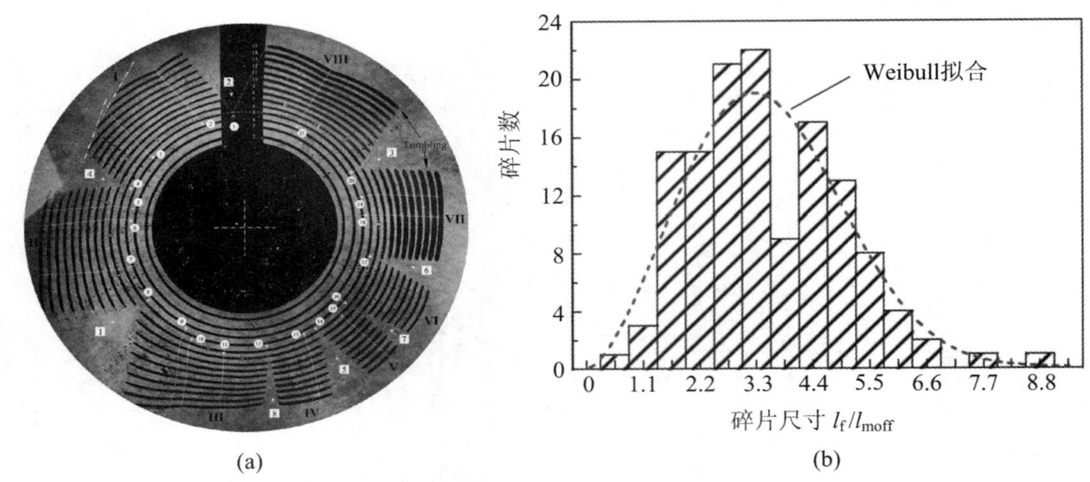

图 9.70　(a) 1100-0 铝圆环试件膨胀过程的高速膨胀照片；(b) 归一化碎片尺寸分布图

爆炸膨胀环与电磁膨胀环实验各有优劣。爆炸膨胀环是冲击波驱动环形试件，使其获得初始动能后自由膨胀，爆炸冲击波可以使试件获得较大动能而达到较高应变率，试件材料不受限，且温升不明显。但爆炸产生的初期冲击波会影响试件的一维拉伸状态，爆炸的随机性也使得实验装置的应变率调节困难，且成本较高。电磁膨胀环是通过电磁力驱动环形试件膨胀，能较精确地控制环的膨胀应变率，没有初期应力波效应的影响，但能达到的应变率较低，且试样中的感应大电流会带来难以避免的温升，影响实验结果。

除爆炸膨胀环与电磁膨胀环外，周风华等发展了基于 Hopkinson 压杆技术的冲击膨胀环实验装置[9.108,9.109]。对于脆性碎裂的研究，采用如图 9.71 所示的加载具[9.108]——圆环状试件[图 9.71(a)左上]套在外表面为圆面，内表面为锥孔面的驱动套环[图 9.71(a)中]上，驱动环则套在加载锥杆[图 9.71(a)右下]的锥形表面上，驱动套环预先切割出 3～4 条通槽以便其向前滑动时分离。装配好的加载具及试件[图 9.74(b)右]夹持在 Hopkinson 压杆的入射杆和透射杆之间。冲击加载时，加载锥杆的向前运动被转换为驱动套环的径向运动，从而对圆环试件施加径向膨胀速度。不同撞击速度下 Al_2O_3 陶瓷圆环的冲击拉伸和碎裂实验结果表明，陶瓷环碎裂产生的碎片数随撞击速度呈递增趋势，陶瓷环的表观动态拉伸强度比静态强度显著提高。

对于韧性碎裂的研究采用如图 9.72 所示的加载具[9.109]，当对冲击活塞进行压缩加载时，冲击活塞和套筒围成的空腔内的液体将驱动薄壁圆环试件膨胀。利用空腔液体体积近似不可压缩的特性，并通过液压腔截面积阶梯式地大比值缩小，可使活塞低速轴向冲击转化为圆环试件的高速径向膨胀。圆环试件在径向高速膨胀过程中，其周向发生快速拉伸变形，直至拉伸碎裂。对 14 组铝合金环进行了冲击膨胀碎裂实验，子弹撞击速度范围为 10～35 m/s。实验结果表明，随撞击速度增加，环试样的表观断裂应变增加，而平均碎片尺寸减小。

以上是关于一维碎裂问题的实验研究。由于军事需求，二维碎裂问题的实验研究事实上比一维膨胀环碎裂问题开展得更早，典型的实验即是膨胀圆管(壳)实验，始于二战时期。当时以

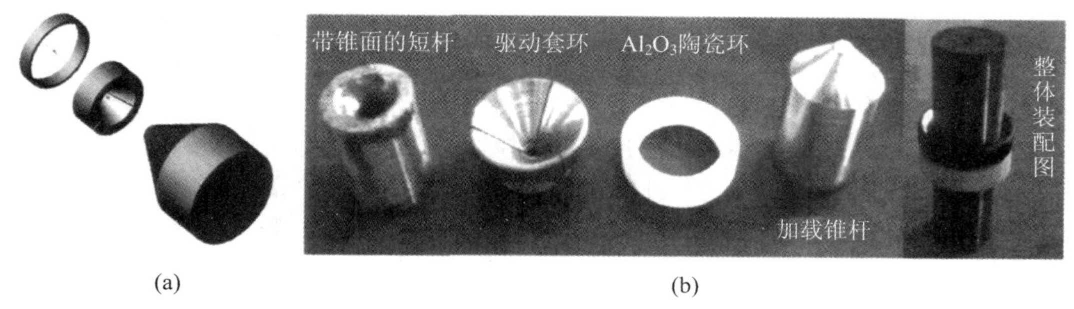

(a) (b)

图 9.71 加载具由试件(左)驱动套环(中)和锥杆(右)组成

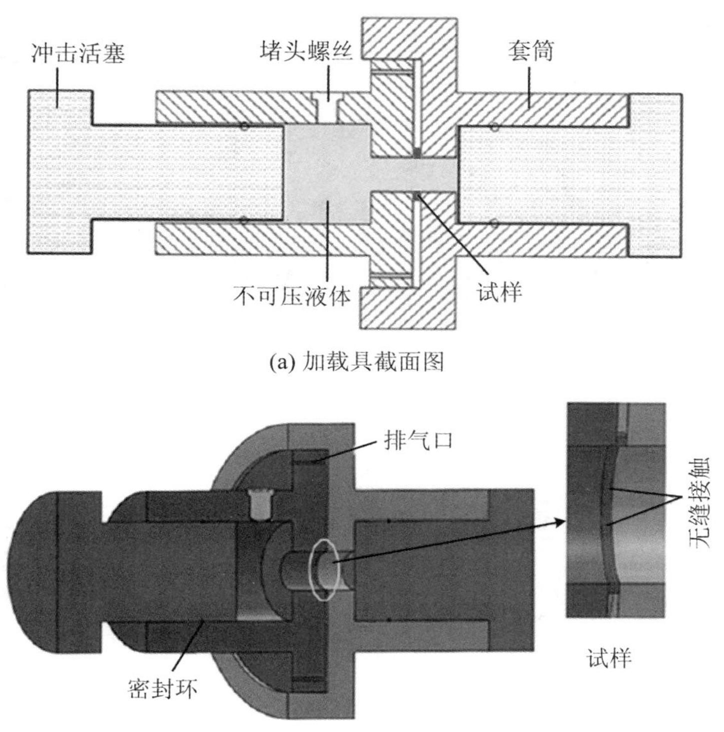

(a) 加载具截面图

(b) 加载具三维图

图 9.72

数学力学建模预测和宏观实验观察为主,而对破坏机理、碎片形成过程中的应力波作用、加卸载等效应尚未重视。进入 20 世纪 70 年代,研究逐渐转向材料性能、碎裂机理和碎片统计等方面。

Hoggart 和 Recht[9.110]在不同的厚壁圆筒爆炸膨胀碎裂实验中,既观察到以径向裂纹为主的拉伸碎裂模式,也观察到以切向裂纹为主的剪切碎裂模式。他们分析指出,在低爆轰压力下,径向裂纹在外壁形成并快速向内壁扩展,因而拉伸断裂为主要破坏模式;而在高爆轰压力下,在内壁区域存在着由应力波效应导致的周向压应力之三轴应力区,碎片中更多的是以最大剪应力主控的剪切失效模式。

Wesenberg 和 Sagartz 利用电磁驱动技术进行金属圆筒膨胀实验,对 6061-T6 铝筒(径厚比为 100)动态碎裂进行了研究[9.111]。在 $10^4\ s^{-1}$ 应变率下,铝筒动态碎裂基本发生在与圆筒轴线成 30°角的截面上,如图 9.73 所示,碎片数目随材料密度、应变率、爆轰压力单调递增。Wesenberg 和 Sagartz 通过对 11 组试件的 125 个碎片进行统计,发现使用 Mott 分布能较好地描述实验产生的碎片尺寸分布规律。

Grady 和 Hightower 通过爆炸驱动 4410 钢厚壁圆筒(径厚比约为 3)实验[9.112],同样发现除了拉伸断裂外,剪切断裂也是另一种重要的失效模式,如图 9.74 所示。并将局部能量守恒的概念扩展到二维金属圆筒的碎裂问题,认为金属圆筒的碎片尺度仍可以由裂纹界面断裂能 G_c 表征,具体表达式仍为

$$s = \left(\frac{24G_c}{\rho\dot{\varepsilon}^2}\right)^{1/3}$$

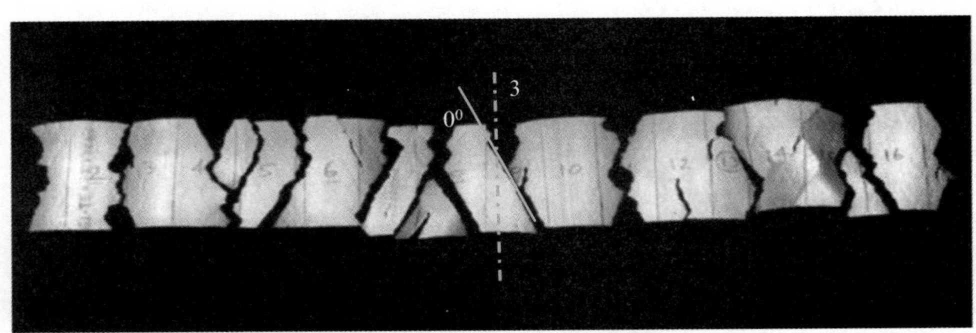

图 9.73　6061-T6 铝筒电磁膨胀实验的碎裂情况

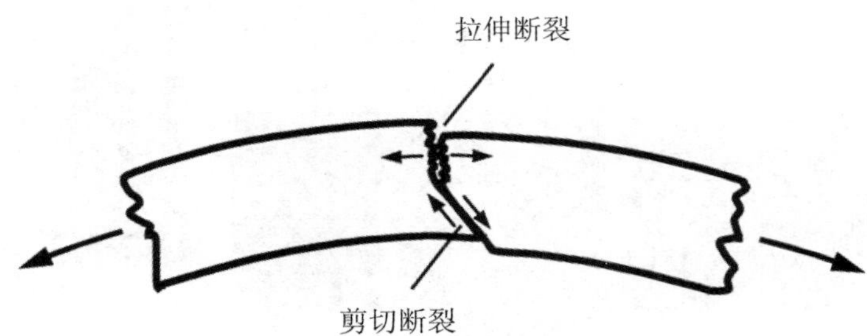

图 9.74　4140 钢筒碎裂过程中的拉伸断裂和剪切断裂

即 Grady-Kipp 碎片公式[参看式(9.56),注意此处的 G_c 定义为一个断裂面的断裂能,恰为式(9.56)中之半],但是此处的断裂面由拉伸断裂和剪切断裂两种失效模式共同主导的,故此处的断裂能分为拉伸和剪切两部分的贡献,相应的断裂能表达式如下[9.113]:

$$\left.\begin{aligned} G_c &= \frac{K_c^2}{2E} && \text{(拉伸失效)} \\ G_c &= \frac{\rho c}{\alpha}\left(\frac{9\rho^3c^3\kappa^3}{Y^3\alpha^2\dot{\gamma}}\right)^{1/4} && \text{(剪切失效)} \end{aligned}\right\} \tag{9.66}$$

其中,K_c 为材料断裂韧度,E 为杨氏模量,ρ 为材料密度,c 为材料比热,κ 为热传导系数,α 为热软化系数,Y 为屈服强度,$\dot{\gamma}$ 为剪切应变率(接近金属圆筒的拉伸应变率)。如何确定拉伸失效和剪切失效在断裂能中贡献的比例还尚待解决。

Hiroe 等人研究了多种金属圆筒(薄壁圆筒径厚比约为 24,厚壁圆筒径厚约比为 7)在爆炸

膨胀下的碎裂问题[9.74, 9.114]。代表性的碎片照片已经给出在前面的图 9.56 中。经对同一材料的多次实验结果进行分析发现，由 Grady 能量模型反推出来的材料断裂能 $G_c(=s^3\rho\dot{\varepsilon}^2/24)$覆盖了一个随应变率变化的较广的区域，并不是一个常数。Hiroe 等人认为这与预冲击波(pre-shock waves)造成的材料性能改变有关，即随应变率的升高材料屈服应力增加而断裂应变降低，从而影响材料断裂能。通过对碎片的金相分析，发现剪切失效是金属圆筒碎裂的主要失效模式。Hiroe 等人还研究了各种类型的初始缺陷(不同数量、位置、槽深的预制凹槽)对碎裂过程的影响，如图 9.75 所示，实验结果表明凹槽在高应变率情况下对碎裂过程影响较小，而在低应变率情况下具有显著的影响。

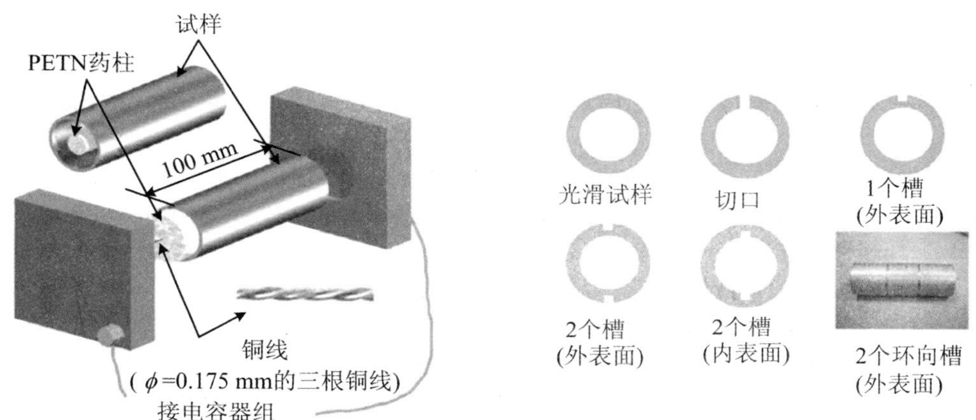

图 9.75　实验装置及不同类型预制凹槽的试件

参 考 文 献

[9.1] BROCK D. 工程断裂力学基础[M]. 王克仁，何明元，高桦，译. 北京：科学出版社，1980.

[9.2] KNOTT J F. Fundamentals of fracture mechanics[M]. London: Butterworth, 1973.

[9.3] LAWN B R, WILSHAW T R. 脆性固体断裂力学[M]. 陈颙，尹祥础，译. 北京：地震出版社，1985.

[9.4] 黄克智，余寿文. 弹塑性断裂力学[M]. 北京：清华大学出版社，1985.

[9.5] SLEPYAN L I. Crack mechanics[M]. Leningrad: Sudostroenie, 1990.

[9.6] INGLIS C E. Stresses in a plate due to the presence of cracks and sharp corners[J]. Trans. Inst. Naval Archit, 1913, 55: 219-230.

[9.7] GRIFFITH A A. The phenomena of rupture and flow in solids[J]. Phil Trans Roy Soc London, 1920, A221 (582-583): 163-198.

[9.8] GRIFFITH A A. The theory of rupture[C]// Proc First Inter Cong. Appl. Mech., Delft., 1924: 55-63.

[9.9] IRWIN G R. Fracture dynamics[C]//Fracturing of metals. American Society of Metals, 1948: 147-166.

[9.10] OROWAN E. Fracture and strength of solids[R]. Reports on Progress in Physics. 1949, 12 (1): 185-232.

[9.11] OROWAN E. Fundamentals of brittle behavior in metals[C]// Proceedings of the Symposium on Fatigue and Fracture of Metals. New York：J. Wiley and Sons,1950：139-167.

[9.12] IRWIN G R. Analysis of stresses and strains near the end of a crack traversing a plate[J]. J Appl. Mech.，1957，24 (3)：361-364.

[9.13] 中国航空研究院. 应力强度因子手册[M]. 北京：科学出版社，1981.

[9.14] Fracture toughness - Wikipedia，the free encyclopedia[EB/OL]. https://en. wikipedia. org/wiki.

[9.15] CHEN E P，SIH G C. Transient response of cracks to impact loads[C]//SIH G C. Mechanics of fracture 4 -Elastodynamic crack problem. Leyden：Noordhoff International Publishing，1977：1-58.

[9.16] MEYERS M A. Dynamic behavior of materials[EB/OL]. Wiley-Interscience，1994.

[9.17] ACHENBACH J D. Dynamic fracture effects in brittle materials[C]// NEMAT-NASSER S. Mechanics Today. New York：Pergamon Press，1972，v.1：1-57.

[9.18] CHEN Y M，WILKINS. Numerical analysis of dynamic crack problems[M]// SIH G C. Mechanics of fracture 4，Elastodynamic crack problem. Leyden：Noordhoff International Publishing，1977：295-345.

[9.19] ABERSON J A，ANDERSON J M，KING W W. Dynamic analysis of cracked structuresusing singularity finite elements[C]// SIH G C. Mechanics of fracture 4，Elastodynamic crack problem. Leyden：Noordhoff International Publishing，1977：249-294.

[9.20] 范天佑. 断裂动力学原理与应用[M]. 北京：北京理工大学出版社,2006.

[9.21] FREUND L B. Dynamic fracture mechanics[M]. Cambridge：Cambridge University Press，1990.

[9.22] RAVI-CHANDAR K. Dynamic fracture[M]. Oxford：Elsevier Ltd，2004.

[9.23] NILSSON F. Crack growth initiation and propagation under dynamic loading[C] //Mechanical Properties at High Rates of Strain. Inst Phys Conf Ser 70，1984：185-204.

[9.24] RAVI-CHANDAR K，KNAUSS W G. An experimental investigation into dynamic fracture-I. crack Initiation and crack Arrest[J]. Int. J. Fracture，1984，25：247-262.

[9.25] YOKOYAMA T. Determination of dynamic fracture-initiation toughness using a novel impact bend test procedure[J]. J Pressure Vessel Tech，1993,115 (1)：389-397.

[9.26] KALTHOFF J F. Fracture behavior under high rates of loading[J]. Eng. Fract. Mech.，1986，23：289-298.

[9.27] ROSAKIS A J. Explosion at the parthenon：can we pick up the pieces? [R]. Report No. CalCIT SM report 99-3. Pasadena：California Institute of Technology，1999.

[9.28] BHAT H S，ROSAKIS A J，SAMMIS C G. A micromechanics based constitutive model for brittle failure at high strain rates[J]. J Appl. Mech.，2012，79，031016：1-12.

[9.29] ZHANG Q B，ZHAO J. A review of dynamic experimental techniques and mechanical behaviour of rock materials[J]. Rock Mech. Rock Eng，2014，47：1411-1478.

[9.30] KLEPACZKO J R. Dynamic crack initiation，some experimental methods and modeling[C]// KLEPACZKO J R. Crack Dynamics in Metallic Materials. New York:Springer Vienna，1990：255-454.

[9.31] KALTHOFF J F. Fracture behavior under high rates of loading[J]. Eng. Fract. Mech.，1986，23：289-298.

[9.32] WILSON M L，HAWLEY R H，DUFFY J. The effect of loading rate and temperature on fracture initiation in 1020 hot-rolled steel[J]. Eng Fract. Mech.，1980，13 (2)：371-385.

[9.32] MOTT N F. Brittle fracture in mild steel plates[J]. Engineering，1948，165：16-18.

[9.33] BROBERG K B. The propagation of a brittle crack[J]. Arch fur Fysik，1960，18 (1)：159-192.

[9.34] FREUND L B. Crack propagation in an elastic solid subjected to general loading II，non-uniform rate of extension[J]. J Mech. Phys Solids, 1972, 20 (3): 141-152.

[9.35] ROSAKIS A J, RAVICHANDRAN G. Dynamic failure mechanics[J]. Int. J Solids Struc., 2000, 37: 331-348.

[9.36] RICE J R. Mathematical analysis in the mechanics of fracture[C]// LIEBOWITZ H. Fracture: An Advanced Treatise, v.2, Mathematical Fundamentals. New York: Academic Press, 1968: 191-311.

[9.37] FREUND L B. Crack propagation in an elastic solid subjected to general loading, Ⅲ stress wave loading[J]. J Mech. Phys. Solids, 1973, 21: 47-61.

[9.38] DALLY J W. Dynamic photoelastic studies of fracture[J]. Exp. Mech., 1979, 19: 349-361.

[9.39] ARAKAWA K, TAKAHASHI K. Relationship between fracture parameters and surface roughness of brittle polymers[J]. Int. J Fracture, 1991, 48: 103-114.

[9.40] ZEHNDER A T, ROSAKIS A J. Dynamic fracture initiation and propagation in 4340 steel under impact loading[J]. Int. J Fracture, 1990, 43: 271-285.

[9.41] RAMALU M, KOBAYASHI A S. Dynamic crack curving and crack branching[C] //Material Behavior under High Stress and Ultrahigh Loading Rates. New York: 1983: 241.

[9.42] YOFFE E. The moving Griffith crack[J]. Philos Mag, 1951, 42: 739-750.

[9.43] KOBAYASHI A S, RAMALU M. A dynamic fracture analysis of crack curving and branching[J]. J de Physique, 1985, 46(C5): 197-206.

[9.44] BRANDON D G. Dynamic loading and fracture[C]// BLAZYNSKI T Z. Materials at High Strain Rates. Essex: Elsevier Applied Science Publishers, 1987: 187-218.

[9.45] RAVI-CHANDAR K, KNAUSS W G. An experimental investigation into dynamic fracture-Ⅱ. microstructural aspects[J]. Int. J Fract., 1984: 26, 65-80.

[9.46] RAVI-CHANDAR K, KNAUSS W G. An experimental investigation into dynamic fracture-Ⅲ. on steady state crack propagation and branching[J]. Int. J Fracture, 1984, 26, 141-154.

[9.47] RAVICHANDRAN G, CLIFTON R J. Dynamic fracture under plane wave loading[J]. Int. J Fracture, 1989, 40: 157-201.

[9.48] JIANG F, VECCHIO K S. Hopkinson bar loaded fracture experimental technique: A critical review of dynamic fracture toughness tests (review)[J]. Applied Mechanics Reviews, 2009, 62 (6): 1-39.

[9.49] COSTIN L S, DUFFY J, FREUND L B. Fracture initiation in metals under stress wave loading conditions[C]// HAHN G T, KANNINEN M F. Fast Fracture and Crack Arrest, ASTM STP 627. Philadelphia: American Society for Testing and Materials, 1977: 301-318.

[9.50] STROPPE H, CLOS R, SCHREPPEL U. Determination of the dynamic fracture toughness using a new stress pulse loading method[J]. Nuc. Eng. Des., 1992, 137: 315-321.

[9.51] LEE Y S, YOON Y K, YOON H S. Dynamic fracture toughness of chevron-notch ceramic specimen measured in split Hopkinson pressure bar[J]. Int. J Korean Soc Precision Engineering, 2002, 3: 69-75.

[9.52] RITTEL D, MAIGRE H, BUI H D. A new method for dynamic fracture toughness testing [J]. Scr. Metall. Mater, 1992, 26: 1593-1598.

[9.53] KLEPACZKO J R. Application of the Split Hopkinson Pressure Bar to fracture dynamic[C] // HARDING J. Mechanical Properties at High Rates of Strain. London: The Institute of Physics, 1979: 201-214.

[9.54] RUIZ C, MINES R A W. The Hopkinson pressure bar: an alternative to the instrumented pendulum for charpy tests[J]. Int. J Fracture, 1985, 29: 101-109.

[9.55] WEISBROD G, RITTEL D. A method for dynamic fracture toughness determination using short beams[J]. Int. J Fracture, 2000, 104: 89-103.

[9.56] MINES R A W, RUIZ C. The dynamic behavior of the instrumented charpy-test[J]. J de Phys, 1985, 46: 187-196.

[9.57] JIANG F, VECCHIO K S. Experimental investigation of dynamic effects in a two-bar/ three-point bend fracture test[J]. Rev. Sci. Instrum, 2007: 78.

[9.58] YOKOYAMA T, KISHIDA K. A novel impact three-point bend test method for determining dynamic fracture-initiation toughness[J]. Exp. Mech., 1989, 29: 188-194.

[9.59] 董新龙,虞吉林,胡时胜,等. 高加载率下Ⅱ型裂纹试样的动态应力强度因子及断裂行为[J]. 爆炸与冲击,1998,18(1): 62-68.

[9.60] KALTHOFF J F, BEINERT J, WINKLER S. Measurement of dynamic stress intensity factors for fast running and arresting cracks in double cantilever beam specimens [C]// HAHN G T, KANNINEN M F. Fast Fracture and Crack Arrest, ASTM STP 627, ASTM. Philadelphia: 1977: 161-176.

[9.61] DALLY J W, SANFORD R J. Strain gauge method for measuring the opening mode stress intensity factor[J]. Experimental Mechanics, 1987, 27(4): 381-388.

[9.62] GRADY D E, KIPP M E. Continuum modeling of explosive fracture in oil shale[J]. Int. J Rock Mech. Mining Sci., 1980, 17(3): 147-157.

[9.63] LANKFORD J, BLANCHARD C R. Fragmentation of brittle materials at high rates of loading[J]. J Mat. Sci., 1991, 26 (11): 3067-3072.

[9.64] HILD F, DENOUAL C, FORQUIN P, et al. On the probabilistic-deterministic transition involved in a fragmentation process of brittle materials[J]. Comp and Struc., 2003, 81(12): 1241-1253.

[9.65] ZHOU F, MOLINARI J F. Stochastic fracture of ceramics under dynamic tensile loading[J]. Int J Solids Struc, 2004, 41(22-23): 6573-6596.

[9.66] GRADY D E. Local inertial effects in dynamic fragmentation[J]. J Appl. Phys, 1982, 53: 322-325.

[9.67] GRADY D E, KIPP M E. Geometric statistics and dynamic fragmentation[J]. J Appl. Phys, 1985, 58(3): 1210-1222.

[9.68] KIPP M E, GRADY D E. Dynamic fracture growth and interaction in one dimension[J]. J Mech. Phys Solids, 1985, 33(4): 399-415.

[9.69] GRADY D E, BENSON D A. Fragmentation of metal rings by electromagnetic loading[J]. Exp Mech., 1983, 23(4): 393-400.

[9.70] GRADY D E, KIPP M E, BENSON D A. Energy and statistical effects in the dynamic fragmentation of metal rings[R]. Conference of Oxford, Inst of Physics.

[9.71] GRADY D E, KIPP M E. Experimental measurement of dynamic failure and fragmentation properties of metals[J]. Int. J Solids Struc, 1995, 32(17-18): 2779-2781, 2783-2791.

[9.72] GRADY D E, KIPP M E. Fragmentation properties of metals[J]. Int. J Impact Eng., 1997, 20 (1-5): 293-308.

[9.73] ALTYNOVA M, HU X, DAEHN G S. Increased ductility in high velocity electromagnetic ring expansion[J]. Metall. Trans A, 1996, 27: 1837-1844.

[9.74] HIROE T, FUJIWARA K, HATA H, et al. Deformation and fragmentation behavior of exploded metal cylinders and the effects of wall materials, configuration, explosive energy and initiated locations[J]. Int. J Impact Engineering, 2008, 35(12): 1578-1586.

[9.75] PIEKUTOWSKI A J. Formation and description of debris cloud produced by hypervelocity impact [R]. NASA CR-4707, 1996: 98-99.

[9.76] PIEKUTOWSKI A J. Fragmentation of a sphere initiated by hypervelocity impact with a thin sheet

[J]. Int J Impact Eng, 1995, 17: 627-638.

[9.77] PIEKUTOWSKI A J. Fragmentation-initiation threshold for spheres impacting at hypervelocity[J]. Int. J Impact Eng, 2003, 29: 563-574.

[9.78] MOTT N F. A theory of the fragmentation of shells and bombs [R]. Ministry of Supply, AC4035, 1943.

[9.79] MOTT N R. Fragmentation of shell cases[R]. Proc R Soc London, Ser A, 1947, 189 (1018): 300-308.

[9.80] GRADY D E. Fragmentation of rings and shells[C]//The Legacy of N F Mott. New York: Springer, 2006.

[9.81] GRADY D E. Local inertial effects in dynamic fragmentation[J]. J Appl. Phys, 1982, 53: 322-325.

[9.82] GLENN L A, CHUDNOVSKY A. Strain-energy effects on dynamic fragmentation[J]. J Appl. Phys, 1986, 59: 1379-1380.

[9.83] ZHOU F, MOLINARI J F, RAMESH K T. A cohesive-model based fragmentation analysis: effects of strain rate and initial defects distribution[J]. Int. J. Solids Structures, 2005, 42: 5181-52 07.

[9.84] ZHOU F, MOLINARI J F, RAMESH K T. Effects of material properties on the fragmentation of brittle materials[J]. Int. J. of Fracture, 2006, 139: 169-196.

[9.85] 周风华,王永刚. 影响冲击载荷下脆性材料碎片尺度的因素[J]. 爆炸与冲击,2008, 28 (4): 298-303。

[9.86] 王礼立,任辉启,虞吉林,等. 非线性应力波传播理论的发展及应用[J]. 固体力学学报,2013,34 (3): 217-240。

[9.87] 周风华,郭丽娜,王礼立. 脆性固体碎裂过程中的最快卸载特性[J]. 固体力学学报,2010,31(3): 286-295。

[9.88] 周风华,王礼立. 脆性固体中内聚断裂点阵列的扩张行为及间隔影响[J]. 力学学报,2010,42(4): 691-701。

[9.89] ISHII T, MATSUSHITA M. Fragmentation of long thin glass rods[J]. J Phys Soc Japan, 1992, 61 (10), 3474-3477.

[9.90] EPSTEIN B. The mathmatical description of certain breakage mechanisms leading to the logarithmico-normal distribution[J]. J. Franklin Inst, 1947, 244: 471-477.

[9.91] LIENAU C C. Random fracture of a brittle solid[J]. J. Franklin Inst, 1936, 221: 485-494, 674-686, 769-787.

[9.92] MOTT N F, LINFOOT E H. A theory of fragmentation [R]. Extra-Mural Research No F72/80, Ministry of Supply, AC 3348, 1943.

[9.93] BROWN W K, WOHLETZ K H. Derivation of the weibull distribution based on physical principles and its connection to the rosin-rammler and lognormal distributions[J]. J Appl. Phys,1995,78(4): 2758-2763.

[9.94] ODDERSHEDE L, DIMON P, BOHR J. Self-organized criticality in fragmenting[J]. Phys Review Letters, 1993, 71(19): 3107-3110.

[9.95] MARSILI M, ZHANG Y C. Probabilistic fragmentation and effective power law[J]. Phys Review Letters, 1996, 77(17): 3577-3580.

[9.96] MEIBOM A, BALSLEV I. Composite power laws in shock fragmentation[J]. Phys Review Letters, 1996, 76(14): 2492-2494.

[9.97] INAOKA H, TOYOSAWA E, TAKAYASU H. Aspect ratio dependence of impact fragmentation [J]. Phys Review Letters, 1997, 78(18): 3455-3458.

[9.98] KADONO T. Fragment mass distribution of plate like objects[J]. Phys Review Letters, 1997, 78

(8)：1444-1447.

[9.99] GRADY D E. Application of survival statitics to the impulsive fragmentation of ductile rings[C]// MEYERS M A, MURR L E. Shock Waves and High-Strain-Rate Phenomena in Metals. New York: Plenum,1981：181-192.

[9.100] ZHOU F, MOLINARI J F, RAMESH K T. Characteristic fragment size distributions in dynamic fragmentation[J]. Appl. Phys Letters, 2006, 88(26)：261918.

[9.101] JOHNSON P C, STEIN B A, DAVIS R S. Measurement of dynamic plastic flow properties under uniform stress[C]// Symposium on the Dynamic Behavior of Materials. ASTM Special Publication, 1963.

[9.102] HOGGATT C R, RECHT R F. Stress-strain data obtained at high rates using an expanding ring [J]. Exp Mech., 1969, 9(10)：441-448.

[9.103] WARNES R H, DUFFEY T A, KARPP R R, et al. An improved technique for determining dynamic material properties using the expanding ring[C]// Shock Waves and High-Strain-Rate Phenomena in Metals. New York:Springer, 1981：23-36.

[9.104] NIORDSON F I. A unit for testing materials at high strain rates[J]. Exp Mech., 1965, 5(1)：29-32.

[9.105] GRADY D E, BENSON D A. Fragmentation of metal rings by electromagnetic loading[J]. Exp Mech., 1983, 23(4), 393-400.

[9.106] GRADY D E, OLSEN M L. A statistics and energy based theory of dynamic fragmentation [J]. Int J Impact Eng., 2003, 29(1-10)：293-306.

[9.107] ZHANG H, RAVI CHANDAR K. On the dynamics of necking and fragmentation-Ⅰ. Real-time and post-mortem observations in Al 6061-O[J]. Int. J Fracture, 2006, 142(3-4)：183-217.

[9.108] 王永刚，周风华. 径向膨胀 Al_2O_3 陶瓷环动态拉伸破碎的实验研究[J]. 固体力学学报，2008，29(3)：245-249.

[9.109] 郑宇轩，周风华，胡时胜. 一种基于SHPB的冲击膨胀环实验技术[J]. 爆炸与冲击，2014，34(4)，483-488。

[9.110] HOGGATT C R, RECHT R F. Fracture behavior of tubular bombs[J]. J Appl. Phys, 1968, 39 (3)：1856-1862.

[9.111] WESENBERG D L, SAGARTZ M J. Dynamic fracture of 6061-T6 aluminum cylinders[J]. J Appl. Mech., 1977, 44(4)：643-646.

[9.112] GRADY D E, HIGHTOWER M M. Natural fragmentation of exploding cylinders [C]//MEYERS M A, MURR L E, STAUDHAMMER K P. Shock wave and high-strain rate phenomena in materials. New York: Marcel Dekker, Inc, 1992：713-721.

[9.113] GRADY D E, KIPP M E. The growth of unstable thermoplastic shear with application to steady-wave shock compression in solids[J]. J Mech. Phys Solids, 1987, 35(1)：95-119.

[9.114] HIROE T, FUJIWARA K, HATA H, et al. Explosively driven expansion and fragmentation behavior for cylinders, spheres and rings of 304 stainless steel[J]. Materials Science Forum, 2010, 638：1035-1040.

第 10 章　绝热剪切和微损伤的动态演化

10.1　绝 热 剪 切

绝热剪切(adiabatic shearing)是材料在冲击载荷下的动态力学行为特别是与动态损伤演化—破坏相关的一个重要的变形-破坏形式。这一现象相当普遍地存在于高速撞击、侵彻、冲孔、高速成型、切削、冲蚀等涉及爆炸与冲击的高速变形过程中,而且不论金属、塑料和岩石中均存在。之所以称之为绝热剪切是由于这一现象一般具有如下三个最基本的特征:

① 在微观上总能观察到以形成剪切变形高度局域化、宽 10～10^2 mm 量级的所谓的剪切带(shear band)为主要特征,如图 10.1 所示[10.1]。相对应地,这时结构一般表现为由剪应力主导的剪切破坏形式。图 10.2 所示的是有关军事工程应用中的几个实例,而图 10.3 所示的是在民用塑性加工中的几个实例[10.2]。

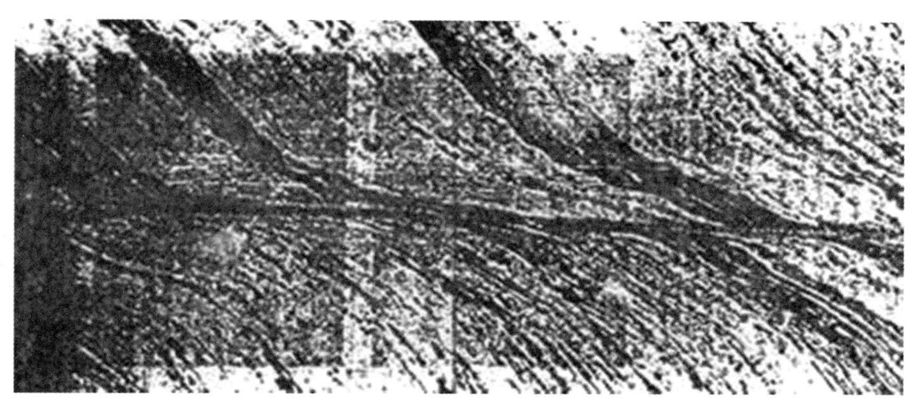

图 10.1　剪切带的显微照片,显示剪切变形高度局域化

② 从热力学的角度来说,其与冲击载荷下材料的高速变形接近于绝热过程这一特征分不开,因而称之为绝热剪切。这时,变形过程中的不可逆非弹性功($\sigma \mathrm{d}\varepsilon$ 或 $\tau \mathrm{d}\gamma$)所转化的热量将引起绝热温升

$$\mathrm{d}T = \frac{\beta \tau \mathrm{d}\gamma}{\rho C_{\mathrm{v}}} \tag{10.1}$$

从而引入相应的热软化$\dfrac{\partial \tau}{\partial T}$(<0)机制。式中,$\rho$ 是材料密度,C_{v}是比热,β 表征总的非弹性功转化为热量的比率系数,按照 Taylor-Quinney[10.3],常取 0.9。绝热剪切带的形成和发展离不开这一特征。

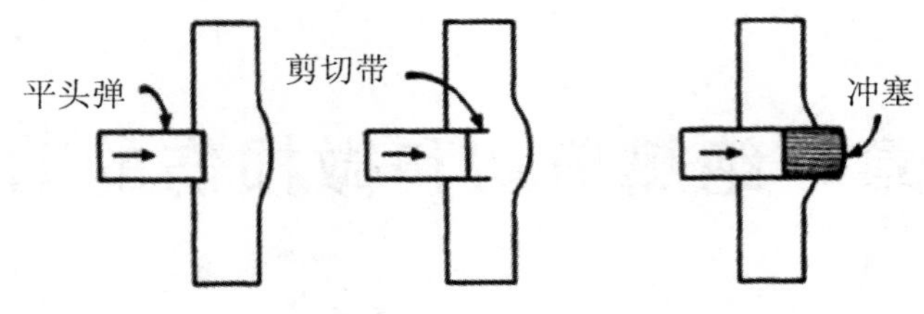

(a) 靶板的冲塞破坏

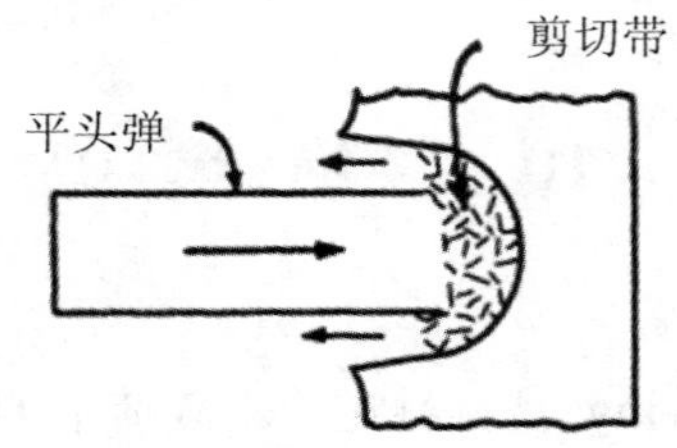

(b) 弹头的绝热剪切破坏

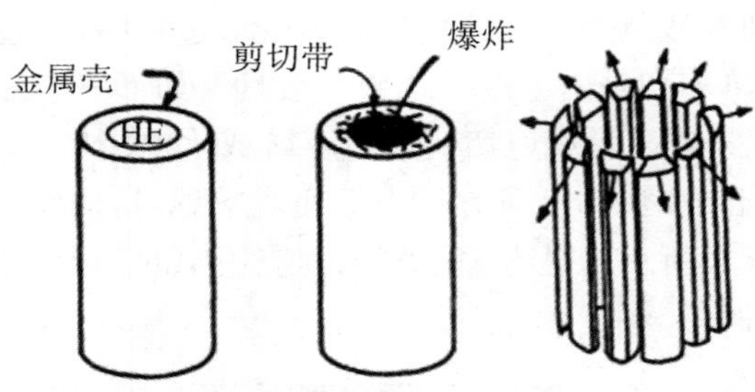

(c) 爆炸容器的绝热剪切破坏

图 10.2　军工应用动态变形中形成的剪切带

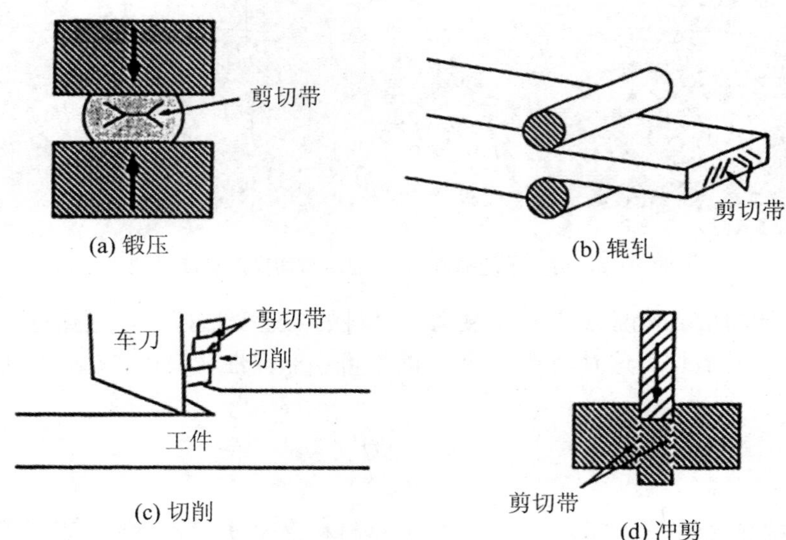

图 10.3　塑性加工中形成的剪切带

③ 在宏观上总能在材料的冲击绝热应力/应变曲线(压缩或剪切)上观察到失稳现象,即由表观应变硬化($d\sigma/d\varepsilon>0$)转向表观应变软化($d\sigma/d\varepsilon<0$),如图 10.4 实线所示。

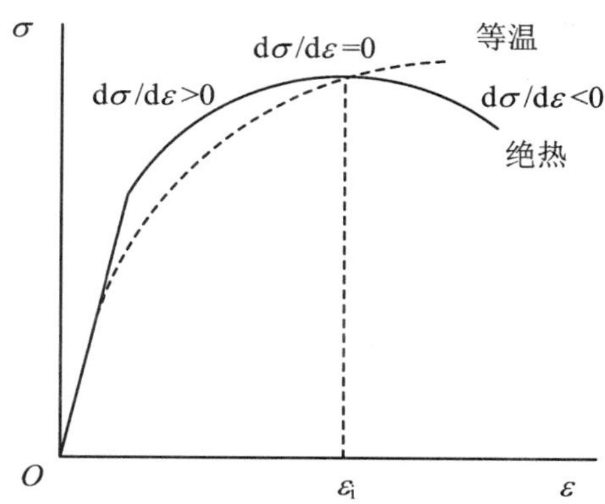

图 10.4 与微观绝热剪切相对应的宏观应力/应变曲线失稳现象

人们熟知,材料在准静态等温单轴压缩实验条件下,应力一般随应变增大而单调增加,如图 10.4 中虚线所示的等温(isothermal)应力/应变曲线。但在冲击绝热条件下,则出现如图 10.4 实线所示的绝热(adiabatic)应力/应变曲线的失稳现象。冲击条件下的绝热应力/应变曲线是应变硬化效应、应变率硬化效应和热软化效应的综合表现。由于冲击高应变率效应,绝热曲线应力一般高于等温曲线。但在绝热温升引入的热软化效应共同作用下,绝热曲线出现由表观应变硬化($d\sigma/d\varepsilon>0$)向表观应变软化($d\sigma/d\varepsilon<0$)的转化,即所谓本构失稳。当达到足够大的应变 ε_i时,绝热曲线与等温曲线相交。此后绝热曲线应力反而低于等温曲线。由此可以理解为什么高速冲击冲孔比低速冲孔省力和省能量。

Zener 和 Hollomon[10.4]在 1944 年首先把绝热剪切的材料本构失稳归因于塑性应变硬化和绝热温升所致的热软化两者之间的平衡消长。当塑性应变硬化超过绝热温升的热软化时,材料处于图 10.4 中实线所示的表观应变硬化或称稳定塑性变形阶段($d\sigma/d\varepsilon>0$,或 $d\tau/d\gamma>0$);当绝热温升的热软化超过塑性应变硬化时则进入表观应变软化或称非稳定塑性变形阶段($d\sigma/d\varepsilon<0$ 或 $d\tau/d\gamma<0$),进一步的塑性变形是在越来越小的应力下发生的,从而对应于一失稳过程,直至破坏。Zener 和 Hollomon 把微观绝热剪切解释为宏观热塑失稳(thermo-plastic instability)相联系的观点具有里程碑意义,建立了材料微观研究与力学宏观研究的桥梁。稳定塑性变形与非稳定塑性变形的分界点即应力极大点($d\sigma/d\varepsilon=0$ 或 $d\tau/d\gamma=0$),则表征这一热塑失稳的临界条件。

在了解了绝热剪切这三个相互联系的基本特征后,下面我们对绝热剪切的显微组织、应变率效应、温度效应、宏观失稳准则、绝热剪切与裂纹的相互作用等分别作进一步的讨论。

10.1.1 绝热剪切带的显微组织——形变带与转变带

对绝热剪切的显微观察研究表明,绝热剪切带有两种基本类型,即以剪切应变高度集中、晶粒剧烈拉长和碎化为主要特征的**形变带**(deform band)以及以发生相变或重结晶为主要特征的**转变带**(transformed band)。前者常常在非铁金属中观察到,而后者则主要在钢和钛合金中观察到，特别是钢中的转变带常以其侵蚀后发亮的外观和高硬度为特征，被称为“白带”(white band)。

进一步的研究表明，形变带和转变带是绝热剪切过程中不同发展阶段的形态。对同一材料而言在适当的条件下可以观察到形变带向转变带的演变。

下面以 β-钛合金(Ti8Cr5Mo5V3Al)(以下简称 TB2)的冲击压缩实验为例[10.5-10.7]。不同于准静态变形过程中试件主要以常规的均匀滑移方式来实现塑性变形(图 10.5)，在高速变形过程中试件主要以绝热剪切的局域化变形方式实现塑性变形，图 10.6 给出了典型的形变带的金相照片。可以清楚地看到，形变剪切带是一个应变高度集中的区域，带内晶粒沿带的方向发生剧烈的剪切变形甚至碎化，而带外晶粒的变形程度则小得多，甚至不存在可见的滑移线。试件表观冲击变形达 30%，但主要集中在带内，其局部变形量高达 1 000%量级。

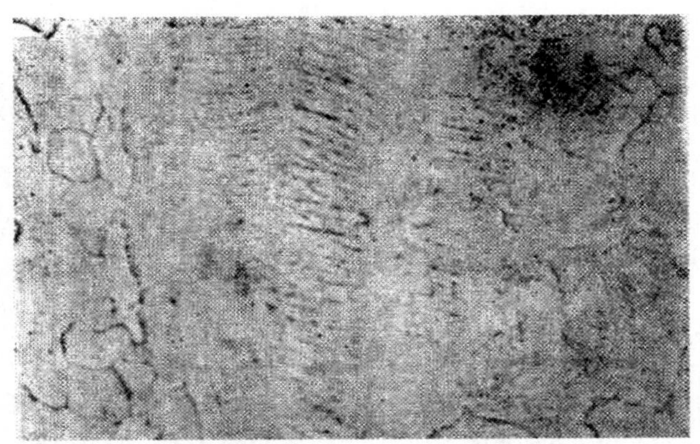

图 10.5　TB2 试件准静态压缩变形 10%后的显微组织

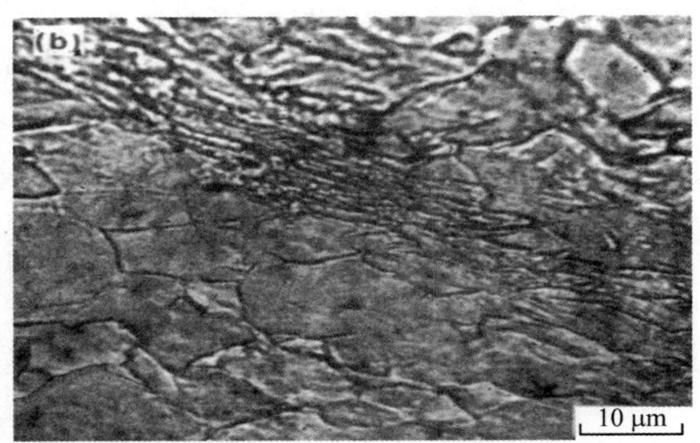

图 10.6　TB2 试件表观高速压缩变形 30%后的显微组织(形变带)

高速变形量更大时，则形成如图 10.7 所示的转变带，带内的晶粒变得十分细小，表征带内材料已经发生了显微结构的转变。相变带与周围晶粒的边缘清晰。带外晶粒的变形程度很小，几乎不存在可见的滑移线。

不论形变带或转变带都有一个沿带的宽度和长度生长发展过程，并且可发展到两剪切带的交汇，如图 10.8(a)所示。用扫描电镜在 3 500 倍下观察，其中左侧较窄的剪切带呈一种细条状的微晶结构，略带方向性[图 10.8(b)]；而右侧较宽的剪切带呈等轴微晶结构[图 10.8(c)]。这

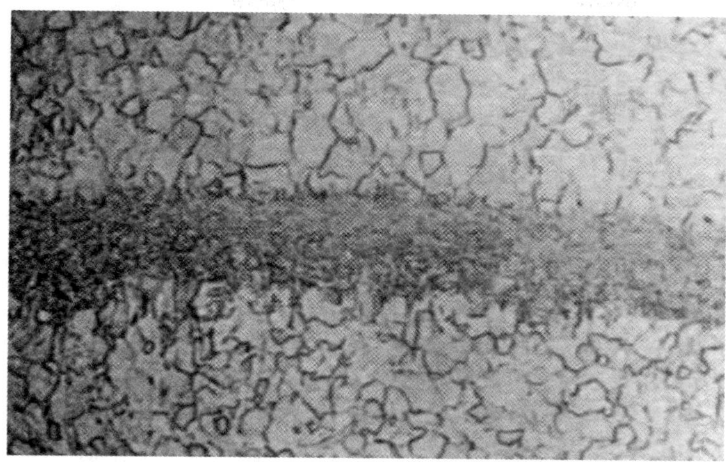

图 10.7　TB2 试件的带内组织发生了显微结构的转变(转变带)

说明在足够高的应变率和足够大的应变下,绝热温升高得足以引起带内显微组织的转变,也说明转变带是形变带进一步发展的必然后果。事实上,在 TB2 中还观察到兼有形变带和转变带显微组织的"混合型剪切带"[10.6]。

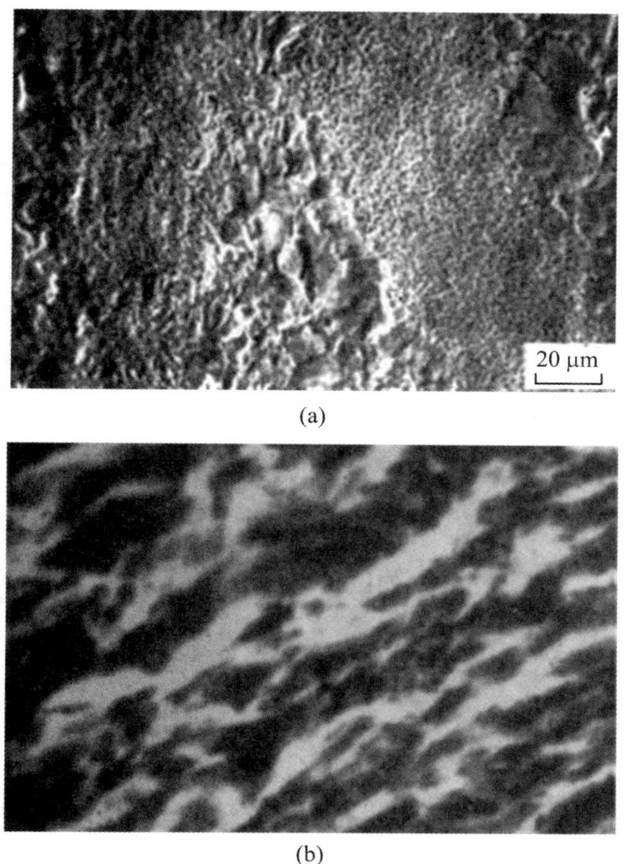

(a)

(b)

图 10.8　TB2 试件高速压缩变形 46%后剪切带的 SEM 照片(转变带)

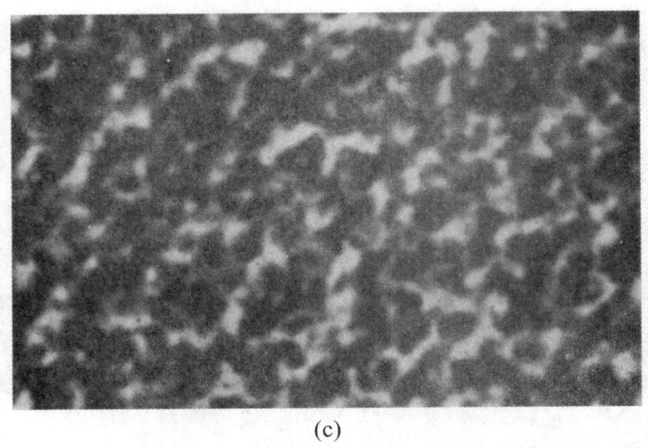

(c)

图 10.8(续)

绝热剪切变形发展到一定程度后会导致绝热剪切破坏。显微观察表明,裂纹一般沿绝热剪切带扩展,并基本上处于剪切带中心部位,如图 10.9 所示。在主裂纹尖端前方的带区中可见到空洞(图 10.10),裂纹通过空洞的贯通向前延伸。

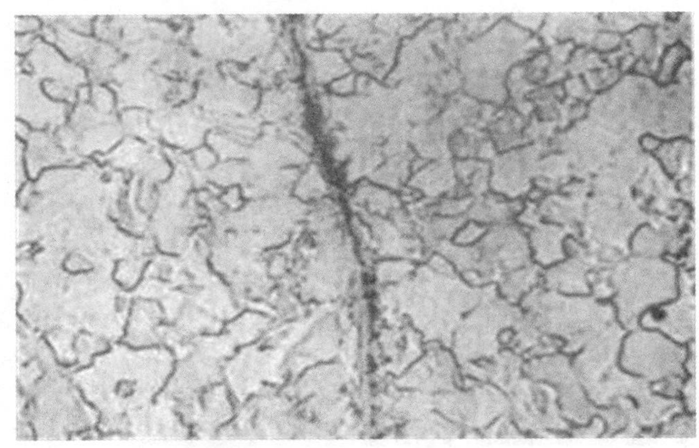

图 10.9　TB2 试件中裂纹沿绝热剪切带扩展

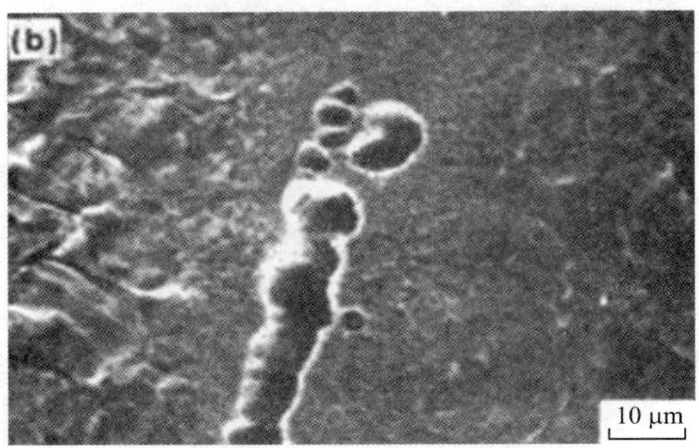

图 10.10　TB2 试件中绝热剪切带内裂纹前方的空洞

Dormeval 等在 U-Mo1.5 铀合金中也同时观察到形变带和转变带，如图 10.11 所示[10.8, 10.9]。当然，并不是在所有发生绝热剪切的材料中都能同时观察到形变带和转变带及其转化发展的过程，能否观察到取决于材料本身的特性及外界加载条件。

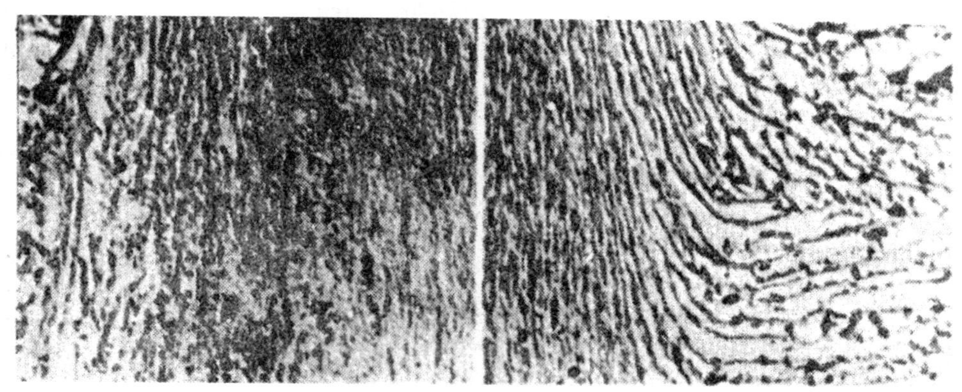

(a) 形变剪切带

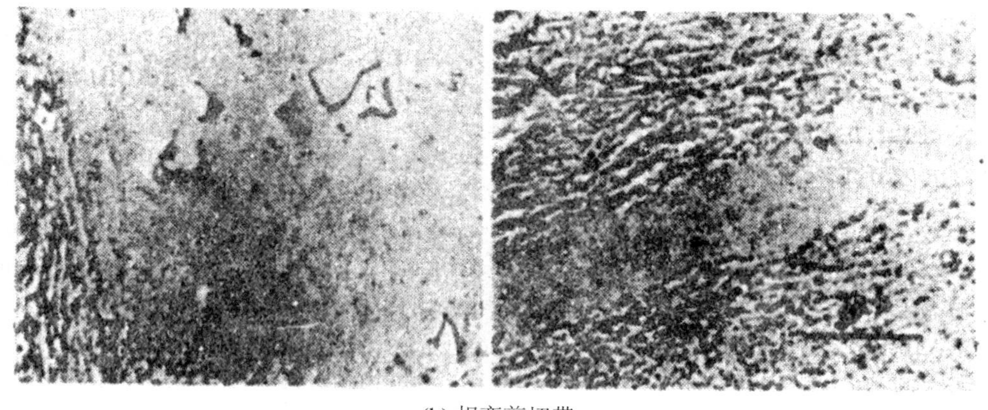

(b) 相变剪切带

图 10.11　U-Mo1.5 铀合金中观察到的剪切带[10.8-10.9]

10.1.2　绝热剪切的应变-应变率相关性

由上所述可见，绝热剪切是一个包含形变带的孕育和发展、形变带向转变带的转化（混合带的发展）、转变带的发展，直到裂纹沿剪切带传播而导致破坏等的一系列阶段的速率相关过程。不论何种材料，这一过程只有在特定的外部加载条件下——主要指在足够高的应变率和足够大的应变条件下——才会发生。显然，在给定环境温度下，应变率和应变应是影响这一过程的两个同等重要的因素。

事实上，对 TB2 钛合金的实验研究和显微观察表明，如图 10.12 所示[10.10]，在给定的环境温度 T_e和足够高的应变率下（$1.5\times10^3\ s^{-1}$），随应变的增大，可依次观察到以下结果：

① 虽然尚未形成连续的剪切带[图 10.12(a)]但已经呈现出局域化剪切变形的迹象。

② 形成或断或续的形变带[图 10.12(b)]。

③ 形变带向转变带转化[图 10.12(c)]。

④ 裂纹沿着交汇的转变带传播[图 10.12(d)]。

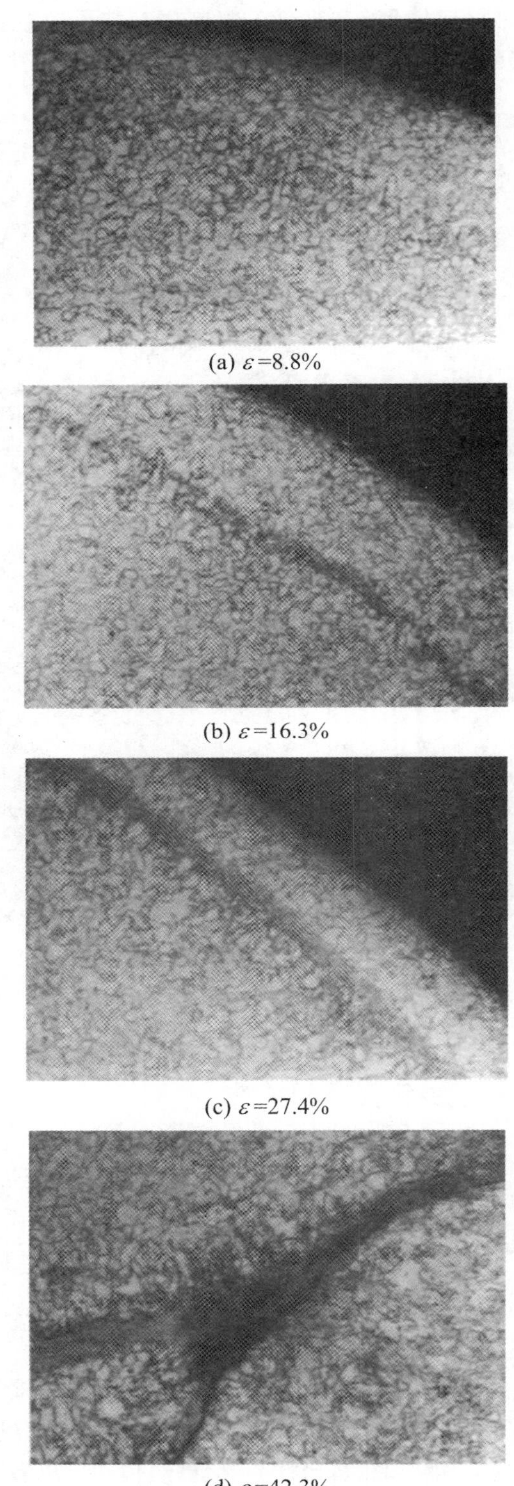

(a) ε=8.8%

(b) ε=16.3%

(c) ε=27.4%

(d) ε=42.3%

图 10.12　TB2 试件,环境温度 $T_e = 20$ ℃,$\dot{\varepsilon} = 1.5\times10^3\ \mathrm{s}^{-1}$,绝热剪切带随应变的演变

同样的，在给定的环境温度 T_e 和足够大的应变（例如 $\varepsilon = 16\%$）下，随应变率的提高，如图 10.13 所示[10.10]，可依次观察到以下结果：

① 形变带的孕育[图 10.13(a)]。

② 形变带的形成或发展[图 10.13(b)]。

③ 形变带向转变带的转化[图 10.13(c)]。

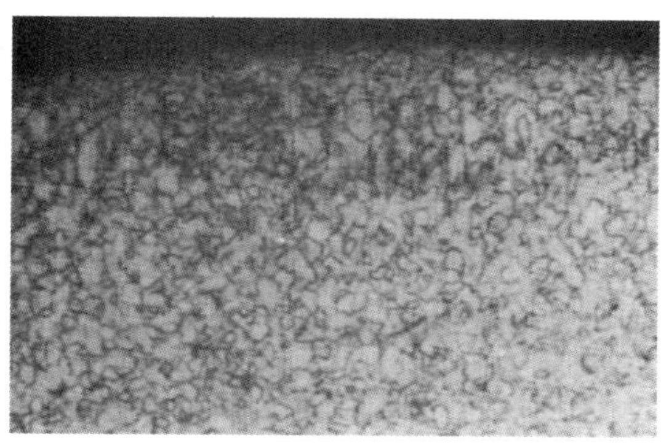

(a) $\dot{\varepsilon}=0.88\times10^3\ s^{-1}$

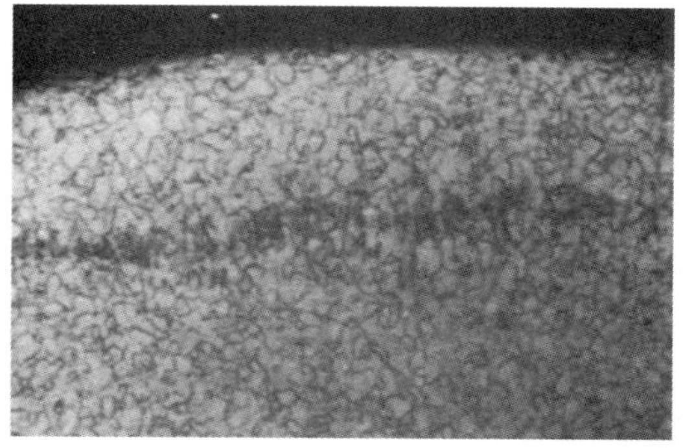

(b) $\dot{\varepsilon}=1.45\times10^3\ s^{-1}$

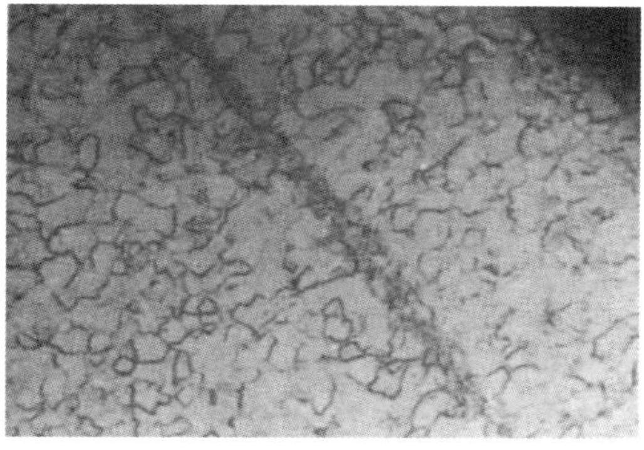

(c) $\dot{\varepsilon}=2.21\times10^3\ s^{-1}$

图 10.13　TB2 试件，$T_e = 20$ ℃，$\varepsilon = 16\%$，绝热剪切带随应变率的演变

对 TB2 钛合金，在环境温度 $T_e = 20$ ℃时，把不同应变率-应变条件下观察到的有无剪切带以及剪切带的类型等大量实验观察结果汇总绘制在正应变率-正应变坐标（$\dot{\varepsilon}$-ε）中，如图 10.14 所示。这些大量实验和显微观察汇总结果的事实，令人信服地说明，绝热剪切分析中的应变效应和应变率效应都是不可忽视的。

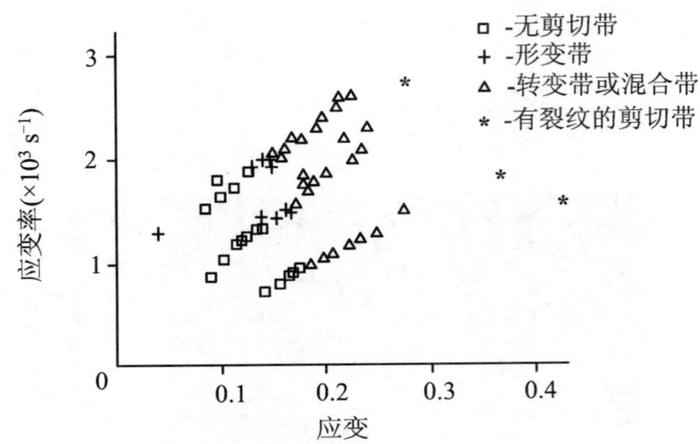

图 10.14　绝热剪切带的发生和发展同时依赖于应变 ε 和应变率 $\dot{\varepsilon}$

10.1.3　绝热剪切的温度相关性

在第 5 章研究冲击载荷下材料本构关系时，曾经讨论过温度效应与应变率效应之间的某种等价性（率-温等效性），即降低环境温度往往相当于提高应变率。因此，在对于基于热-力耦合现象而对应变率敏感的绝热剪切研究中，环境温度效应也是不应忽视的重要因素。

事实上，对 TB2 钛合金的实验研究表明[10.10,10.11]：

① 随着环境温度 T_e 降低，绝热剪切带在较低的临界应变率-应变条件下出现。图 10.15 给出了环境温度 T_e 分别为 −90 ℃，−110 ℃ 和 −190 ℃ 下，在 TB2 钛合金冲击压缩实验中观察到的绝热剪切带。值得注意的是，当环境温度低达约 −190 ℃时，虽然应变率仅为 $3.4\times10^2\ s^{-1}$、应变仅为 3.5%，却已观察到粗亮而边界清晰的转变带[图 10.15(c)]。

② 在低温下一旦出现绝热剪切带，就往往呈现出转变型剪切带或至少是混合型剪切带，而尚未观察到单纯的形变带。这表明随着环境温度降低，绝热剪切带的形成和发展过程强化，并直接加速了剪切带显微结构的演化发展。

由此可见，在绝热剪切中，同样存在着某种率-温等效性，即降低环境温度往往相当于提高应变率。在足够低的温度下，可以在比常温下低一个量级的应变率及低一个量级的应变下形成剪切带。

10.1.4　绝热剪切的宏观本构失稳准则

在塑性力学中研究塑性变形时，一方面需要在微观层次上研究塑性变形的物理机理，另一方面需要在宏观层次上建立如何判断由弹性变形进入塑性变形的临界条件——屈服准则，以供工程实际应用。

与此相类似，我们在前面 3 小节，从材料微观层次上讨论了绝热剪切带的显微结构特征及其主要影响因素，提供了绝热剪切发生发展的物理机理。现在还需要在宏观层次上建立如何判断绝热剪切发生的临界条件——绝热剪切准则，以供工程实际应用。

在这方面，Zener 和 Hollomon[10.4] 在 1944 年提出的热塑性失稳准则——即把绝热剪切归

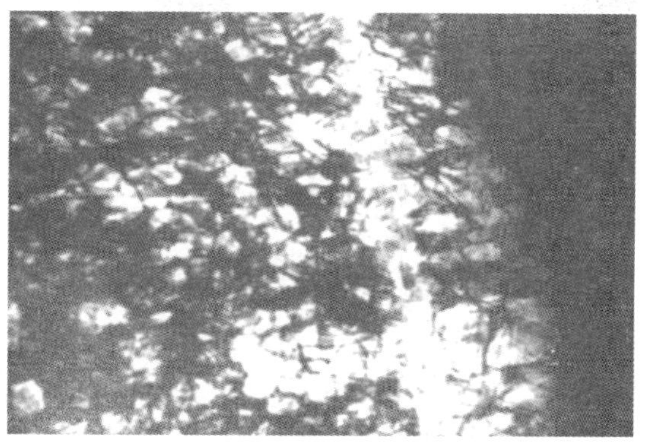

(a) $T_e=-90$ ℃, $\dot{\varepsilon}=1.5\times10^3\text{s}^{-1}$, $\varepsilon=18.4\%$

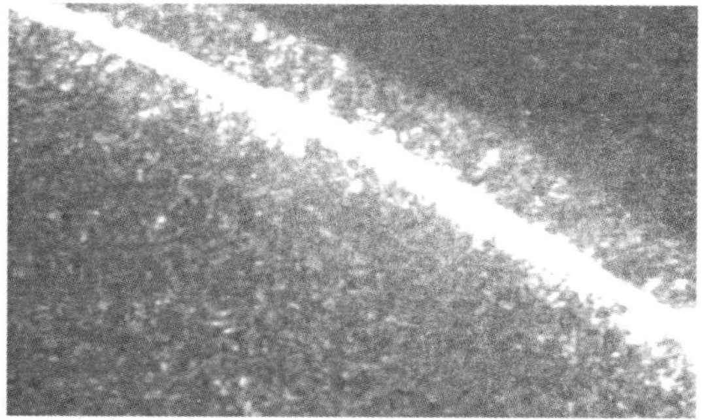

(b) $T_e=-110$ ℃, $\dot{\varepsilon}=1.4\times10^3\text{s}^{-1}$, $\varepsilon=15.8\%$

(c) $T_e=-190$ ℃, $\dot{\varepsilon}=3.4\times10^3\text{s}^{-1}$, $\varepsilon=3.5\%$

图 10.15　TB2 试件在不同环境温度 T_e 下的绝热剪切带

因于塑性应变硬化和绝热温升所致的热软化两者之间的平衡消长——具有里程碑式意义。此后，研究者们提出过各种各样的绝热剪切准则，但寻根溯源大致都可以归结为热塑失稳类型的准则，或进一步计及应变率效应的热黏塑性失稳类型的准则。下面，将主要就这两类的代表性准则加以讨论。

1. 热塑本构失稳准则(thermo-plastic constitutive instability criterion)

按照 Zener 和 Hollomon 的热塑失稳观点，稳定塑性变形($\mathrm{d}\tau/\mathrm{d}\gamma>0$)与非稳定塑性变形($\mathrm{d}\tau/\mathrm{d}\gamma<0$)的分界点(应力极大点)是表征绝热剪切的宏观临界条件，即

$$\frac{\mathrm{d}\tau}{\mathrm{d}\gamma}=0 \tag{10.2}$$

式中的应力 τ 这时被看成应变 γ 和温度 T 的函数，而温度 T 也依赖于应变 γ：

$$\tau = \tau[\gamma, T(\gamma)] \tag{10.3}$$

代入式(10.2)后有

$$\frac{\mathrm{d}\tau}{\mathrm{d}\gamma} = \frac{\partial \tau}{\partial \gamma} + \frac{\partial \tau}{\partial T} \cdot \frac{\mathrm{d}T}{\mathrm{d}\gamma} = 0 \tag{10.4a}$$

或可改写为

$$\frac{\dfrac{\partial \tau}{\partial \gamma}}{-\dfrac{\partial \tau}{\partial T} \cdot \dfrac{\mathrm{d}T}{\mathrm{d}\gamma}} = 1 \tag{10.4b}$$

式(10.4)是宏观热塑失稳准则的一般形式，式中，$\frac{\partial \tau}{\partial \gamma}(>0)$表征材料的应变硬化特性，$\frac{\partial \tau}{\partial T}(<0)$表征材料的温度(热)软化特性，均可通过实验测定；$\frac{\mathrm{d}T}{\mathrm{d}\gamma}$则涉及不同的温升模型，常常是建立不同绝热剪切临界准则的关键之一。

下面，我们来讨论基于式(10.4)的两个代表性热塑失稳准则。

(1) Recht 的临界应变率准则

R. F. Recht(1964)基于式(10.4)提出了一个绝热剪切的**临界应变率准则**[10.12,10.13]。

为了建立温度如何随应变升高的变化率$\frac{\mathrm{d}T}{\mathrm{d}\gamma}$，Recht 提出了如下的分析模型：

考察一长度为 L、面积为单位面积、承受剪应力 τ 的试件，如图 10.16 所示。试件包含一个厚度 h(与 L 相比可忽略)的应变局域化绝热剪切面，在分析中可看做一均匀的产热面源(a plane of uniform heat generation)。热产(heat generation)来源于不可逆非弹性功($\tau \mathrm{d}\gamma$)，因而单位面积的产热率 $\dot{Q}$ 为

$$\dot{Q} = \frac{\mathrm{d}Q}{\mathrm{d}t} = \frac{L}{J} \cdot \frac{\tau \mathrm{d}\gamma}{\mathrm{d}t} = \frac{L\tau\dot{\gamma}}{J} \tag{10.5}$$

式中，J 为热功当量。

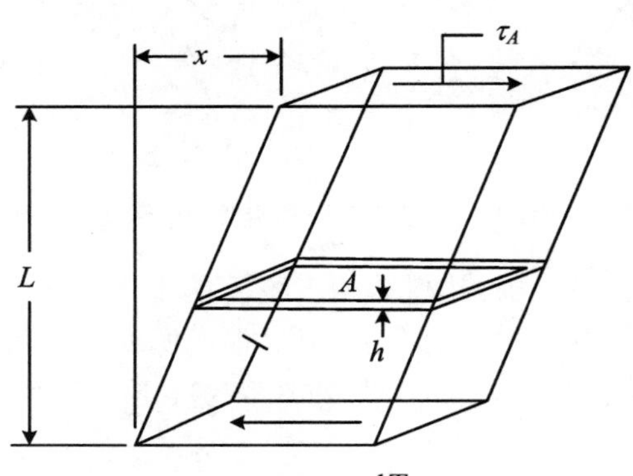

图 10.16　Recht 确定$\frac{\mathrm{d}T}{\mathrm{d}\gamma}$的模型[10.12]

Carslaw 和 Jaeger 给出[10.14]，在恒定产热率($\dot{Q}$ = 常数)情况下，A 平面的温度 T 随时间 t 变化之解为

$$T = \dot{Q}\left(\frac{t}{\pi k\rho C_{\mathrm{v}}}\right)^{1/2} = \frac{L\tau\dot{\gamma}}{J}\left(\frac{t}{\pi k\rho C_{\mathrm{v}}}\right)^{1/2} \tag{10.6a}$$

式中，k 为热传导系数，ρ 为比重，C_{v}为比热；上式的第二个等号计及了式(10.5)。由此有

$$\mathrm{d}T = \frac{L\tau\dot{\gamma}}{J}\left(\frac{1}{\pi k\rho C_{\mathrm{v}} t}\right)^{1/2}\mathrm{d}t \tag{10.6b}$$

上式已经考虑到在临界条件$\frac{\mathrm{d}\tau}{\mathrm{d}\gamma}=0$ 下 τ 可取为常数，并设试件的平均应变率为常数，参看图 10.16 即有

$$\dot{\gamma} = \frac{\dot{X}}{L} = \mathrm{const},\quad \mathrm{d}\gamma = \dot{\gamma}\mathrm{d}t,\quad \gamma = \dot{\gamma}t + \gamma_{\mathrm{y}}$$

式中，γ_{y}为初始屈服应变。把上式代入式(10.6b)，整理后可得温度随应变的变化率$\frac{\mathrm{d}T}{\mathrm{d}\gamma}$：

$$\frac{\mathrm{d}T}{\mathrm{d}\gamma} = \frac{1}{2}\cdot\frac{L\tau}{J}\left[\frac{\dot{\gamma}}{\pi k\rho C_{\mathrm{v}}(\gamma-\gamma_{\mathrm{y}})}\right]^{1/2} \tag{10.6c}$$

把式(10.6c)代入式(10.4)，热塑失稳准则化为

$$\frac{\partial\tau}{\partial\gamma} = -\frac{1}{2}\cdot\frac{L\tau}{J}\left[\frac{\dot{\gamma}_{\mathrm{c}}}{\pi k\rho C_{\mathrm{v}}(\gamma-\gamma_{\mathrm{y}})}\right]^{1/2}\frac{\partial\tau}{\partial T} \tag{10.7a}$$

式中，$\dot{\gamma}_{\mathrm{c}}$ 是满足绝热剪切的热塑失稳临界条件时平均应变率的最小值，可由上式改写后表示为

$$\dot{\gamma}_{\mathrm{c}} = 4\pi k\rho C_{\mathrm{v}}(\gamma-\gamma_{\mathrm{y}})\left(\frac{\dfrac{\partial\tau}{\partial\gamma}}{\dfrac{\partial\tau}{\partial T}}\right)^2\frac{J^2}{L^2\tau^2} \tag{10.7b}$$

Recht 着眼于热塑失稳的临界应变率条件式，式(10.7)称为 Recht 的绝热剪切**临界应变率准则**。按照式(10.7)，显然材料的比重 ρ、热传导系数 k、比热 C_{v}和应变硬化($\partial\tau/\partial\gamma$)低，而热软化($\partial\tau/\partial T$)高，则 $\dot{\gamma}_{\mathrm{c}}$ 小，意味着对绝热剪切敏感。在相同的塑性变形条件下，两种材料的临界应变率比值为

$$\frac{\dot{\gamma}_{\mathrm{c1}}}{\dot{\gamma}_{\mathrm{c2}}} = \frac{(k\rho C_{\mathrm{v}})_1}{(k\rho C_{\mathrm{v}})_2}\left[\frac{\left(\dfrac{\partial\tau}{\partial\gamma}\right)_1\left(\dfrac{\partial\tau}{\partial T}\right)_2}{\left(\dfrac{\partial\tau}{\partial\gamma}\right)_2\left(\dfrac{\partial\tau}{\partial T}\right)_1}\right]^2\left(\frac{\tau_2}{\tau_1}\right)^2 \tag{10.7c}$$

据此可以比较两种材料对绝热剪切的敏感度。例如，钛合金与中碳钢的绝热临界应变率之比约 1∶1 400，表明钛合金比中碳钢对绝热剪切敏感得多。

(2) Culver 的临界应变准则

Culver(1973)直接按照式(10.1)建立温升模型，即取$\frac{\mathrm{d}T}{\mathrm{d}\gamma}$为

$$\frac{\mathrm{d}T}{\mathrm{d}\gamma} = \frac{0.9\tau_{\mathrm{D}}}{\rho C_{\mathrm{v}}} \tag{10.1b}$$

式中，剪应力 τ 加下标 D 是为了强调这是冲击绝热条件下的动应力；另一方面，为了定量分析应变硬化特性项$\frac{\partial\tau}{\partial\gamma}$，假定材料的等温准静态应力/应变关系可表示为

$$\tau_{\mathrm{T}} = B_{\mathrm{T}}\gamma^{n_{\mathrm{T}}} \tag{10.8a}$$

式中，n_{T}为应变硬化指数，剪应力 τ 加下标 T 是指等温条件下的准静态应力，从而有

$$\frac{\partial\tau}{\partial\gamma} = n_T B_T \gamma^{(n_T-1)} = \frac{n_T \tau_T}{\gamma} \tag{10.8b}$$

把上述式(10.1b)和式(10.8b)一起代入热塑失稳准则式(10.4),可得出绝热剪切热塑失稳条件下的临界应变 γ_c:

$$\gamma_c = \frac{n_T \rho C_v}{0.9\left(-\dfrac{\partial\sigma}{\partial T}\right)} \cdot \frac{\tau_T}{\tau_D} \tag{10.9}$$

上式称为Culver的绝热剪切临界应变准则。式(10.9)同样表明,材料的密度 ρ、比热 C_v和应变硬化 n_T低,而热软化$\frac{\partial\sigma}{\partial T}$高,则临界应变 γ_c小,意味着对绝热剪切敏感。

其他一些基于 Zener 和 Hollomon 热塑失稳观点的准则,或可归类于临界应变率类型,或可归类于临界应变类型,在此处不一一讨论了(有兴趣的读者可以参看文献[10.8])。

然而,Recht 的临界应变率准则更可认为是比较不同材料对绝热剪切的相对敏感性的一种材料参量,而并非是用于预示绝热剪切开始的严格的临界判据。另一方面,所有的建立在热塑失稳基础上的临界应变型准则实质上都忽略了在绝热剪切失稳中起重要作用的应变率效应。

其实,不论是临界应变率型准则还是临界应变型准则,都包含着认为绝热剪切失稳是否发生只取决于一个控制变量的意思;虽然按照前述实验研究和观察结果,同时把应变和应变率看做控制变量看来更合理些。

下面进一步简单讨论一下同时计及应变效应和应变率效应的宏观热黏塑性本构失稳准则。

2. 热黏塑本构失稳准则(thermo-visco-plastic constitutive instability criterion)

由 10.1.1 节至 10.1.3 节的实验研究和微观观察表明,材料在冲击高应变率载荷下,既有明显的应变硬化效应,又有明显的应变率硬化效应和热软化效应,应该按照热黏塑性材料来处理。有关的绝热剪切本构失稳就应该在热黏塑性本构方程的基础上讨论,即把 Zener-Hollomon 热塑失稳准则推广到热黏塑性失稳准则,同时计及应变硬化$\left(\frac{\partial\tau}{\partial\gamma}>0\right)$、应变率强化$\left(\frac{\partial\tau}{\partial\dot{\gamma}}>0\right)$和热软化$\left(\frac{\partial\tau}{\partial T}<0\right)$三者之间的平衡消长。

下面我们分别从两种分析途径,即基于表观均匀变形模型和基于非均匀变形(局部化)模型,来讨论绝热剪切的热黏塑性本构失稳准则。

(1) 基于表观均匀变形模型的热黏塑性本构失稳分析

首先,如同对于测量实际存在绝热剪切带的材料的宏观应力/应变曲线时的宏观"平均化"设定那样,下面在宏观均质材料表观均匀变形模型基础上,分析热黏塑性本构失稳。这正是 Zener 和 Hollomon 的热塑失稳分析所采用的方法,但下面计及了应变率效应[10.16]。

材料热黏塑性本构关系的一般形式,在剪切变形情况下,可写为

$$\tau = f(\gamma, \dot{\gamma}, T) \tag{10.10}$$

于是本构失稳的临界条件为

$$\frac{d\tau}{d\gamma} = \frac{\partial\tau}{\partial\gamma} + \frac{\partial\tau}{\partial\dot{\gamma}}\frac{d\dot{\gamma}}{d\gamma} + \frac{\partial\tau}{\partial T}\frac{dT}{d\gamma} = 0 \tag{10.11}$$

式中,$\frac{\partial\tau}{\partial\gamma}>0$,$\frac{\partial\tau}{\partial\dot{\gamma}}>0$,$\frac{\partial\tau}{\partial T}<0$ 分别表征应变硬化、应变率硬化和热软化,但要注意$\frac{d\dot{\gamma}}{d\gamma}$可正可负。

式(10.11)意味着是否发生本构失稳取决于应变硬化效应、应变率强化效应和热软化效应三者间的平衡。

对于绝热过程,按式(10.1)有

$$\frac{dT}{d\gamma} = \frac{\beta\tau}{\rho C_v} \tag{10.1b}$$

式中,β 是黏塑性功转化为热量的比率系数,常取 0.9。

注意上式中的 τ 按式(10.10)一般的是应变 γ、应变率 $\dot{\gamma}$ 和温度 T 三者的函数。不过,由式(10.1b)原则上可解得 T 为 γ 和 $\dot{\gamma}$ 的函数,从而有 $\tau = f[\gamma, \dot{\gamma}, \Psi(\gamma, \dot{\gamma})] = \Phi(\gamma, \dot{\gamma})$。代回到式(10.11),本构失稳的临界条件就化为只包含 γ 和 $\dot{\gamma}$ 的微分方程,一般不难求解。

例如,如果式(10.10)具有如下的 Johnson-Cook 型热黏塑性本构方程形式:

$$\tau = \tau_0 \gamma^n \left(1 + g\ln\frac{\dot{\gamma}}{\dot{\gamma}_0}\right)\left(1 - \alpha\frac{T}{T_e}\right) \tag{10.12}$$

式中,n,g 和 α 分别表征材料的应变硬化、应变率强化和热软化特性,而 τ_0,$\dot{\gamma}$ 和 T_e 是准静态实验中的特征应力、应变率和环境温度。把上式和式(10.1b)代入式(10.11)则可得

$$\frac{n}{\gamma} + \frac{1}{1 + g\ln\dfrac{\dot{\gamma}}{\dot{\gamma}_0}} \cdot \frac{g}{\dot{\gamma}} \cdot \frac{d\dot{\gamma}}{d\gamma} - \frac{\alpha\beta\tau_0}{T_e\rho C_v}\gamma^n\left(1 + g\ln\frac{\dot{\gamma}}{\dot{\gamma}_0}\right) = 0 \tag{10.13}$$

上式是 $\dot{\gamma}$ 对于 γ 的一阶常微分方程,不难将它化为标准形式的 Bernoulli 微分方程,从而求得其通解为

$$\gamma^n\left(1 + g\ln\frac{\dot{\gamma}}{\dot{\gamma}_0}\right)\left(A - \frac{\alpha\beta\tau_0}{T_e\rho C_v}\gamma\right) = 1 \tag{10.14}$$

式中,积分常数 A 是表征绝热剪切过程中所处状态的参量,例加,表征剪切带形成的开始、由形变带向相变带转化的开始等等。这样,式(10.14)就给出一族临界 $\dot{\gamma}$-γ 曲线,其中每一条曲线对应于绝热剪切过程某一具体的特征状态的临界条件,而曲线族整体则对应于由一系列阶段所组成的整个绝热剪切失稳过程。

类似地,如果式(10.10)分别具有如下具体形式:

$$\tau = (\tau_0 + E_1\gamma)\left(1 + g\ln\frac{\dot{\gamma}}{\dot{\gamma}_0}\right)\left(1 - \alpha\frac{T}{T_e}\right) \tag{10.15}$$

$$\tau = \tau_0\gamma^n\left(\frac{\dot{\gamma}}{\dot{\gamma}_0}\right)^m\left(1 - \alpha\frac{T}{T_e}\right) \tag{10.16}$$

$$\tau = (1 + E_1\gamma)\left(\frac{\dot{\gamma}}{\dot{\gamma}_0}\right)^m\left(1 - \alpha\frac{T}{T_e}\right) \tag{10.17}$$

式中,E_1是线性应变硬化模量,而指数 m 也是表征应变率强化特征的参量,则所对应的热黏塑性本构失稳临界条件分别为

$$\left(\frac{\tau_0}{E_1} + \gamma\right)\left(1 + g\ln\frac{\dot{\gamma}}{\dot{\gamma}_0}\right)\left(A - \frac{\alpha\beta E_1}{T_e\rho C_v}\gamma\right) = 1 \tag{10.18}$$

$$\gamma^n \cdot \frac{\dot{\gamma}}{\dot{\gamma}_0}\left(A - \frac{\alpha\beta\tau_0 m}{T_e\rho C_v}\right) = 1 \tag{10.19}$$

$$\left(\frac{\tau_0}{E_1} + \gamma\right)\frac{\dot{\gamma}}{\dot{\gamma}_0}\left(A - \frac{\alpha\beta E_1 m}{T_e\rho C_v}\gamma\right) = 1 \tag{10.20}$$

所有上述形式的热黏塑性失稳准则都给出一族临界 $\dot{\gamma}$-γ 曲线。因此，这样的准则不仅计及了热塑失稳准则所未计及的应变率效应，用双变量准则来代替传统的单变量准则，而且由此可描述包含一系列阶段的绝热剪切过程，而不像热塑失稳的最大应力准则只能把绝热剪切当做单一的临界失稳状态来加以描述。

在特殊情况下，例如对于给定的应变，热黏塑性失稳准则将化为临界应变率准则，或者对于给定的应变率，将化为临界应变准则。因此，热塑失稳准则可看做热黏塑性失稳准则的某种特殊情况。

对于 TB2 钛合金，SHPB 实验结果表明[10.16]，其热黏塑性本构方程可用式(10.15)来表示，从而相应的热黏塑性失稳准则为式(10.18)。当改写为正应力 σ、正应变 ε 和正应变率 $\dot{\varepsilon}$ 形式表述时，实验确定的式中的材料常数分别为：$\rho = 4.5\ \mathrm{g/cm^3}$，$C_v = 0.527\ \mathrm{J/(g\cdot K)}$，$\sigma_0 = 935\ \mathrm{MPa}$，$E_1 = 1.59\times10^3\ \mathrm{MPa}$，$\dot{\varepsilon}_0 = 1.4\times10^{-3}\ \mathrm{s^{-1}}$，$g = 2.45\times10^{-2}$，$\alpha/T_e = 1.37\times10^{-3}\ \mathrm{K^{-1}}$，并近似地取 $\beta = 1$。图 10.17 给出了当 A 取不同值时的理论临界 $\dot{\gamma}$-γ 曲线与图 10.14 所示实验结果的对比，其中 $A = 1.1536$ 对应于绝热剪切形变带的起始，$A = 1.1382$ 对应于混合型绝热剪切带的起始，而 $A = 1.1143$ 则对应于全部转化为单一的转变带的起始。由图可见，理论预示和实验结果符合得相当好。

对于 $\alpha+\beta$ 钛合金 TC4(Ti6Al4V)，实验结果也证实了热黏塑性失稳准则的成立[10.17]。

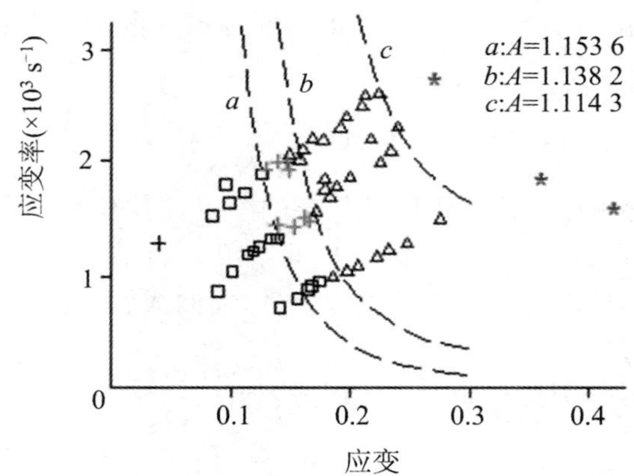

实验结果：口-无剪切带；+-形变带；△-转变带或混合带；*-有裂纹的剪切带

图 10.17　室温下热黏塑性失稳的理论曲线与实验结果(图 10.14)对比

由图 10.17 的理论曲线可见：沿临界曲线随着应变增大，应变率减小，并趋近于某个门槛应变率 $\dot{\varepsilon}_{th}$，这时应变再大也难以发生绝热剪切失稳，这个门槛应变率 $\dot{\varepsilon}_{th}$ 也可理解为前述热塑失稳的临界应变率准则；反之，沿临界曲线随着应变率急剧增大，应变缓慢减小并趋近于某个门槛应变 ε_{th}，应变率再高也难以发生绝热剪切失稳，这个门槛应变 ε_{th} 也可理解为前述热塑失稳的临界应变准则。因此，不论临界应变率准则或临界应变准则，都可以看做热黏塑性失稳准则的某种特殊情况。

10.1.3 节的实验观察表明，绝热剪切的演化明显地依赖于环境温度。在上述式(10.14)、式(10.18)至式(10.20)等各种具体形式的热黏塑性失稳准则中，都有包含 T_e 的乘子项，反映了环境温度效应。除此以外，既然如图 10.15 所示绝热剪切失稳起始条件对环境温度十分敏感，意味着式中的 A 显然也依赖于 T_e。

例如，式(10.18)在计及环境温度效应后，具有如下形式(已换算到轴向压缩条件)：

$$\left(\frac{\sigma_{\text{o}}}{E_1}+\gamma\right)\left(1+g\ln\frac{\dot{\varepsilon}}{\dot{\varepsilon}_{\text{o}}}\right)\left[A(T_{\text{e}})-\frac{\alpha\beta E_1}{T_{\text{e}}\rho C_{\text{v}}}\varepsilon\right]=1 \tag{10.21}$$

这里已近似假设环境温度 T_e对于 α，ρ 和C_v的影响，相比于 T_e对 A 的影响，是可以初步忽略的。上式代表 ε-$\dot{\varepsilon}$ -T_e 三维空间中的一个临界曲面，说明绝热剪切的热黏塑性失稳取决于 $\dot{\gamma}$，γ 和 T_e三个变量，称为三变量热黏塑性失稳准则。

$A(T_e)$值一般由实验结果来拟合确定。图 10.18 给出 TB2 钛合金在 20 ℃、－90 ℃和－110 ℃环境温度下，由三变量热黏塑性失稳准则[式(10.21)]计算的绝热剪切带起始的理论值及其与实验结果的比较[10.10, 10.11]。从工程实用的角度来说已吻合得相当好。

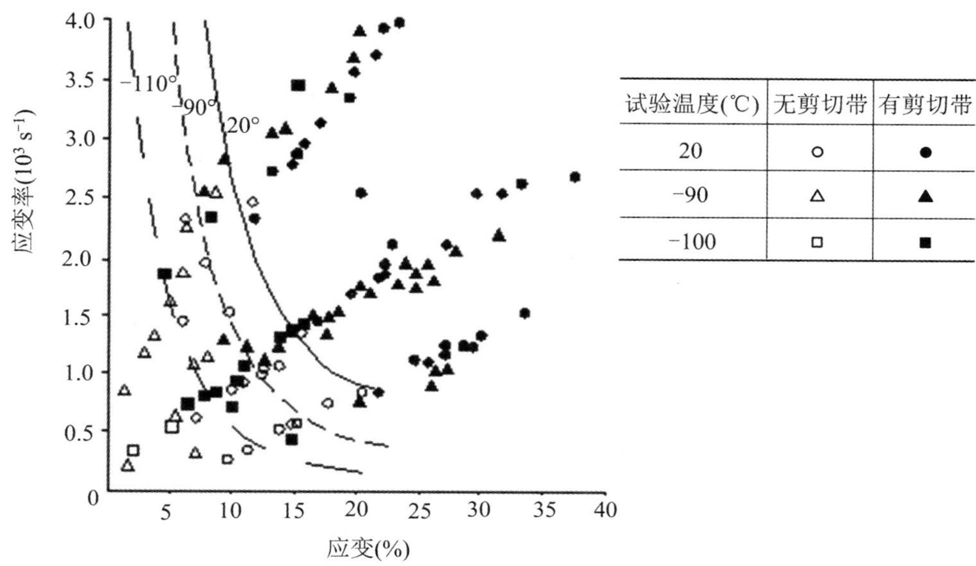

试验温度(℃)	无剪切带	有剪切带
20	○	●
-90	△	▲
-100	□	■

图 10.18　TB2 钛合金绝热剪切带的起始随应变、应变率和环境温度的变化

(2) 基于表观非均匀变形模型的热黏塑性本构失稳分析

既然绝热剪切带是应变高度局部化的区域，人们可设想材料存在着某种初始不均匀性(材料的、几何的、变形的和温度的不均匀等)，而来考察在什么条件下这种初始不均匀性将进一步失稳发展以至形成绝热剪切失稳。这是一种类似于微力学分析的基于非均匀变形(局部化)模型的本构失稳分析，是另一类值得重视和加以介绍的分析方法。

Semiatin 等[10.18,10.19]发展了这样的局部化分析，表明能更准确地预示绝热剪切的发生。但他们的分析尚停留在热塑失稳的观点。下面以 TB2 钛合金为例给出一个基于热黏塑性失稳观点的局部化分析模型[10.20,10.21]，同时计及应变硬化、应变率强化和热软化的作用。

设这种初始不均匀的变形体包含占体积百分比为 V_d的缺陷区和占体积百分比为 V_u的非缺陷区(基体)两部分，两者显然任何时候都满足

$$V_u+V_d=1 \tag{10.22}$$

一般设缺陷区所占体积远小于非缺陷区，以下设 V_d为 0.1%。

两区内的变形分别是均匀的，设都满足式(10.15)形式的热黏塑性本构方程：

$$\sigma=(\sigma_0+E_1\varepsilon)\left(1+g\ln\frac{\dot{\varepsilon}}{\dot{\varepsilon}_0}\right)\left(1-\alpha\frac{T}{T_e}\right) \tag{10.23}$$

只是两区的材料常数 σ_0 有差别，即 $\sigma_{0u} \neq \sigma_{0d}$（下标 u 和 d 分别对应于非缺陷区和缺陷区，下同），其他材料常数 E_1（$=1.59\times10^3$ MPa），g（$=2.45\times10^{-2}$），$\dot{\varepsilon}_0$（$=1.4\times10^{-3}\ \text{s}^{-1}$）和 T_e（$=293$ K）均相同。任意时刻，变形体的表观平均应变 ε_{av} 和表观平均应变率 $\dot{\varepsilon}_{av}$ 乃是两区的几何平均值：

$$\varepsilon_{av} = V_u \varepsilon_u + V_d \varepsilon_d \tag{10.24a}$$

$$\dot{\varepsilon}_{av} = V_u \dot{\varepsilon}_u + V_d \dot{\varepsilon}_d \tag{10.24b}$$

两区中由非弹性变形转化的热量所引起的温升 dT 按式(10.1)确定，在目前局部化分析中为

$$\mathrm{d}T = \frac{\beta(\dot{\varepsilon})\tau(\varepsilon,\dot{\varepsilon},T)}{\rho C_v(T)}\mathrm{d}\gamma \tag{10.25a}$$

式中，$\rho = 4.5\ \text{g/cm}^3$，$\beta$ 不再像绝热近似中取为常数 0.9，而应看做应变率 $\dot{\varepsilon}$ 的函数，因为在局部化分析中，缺陷区和非缺陷区的应变率可能有量级上的差别，绝热近似不一定再对两区同时成立。规定 $\beta(\dot{\gamma})$ 的下限值是零，对应于非弹性变形功生成的热量全部散失而无温升，这相当于很低应变率下的等温过程，$\beta(\dot{\gamma})$ 的上限是 1，对应于非弹性变形功全部转化为热量而毫无散失，相当于很高应变率下的绝热过程。具体分析中取 $\beta(\dot{\varepsilon})$ 为

$$\beta(\dot{\varepsilon}) = \frac{1}{\pi}\arctan\left\{\frac{1}{3}\left[\tan\left(\frac{2\pi}{5}\right)\lg\dot{\varepsilon}\right]\right\} + \frac{1}{2} \tag{10.25b}$$

它满足 $\lim\limits_{\dot{\varepsilon}\to0}\beta(\dot{\varepsilon}) = 0$ 和 $\lim\limits_{\dot{\varepsilon}\to\infty}\beta(\dot{\varepsilon}) = 1$，且满足在高应变率 $\dot{\varepsilon} = 10^3\ \text{s}^{-1}$ 时 $\beta = 0.9$，而在准静态应变率 $\dot{\varepsilon} = 10^{-3}\ \text{s}^{-1}$ 时 $\beta = 0.1$。实际上这是以特定形式考虑到了热传导在不同应变率下的不同影响。

同样的，由于缺陷区和非缺陷区的温度也会有不容忽视的差别，式(10.25a)中的比热 C_v 不能再视为常数，而取为温度的函数 $C_v(T)$。具体分析中，可根据 Einstein 模型[参看第 3 章之式(3.73)]取 $C_v(T)$ 为

$$C_v(T) = \frac{3Nk_B\left(\frac{\theta_E}{T}\right)^2\exp\left(\frac{\theta_E}{T}\right)}{\left[\exp\left(\frac{\theta_E}{T}\right) - 1\right]^2} \tag{10.25c}$$

式中，k_B 是 Boltzmann 常数（1.38×10^{-23} J/K），N 为 Avogadro 常数（6.02×10^{23}），θ_E 为 Einstein 特征温度，在本计算中取为 242.9 K。

由式(10.25)可解得 T 作为 ε 和 $\dot{\varepsilon}$ 的函数，从而 $\sigma(\varepsilon,\dot{\varepsilon},T)$ 可表示为 ε 和 $\dot{\varepsilon}$ 的复合函数。

于是问题归结为：式(10.23)和式(10.25)在两区都成立（但 $\sigma_{0u}\neq\sigma_{0d}$），而在两区界面上则应满足位移连续条件和以下的应力连续条件

$$(\sigma_{0u} + E_1\varepsilon_u)\left(1 + g\ln\frac{\dot{\gamma}_u}{\dot{\gamma}_0}\right)\left(1 - \alpha\frac{T_u}{T_e}\right) = (\sigma_{0d} + E_1\varepsilon_d)\left(1 + g\ln\frac{\dot{\gamma}_d}{\dot{\gamma}_0}\right)\left(1 - \alpha\frac{T_d}{T_e}\right) \tag{10.26}$$

以及如下的初始条件

$$t = 0:\quad \varepsilon_u = \varepsilon_d = 0,\quad T_u = T_d = T_e \tag{10.27}$$

对于一恒定的 $\dot{\varepsilon}_{av}$ 及给定的 $\Delta\sigma_0 = \sigma_{0u} - \sigma_{0d}$，不难用有限差分法算得任意时刻缺陷区和非缺陷区的应变、应变率和温度。

取 $\dot{\varepsilon}_{av} = 1.0\times10^3\ \text{s}^{-1}$ 以及 $\Delta\sigma_0 = 0.05\sigma_{0u}$，计算所得的缺陷区应变 ε_d、应变率 $\dot{\varepsilon}_d$ 和温度 T_d 以及非缺陷区应变 ε_u、应变率 $\dot{\varepsilon}_u$ 和温度 T_u 各量随平均应变 ε_{av} 的变化图如图 10.19 所示。

由图 10.19 可见，局部化过程经历了三个发展阶段：

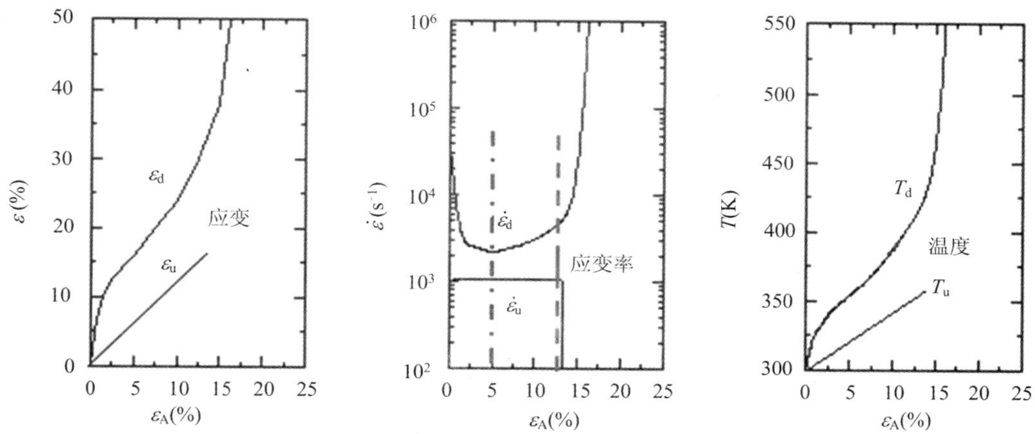

图 10.19　TB2 钛合金绝热剪切演化的局部化分析，缺陷区和非缺陷区的应变、应变率和温度随平均应变的变化

① 在变形初期，缺陷区由于是弱区（$\sigma_{0d}<\sigma_{0u}$），ε_d 和 T_d相对增长比较快，但在应变硬化的作用下 $\dot{\varepsilon}_d$ 又随平均应变 ε_{av}增加而逐渐减小，向 $\dot{\varepsilon}_u$ 趋近。在此阶段，应变硬化起主导作用，是一个倾向于应变均匀化的稳定化过程。

② 随着 ε_d 增长，绝热温升逐渐加强，到达一定程度的温升将导致缺陷区的 $\dot{\varepsilon}_d$ 随 ε_{av}又重新开始上升（以图 10.19 中与垂直点划线相交的点为转折），ε_d 和 T_d则相应地都加速增长。在此阶段，绝热温升热软化开始发挥重要作用，是一个应变局域化开始加速发展的过程。

③ 应变局域化的加速将最后导致缺陷区的 ε_d，T_d和 $\dot{\varepsilon}_d$ 全都急剧增加，而非缺陷区中的 $\dot{\varepsilon}_u$ 则突然降低，如图中虚线处所标示；转折点对应于计算平均应变率 $\dot{\varepsilon}_{av}$下的失稳应变 ε_{in}。此阶段中绝热温升热软化起了主导作用，并最后导致了应变硬化、应变率强化和热软化共同作用下的热黏塑性失稳。

取室温下不同的恒值平均应变率 $\dot{\varepsilon}_{av}$（例如，分别取 $\dot{\varepsilon}_{av}=2.5\times10^2\ s^{-1}$，$1\times10^3\ s^{-1}$，$4\times10^3\ s^{-1}$等），可进行类似的计算。结果如图 10.20 所示：随 $\dot{\varepsilon}_{av}$的增高，应变局部化失稳所对应的临界应变值 ε_{in}减小。在不同温度 T 下（例如，分别取 $T=20$ ℃，-80 ℃，-100 ℃等）由计算结果对 $\dot{\varepsilon}_{av}$-ε_{in}作图，如图 10.21 所示。

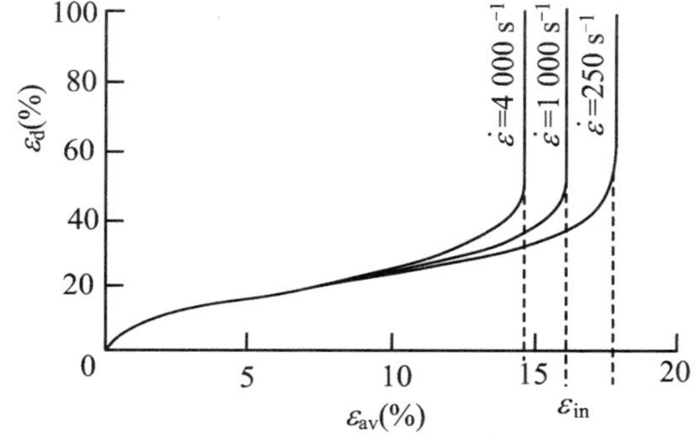

图 10.20　不同平均应变率 $\dot{\varepsilon}_{av}$下的 ε_d-ε_{in}曲线，显示 ε_{in}随 $\dot{\varepsilon}_{av}$增大而减小

将图 10.21 的结果与图 10.18 给出的实验结果及基于表观均匀化模型的热黏塑性失稳准则的分析结果相比，可见在定性上是一致的。这说明，基于非均匀变形(局部化)模型的绝热剪切本构失稳分析在计及应变率效应后，与基于表观均匀模型的分析殊途同归，得出一致的结论，即绝热剪切的发生发展同时依赖于应变、应变率和温度，服从热黏塑性本构失稳的三变量宏观准则。

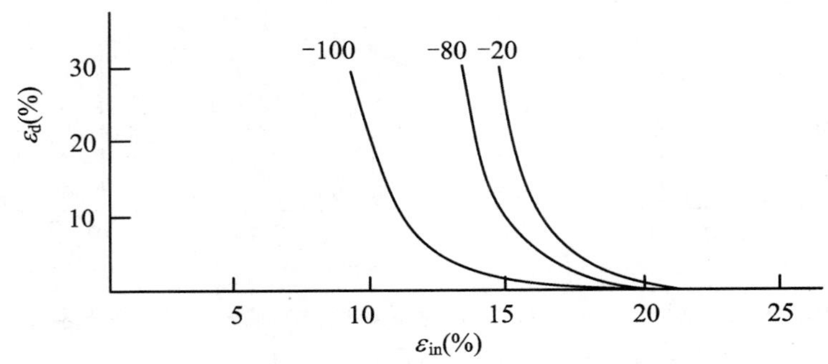

图 10.21　不同温度(℃)下的 $\dot{\varepsilon}_{av}$-ε_{in} 图

回顾以上讨论，有必要强调以下两点：

① 绝热剪切的热塑失稳准则与热黏塑性准则相比，主要忽略了式(10.11)

$$\frac{d\tau}{d\gamma}=\frac{\partial\tau}{\partial\gamma}+\frac{\partial\tau}{\partial\dot{\gamma}}\cdot\frac{d\dot{\gamma}}{d\gamma}+\frac{\partial\tau}{\partial T}\cdot\frac{dT}{d\gamma}=0 \tag{10.11}$$

中的第二项，即应变率效应。但应该指出，应变率对于绝热剪切失稳实质上起着重要作用。

事实上，考虑到应变率强化，高应变率下的动态流动应力，从而相应的绝热温升显然比低应变率下的高。在这个意义上，应变率硬化效应通过绝热升温和材料热软化效应将转化为一种软化效应，促进失稳的发生。

在绝热条件下，$\frac{d\dot{\gamma}}{d\gamma}$相关项$\left(\frac{\partial\tau}{\partial\dot{\gamma}}\cdot\frac{d\dot{\gamma}}{d\gamma}\right)$实际上并非是与应变硬化、应变率强化和热软化等无关的，它在绝热剪切演化过程中既可正也可负。事实上，如图 10.19 所示，在第一阶段$\frac{d\dot{\gamma}}{d\gamma}<0$，式(10.11)中的第二项将为负值，即总体起软化作用以平衡应变硬化，有助于达到临界条件；反之，在第二阶段$\frac{d\dot{\gamma}}{d\gamma}>0$，则将总体起硬化作用以平衡热软化效应，从而延迟失稳的发生。因此，即使式(10.11)中的$\frac{d\dot{\gamma}}{d\gamma}$相关项比其他项为小，就失稳问题而论，也是不能忽略的。也因此，失稳临界条件$\frac{d\tau}{d\gamma}=0$不是某一单变量控制的突发事件，而表现为一个正负诸因素相互竞争平衡的连续发展过程。

② 以上的分析是从**材料本构失稳**的观点出发，来讨论绝热剪切发生发展的宏观准则的。这里有两点值得注意：

a. 要厘清宏观准则与微观实验观察之间的既联系又区别的辩证关系。

Zener 和 Hollomon 把绝热剪切带的微观观察与宏观热塑本构失稳相联系，建立了材料微观研究与力学宏观研究的桥梁。但要注意，满足绝热剪切宏观准则就意味着在微观层次上出现绝热剪切带并趋于失稳发展，但并非严格地对应于微观上绝热剪切带的起始(microscopically shear band initiation)。这就如同塑性力学中的屈服准则是个宏观准则一样,它表征了弹性变形向塑性变形转化的宏观临界条件。然而,满足塑性屈服的宏观准则时,虽然在整体上意味着在微观层次上出现了表征塑性变形的滑移线和位错运动,但并非严格地对应于微观上滑移线和位错运动的起始。相反,人们早已从声发射 Kaiser 效应的实验中认识到,在满足屈服条件之前,其实不同取向的晶粒内早已存在塑性滑移线。这说明,宏观准则是以微观物理机制为背景的,但不能混同于微观层次的准则。

因此,在对连续介质进行宏观力学分析时,凡满足绝热剪切临界准则的区域就是宏观"绝热剪切区",而并非微观上的剪切带本身。应该注意区分宏观"绝热剪切区"与微观"绝热剪切带",两者是在不同尺度上讨论的不同对象,不要混为一谈。

b. 要厘清材料本构失稳(constitutive instability of materials)与结构失稳(structural instability)之间的差别。

结构失稳是指结构物(特别是细长型和薄型结构)在不大的作用力下丧失保持稳定平衡的能力,产生过大变形(如屈曲、皱损等),从而降低或完全丧失结构承载能力,属于结构的稳定性分析。材料本构失稳则是材料在本构响应上的一种载荷失稳($d\sigma/d\varepsilon<0$),如材料的屈服降和绝热剪切失稳等,属于材料本构特性(应力/应变关系)的稳定性分析。与静力学的稳定性分析相比,冲击载荷下的结构动态失稳一般应计及结构的惯性效应或应力波效应,而材料的动态本构失稳一般应计及材料本构响应的应变率效应。作为本书的内容之一,本章内容是从材料本构失稳的角度来讨论绝热剪切的。

应该指出,在绝热剪切的稳定性分析中,除了上述基于材料动态本构失稳的讨论外,还有很多研究者如 Clifton[10.22]、Bai Y L(白以龙)等[10.23-10.26]、Morinali 等[10.27, 10.28]、Burns[10.29, 10.30]以及 Wright 等[10.31, 10.32],从动量守恒(计及惯性效应)、能量守恒(热力学第一定律)和 Fourier 热传导方程(计及热传导效应)出发,采用摄动分析,通过考察任一小扰动(温度的、应力的或应变的)在什么条件下加速发展,对绝热剪切局部化失稳现象进行分析,进而得到了关于绝热剪切带动态演化等一系列成果。Burns 还特别强调惯性效应在失稳分析中的重要性[10.30],这对冲击载荷下结构中计及惯性效应的绝热剪切失效分析具有重要意义。这些方面的进一步进展和相关的工作可参见 Bai(白以龙)和 Dodd 的两部著作[10.33, 10.34]。

10.1.5 绝热剪切带与裂纹的相互作用

本章之前的讨论都是针对无裂纹体而言的,虽然实验的显微观察表明,绝热剪切变形发展到一定程度后会引发沿剪切带中心部位扩展的裂纹(图 10.9);并在主裂纹尖端前方的带区中可见到空洞(图 10.10)。然而,当绝热剪切涉及第 9 章所讨论的裂纹体时,问题显然进一步复杂化了:绝热剪切带和裂纹将如何相互作用呢? 由于绝热剪切本质上是高度局域化的剪切变形,研究者首先关注的是绝热剪切带与剪切型裂纹(Ⅱ型裂纹)的相互作用。

Kalthoff 等在对两种钢的Ⅱ型裂纹试样进行冲击剪切实验时首先发现[10.35,10.36],随撞击速度或应变率的提高,破坏模式将发生转变,即裂纹扩展方向由与原裂纹平面约成 70°角的常规破坏模式转变为沿接近原裂纹平面扩展的绝热剪切破坏模式。复合载荷裂纹力学的分析表明,70°～80°角的起裂破坏模式是常规剪应力控制的破坏模式。

董新龙等在进行实验时进一步测得了Ⅱ型裂纹的动态应力强度因子 $K_{\mathrm{II}}(t)$[10.37,10.38]。在对 Ti6Al4V 钛合金和 40Cr 钢分别进行Ⅱ型裂纹冲击剪切实验时发现,随材料对绝热剪切的敏感性不同，有不同破坏模式。40Cr 试样的Ⅱ型裂纹起裂后主要沿着与裂纹面成 80°角左右方向以常规剪切破坏模式扩展[如图 10.22(a)所示]，而 Ti6Al4V 试样的Ⅱ型裂纹则随冲击速度增大会出现沿约 −5°角方向以绝热剪切破坏模式扩展[如图 10.22(b)所示]。

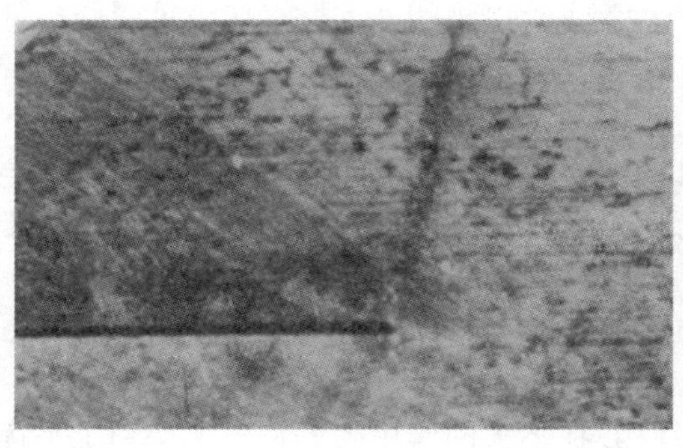

(a) 40Cr

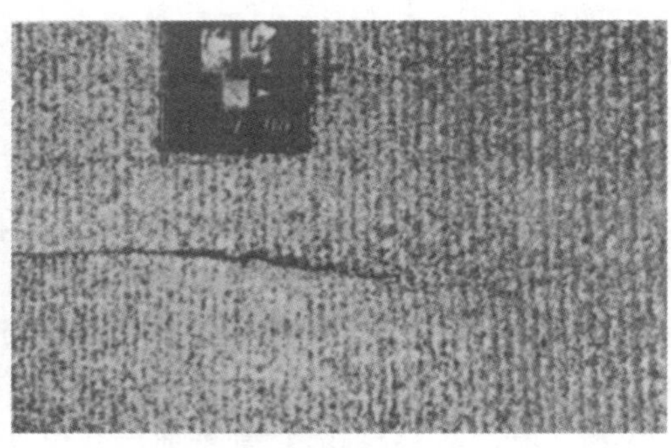

(b) Ti6Al4V

图 10.22　Ⅱ型裂纹冲击剪切实验的两种破坏模式

在对绝热剪切破坏试样进行仔细地显微观察后发现，在Ⅱ型裂纹起裂前，在裂尖前方某一距离 r_c 处先形成绝热剪切带，如图 10.23 所示。裂纹绝热剪切扩展后的典型显微组织则如图 10.24 所示，在扩展裂纹的前方观察到形变带，而在扩展裂纹的根部部分观察到转变带。

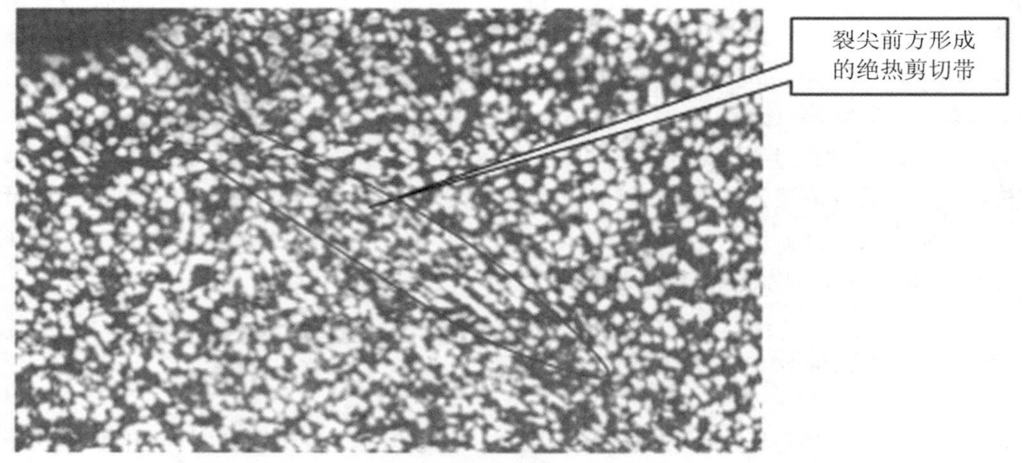

图 10.23　Ti6Al4V 的Ⅱ型裂纹冲击起裂前，在裂尖(左上黑色)前方先形成绝热剪切带

上述实验结果表明，Ⅱ型裂纹的绝热剪切扩展包括以下相继的三个阶段：

① 首先，受裂尖前方动态三维局域化应力(应变和应变率)场的驱动，在裂尖前方，沿着裂纹原始方向引发高度局域化的剪切带。

② 然后，在裂尖前方的剪切带内出现空洞。

③ 最后，由空洞贯通机制(void-coalescence mechanism)，裂纹沿剪切带扩展。

把前一节讨论的绝热剪切热黏塑性失稳准则与经典断裂力学中Ⅱ型裂纹应力/应变场公式相结合，不难导出Ⅱ型裂纹绝热剪切起裂的临界准则[10.37]。例如，当材料的热黏塑性本构方程具有如下式(10.15)的形式时

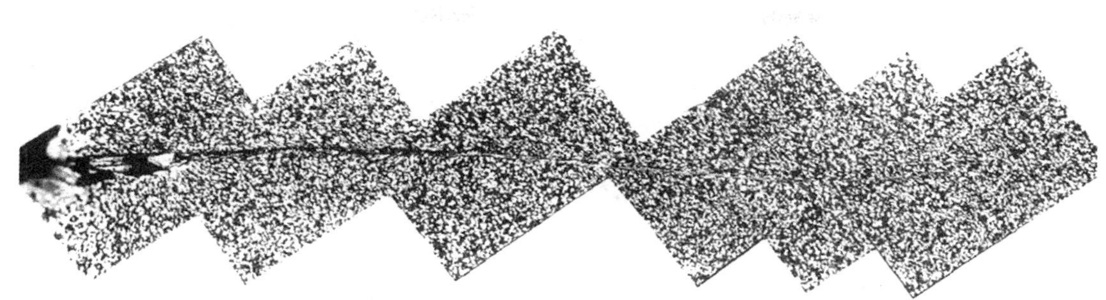

图 10.24　Ti6Al4V 的Ⅱ型裂纹绝热剪切扩展时的显微组织(冲击速度 93 m/s)

$$\sigma_{\mathrm{eff}}=(\sigma_0+E_1\varepsilon_{\mathrm{eff}})\left(1+g\ln\frac{\dot{\varepsilon}_{\mathrm{eff}}}{\dot{\varepsilon}_0}\right)\left(1-\alpha\frac{T}{T_{\mathrm{e}}}\right)$$

已知其对应的热黏塑性本构失稳临界条件为式(10.18):

$$\left(\frac{\sigma_0}{E_1}+\varepsilon_{\mathrm{eff}}\right)\left(1+g\ln\frac{\dot{\varepsilon}_{\mathrm{eff}}}{\dot{\varepsilon}_0}\right)\left(A-\frac{\alpha\beta E_1}{T_{\mathrm{e}}\rho C_{\mathrm{v}}}\varepsilon_{\mathrm{eff}}\right)=1 \tag{10.18*}$$

注意,在目前所讨论的三维应力状态下,上面两式中的应力、应变和应变率都已经改写为第 5 章的式(5.8)引入的等效应力 σ_{eff}、等效应变 $\varepsilon_{\mathrm{eff}}$ 和等效应变率 $\dot{\varepsilon}_{\mathrm{eff}}$。

另一方面,由经典裂纹力学(断裂力学)给出的Ⅱ型裂纹应力/应变场公式,经过演算得知[10.37],沿裂纹方向($\theta=0$)距离裂尖 r 处的等效应变 $\varepsilon_{\mathrm{eff}}$ 和等效应变率 $\dot{\varepsilon}_{\mathrm{eff}}$ 分别为

$$\varepsilon_{\mathrm{eff}}=\frac{(1+\nu)K_{\mathrm{II}}^2}{\pi E\sigma_{\mathrm{s}}r},\qquad \dot{\varepsilon}_{\mathrm{eff}}=\frac{2(1+\nu)K_{\mathrm{II}}\dot{K}_{\mathrm{II}}}{\pi E\sigma_{\mathrm{s}}r}\qquad(\theta=0) \tag{10.28}$$

式中,E 为杨氏模量,ν 为泊松比,σ_{s}[也即式(10.18*)中的 σ_0]为屈服应力,K_{II} 为Ⅱ型裂纹应力强度因子,$\dot{K}_{\mathrm{II}}$ 为Ⅱ型裂纹应力强度因子率。把上式代入式(10.18*),并考虑到Ⅱ型裂纹在距离裂尖 r_{c} 处形成绝热剪切带(图 10.23),取式(10.28)中的 r 为 r_{c},则可得

$$\left[\frac{\sigma_0}{E_1}+\frac{(1+\nu)K_{\mathrm{II}}^2}{\pi E\sigma_0 r_{\mathrm{c}}}\right]\left[1+g\ln\frac{2(1+\nu)K_{\mathrm{II}}\dot{K}_{\mathrm{II}}}{\pi E\sigma_0\dot{\varepsilon}_0 r_{\mathrm{c}}}\right]\left[A-\frac{\alpha\beta E_1}{T_{\mathrm{e}}\rho C_{\mathrm{v}}}\cdot\frac{(1+\nu)K_{\mathrm{II}}^2}{\pi E\sigma_0 r_{\mathrm{c}}}\right]=1 \tag{10.29}$$

式中,特征距离 r_{c} 和积分常数 A 是由实验决定的材料常数。与无裂纹试样的绝热剪切热黏塑性失稳准则(式 10.18)相对应,上式给出了Ⅱ**型裂纹绝热剪切起裂**的**双变量热黏塑性失稳准则**,即Ⅱ型裂纹的绝热剪切起裂同时依赖于Ⅱ型裂纹应力强度因子 K_{II} 和Ⅱ型裂纹应力强度因子率 $\dot{K}_{\mathrm{II}}$。

Ti6Al4V 的Ⅱ型裂纹试样,由实验确定 $r_{\mathrm{c}}=0.8$ mm,$A=0.86$。在图 10.25 所示的 K_{II}-$\dot{K}_{\mathrm{II}}$ 坐标图中给出式(10.29)的理论曲线和实验数据的对比,可见两者吻合得相当好。

在裂尖前方之所以能引发高度局域化的绝热剪切带,当然离不开裂尖前方特有的应力(应变和应变率)场(参看第 9 章),主要表现如下:

① 力学场的高度非均匀局域化(即所谓的应力/应变/应变率集中)。

② 由无裂纹时的一维应力状态向裂尖前方三维应力状态的转变。

由此可以联想,这两个因素在无裂纹体中也同样是影响绝热剪切的重要因素。

事实上,对试样形状作一些恰当的变化,使之改变应力状态和形成应力集中等,也会产生有利于绝热剪切的条件,有时候称为**几何软化**(geometric softening),而其实质则与应力状态及

相关的应力/应变局域化密切相关。

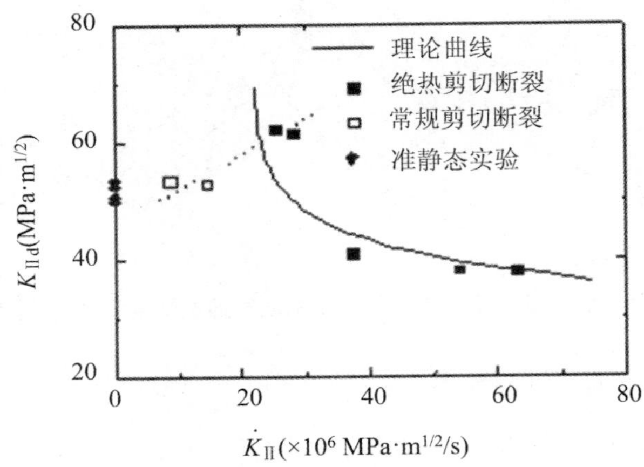

图 10.25　Ti6Al4V 的Ⅱ型裂纹绝热剪切扩展的理论预示与实验结果对比

例如,用于高速穿甲的钨合金 WHA(tungsten heavy alloys)通常被认为是不易发生绝热剪切变形的。但虞吉林等的研究发现,虽然在采用传统的圆柱形试样时,WHA 的确显示出对绝热剪切不敏感,但当采用能够引起应力状态变化和应力集中的台阶状圆柱形试样(step-cylindrical)和截锥形(truncated-conic)试样时,均观察到绝热剪切局域化[10.39, 10.40],分别如图 10.26(a)和 10.26(b)所示。进一步的数值模拟证实,对于传统的圆柱形试样,即使试样的表观压缩应变高达 50%,应力/应变分布仍保持均匀,没有出现剪切局域化;但对于截锥形试样,则应力状态发生变化,试样内的三维应力/应变及相对应的有效应变都显著不均匀,即使试样的表观应变仅为 10%,但已经出现了剪切局域化,实验观察到的剪切局域化扩展方向与数值模拟中的最大剪应力集中区域一致。

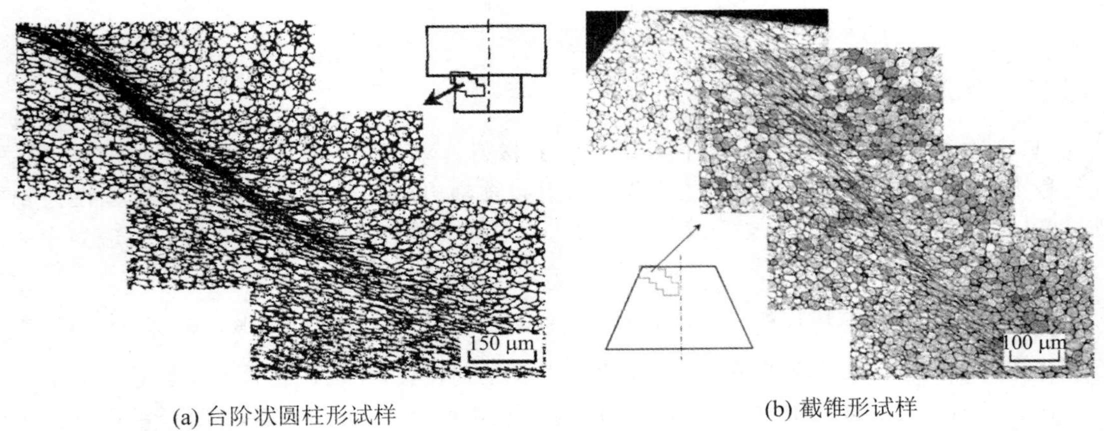

(a) 台阶状圆柱形试样　　(b) 截锥形试样

图 10.26　钨合金 WHA 的不同形状试样中的绝热剪切带

虞吉林等还发现[10.39, 10.40],当计及材料的微观组织形态的特征来适当改变应力状态时,会更加有利于剪切局域化。他们在对于预扭的钨合金 WHA 进行 SHPB 实验时发现,采用传统的圆柱形试样时没有观察到绝热剪切局域化,但如果采用斜切状试样来施加压剪复合载荷,则试样发生绝热剪切破坏(图 10.27)。显微观察表明,钨合金 WHA 是一种以高强度钨颗粒分布在低强度 Ni-Fe 基体中的双相合金，预扭后，钨颗粒的长宽比(aspect ratio)增大并按一定取向(orientation)排列分布。在压剪复合载荷的三维应力状态下，当最大剪应力的方向与拉长的钨颗粒取向一致时，剪切局域化就会沿较弱的 Ni-Fe 基体扩展(图 10.27)。这些发现为改进钨合金长杆穿甲弹的性能，实现“自锐”(self-sharpening)提供了理论指导。

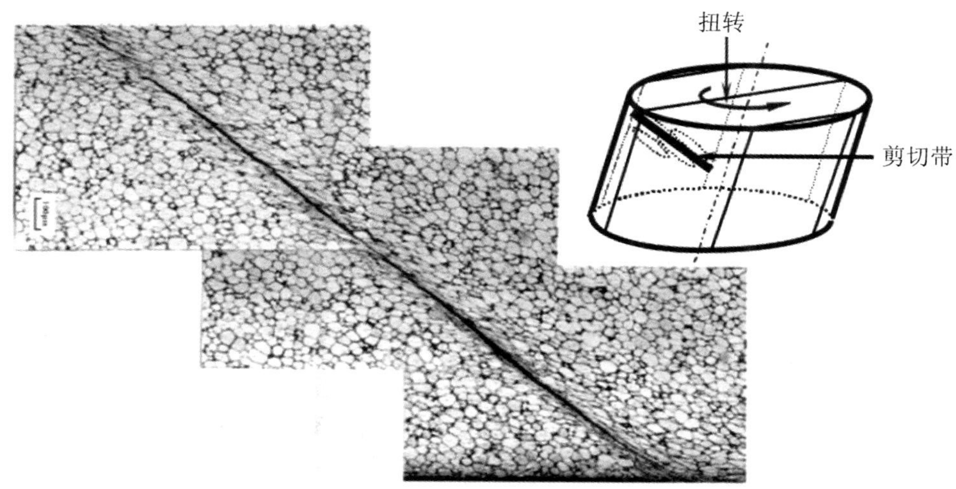

图 10.27　预扭钨合金 WHA 在斜切试样受压剪复合载荷下的绝热剪切破坏

10.2　损伤动态演化

从 10.1 节的讨论可知，宏观上的绝热剪切破坏是由于细微观层次上的剪切带形成和发展之积累所致。回顾第 8 章，讨论层裂时也曾指出，宏观上的层裂破坏不是一个简单的突发事件，而是细微观层次上损伤的形成和发展的积累过程。其实，从将动态破坏作为一个动力学过程来看，各种宏观形式的动态破坏都对应于细观上不同类型损伤的演化积累过程。

一般而言，冲击高应变率下材料的动态破坏按破坏类型可分为以下三类：

(1) 脆性破坏(brittle failure)

破坏时没有显著塑性变形(与图 5.15 中的 Fracture 术语对应)，归结为微裂纹(microcrack)类型损伤的演化，如图 10.28 所示[10.42]。最终裂纹或者沿晶粒的解理面扩展，称为穿晶断裂(transgranular fracture)，或者沿晶界扩展，称为晶间断裂(intergranular fracture)。

(2) 韧性破坏(ductile failure)

破坏前已发生显著塑性变形(与图 5.15 中的 rupture 术语对应)，归结为微孔洞(microvoid)类型损伤的演化，如图 10.29 所示[10.42]。

(3) 绝热剪切破坏(adiabatic shear failure)

即本章 10.1 所讨论的，以绝热剪切带类型损伤的演化所导致的动态破坏。

因此，动态破坏的微损伤基本类型常常归结为：微裂纹、微孔洞和剪切带。这类损伤的尺度为 10～10^2 μm，相对于物质的分子、原子等微观结构要出高一个尺度，但相对于工程宏观尺度则低了一个尺度，人们常常称之为细观或介观尺度(meso-scaled)的损伤。

值得注意的是，冲击载荷下的细观损伤常常以多源的形式出现(如图 10.28 和图 10.29 所示)，这是与准静态破坏时微损伤演化方式的显著不同之处。还应该指出，我们在上面保留和沿用的现有文献的微裂纹(microcrack)和微孔洞(microvoid)等惯用术语，实际上是作为细观层次(mesoscopic level)上的细观损伤(meso-damage)来理解的。

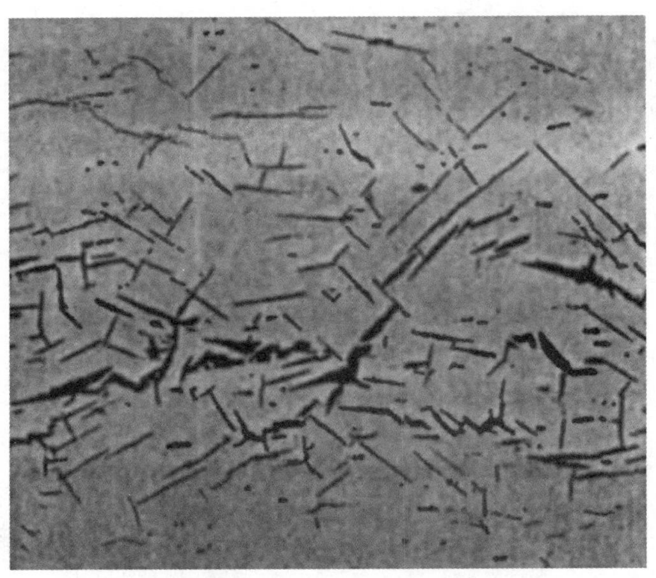

图 10.28　Armco 铁平板试样脆性层裂后显示的细观裂纹分布[10.42]

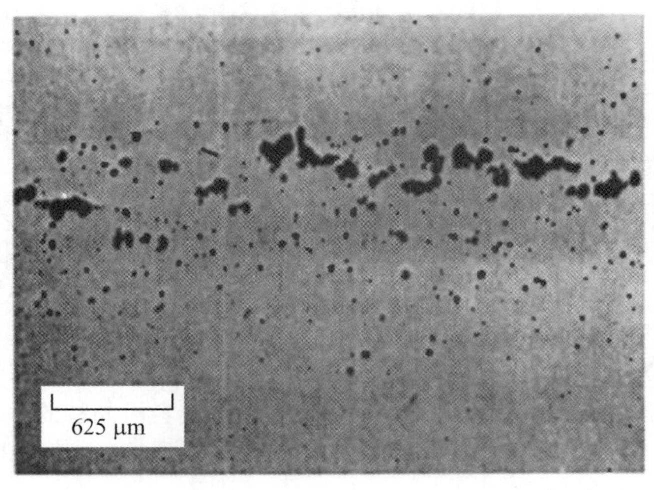

图 10.29　1145 铝平板试样韧性层裂后显示的细观孔洞分布[10.42]

由于这种细观损伤的数量是成千上万的，因此人们已无法如同裂纹力学(见第 9 章)那样对每一个裂纹逐个进行处理，所以通常采用以下两类方法来处理：

(1) 采用细观统计的办法进行处理

典型的有细观损伤成核与长大(nucleation and growth)模型，简称 NAG 模型。

(2) 采用宏观连续损伤的演化办法进行处理

典型的有热激活损伤演化(thermal activated damage evolution)模型,简称 TADE 模型。下面就这两种方法分别进行讨论。

10.2.1　统计细观损伤(NAG)模型

Seaman,Curran 和 Shockey(1973)提出了一个细观损伤**成核与长大**(nucleation and growth)模型,简称 NAG 模型[10.43-10.46]。该模型基于对实验结果的统计处理,即回收经过冲击实验的试样,取不同切面对细观损伤进行统计处理,给出细观损伤的特征尺度的面分布,然后转换成相应的体分布,得出细观损伤成核、长大、连通直至完全破坏的动态过程,其本质上是一种统计细观损伤模型。

1. 细观损伤演化的实验观测

首先,为统计受冲击材料内部各种尺寸的细观损伤演化,需要对受冲击的试件进行解剖、抛光、显微观察及对细观损伤分级统计等。而且为了获取材料细观损伤在 μs 量级甚至于 ns 量级过程的演化发展规律,需要“冻结”各个损伤过程,因此要进行一系列不同幅值载荷、不同作用时间的冲击实验。这是工作量极大且难度也很大的实验研究工作。

通常采用平板撞击层裂实验(参看第 8 章)来测量细观空洞和裂纹的演化。利用气炮驱动一飞片与一平靶试样相冲撞,产生的压缩应力脉冲在飞片和靶板各自的自由表面上反射后相互作用,最终在靶板上形成一拉伸区域,形成细观损伤。图 10.28 和图 10.29 所示的正是通过这样的实验和显微观察所获得的细观裂纹和细观孔洞分布(图中垂直轴对应于撞击方向)。拉伸应力持续的时间在靶板的某中心区域最长,因而产生最严重的破坏;而随着在其前后的距离增大则拉伸应力持续时间逐渐减少,细观损伤的数目和大小也随之减少。

通过改变撞击速度和靶板厚度进行一系列的实验,并且每一实验取距离靶板背面不同距离处的剖面进行显微观察,就有可能在很大范围内改变拉伸应力脉冲的大小和持续时间。

图 10.30 给出了工业纯铁试样冲击实验后的细观裂纹统计结果[10.42, 10.44],表示为积累的**细观裂纹集中度**(crack concentration)$N_{>R}$,即单位体积内大于一定裂纹半径的裂纹数目,对裂纹半径 R 的关系曲线——$N_{>R}$-R 曲线(此处裂纹半径是按一定规则换算的等效半径[10.47])。图中给出试样离背面(自由表面)不同位置的剖面处(具有不同的应力持续时间),所测得的 $N_{>R}$-R 分布曲线,从而有可能从这些数据中导出裂纹成核和长大速率与施加应力及应力持续时间之间的关系。

关于细观孔洞的演化,类似地可对韧性材料采用层裂实验来进行研究。图 10.31 给出了 1145 铝(工业纯铝)层裂实验后的 $N_{>R}$-R 分布曲线[10.2,10.45]。

但对于剪切带的演化,则难以采用层裂实验进行研究,可改用图 10.32 所示的金属圆筒内爆实验[10.42]。当圆筒在内爆载荷下膨胀时,剪切带在圆筒内表面处成核和长大。为避免内爆载荷最终使圆筒破碎,圆筒外加套一个塑料套和一个很厚的防爆外管,构成所谓的“控碎圆筒”(controlled fragmenting cylinder,CFC),则可在各不同的加载阶段上制止 CFC 的继续膨胀以“冻结”绝热剪切损伤。通过测量统计各阶段的绝热剪切带,得到剪切带演化的尺寸分布。图 10.33 给出了 4340 钢的剪切带表面密度 $N_{>L}$,即单位面积内大于一定剪切带长度 L 的剪切带数目对剪切带长度 L 的关系曲线[10.42],这种剪切带面密度 $N_{>L}$ 的分布统计特性与上述细观孔洞和裂纹的分布(图 10.30 和图 10.31)极为相似。

Curran 等发现,细观损伤的体分布规律可由下列方程近似表示[10.42]:

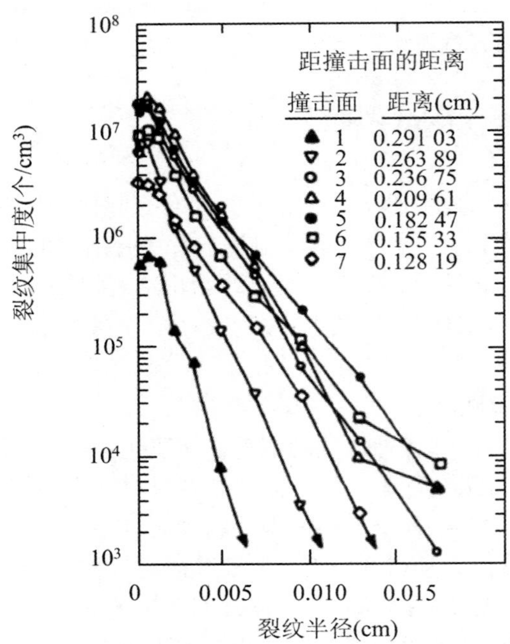

图 10.30　Armco 铁试样距自由面不同位置处测得的细观裂纹集中度与裂纹半径的关系

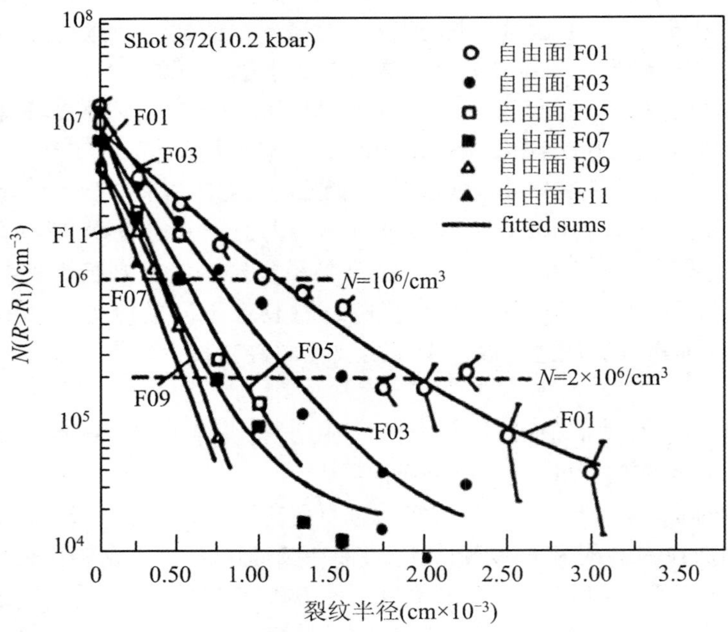

图 10.31　1145 铝试样距自由面不同位置处测得的细观孔洞集中度与孔洞半径的关系

$$N_g(R) = N_0 \exp\left[-\left(\frac{R}{R_1}\right)^m\right] \tag{10.30a}$$

式中，N_g 是单位体积半径大于 R 的细观损伤数，N_0 是单位体积细观损伤总数，R_1 是分布形状(distribution-shape)参数，m 可取 1(线性关系)或 2(平面关系)，实际中，发现上式取 $m=1$ 时，在成核尺寸为几微米到几毫米范围内，相当好地描述了各种材料内所看到的细观损伤尺寸分布。

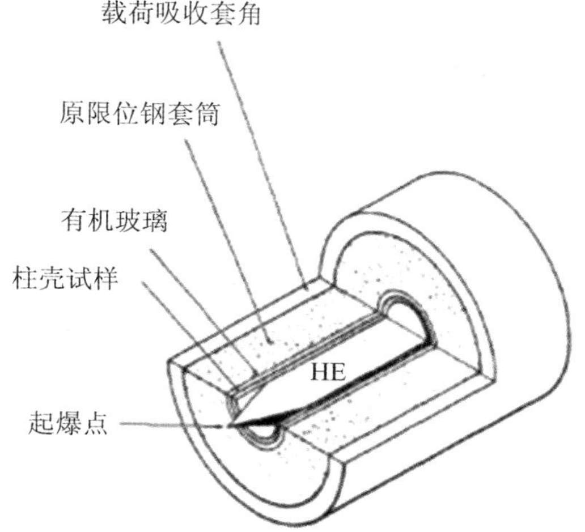

图 10.32　研究剪切带演化的圆筒内爆实验

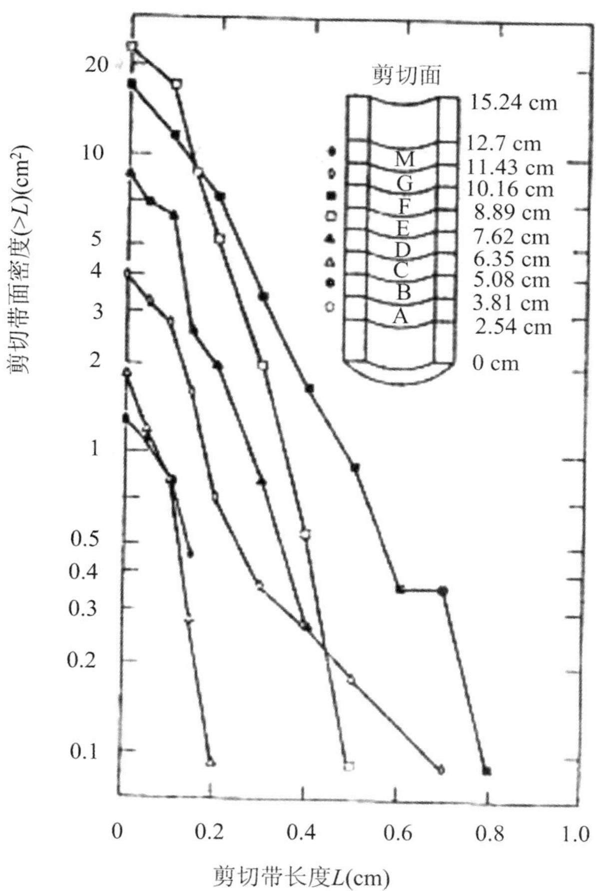

图 10.33　4340 钢(R_c40)由圆筒内爆实验得到的剪切带面密度 $N_{>L}$ 随 L 分布结果

与式(10.30a)相对应,数密度函数 $n(R,t)$ 为

$$n(R,t)=-\frac{\mathrm{d}N}{\mathrm{d}R}=\frac{N_0}{R_1}\exp\left(-\frac{R}{R_1}\right) \tag{10.30b}$$

由此,在球形孔洞假设下,细观损伤的总体积 V_d 可由全部损伤分布的积分来确定[10.44]:

$$V_d=\frac{4\pi}{3}\int_0^\infty R^3\frac{\mathrm{d}N}{\mathrm{d}R}\mathrm{d}R=\frac{4\pi}{3}\int_0^\infty R^3\left(-\frac{N_0}{R_1}\right)\exp\left(-\frac{R}{R_1}\right)\mathrm{d}R=8\pi N_0R_1^3 \tag{10.30c}$$

由 V_d 可以与宏观连续损伤 D 相联系[参看第 8 章式(8.7)],因此上式建立了细观损伤与宏观连续损伤之间的跨尺度联系,具有重要意义。

将上述这种动力学模型通过宏观损伤编写入材料的本构关系中,在计算程序上加以运用,既可以计算导致破坏的细观孔洞、裂纹或剪切带的成核、长大和连通过程,又可以进行宏观力学分析。下面将分别讨论细观损伤成核、长大及连通过程的细观本构模型。

细观损伤的积累演化过程包括三个阶段:成核、长大和连通破碎。

2. 成核(nucleation)

细观损伤一般在材料内部的细观不均匀部分例如夹杂、晶界等缺陷(flaw)处成核。首先,成核要满足阈值条件,例如最简单的阈值准则是:拉伸应力 $\sigma\geqslant\sigma_{n0}$,此处 σ_{n0} 是成核应力阈值。一旦满足阈值准则,成核将在一定尺寸的不均匀处,以一定的速率发展。

设以 N 表示单位体积内各种尺寸裂纹的数目:

$$N=\hat{N}(\underline{\boldsymbol{X}},t) \tag{10.31}$$

式中,$\underline{\boldsymbol{X}}$ 是拉格朗日物质坐标矢量($X=x_1i+x_2j+x_3k$),t 是时间。Curran,Shockey 和 Seaman 等发现,成核速率 $\dot{N}$ 由下式给出:

$$\dot{N}\equiv\left(\frac{\partial N}{\partial t}\right)_{\underline{X}}=\begin{cases}\dot{N}_0\exp\left[\dfrac{(\sigma-\sigma_{n0})}{\sigma_1}\right] & (\sigma>\sigma_{n0})\\ 0 & (\sigma\leqslant\sigma_{n0})\end{cases} \tag{10.32a}$$

式中,$\dot{N}_0$ 是频率因子,σ_{n0} 是表征成核应力门槛值的材料常数,σ_1 是表征成核的应力敏感性的材料常数。

式(10.32a)源自 Zhurkov 基于统计理论提出的关于材料强度的时间相关性(速率相关性)的热激活理论[10.48-10.50],其把成核过程看做是应力和热激活引起的速率过程,只是上式暂时未计温度效应,这在本质上与位错动力学的热激活理论(参看第 6 章)相类似。对比位错动力学理论中的 Seeger 理论[式(6.26)]可知,这里已经假定成核的热激活能与外加应力成正比。如果应力小于门槛值,即 $\sigma<\sigma_{n0}$,则不会成核;反之,如果应力大于门槛值,成核率将随应力以指数函数关系增长。

经过时间 Δt,细观损伤成核引起的体积变化 ΔV_n,在球形孔洞假设下为

$$\Delta V_n=8\pi\dot{N}_0\Delta tR_n^3 \tag{10.32b}$$

3. 长大(growth)

长大定义为细观损伤的尺寸增大。

大量实验发现:在动态载荷下,对一特定尺寸的细观损伤而言,其长大率 $\dot{R}$ 与应力水平 σ 及细观损伤的现有尺寸 R 呈线性关系,符合黏性液体中孔洞在拉应力下的长大规律,可表示为

$$\frac{\dot{R}}{R}=\frac{\sigma-\sigma_{g0}}{4\eta} \tag{10.33a}$$

式中，η 是黏滞性系数（对于裂纹而言即裂尖黏性），σ_{g0} 为空穴长大的阀值应力（常常就等于 σ_{n0}）。这种黏滞性长大规律，使得缺陷长大保持方程式(10.30)描述的指数分布特征；并且限制细观裂纹的长大速率不得超过理论最大值，即 Rayleigh 表面波波速 C_R。

这样，在时间 Δt 内，细观损伤长大半径，可由式(10.33)对时间积分得到：

$$R = R_0 \exp\left(\frac{\sigma - \sigma_{g0}}{4\eta}\Delta t\right) \tag{10.33b}$$

式中，R_0 为时间步长开始时细观损伤的半径。由于每个细观损伤都遵循同样的规律增长和分布规律，于是按式(10.30c)因细观损伤长大而产生的新体积 V_g 为

$$V_g = 8\pi N_0 R_1^3 = V_{g0}\exp\left(3\frac{P_S - P_{g0}}{4\eta}\Delta t\right) = 8\pi N_0 R_{10}^3 \exp\left(3\frac{P_S - P_{g0}}{4\eta}\Delta t\right) \tag{10.33c}$$

式中，$V_{g0}(=8\pi N_0 R_{10}^3)$为时间步长开始时的细观损伤体积。

这样，由细观损伤成核和长大共同贡献的总体积变化为

$$\begin{aligned} V_v &= V_{g0}\exp\left(3\frac{P_S - P_{g0}}{4\eta}\Delta t\right) + \Delta V_n \\ &= 8\pi N_0 R_{10}^3 \exp\left(3\frac{P_S - P_{g0}}{4\eta}\Delta t\right) + 8\pi \dot{N}_0 \Delta t R_n^3 \end{aligned} \tag{10.33d}$$

4．连通和碎裂(coalescence and fragmentation)

当细观损伤长大到能同平均细观损伤间距相比时，必定开始连通。

在一些塑性较好的材料中，连通是通过椭圆形孔洞直接接触发生的。但是，在大多数塑性材料中，是首先在孔洞间发生某种类型的塑性变形局域化的。Curran 等的研究表明，孔洞直接接触贯通一般发生在孔洞相对体积为 50%～60%之间时。

脆性的细观裂纹及绝热剪切带的连通机制是直接接触。

随着连通进行，材料分裂成一个个的碎片，最终的碎片尺寸分布是同连通开始前存在的细观损伤尺寸密切相关的。关于“连通”的机制，是人们正在进一步研究的课题。

5．应力松弛(stress relaxation)

伴随着细观损伤的成长，在材料损伤部位出现无应力自由表面，这样就增加了含损伤材料的柔度，减少了产生相同总变形所需的应力值，即出现应力松弛现象。这意味着损伤的形成和演化会导致材料的弱化，即所谓的损伤弱化效应(damage weakening effect)。具有这类效应的模型是一种所谓的主动型断裂模型(active fracture model)，随着损伤的长大，应力不是单调增加，而是在达到峰值后会衰减。

当细观损伤长大时，应力松弛可来自两部分贡献：

(1) 在拉应力下细观裂纹或孔洞的张开位移的贡献

张开位移会排解一些所施加的体积变形，而与基体材料的体积应变的弹性松弛（弹性卸载）相对应，相关的平均拉应力（张力球量）也就松弛了。

(2) 材料承载面积减小的贡献

因此需引入一修正因子：

$$\underline{\boldsymbol{\sigma}} = \underline{\boldsymbol{\sigma}}^s(1 - v) \tag{10.34}$$

式中，$\underline{\boldsymbol{\sigma}}^s$ 是基体材料的应力张量，$\underline{\boldsymbol{\sigma}}$ 是连续应力张量（由作用在含有孔洞的材料上的力除以面积得到的平均应力），v 是相对孔洞体积。

通过对细观裂纹和细观孔洞的连通的研究发现：直到连通的最后阶段，第一种机制的应力松弛效应是主要的。但对于绝热剪切带，因不存在连续介质受拉抻的情况，故第二种机制则是

主要控制因素。

把 NAG 模型引入计算机数值计算程序沟通了细观损伤演化规律与宏观力学量之间的联系,一方面建立起计及损伤演化的材料动态本构关系和控制方程组;另一方面建立起描述从细观损伤发展到破坏的整体框架,这在细观损伤的物理演化过程和材料的宏观动态破坏之间建立了桥梁。

以上对 NAG 模型的基本思路和原理进行简要讨论。实际上,NAG 模型自提出以来已经有了大量的新进展。有兴趣的读者可以参看 Curran 等的综述性文献[10.45]。

还应该指出,自 20 世纪 70 年代 Curran 等提出 NAG 模型以来,在统计细观损伤力学领域涌现了大量新成果(可参看白以龙等的综述性文献[10.51, 10.52])。我国白以龙等的工作受到国内外学者的关注[10.51-10.55]。他们强调统计细观损伤力学是复杂的跨宏观-细观空间和跨时间尺度的耦合问题,因而需要将宏观连续力学方程和细观损伤演化方程建成统一的方程组来联立求解。考虑到跨宏观-细观层次损伤演化中有三种耦合,即宏观层次损伤场与应力场的耦合、细观层次的耦合以及连续场与细观损伤演化的跨尺度耦合,白以龙等首先建立了宏观连续损伤 D 与细观损伤数密度 n 之间的关系,再与连续力学三个守恒方程一起构成跨尺度耦合的框架,联立求解。把方程组无量纲化后,出现两个独立的、控制跨尺度耦合的无量纲数,即如下定义的内禀德博拉(Deborah)数 D^* 和应力波德博拉(Deborah)数 D_e^*

$$D^* = \frac{n_N^* \, (c^*)^5}{V^*} \tag{10.35a}$$

$$D_e^* = \frac{ac^*}{LV^*} \tag{10.35b}$$

式(10.35b)中,L 是试样的特征尺寸,a 是弹性波速,两者都是宏观尺度的量,比值 L/a 表示宏观应力波载荷特征作用时间 $t_{im}(=L/a)$;而 c^* 是细观损伤尺寸,V^* 是细观损伤扩展速度,两者都是细观尺度的量,比值 C^*/V^* 表示细观损伤扩展特征时间 $t_V(=C^*/V^*)$。可见应力波德博拉数 D_e^* 是一个跨尺度无量纲参数,并可表示为 $D_e^* = t_V/t_{im}$,即细观损伤扩展特征时间 t_V 与宏观应力波载荷特征作用时间 t_{im}之比,显示了应力波加载与细观损伤扩展之间的竞争和耦合关系。只要 $D_e^* < 1$ 就意味着细观损伤有足够的时间扩展。

式(10.35a)中的 n_N^* 是细观损伤数密度(单位体积、单位细观损伤尺寸中的细观损伤数目)之成核率[单位为:细观损伤数/($mm^3 \cdot \mu m \cdot t$)],因而无量纲细观损伤成核特征时间 t_N 可表示为 $t_N = [n_N^* \, (c^*)^4]^{-1}$,由此可见内禀德博拉数 D^* 还可表示为细观损伤扩展特征时间 t_V 与细观损伤成核特征时间 t_N 之比

$$D^* = \frac{t_V}{t_N}$$

即表征为细观损伤成核和扩展这两个细观损伤演化过程的速率之比。

由此可见,基于细观损伤演化的宏观动态破坏问题,是一个既跨宏观层次试样尺寸和细观层次损伤尺寸的跨空间尺度的,又跨宏观层次载荷作用时间和细观层次损伤成核及扩展时间的跨时间尺度的复杂耦合问题。以多个时间尺度之比表征的德博拉数[式(10.35)]是控制这一跨尺度过程的关键因素。对于更具体和深入的讨论有兴趣的读者,请参看白以龙等的相关文献[10.51-10.55]。

10.2.2 宏观连续损伤和热激活损伤演化模型

在连续介质力学范畴,Kachanov(1958)[10.56]引入了宏观损伤变量 D 的概念,引发了诸多

学者的关注，发展了连续损伤力学(Continuum Damage Mechanics)[10.57,10.58]。

宏观损伤 D，作为连续介质力学的内变量，定义为

$$D = \frac{\sigma_0 - \sigma}{\sigma_0} \quad 或 \quad \sigma = (1 - D)\sigma_0 \qquad (0 \leqslant D \leqslant 1) \tag{10.36a}$$

式中，σ_0 表示无损伤材料的应力，σ 表示含损伤材料的应力；当 $D = 0$ 时，表示材料无损伤，当 $D = 1$ 时，表示材料完全丧失承载能力。

在线弹性变形的条件下，式(10.36a)简化为用弹性模量的相对折减值来度量的连续损伤 D_E：

$$D_E = \frac{E_0 - E}{E_0} \quad 或 \quad E = (1 - D_E)E_0 \tag{10.36b}$$

式中，E_0 表示无损伤材料的弹性模量，E 表示含损伤材料的弹性模量，式中的 D 加了下标 E 是为了表明此时的连续损伤的是按弹性模量的折减来定义的。

损伤变量 D 随时间的演化(损伤演化律)，则一般假设遵循以下经验公式：

$$\dot{D} \equiv \frac{\partial D}{\partial t} = \frac{1}{(1 - D)^{\nu}} \tag{10.37}$$

式中，ν 为一待定的材料参数。注意，为方便起见，以上均已假设讨论的是一维问题，因而连续损伤 D 按照标量作简化处理。

通过上述方式，将宏观损伤变量 D 及其演化律以内变量形式引入本构方程，就可在连续介质力学的框架内描写损伤演化，为在宏观层次上研究包含损伤演化在内的力学问题提供了一种有效的工程实用手段。其中，采用什么样的**损伤演化律**和**临界损伤**是问题的关键。

应该指出，式(10.37)所刻画的宏观损伤演化律主要适用于准静载荷，关于冲击高应变率载荷下的宏观损伤演化律，人们知之甚少，尚是一个有待深入研究的问题。

事实上，以本章一开始讨论的绝热剪切带的动态演化为例，图 10.12、图 10.13 和图 10.15 表明，细观剪切带的演化同时依赖于应变、应变率和温度。对其他细观损伤在冲击载荷下的演化的实验观察和数值模拟也一致表明各类损伤在冲击载荷下的演化都同时依赖于应变和应变率[10.59-10.61]。反映到宏观连续损伤的演化上，$\dot{D}$ 理应也同时依赖于应变和应变率，而这是经验公式[式(10.37)]所不能反映的。

对连续损伤的动态演化进行实验研究的难点之一在于：迄今尚无任何动态测试技术可以在冲击实验的短历时过程中对连续损伤进行实时定量测量。目前可行的方法之一是采用"损伤冻结法"，即假定损伤是不可逆的，对经历过不同冲击加载条件的试样，认为损伤已冻结在试样中，可在事后测量其损伤程度(例如，在静载下测 D_E)。图 10.34 给出了 PP/PA 共混高聚物试样经历不同应变率和应变的 SHPB 实验后测得的 D_E 值[10.62-10.63]。

由图 10.34 可见：

① 损伤 D 的演化存在一个应变门槛值 ε_{th}。对于 PP/PA 共混高聚物，这取决于应变率不同，ε_{th} 的变化范围为：$4\% < \varepsilon_{th} < 6\%$。

② 损伤 D 的演化同时依赖于应变和应变率，$D_E = D_E(\varepsilon, \dot{\varepsilon})$，应该用率型演化律来代替式(10.37)。

下面，我们来讨论一个**基于热激活机制的连续损伤率型动态演化律**[10.64-10.66]。

回顾金属材料的率型本构关系(参看第 6 章)，在微观机制上常用位错的热激活运动来解释，即有[式(6.17)]：

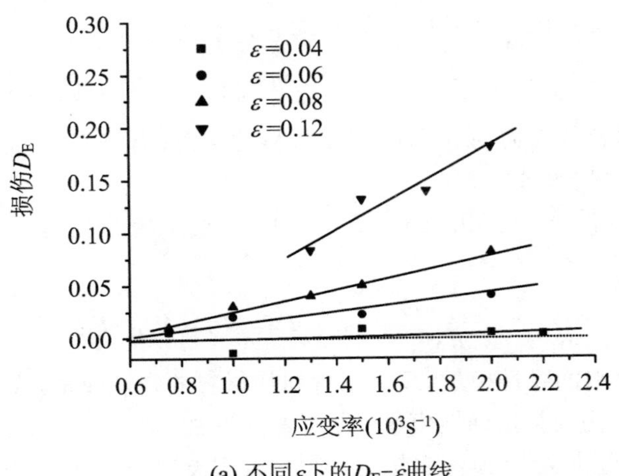

(a) 不同ε下的D_E-$\dot{\varepsilon}$曲线

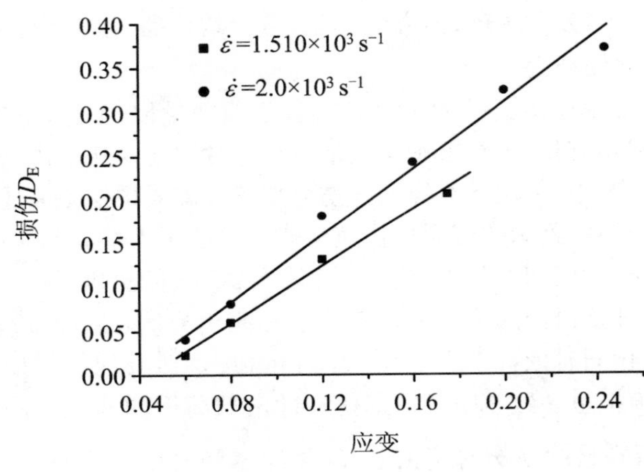

(b) 不同$\dot{\varepsilon}$下的D_E-ε曲线

图 10.34 PP/PA 共混高聚物不同应变率和应变的 SHPB 实验

$$\dot{\varepsilon}^p = \dot{\varepsilon}_0 \exp\left[-\frac{U_S(\sigma)}{kT}\right] \tag{10.38}$$

式中，$\dot{\varepsilon}^p$ 是黏塑性应变率，$\dot{\varepsilon}_0$ 是频率因子，$U_S(\sigma)$是与作用应力 σ 相关的热激活能，k 是 Boltzman 常数，T 是绝对温度。上式的关键在于热激活能 U_S与作用应力 σ 之间的关系。当两者之间存在线性函数关系时，上式就化为大家熟知的位错运动的 Seeger 模型[式(6.26)]。这时，σ 与 $\lg\dot{\varepsilon}$ 之间有线性关系。

注意到图 10.34 表明宏观连续损伤 D 的演化是率相关的，应该用率型演化律 $D_E = D_E(\varepsilon, \dot{\varepsilon})$来刻画；再注意到绝热剪切带演化的应变率效应与温度效应之间，存在类似于塑性流动应力的基于热激活机制的率-温等效关系(参看 10.1.3“绝热剪切的温度效应”)，则不难联想到宏观连续损伤 D 的演化可看成一个统计意义上的热激活过程，即类似于式(10.38)有

$$\dot{D} = \frac{\partial D}{\partial t} = \dot{D}_0 \exp\left(-\frac{U_D}{kT}\right) \tag{10.39}$$

式中，$\dot{D}_0$ 是损伤演化频率因子，$U_D(\sigma)$ 是损伤演化的热激活能，与作用应力 σ 相关。式(10.39)称为**热激活损伤演化**(**thermal activated damage evolution**)**模型**，简称 **TADE 模型**。

联想到 NAG 模型中的基于热激活机制的成核率[式(10.32)]，在这一基本机制的观点上，细观损伤的 NAG 模型和宏观损伤的 TADE 模型是一致的。

式(10.38)和式(10.39)的关键都在于如何确定热激活能与作用应力之间的关系。

对于同一材料，$U_S(\sigma)$和 $U_D(\sigma)$应该有内禀的联系。因此，暂不具体考虑 $U_D(\sigma)$如何依赖于作用应力 σ 的具体函数形式，而作为一级近似，设 $U_S(\sigma)$和 $U_D(\sigma)$之间有正比关系，即

$$U_D = \lambda U_S \tag{10.40}$$

式中，λ 是材料参数。把式(10.38)和式(10.39)代入式(10.40)，经演算后可得

$$\frac{\dot{D}}{\dot{D}_0} = \left(\frac{\dot{\varepsilon}}{\dot{\varepsilon}_0}\right)^{\lambda} \tag{10.41a}$$

或

$$\dot{D} = K_D \dot{\varepsilon}^{\lambda}, \quad K_D = \frac{\dot{D}_0}{\dot{\varepsilon}_0^{\lambda}} \tag{10.41b}$$

积分后得

$$D = K_D \Psi_D(\dot{\varepsilon}), \quad \Psi_D(\dot{\varepsilon}) = \int_{t_0}^{t} \dot{\varepsilon}^{\lambda} \mathrm{d}t \tag{10.41c}$$

上式给出了一种应变率显式相关的率型损伤演化律。

对于恒定应变率的过程，且设损伤演化存在某个应变阈值 ε_{th}(可参看图 10.34)，则对式(10.41c)积分后可得

$$D = K_D \dot{\varepsilon}^{\lambda-1}(\varepsilon - \varepsilon_{th}) \qquad (\varepsilon > \varepsilon_{th}) \tag{10.42a}$$

上式显式地刻画了连续损伤的演化同时依赖于应变和应变率。在更一般的情况下，D 与应变之间可能有非线性关系，则上式可推广为如下更一般的形式

$$D = K_D \dot{\varepsilon}^{\lambda-1}(\varepsilon - \varepsilon_{th})^{\kappa} \qquad (\varepsilon > \varepsilon_{th}) \tag{10.42b}$$

式中，$\kappa(\geqslant 1)$是材料常数。

其实，高应变率下绝热温升所引起的热软化可以看成是一种广义损伤[10.67]。事实上，由式(10.1)给出的绝热温升以及相应的温升引起的应力降 $\mathrm{d}\sigma_T$，有

$$\mathrm{d}T = \frac{\beta\sigma \mathrm{d}\varepsilon}{\rho C_v}, \quad \mathrm{d}\sigma_T = \frac{\partial \sigma}{\partial T}\mathrm{d}T = -\varphi \mathrm{d}T \tag{10.43a}$$

式中，材料热软化系数 $\varphi = -\dfrac{\partial \sigma}{\partial T} > 0$。设 φ 为常数，则有

$$\mathrm{d}D = -\frac{\mathrm{d}\sigma_T}{\sigma} = \frac{\varphi\beta}{\rho C_v}\mathrm{d}\varepsilon, \quad \dot{D} = \frac{\varphi\beta}{\rho C_v}\dot{\varepsilon} \tag{10.43b}$$

上式可以看做是式(10.41b)在 $K_D = \dfrac{\varphi\beta}{\rho C_v}$和 $\lambda = 1$ 时的特例。这意味着绝热温升所引起的热软化可以看做是一种导致弱化(软化)的广义损伤。类似地，应变诱导相变引起的负应变率效应源自于高应变率下的相变的弱化效应，也可以归于另一种广义损伤[10.68]。

在式(10.42)的基础上，动态破坏准则 $D \geqslant D_c$ 可以表示为如下的率相关形式：

$$K_D \dot{\varepsilon}^{\lambda-1}(\varepsilon - \varepsilon_{th})^{\kappa} \geqslant D_c \tag{10.44}$$

此处，D_c是与材料动态破坏的临界状态对应的临界损伤值。上式表明，对于每一给定的临界损

伤 D_c，有一条临界 $(\dot{\varepsilon}\text{-}\varepsilon)_c$ 曲线，不同的载荷应变率下将有不同的破坏应变（双变量破坏准则）。显然，由于 λ 值的不同将会出现以下三种情况：

① 如果 $\lambda>1$，则随着应变率的提高，破坏应变减少，呈现所谓的“冲击脆化”。

② 如果 $\lambda<1$，则随着应变率的提高，破坏应变增加，呈现所谓的“冲击韧化”。

③ 如果 $\lambda=1$，则上式简化为临界应变准则

$$\varepsilon_c = \varepsilon_{th} + \frac{D_c}{K_D}$$

于是，就 TADE 模型的连续损伤演化律而言，问题归结为如何通过实验确定 ε_{th}，K_D，λ 和 κ；而就动态破坏准则而言，问题归结为如何确定 D_c。

10.2.3 宏观连续损伤动态演化与率型本构流变的耦合[10.64-10.66]

如何通过实验来确定 TADE 模型中的 ε_{th}，K_D，λ，κ 和 D_c？其复杂性在于损伤演化过程与流变过程两者实际上不可分地交织在一起，相互耦合、相互影响。一方面，损伤是随流变过程而发展的，损伤的演化依赖于材料所经受的应力、应变、应变率等本构力学变量；另一方面，损伤演化反过来必将影响材料的力学表现，包括表观本构关系和失效准则。换句话说，损伤动态演化的研究往往只能与率型动态本构关系相耦合地进行。在短历时的爆炸/冲击动载荷下，这一问题变得更加复杂。可以不夸张地说，对高应变率条件下，与损伤动态演化相耦合的率型动态本构关系和动态破坏准则的研究，已成为当前物理学家和材料科学家们共同关心的前沿研究课题之一。

如果材料在损伤演化前的（即未损伤材料的）动态本构关系类型已知，我们可以以此为基础展开研究，问题也相对地容易些；否则问题就更为复杂。下面分别就这两类情况，通过具体实例来展开讨论。

1. 未损伤材料率型本构方程参数已知时，损伤演化参数的确定

有机玻璃(poly methyl meth acrylate，PMMA)在应变率为 $10^{-4}\sim10^{3}\ \mathrm{s}^{-1}$、应变为 6%～7%范围的实验结果表明[10.67]，在出现损伤前，其率型本构关系可用第 5 章的式(5.26)，即 ZWT 非线性黏弹性方程来表述[式中各参量的意义可参看第 5 章式(5.26)]：

$$\sigma = f_e(\varepsilon) + E_1\int_0^t \dot{\varepsilon}\exp\left(-\frac{t-\tau}{\theta_1}\right)\mathrm{d}\tau + E_2\int_0^t \dot{\varepsilon}\exp\left(-\frac{t-\tau}{\theta_2}\right)\mathrm{d}\tau$$

$$f_e(\varepsilon) = E_0\varepsilon + \alpha\varepsilon^2 + \beta\varepsilon^3$$

$$f_e(\varepsilon) = \sigma_m\left\{1-\exp\left[-\sum_{i=1}^{n}\frac{(m\varepsilon)^i}{i}\right]\right\}$$

实验确定的各参数值为：$\sigma_m=91.8$ MPa，$n=4$，$m=22.3$，$E_1=0.897$ GPa，$\theta_1=15.3$ s，$E_2=3.07$ GPa，$\theta_2=95.4\ \mu$s。

但随着应变进一步增大，实验曲线偏离未损伤 PMMA 的理论预示，并出现应变软化 $\left(\frac{\mathrm{d}\sigma}{\mathrm{d}\varepsilon}<0\right)$，如图 10.35 所示。相应地则在透明的 PMMA 试样中观察到微裂纹，因而可把这种应变软化归结为损伤弱化所致的本构失稳（绝热剪切本构失稳也可以看成是广义的损伤弱化本构失稳）。未损伤 ZWT 方程的理论预示与实验曲线的差值正代表损伤弱化所致的应力差。

计及损伤动态演化的 ZWT 方程可以直接把 ZWT 非线性黏弹性方程与 TADE 连续损伤演化律相相结合来组成（简称 DM-ZWT 模型），即

$$\sigma = (1-D)\left[\sigma_e(\varepsilon) + E_1\int_0^t \dot{\varepsilon}\exp\left(-\frac{t-\tau}{\theta_1}\right)d\tau + E_2\int_0^t \dot{\varepsilon}\exp\left(-\frac{t-\tau}{\theta_2}\right)d\tau\right]$$

$$\sigma_e(\varepsilon) = E_0\varepsilon + \alpha\varepsilon^2 + \beta\varepsilon^3 \quad 或 \quad \sigma_e(\varepsilon) = \sigma_m\left\{1-\exp\left[-\frac{\sum_{i=1}^{n}(m\varepsilon)^i}{i}\right]\right\}$$

$$D = K_D\dot{\varepsilon}^{\lambda-1}(\varepsilon-\varepsilon_{th})^{\kappa} \qquad (\varepsilon > \varepsilon_{th}) \tag{10.45}$$

由图 10.35 所示的实验结果可确定该 PMMA 试样的损伤演化参数：$K_D=1.82$，$\lambda=1.17$，$\kappa=1$，$\varepsilon_{th}=0.06$。值得注意的是，把 DM-ZWT 方程[式(10.45)]理论预示与实验曲线相比，不仅与广泛范围内应变率的加载曲线吻合得很好，反映了高应变率下出现的损伤弱化本构失稳，而且与实测的卸载曲线也吻合得很好，充分支持了 DM-ZWT 模型和 TADE 损伤演化律的有效性。

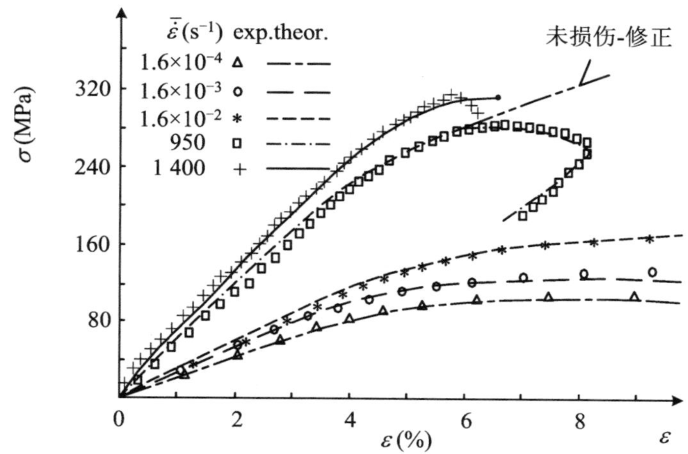

图 10.35　PMMA 不同应变率下式(10.45)理论曲线与实验数据的对比

已测知损伤演化参数 K_D，λ，κ 和 ε_{th} 后，由不同实验应变率下测得的试样破坏应变值，代入式(10.44)，即可确定临界损伤 $D_c=10.2\%$。这说明虽然不同应变率下的破坏应变值不同，但破坏点的临界损伤值几乎接近恒值。另外，虽然在理论上 $D=1$ 时材料完全丧失强度，但实际材料在强度降到 0 之前，已丧失承载能力而被破坏。

图 10.36 给出按 DM-ZWT 模型[式(10.45)]确定的不同的恒应变率下的理论加载曲线和按式(10.44)确定的理论破坏点(曲线端点)以及连接理论破坏点的包络线。作为比较，图中还给出了实测破坏点。考虑到在材料破坏特性的研究中实验数据的分散性通常都较大，那么图 10.35 中的理论预示与实测结果的吻合程度则可认为是相当好的。

2. 计及损伤演化的材料率型本构方程类型已知时损伤演化参数的确定

进一步的研究表明，即使未损伤材料率型本构方程参数未知，只要计及损伤演化的材料率型本构方程类型已知，通过足够的实验数据，有办法解耦地确定损伤演化参数。

以计及损伤动态演化的 ZWT 方程[式(10.45)]为例而言，它既适用于损伤演化后的材料本构刻画($\varepsilon>\varepsilon_{th}$)，也同样适用于损伤演化前的材料本构刻画($\varepsilon<\varepsilon_{th}$)。因此，在通过实验获得足够广阔的应变率范围和足够大的应变范围的实验数据(包含足够的损伤演化信息)之后，只要计及损伤动态演化的本构方程类型已知，就可以采用优化的数据拟合方法，例如遗传算法，对式

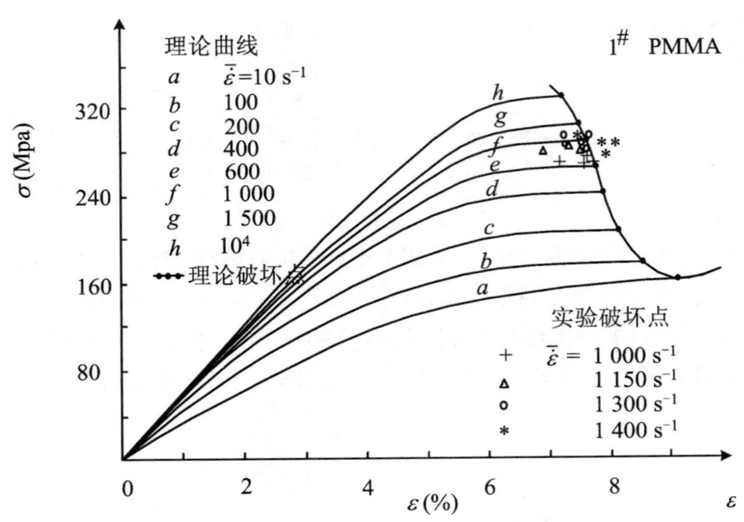

图 10.36 PMMA 不同应变率下理论曲线和理论破坏点与实验数据的对比

中的全部材料参数进行全局拟合，解耦地确定损伤演化参数[10.65,10.69]。

遗传算法(genetic algorithm，简称 GA)是源于生物遗传学和适者生存的自然规律之思想提出并逐渐完善的一种优化算法[10.70]。先通过随机方式产生若干个所求解问题的各个个体的数字编码，形成初始群体；然后通过适应度函数对每个个体进行数值评价，淘汰低适应度的个体，选择高适应度的个体参加遗传操作；经过遗传操作后的个体集合形成下一代新的群体；再对这个新群体进行新一轮的进化，如此反复循环，直至群体中的最优个体在连续若干代没有改进或平均适应度在连续若干代基本没有改进时停止，这就是遗传算法的基本原理。它为那些难以找到传统数学模型的难题找到了一个解决办法。

对于聚丙烯-尼龙共混高聚物[polypropylene-polyamide (PP/PA) polymer blend]，在大应变直到 24%、应变率为 $10^{-4}\sim10^{3}\ \mathrm{s}^{-1}$范围内的实验结果如图 10.37(a)中实线所示。设其计及损伤演化的率型本构行为可用 DM-ZWT 模型[式(10.45)]表述，则采用遗传算法可确定式(10.45)中的各材料参数为[10.65,10.69]：$\sigma_{\mathrm{m}}=44.1$ MPa，$n=1$，$m=39.4$，$E_1=0.278$ GPa，$\theta_1=7.22$ s，$E_2=2.29$ GPa，$\theta_2=0.107$ μs，$K_{\mathrm{D}}=0.639$，$\lambda=1.17$，$\kappa=0.617$，门槛应变 $\varepsilon_{\mathrm{th}}$则为同时依赖于应变和应变率的线性函数 $\varepsilon_{\mathrm{th}}=0.075-1.02\times10^{-5}\dot{\varepsilon}$。按这些参数绘制的理论曲线如图 10.37(a)中的点线所示。可见，在横跨 8 个量级的应变率范围，理论预示与实验数据吻合得相当好，特别在含有损伤演化的大应变阶段。作为验证，图 10.37(b)给出未用作拟合数据的应变率为 $1.48\times10^{3}\ \mathrm{s}^{-1}$的实验曲线(实线)与理论预示曲线(点线)的对比，两者的良好吻合验证了本模型的有效性。

在解耦确定了损伤演化参数 K_{D}，λ，κ 和 $\varepsilon_{\mathrm{th}}$之后，可以绘出不同应变率下的 D-ε 曲线，如图 10.38 所示。由此可见，对冲击载荷下的损伤演化而言，应变率扮演着更重要的作用；与准静载荷下的损伤演化曲线(图中曲线 1 和 2)相比，高应变率下损伤演化(图中曲线 3 至 6)随应变的增长速度要快得多。

3．计及损伤演化的材料率型本构方程为隐函数时，损伤演化参数的确定

进一步的研究发现，上一小节所讨论的方法还可以进一步发展，即不一定限定于某一类型显式的计及损伤演化的材料率型本构方程，而只需隐式地存在计及损伤演化的材料率型本构方

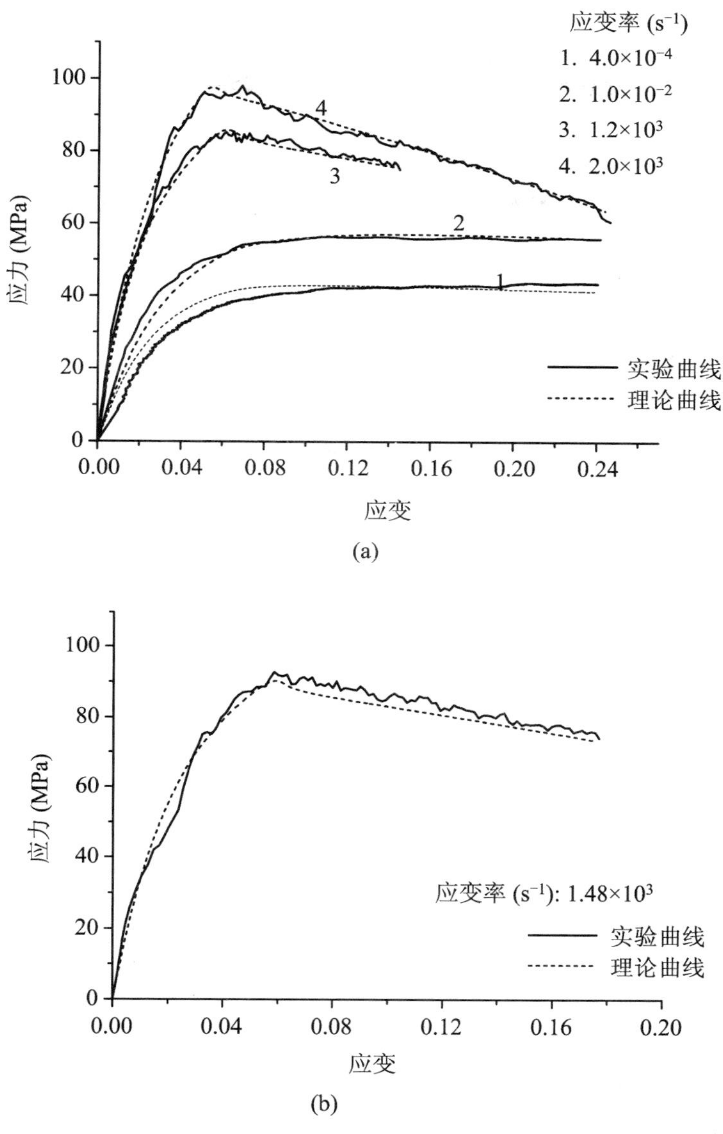

图 10.37 PP/PA 共混高聚物在不同应变率下实验曲线与理论预示曲线的对比

程即可。

从系统科学的角度看，确定材料本构响应诸变量与损伤演化诸变量间相互关系的过程，其实就是系统辨识的过程，也即在有因果关系的输入、输出数据的基础上，从一组给定的模型类中，确定一个与所测系统等价的模型。换句话说，根据已知的输入、输出数据，选择一个系统模型，采用优化方法使系统模型逼近真实系统。在系统辨识的各种方法中，近年来发展的人工神经网络（artificial neural network，简称 ANN）特别适合于处理非线性问题。尤其是反向传播神经网络（back-propagation neural networks，简称 BP 神经网络）具有结构简单、工作状态稳定、易于硬件实现等优点，因而获得广泛应用[10.71]。它也已被应用来确定损伤演化参数等，而不必预先假定材料本构关系和损伤演化律的函数形式[10.72-10.76]。

BP 神经网络一般由输入层、一个或多个隐含层（典型的为一层）和输出层组成。它的第 n

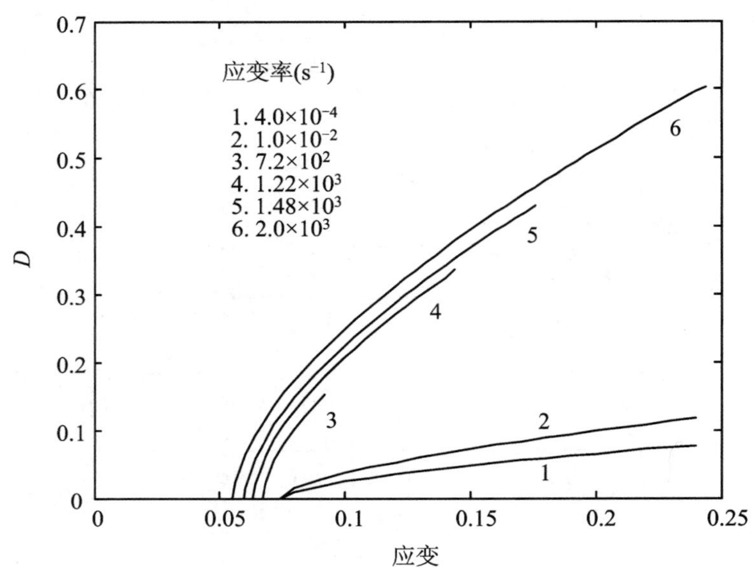

图 10.38 按 DM-ZWT 模型,PP/PA 共混高聚物的损伤 D 随应变率及应变的发展

层的第 j 个神经元的输出 $O_{n,j}$ 由下式确定:

$$O_{n,j} = f(\Sigma w_{ji} O_{n-1,i} + \theta_j) \tag{10.46a}$$

式中,$O_{n-1,i}$ 为前一层的第 i 个神经元的输出,w_{ji} 为该神经元与前一层第 i 个神经元之间的权值,θ_j 为该神经元的阈值,$f(x)$ 为所谓的激活函数(activation function),通常取如下的所谓 Sigmoid 函数:

$$f(x) = \frac{1}{1 + \exp(-x)} \tag{10.46b}$$

在 BP 神经网络学习和训练阶段,采用误差反向传播算法(error-back-propagation algorithm)对权值 w_{ji} 不断进行调整。当 BP 神经网络的实际输出与期望输出之差足够小时,就认为网络训练成功,最后确定的模型就是输入参量与输出参量之间的隐式关系。

采用 BP 神经网络来确定损伤演化参数时,一般取一个三层的 BP 神经网络,如图 10.39 所示。考虑材料在损伤演化前后(以门槛应变 ε_{th} 为界)的本构关系一般可以分别表示为

$$\sigma(t) = f[\varepsilon(t), \dot{\varepsilon}(t)] \qquad (\varepsilon < \varepsilon_{th}) \tag{10.47}$$

$$\sigma(t) = f[\varepsilon(t), \dot{\varepsilon}(t), D(t)] = f[\varepsilon(t), \dot{\varepsilon}(t), t^{-1}(D)] \qquad (\varepsilon > \varepsilon_{th}) \tag{10.48}$$

则 BP 神经网络分别按这两种情况来训练,分别简称为"情况 1"和"情况 2"。

具体地说,在"情况 1"时,取 SHPB 实验测得的 $\varepsilon(t)$ 和 $\dot{\varepsilon}(t)$ 作为输入,而取相应的 $\sigma(t)$ 作为输出。

而在"情况 2"时,如式(10.48)所示,本应取 $\varepsilon(t)$,$\dot{\varepsilon}(t)$ 和 $D(t)$ 作为输入。但在 SHPB 实验过程中迄今尚未解决直接测量 $D(t)$ 的技术。因此改为取可测的 $D(t)$ 的反函数 $t^{-1}(D)$,即取 SHPB 实验过程中可测的 $\varepsilon(t)$,$\dot{\varepsilon}(t)$ 和 $t^{-1}(D)$ 作为输入,而取相应的 $\sigma(t)$ 作为输出。

注意到在"情况 1"下 BP 神经网络所确定的,作为应变和应变率的函数之应力,相当于连续损伤定义式(10.36)中的无损伤材料的应力 σ_0;而"情况 2"下 BP 神经网络所确定的,作为应变、应变率和损伤的函数之应力,相当于连续损伤定义式(10.36)中的损伤材料的应力 σ。把两种情况下所确定的结果代入连续损伤定义式(10.36)

$$D = \frac{\sigma_0 - \sigma}{\sigma_0} \tag{10.36*}$$

就可以确定 D 及其对于应变和应变率的依赖性。

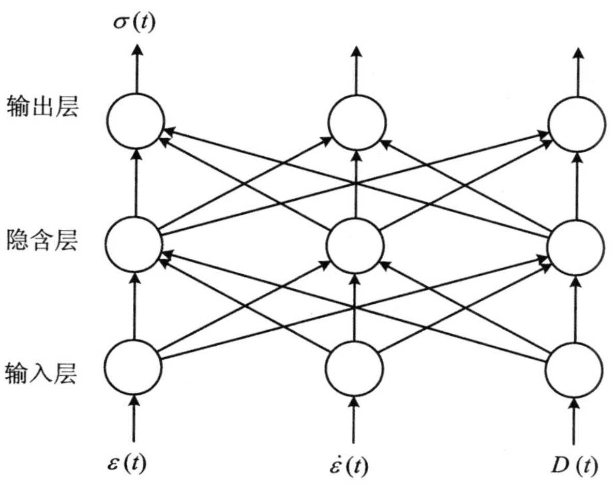

图 10.39　三层 BP 神经网络示意图

作为一个实例，采用 BP 神经网络对 PP/PA 共混高聚物的损伤演化进行分析[10.76]。其损伤演化门槛应变 ε_{th}值已由“损伤冻结法”预先测得(参看图 10.34)。现对其本构关系和损伤演化律均不作任何事先假定，采用 BP 神经网络在“情况 1”下所得代表性结果(应变率为 $1.22\times10^3\ s^{-1}$)如图 10.40 中点线所示。作为比较，图中还给出了实验曲线(实线)。图中的纵坐标以无量纲的归一化应力 $\bar{\sigma}=\sigma/\sigma_{max}$表示，此处 σ_{max}是全部实验中出现的最大应力值，因而有 $\bar{\sigma}\leqslant1$。

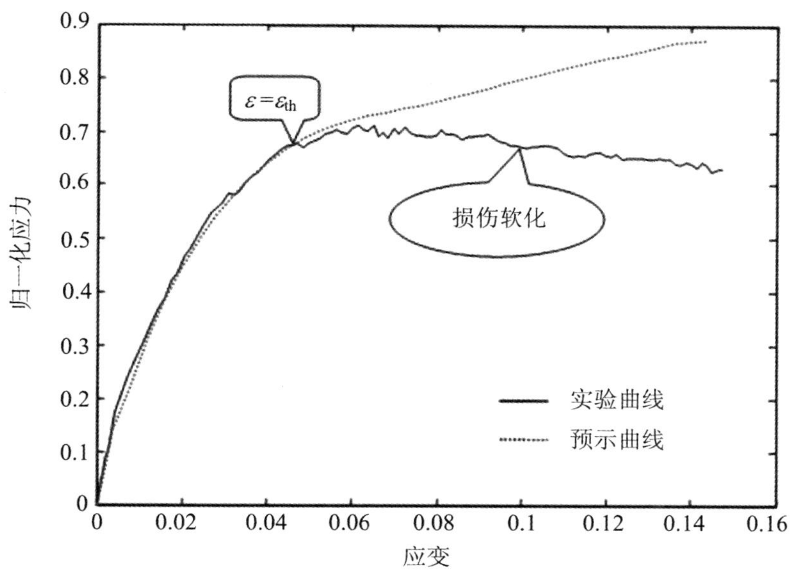

图 10.40　PP/PA 共混高聚物“情况 1”下 BP 神经网络预示曲线与实验曲线对比

由图 10.40 可见，在 $\varepsilon<\varepsilon_{th}$范围内，BP 神经网络预示曲线(实际输出)与实验曲线(期望输

出)吻合得很好。在 $\varepsilon > \varepsilon_{th}$ 范围,两曲线的偏差则随应变而增大,显示损伤演化导致的弱化效应。事实上,当计及损伤演化后,采用 BP 神经网络在“情况 2”下所得代表性结果(应变率为 $1.22 \times 10^3\ s^{-1}$)如图 10.41 中点线所示。这时,BP 神经网络预示曲线(实际输出)与实线表示的实验曲线(期望输出)在整个应变范围都吻合得很好。

利用 BP 神经网络在“情况 1”和“情况 2”下的识别结果,按照式(10.36)可最后确定连续损伤作为应变率和应变的函数 $D = D(\varepsilon, \dot{\varepsilon})$,以不同的恒应变率下 D 随应变而演化的形式作图,如图 10.42 所示。

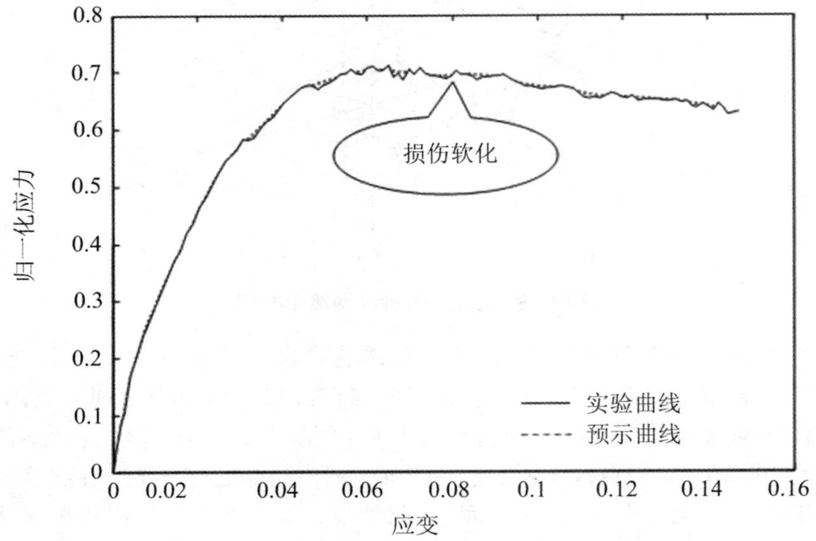

图 10.41　PP/PA 共混高聚物“情况 2”下 BP 神经网络预示曲线与实验曲线对比

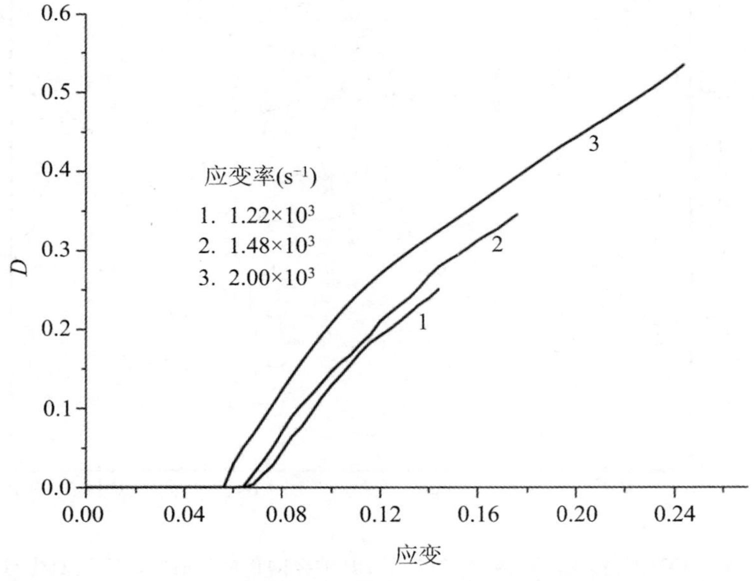

图 10.42　PP/PA 共混高聚物由 BP 神经网络确定的 $D = D(\varepsilon, \dot{\varepsilon})$

值得注意的是，由上述 BP 神经网络确定的 PP/PA 共混高聚物的 $D=D(\varepsilon,\dot{\varepsilon})$ 特性与基于 DM-ZWT 模型用遗传算法确定的同一 PP/PA 共混高聚物的 $D=D(\varepsilon,\dot{\varepsilon})$ 特性（图 10.38）十分接近。图 10.43 给出同一应变率（$2.0\times10^3\ \mathrm{s}^{-1}$）下，两种方法确定的 D-ε 曲线的对比。由图可见，BP 神经网络确定的 D-ε 曲线（曲线Ⅱ）略高于基于 DM-ZWT 模型用遗传算法确定的 D-ε 曲线（曲线Ⅰ）。这是可以理解的，因为曲线Ⅰ受到 DM-ZWT 黏弹性本构模型的限制，如果 PP/PA 共混高聚物还有附加的黏塑性等，则曲线Ⅰ会低估可能的损伤演化；而曲线Ⅱ是在没有任何事先的材料本构模型假定下得出的，能够反映与损伤演化相关的更多因素。这正是 BP 神经网络法的优点。

本章第二部分分别讨论了代表性的细观损伤演化模型和代表性的连续损伤演化模型。应该指出：连续损伤力学与细观损伤力学不是孰优孰劣、互相排斥的关系，而是相辅相成、互相补充的辩证关系，就如同宏观塑性理论与微观塑性位错理论之间的相辅相成关系一样。宏观连续损伤表观上忽略了细观损伤演化的细节，但它是细观损伤演化统计平均的宏观表现。反过来，对细观损伤演化律的更多认知可以促进建立更具物理背景的宏观损伤演化律。细观损伤力学为宏观损伤力学提供了物理机制，又通过宏观损伤力学进入到更高的层次，可用于解决实际的工程问题。

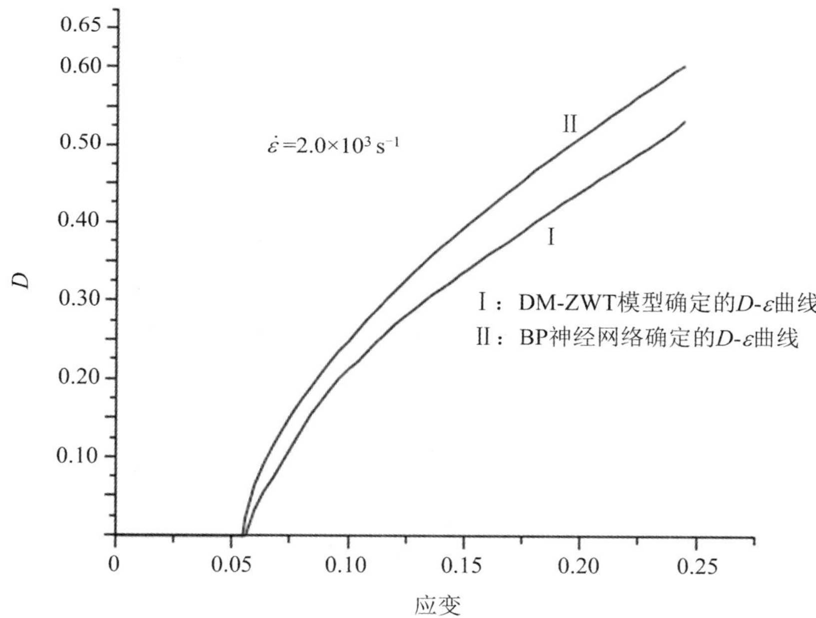

图 10.43　PP/PA 共混高聚物在应变率 $2.0\times10^3\ \mathrm{s}^{-1}$ 下的 D-ε 曲线比较

参 考 文 献

[10.1]　ROGERS H C. Adiabatic plastic deformation[J]. Ann Rev, Mat Sci., 1979, 9: 283-311.

[10.2]　MEYERS M A. Dynamic behavior of materials[EB/OL]. Wiley-Interscience, 1994.

[10.3] TAYLOR G I, QUINNEY H. The latent energy remaining in a metal after cold working[J]. Proc. R. Soc., 1934, 143: 307-326.

[10.4] ZENER C, HOLLOMON J H. Effect of strain rate upon the plastic flow of steel[J]. J. Appl. Phys, 1944, 15(1): 22-32.

[10.5] 卢维娴,陆在庆.钛合金应力波铆接中绝热剪切的显微分析[J].爆炸与冲击,1985, 5(1):67-72.

[10.6] WANG L L, LU W X, HU S S, et al. Study on the initiation and development of adiabatic shear bands for a titanium alloy under high strain rates[C]//K KAWATA, SHIOIRI J. IUTAM Symposium on MMMHVDF. Tokyo, 1985, 8: 12-15; In Macro- and Micro-Mechanics of High-Velocity Deformation and Fracture. Belrin: Springer-Verlag, 1987: 395-406.

[10.7] 卢维娴,王礼立,陆在庆.β-Ti 合金在高应变率下的绝热剪切现象[J].金属学报,1986, 22(4): A317-320, A41-42P.

[10.8] DORMEVAL R. The adiabatic shear phenomenon[C]//BLAZYNSKI T Z. Materials at High Strain Rates. Essex: Elsevier Applied Science Publishers, 1987: 47-70.

[10.9] STELLY M, LEGRAND J, DOEMEVAL R. Some metallurgical aspects of the dynamic expansion of shells[C]//MURR L E, MEYERS M A. Shock Waves and High-Strain-Rate Phenomena in Metals. 1981,113-125.

[10.10] WANG L L, BAO H S, LU W X. The dependence of adiabatic shear banding on strain-rate, strain and temperature[J]. Journal de Physique, 1988, 49 (9), C3: 207-214.

[10.11] 包合胜,王礼立,卢维娴.钛合金在低温下的高速变形特性和绝热剪切[J].爆炸与冲击, 1989,9(2): 109-119.

[10.12] RECHT R F. Catastrophic thermoplastic shear[J]. J Appl. Mech., 1964, 31: 189-193.

[10.13] 寇绍全.绝热剪切:一个值得重视的材料破坏问题[J].力学进展,1979,3: 52-59.

[10.14] CARSLAW H S, JAEGER J C. Conduction of heat in solids[M]. Oxford: Clarendon Press, 1947: 222.

[10.15] CULVER R S. Thermal instability strain in dynamic plastic deformation, In: Metallurgical effects at high strain rates[M]. New York: Plenum Press, 1973: 519-530.

[10.16] WANG L L. A criterion of thermo-viscoplastic instability for adiabatic shearing, Proc[C]// ZHENG ZHEMIN, et al. Int. Symp. on Intense Dynamic Loading and It's Effects, eds. Beijing: Science Press,1986: 787-792.

[10.17] 徐天平,王礼立,卢维娴.高应变率下钛合金 Ti 6Al 4V 的热黏塑性特性和绝热剪切变形[J].爆炸与冲击,1987, 7 (1): 1-8.

[10.18] SEMIATIN S L, LAHOTI G D, OH S I. The occurrence of shear bands in metalworking[C]// MESCALL J, WEISS V. Material Behavior under High Stress and Ultra High Loading Rates. New York: Plenum Press,1983:119-160.

[10.19] SEMIATIN S L, STAKER M R, JONAS J J. Plastic instability and flow localization in shear at high rates of deformation[J]. Acta Met, 1984, 32(9): 1347-1354.

[10.20] 包合胜,王礼立.绝热剪切的一种应变局部化分析[J].中国科学技术大学学报,1990,20:18-24.

[10.21] WANG L, BAO H. A Strain-Localization Analysis for adiabatic shear band at different environmental temperatures (Invited Lecture)[C]//MASAHIRO JOHO, TATSUO INOUE. Mechanical Behavior of Materials-Ⅵ, Proceedings of the Sixth International Conference on Mechanical Behavior of Materials. Kyoto: Pergamon Press, 1991: 479-486.

[10.22] CLIFTON R J. Adiabatic shear banding[C]//National Materials Advisory Board, NAS. Material Response to Ultra High Loading Rates, Report No. NMAB-356. Washington DC, 1979: Chapter 8.

[10.23] BAI Y L. A criterion for thermo-plastic shear instability[C]//MEYERS M A, MURR L E, PLENUM N Y. Shock Waves and High Strain Rate Phenomena in Metals. 1980:277-284.

[10.24] BAI Y L. Thermo-plastic instability in simple shear[J]. J Mech. Phys Solids, 1982, 30(4): 195-207.

[10.25] BAI Y L, CHENG C M, YU S B. On evolution of thermo-plastic shear band[J]. Acta Mech. Sinica, 1986, 2: 1-7.

[10.26] BAI Y L. Adiabatic shear banding[J]. Res Mechanica, 1990, 31: 133-203.

[10.27] MOLINARI A, CLIFTON R J. Localisation et, déformation visco-plastique en cisaillement simple: Résultats Exacts en Théorie non Linéaire[J]. C. R. Acad. Sci. Paris, 296, Ser. II-I, 1983, 1-4.

[10.28] MOLINARIA, CLIFTON R J. Analytical characterization of shear localization in thermoviscoplastic solids[J]. J Appl. Mech, 1988, 54: 806-812.

[10.29] BURNS TJ. Approximate linear stability analysis of a model of adiabatic shear band formation[J]. Appl. Math, 1985, 43: 65-84.

[10.30] BURNS TJ. Influence of effective rate sensitivity on adiabatic shear instability[C]//MURR L E, STAUDHAMMER K P, MEYERS M A, et al. Metallurgical Applications of Shock-wave and High-strain-rate Phenomena. New York: Marcel Dekker, 1986, 741-747.

[10.31] WRIGHT T W, BATRA R C. The initiation and growth of adiabatic shear bands[J]. Int. J Plasticity, 1985, 1: 202-212.

[10.32] WRIGHT T W, WALTER J W. On stress collapse in adiabatic shear bands[J]. J Mech. Phys Solids, 1987, 35: 701-720.

[10.33] BAI Y L, DODD B. Adiabatic shear localization: occurrence, theories and applications[M]. Oxford: Pergamon, 1992.

[10.34] DODD B, BAI Y. Adiabatic shear localization: frontiers and advances[M]. Burlington: Elsevier Science, 2012.

[10.35] KALTHOFF J F, WINKLER S. Failure mode transition at high rates of shear loading[C]//CHEN C Y, et al. Impact Loading and Dynamic Behavior of Materials. Bremen: DGM, 1987: 185-195.

[10.36] KALTHOFF J F. Modes of dynamic shear failure in solids[J]. Int. J Fracture, 2000, 101: 1-31.

[10.37] WANG L, DONG X, HU S, et al. A macro- and microscopic study of adiabatic shearing extension of mode-II crack at dynamic loading[J]. J Physique Ⅳ, 1994, C8(4): 465-470.

[10.38] 董新龙,虞吉林,胡时胜,等.高加载率下Ⅱ型裂纹试样的动态应力强度因子及断裂行为[J].爆炸与冲击,1998,18 (1): 62-68.

[10.39] WEI Z G, YU J L, LI J R, et al. Influence of stress condition on adiabatic shear localization of tungsten heavy alloys[J]. Int. J. Impact Engineering, 2001, 26(1-10): 843-852.

[10.40] LI J R, YU J L, WEI Z G. Influence of specimen geometry on adiabatic shear instability of tungsten heavy alloys[J]. Int. J. Impact Engineering, 2003, 28 (3): 303-314.

[10.41] WEI Z G, YU J L, HU S S, et al. Influence of microstructure on adiabatic shear localization of pre-twisted tungsten heavy alloys[J]. Int. J. Impact Engineering, 2000, 24 (6-7): 747-758.

[10.42] CURRAN D R. Dynamic fracture[C]//ZUKAS J A. NICHOLAS T, SWIFT H F. Impact Dynamics. New York: John Wiley & Sons, Inc., 1982: 333-366.

[10.43] CURRAN D R, SHOCKEY D A. Seaman L, Dynamic fracture criteria for a polycarbonate[J]. J App. Phys, 1973, v.44(9): 4025-38.

[10.44] SEAMAN L, CURRAN D R, SHOCKEY D A. Computational models for ductile and brittle fracture[J]. J. Appl. Phys, 1976, 47(11): 4814-26.

[10.45] CURRAN D R, SEAMAN L, CURRAN D R, et al. Dynamic failure of solid[J]. PhysRep147, 1987: 253-388.

[10.46] CURRAN D R, SEAMAN L. Simplified models of fracture and fragmentation, high-pressure shock compression of solids Ⅱ[M]. New York: Springer-Verlag, 1996.

[10.47] SEAMAN L, CURRAN D R, CREWDSON R C. Transformation of observed crack traces on a section to true crack density for fracture calculations[J]. J App. Phys, 1978, 49(10): 5221-5229.

[10.48] ZHURKOV S N, SANFIROVA T P. The temperature and time dependence of the strength of pure metals[J]. DOKL Akad Nauk SSSR, 1955, 101: 237.

[10.49] ZHURKOV S N. Kinetic concept of strength of solids[J]. Int. J Fracture, 1984, v. 26 (4): 295-307.

[10.50] CURRAN D R, SEAMAN L, SHOCKEY D A. Dynamic failure of solid[J]. Physics Today, 1977: 46-55.

[10.51] BAI Y L, WANG H Y, XIA M F, et al. Statistical meso-mechanics of solid, linking coupled multiple space and time scales[J]. Applied Mechanics Reviews, 2005, 58: 372-388.

[10.52] 白以龙,汪海英,夏蒙棼,等.固体的统计细观力学:连接多个耦合的时空尺度[J].力学进展,2006,36(2): 286-305.

[10.53] 柯孚久,白以龙,夏蒙棼.理想微裂纹系统演化特征[J].中国科学 A,1990,33:1447-1459.

[10.54] 白以龙,柯孚久,夏蒙棼.固体中微裂纹系统统计演化的基本描述[J].力学学报,1991,22:290-298.

[10.55] 夏蒙棼,韩闻生,柯孚久,等.统计细观损伤力学和损伤演化诱致突变(Ⅰ)[J].力学进展,1995,25(1):1-23.

[10.55] 夏蒙棼,韩闻生,柯孚久,等.统计细观损伤力学和损伤演化诱致突变(Ⅱ)[J].力学进展,1995,25(2): 145-159.

[10.56] KACHANOV L M. Time of the rupture process under creep conditions[J]. Izv AN SSSR Otd Tekhn Nauk, 1958, 8: 26-31.

[10.57] KACHANOV L M. Introduction to continuum damage mechanics[M]. Dordrecht: Matinus Nijhoff, 1986.

[10.58] LEMAITRE J. A course on damage mechanics[M]. New York: Spring-Verlag, 1992.

[10.59] 王礼立,蒋昭镳,陈江瑛.材料微损伤在高速变形过程中的演化及其对率型本构关系的影响[J].宁波大学学报(理工版),1996,9(3):47-55.

[10.60] WANG L L, JIANG Z B, ChEN J Y. Studies on rheological relation of materials by taking account of rate-dependent evolution of internal defects at high strain rates[C]//WANG REN. Rheology of Bodies with Defects. Dordrecht: Kluwer Academic Publishers, 1999: 167-178.

[10.61] HUANG DEJIN, SHI SHAOQIU, WANG LILI. Studies on rate-dependent evolution of damage and its effects on dynamic constitutive response by using a random fuse network model[C]// CHIBA A, TANIMURA S, HOKAMOTO K. Impact Engineering and Application. Tokyo: Elsevier Science Ltd., 2001: 743-748.

[10.62] 孙紫建,王礼立.2 种不同相溶剂的 PP/PA 共混高聚物动态损伤演化的模量表现[J].宁波大学学报(理工版), 2005, 18(2): 159-162.

[10.63] SUN Z J, WANG L L. Studies on dynamic damage evolution for PP/PA polymer blends under high strain rates[J]. Int. J Modern Physics B, 2008, 22(9-11): 1409-1416.

[10.64] 王礼立,包合胜,卢维娴.损伤引起的反向应变率效应及其对本构关系和热黏塑性失稳的影响[J].爆炸与冲击,1993, 13 (1): 1-8.

[10.65] 王礼立,董新龙,孙紫建.高应变率下材料计及损伤演化的动态本构行为[J].爆炸与冲击,2006,26(3): 193-198